国外著名高等院校
信息科学与技术优秀教材

操作系统导论

[美] 雷姆兹·H.阿帕希杜塞尔（ Remzi H. Arpaci-Dusseau ）

[美] 安德莉亚·C.阿帕希杜塞尔（ Andrea C. Arpaci-Dusseau ） 著

王海鹏 译

人民邮电出版社
北京

图书在版编目（CIP）数据

操作系统导论 /（美）雷姆兹・H. 阿帕希杜塞尔，
（美）安德莉亚・C. 阿帕希杜塞尔著；王海鹏译. -- 北
京：人民邮电出版社，2019.6
国外著名高等院校信息科学与技术优秀教材
ISBN 978-7-115-50823-2

Ⅰ．①操… Ⅱ．①雷… ②安… ③王… Ⅲ．①操作系
统—高等学校—教材 Ⅳ．①TP316

中国版本图书馆CIP数据核字（2019）第028300号

版 权 声 明

◆ 著　　　[美] 雷姆兹·H.阿帕希杜塞尔（ Remzi H. Arpaci-Dusseau）
　　　　　　[美] 安德莉亚·C.阿帕希杜塞尔（Andrea C. Arpaci-Dusseau）

　译　　　王海鹏
　责任编辑　陈冀康
　责任印制　焦志炜

◆ 人民邮电出版社出版发行　　北京市丰台区成寿寺路 11 号
　邮编　100164　　电子邮件　315@ptpress.com.cn
　网址　http://www.ptpress.com.cn
　北京七彩京通数码快印有限公司印刷

◆ 开本：787×1092　1/16
　印张：31.25　　　　　　　　　　2019 年 6 月第 1 版
　字数：742 千字　　　　　　　2025 年 4 月北京第 32 次印刷
　　　　　　　著作权合同登记号　图字：01-2016-1423 号

定价：99.00 元
读者服务热线：(010)81055410　印装质量热线：(010)81055316
反盗版热线：(010)81055315

内 容 提 要

这是一本关于现代操作系统的书。全书围绕虚拟化、并发和持久性这 3 个主要概念展开，介绍了所有现代系统的主要组件（包括调度、虚拟内存管理、磁盘和 I/O 子系统、文件系统）。

本书共 50 章，分为 3 个部分，分别讲述虚拟化、并发和持久性的相关内容。本书大部分章节均先提出特定的问题，然后通过书中介绍的技术、算法和思想来解决这些问题。作者以对话形式引入所介绍的主题概念，行文诙谐幽默却又鞭辟入里，力求帮助读者理解操作系统中虚拟化、并发和持久性的原理。

本书内容全面，并给出了真实可运行的代码（而非伪代码），还提供了相应的练习，适合高等院校相关专业教师教学和高校学生自学。

前　　言

致本书读者

欢迎阅读本书！我们希望你阅读本书时，就像我们撰写它时一样开心。本书的英文书名为《Operating Systems:Three Easy Pieces》，这显然是向理查德·费曼（Richard Feynman）针对物理学主题创作的、最了不起的一套讲义[F96]致敬。虽然本书不能达到这位著名物理学家设定的高标准，但也许足够让你了解什么是操作系统（以及更一般的系统）。

本书围绕 3 个主题概念展开讲解：虚拟化（virtualization）、并发（concurrency）和持久性（persistence）。对于这些概念的讨论，最终延伸到讨论操作系统所做的大多数重要事情。希望你在这个过程中体会到一些乐趣。学习新事物很有趣，对吧？

每个主要概念在若干章节中加以阐释，其中大部分章节都提出了一个特定的问题，然后展示了解决它的方法。这些章节很简短，尝试（尽可能地）引用作为这些想法真正来源的源材料。我们写这本书的目的之一就是厘清操作系统的发展脉络，因为我们认为这有助于学生更清楚地理解过去是什么、现在是什么、将来会是什么。在这种情况下，了解香肠的制作方法几乎与了解香肠的优点一样重要。

我们在整本书中采用了几种结构，值得在这里介绍一下。

无论何时，在试图解决问题时，我们首先要说明最重要的问题是什么。我们在书中明确提出关键问题（crux of the problem），并希望通过本书其余部分提出的技术、算法和思想来解决。

在许多地方，我们将通过显示一段时间内的行为来解释系统的工作原理。这些时间线（timeline）是理解的本质。如果你知道会发生什么，例如，当进程出现页故障时，你就可以真正了解虚拟内存的运行方式。如果你理解日志文件系统将块写入磁盘时发生的情况，就已经迈出了掌握存储系统的第一步。

整本书中有许多“补充”和“提示”，为主线讲解增添了一些趣味性。“补充”倾向于讨论与主要文本相关的内容（但可能不是必要的）；“提示”往往是一般经验，可以应用于所构建的系统。

在整本书中，我们使用最古老的教学方法之一——对话（dialogue）。这些对话用于介绍主要的主题概念，并经常地复习这些内容。这也让我们得以用更幽默的方式写作。好吧，你觉得它们是有用还是幽默，完全是另一回事。

在每一个主要部分的开头，我们将首先呈现操作系统提供的抽象（abstraction），然后在后续章节中介绍提供抽象所需的机制、策略和其他支持。抽象是计算机科学各个方面的基础，因此它在操作系统中也是必不可少的。

在所有的章节中，我们尝试使用真实代码（real code），而非伪代码（pseudocode）。因此书中几乎所有的示例，你应该能够自己输入并运行它们。在真实系统上运行真实代码是了解操作系统的最佳方式，因此建议你尽可能这样做。

在本书的各个部分，我们提供了一些作业（homework），确保你进一步理解书中的内容。其中许多作业都是对操作系统的一些模拟（simulation）程序。你应该下载作业，并运行它们，以此来测验自己。作业模拟程序具有以下特征：通过给它们提供不同的随机种子，你可以产生几乎无限的问题，也可以让模拟程序为你解决问题。因此，你可以一次又一次地自测，直至很好地理解了这些知识。

本书最重要的附录是一组项目（project），可供你通过设计、测试和实现自己的代码，来了解真实系统的工作原理。所有项目（以及上面提到的代码示例）都是使用 C 编程语言（C programming language）[KR88]编写的。C 是一种简单而强大的语言，是大多数操作系统的基础，因此值得添加到你的工具库中。附录中含有两种类型的项目（请参阅在线附录中的想法）。第一类是系统编程（system programming）项目。这些项目非常适合那些不熟悉 C 和 UNIX，并希望学习如何进行底层 C 编程的人。第二类基于在麻省理工学院开发的实际操作系统内核，称为 xv6 [CK+08]。这些项目非常适合已经有一些 C 的经验并希望深入研究操作系统的学生。在威斯康星大学，我们以 3 种不同的方式开课：系统编程、xv6 编程，或两者兼而有之。

致使用本书作为教材的教师

这门课程很适合 15 周的学期，因此授课教师可以在合理的深度范围内讲授大部分主题。如果是 10 周的学期，那么可能需要从每个部分中删除一些细节。还有一些章节是关于虚拟机监视器的，我们通常会在学期的某个时候插入这些章节，或者在虚拟化部分的结尾处，抑或在接近课程结束时作为补充。

本书中的并发主题比较特别。它是许多操作系统书籍中靠前的主题，而在本书中是直到学生了解了 CPU 和内存的虚拟化之后才开始讲解的。根据我们近 15 年来教授本课程的经验，学生很难理解并发问题是如何产生的，或者很难理解人们试图解决它的原因。那是因为他们还不了解地址空间是什么、进程是什么，或者为什么上下文切换可以在任意时间点发生。然而，一旦他们理解了这些概念，那么再引入线程的概念和由此产生的问题就变得相当容易，或者至少比较容易。

我们尽可能使用黑板（或白板）来讲课。在着重强调概念的时候，我们会将一些主要的想法和例子带进课堂，并在黑板上展示它们。讲义有助于为学生提供需要解决的具体问题。在着重强调实践的时候，我们就将笔记本电脑连上投影仪，展示实际代码。这种授课风格特别适用于并发的内容以及所有的讨论部分。在这些部分中，教师可以向学生展示与其项目相关的代码。我们通常不使用幻灯片来讲课，但现在我们已经为那些喜欢这种演示风格的人提供了一套教学 PPT。

如果你想要任何这些教学辅助材料，请给 contact@epubit.com.cn 发电子邮件。

最后一个请求：如果你使用免费在线章节，请直接访问作者网站。这有助于我们跟踪使用情况（过去几年中，本书英文版下载超过 100 万次！），并确保学生获得最新和最好的版本。

致使用本书上课的学生

如果你是读这本书的学生，那么我们很荣幸能够提供一些材料来帮助你学习操作系统的知识。我们至今还能够回想起我们使用过的一些教科书（例如，Hennessy 和 Patterson 的著作 [HP90]，这是一本关于计算机架构的经典著作），并希望这本书能够成为你美好的回忆之一。

你可能已经注意到，这本书英文版的在线版本是免费的，并且可在线获取[①]。有一个主要原因：教科书一般都太贵了。我们希望，这本书是新一波免费材料中的第一本（指电子版），以帮助那些寻求知识的人——无论他们来自哪个国家，或者他们愿意花多少钱购买一本书。

我们也希望，在可能的情况下，向你指出书中大部分材料的原始资料——多年来的优秀论文和人物，他们让操作系统领域成为现在的样子。想法不会凭空产生，它们来自聪明勤奋的人（包括众多图灵奖获得者[②]），因此如果有可能，我们应该赞美这些想法和人。我们希望这样做能有助于更好地理解已经发生的变革，而不是说好像我们写这本书时那些思想一直就存在一样[K62]。此外，也许这样的参考文献能够鼓励你深入挖掘，而阅读该领域的著名论文无疑是良好的学习方法之一。

致谢

这里感谢帮助我们编写本书的人。在这里列出他们的名字，以表达谢意！也请本书的读者向我们提供一些阅读反馈，帮助完善本书。我们将会因此而把您的名字加入致谢名单。

到目前为止，提供帮助的人包括 Abhirami Senthilkumaran*, Adam Drescher* (WUSTL), Adam Eggum, Aditya Venkataraman, Adriana Iamnitchi and class (USF), Ahmed Fikri*, Ajaykrishna Raghavan, Akiel Khan, Alex Wyler, Ali Razeen (Duke), AmirBehzad Eslami, Anand Mundada, Andrew Valencik (Saint Mary's), Angela Demke Brown (Toronto), B. Brahmananda Reddy (Minnesota), Bala Subrahmanyam Kambala, Benita Bose, Biswajit Mazumder (Clemson), Bobby Jack, Björn Lindberg, Brennan Payne, Brian Gorman, Brian Kroth, Caleb Sumner (Southern Adventist), Cara Lauritzen, Charlotte Kissinger, Chien-Chung Shen (Delaware)*, Christoph Jaeger, Cody Hanson, Dan Soendergaard (U. Aarhus), David Hanle (Grinnell), David Hartman, Deepika Muthukumar, Dheeraj Shetty (North Carolina State), Dorian Arnold (New

---

① 这里的题外话：我们在这里所说的"免费"并不意味着开源，也不意味着该书没有受到通常保护的版权——它是受到保护的！我们的意思是你可以下载章节，并使用它们来了解操作系统。为什么不是一本开源的书，不像 Linux 一样是一个开源内核？当你阅读它时，这本书应该像一次对话，某人向你解释某事。因此，这就是我们的方法。

② 图灵奖是计算机科学的最高奖项。它就像诺贝尔奖，但你可能从未听说过。

Mexico), Dustin Metzler, Dustin Passofaro, Eduardo Stelmaszczyk, Emad Sadeghi, Emily Jacobson, Emmett Witchel (Texas), Erik Turk, Ernst Biersack (France), Finn Kuusisto*, Glen Granzow (College of Idaho), Guilherme Baptista, Hamid Reza Ghasemi, Hao Chen, Henry Abbey, Hrishikesh Amur, Huanchen Zhang*, Huseyin Sular, Hugo Diaz, Itai Hass (Toronto), Jake Gillberg, Jakob Olandt, James Perry (U. Michigan-Dearborn)*, Jan Reineke (Universität des Saarlandes), Jay Lim, Jerod Weinman (Grinnell), Jiao Dong (Rutgers), Jingxin Li, Joe Jean (NYU), Joel Kuntz (Saint Mary's), Joel Sommers (Colgate), John Brady (Grinnell), Jonathan Perry (MIT), Jun He, Karl Wallinger, Kartik Singhal, Kaushik Kannan, Kevin Liu*, Lei Tian (U. Nebraska-Lincoln), Leslie Schultz, Liang Yin, Lihao Wang, Martha Ferris, Masashi Kishikawa (Sony), Matt Reichoff, Matty Williams, Meng Huang, Michael Walfish (NYU), Mike Griepentrog, Ming Chen (Stonybrook), Mohammed Alali (Delaware), Murugan Kandaswamy, Natasha Eilbert, Nathan Dipiazza, Nathan Sullivan, Neeraj Badlani (N.C. State), Nelson Gomez, Nghia Huynh (Texas), Nick Weinandt, Patricio Jara, Perry Kivolowitz, Radford Smith, Riccardo Mutschlechner, Ripudaman Singh, Robert Ordòñez and class (Southern Adventist), Rohan Das (Toronto)*, Rohan Pasalkar (Minnesota), Ross Aiken, Ruslan Kiselev, Ryland Herrick, Samer Al-Kiswany, Sandeep Ummadi (Minnesota), Satish Chebrolu (NetApp), Satyanarayana Shanmugam*, Seth Pollen, Sharad Punuganti, Shreevatsa R., Sivaraman Sivaraman*, Srinivasan Thirunarayanan*, Suriyhaprakhas Balaram Sankari, Sy Jin Cheah, Teri Zhao (EMC), Thomas Griebel, Tongxin Zheng, Tony Adkins, Torin Rudeen (Princeton), Tuo Wang, Varun Vats, William Royle (Grinnell), Xiang Peng, Xu Di, Yudong Sun, Yue Zhuo (Texas A&M), Yufui Ren, Zef RosnBrick, Zuyu Zhang。特别感谢上面标有星号的人，他们的改进建议尤其重要。

此外，衷心感谢 Joe Meehean 教授（Lynchburg）为每一章所做的详细注解，感谢 Jerod Weinman 教授（Grinnell）和他的全班同学提供的令人难以置信的小册子，感谢 Chien-Chung Shen 教授（Delaware）的细致阅读和建议，感谢 Adam Drescher（WUSTL）的细致阅读和建议，感谢 Glen Granzow（College of Idaho）提供详细的评论和建议，感谢 Michael Walfish（NYU）详细的改进建议。上述所有人都给予本书作者巨大的帮助，优化了本书的内容。

另外，非常感谢这些年来参加 537 课程的数百名学生。特别是 2008 年秋季课程的学生，鼓励我们第一次以书面形式写下了这些讲义（他们厌倦了没有任何类型的教科书可读——有进取心的学生！），然后不吝称赞，让我们继续前行（一位同学在那一年的课程评估中喜不自禁地说：“老天爷！你们完全应该写一本教科书！”）。

我们也非常感谢那些参加 xv6 项目实验课程的少数人，这个实验课程大部分现已纳入主要的 537 课程。2009 年春季班的 Justin Cherniak，Patrick Deline，Matt Czech，Tony Gregerson，Michael Griepentrog，Tyler Harter，Ryan Kroiss，Eric Radzikowski，Wesley Reardan，Rajiv Vaidyanathan 和 Christopher Waclawik。2009 年秋季班的 Nick Bearson，Aaron Brown，Alex Bird，David Capel，Keith Gould，Tom Grim，Jeffrey Hugo，Brandon Johnson，John Kjell，Boyan Li，James Loethen，Will McCardell，Ryan Szaroletta，Simon Tso 和 Ben Yule。2010 年春季班的 Patrick Blesi，Aidan Dennis-Oehling，Paras Doshi，Jake Friedman，Benjamin Frisch，Evan Hanson，Pikkili Hemanth，Michael Jeung，Alex Langenfeld，Scott Rick，Mike Treffert，Garret Staus，Brennan Wall，Hans Werner，Soo -Young Yang 和 Carlos Griffin。

虽然没有直接帮助这本书的写作，但我们的研究生教会了我们很多关于系统的知识。我们在威斯康星大学时经常与他们交谈，并且所有真正的工作都是他们做的——通过告诉我们他们在做什么，我们每周都能学习到新事物。下面的列表包括我们当前和以前的学生，带有星号标志的名字是在我们的指导下获得博士学位的人：Abhishek Rajimwale，Andrew Krioukov，Ao Ma，Brian Forney，Chris Dragga，Deepak Ramamurthi，Florentina Popovici *，Haryadi S. Gunawi *，James Nugent，John Bent *，Jun He，Lanyue Lu，Lakshmi Bairavasundaram *，Laxman Visampalli，Leo Arulraj，Meenali Rungta，Muthian Sivathanu *，Nathan Burnett *，Nitin Agrawal *，Ram Alagappan，Sriram Subramanian *，Stephen Todd Jones *，Suli Yang，Swaminathan Sundararaman*，Swetha Krishnan，Thanh Do*，Thanumalayan S. Pillai，Timothy Denehy*，Tyler Harter，Venkat Venkataramani，Vijay Chidambaram，Vijayan Prabhakaran *，Yiyi Zhang *，Yupu Zhang *，Zev Weiss。

最后要感谢 Aaron Brown，他多年前（2009 年春季）首次参加该课程，接着参加了 xv6 实验课程（2009 年秋季），最后还成为了两个课程的研究生助教（从 2010 年秋季到 2012 年春季）。他不知疲倦的工作极大地改善了项目的状态（特别是 xv6 项目），因此有助于改善威斯康星大学无数本科生和研究生的学习体验。正如 Aaron 所说的（以他通常的简洁方式）："谢谢。"

最后的话

叶芝有一句名言："教育不是注满一桶水，而是点燃一把火。"他说得既对也错[①]。你必须"给桶注一点水"，这本书当然可以帮助你完成这部分的教育。毕竟，当你去 Google 面试时，他们会问你一个关于如何使用信号量的技巧问题，确切地知道信号量是什么感觉真好，对吧？

但是，叶芝的主要观点显而易见：教育的真正要点是让你对某些事情感兴趣，可以独立学习更多关于这个主题的东西，而不仅仅是你需要消化什么才能在某些课程上取得好成绩。正如我们的父亲（雷姆兹的父亲 Vedat Arpaci）曾经说过的，"在课堂以外学习。"

我们编写本书以激发你对操作系统的兴趣，让你能自行阅读有关该主题的更多信息，进而与你的教授讨论该领域正在进行的所有令人兴奋的研究，甚至参与这些研究。这是一个伟大的领域，充满了激动人心和精妙的想法，以深刻而重要的方式塑造了计算历史。虽然我们知道这种火不会为你们所有人点燃，但我们希望这能对许多人，甚至是少数人有所帮助。因为一旦火被点燃，那你就真正有能力做出伟大的事情。因此，教育过程的真正意义在于：前进，学习许多新的和引人入胜的主题，通过学习不断成熟，最重要的是，找到能为你点火的东西。[②]

威斯康星大学计算机科学教授　　　雷姆兹和安德莉亚夫妇

---

① 如果他真的说了这句话。与许多名言一样，这句名言的历史也是模糊不清的。

② 如果这听起来像我们承认过去曾是纵火犯，那你可能理解错了。如果这听起来很俗气，好吧，因为它确实是的，但你必须原谅我们。

参考资料

[CK+08] "The xv6 Operating System" Russ Cox, Frans Kaashoek, Robert Morris, Nickolai Zeldovich.
xv6 是作为原来 UNIX 版本 6 的移植版开发的，它代表了通过一种美观、干净、简单的方式来理解现代操作系统。

[F96] "Six Easy Pieces: Essentials Of Physics Explained By Its Most Brilliant Teacher" Richard P. Feynman Basic Books, 1996
这本书摘取了 1993 年的《费曼物理学讲义》中 6 个最简单的章节。如果你喜欢物理学，那么就读一读这本很优秀的读物吧。

[HP90] "Computer Architecture a Quantitative Approach" (1st ed.) David A. Patterson and John L. Hennessy Morgan-Kaufman, 1990
在读本科时，这本书成为了我们去攻读研究生的动力。我们后来都很高兴与 Patterson 合作，他为我们研究事业基础的奠定给予了极大的帮助。

[KR88] "The C Programming Language" Brian Kernighan and Dennis Ritchie Prentice-Hall, April 1988
每个人都应该拥有一本由发明该语言的人编写的 C 编程参考书。

[K62] "The Structure of Scientific Revolutions" Thomas S. Kuhn University of Chicago Press, 1962
这是关于科学过程基础知识的著名读物，包括科学过程的整理工作、异常、危机和变革。我们要做的是整理工作。

资源与支持

本书由异步社区出品，社区（https://www.epubit.com/）为你提供相关资源和后续服务。

配套资源

本书为教师提供如下教学辅助资源：
- 教学 PPT 和听课笔记；
- 考试题和参考答案；
- 讨论题和作业；
- 项目说明和指导。

如果您是教师，希望获得教学配套资源，请发邮件到 contact@epubit.com.cn 申请，或者在社区本书页面中直接联系本书的责任编辑。

提交勘误

作者和编辑尽最大努力来确保书中内容的准确性，但难免会存在疏漏。欢迎您将发现的问题反馈给我们，帮助我们提升图书的质量。

当您发现错误时，请登录异步社区，按书名搜索，进入本书页面，单击"提交勘误"，输入勘误信息，单击"提交"按钮即可。本书的作者和编辑会对您提交的勘误进行审核，确认并接受后，您将获赠异步社区的 100 积分。积分可用于在异步社区兑换优惠券、样书或奖品。

扫码关注本书

扫描下方二维码，您将会在异步社区微信服务号中看到本书信息及相关的服务提示。

与我们联系

我们的联系邮箱是 contact@epubit.com.cn。

如果您对本书有任何疑问或建议，请您发邮件给我们，并请在邮件标题中注明本书书名，以便我们更高效地做出反馈。

如果您有兴趣出版图书、录制教学视频，或者参与图书翻译、技术审校等工作，可以发邮件给我们；有意出版图书的作者也可以到异步社区在线提交投稿（直接访问 www.epubit.com/selfpublish/submission 即可）。

如果您是学校、培训机构或企业，想批量购买本书或异步社区出版的其他图书，也可以发邮件给我们。

如果您在网上发现有针对异步社区出品图书的各种形式的盗版行为，包括对图书全部或部分内容的非授权传播，请您将怀疑有侵权行为的链接发邮件给我们。您的这一举动是对作者权益的保护，也是我们持续为您提供有价值的内容的动力之源。

关于异步社区和异步图书

“异步社区”是人民邮电出版社旗下 IT 专业图书社区，致力于出版精品 IT 技术图书和相关学习产品，为作译者提供优质出版服务。异步社区创办于 2015 年 8 月，提供大量精品 IT 技术图书和电子书，以及高品质技术文章和视频课程。更多详情请访问异步社区官网 https://www.epubit.com。

“异步图书”是由异步社区编辑团队策划出版的精品 IT 专业图书的品牌，依托于人民邮电出版社近 30 年的计算机图书出版积累和专业编辑团队，相关图书在封面上印有异步图书的 LOGO。异步图书的出版领域包括软件开发、大数据、AI、测试、前端、网络技术等。

异步社区

微信服务号

目　　录

第 1 部分　虚拟化

第 2 部分　并发

第 3 部分　持久性

第 1 章　关于本书的对话

教授：欢迎阅读这本书，本书英文书名为《Operating Systems:Three Easy Pieces》，由我来讲授关于操作系统的知识。请做一下自我介绍。

学生：教授，您好，我是学生，您可能已经猜到了，我已经准备好开始学习了！

教授：很好。有问题吗？

学生：有！本书为什么讲"3 个简单部分"？

教授：这很简单。理查德·费曼有几本关于物理学的讲义，非常不错……

学生：啊，是《别闹了，费曼先生》的作者吗？那本书很棒！这书也会像那本书一样搞笑吗？

教授：呃……不。那本书的确很棒，很高兴你读过它。我希望这本书更像他关于物理学的讲义。将一些基本内容汇集成一本书，名为《Six Easy Pieces》。他讲的是物理学，而我们将探讨的主题是操作系统的 3 个简单部分。这很合适，因为操作系统的难度差不多是物理学的一半。

学生：懂了，我喜欢物理学。是哪 3 个部分呢？

教授：虚拟化（virtualization）、并发（concurrency）和持久性（persistence）。这是我们要学习的 3 个关键概念。通过学习这 3 个概念，我们将理解操作系统是如何工作的，包括它如何决定接下来哪个程序使用 CPU，如何在虚拟内存系统中处理内存使用过载，虚拟机监控器如何工作，如何管理磁盘上的数据，还会讲一点如何构建在部分节点失败时仍能正常工作的分布式系统。

学生：对于您说的这些，我都没有概念。

教授：好极了，这说明你来对了地方。

学生：我还有一个问题：学习这些内容最好的方法是什么？

教授：好问题！当然，每个人都有适合自己的学习方法，但我的方法是：首先听课，听老师讲解并做好笔记，然后每个周末阅读笔记，以便更好地理解这些概念。过一段时间（比如考试前），再阅读一遍笔记来进一步巩固知识。当然老师也肯定会布置作业和项目，你需要认真完成。特别是做项目，你会编写真正的代码来解决真正的问题，这是将笔记中的概念活学活用。就像孔子说的那样……

学生：我知道！"不闻不若闻之，闻之不若见之，见之不若知之，知之不若行之。"

教授：（惊讶）你怎么知道我要说这个？

学生：这样似乎很连贯。我是孔子的粉丝，更是荀子的粉丝，实际上荀子才是说这句话的人[①]。

[①] 儒家思想家荀子曾说过："不闻不若闻之，闻之不若见之，见之不若知之，知之不若行之。"后来，不知怎么这句名言归到了孔子头上。感谢 Jiao Dong（Rutgers）告诉我们。

教授：（愕然）我猜我们会相处得很愉快。

学生：教授，我还有一个问题，我们这样的对话有什么用的。我是说如果这仅是一本书，为什么您不直接上来就讲述知识呢？

教授：好问题！我觉得有的时候将自己从叙述中抽离出来，然后进行一些思考会更有用。这些对话就是思考。我们将协作探究所有这些复杂的概念。你是为此而来的吗？

学生：所以我们必须思考？好的，我正是为此而来。不过我还有什么要做的吗？看起来我好像就是为此书而生。

教授：我也是。我们开始学习吧！

第 2 章　操作系统介绍

如果你正在读本科操作系统课程，那么应该已经初步了解了计算机程序运行时做的事情。如果不了解，这本书（和相应的课程）对你来说会很困难：你应该停止阅读本书，或跑到最近的书店，在继续读本书之前快速学习必要的背景知识（包括 Patt / Patel [PP03]，特别是 Bryant / O'Hallaron 的书[BOH10]，都是相当不错的）。

程序运行时会发生什么？

一个正在运行的程序会做一件非常简单的事情：执行指令。处理器从内存中获取（fetch）一条指令，对其进行解码（decode）（弄清楚这是哪条指令），然后执行（execute）它（做它应该做的事情，如两个数相加、访问内存、检查条件、跳转到函数等）。完成这条指令后，处理器继续执行下一条指令，依此类推，直到程序最终完成[1]。

这样，我们就描述了冯·诺依曼（Von Neumann）计算模型[2]的基本概念。听起来很简单，对吧？但在这门课中，我们将了解到在一个程序运行的同时，还有很多其他疯狂的事情也在同步进行——主要是为了让系统易于使用。

实际上，有一类软件负责让程序运行变得容易（甚至允许你同时运行多个程序），允许程序共享内存，让程序能够与设备交互，以及其他类似的有趣的工作。这些软件称为操作系统（Operating System，OS）[3]，因为它们负责确保系统既易于使用又正确高效地运行。

关键问题：如何将资源虚拟化

我们将在本书中回答一个核心问题：操作系统如何将资源虚拟化？这是关键问题。为什么操作系统这样做？这不是主要问题，因为答案应该很明显：它让系统更易于使用。因此，我们关注如何虚拟化：操作系统通过哪些机制和策略来实现虚拟化？操作系统如何有效地实现虚拟化？需要哪些硬件支持？

我们将用这种灰色文本框来突出"关键（crux）问题"，以此引出我们在构建操作系统时试图解决的具体问题。因此，在关于特定主题的说明中，你可能会发现一个或多个关键点（是的，cruces 是正确的复数形式），它突出了问题。当然，该章详细地提供了解决方案，或至少是解决方案的基本参数。

要做到这一点，操作系统主要利用一种通用的技术，我们称之为虚拟化（virtualization）。也就是说，操作系统将物理（physical）资源（如处理器、内存或磁盘）转换为更通用、更强大且更易于使用的虚拟形式。因此，我们有时将操作系统称为虚拟机（virtual machine）。

当然，为了让用户可以告诉操作系统做什么，从而利用虚拟机的功能（如运行程序、

---

[1] 当然，现代处理器在背后做了许多奇怪而可怕的事情，让程序运行得更快。例如，一次执行多条指令，甚至乱序执行并完成它们！但这不是我们在这里关心的问题。我们只关心大多数程序所假设的简单模型：指令似乎按照有序和顺序的方式逐条执行。

[2] 冯·诺依曼是计算系统的早期先驱之一。他还完成了关于博弈论和原子弹的开创性工作，并在 NBA 打了 6 年球。好吧，其中有一件事不是真的。

[3] 操作系统的另一个早期名称是监管程序（super visor），甚至叫主控程序（master control program）。显然，后者听起来有些过分热情（详情请参阅电影《Tron》），因此，谢天谢地，"操作系统"最后胜出。

分配内存或访问文件），操作系统还提供了一些接口（API），供你调用。实际上，典型的操作系统会提供几百个系统调用（system call），让应用程序调用。由于操作系统提供这些调用来运行程序、访问内存和设备，并进行其他相关操作，我们有时也会说操作系统为应用程序提供了一个标准库（standard library）。

最后，因为虚拟化让许多程序运行（从而共享 CPU），让许多程序可以同时访问自己的指令和数据（从而共享内存），让许多程序访问设备（从而共享磁盘等），所以操作系统有时被称为资源管理器（resource manager）。每个 CPU、内存和磁盘都是系统的资源（resource），因此操作系统扮演的主要角色就是管理（manage）这些资源，以做到高效或公平，或者实际上考虑其他许多可能的目标。为了更好地理解操作系统的角色，我们来看一些例子。

2.1　虚拟化 CPU

图 2.1 展示了我们的第一个程序。实际上，它没有太大的作用，它所做的只是调用 Spin() 函数，该函数会反复检查时间并在运行一秒后返回。然后，它会打印出用户在命令行中传入的字符串，并一直重复这样做。

```
1     #include <stdio.h>
2     #include <stdlib.h>
3     #include <sys/time.h>
4     #include <assert.h>
5     #include "common.h"
6
7     int
8     main(int argc, char *argv[])
9     {
10        if (argc != 2) {
11            fprintf(stderr, "usage: cpu <string>\n");
12            exit(1);
13        }
14        char *str = argv[1];
15        while (1) {
16            Spin(1);
17            printf("%s\n", str);
18        }
19        return 0;
20    }
```

图 2.1　简单示例：循环打印的代码（cpu.c）

假设我们将这个文件保存为 cpu.c，并决定在一个单处理器（或有时称为 CPU）的系统上编译和运行它。以下是我们将看到的内容：

```
prompt> gcc -o cpu cpu.c -Wall
prompt> ./cpu "A"
A
A
```

```
A
A
^C
prompt>
```

运行不太有趣：系统开始运行程序时，该程序会重复检查时间，直到一秒钟过去。一秒钟过去后，代码打印用户传入的字符串（在本例中为字母"A"）并继续。注意：该程序将永远运行，只有按下"Control-c"（这在基于 UNIX 的系统上将终止在前台运行的程序），才能停止运行该程序。

现在，让我们做同样的事情，但这一次，让我们运行同一个程序的许多不同实例。图2.2 展示了这个稍复杂的例子的结果。

```
prompt> ./cpu A & ; ./cpu B & ; ./cpu C & ; ./cpu D &
[1] 7353
[2] 7354
[3] 7355
[4] 7356
A
B
D
C
A
B
D
C
A
C
B
D
...
```

图 2.2　同时运行许多程序

好吧，现在事情开始变得有趣了。尽管我们只有一个处理器，但这 4 个程序似乎在同时运行！这种魔法是如何发生的？[①]

事实证明，在硬件的一些帮助下，操作系统负责提供这种假象（illusion），即系统拥有非常多的虚拟 CPU 的假象。将单个 CPU（或其中一小部分）转换为看似无限数量的 CPU，从而让许多程序看似同时运行，这就是所谓的虚拟化 CPU（virtualizing the CPU），这是本书第一大部分的关注点。

当然，要运行程序并停止它们，或告诉操作系统运行哪些程序，需要有一些接口（API），你可以利用它们将需求传达给操作系统。我们将在本书中讨论这些 API。事实上，它们是大多数用户与操作系统交互的主要方式。

你可能还会注意到，一次运行多个程序的能力会引发各种新问题。例如，如果两个程

[①] 请注意我们如何利用 & 符号同时运行 4 个进程。这样做会在 tcsh shell 的后台运行一个作业，这意味着用户能够立即发出下一个命令，在这个例子中，是另一个运行的程序。命令之间的分号允许我们在 tcsh 中同时运行多个程序。如果你使用的是不同的 shell（例如 bash），它的工作原理会稍有不同。关于详细信息，请阅读在线文档。

序想要在特定时间运行，应该运行哪个？这个问题由操作系统的策略（policy）来回答。在操作系统的许多不同的地方采用了一些策略，来回答这类问题，所以我们将在学习操作系统实现的基本机制（mechanism）（例如一次运行多个程序的能力）时研究这些策略。因此，操作系统承担了资源管理器（resource manager）的角色。

2.2   虚拟化内存

现在让我们考虑一下内存。现代机器提供的物理内存（physical memory）模型非常简单。内存就是一个字节数组。要读取（read）内存，必须指定一个地址（address），才能访问存储在那里的数据。要写入（write）或更新（update）内存，还必须指定要写入给定地址的数据。

程序运行时，一直要访问内存。程序将所有数据结构保存在内存中，并通过各种指令来访问它们，例如加载和保存，或利用其他明确的指令，在工作时访问内存。不要忘记，程序的每个指令都在内存中，因此每次读取指令都会访问内存。

让我们来看一个程序，它通过调用 malloc() 来分配一些内存（见图 2.3）。

```
1    #include <unistd.h>
2    #include <stdio.h>
3    #include <stdlib.h>
4    #include "common.h"
5
6    int
7    main(int argc, char *argv[])
8    {
9        int *p = malloc(sizeof(int));            // a1
10       assert(p != NULL);
11       printf("(%d) memory address of p: %08x\n",
12               getpid(), (unsigned) p);         // a2
13       *p = 0;                                   // a3
14       while (1) {
15           Spin(1);
16           *p = *p + 1;
17            printf("(%d) p: %d\n", getpid(), *p); // a4
18       }
19       return 0;
20   }
```

图 2.3   一个访问内存的程序（mem.c）

该程序的输出如下：

```
prompt> ./mem
(2134) memory address of p: 00200000
(2134) p: 1
(2134) p: 2
(2134) p: 3
(2134) p: 4
(2134) p: 5
^C
```

该程序做了几件事。首先，它分配了一些内存（a1 行）。然后，打印出内存（a2）的地址，然后将数字 0 放入新分配的内存（a3）的第一个空位中。最后，程序循环，延迟一秒钟并递增 p 中保存的地址值。在每个打印语句中，它还会打印出所谓的正在运行程序的进程标识符（PID）。该 PID 对每个运行进程是唯一的。

同样，第一次的结果不太有趣。新分配的内存地址为 00200000。程序运行时，它慢慢地更新值并打印出结果。

现在，我们再次运行同一个程序的多个实例，看看会发生什么（见图 2.4）。我们从示例中看到，每个正在运行的程序都在相同的地址（00200000）处分配了内存，但每个似乎都独立更新了 00200000 处的值！就好像每个正在运行的程序都有自己的私有内存，而不是与其他正在运行的程序共享相同的物理内存[①]。

```
prompt> ./mem &; ./mem &
[1] 24113
[2] 24114
(24113) memory address of p: 00200000
(24114) memory address of p: 00200000
(24113) p: 1
(24114) p: 1
(24114) p: 2
(24113) p: 2
(24113) p: 3
(24114) p: 3
(24113) p: 4
(24114) p: 4
...
```

图 2.4　多次运行内存程序

实际上，这正是操作系统虚拟化内存（virtualizing memory）时发生的情况。每个进程访问自己的私有虚拟地址空间（virtual address space）（有时称为地址空间，address space），操作系统以某种方式映射到机器的物理内存上。一个正在运行的程序中的内存引用不会影响其他进程（或操作系统本身）的地址空间。对于正在运行的程序，它完全拥有自己的物理内存。但实际情况是，物理内存是由操作系统管理的共享资源。所有这些是如何完成的，也是本书第 1 部分的主题，属于虚拟化（virtualization）的主题。

2.3　并发

本书的另一个主题是并发（concurrency）。我们使用这个术语来指代一系列问题，这些问题在同时（并发地）处理很多事情时出现且必须解决。并发问题首先出现在操作系统本身中。如你所见，在上面关于虚拟化的例子中，操作系统同时处理很多事情，首先运行一个进程，然后再运行一个进程，等等。事实证明，这样做会导致一些深刻而有趣的问题。

遗憾的是，并发问题不再局限于操作系统本身。事实上，现代多线程（multi-threaded）程序也存在相同的问题。我们来看一个多线程程序的例子（见图 2.5）。

---

① 要让这个例子能工作，需要确保禁用地址空间随机化。事实证明，随机化可以很好地抵御某些安全漏洞。请自行阅读更多的相关资料，特别是如果你想学习如何通过堆栈粉碎攻击来入侵计算机系统。我们不会推荐这样的东西……

```
1     #include <stdio.h>
2     #include <stdlib.h>
3     #include "common.h"
4
5     volatile int counter = 0;
6     int loops;
7
8     void *worker(void *arg) {
9         int i;
10        for (i = 0; i < loops; i++) {
11            counter++;
12        }
13        return NULL;
14    }
15
16    int
17    main(int argc, char *argv[])
18    {
19        if (argc != 2) {
20            fprintf(stderr, "usage: threads <value>\n");
21            exit(1);
22        }
23        loops = atoi(argv[1]);
24        pthread_t p1, p2;
25        printf("Initial value : %d\n", counter);
26
27        Pthread_create(&p1, NULL, worker, NULL);
28        Pthread_create(&p2, NULL, worker, NULL);
29        Pthread_join(p1, NULL);
30        Pthread_join(p2, NULL);
31        printf("Final value   : %d\n", counter);
32        return 0;
33    }
```

图 2.5　一个多线程程序（threads.c）

尽管目前你可能完全不理解这个例子（在后面关于并发的部分中，我们将学习更多的内容），但基本思想很简单。主程序利用 Pthread_create()创建了两个线程（thread）[①]。你可以将线程看作与其他函数在同一内存空间中运行的函数，并且每次都有多个线程处于活动状态。在这个例子中，每个线程开始在一个名为 worker()的函数中运行，在该函数中，它只是递增一个计数器，循环 loops 次。

下面是运行这个程序、将变量 loops 的输入值设置为 1000 时的输出结果。loops 的值决定了两个 worker 各自在循环中增加共享计数器的次数。如果 loops 的值设置为 1000 并运行程序，你认为计数器的最终值是多少？

关键问题：如何构建正确的并发程序

如果同一个内存空间中有很多并发执行的线程，如何构建一个正确工作的程序？操作系统需要什么原语？硬件应该提供哪些机制？我们如何利用它们来解决并发问题？

---

① 实际的调用应该是小写的 pthread_create()。大写版本是我们自己的包装函数，它调用 pthread_create()，并确保返回代码指示调用成功。详情请参阅代码。

```
prompt> gcc -o thread threads.c -Wall -lpthread
prompt> ./thread 1000
Initial value : 0
Final value   : 2000
```

你可能会猜到，两个线程完成时，计数器的最终值为 2000，因为每个线程将计数增加 1000次。也就是说，当 loops 的输入值设为 N 时，我们预计程序的最终输出为 2N。但事实证明，事情并不是那么简单。让我们运行相同的程序，但 loops 的值更高，然后看看会发生什么：

```
prompt> ./thread 100000
Initial value : 0
Final value   : 143012      // huh??
prompt> ./thread 100000
Initial value : 0
Final value   : 137298      // what the??
```

在这次运行中，当我们提供 100000 的输入值时，得到的最终值不是 200000，我们得到的是 143012。然后，当我们再次运行该程序时，不仅再次得到了错误的值，还与上次的值不同。事实上，如果你一遍又一遍地使用较高的 loops 值运行程序，可能会发现有时甚至可以得到正确的答案！那么为什么会这样？

事实证明，这些奇怪的、不寻常的结果与指令如何执行有关，指令每次执行一条。遗憾的是，上面的程序中的关键部分是增加共享计数器的地方，它需要 3 条指令：一条将计数器的值从内存加载到寄存器，一条将其递增，另一条将其保存回内存。因为这 3 条指令并不是以原子方式（atomically）执行（所有的指令一次性执行）的，所以奇怪的事情可能会发生。关于这种并发（concurrency）问题，我们将在本书的第 2 部分中详细讨论。

2.4 持久性

本课程的第三个主题是持久性（persistence）。在系统内存中，数据容易丢失，因为像 DRAM 这样的设备以易失（volatile）的方式存储数值。如果断电或系统崩溃，那么内存中的所有数据都会丢失。因此，我们需要硬件和软件来持久地（persistently）存储数据。这样的存储对于所有系统都很重要，因为用户非常关心他们的数据。

硬件以某种输入/输出（Input/Output，I/O）设备的形式出现。在现代系统中，硬盘驱动器（hard drive）是存储长期保存的信息的通用存储库，尽管固态硬盘（Solid-State Drive，SSD）正在这个领域取得领先地位。

操作系统中管理磁盘的软件通常称为文件系统（file system）。因此它负责以可靠和高效的方式，将用户创建的任何文件（file）存储在系统的磁盘上。

不像操作系统为 CPU 和内存提供的抽象，操作系统不会为每个应用程序创建专用的虚拟磁盘。相反，它假设用户经常需要共享（share）文件中的信息。例如，在编写 C 程序时，你可能首先使用编辑器（例如 Emacs[①]）来创建和编辑 C 文件（emacs -nw main.c）。之后，你可以使用编译器将源代码转换为可执行文件（例如，gcc -o main main.c）。再之后，你可

---

① 你应该用 Emacs。如果用 vi，则可能会出现问题。 如果你用的不是真正的代码编辑器，那更糟糕。

以运行新的可执行文件（例如./main）。因此，你可以看到文件如何在不同的进程之间共享。首先，Emacs 创建一个文件，作为编译器的输入。编译器使用该输入文件创建一个新的可执行文件（可选一门编译器课程来了解细节）。最后，运行新的可执行文件。这样一个新的程序就诞生了！

为了更好地理解这一点，我们来看一些代码。图 2.6 展示了一些代码，创建包含字符串"hello world"的文件（/tmp/file）。

```
1    #include <stdio.h>
2    #include <unistd.h>
3    #include <assert.h>
4    #include <fcntl.h>
5    #include <sys/types.h>
6
7    int
8    main(int argc, char *argv[])
9    {
10       int fd = open("/tmp/file", O_WRONLY | O_CREAT | O_TRUNC, S_IRWXU);
11       assert(fd > -1);
12       int rc = write(fd, "hello world\n", 13);
13       assert(rc == 13);
14       close(fd);
15       return 0;
16   }
```

图 2.6　一个进行 I/O 的程序（io.c）

关键问题：如何持久地存储数据

文件系统是操作系统的一部分，负责管理持久的数据。持久性需要哪些技术才能正确地实现？需要哪些机制和策略才能高性能地实现？面对硬件和软件故障，可靠性如何实现？

为了完成这个任务，该程序向操作系统发出 3 个调用。第一个是对 open()的调用，它打开文件并创建它。第二个是 write()，将一些数据写入文件。第三个是 close()，只是简单地关闭文件，从而表明程序不会再向它写入更多的数据。这些系统调用（system call）被转到称为文件系统（file system）的操作系统部分，然后该系统处理这些请求，并向用户返回某种错误代码。

你可能想知道操作系统为了实际写入磁盘而做了什么。我们会告诉你，但你必须答应先闭上眼睛。这是不愉快的。文件系统必须做很多工作：首先确定新数据将驻留在磁盘上的哪个位置，然后在文件系统所维护的各种结构中对其进行记录。这样做需要向底层存储设备发出 I/O 请求，以读取现有结构或更新（写入）它们。所有写过设备驱动程序[①]（device driver）的人都知道，让设备代表你执行某项操作是一个复杂而详细的过程。它需要深入了解低级别设备接口及其确切的语义。幸运的是，操作系统提供了一种通过系统调用来访问设备的标准和简单的方法。因此，OS 有时被视为标准库（standard library）。

当然，关于如何访问设备、文件系统如何在所述设备上持久地管理数据，还有更多细节。出于性能方面的原因，大多数文件系统首先会延迟这些写操作一段时间，希望将其批量分

---

① 设备驱动程序是操作系统中的一些代码，它们知道如何与特定的设备打交道。我们稍后会详细讨论设备和设备驱动程序。

组为较大的组。为了处理写入期间系统崩溃的问题，大多数文件系统都包含某种复杂的写入协议，如日志（journaling）或写时复制（copy-on-write），仔细排序写入磁盘的操作，以确保如果在写入序列期间发生故障，系统可以在之后恢复到合理的状态。为了使不同的通用操作更高效，文件系统采用了许多不同的数据结构和访问方法，从简单的列表到复杂的 B 树。如果所有这些都不太明白，那很好！在本书的第 3 部分关于持久性（persistence）的讨论中，我们将详细讨论所有这些内容，在其中讨论设备和 I/O，然后详细讨论磁盘、RAID 和文件系统。

2.5　设计目标

现在你已经了解了操作系统实际上做了什么：它取得 CPU、内存或磁盘等物理资源（resources），并对它们进行虚拟化（virtualize）。它处理与并发（concurrency）有关的麻烦且棘手的问题。它持久地（persistently）存储文件，从而使它们长期安全。鉴于我们希望建立这样一个系统，所以要有一些目标，以帮助我们集中设计和实现，并在必要时进行折中。找到合适的折中是建立系统的关键。

一个最基本的目标，是建立一些抽象（abstraction），让系统方便和易于使用。抽象对我们在计算机科学中做的每件事都很有帮助。抽象使得编写一个大型程序成为可能，将其划分为小而且容易理解的部分，用 C[①] 这样的高级语言编写这样的程序不用考虑汇编，用汇编写代码不用考虑逻辑门，用逻辑门来构建处理器不用太多考虑晶体管。抽象是如此重要，有时我们会忘记它的重要性，但在这里我们不会忘记。因此，在每一部分中，我们将讨论随着时间的推移而发展的一些主要抽象，为你提供一种思考操作系统部分的方法。

设计和实现操作系统的一个目标，是提供高性能（performance）。换言之，我们的目标是最小化操作系统的开销（minimize the overhead）。虚拟化和让系统易于使用是非常值得的，但不会不计成本。因此，我们必须努力提供虚拟化和其他操作系统功能，同时没有过多的开销。这些开销会以多种形式出现：额外时间（更多指令）和额外空间（内存或磁盘上）。如果有可能，我们会寻求解决方案，尽量减少一种或两种。但是，完美并非总是可以实现的，我们会注意到这一点，并且（在适当的情况下）容忍它。

另一个目标是在应用程序之间以及在 OS 和应用程序之间提供保护（protection）。因为我们希望让许多程序同时运行，所以要确保一个程序的恶意或偶然的不良行为不会损害其他程序。我们当然不希望应用程序能够损害操作系统本身（因为这会影响系统上运行的所有程序）。保护是操作系统基本原理之一的核心，这就是隔离（isolation）。让进程彼此隔离是保护的关键，因此决定了 OS 必须执行的大部分任务。

操作系统也必须不间断运行。当它失效时，系统上运行的所有应用程序也会失效。由于这种依赖性，操作系统往往力求提供高度的可靠性（reliability）。随着操作系统变得越来越复杂（有时包含数百万行代码），构建一个可靠的操作系统是一个相当大的挑战：事实上，该领域的许多正在进行的研究（包括我们自己的一些工作[BS+09，SS+10]），正是专注于这个问题。

其他目标也是有道理的：在我们日益增长的绿色世界中，能源效率（energy-efficiency）

---

① 你们中的一些人可能不同意将 C 称为高级语言。不过，请记住，这是一门操作系统课程，我们很高兴不需要一直用汇编语言写程序！

非常重要；安全性（security）（实际上是保护的扩展）对于恶意应用程序至关重要，特别是在这高度联网的时代。随着操作系统在越来越小的设备上运行，移动性（mobility）变得越来越重要。根据系统的使用方式，操作系统将有不同的目标，因此可能至少以稍微不同的方式实现。但是，我们会看到，我们将要介绍的关于如何构建操作系统的许多原则，这在各种不同的设备上都很有用。

2.6 简单历史

在结束本章之前，让我们简单介绍一下操作系统的开发历史。就像任何由人类构建的系统一样，随着时间的推移，操作系统中积累了一些好想法，工程师们在设计中学到了重要的东西。在这里，我们简单介绍一下操作系统的几个发展阶段。更丰富的阐述，请参阅 Brinch Hansen 关于操作系统历史的佳作[BH00]。

早期操作系统：只是一些库

一开始，操作系统并没有做太多事情。基本上，它只是一组常用函数库。例如，不是让系统中的每个程序员都编写低级 I/O 处理代码，而是让 "OS" 提供这样的 API，这样开发人员的工作更加轻松。

通常，在这些老的大型机系统上，一次运行一个程序，由操作员来控制。这个操作员完成了你认为现代操作系统会做的许多事情（例如，决定运行作业的顺序）。如果你是一个聪明的开发人员，就会对这个操作员很好，这样他们可以将你的工作移动到队列的前端。

这种计算模式被称为批（batch）处理，先把一些工作准备好，然后由操作员以 "分批" 的方式运行。此时，计算机并没有以交互的方式使用，因为这样做成本太高：让用户坐在计算机前使用它，大部分时间它都会闲置，所以会导致设施每小时浪费数千美元[BH00]。

超越库：保护

在超越常用服务的简单库的发展过程中，操作系统在管理机器方面扮演着更为重要的角色。其中一个重要方面是意识到代表操作系统运行的代码是特殊的。它控制了设备，因此对待它的方式应该与对待正常应用程序代码的方式不同。为什么这样？好吧，想象一下，假设允许任何应用程序从磁盘上的任何地方读取。因为任何程序都可以读取任何文件，所以隐私的概念消失了。因此，将一个文件系统（file system）（管理你的文件）实现为一个库是没有意义的。实际上，还需要别的东西。

因此，系统调用（system call）的概念诞生了，它是 Atlas 计算系统[K+61，L78]率先采用的。不是将操作系统例程作为一个库来提供（你只需创建一个过程调用（procedure call）来访问它们），这里的想法是添加一些特殊的硬件指令和硬件状态，让向操作系统过渡变为更正式的、受控的过程。

系统调用和过程调用之间的关键区别在于，系统调用将控制转移（跳转）到 OS 中，同时提高硬件特权级别（hardware privilege level）。用户应用程序以所谓的用户模式（user mode）

运行，这意味着硬件限制了应用程序的功能。例如，以用户模式运行的应用程序通常不能发起对磁盘的 I/O 请求，不能访问任何物理内存页或在网络上发送数据包。在发起系统调用时 [通常通过一个称为陷阱（trap）的特殊硬件指令]，硬件将控制转移到预先指定的陷阱处理程序（trap handler）（即预先设置的操作系统），并同时将特权级别提升到内核模式（kernel mode）。在内核模式下，操作系统可以完全访问系统的硬件，因此可以执行诸如发起 I/O 请求或为程序提供更多内存等功能。当操作系统完成请求的服务时，它通过特殊的陷阱返回（return-from-trap）指令将控制权交还给用户，该指令返回到用户模式，同时将控制权交还给应用程序，回到应用离开的地方。

多道程序时代

操作系统的真正兴起在大主机计算时代之后，即小型机（minicomputer）时代。像数字设备公司（DEC）的 PDP 系列这样的经典机器，让计算机变得更加实惠。因此，不再是每个大型组织拥有一台主机，而是组织内的一小群人可能拥有自己的计算机。毫不奇怪，这种成本下降的主要影响之一是开发者活动的增加。更聪明的人接触到计算机，从而让计算机系统做出更有趣和漂亮的事情。

特别是，由于希望更好地利用机器资源，多道程序（multiprogramming）变得很普遍。操作系统不是一次只运行一项作业，而是将大量作业加载到内存中并在它们之间快速切换，从而提高 CPU 利用率。这种切换非常重要，因为 I/O 设备很慢。在处理 I/O 时让程序占着 CPU，浪费了 CPU 时间。那么，为什么不切换到另一份工作并运行一段时间？

在 I/O 进行和任务中断时，要支持多道程序和重叠运行。这一愿望迫使操作系统创新，沿着多个方向进行概念发展。内存保护（memory protection）等问题变得重要。我们不希望一个程序能够访问另一个程序的内存。了解如何处理多道程序引入的并发（concurrency）问题也很关键。在中断存在的情况下，确保操作系统正常运行是一个很大的挑战。我们将在本书后面研究这些问题和相关主题。

当时主要的实际进展之一是引入了 UNIX 操作系统，主要归功于贝尔实验室（电话公司）的 Ken Thompson 和 Dennis Ritchie。UNIX 从不同的操作系统获得了许多好的想法（特别是来自 Multics [O72]，还有一些来自 TENEX [B+72]和 Berkeley 分时系统[S+68]等系统），但让它们更简单易用。很快，这个团队就向世界各地的人们发送含有 UNIX 源代码的磁带，其中许多人随后参与并添加到系统中。请参阅补充了解更多细节①。

摩登时代

除了小型计算机之外，还有一种新型机器，便宜，速度更快，而且适用于大众：今天我们称之为个人计算机（Personal Computer，PC）。在苹果公司早期的机器（如 Apple II）和 IBM PC 的引领下，这种新机器很快就成为计算的主导力量，因为它们的低成本让每个桌子上都有一台机器，而不是每个工作小组共享一台小型机。

遗憾的是，对于操作系统来说，个人计算机起初代表了一次巨大的倒退，因为早期的系统忘

---

① 我们将使用补充和其他相关文本框，让你注意到不太适合文本主线的各种内容。有时候，我们甚至会用它们来开玩笑，为什么在这个过程中没有一点乐趣？是的，许多笑话都很糟糕。

记了（或从未知道）小型机时代的经验教训。例如，早期的操作系统，如 DOS（来自微软的磁盘操作系统），并不认为内存保护很重要。因此，恶意程序（或者只是一个编程不好的应用程序）可能会在整个内存中乱写乱七八糟的东西。第一代 macOS（V9 及更早版本）采取合作的方式进行作业调度。因此，意外陷入无限循环的线程可能会占用整个系统，从而导致重新启动。这一代系统中遗漏的操作系统功能造成的痛苦列表很长，太长了，因此无法在此进行全面的讨论。

　　幸运的是，经过一段时间的苦难后，小型计算机操作系统的老功能开始进入台式机。例如，macOS X 的核心是 UNIX，包括人们期望从这样一个成熟系统中获得的所有功能。Windows 在计算历史中同样采用了许多伟大的思想，特别是从 Windows NT 开始，这是微软操作系统技术的一次巨大飞跃。即使在今天的手机上运行的操作系统（如 Linux），也更像小型机在 20 世纪 70 年代运行的，而不像 20 世纪 80 年代 PC 运行的那种操作系统。很高兴看到在操作系统开发鼎盛时期出现的好想法已经进入现代世界。更好的是，这些想法不断发展，为用户和应用程序提供更多功能，让现代系统更加完善。

补充：UNIX 的重要性

　　在操作系统的历史中，UNIX 的重要性举足轻重。受早期系统（特别是 MIT 著名的 Multics 系统）的影响，UNIX 汇集了许多了不起的思想，创造了既简单又强大的系统。

　　最初的"贝尔实验室"UNIX 的基础是统一的原则，即构建小而强大的程序，这些程序可以连接在一起形成更大的工作流。在你输入命令的地方，shell 提供了诸如管道（pipe）之类的原语，来支持这样的元（meta-level）编程，因此很容易将程序串起来完成更大的任务。例如，要查找文本文件中包含单词"foo"的行，然后要计算存在多少行，请键入：grep foo file.txt | wc -l，从而使用 grep 和 wc（单词计数）程序来实现你的任务。

　　UNIX 环境对于程序员和开发人员都很友好，并为新的 C 编程语言提供了编译器。程序员很容易编写自己的程序并分享它们，这使得 UNIX 非常受欢迎。作为开放源码软件（open-source software）的早期形式，作者向所有请求的人免费提供副本，这可能帮助很大。

　　代码的可得性和可读性也非常重要。用 C 语言编写的美丽的小内核吸引其他人摆弄内核，添加新的、很酷的功能。例如，由 Bill Joy 领导的伯克利创业团队发布了一个非常棒的发行版（Berkeley Systems Distribution，BSD），该发行版拥有先进的虚拟内存、文件系统和网络子系统。Joy 后来与朋友共同创立了 Sun Microsystems。

　　遗憾的是，随着公司试图维护其所有权和利润，UNIX 的传播速度有所放慢，这是律师参与其中的不幸（但常见的）结果。许多公司都有自己的变种：Sun Microsystems 的 SunOS、IBM 的 AIX、HP 的 HPUX（又名 H-Pucks）以及 SGI 的 IRIX。AT＆T/贝尔实验室和这些其他厂商之间的法律纠纷给 UNIX 带来了阴影，许多人想知道它是否能够存活下来，尤其是 Windows 推出后并占领了大部分 PC 市场……

补充：然后出现了 Linux

　　幸运的是，对于 UNIX 来说，一位名叫 Linus Torvalds 的年轻芬兰黑客决定编写他自己的 UNIX 版本，该版本严重依赖最初系统背后的原则和思想，但没有借用原来的代码集，从而避免了合法性问题。他征集了世界各地许多其他人的帮助，不久，Linux 就诞生了（同时也开启了现代开源软件运动）。

　　随着互联网时代的到来，大多数公司（如谷歌、亚马逊、Facebook 和其他公司）选择运行 Linux，因为它是免费的，可以随时修改以适应他们的需求。事实上，如果不存在这样一个系统，很难想象这些新公司的成功。随着智能手机成为占主导地位的面向用户的平台，出于许多相同的原因，Linux 也在那里找到了用武之地（通过 Android）。史蒂夫·乔布斯将他的基于 UNIX 的 NeXTStep 操作环境带到了苹果公司，从而使得 UNIX 在台式机上非常流行（尽管很多苹果技术用户可能都不知道这一事实）。因此，UNIX 今天比以往任何时候都更加重要。如果你相信有计算之神，那么应该感谢这个美妙的结果。

2.7 小结

至此，我们介绍了操作系统。今天的操作系统使得系统相对易于使用，而且你今天使用的几乎所有操作系统都受到本章讨论的操作系统发展的影响。

由于篇幅的限制，我们在本书中将不会涉及操作系统的一些部分。例如，操作系统中有很多网络代码。我们建议你去上网络课以便更多地学习相关知识。同样，图形设备尤为重要。请参加图形课程以扩展你在这方面的知识。最后，一些操作系统书籍谈论了很多关于安全性的内容。我们会这样做，因为操作系统必须在正在运行的程序之间提供保护，并为用户提供保护文件的能力，但我们不会深入研究安全课程中可能遇到的更深层次的安全问题。

但是，我们将讨论许多重要的主题，包括 CPU 和内存虚拟化的基础知识、并发以及通过设备和文件系统的持久性。别担心！虽然有很多内容要介绍，但其中大部分都很酷。这段旅程结束时，你将会对计算机系统的真实工作方式有一个全新的认识。现在开始吧！

参考资料

[BS+09] "Tolerating File-System Mistakes with EnvyFS"
Lakshmi N. Bairavasundaram, Swaminathan Sundararaman, Andrea C. Arpaci-Dusseau, Remzi H. Arpaci-Dusseau
USENIX '09, San Diego, CA, June 2009
一篇有趣的文章，讲述同时使用多个文件系统以容忍其中任何一个文件系统出现错误。

[BH00] "The Evolution of Operating Systems"
P. Brinch Hansen
In Classic Operating Systems: From Batch Processing to Distributed Systems Springer-Verlag, New York, 2000
这篇文章介绍了与具有历史意义的系统相关的内容。

[B+72] "TENEX, A Paged Time Sharing System for the PDP-10"
Daniel G. Bobrow, Jerry D. Burchfiel, Daniel L. Murphy, Raymond S. Tomlinson CACM, Volume 15, Number 3, March 1972
TENEX 拥有现代操作系统中的许多机制。请阅读更多关于它的信息，看看在 20 世纪 70 年代早期已经有了哪些创新。

[B75] "The Mythical Man-Month" Fred Brooks
Addison-Wesley, 1975

一本关于软件工程的经典教科书，非常值得一读。

[BOH10] "Computer Systems: A Programmer's Perspective" Randal E. Bryant and David R. O'Hallaron
Addison-Wesley, 2010
关于计算机系统工作原理的另一本卓越的图书，与本书的内容有一点点重叠——所以，如果你愿意，你可以跳过本书的最后几章，或者直接阅读它们，以获取关于某些相同材料的不同观点。毕竟，健全与完善自己知识的一个好方法，就是尽可能多地听取其他观点，然后在此问题上扩展自己的观点和想法。

[K+61] "One-Level Storage System"
T. Kilburn, D.B.G. Edwards, M.J. Lanigan, F.H. Sumner IRE Transactions on Electronic Computers, April 1962
Atlas 开创了你在现代系统中看到的大部分概念。但是，这篇论文并不是最好的读物。如果你只读一篇文章，可以了解一下下面的历史观点[L78]。

[L78] "The Manchester Mark I and Atlas: A Historical Perspective"
S.H. Lavington
Communications of the ACM archive Volume 21, Issue 1 (January 1978), pages 4-12
关于计算机系统早期发展的历史和 Atlas 的开拓性工作。当然，我们可以自己阅读 Atlas 的论文，但是这篇论文提供了一个对计算机系统的很好的概述，并且增加了一些历史观点。

[O72] "The Multics System: An Examination of its Structure" Elliott Organick, 1972
Multics 的完美概述。这么多好的想法，但它是一个过度设计的系统，目标太多，因此从未真正按预期工作。是 *Fred Brooks* 称之为"第二系统效应"的典型例子[B75]。

[PP03] "Introduction to Computing Systems: From Bits and Gates to C and Beyond"
Yale N. Patt and Sanjay J. Patel
McGraw-Hill, 2003
我们最喜欢的计算系统图书之一。它从晶体管开始讲解，一直讲到 C。书中早期的素材特别好。

[RT74] "The UNIX Time-Sharing System" Dennis M. Ritchie and Ken Thompson
CACM, Volume 17, Number 7, July 1974, pages 365-375
关于 UNIX 的杰出总结，作者撰写此书时，UNIX 正在计算世界里占据统治地位。

[S68] "SDS 940 Time-Sharing System" Scientific Data Systems Inc.
TECHNICAL MANUAL, SDS 90 11168 August 1968
这是我们可以找到的一本不错的技术手册。阅读这些旧的系统文件，能看到在 20 世纪 60 年代后期技术发展的进程，这很有意思。伯克利时分系统（最终成为 SDS 系统）背后的核心构建者之一是 Butler Lampson，后来他因系统贡献而获得图灵奖。

[SS+10] "Membrane: Operating System Support for Restartable File Systems" Swaminathan Sundararaman, Sriram Subramanian, Abhishek Rajimwale, Andrea C. Arpaci-Dusseau, Remzi H. Arpaci-Dusseau, Michael M. Swift FAST '10, San Jose, CA, February 2010
写自己的课程注解的好处是：你可以为自己的研究做广告。但是这篇论文实际上非常简洁。当文件系统遇到错误并崩溃时，Membrane 会自动重新启动它，所有这些都不会导致应用程序或系统的其他部分受到影响。

■ 第 1 部分　虚拟化

第 3 章　关于虚拟化的对话

教授：现在我们开始讲操作系统 3 个部分的第 1 部分——虚拟化。

学生：尊敬的教授，什么是虚拟化？

教授：想象我们有一个桃子。

学生：桃子？（不可思议）

教授：是的，一个桃子，我们称之为物理（physical）桃子。但有很多想吃这个桃子的人，我们希望向每个想吃的人提供一个属于他的桃子，这样才能皆大欢喜。我们把给每个人的桃子称为虚拟（virtual）桃子。我们通过某种方式，从这个物理桃子创造出许多虚拟桃子。重要的是，在这种假象中，每个人看起来都有一个物理桃子，但实际上不是。

学生：所以每个人都不知道他在和别人一起分享一个桃子吗？

教授：是的。

学生：但不管怎么样，实际情况就是只有一个桃子啊。

教授：是的，所以呢？

学生：所以，如果我和别人分享同一个桃子，我一定会发现这个问题。

教授：是的！你说得没错。但吃的人多才有这样的问题。多数时间他们都在打盹或者做其他事情，所以，你可以在他们打盹的时候把他手中的桃子拿过来分给其他人，这样我们就创造了有许多虚拟桃子的假象，每人一个桃子！

学生：这听起来就像糟糕的竞选口号。教授，您是在跟我讲计算机知识吗？

教授：年轻人，看来需要给你一个更具体的例子。以最基本的计算机资源 CPU 为例，假设一个计算机只有一个 CPU（尽管现代计算机一般拥有 2 个、4 个或者更多 CPU），虚拟化要做的就是将这个 CPU 虚拟成多个虚拟 CPU 并分给每一个进程使用，因此，每个应用都以为自己在独占 CPU，但实际上只有一个 CPU。这样操作系统就创造了美丽的假象——它虚拟化了 CPU。

学生：听起来好神奇，能再多讲一些吗？它是如何工作的？

教授：问得很及时，听上去你已经做好开始学习的准备了。

学生：是的，不过我还真有点担心您又要讲桃子的事情了。

教授：不用担心，毕竟我也不喜欢吃桃子。那我们开始学习吧……

第 4 章　抽象：进程

本章讨论操作系统提供的基本的抽象——进程。进程的非正式定义非常简单：进程就是运行中的程序。程序本身是没有生命周期的，它只是存在磁盘上面的一些指令（也可能是一些静态数据）。是操作系统让这些字节运行起来，让程序发挥作用。

事实表明，人们常常希望同时运行多个程序。比如：在使用计算机或者笔记本的时候，我们会同时运行浏览器、邮件、游戏、音乐播放器，等等。实际上，一个正常的系统可能会有上百个进程同时在运行。如果能实现这样的系统，人们就不需要考虑这个时候哪一个 CPU 是可用的，使用起来非常简单。因此我们的挑战是：

> **关键问题：如何提供有许多 CPU 的假象？**
>
> 虽然只有少量的物理 CPU 可用，但是操作系统如何提供几乎有无数个 CPU 可用的假象？

操作系统通过虚拟化（virtualizing）CPU 来提供这种假象。通过让一个进程只运行一个时间片，然后切换到其他进程，操作系统提供了存在多个虚拟 CPU 的假象。这就是时分共享（time sharing）CPU 技术，允许用户如愿运行多个并发进程。潜在的开销就是性能损失，因为如果 CPU 必须共享，每个进程的运行就会慢一点。

要实现 CPU 的虚拟化，要实现得好，操作系统就需要一些低级机制以及一些高级智能。我们将低级机制称为机制（mechanism）。机制是一些低级方法或协议，实现了所需的功能。例如，我们稍后将学习如何实现上下文切换（context switch），它让操作系统能够停止运行一个程序，并开始在给定的 CPU 上运行另一个程序。所有现代操作系统都采用了这种分时机制。

> **提示：使用时分共享（和空分共享）**
>
> 时分共享（time sharing）是操作系统共享资源所使用的最基本的技术之一。通过允许资源由一个实体使用一小段时间，然后由另一个实体使用一小段时间，如此下去，所谓的资源（例如，CPU 或网络链接）可以被许多人共享。时分共享的自然对应技术是空分共享，资源在空间上被划分给希望使用它的人。例如，磁盘空间自然是一个空分共享资源，因为一旦将块分配给文件，在用户删除文件之前，不可能将它分配给其他文件。

在这些机制之上，操作系统中有一些智能以策略（policy）的形式存在。策略是在操作系统内做出某种决定的算法。例如，给定一组可能的程序要在 CPU 上运行，操作系统应该运行哪个程序？操作系统中的调度策略（scheduling policy）会做出这样的决定，可能利用历史信息（例如，哪个程序在最后一分钟运行得更多？）、工作负载知识（例如，运行什么类型的程序？）以及性能指标 （例如，系统是否针对交互式性能或吞吐量进行优化？）来做出决定。

4.1   抽象：进程概念

操作系统为正在运行的程序提供的抽象，就是所谓的进程（process）。正如我们上面所说的，一个进程只是一个正在运行的程序。在任何时刻，我们都可以清点它在执行过程中访问或影响的系统的不同部分，从而概括一个进程。

为了理解构成进程的是什么，我们必须理解它的机器状态（machine state）：程序在运行时可以读取或更新的内容。在任何时刻，机器的哪些部分对执行该程序很重要？

进程的机器状态有一个明显组成部分，就是它的内存。指令存在内存中。正在运行的程序读取和写入的数据也在内存中。因此进程可以访问的内存（称为地址空间，address space）是该进程的一部分。

进程的机器状态的另一部分是寄存器。许多指令明确地读取或更新寄存器，因此显然，它们对于执行该进程很重要。

请注意，有一些非常特殊的寄存器构成了该机器状态的一部分。例如，程序计数器（Program Counter，PC）（有时称为指令指针，Instruction Pointer 或 IP）告诉我们程序即将执行哪个指令；类似地，栈指针（stack pointer）和相关的帧指针（frame pointer）用于管理函数参数栈、局部变量和返回地址。

提示：分离策略和机制

在许多操作系统中，一个通用的设计范式是将高级策略与其低级机制分开[L+75]。你可以将机制看成为系统的"如何（how）"问题提供答案。例如，操作系统如何执行上下文切换？策略为"哪个（which）"问题提供答案。例如，操作系统现在应该运行哪个进程？将两者分开可以轻松地改变策略，而不必重新考虑机制，因此这是一种模块化（modularity）的形式，一种通用的软件设计原则。

最后，程序也经常访问持久存储设备。此类 I/O 信息可能包含当前打开的文件列表。

4.2   进程 API

虽然讨论真实的进程 API 将推迟到第 5 章讲解，但这里先介绍一下操作系统的所有接口必须包含哪些内容。所有现代操作系统都以某种形式提供这些 API。

- **创建（create）**：操作系统必须包含一些创建新进程的方法。在 shell 中键入命令或双击应用程序图标时，会调用操作系统来创建新进程，运行指定的程序。
- **销毁（destroy）**：由于存在创建进程的接口，因此系统还提供了一个强制销毁进程的接口。当然，很多进程会在运行完成后自行退出。但是，如果它们不退出，用户可能希望终止它们，因此停止失控进程的接口非常有用。
- **等待（wait）**：有时等待进程停止运行是有用的，因此经常提供某种等待接口。
- **其他控制（miscellaneous control）**：除了杀死或等待进程外，有时还可能有其他控制。例如，大多数操作系统提供某种方法来暂停进程（停止运行一段时间），然后恢复（继续运行）。

- **状态（status）**：通常也有一些接口可以获得有关进程的状态信息，例如运行了多长时间，或者处于什么状态。

4.3 进程创建：更多细节

我们应该揭开一个谜，就是程序如何转化为进程。具体来说，操作系统如何启动并运行一个程序？进程创建实际如何进行？

操作系统运行程序必须做的第一件事是将代码和所有静态数据（例如初始化变量）加载（load）到内存中，加载到进程的地址空间中。程序最初以某种可执行格式驻留在磁盘上（disk，或者在某些现代系统中，在基于闪存的 SSD 上）。因此，将程序和静态数据加载到内存中的过程，需要操作系统从磁盘读取这些字节，并将它们放在内存中的某处（见图 4.1）。

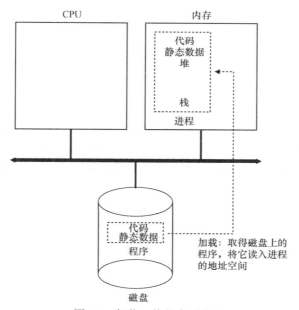

图 4.1 加载：从程序到进程

在早期的（或简单的）操作系统中，加载过程尽早（eagerly）完成，即在运行程序之前全部完成。现代操作系统惰性（lazily）执行该过程，即仅在程序执行期间需要加载的代码或数据片段，才会加载。要真正理解代码和数据的惰性加载是如何工作的，必须更多地了解分页和交换的机制，这是我们将来讨论内存虚拟化时要涉及的主题。现在，只要记住在运行任何程序之前，操作系统显然必须做一些工作，才能将重要的程序字节从磁盘读入内存。

将代码和静态数据加载到内存后，操作系统在运行此进程之前还需要执行其他一些操作。必须为程序的运行时栈（run-time stack 或 stack）分配一些内存。你可能已经知道，C

程序使用栈存放局部变量、函数参数和返回地址。操作系统分配这些内存，并提供给进程。操作系统也可能会用参数初始化栈。具体来说，它会将参数填入 main()函数，即 argc 和 argv 数组。

操作系统也可能为程序的堆（heap）分配一些内存。在 C 程序中，堆用于显式请求的动态分配数据。程序通过调用 malloc()来请求这样的空间，并通过调用 free()来明确地释放它。数据结构（如链表、散列表、树和其他有趣的数据结构）需要堆。起初堆会很小。随着程序运行，通过 malloc()库 API 请求更多内存，操作系统可能会参与分配更多内存给进程，以满足这些调用。

操作系统还将执行一些其他初始化任务，特别是与输入/输出（I/O）相关的任务。例如，在 UNIX 系统中，默认情况下每个进程都有 3 个打开的文件描述符（file descriptor），用于标准输入、输出和错误。这些描述符让程序轻松读取来自终端的输入以及打印输出到屏幕。在本书的第 3 部分关于持久性（persistence）的知识中，我们将详细了解 I/O、文件描述符等。

通过将代码和静态数据加载到内存中，通过创建和初始化栈以及执行与 I/O 设置相关的其他工作，OS 现在（终于）为程序执行搭好了舞台。然后它有最后一项任务：启动程序，在入口处运行，即 main()。通过跳转到 main()例程（第 5 章讨论的专门机制），OS 将 CPU 的控制权转移到新创建的进程中，从而程序开始执行。

4.4　进程状态

既然已经了解了进程是什么（但我们会继续改进这个概念），以及（大致）它是如何创建的，让我们来谈谈进程在给定时间可能处于的不同状态（state）。在早期的计算机系统 [DV66，V+65]中，出现了一个进程可能处于这些状态之一的概念。简而言之，进程可以处于以下 3 种状态之一。

- **运行（running）**：在运行状态下，进程正在处理器上运行。这意味着它正在执行指令。
- **就绪（ready）**：在就绪状态下，进程已准备好运行，但由于某种原因，操作系统选择不在此时运行。
- **阻塞（blocked）**：在阻塞状态下，一个进程执行了某种操作，直到发生其他事件时才会准备运行。一个常见的例子是，当进程向磁盘发起 I/O 请求时，它会被阻塞，因此其他进程可以使用处理器。

如果将这些状态映射到一个图上，会得到图 4.2。如图 4.2 所示，可以根据操作系统的裁量，让进程在就绪状态和运行状态之间转换。从就绪到运行意味着该进程已经被调度（scheduled）。从运行转移到就绪意味着该进程已经取消调度（descheduled）。一旦进程被阻塞（例如，通过发起 I/O 操作），OS 将保持进程的这种状态，直到发生某种事件（例如，I/O 完成）。此时，进程再次转入就绪状态（也可能立即再次运行，如果操作系统这样决定）。

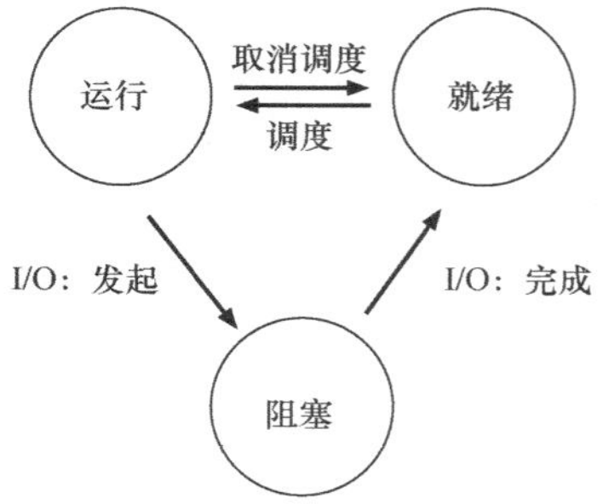

图 4.2　进程：状态转换

我们来看一个例子，看两个进程如何通过这些状态转换。首先，想象两个正在运行的进程，每个进程只使用 CPU（它们没有 I/O）。在这种情况下，每个进程的状态可能如表 4.1 所示。

表 4.1   跟踪进程状态：只看 CPU

时间	Process0	Process1	注
1	运行	就绪	
2	运行	就绪	
3	运行	就绪	
4	运行	就绪	Process0 现在完成
5	—	运行	
6	—	运行	
7	—	运行	
8	—	运行	Process1 现在完成

在下一个例子中，第一个进程在运行一段时间后发起 I/O 请求。此时，该进程被阻塞，让另一个进程有机会运行。表 4.2 展示了这种场景。

表 4.2   跟踪进程状态：CPU 和 I/O

时间	Process0	Process1	注
1	运行	就绪	
2	运行	就绪	
3	运行	就绪	Process0 发起 I/O
4	阻塞	运行	Process0 被阻塞
5	阻塞	运行	所以 Process1 运行
6	阻塞	运行	
7	就绪	运行	I/O 完成
8	就绪	运行	Process1 现在完成
9	运行	—	
10	运行	—	Process0 现在完成

更具体地说，Process0 发起 I/O 并被阻塞，等待 I/O 完成。例如，当从磁盘读取数据或等待网络数据包时，进程会被阻塞。OS 发现 Process0 不使用 CPU 并开始运行 Process1。当 Process1 运行时，I/O 完成，将 Process0 移回就绪状态。最后，Process1 结束，Process0 运行，然后完成。

请注意，即使在这个简单的例子中，操作系统也必须做出许多决定。首先，系统必须决定在 Process0 发出 I/O 时运行 Process1。这样做可以通过保持 CPU 繁忙来提高资源利用率。其次，当 I/O 完成时，系统决定不切换回 Process0。目前还不清楚这是不是一个很好的决定。你怎么看？这些类型的决策由操作系统调度程序完成，这是我们在未来几章讨论的主题。

4.5　数据结构

操作系统是一个程序，和其他程序一样，它有一些关键的数据结构来跟踪各种相关的信息。例如，为了跟踪每个进程的状态，操作系统可能会为所有就绪的进程保留某种进程列表（process list），以及跟踪当前正在运行的进程的一些附加信息。操作系统还必须以某种方式跟踪被阻塞的进程。当 I/O 事件完成时，操作系统应确保唤醒正确的进程，让它准备好再次运行。

图 4.3 展示了 OS 需要跟踪 xv6 内核中每个进程的信息类型[CK+08]。"真正的"操作系统中存在类似的进程结构，如 Linux、macOS X 或 Windows。查看它们，看看有多复杂。

从图 4.3 中可以看到，操作系统追踪进程的一些重要信息。对于停止的进程，寄存器上下文将保存其寄存器的内容。当一个进程停止时，它的寄存器将被保存到这个内存位置。通过恢复这些寄存器（将它们的值放回实际的物理寄存器中），操作系统可以恢复运行该进程。我们将在后面的章节中更多地了解这种技术，它被称为上下文切换（context switch）。

```
// the registers xv6 will save and restore
// to stop and subsequently restart a process
struct context {
  int eip;
  int esp;
  int ebx;
  int ecx;
  int edx;
  int esi;
  int edi;
  int ebp;
};

// the different states a process can be in
enum proc_state { UNUSED, EMBRYO, SLEEPING,
                  RUNNABLE, RUNNING, ZOMBIE };

// the information xv6 tracks about each process
// including its register context and state
struct proc {
  char *mem;                 // Start of process memory
  uint sz;                   // Size of process memory
  char *kstack;              // Bottom of kernel stack
                             // for this process
  enum proc_state state;     // Process state
  int pid;                   // Process ID
  struct proc *parent;       // Parent process
  void *chan;                // If non-zero, sleeping on chan
  int killed;                // If non-zero, have been killed
  struct file *ofile[NOFILE]; // Open files
```

```
    struct inode *cwd;              // Current directory
    struct context context;        // Switch here to run process
    struct trapframe *tf;          // Trap frame for the
                                   // current interrupt
};
```

图 4.3　xv6 的 proc 结构

从图 4.3 中还可以看到，除了运行、就绪和阻塞之外，还有其他一些进程可以处于的状态。有时候系统会有一个初始（initial）状态，表示进程在创建时处于的状态。另外，一个进程可以处于已退出但尚未清理的最终（final）状态（在基于 UNIX 的系统中，这称为僵尸状态[①]）。这个最终状态非常有用，因为它允许其他进程（通常是创建进程的父进程）检查进程的返回代码，并查看刚刚完成的进程是否成功执行（通常，在基于 UNIX 的系统中，程序成功完成任务时返回零，否则返回非零）。完成后，父进程将进行最后一次调用（例如，wait()），以等待子进程的完成，并告诉操作系统它可以清理这个正在结束的进程的所有相关数据结构。

> **补充：数据结构——进程列表**
>
> 操作系统充满了我们将在这些讲义中讨论的各种重要数据结构（data structure）。进程列表（process list）是第一个这样的结构。这是比较简单的一种，但是，任何能够同时运行多个程序的操作系统当然都会有类似这种结构的东西，以便跟踪系统中正在运行的所有程序。有时候人们会将存储关于进程的信息的个体结构称为进程控制块（Process Control Block，PCB），这是谈论包含每个进程信息的 C 结构的一种方式。

4.6　小结

我们已经介绍了操作系统的最基本抽象：进程。它很简单地被视为一个正在运行的程序。有了这个概念，接下来将继续讨论具体细节：实现进程所需的低级机制和以智能方式调度这些进程所需的高级策略。结合机制和策略，我们将加深对操作系统如何虚拟化 CPU 的理解。

参考资料

[BH70] "The Nucleus of a Multiprogramming System" Per Brinch Hansen
Communications of the ACM, Volume 13, Number 4, April 1970
本文介绍了 Nucleus，它是操作系统历史上的第一批微内核（microkernel）之一。体积更小、系统更小的想法，在操作系统历史上是不断重复的主题。这一切都始于 Brinch Hansen 在这里描述的工作。

[①] 是的，僵尸状态。就像真正的僵尸一样，这些"僵尸"相对容易杀死。但是，通常建议使用不同的技术。

[CK+08]"The xv6 Operating System"

Russ Cox, Frans Kaashoek, Robert Morris, Nickolai Zeldovich

xv6 是世界上颇有魅力的、真实的小型操作系统。请下载并利用它来了解更多关于操作系统实际工作方式的细节。

[DV66]"Programming Semantics for Multiprogrammed Computations" Jack B. Dennis and Earl C. Van Horn

Communications of the ACM, Volume 9, Number 3, March 1966

本文定义了构建多道程序系统的许多早期术语和概念。

[L+75]"Policy/mechanism separation in Hydra"

R. Levin, E. Cohen, W. Corwin, F. Pollack, W. Wulf SOSP 1975

一篇关于如何在名为 Hydra 的研究操作系统中构建一些操作系统的早期论文。虽然 Hydra 从未成为主流操作系统，但它的一些想法影响了操作系统设计人员。

[V+65]"Structure of the Multics Supervisor"

V.A. Vyssotsky, F. J. Corbato, R. M. Graham Fall Joint Computer Conference, 1965

一篇关于 Multics 的早期论文，描述了我们在现代系统中看到的许多基本概念和术语。计算作为实用工具，这背后的一些愿景终于在现代云系统中得以实现。

作业

补充：模拟作业

　　模拟作业以模拟器的形式出现，你运行它以确保理解某些内容。模拟器通常是 Python 程序，它们让你能够生成不同的问题（使用不同的随机种子），也让程序为你解决问题（带-c 标志），以便你检查答案。使用-h 或--help 标志运行任何模拟器，将提供有关模拟器所有选项的更多信息。

　　每个模拟器附带的 README 文件提供了有关如何运行它的更多详细信息，其中详细描述了每个标志。

　　程序 process-run.py 让你查看程序运行时进程状态如何改变，是在使用 CPU（例如，执行相加指令）还是执行 I/O（例如，向磁盘发送请求并等待它完成）。详情请参阅 README 文件。

问题

　　1．用以下标志运行程序：./process-run.py -l 5:100,5:100。CPU 利用率（CPU 使用时间的百分比）应该是多少？为什么你知道这一点？利用 -c 标记查看你的答案是否正确。

　　2．现在用这些标志运行：./process-run.py -l 4:100,1:0。这些标志指定了一个包含 4 条指令的进程（都要使用 CPU），并且只是简单地发出 I/O 并等待它完成。完成这两个进程需要多长时间？利用-c 检查你的答案是否正确。

3. 现在交换进程的顺序：./process-run.py -l 1:0,4:100。现在发生了什么？交换顺序是否重要？为什么？同样，用-c 看看你的答案是否正确。

4. 现在探索另一些标志。一个重要的标志是-S，它决定了当进程发出 I/O 时系统如何反应。将标志设置为 SWITCH_ON_END，在进程进行 I/O 操作时，系统将不会切换到另一个进程，而是等待进程完成。当你运行以下两个进程时，会发生什么情况？一个执行 I/O，另一个执行 CPU 工作。(-l 1:0,4:100 -c -S SWITCH_ON_END)

5. 现在，运行相同的进程，但切换行为设置，在等待 I/O 时切换到另一个进程 (-l 1:0,4:100 -c -S SWITCH_ON_IO)。现在会发生什么？利用-c 来确认你的答案是否正确。

6. 另一个重要的行为是 I/O 完成时要做什么。利用-I IO_RUN_LATER，当 I/O 完成时，发出它的进程不一定马上运行。相反，当时运行的进程一直运行。当你运行这个进程组合时会发生什么？（./process-run.py -l 3:0,5:100,5:100,5:100 -S SWITCH_ON_IO -I IO_RUN_LATER -c -p）系统资源是否被有效利用？

7. 现在运行相同的进程，但使用-I IO_RUN_IMMEDIATE 设置，该设置立即运行发出 I/O 的进程。这种行为有何不同？为什么运行一个刚刚完成 I/O 的进程会是一个好主意？

8. 现在运行一些随机生成的进程，例如-s 1 -l 3:50,3:50, -s 2 -l 3:50,3:50, -s 3 -l 3:50,3:50。看看你是否能预测追踪记录会如何变化？当你使用-I IO_RUN_IMMEDIATE 与-I IO_RUN_LATER 时会发生什么？当你使用-S SWITCH_ON_IO 与-S SWITCH_ON_END 时会发生什么？

第5章 插叙：进程 API

补充：插叙

本章将介绍更多系统实践方面的内容，包括特别关注操作系统的 API 及其使用方式。如果不关心实践相关的内容，你可以略过。但是你应该喜欢实践内容，它们通常在实际生活中有用。例如，公司通常不会因为不实用的技能而聘用你。

本章将讨论 UNIX 系统中的进程创建。UNIX 系统采用了一种非常有趣的创建新进程的方式，即通过一对系统调用：fork()和 exec()。进程还可以通过第三个系统调用 wait()，来等待其创建的子进程执行完成。本章将详细介绍这些接口，通过一些简单的例子来激发兴趣。

关键问题：如何创建并控制进程

操作系统应该提供怎样的进程创建及控制接口？如何设计这些接口才能既方便又实用？

5.1 fork()系统调用

系统调用 fork()用于创建新进程[C63]。但要小心，这可能是你使用过的最奇怪的接口[1]。具体来说，你可以运行一个程序，代码如图 5.1 所示。仔细看这段代码，建议亲自键入并运行！

```
1    #include <stdio.h>
2    #include <stdlib.h>
3    #include <unistd.h>
4
5    int
6    main(int argc, char *argv[])
7    {
8        printf("hello world (pid:%d)\n", (int) getpid());
9        int rc = fork();
10       if (rc < 0) {         // fork failed; exit
11           fprintf(stderr, "fork failed\n");
12           exit(1);
13       } else if (rc == 0) { // child (new process)
14           printf("hello, I am child (pid:%d)\n", (int) getpid());
15       } else {              // parent goes down this path (main)
16           printf("hello, I am parent of %d (pid:%d)\n",
17                   rc, (int) getpid());
```

---

[1] 好吧，我们承认我们并不确定。谁知道你在没人的时候调用过什么？但 fork()相当奇怪，不管你的函数调用模式有多不同。

```
18        }
19        return 0;
20   }
```

图 5.1　调用 fork()（p1.c）

运行这段程序（p1.c），将看到如下输出：

```
prompt> ./p1
hello world (pid:29146)
hello, I am parent of 29147 (pid:29146)
hello, I am child (pid:29147)
prompt>
```

让我们更详细地理解一下 p1.c 到底发生了什么。当它刚开始运行时，进程输出一条 hello world 信息，以及自己的进程描述符（process identifier，PID）。该进程的 PID 是 29146。在 UNIX 系统中，如果要操作某个进程（如终止进程），就要通过 PID 来指明。到目前为止，一切正常。

紧接着有趣的事情发生了。进程调用了 fork()系统调用，这是操作系统提供的创建新进程的方法。新创建的进程几乎与调用进程完全一样，对操作系统来说，这时看起来有两个完全一样的 p1 程序在运行，并都从 fork()系统调用中返回。新创建的进程称为子进程（child），原来的进程称为父进程（parent）。子进程不会从 main()函数开始执行（因此 hello world 信息只输出了一次），而是直接从 fork()系统调用返回，就好像是它自己调用了 fork()。

你可能已经注意到，子进程并不是完全拷贝了父进程。具体来说，虽然它拥有自己的地址空间（即拥有自己的私有内存）、寄存器、程序计数器等，但是它从 fork()返回的值是不同的。父进程获得的返回值是新创建子进程的 PID，而子进程获得的返回值是 0。这个差别非常重要，因为这样就很容易编写代码处理两种不同的情况（像上面那样）。

你可能还会注意到，它的输出不是确定的（deterministic）。子进程被创建后，我们就需要关心系统中的两个活动进程了：子进程和父进程。假设我们在单个 CPU 的系统上运行（简单起见），那么子进程或父进程在此时都有可能运行。在上面的例子中，父进程先运行并输出信息。在其他情况下，子进程可能先运行，会有下面的输出结果：

```
prompt> ./p1
hello world (pid:29146)
hello, I am child (pid:29147)
hello, I am parent of 29147 (pid:29146)
prompt>
```

CPU 调度程序（scheduler）决定了某个时刻哪个进程被执行，我们稍后将详细介绍这部分内容。由于 CPU 调度程序非常复杂，所以我们不能假设哪个进程会先运行。事实表明，这种不确定性（non-determinism）会导致一些很有趣的问题，特别是在多线程程序（multi-threaded program）中。在本书第 2 部分中学习并发（concurrency）时，我们会看到许多不确定性。

5.2　wait()系统调用

到目前为止，我们没有做太多事情：只是创建了一个子进程，打印了一些信息并退出。事实表明，有时候父进程需要等待子进程执行完毕，这很有用。这项任务由 wait()系统调用

（或者更完整的兄弟接口 waitpid()）。图 5.2 展示了更多细节。

```
1  #include <stdio.h>
2  #include <stdlib.h>
3  #include <unistd.h>
4  #include <sys/wait.h>
5
6  int
7  main(int argc, char *argv[])
8  {
9      printf("hello world (pid:%d)\n", (int) getpid());
10     int rc = fork();
11     if (rc < 0) {          // fork failed; exit
12         fprintf(stderr, "fork failed\n");
13         exit(1);
14     } else if (rc == 0) { // child (new process)
15         printf("hello, I am child (pid:%d)\n", (int) getpid());
16     } else {     // parent goes down this path (main)
17         int wc = wait(NULL);
18         printf("hello, I am parent of %d (wc:%d) (pid:%d)\n",
19                rc, wc, (int) getpid());
20     }
21     return 0;
22  }
```

图 5.2　调用 fork()和 wait()（p2.c）

在 p2.c 的例子中，父进程调用 wait()，延迟自己的执行，直到子进程执行完毕。当子进程结束时，wait()才返回父进程。

上面的代码增加了 wait()调用，因此输出结果也变得确定了。这是为什么呢？想想看。（等你想想看……好了）

下面是输出结果：

```
prompt> ./p2
hello world (pid:29266)
hello, I am child (pid:29267)
hello, I am parent of 29267 (wc:29267) (pid:29266)
prompt>
```

通过这段代码，现在我们知道子进程总是先输出结果。为什么知道？好吧，它可能只是碰巧先运行，像以前一样，因此先于父进程输出结果。但是，如果父进程碰巧先运行，它会马上调用 wait()。该系统调用会在子进程运行结束后才返回[1]。因此，即使父进程先运行，它也会礼貌地等待子进程运行完毕，然后 wait()返回，接着父进程才输出自己的信息。

5.3　最后是 exec()系统调用

最后是 exec()系统调用，它也是创建进程 API 的一个重要部分[2]。这个系统调用可以让

---

[1] 有些情况下，wait()在子进程退出之前返回。像往常一样，请阅读 man 手册获取更多细节。小心本书中绝对的、无条件的陈述，比如"子进程总是先输出结果"或"UNIX 是世界上最好的东西，甚至比冰淇淋还要好"。

[2] 实际上，exec()有几种变体：execl()、execle()、execlp()、execv()和 execvp()。请阅读 man 手册以了解更多信息。

子进程执行与父进程不同的程序。例如，在 p2.c 中调用 fork()，这只是在你想运行相同程序的拷贝时有用。但是，我们常常想运行不同的程序，exec()正好做这样的事（见图 5.3）。

```
prompt> ./p3
hello world (pid:29383)
hello, I am child (pid:29384)
       29      107     1030 p3.c
hello, I am parent of 29384 (wc:29384) (pid:29383)
prompt>
1       #include <stdio.h>
2       #include <stdlib.h>
3       #include <unistd.h>
4       #include <string.h>
5       #include <sys/wait.h>
6
7       int
8       main(int argc, char *argv[])
9       {
10          printf("hello world (pid:%d)\n", (int) getpid());
11          int rc = fork();
12          if (rc < 0) {        // fork failed; exit
13              fprintf(stderr, "fork failed\n");
14              exit(1);
15          } else if (rc == 0) { // child (new process)
16              printf("hello, I am child (pid:%d)\n", (int) getpid());
17              char *myargs[3];
18              myargs[0] = strdup("wc");   // program: "wc" (word count)
19              myargs[1] = strdup("p3.c"); // argument: file to count
20              myargs[2] = NULL;           // marks end of array
21              execvp(myargs[0], myargs);  // runs word count
22              printf("this shouldn't print out");
23          } else {    // parent goes down this path (main)
24              int wc = wait(NULL);
25              printf("hello, I am parent of %d (wc:%d) (pid:%d)\n",
26                      rc, wc, (int) getpid());
27          }
28          return 0;
29      }
```

图 5.3 调用 fork()、wait()和 exec()（p3.c）

在这个例子中，子进程调用 execvp()来运行字符计数程序 wc。实际上，它针对源代码文件 p3.c 运行 wc，从而告诉我们该文件有多少行、多少单词，以及多少字节。

fork()系统调用很奇怪，它的伙伴 exec()也不一般。给定可执行程序的名称（如 wc）及需要的参数（如 p3.c）后，exec()会从可执行程序中加载代码和静态数据，并用它覆写自己的代码段（以及静态数据），堆、栈及其他内存空间也会被重新初始化。然后操作系统就执行该程序，将参数通过 argv 传递给该进程。因此，它并没有创建新进程，而是直接将当前运行的程序（以前的 p3）替换为不同的运行程序（wc）。子进程执行 exec()之后，几乎就像 p3.c 从未运行过一样。对 exec()的成功调用永远不会返回。

5.4　为什么这样设计 API

当然，你的心中可能有一个大大的问号：为什么设计如此奇怪的接口，来完成简单的、创建新进程的任务？好吧，事实证明，这种分离 fork() 及 exec() 的做法在构建 UNIX shell 的时候非常有用，因为这给了 shell 在 fork 之后 exec 之前运行代码的机会，这些代码可以在运行新程序前改变环境，从而让一系列有趣的功能很容易实现。

> **提示：重要的是做对事（LAMPSON 定律）**
> Lampson 在他的著名论文《Hints for Computer Systems Design》[L83] 中曾经说过："做对事（Get it right）。抽象和简化都不能替代做对事。"有时你必须做正确的事，当你这样做时，总是好过其他方案。有许多方式来设计创建进程的 API，但 fork() 和 exec() 的组合既简单又极其强大。因此 UNIX 的设计师们做对了。因为 Lampson 经常"做对事"，所以我们就以他来命名这条定律。

shell 也是一个用户程序[①]，它首先显示一个提示符（prompt），然后等待用户输入。你可以向它输入一个命令（一个可执行程序的名称及需要的参数），大多数情况下，shell 可以在文件系统中找到这个可执行程序，调用 fork() 创建新进程，并调用 exec() 的某个变体来执行这个可执行程序，调用 wait() 等待该命令完成。子进程执行结束后，shell 从 wait() 返回并再次输出一个提示符，等待用户输入下一条命令。

fork() 和 exec() 的分离，让 shell 可以方便地实现很多有用的功能。比如：

```
prompt> wc p3.c > newfile.txt
```

在上面的例子中，wc 的输出结果被重定向（redirect）到文件 newfile.txt 中（通过 newfile.txt 之前的大于号来指明重定向）。shell 实现结果重定向的方式也很简单，当完成子进程的创建后，shell 在调用 exec() 之前先关闭了标准输出（standard output），打开了文件 newfile.txt。这样，即将运行的程序 wc 的输出结果就被发送到该文件，而不是打印在屏幕上。

图 5.4 展示了这样做的一个程序。重定向的工作原理，是基于对操作系统管理文件描述符方式的假设。具体来说，UNIX 系统从 0 开始寻找可以使用的文件描述符。在这个例子中，STDOUT_FILENO 将成为第一个可用的文件描述符，因此在 open() 被调用时，得到赋值。然后子进程向标准输出文件描述符的写入（例如通过 printf() 这样的函数），都会被透明地转向新打开的文件，而不是屏幕。

下面是运行 p4.c 的结果：

```
prompt> ./p4
prompt> cat p4.output
    32      109      846 p4.c
prompt>
1    #include <stdio.h>
2    #include <stdlib.h>
```

[①] 有许多 shell，如 tcsh、bash 和 zsh 等。你应该选择一个，阅读它的 man 手册，了解更多信息。所有 UNIX 专家都这样做。

```
3    #include <unistd.h>
4    #include <string.h>
5    #include <fcntl.h>
6    #include <sys/wait.h>
7
8    int
9    main(int argc, char *argv[])
10   {
11       int rc = fork();
12       if (rc < 0) {     // fork failed; exit
13           fprintf(stderr, "fork failed\n");
14           exit(1);
15       } else if (rc == 0) { // child: redirect standard output to a file
16           close(STDOUT_FILENO);
17           open("./p4.output", O_CREAT|O_WRONLY|O_TRUNC, S_IRWXU);
18
19           // now exec "wc"...
20           char *myargs[3];
21           myargs[0] = strdup("wc");      // program: "wc" (word count)
22           myargs[1] = strdup("p4.c");    // argument: file to count
23           myargs[2] = NULL;              // marks end of array
24           execvp(myargs[0], myargs);     // runs word count
25       } else {                           // parent goes down this path (main)
26           int wc = wait(NULL);
27       }
28       return 0;
29   }
```

图 5.4　之前所有的工作加上重定向（p4.c）

关于这个输出，你（至少）会注意到两个有趣的地方。首先，当运行 p4 程序后，好像什么也没有发生。shell 只是打印了命令提示符，等待用户的下一个命令。但事实并非如此，p4 确实调用了 fork 来创建新的子进程，之后调用 execvp() 来执行 wc。屏幕上没有看到输出，是由于结果被重定向到文件 p4.output。其次，当用 cat 命令打印输出文件时，能看到运行 wc 的所有预期输出。很酷吧？

UNIX 管道也是用类似的方式实现的，但用的是 pipe() 系统调用。在这种情况下，一个进程的输出被链接到了一个内核管道（pipe）上（队列），另一个进程的输入也被连接到了同一个管道上。因此，前一个进程的输出无缝地作为后一个进程的输入，许多命令可以用这种方式串联在一起，共同完成某项任务。比如通过将 grep、wc 命令用管道连接可以完成从一个文件中查找某个词，并统计其出现次数的功能：grep -o foo file | wc -l。

最后，我们刚才只是从较高的层面上简单介绍了进程 API，关于这些系统调用的细节，还有更多需要学习和理解。例如，在本书第 3 部分介绍文件系统时，我们会学习更多关于文件描述符的知识。现在，知道 fork() 和 exec() 组合在创建和操作进程时非常强大就足够了。

补充：RTFM——阅读 man 手册

很多时候，本书提到某个系统调用或库函数时，会建议阅读 man 手册。man 手册是 UNIX 系统中最原生的文档，要知道它的出现甚至早于网络（Web）。

花时间阅读 man 手册是系统程序员成长的必经之路。手册里有许多有用的隐藏彩蛋。尤其是你正在使用的 shell（如 tcsh 或 bash），以及程序中需要使用的系统调用（以便了解返回值和异常情况）。

最后，阅读 man 手册可以避免尴尬。当你询问同事某个 fork 细节时，他可能会回复："RTFM"。这是他在有礼貌地督促你阅读 man 手册（Read the Man）。RTFM 中的 F 只是为这个短语增加了一点色彩……

5.5 其他 API

除了上面提到的 fork()、exec() 和 wait() 之外，在 UNIX 中还有其他许多与进程交互的方式。比如可以通过 kill() 系统调用向进程发送信号（signal），包括要求进程睡眠、终止或其他有用的指令。实际上，整个信号子系统提供了一套丰富的向进程传递外部事件的途径，包括接受和执行这些信号。

此外还有许多非常有用的命令行工具。比如通过 ps 命令来查看当前在运行的进程，阅读 man 手册来了解 ps 命令所接受的参数。工具 top 也很有用，它展示当前系统中进程消耗 CPU 或其他资源的情况。有趣的是，你常常会发现 top 命令自己就是最占用资源的，它或许有一点自大狂。此外还有许多 CPU 检测工具，让你方便快速地了解系统负载。比如，我们总是让 MenuMeters（来自 Raging Menace 公司）运行在 Mac 计算机的工具栏上，这样就能随时了解当前的 CPU 利用率。一般来说，对现状了解得越多越好。

5.6 小结

本章介绍了在 UNIX 系统中创建进程需要的 API：fork()、exec() 和 wait()。更多的细节可以阅读 Stevens 和 Rago 的著作 [SR05]，尤其是关于进程控制、进程关系及信号的章节。其中的智慧让人受益良多。

参考资料

[C63] "A Multiprocessor System Design" Melvin E. Conway
AFIPS '63 Fall Joint Computer Conference
New York, USA 1963
早期关于如何设计多处理系统的论文。文中可能首次在讨论创建新进程时使用 fork() 术语。

[DV66] "Programming Semantics for Multiprogrammed Computations" Jack B. Dennis and Earl C. Van Horn
Communications of the ACM, Volume 9, Number 3, March 1966

一篇讲述多道程序计算机系统基础知识的经典文章。毫无疑问，它对 Project MAC、Multics 以及最终的 UNIX 都有很大的影响。

[L83]"Hints for Computer Systems Design" Butler Lampson
ACM Operating Systems Review, 15:5, October 1983
Lampson 关于计算机系统如何设计的著名建议。你应该抽时间读一读它。

[SR05]"Advanced Programming in the UNIX Environment"
W. Richard Stevens and Stephen A. Rago Addison-Wesley, 2005
在这里可以找到使用 UNIX API 的所有细节和妙处。买下这本书！阅读它，最重要的是靠它谋生。

补充：编码作业

编码作业是小型练习。你可以编写代码在真正的机器上运行，从而获得一些现代操作系统必须提供的基本 API 的体验。毕竟，你（可能）是一名计算机科学家，因此应该喜欢编码，对吧？当然，要真正成为专家，你必须花更多的时间来破解机器。实际上，要找一切借口来写一些代码，看看它是如何工作的。花时间，成为智者，你可以做到的。

作业（编码）

在这个作业中，你要熟悉一下刚读过的进程管理 API。别担心，它比听起来更有趣！如果你找到尽可能多的时间来编写代码，通常会增加成功的概率[①]，为什么不现在就开始呢？

问题

1．编写一个调用 fork() 的程序。在调用 fork() 之前，让主进程访问一个变量（例如 x）并将其值设置为某个值（例如 100）。子进程中的变量有什么值？当子进程和父进程都改变 x 的值时，变量会发生什么？

2．编写一个打开文件的程序（使用 open() 系统调用），然后调用 fork() 创建一个新进程。子进程和父进程都可以访问 open() 返回的文件描述符吗？当它们并发（即同时）写入文件时，会发生什么？

3．使用 fork() 编写另一个程序。子进程应打印"hello"，父进程应打印"goodbye"。你应该尝试确保子进程始终先打印。你能否不在父进程调用 wait() 而做到这一点呢？

4．编写一个调用 fork() 的程序，然后调用某种形式的 exec() 来运行程序/bin/ls。看看是否可以尝试 exec() 的所有变体，包括 execl()、execle()、execlp()、execv()、execvp() 和 execvpe()。

[①] 如果你不喜欢编码，但想成为计算机科学家，这意味着你需要变得非常擅长计算机科学理论，或者也许要重新考虑你一直在说的"计算机科学"这回事。

为什么同样的基本调用会有这么多变种？

5．现在编写一个程序，在父进程中使用 wait()，等待子进程完成。wait()返回什么？如果你在子进程中使用 wait()会发生什么？

6．对前一个程序稍作修改，这次使用 waitpid()而不是 wait()。什么时候 waitpid()会有用？

7．编写一个创建子进程的程序，然后在子进程中关闭标准输出（STDOUT_FILENO）。如果子进程在关闭描述符后调用 printf()打印输出，会发生什么？

8．编写一个程序，创建两个子进程，并使用 pipe()系统调用，将一个子进程的标准输出连接到另一个子进程的标准输入。

第 6 章 机制：受限直接执行

为了虚拟化 CPU，操作系统需要以某种方式让许多任务共享物理 CPU，让它们看起来像是同时运行。基本思想很简单：运行一个进程一段时间，然后运行另一个进程，如此轮换。通过以这种方式时分共享（time sharing）CPU，就实现了虚拟化。

然而，在构建这样的虚拟化机制时存在一些挑战。第一个是性能：如何在不增加系统开销的情况下实现虚拟化？第二个是控制权：如何有效地运行进程，同时保留对 CPU 的控制？控制权对于操作系统尤为重要，因为操作系统负责资源管理。如果没有控制权，一个进程可以简单地无限制运行并接管机器，或访问没有权限的信息。因此，在保持控制权的同时获得高性能，这是构建操作系统的主要挑战之一。

> **关键问题：如何高效、可控地虚拟化 CPU**
>
> 操作系统必须以高性能的方式虚拟化 CPU，同时保持对系统的控制。为此，需要硬件和操作系统支持。操作系统通常会明智地利用硬件支持，以便高效地实现其工作。

6.1 基本技巧：受限直接执行

为了使程序尽可能快地运行，操作系统开发人员想出了一种技术——我们称之为受限的直接执行（limited direct execution）。这个概念的"直接执行"部分很简单：只需直接在 CPU 上运行程序即可。因此，当 OS 希望启动程序运行时，它会在进程列表中为其创建一个进程条目，为其分配一些内存，将程序代码（从磁盘）加载到内存中，找到入口点（main()函数或类似的），跳转到那里，并开始运行用户的代码。表 6.1 展示了这种基本的直接执行协议（没有任何限制），使用正常的调用并返回跳转到程序的 main()，并在稍后回到内核。

表 6.1 直接运行协议（无限制）

操作系统	程序
在进程列表上创建条目 为程序分配内存 将程序加载到内存中 根据 argc/argv 设置程序栈	
清除寄存器 执行 call main() 方法	
	执行 main() 从 main 中执行 return
释放进程的内存将进程 从进程列表中清除	

　　听起来很简单，不是吗？但是，这种方法在我们的虚拟化 CPU 时产生了一些问题。第一个问题很简单：如果我们只运行一个程序，操作系统怎么能确保程序不做任何我们不希望它做的事，同时仍然高效地运行它？第二个问题：当我们运行一个进程时，操作系统如何让它停下来并切换到另一个进程，从而实现虚拟化 CPU 所需的时分共享？

　　下面在回答这些问题时，我们将更好地了解虚拟化 CPU 需要什么。在开发这些技术时，我们还会看到标题中的"受限"部分来自哪里。如果对运行程序没有限制，操作系统将无法控制任何事情，因此会成为"仅仅是一个库"——对于有抱负的操作系统而言，这真是非常令人悲伤的事！

6.2　问题 1：受限制的操作

　　直接执行的明显优势是快速。该程序直接在硬件 CPU 上运行，因此执行速度与预期的一样快。但是，在 CPU 上运行会带来一个问题——如果进程希望执行某种受限操作（如向磁盘发出 I/O 请求或获得更多系统资源（如 CPU 或内存）），该怎么办？

> **关键问题：如何执行受限制的操作**
>
> 　　一个进程必须能够执行 I/O 和其他一些受限制的操作，但又不能让进程完全控制系统。操作系统和硬件如何协作实现这一点？

> **提示：采用受保护的控制权转移**
>
> 　　硬件通过提供不同的执行模式来协助操作系统。在用户模式（user mode）下，应用程序不能完全访问硬件资源。在内核模式（kernel mode）下，操作系统可以访问机器的全部资源。还提供了陷入（trap）内核和从陷阱返回（return-from-trap）到用户模式程序的特别说明，以及一些指令，让操作系统告诉硬件陷阱表（trap table）在内存中的位置。

　　对于 I/O 和其他相关操作，一种方法就是让所有进程做所有它想做的事情。但是，这样做导致无法构建许多我们想要的系统。例如，如果我们希望构建一个在授予文件访问权限前检查权限的文件系统，就不能简单地让任何用户进程向磁盘发出 I/O。如果这样做，一个进程就可以读取或写入整个磁盘，这样所有的保护都会失效。

　　因此，我们采用的方法是引入一种新的处理器模式，称为用户模式（user mode）。在用户模式下运行的代码会受到限制。例如，在用户模式下运行时，进程不能发出 I/O 请求。这样做会导致处理器引发异常，操作系统可能会终止进程。

　　与用户模式不同的内核模式（kernel mode），操作系统（或内核）就以这种模式运行。在此模式下，运行的代码可以做它喜欢的事，包括特权操作，如发出 I/O 请求和执行所有类型的受限指令。

　　但是，我们仍然面临着一个挑战——如果用户希望执行某种特权操作（如从磁盘读取），应该怎么做？为了实现这一点，几乎所有的现代硬件都提供了用户程序执行系统调用的能力。系统调用是在 Atlas [K+61，L78]等古老机器上开创的，它允许内核小心地向用户程序暴露某些关键功能，例如访问文件系统、创建和销毁进程、与其他进程通信，以及分配更多内存。大多数操作系统提供几百个调用（详见 POSIX 标准[P10]）。早期的 UNIX 系统公开了更简洁的子集，大约 20 个调用。

要执行系统调用，程序必须执行特殊的陷阱（trap）指令。该指令同时跳入内核并将特权级别提升到内核模式。一旦进入内核，系统就可以执行任何需要的特权操作（如果允许），从而为调用进程执行所需的工作。完成后，操作系统调用一个特殊的从陷阱返回（return-from-trap）指令，如你期望的那样，该指令返回到发起调用的用户程序中，同时将特权级别降低，回到用户模式。

执行陷阱时，硬件需要小心，因为它必须确保存储足够的调用者寄存器，以便在操作系统发出从陷阱返回指令时能够正确返回。例如，在 x86 上，处理器会将程序计数器、标志和其他一些寄存器推送到每个进程的内核栈（kernel stack）上。从返回陷阱将从栈弹出这些值，并恢复执行用户模式程序（有关详细信息，请参阅英特尔系统手册[I11]）。其他硬件系统使用不同的约定，但基本概念在各个平台上是相似的。

补充：为什么系统调用看起来像过程调用

你可能想知道，为什么对系统调用的调用（如 open()或 read()）看起来完全就像 C 中的典型过程调用。也就是说，如果它看起来像一个过程调用，系统如何知道这是一个系统调用，并做所有正确的事情？原因很简单：它是一个过程调用，但隐藏在过程调用内部的是著名的陷阱指令。更具体地说，当你调用 open()（举个例子）时，你正在执行对 C 库的过程调用。其中，无论是对于 open()还是提供的其他系统调用，库都使用与内核一致的调用约定来将参数放在众所周知的位置（例如，在栈中或特定的寄存器中），将系统调用号也放入一个众所周知的位置（同样，放在栈或寄存器中），然后执行上述的陷阱指令。库中陷阱之后的代码准备好返回值，并将控制权返回给发出系统调用的程序。因此，C 库中进行系统调用的部分是用汇编手工编码的，因为它们需要仔细遵循约定，以便正确处理参数和返回值，以及执行硬件特定的陷阱指令。现在你知道为什么你自己不必写汇编代码来陷入操作系统了，因为有人已经为你写了这些汇编。

还有一个重要的细节没讨论：陷阱如何知道在 OS 内运行哪些代码？显然，发起调用的过程不能指定要跳转到的地址（就像你在进行过程调用时一样），这样做让程序可以跳转到内核中的任意位置，这显然是一个糟糕的主意（想象一下跳到访问文件的代码，但在权限检查之后。实际上，这种能力很可能让一个狡猾的程序员令内核运行任意代码序列[S07]）。因此内核必须谨慎地控制在陷阱上执行的代码。

内核通过在启动时设置陷阱表（trap table）来实现。当机器启动时，它在特权（内核）模式下执行，因此可以根据需要自由配置机器硬件。操作系统做的第一件事，就是告诉硬件在发生某些异常事件时要运行哪些代码。例如，当发生硬盘中断，发生键盘中断或程序进行系统调用时，应该运行哪些代码？操作系统通常通过某种特殊的指令，通知硬件这些陷阱处理程序的位置。一旦硬件被通知，它就会记住这些处理程序的位置，直到下一次重新启动机器，并且硬件知道在发生系统调用和其他异常事件时要做什么（即跳转到哪段代码）。

最后再插一句：能够执行指令来告诉硬件陷阱表的位置是一个非常强大的功能。因此，你可能已经猜到，这也是一项特权（privileged）操作。如果你试图在用户模式下执行这个指令，硬件不会允许，你可能会猜到会发生什么（提示：再见，违规程序）。思考问题：如果可以设置自己的陷阱表，你可以对系统做些什么？你能接管机器吗？

时间线（随着时间的推移向下，在表 6.2 中）总结了该协议。我们假设每个进程都有一个内核栈，在进入内核和离开内核时，寄存器（包括通用寄存器和程序计数器）分别被保存和恢复。

表 6.2 受限直接运行协议

操作系统@启动（内核模式）	硬件	
初始化陷阱表		
	记住系统调用处理程序的地址	

操作系统@运行（内核模式）	硬件	程序（应用模式）
在进程列表上创建条目 为程序分配内存 将程序加载到内存中 根据 argv 设置程序栈 用寄存器/程序计数器填充内核栈 从陷阱返回		
	从内核栈恢复寄存器 转向用户模式 跳到 main	
		运行 main …… 调用系统调用 陷入操作系统
	将寄存器保存到内核栈 转向内核模式 跳到陷阱处理程序	
处理陷阱 做系统调用的工作 从陷阱返回		
	从内核栈恢复寄存器 转向用户模式 跳到陷阱之后的程序计数器	
		……从 main 返回 陷入（通过 exit()）
释放进程的内存将进程 从进程列表中清除		

LDE 协议有两个阶段。第一个阶段（在系统引导时），内核初始化陷阱表，并且 CPU 记住它的位置以供随后使用。内核通过特权指令来执行此操作（所有特权指令均以粗体突出显示）。第二个阶段（运行进程时），在使用从陷阱返回指令开始执行进程之前，内核设置了一些内容（例如，在进程列表中分配一个节点，分配内存）。这会将 CPU 切换到用户模式并开始运行该进程。当进程希望发出系统调用时，它会重新陷入操作系统，然后再次通过从陷阱返回，将控制权还给进程。该进程然后完成它的工作，并从 main() 返回。这通常会返回到一些存根代码，它将正确退出该程序（例如，通过调用 exit() 系统调用，这将陷入 OS 中）。此时，OS 清理干净，任务完成了。

6.3 问题 2：在进程之间切换

直接执行的下一个问题是实现进程之间的切换。在进程之间切换应该很简单，对吧？

操作系统应该决定停止一个进程并开始另一个进程。有什么大不了的？但实际上这有点棘手，特别是，如果一个进程在 CPU 上运行，这就意味着操作系统没有运行。如果操作系统没有运行，它怎么能做事情？（提示：它不能）虽然这听起来几乎是哲学，但这是真正的问题——如果操作系统没有在 CPU 上运行，那么操作系统显然没有办法采取行动。因此，我们遇到了关键问题。

> **关键问题：如何重获 CPU 的控制权**
>
> 操作系统如何重新获得 CPU 的控制权（regain control），以便它可以在进程之间切换？

协作方式：等待系统调用

过去某些系统采用的一种方式（例如，早期版本的 Macintosh 操作系统[M11]或旧的 Xerox Alto 系统[A79]）称为协作（cooperative）方式。在这种风格下，操作系统相信系统的进程会合理运行。运行时间过长的进程被假定会定期放弃 CPU，以便操作系统可以决定运行其他任务。

因此，你可能会问，在这个虚拟的世界中，一个友好的进程如何放弃 CPU？事实证明，大多数进程通过进行系统调用，将 CPU 的控制权转移给操作系统，例如打开文件并随后读取文件，或者向另一台机器发送消息或创建新进程。像这样的系统通常包括一个显式的 yield 系统调用，它什么都不干，只是将控制权交给操作系统，以便系统可以运行其他进程。

> **提示：处理应用程序的不当行为**
>
> 操作系统通常必须处理不当行为，这些程序通过设计（恶意）或不小心（错误），尝试做某些不应该做的事情。在现代系统中，操作系统试图处理这种不当行为的方式是简单地终止犯罪者。一击出局！也许有点残酷，但如果你尝试非法访问内存或执行非法指令，操作系统还应该做些什么？

如果应用程序执行了某些非法操作，也会将控制转移给操作系统。例如，如果应用程序以 0 为除数，或者尝试访问应该无法访问的内存，就会陷入（trap）操作系统。操作系统将再次控制 CPU（并可能终止违规进程）。

因此，在协作调度系统中，OS 通过等待系统调用，或某种非法操作发生，从而重新获得 CPU 的控制权。你也许会想：这种被动方式不是不太理想吗？例如，如果某个进程（无论是恶意的还是充满缺陷的）进入无限循环，并且从不进行系统调用，会发生什么情况？那时操作系统能做什么？

非协作方式：操作系统进行控制

事实证明，没有硬件的额外帮助，如果进程拒绝进行系统调用（也不出错），因此不将控制权交还给操作系统，那么操作系统无法做任何事情。事实上，在协作方式中，当进程陷入无限循环时，唯一的办法就是使用古老的解决方案来解决计算机系统中的所有问题——重新启动计算机。因此，我们又遇到了请求获得 CPU 控制权的一个子问题。

答案很简单，许多年前构建计算机系统的许多人都发现了：时钟中断（timer interrupt）[M+63]。时钟设备可以编程为每隔几毫秒产生一次中断。产生中断时，当前正在运行的进程停止，操作系统中预先配置的中断处理程序（interrupt handler）会运行。此时，操作系统重新获得 CPU 的控制权，因此可以做它想做的事：停止当前进程，并启动另一个进程。

首先，正如我们之前讨论过的系统调用一样，操作系统必须通知硬件哪些代码在发生时钟中断时运行。因此，在启动时，操作系统就是这样做的。其次，在启动过程中，操作系统也必须启动时钟，这当然是一项特权操作。一旦时钟开始运行，操作系统就感到安全了，因为控制权最终会归还给它，因此操作系统可以自由运行用户程序。时钟也可以关闭（也是特权操作），稍后更详细地理解并发时，我们会讨论。

请注意，硬件在发生中断时有一定的责任，尤其是在中断发生时，要为正在运行的程序保存足够的状态，以便随后从陷阱返回指令能够正确恢复正在运行的程序。这一组操作与硬件在显式系统调用陷入内核时的行为非常相似，其中各种寄存器因此被保存（进入内核栈），因此从陷阱返回指令可以容易地恢复。

保存和恢复上下文

既然操作系统已经重新获得了控制权，无论是通过系统调用协作，还是通过时钟中断更强制执行，都必须决定：是继续运行当前正在运行的进程，还是切换到另一个进程。这个决定是由调度程序（scheduler）做出的，它是操作系统的一部分。我们将在接下来的几章中详细讨论调度策略。

如果决定进行切换，OS 就会执行一些底层代码，即所谓的上下文切换（context switch）。上下文切换在概念上很简单：操作系统要做的就是为当前正在执行的进程保存一些寄存器的值（例如，到它的内核栈），并为即将执行的进程恢复一些寄存器的值（从它的内核栈）。这样一来，操作系统就可以确保最后执行从陷阱返回指令时，不是返回到之前运行的进程，而是继续执行另一个进程。

为了保存当前正在运行的进程的上下文，操作系统会执行一些底层汇编代码，来保存通用寄存器、程序计数器，以及当前正在运行的进程的内核栈指针，然后恢复寄存器、程序计数器，并切换内核栈，供即将运行的进程使用。通过切换栈，内核在进入切换代码调用时，是一个进程（被中断的进程）的上下文，在返回时，是另一进程（即将执行的进程）的上下文。当操作系统最终执行从陷阱返回指令时，即将执行的进程变成了当前运行的进程。至此上下文切换完成。

表 6.3 展示了整个过程的时间线。在这个例子中，进程 A 正在运行，然后被中断时钟中断。硬件保存它的寄存器（在内核栈中），并进入内核（切换到内核模式）。在时钟中断处理程序中，操作系统决定从正在运行的进程 A 切换到进程 B。此时，它调用 switch() 例程，该例程仔细保存当前寄存器的值（保存到 A 的进程结构），恢复寄存器进程 B（从它的进程结构），然后切换上下文（switch context），具体来说是通过改变栈指针来使用 B 的内核栈（而不是 A 的）。最后，操作系统从陷阱返回，恢复 B 的寄存器并开始运行它。

表 6.3   受限直接执行协议（时钟中断）

操作系统@启动（内核模式）	硬件	
初始化陷阱表		
	记住以下地址： 　系统调用处理程序 　时钟处理程序	
启动中断时钟		
	启动时钟 每隔 x ms 中断 CPU	
操作系统@运行（内核模式）	硬件	程序（应用模式）
		进程 A……
	时钟中断 将寄存器（A）保存到内核栈（A） 转向内核模式 跳到陷阱处理程序	
处理陷阱 调用 switch() 例程 　将寄存器（A）保存到进程结构（A） 　将进程结构（B）恢复到寄存器（B） 从陷阱返回（进入 B）		
	从内核栈（B）恢复寄存器（B） 转向用户模式 跳到 B 的程序计数器	
		进程 B……

请注意，在此协议中，有两种类型的寄存器保存/恢复。第一种是发生时钟中断的时候。在这种情况下，运行进程的用户寄存器由硬件隐式保存，使用该进程的内核栈。第二种是当操作系统决定从 A 切换到 B。在这种情况下，内核寄存器被软件（即 OS）明确地保存，但这次被存储在该进程的进程结构的内存中。后一个操作让系统从好像刚刚由 A 陷入内核，变成好像刚刚由 B 陷入内核。

为了让你更好地了解如何实现这种切换，图 6.1 给出了 xv6 的上下文切换代码。看看你是否能理解它（你必须知道一点 x86 和一点 xv6）。context 结构 old 和 new 分别在老的和新的进程的进程结构中。

```
1    # void swtch(struct context **old, struct context *new);
2    #
3    # Save current register context in old
4    # and then load register context from new.
5    .globl swtch
```

```
6    swtch:
7      # Save old registers
8      movl 4(%esp), %eax  # put old ptr into eax
9      popl 0(%eax)        # save the old IP
10     movl %esp, 4(%eax)  # and stack
11     movl %ebx, 8(%eax)  # and other registers
12     movl %ecx, 12(%eax)
13     movl %edx, 16(%eax)
14     movl %esi, 20(%eax)
15     movl %edi, 24(%eax)
16     movl %ebp, 28(%eax)
17
18     # Load new registers
19     movl 4(%esp), %eax    # put new ptr into eax
20     movl 28(%eax), %ebp   # restore other registers
21     movl 24(%eax), %edi
22     movl 20(%eax), %esi
23     movl 16(%eax), %edx
24     movl 12(%eax), %ecx
25     movl 8(%eax), %ebx
26     movl 4(%eax), %esp    # stack is switched here
27     pushl 0(%eax)         # return addr put in place
28     ret                   # finally return into new ctxt
```

图 6.1 xv6 的上下文切换代码

6.4 担心并发吗

作为细心周到的读者，你们中的一些人现在可能会想："呃……在系统调用期间发生时钟中断时会发生什么？"或"处理一个中断时发生另一个中断，会发生什么？这不会让内核难以处理吗？"好问题——我们真的对你抱有一点希望！

答案是肯定的，如果在中断或陷阱处理过程中发生另一个中断，那么操作系统确实需要关心发生了什么。实际上，这正是本书第 2 部分关于并发的主题。那时我们将详细讨论。

补充：上下文切换要多长时间

你可能有一个很自然的问题：上下文切换需要多长时间？甚至系统调用要多长时间？如果感到好奇，有一种称为 lmbench [MS96] 的工具，可以准确衡量这些事情，并提供其他一些可能相关的性能指标。

随着时间的推移，结果有了很大的提高，大致跟上了处理器的性能提高。例如，1996 年在 200-MHz P6 CPU 上运行 Linux 1.3.37，系统调用花费了大约 4μs，上下文切换时间大约为 6μs[MS96]。现代系统的性能几乎可以提高一个数量级，在具有 2 GHz 或 3 GHz 处理器的系统上的性能可以达到亚微秒级。

应该注意的是，并非所有的操作系统操作都会跟踪 CPU 的性能。正如 Ousterhout 所说的，许多操作系统操作都是内存密集型的，而随着时间的推移，内存带宽并没有像处理器速度那样显著提高[O90]。因此，根据你的工作负载，购买最新、性能好的处理器可能不会像你希望的那样加速操作系统。

为了让你开开胃，我们只是简单介绍了操作系统如何处理这些棘手的情况。操作系统可能简单地决定，在中断处理期间禁止中断（disable interrupt）。这样做可以确保在处理一个中断时，不会将其他中断交给 CPU。当然，操作系统这样做必须小心。禁用中断时间过长可能导致丢失中断，这（在技术上）是不好的。

操作系统还开发了许多复杂的加锁（locking）方案，以保护对内部数据结构的并发访问。这使得多个活动可以同时在内核中进行，特别适用于多处理器。我们在本书下一部分关于并发的章节中将会看到，这种锁可能会变得复杂，并导致各种有趣且难以发现的错误。

6.5 小结

我们已经描述了一些实现 CPU 虚拟化的关键底层机制，并将其统称为受限直接执行（limited direct execution）。基本思路很简单：就让你想运行的程序在 CPU 上运行，但首先确保设置好硬件，以便在没有操作系统帮助的情况下限制进程可以执行的操作。

这种一般方法也在现实生活中采用。例如，那些有孩子或至少听说过孩子的人可能会熟悉宝宝防护（baby proofing）房间的概念——锁好包含危险物品的柜子，并掩盖电源插座。当这些都准备妥当时，你可以让宝宝自由行动，确保房间最危险的方面受到限制。

提示：重新启动是有用的

之前我们指出，在协作式抢占时，无限循环（以及类似行为）的唯一解决方案是重启（reboot）机器。虽然你可能会嘲笑这种粗暴的做法，但研究表明，重启（或在通常意义上说，重新开始运行一些软件）可能是构建强大系统的一个非常有用的工具[C+04]。

具体来说，重新启动很有用，因为它让软件回到已知的状态，很可能是经过更多测试的状态。重新启动还可以回收旧的或泄露的资源（例如内存），否则这些资源可能很难处理。最后，重启很容易自动化。由于所有这些原因，在大规模集群互联网服务中，系统管理软件定期重启一些机器，重置它们并因此获得以上好处，这并不少见。

因此，下次重启时，要相信自己不是在进行某种丑陋的粗暴攻击。实际上，你正在使用经过时间考验的方法来改善计算机系统的行为。干得漂亮！

通过类似的方式，OS 首先（在启动时）设置陷阱处理程序并启动时钟中断，然后仅在受限模式下运行进程，以此为 CPU 提供"宝宝防护"。这样做，操作系统能确信进程可以高效运行，只在执行特权操作，或者当它们独占 CPU 时间过长并因此需要切换时，才需要操作系统干预。

至此，我们有了虚拟化 CPU 的基本机制。但一个主要问题还没有答案：在特定时间，我们应该运行哪个进程？调度程序必须回答这个问题，因此这也是我们研究的下一个主题。

参考资料

[A79] "Alto User's Handbook"

Xerox Palo Alto Research Center, September 1979

这是一个惊人的系统，其影响远超它的预期。之所以出名，是因为史蒂夫·乔布斯读过它，他记了笔记，由此创建了 Lisa，最终将其变成了 Mac。

[C+04]"Microreboot — A Technique for Cheap Recovery"
George Candea, Shinichi Kawamoto, Yuichi Fujiki, Greg Friedman, Armando Fox OSDI '04, San Francisco, CA, December 2004
一篇优秀的论文，指出了在建立更健壮的系统时重启可以做到什么程度。

[I11]"Intel 64 and IA-32 Architectures Software Developer's Manual" Volume 3A and 3B: System Programming Guide
Intel Corporation, January 2011

[K+61]"One-Level Storage System"
T. Kilburn, D.B.G. Edwards, M.J. Lanigan, F.H. Sumner IRE Transactions on Electronic Computers, April 1962
Atlas 开创了你在现代系统中看到的大部分技术。但是，这篇论文并不是最好的一篇。如果你只打算阅读一篇，不妨看看其中历史观点[L78]。

[L78]"The Manchester Mark I and Atlas: A Historical Perspective"
S. H. Lavington
Communications of the ACM, 21:1, January 1978
计算机早期发展的历史和 Atlas 的开拓性工作。

[M+63]"A Time-Sharing Debugging System for a Small Computer"
J. McCarthy, S. Boilen, E. Fredkin, J. C. R. Licklider AFIPS '63 (Spring), May, 1963, New York, USA
关于分时共享的早期文章，提出使用时钟中断。这篇文章讨论了这个问题："通道 17 时钟例程的基本任务，是决定是否将当前用户从核心中移除，如果移除，则决定在移除它时换成哪个用户程序。"

[MS96]"lmbench: Portable tools for performance analysis" Larry McVoy and Carl Staelin
USENIX Annual Technical Conference, January 1996
一篇有趣的文章，关于如何测量关于操作系统及其性能的许多不同指标。请下载 lmbench 并试一试。

[M11]"macOS 9"
January 2011

[O90]"Why Aren't Operating Systems Getting Faster as Fast as Hardware?"
J. Ousterhout
USENIX Summer Conference, June 1990
一篇关于操作系统性能本质的经典论文。

[P10]"The Single UNIX Specification, Version 3" The Open Group, May 2010
该文读起来晦涩难懂，不建议阅读。

[S07] "The Geometry of Innocent Flesh on the Bone: Return-into-libc without Function Calls (on the x86)" Hovav Shacham

CCS '07, October 2007

有些文章会让你在研读过程中不时看到一些令人惊叹、令人兴奋的想法，这就是其中之一。作者告诉你，如果你可以随意跳入代码，就可以将你喜欢的任何代码序列（给定一个大代码库）进行基本拼接。请阅读文中的细节。这项技术使得抵御恶意攻击更难。

作业（测量）

补充：测量作业

测量作业是小型练习。你可以编写代码在真实机器上运行，从而测量操作系统或硬件性能的某些方面。这样的作业背后的想法是给你一点实际操作系统的实践经验。

在这个作业中，你将测量系统调用和上下文切换的成本。测量系统调用的成本相对容易。例如，你可以重复调用一个简单的系统调用（例如，执行 0 字节读取）并记下所花的时间。将时间除以迭代次数，就可以估计系统调用的成本。

你必须考虑的一件事是时钟的精确性和准确性。你可以使用的典型时钟是 gettimeofday()。详细信息请阅读手册页。你会看到，gettimeofday() 返回自 1970 年以来的微秒时间。然而，这并不意味着时钟精确到微秒。测量 gettimeofday() 的连续调用，以了解时钟的精确度。这会告诉你为了获得一个好的测量结果，需要让空系统调用测试的迭代运行多少次。如果 gettimeofday() 对你来说不够精确，可以考虑利用 x86 机器提供的 rdtsc 指令。

测量上下文切换的成本有点棘手。lmbench 基准测试的实现方法，是在单个 CPU 上运行两个进程并在它们之间设置两个 UNIX 管道。管道只是 UNIX 系统中的进程可以相互通信的许多方式之一。第一个进程向第一个管道写入数据，然后等待第二个数据的读取。由于看到第一个进程等待从第二个管道读取的内容，OS 将第一个进程置于阻塞状态，并切换到另一个进程，该进程从第一个管道读取数据，然后写入第二个管道。当第二个进程再次尝试从第一个管道读取时，它会阻塞，从而继续进行通信的往返循环。通过反复测量这种通信的成本，lmbench 可以很好地估计上下文切换的成本。你可以尝试使用管道或其他通信机制（例如 UNIX 套接字），重新创建类似的东西。

在具有多个 CPU 的系统中，测量上下文切换成本有一点困难。在这样的系统上，你需要确保你的上下文切换进程处于同一个处理器上。幸运的是，大多数操作系统都会提供系统调用，让一个进程绑定到特定的处理器。例如，在 Linux 上，sched_setaffinity() 调用就是你要查找的内容。通过确保两个进程位于同一个处理器上，你就能确保在测量操作系统停止一个进程并在同一个 CPU 上恢复另一个进程的成本。

第 7 章 进程调度：介绍

现在，运行进程的底层机制（mechanism）（如上下文切换）应该清楚了。如果还不清楚，请往回翻一两章，再次阅读这些工作原理的描述。然而，我们还不知道操作系统调度程序采用的上层策略（policy）。接下来会介绍一系列的调度策略（sheduling policy，有时称为 discipline），它们是许多聪明又努力的人在过去这些年里开发的。

事实上，调度的起源早于计算机系统。早期调度策略取自于操作管理领域，并应用于计算机。对于这个事实不必惊讶：装配线以及许多人类活动也需要调度，而且许多关注点是一样的，包括像激光一样清楚的对效率的渴望。因此，我们的问题如下。

> **关键问题：如何开发调度策略**
>
> 我们该如何开发一个考虑调度策略的基本框架？什么是关键假设？哪些指标非常重要？哪些基本方法已经在早期的系统中使用？

7.1 工作负载假设

探讨可能的策略范围之前，我们先做一些简化假设。这些假设与系统中运行的进程有关，有时候统称为工作负载（workload）。确定工作负载是构建调度策略的关键部分。工作负载了解得越多，你的策略就越优化。

我们这里做的工作负载的假设是不切实际的，但这没问题（目前），因为我们将来会放宽这些假定，并最终开发出我们所谓的……（戏剧性的暂停）……

一个完全可操作的调度准则（a fully-operational scheduling discipline）[①]。

我们对操作系统中运行的进程（有时也叫工作任务）做出如下的假设：

1. 每一个工作运行相同的时间。
2. 所有的工作同时到达。
3. 一旦开始，每个工作保持运行直到完成。
4. 所有的工作只是用 CPU（即它们不执行 IO 操作）。
5. 每个工作的运行时间是已知的。

我们说这些假设中许多是不现实的，但正如在奥威尔的《动物农场》中一些动物比其他动物更平等，本章中的一些假设比其他假设更不现实。特别是，你会很诧异每一个工作的运行时间是已知的——这会让调度程序无所不知，尽管这样很了不起（也许），但最近不太可能发生。

---

① 讲这句话的方式和你讲 "A fully-operational Death Star." 的方式一样。

7.2　调度指标

除了做出工作负载假设之外，还需要一个东西能让我们比较不同的调度策略：调度指标。指标是我们用来衡量某些东西的东西，在进程调度中，有一些不同的指标是有意义的。

现在，让我们简化一下生活，只用一个指标：周转时间（turnaround time）。任务的周转时间定义为任务完成时间减去任务到达系统的时间。更正式的周转时间定义 $T_{周转时间}$ 是：

$$T_{周转时间} = T_{完成时间} - T_{到达时间} \tag{7.1}$$

因为我们假设所有的任务在同一时间到达，那么 $T_{到达时间} = 0$，因此 $T_{周转时间} = T_{完成时间}$。随着我们放宽上述假设，这个情况将改变。

你应该注意到，周转时间是一个性能（performance）指标，这将是本章的首要关注点。另一个有趣的指标是公平（fairness），比如 Jian's Fairness Index[J91]。性能和公平在调度系统中往往是矛盾的。例如，调度程序可以优化性能，但代价是以阻止一些任务运行，这就降低了公平。这个难题也告诉我们，生活并不总是完美的。

7.3　先进先出（FIFO）

我们可以实现的最基本的算法，被称为先进先出（First In First Out 或 FIFO）调度，有时候也称为先到先服务（First Come First Served 或 FCFS）。

FIFO 有一些积极的特性：它很简单，而且易于实现。而且，对于我们的假设，它的效果很好。

我们一起看一个简单的例子。想象一下，3 个工作 A、B 和 C 在大致相同的时间（$T_{到达时间} = 0$）到达系统。因为 FIFO 必须将某个工作放在前面，所以我们假设当它们都同时到达时，A 比 B 早一点点，然后 B 比 C 早到达一点点。假设每个工作运行 10s。这些工作的平均周转时间（average turnaround time）是多少？

从图 7.1 可以看出，A 在 10s 时完成，B 在 20s 时完成，C 在 30s 时完成。因此，这 3 个任务的平均周转时间就是（10 + 20 + 30）/ 3 = 20。计算周转时间就这么简单。

现在让我们放宽假设。具体来说，让我们放宽假设 1，因此不再认为每个任务的运行时间相同。FIFO 表现如何？你可以构建什么样的工作负载来让 FIFO 表现不好？

（在继续往下读之前，请认真想一下……接着想……想到了么？！）

你现在应该已经弄清楚了，但是以防万一，让我们举个例子来说明不同长度的任务如何导致 FIFO 调度的问题。具体来说，我们再次假设 3 个任务（A、B 和 C），但这次 A 运行 100s，而 B 和 C 运行 10s。

如图 7.2 所示，A 先运行 100s，B 或 C 才有机会运行。因此，系统的平均周转时间是比较高的：令人不快的 110s（（100 + 110 + 120）/ 3 = 110）。

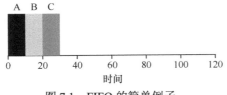
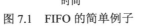

图 7.1　FIFO 的简单例子

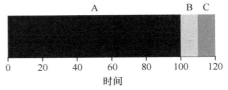

图 7.2　为什么 FIFO 没有那么好

这个问题通常被称为护航效应（convoy effect）[B+79]，一些耗时较少的潜在资源消费者被排在重量级的资源消费者之后。这个调度方案可能让你想起在杂货店只有一个排队队伍的时候，如果看到前面的人装满 3 辆购物车食品并且掏出了支票本，你感觉如何？这会等很长时间[1]。

> **提示：SJF 原则**
>
> 　　最短任务优先代表一个总体调度原则，可以应用于所有系统，只要其中平均客户（或在我们案例中的任务）周转时间很重要。想想你等待的任何队伍：如果有关的机构关心客户满意度，他们可能会考虑到 SJF。例如，大超市通常都有一个"零散购物"的通道，以确保仅购买几件东西的购物者，不会堵在为即将到来的冬天而大量购物以做准备的家庭后面。

那么我们该怎么办？如何开发一种更好的算法来处理任务实际运行时间不一样的场景？先考虑一下，然后继续阅读。

7.4　最短任务优先（SJF）

事实证明，一个非常简单的方法解决了这个问题。实际上这是从运筹学中借鉴的一个想法[C54，PV56]，然后应用到计算机系统的任务调度中。这个新的调度准则被称为最短任务优先（Shortest Job First，SJF），该名称应该很容易记住，因为它完全描述了这个策略：先运行最短的任务，然后是次短的任务，如此下去。

我们用上面的例子，但以 SJF 作为调度策略。图 7.3 展示的是运行 A、B 和 C 的结果。它清楚地说明了为什么在考虑平均周转时间的情况下，SJF 调度策略更好。仅通过在 A 之前运行 B 和 C，SJF 将平均周转时间从 110s 降低到 50s（（10 + 20 + 120）/3 = 50）。

事实上，考虑到所有工作同时到达的假设，我们可以证明 SJF 确实是一个最优（optimal）调度算法。但是，你是在上操作系统课，而不是研究理论，所以，这里允许没有证明。

> **补充：抢占式调度程序**
>
> 　　在过去的批处理计算中，开发了一些非抢占式（non-preemptive）调度程序。这样的系统会将每项工作做完，再考虑是否运行新工作。几乎所有现代化的调度程序都是抢占式的（preemptive），非常愿意停止一个进程以运行另一个进程。这意味着调度程序采用了我们之前学习的机制。特别是调度程序可以进行上下文切换，临时停止一个运行进程，并恢复（或启动）另一个进程。

---

[1] 在这种情况下建议采取的措施：要么快速切换到另一个队伍，要么深呼吸并放松。没错，呼气，吸气。这样会变好的，不要担心。

因此，我们找到了一个用 SJF 进行调度的好方法，但是我们的假设仍然是不切实际的。让我们放宽另一个假设。具体来说，我们可以针对假设 2，现在假设工作可以随时到达，而不是同时到达。这导致了什么问题？

（再次停下来想想……你在想吗？加油，你可以做到）

在这里我们可以再次用一个例子来说明问题。现在，假设 A 在 $t = 0$ 时到达，且需要运行 100s。而 B 和 C 在 $t = 10$ 到达，且各需要运行 10s。用纯 SJF，我们可以得到如图 7.4 所示的调度。

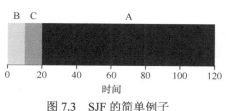

图 7.3 SJF 的简单例子   图 7.4 B 和 C 晚到时的 SJF

从图中可以看出，即使 B 和 C 在 A 之后不久到达，它们仍然被迫等到 A 完成，从而遭遇同样的护航问题。这 3 项工作的平均周转时间为 103.33s，即（100+（110−10）+（120−10））/3。

7.5 最短完成时间优先（STCF）

为了解决这个问题，需要放宽假设条件（工作必须保持运行直到完成）。我们还需要调度程序本身的一些机制。你可能已经猜到，鉴于我们先前关于时钟中断和上下文切换的讨论，当 B 和 C 到达时，调度程序当然可以做其他事情：它可以抢占（preempt）工作 A，并决定运行另一个工作，或许稍后继续工作 A。根据我们的定义，SJF 是一种非抢占式（non-preemptive）调度程序，因此存在上述问题。

幸运的是，有一个调度程序完全就是这样做的：向 SJF 添加抢占，称为最短完成时间优先（Shortest Time-to-Completion First，STCF）或抢占式最短作业优先（Preemptive Shortest Job First，PSJF）调度程序[CK68]。每当新工作进入系统时，它就会确定剩余工作和新工作中，谁的剩余时间最少，然后调度该工作。因此，在我们的例子中，STCF 将抢占 A 并运行 B 和 C 以完成。只有在它们完成后，才能调度 A 的剩余时间。图 7.5 展示了一个例子。

结果是平均周转时间大大提高：50s（……）。和以前一样，考虑到我们的新假设，STCF 可证明是最优的。考虑到如果所有工作同时到达，SJF 是最优的，那么你应该能够看到 STCF 的最优性是符合直觉的。

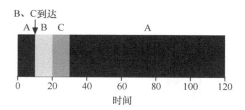

图 7.5 STCF 的简单例子

7.6　新度量指标：响应时间

因此，如果我们知道任务长度，而且任务只使用 CPU，而我们唯一的衡量是周转时间，STCF 将是一个很好的策略。事实上，对于许多早期批处理系统，这些类型的调度算法有一定的意义。然而，引入分时系统改变了这一切。现在，用户将会坐在终端前面，同时也要求系统的交互性好。因此，一个新的度量标准诞生了：响应时间（response time）。

响应时间定义为从任务到达系统到首次运行的时间。更正式的定义是：

$$T_{响应时间} = T_{首次运行} - T_{到达时间} \qquad (7.2)$$

例如，如果我们有上面的调度（A 在时间 0 到达，B 和 C 在时间 10 达到），每个作业的响应时间如下：作业 A 为 0，B 为 0，C 为 10（平均：3.33）。

你可能会想，STCF 和相关方法在响应时间上并不是很好。例如，如果 3 个工作同时到达，第三个工作必须等待前两个工作全部运行后才能运行。这种方法虽然有很好的周转时间，但对于响应时间和交互性是相当糟糕的。假设你在终端前输入，不得不等待 10s 才能看到系统的回应，只是因为其他一些工作已经在你之前被调度：你肯定不太开心。

因此，我们还有另一个问题：如何构建对响应时间敏感的调度程序？

7.7　轮转

为了解决这个问题，我们将介绍一种新的调度算法，通常被称为轮转（Round-Robin，RR）调度[K64]。基本思想很简单：RR 在一个时间片（time slice，有时称为调度量子，scheduling quantum）内运行一个工作，然后切换到运行队列中的下一个任务，而不是运行一个任务直到结束。它反复执行，直到所有任务完成。因此，RR 有时被称为时间切片（time-slicing）。请注意，时间片长度必须是时钟中断周期的倍数。因此，如果时钟中断是每 10ms 中断一次，则时间片可以是 10ms、20ms 或 10ms 的任何其他倍数。

为了更详细地理解 RR，我们来看一个例子。假设 3 个任务 A、B 和 C 在系统中同时到达，并且它们都希望运行 5s。SJF 调度程序必须运行完当前任务才可运行下一个任务（见图 7.6）。相比之下，1s 时间片的 RR 可以快速地循环工作（见图 7.7）。

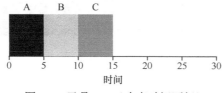

图 7.6　又是 SJF（响应时间不好）

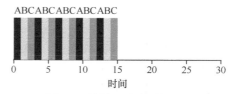

图 7.7　轮转（响应时间好）

RR 的平均响应时间是：（0 + 1 + 2）/3 = 1；SJF 算法平均响应时间是：（0 + 5 + 10）/3 = 5。如你所见，时间片长度对于 RR 是至关重要的。越短，RR 在响应时间上表现越好。然而，时间片太短是有问题的：突然上下文切换的成本将影响整体性能。因此，系统设计者需要权衡时间片的长度，使其足够长，以便摊销（amortize）上下文切换成本，而又不会使系统不及时响应。

提示：摊销可以减少成本

当系统某些操作有固定成本时，通常会使用摊销技术（amortization）。通过减少成本的频度（即执行较少次的操作），系统的总成本就会降低。例如，如果时间片设置为 10ms，并且上下文切换时间为 1ms，那么浪费大约 10% 的时间用于上下文切换。如果要摊销这个成本，可以把时间片增加到 100ms。在这种情况下，不到 1% 的时间用于上下文切换，因此时间片带来的成本就被摊销了。

请注意，上下文切换的成本不仅仅来自保存和恢复少量寄存器的操作系统操作。程序运行时，它们在 CPU 高速缓存、TLB、分支预测器和其他片上硬件中建立了大量的状态。切换到另一个工作会导致此状态被刷新，且与当前运行的作业相关的新状态被引入，这可能导致显著的性能成本[MB91]。

如果响应时间是我们的唯一指标，那么带有合理时间片的 RR，就会是非常好的调度程序。但是我们老朋友的周转时间呢？再来看看我们的例子。A、B 和 C，每个运行时间为 5s，同时到达，RR 是具有（长）1s 时间片的调度程序。从图 7.7 可以看出，A 在 13 完成，B 在 14，C 在 15，平均 14。相当可怕！

这并不奇怪，如果周转时间是我们的指标，那么 RR 确实是最糟糕的策略之一。直观地说，这应该是有意义的：RR 所做的正是延伸每个工作，只运行每个工作一小段时间，就转向下一个工作。因为周转时间只关心作业何时完成，RR 几乎是最差的，在很多情况下甚至比简单的 FIFO 更差。

更一般地，任何公平（fair）的政策（如 RR），即在小规模的时间内将 CPU 均匀分配到活动进程之间，在周转时间这类指标上表现不佳。事实上，这是固有的权衡：如果你愿意不公平，你可以运行较短的工作直到完成，但是要以响应时间为代价。如果你重视公平性，则响应时间会较短，但会以周转时间为代价。这种权衡在系统中很常见。你不能既拥有你的蛋糕，又吃它[1]。

我们开发了两种调度程序。第一种类型（SJF、STCF）优化周转时间，但对响应时间不利。第二种类型（RR）优化响应时间，但对周转时间不利。我们还有两个假设需要放宽：假设 4（作业没有 I/O）和假设 5（每个作业的运行时间是已知的）。接下来我们来解决这些假设。

提示：重叠可以提高利用率

如有可能，重叠（overlap）操作可以最大限度地提高系统的利用率。重叠在许多不同的领域很有用，包括执行磁盘 I/O 或将消息发送到远程机器时。在任何一种情况下，开始操作然后切换到其他工作都是一个好主意，这也提高了系统的整体利用率和效率。

---

[1] 这是一个迷惑人的说法，因为它应该是 "你不能保留你的蛋糕，又吃它"（这很明显，不是吗？）。令人惊讶的是，这个说法有一个维基百科页面。请自行查阅。

7.8　结合 I/O

首先，我们将放宽假设 4：当然所有程序都执行 I/O。想象一下没有任何输入的程序：每次都会产生相同的输出。设想一个没有输出的程序：它就像谚语所说的森林里倒下的树，没有人看到它。它的运行并不重要。

调度程序显然要在工作发起 I/O 请求时做出决定，因为当前正在运行的作业在 I/O 期间不会使用 CPU，它被阻塞等待 I/O 完成。如果将 I/O 发送到硬盘驱动器，则进程可能会被阻塞几毫秒或更长时间，具体取决于驱动器当前的 I/O 负载。因此，这时调度程序应该在 CPU 上安排另一项工作。

调度程序还必须在 I/O 完成时做出决定。发生这种情况时，会产生中断，操作系统运行并将发出 I/O 的进程从阻塞状态移回就绪状态。当然，它甚至可以决定在那个时候运行该项工作。操作系统应该如何处理每项工作？

为了更好地理解这个问题，让我们假设有两项工作 A 和 B，每项工作需要 50ms 的 CPU 时间。但是，有一个明显的区别：A 运行 10ms，然后发出 I/O 请求（假设 I/O 每个都需要 10ms），而 B 只是使用 CPU 50ms，不执行 I/O。调度程序先运行 A，然后运行 B（见图 7.8）。

假设我们正在尝试构建 STCF 调度程序。这样的调度程序应该如何考虑到这样的事实，即 A 分解成 5 个 10ms 子工作，而 B 仅仅是单个 50ms CPU 需求？显然，仅仅运行一个工作，然后运行另一个工作，而不考虑如何考虑 I/O 是没有意义的。

一种常见的方法是将 A 的每个 10ms 的子工作视为一项独立的工作。因此，当系统启动时，它的选择是调度 10ms 的 A，还是 50ms 的 B。对于 STCF，选择是明确的：选择较短的一个，在这种情况下是 A。然后，A 的工作已完成，只剩下 B，并开始运行。然后提交 A 的一个新子工作，它抢占 B 并运行 10ms。这样做可以实现重叠（overlap），一个进程在等待另一个进程的 I/O 完成时使用 CPU，系统因此得到更好的利用（见图 7.9）。

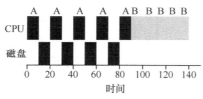

图 7.8　资源的糟糕使用

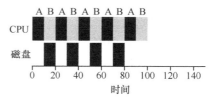

图 7.9　重叠可以更好地使用资源

这样我们就看到了调度程序可能如何结合 I/O。通过将每个 CPU 突发作为一项工作，调度程序确保"交互"的进程经常运行。当这些交互式作业正在执行 I/O 时，其他 CPU 密集型作业将运行，从而更好地利用处理器。

7.9　无法预知

有了应对 I/O 的基本方法，我们来到最后的假设：调度程序知道每个工作的长度。如前所述，这可能是可以做出的最糟糕的假设。事实上，在一个通用的操作系统中（比如我们所关心的操作系统），操作系统通常对每个作业的长度知之甚少。因此，我们如何建立一个没有这种先验知识的 SJF/STCF？更进一步，我们如何能够将已经看到的一些想法与 RR 调度程序结合起来，以便响应时间也变得相当不错？

7.10 小结

我们介绍了调度的基本思想，并开发了两类方法。第一类是运行最短的工作，从而优化周转时间。第二类是交替运行所有工作，从而优化响应时间。但很难做到"鱼与熊掌兼得"，这是系统中常见的、固有的折中。我们也看到了如何将 I/O 结合到场景中，但仍未解决操作系统根本无法看到未来的问题。稍后，我们将看到如何通过构建一个调度程序，利用最近的历史预测未来，从而解决这个问题。这个调度程序称为多级反馈队列，是第 8 章的主题。

参考资料

[B+79] "The Convoy Phenomenon"
M. Blasgen, J. Gray, M. Mitoma, T. Price
ACM Operating Systems Review, 13:2, April 1979
也许是第一次在数据库和操作系统中提到护航效应。

[C54] "Priority Assignment in Waiting Line Problems"
A. Cobham
Journal of Operations Research, 2:70, pages 70–76, 1954
关于使用 SJF 方法调度修理机器的开创性论文。

[K64] "Analysis of a Time-Shared Processor" Leonard Kleinrock
Naval Research Logistics Quarterly, 11:1, pages 59–73, March 1964
该文可能是第一次提到轮转调度算法，当然是调度时分共享系统方法的最早分析之一。

[CK68] "Computer Scheduling Methods and their Countermeasures" Edward G. Coffman and Leonard Kleinrock
AFIPS '68 (Spring), April 1968
一篇很好的早期文章，其中还分析了一些基本调度准则。

[J91] "The Art of Computer Systems Performance Analysis:
Techniques for Experimental Design, Measurement, Simulation, and Modeling"
R. Jain
Interscience, New York, April 1991
计算机系统测量的标准教科书。当然，这对你的库是一个很好的参考。

[PV56] "Machine Repair as a Priority Waiting-Line Problem" Thomas E. Phipps Jr. and W. R. Van Voorhis
Operations Research, 4:1, pages 76–86, February 1956
有关后续工作，概括了来自 Cobham 最初工作的机器修理 SJF 方法，也假定了在这样的环境中 STCF 方法
的效用。具体来说，"有一些类型的修理工作，……涉及很多拆卸，地上满是螺母和螺栓，一旦进行就不应
该中断。在其他情况下，如果有一个或多个短工作可做，继续做长工作是不可取的（第 81 页）。"

[MB91] "The effect of context switches on cache performance" Jeffrey C. Mogul and Anita Borg
ASPLOS, 1991
关于缓存性能如何受上下文切换影响的一项很好的研究。在今天的系统中问题比较小，如今处理器每秒钟
发出数十亿条指令，但上下文切换仍发生在毫秒的时间级别。

作业

scheduler.py 这个程序允许你查看不同调度程序在调度指标（如响应时间、周转时间和
总等待时间）下的执行情况。详情请参阅 README 文件。

问题

1．使用 SJF 和 FIFO 调度程序运行长度为 200 的 3 个作业时，计算响应时间和周转
时间。

2．现在做同样的事情，但有不同长度的作业，即 100、200 和 300。

3．现在做同样的事情，但采用 RR 调度程序，时间片为 1。

4．对于什么类型的工作负载，SJF 提供与 FIFO 相同的周转时间？

5．对于什么类型的工作负载和量子长度，SJF 与 RR 提供相同的响应时间？

6．随着工作长度的增加，SJF 的响应时间会怎样？你能使用模拟程序来展示趋势吗？

7．随着量子长度的增加，RR 的响应时间会怎样？你能写出一个方程，计算给定 N 个
工作时，最坏情况的响应时间吗？

第8章 调度：多级反馈队列

本章将介绍一种著名的调度方法——多级反馈队列（Multi-level Feedback Queue，MLFQ）。1962 年，Corbato 首次提出多级反馈队列[C+62]，应用于兼容时分共享系统（CTSS）。Corbato 因在 CTSS 中的贡献和后来在 Multics 中的贡献，获得了 ACM 颁发的图灵奖（Turing Award）。该调度程序经过多年的一系列优化，出现在许多现代操作系统中。

多级反馈队列需要解决两方面的问题。首先，它要优化周转时间。在第 7 章中我们看到，这通过先执行短工作来实现。然而，操作系统通常不知道工作要运行多久，而这又是 SJF（或 STCF）等算法所必需的。其次，MLFQ 希望给交互用户（如用户坐在屏幕前，等着进程结束）很好的交互体验，因此需要降低响应时间。然而，像轮转这样的算法虽然降低了响应时间，周转时间却很差。所以这里的问题是：通常我们对进程一无所知，应该如何构建调度程序来实现这些目标？调度程序如何在运行过程中学习进程的特征，从而做出更好的调度决策？

> **关键问题：没有完备的知识如何调度？**
> 没有工作长度的先验（priori）知识，如何设计一个能同时减少响应时间和周转时间的调度程序？

> **提示：从历史中学习**
> 多级反馈队列是用历史经验预测未来的一个典型的例子，操作系统中有很多地方采用了这种技术（同样存在于计算机科学领域的很多其他地方，比如硬件的分支预测及缓存算法）。如果工作有明显的阶段性行为，因此可以预测，那么这种方式会很有效。当然，必须十分小心地使用这种技术，因为它可能出错，让系统做出比一无所知的时候更糟的决定。

8.1 MLFQ：基本规则

为了构建这样的调度程序，本章将介绍多级消息队列背后的基本算法。虽然它有许多不同的实现[E95]，但大多数方法是类似的。

MLFQ 中有许多独立的队列（queue），每个队列有不同的优先级（priority level）。任何时刻，一个工作只能存在于一个队列中。MLFQ 总是优先执行较高优先级的工作（即在较高级队列中的工作）。

当然，每个队列中可能会有多个工作，因此具有同样的优先级。在这种情况下，我们就对这些工作采用轮转调度。

因此，MLFQ 调度策略的关键在于如何设置优先级。MLFQ 没有为每个工作指定不变的优先顺序而已，而是根据观察到的行为调整它的优先级。例如，如果一个工作不断放弃 CPU 去等待键盘输入，这是交互型进程的可能行为，MLFQ 因此会让它保持高优先级。相反，如果一个工作长时间地占用 CPU，MLFQ 会降低其优先级。通过这种方式，MLFQ 在进程运行过程中学习其行为，从而利用工作的历史来预测它未来的行为。

至此，我们得到了 MLFQ 的两条基本规则。

- **规则 1**：如果 A 的优先级 >B 的优先级，运行 A（不运行 B）。
- **规则 2**：如果 A 的优先级 =B 的优先级，轮转运行 A 和 B。

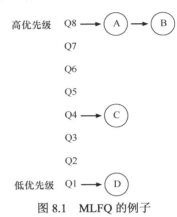

如果要在某个特定时刻展示队列，可能会看到如下内容（见图 8.1）。图 8.1 中，最高优先级有两个工作（A 和 B），工作 C 位于中等优先级，而 D 的优先级最低。按刚才介绍的基本规则，由于 A 和 B 有最高优先级，调度程序将交替的调度他们，可怜的 C 和 D 永远都没有机会运行，太气人了！

当然，这只是展示了一些队列的静态快照，并不能让你真正明白 MLFQ 的工作原理。我们需要理解工作的优先级如何随时间变化。初次拿起本书阅读一章的人可能会吃惊，这正是我们接下来要做的事。

图 8.1　MLFQ 的例子

8.2　尝试 1：如何改变优先级

我们必须决定，在一个工作的生命周期中，MLFQ 如何改变其优先级（在哪个队列中）。要做到这一点，我们必须记得工作负载：既有运行时间很短、频繁放弃 CPU 的交互型工作，也有需要很多 CPU 时间、响应时间却不重要的长时间计算密集型工作。下面是我们第一次尝试优先级调整算法。

- **规则 3**：工作进入系统时，放在最高优先级（最上层队列）。
- **规则 4a**：工作用完整个时间片后，降低其优先级（移入下一个队列）。
- **规则 4b**：如果工作在其时间片以内主动释放 CPU，则优先级不变。

实例 1：单个长工作

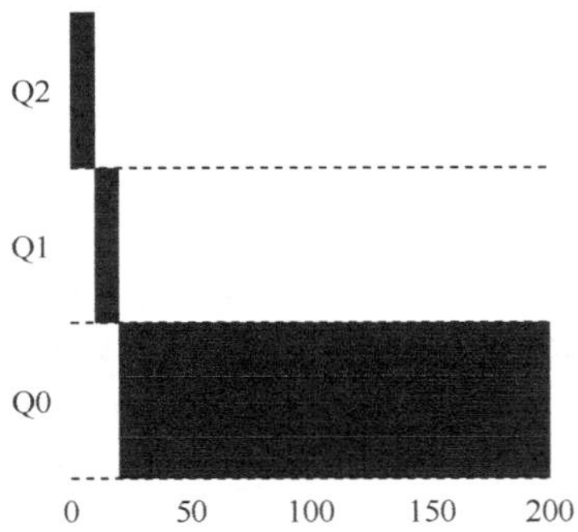

我们来看一些例子。首先，如果系统中有一个需要长时间运行的工作，看看会发生什么。图 8.2 展示了在一个有 3 个队列的调度程序中，随着时间的推移，这个工作的运行情况。

从这个例子可以看出，该工作首先进入最高优先级（Q2）。执行一个 10ms 的时间片后，调度程序将工作的优先

图 8.2　长时间工作随时间的变化

级减 1，因此进入 Q1。在 Q1 执行一个时间片后，最终降低优先级进入系统的最低优先级（Q0），一直留在那里。相当简单，不是吗？

实例 2：来了一个短工作

再看一个较复杂的例子，看看 MLFQ 如何近似 SJF。在这个例子中，有两个工作：A 是一个长时间运行的 CPU 密集型工作，B 是一个运行时间很短的交互型工作。假设 A 执行一段时间后 B 到达。会发生什么呢？对 B 来说，MLFQ 会近似于 SJF 吗？

图 8.3 展示了这种场景的结果。A（用黑色表示）在最低优先级队列执行（长时间运行的 CPU 密集型工作都这样）。B（用灰色表示）在时间 T=100 时到达，并被加入最高优先级队列。由于它的运行时间很短（只有 20ms），经过两个时间片，在被移入最低优先级队列之前，B 执行完毕。然后 A 继续运行（在低优先级）。

通过这个例子，你大概可以体会到这个算法的一个主要目标：如果不知道工作是短工作还是长工作，那么就在开始的时候假设其是短工作，并赋予最高优先级。如果确实是短工作，则很快会执行完毕，否则将被慢慢移入低优先级队列，而这时该工作也被认为是长工作了。通过这种方式，MLFQ 近似于 SJF。

实例 3：如果有 I/O 呢

看一个有 I/O 的例子。根据上述规则 4b，如果进程在时间片用完之前主动放弃 CPU，则保持它的优先级不变。这条规则的意图很简单：假设交互型工作中有大量的 I/O 操作（比如等待用户的键盘或鼠标输入），它会在时间片用完之前放弃 CPU。在这种情况下，我们不想处罚它，只是保持它的优先级不变。

图 8.4 展示了这个运行过程，交互型工作 B（用灰色表示）每执行 1ms 便需要进行 I/O 操作，它与长时间运行的工作 A（用黑色表示）竞争 CPU。MLFQ 算法保持 B 在最高优先级，因为 B 总是让出 CPU。如果 B 是交互型工作，MLFQ 就进一步实现了它的目标，让交互型工作快速运行。

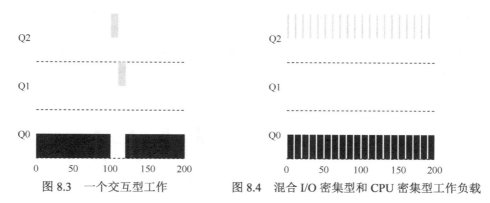

图 8.3 一个交互型工作　　　图 8.4 混合 I/O 密集型和 CPU 密集型工作负载

当前 MLFQ 的一些问题

至此，我们有了基本的 MLFQ。它看起来似乎相当不错，长工作之间可以公平地分享 CPU，又能给短工作或交互型工作很好的响应时间。然而，这种算法有一些非常严重的缺点。

你能想到吗？

（暂停一下，尽量让脑筋转转弯）

首先，会有饥饿（starvation）问题。如果系统有"太多"交互型工作，就会不断占用 CPU，导致长工作永远无法得到 CPU（它们饿死了）。即使在这种情况下，我们希望这些长工作也能有所进展。

其次，聪明的用户会重写程序，愚弄调度程序（game the scheduler）。愚弄调度程序指的是用一些卑鄙的手段欺骗调度程序，让它给你远超公平的资源。上述算法对如下的攻击束手无策：进程在时间片用完之前，调用一个 I/O 操作（比如访问一个无关的文件），从而主动释放 CPU。如此便可以保持在高优先级，占用更多的 CPU 时间。做得好时（比如，每运行 99%的时间片时间就主动放弃一次 CPU），工作可以几乎独占 CPU。

最后，一个程序可能在不同时间表现不同。一个计算密集的进程可能在某段时间表现为一个交互型的进程。用我们目前的方法，它不会享受系统中其他交互型工作的待遇。

8.3 尝试 2：提升优先级

让我们试着改变之前的规则，看能否避免饥饿问题。要让 CPU 密集型工作也能取得一些进展（即使不多），我们能做些什么？

一个简单的思路是周期性地提升（boost）所有工作的优先级。可以有很多方法做到，但我们就用最简单的：将所有工作扔到最高优先级队列。于是有了如下的新规则。

● **规则 5**：经过一段时间 S，就将系统中所有工作重新加入最高优先级队列。

新规则一下解决了两个问题。首先，进程不会饿死——在最高优先级队列中，它会以轮转的方式，与其他高优先级工作分享 CPU，从而最终获得执行。其次，如果一个 CPU 密集型工作变成了交互型，当它优先级提升时，调度程序会正确对待它。

我们来看一个例子。在这种场景下，我们展示长工作与两个交互型短工作竞争 CPU 时的行为。图 8.5 包含两张图。左边没有优先级提升，长工作在两个短工作到达后被饿死。右边每 50ms 就有一次优先级提升（这里只是举例，这个值可能过小），因此至少保证长工作会有一些进展，每过 50ms 就被提升到最高优先级，从而定期获得执行。

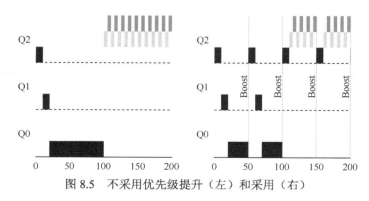

图 8.5 不采用优先级提升（左）和采用（右）

当然，添加时间段 S 导致了明显的问题：S 的值应该如何设置？德高望重的系统研究员

John Ousterhout[O11]曾将这种值称为"巫毒常量（voo-doo constant）"，因为似乎需要一些黑魔法才能正确设置。如果 S 设置得太高，长工作会饥饿；如果设置得太低，交互型工作又得不到合适的 CPU 时间比例。

8.4 尝试 3：更好的计时方式

现在还有一个问题要解决：如何阻止调度程序被愚弄？可以看出，这里的元凶是规则 4a 和 4b，导致工作在时间片以内释放 CPU，就保留它的优先级。那么应该怎么做？

这里的解决方案，是为 MLFQ 的每层队列提供更完善的 CPU 计时方式（accounting）。调度程序应该记录一个进程在某一层中消耗的总时间，而不是在调度时重新计时。只要进程用完了自己的配额，就将它降到低一优先级的队列中去。不论它是一次用完的，还是拆成很多次用完。因此，我们重写规则 4a 和 4b。

● **规则 4**：一旦工作用完了其在某一层中的时间配额（无论中间主动放弃了多少次 CPU），就降低其优先级（移入低一级队列）。

来看一个例子。图 8.6 对比了在规则 4a、4b 的策略下（左图），以及在新的规则 4（右图）的策略下，同样试图愚弄调度程序的进程的表现。没有规则 4 的保护时，进程可以在每个时间片结束前发起一次 I/O 操作，从而垄断 CPU 时间。有了这样的保护后，不论进程的 I/O 行为如何，都会慢慢地降低优先级，因而无法获得超过公平的 CPU 时间比例。

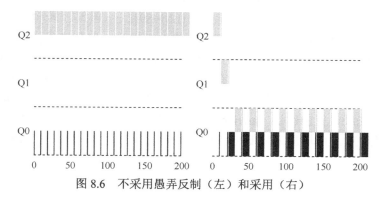

图 8.6 不采用愚弄反制（左）和采用（右）

8.5 MLFQ 调优及其他问题

关于 MLFQ 调度算法还有一些问题。其中一个大问题是如何配置一个调度程序，例如，配置多少队列？每一层队列的时间片配置多大？为了避免饥饿问题以及进程行为改变，应该多久提升一次进程的优先级？这些问题都没有显而易见的答案，因此只有利用对工作负载的经验，以及后续对调度程序的调优，才会导致令人满意的平衡。

例如，大多数的 MLFQ 变体都支持不同队列可变的时间片长度。高优先级队列通常只有较短的时间片（比如 10ms 或者更少），因而这一层的交互工作可以更快地切换。相反，低优先级队列中更多的是 CPU 密集型工作，配置更长的时间片会取得更好的效果。图 8.7 展示了一个例子，两个长工作在高优先级队列执行 10ms，中间队列执行 20ms，最后在最低优先级队列执行 40ms。

提示：避免巫毒常量（Ousterhout 定律）

尽可能避免巫毒常量是个好主意。然而，从上面的例子可以看出，这通常很难。当然，我们也可以让系统自己去学习一个很优化的值，但这同样也不容易。因此，通常我们会有一个写满各种参数值默认值的配置文件，使得系统管理员可以方便地进行修改调整。然而，大多数使用者并不会去修改这些默认值，这时就寄希望于默认值合适了。这个提示是由资深的 OS 教授 John Ousterhout 提出的，因此称为 Ousterhout 定律（Ousterhout's Law）。

Solaris 的 MLFQ 实现（时分调度类 TS）很容易配置。它提供了一组表来决定进程在其生命周期中如何调整优先级，每层的时间片多大，以及多久提升一个工作的优先级[AD00]。管理员可以通过这些表，让调度程序的行为方式不同。该表默认有 60 层队列，时间片长度从 20ms（最高优先级），到几百 ms（最低优先级），每一秒左右提升一次进程的优先级。

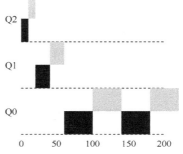

图 8.7　优先级越低，时间片越长

其他一些 MLFQ 调度程序没用表，甚至没用本章中讲到的规则，有些采用数学公式来调整优先级。例如，FreeBSD 调度程序（4.3 版本），会基于当前进程使用了多少 CPU，通过公式计算某个工作的当前优先级[LM+89]。另外，使用量会随时间衰减，这提供了期望的优先级提升，但与这里描述方式不同。阅读 Epema 的论文，他漂亮地概括了这种使用量衰减（decay-usage）算法及其特征[E95]。

最后，许多调度程序有一些我们没有提到的特征。例如，有些调度程序将最高优先级队列留给操作系统使用，因此通常的用户工作是无法得到系统的最高优先级的。有些系统允许用户给出优先级设置的建议（advice），比如通过命令行工具 nice，可以增加或降低工作的优先级（稍微），从而增加或降低它在某个时刻运行的机会。更多信息请查看 man 手册。

8.6　MLFQ：小结

本章介绍了一种调度方式，名为多级反馈队列（MLFQ）。你应该已经知道它为什么叫这个名字——它有多级队列，并利用反馈信息决定某个工作的优先级。以史为鉴：关注进程的一贯表现，然后区别对待。

提示：尽可能多地使用建议

操作系统很少知道什么策略对系统中的单个进程和每个进程算是好的，因此提供接口并允许用户或管理员给操作系统一些提示（hint）常常很有用。我们通常称之为建议（advice），因为操作系统不一定要关注它，但是可能会将建议考虑在内，以便做出更好的决定。这种用户建议的方式在操作系统中的各个领域经常十分有用，包括调度程序（通过 nice）、内存管理（madvise），以及文件系统（通知预取和缓存[P+95]）。

本章包含了一组优化的 MLFQ 规则。为了方便查阅，我们重新列在这里。

- **规则 1**：如果 A 的优先级 > B 的优先级，运行 A（不运行 B）。
- **规则 2**：如果 A 的优先级 = B 的优先级，轮转运行 A 和 B。
- **规则 3**：工作进入系统时，放在最高优先级（最上层队列）。
- **规则 4**：一旦工作用完了其在某一层中的时间配额（无论中间主动放弃了多少次 CPU），就降低其优先级（移入低一级队列）。
- **规则 5**：经过一段时间 S，就将系统中所有工作重新加入最高优先级队列。

MLFQ 有趣的原因是：它不需要对工作的运行方式有先验知识，而是通过观察工作的运行来给出对应的优先级。通过这种方式，MLFQ 可以同时满足各种工作的需求：对于短时间运行的交互型工作，获得类似于 SJF/STCF 的很好的全局性能，同时对长时间运行的 CPU 密集型负载也可以公平地、不断地稳步向前。因此，许多系统使用某种类型的 MLFQ 作为自己的基础调度程序，包括类 BSD UNIX 系统[LM+89，B86]、Solaris[M06]以及 Windows NT 和其后的 Window 系列操作系统。

参考资料

[AD00]"Multilevel Feedback Queue Scheduling in Solaris" Andrea Arpaci-Dusseau
本书的一位作者就 Solaris 调度程序的细节做了一些简短的说明。我们这里的描述可能有失偏颇，但这些讲义还是不错的。

[B86]"The Design of the UNIX Operating System"
M.J. Bach
Prentice-Hall, 1986
关于如何构建真正的 UNIX 操作系统的经典老书之一。对内核黑客来说，这是必读内容。

[C+62]"An Experimental Time-Sharing System"
F. J. Corbato, M. M. Daggett, R. C. Daley IFIPS 1962
有点难读，但这是多级反馈调度中许多首创想法的来源。其中大部分后来进入了 Multics，人们可以争辩说它是有史以来有影响力的操作系统。

[CS97]"Inside Windows NT"
Helen Custer and David A. Solomon Microsoft Press, 1997
如果你想了解 UNIX 以外的东西，来读 NT 书吧！当然，你为什么会想？好吧，我们在开玩笑吧。说不定有一天你会为微软工作。

[E95]"An Analysis of Decay-Usage Scheduling in Multiprocessors"
D.H.J. Epema SIGMETRICS '95
一篇关于 20 世纪 90 年代中期调度技术发展状况的优秀论文，概述了使用量衰减调度程序背后的基本方法。

[LM+89]"The Design and Implementation of the 4.3BSD UNIX Operating System"

S.J. Leffler, M.K. McKusick, M.J. Karels, J.S. Quarterman Addison-Wesley, 1989
另一本操作系统经典图书，由 BSD 背后的 4 个主要人员编写。本书后面的版本虽然更新了，但感觉不如这一版好。

[M06]"Solaris Internals: Solaris 10 and OpenSolaris Kernel Architecture"Richard McDougall
Prentice-Hall, 2006
一本关于 Solaris 及其工作原理的好书。

[O11]"John Ousterhout's Home Page"John Ousterhout
著名的 Ousterhout 教授的主页。本书的两位合著者一起在研究生院学习 Ousterhout 的研究生操作系统课程。事实上，这是两位合著者相互认识的地方，最终他们结了婚、生了孩子，还合著了这本书。因此，你真的可以责怪 Ousterhout，让你陷入这场混乱。

[P+95]"Informed Prefetching and Caching"
R.H. Patterson, G.A. Gibson, E. Ginting, D. Stodolsky, J. Zelenka SOSP '95
关于文件系统中一些非常酷的创意的有趣文章，其中包括应用程序如何向操作系统提供关于它正在访问哪些文件，以及它计划如何访问这些文件的建议。

作业

程序 mlfq.py 允许你查看本章介绍的 MLFQ 调度程序的行为。详情请参阅 README 文件。

问题

1．只用两个工作和两个队列运行几个随机生成的问题。针对每个工作计算 MLFQ 的执行记录。限制每项作业的长度并关闭 I/O，让你的生活更轻松。

2．如何运行调度程序来重现本章中的每个实例？

3．将如何配置调度程序参数，像轮转调度程序那样工作？

4．设计两个工作的负载和调度程序参数，以便一个工作利用较早的规则 4a 和 4b（用 -S 标志打开）来"愚弄"调度程序，在特定的时间间隔内获得 99%的 CPU。

5．给定一个系统，其最高队列中的时间片长度为 10ms，你需要如何频繁地将工作推回到最高优先级级别（带有-B 标志），以保证一个长时间运行（并可能饥饿）的工作得到至少 5%的 CPU？

6．调度中有一个问题，即刚完成 I/O 的作业添加在队列的哪一端。-I 标志改变了这个调度模拟器的这方面行为。尝试一些工作负载，看看你是否能看到这个标志的效果。

第 9 章 调度：比例份额

在本章中，我们来看一个不同类型的调度程序——比例份额（proportional-share）调度程序，有时也称为公平份额（fair-share）调度程序。比例份额算法基于一个简单的想法：调度程序的最终目标，是确保每个工作获得一定比例的 CPU 时间，而不是优化周转时间和响应时间。

比例份额调度程序有一个非常优秀的现代例子，由 Waldspurger 和 Weihl 发现，名为彩票调度（lottery scheduling）[WW94]。但这个想法其实出现得更早[KL88]。基本思想很简单：每隔一段时间，都会举行一次彩票抽奖，以确定接下来应该运行哪个进程。越是应该频繁运行的进程，越是应该拥有更多地赢得彩票的机会。很简单吧？现在，谈谈细节！但还是先看看下面的关键问题。

关键问题：如何按比例分配 CPU

如何设计调度程序来按比例分配 CPU？其关键的机制是什么？效率如何？

9.1 基本概念：彩票数表示份额

彩票调度背后是一个非常基本的概念：彩票数（ticket）代表了进程（或用户或其他）占有某个资源的份额。一个进程拥有的彩票数占总彩票数的百分比，就是它占有资源的份额。

下面来看一个例子。假设有两个进程 A 和 B，A 拥有 75 张彩票，B 拥有 25 张。因此我们希望 A 占用 75%的 CPU 时间，而 B 占用 25%。

通过不断定时地（比如，每个时间片）抽取彩票，彩票调度从概率上（但不是确定的）获得这种份额比例。抽取彩票的过程很简单：调度程序知道总共的彩票数（在我们的例子中，有 100 张）。调度程序抽取中奖彩票，这是从 0 和 99[1]之间的一个数，拥有这个数对应的彩票的进程中奖。假设进程 A 拥有 0 到 74 共 75 张彩票，进程 B 拥有 75 到 99 的 25 张，中奖的彩票就决定了运行 A 或 B。调度程序然后加载中奖进程的状态，并运行它。

提示：利用随机性

彩票调度最精彩的地方在于利用了随机性（randomness）。当你需要做出决定时，采用随机的方式常常是既可靠又简单的选择。

随机方法相对于传统的决策方式，至少有 3 点优势。第一，随机方法常常可以避免奇怪的边角情况，

较传统的算法可能在处理这些情况时遇到麻烦。例如 LRU 替换策略（稍后会在虚拟内存的章节详细介绍）。虽然 LRU 通常是很好的替换算法，但在有重复序列的负载时表现非常差。但随机方法就没有这种最差情况。

第二，随机方法很轻量，几乎不需要记录任何状态。在传统的公平份额调度算法中，记录每个进程已经获得了多少的 CPU 时间，需要对每个进程计时，这必须在每次运行结束后更新。而采用随机方式后每个进程只需要非常少的状态（即每个进程拥有的彩票号码）。

第三，随机方法很快。只要能很快地产生随机数，做出决策就很快。因此，随机方式在对运行速度要求高的场景非常适用。当然，越是需要快的计算速度，随机就会越倾向于伪随机。

下面是彩票调度程序输出的中奖彩票：

```
63 85 70 39 76 17 29 41 36 39 10 99 68 83 63 62 43 0 49 49
```

下面是对应的调度结果：

```
A   A A    A A A A A A     A     A A A A A A
  B     B             B   B
```

从这个例子中可以看出，彩票调度中利用了随机性，这导致了从概率上满足期望的比例，但并不能确保。在上面的例子中，工作 B 运行了 20 个时间片中的 4 个，只是占了 20%，而不是期望的 25%。但是，这两个工作运行得时间越长，它们得到的 CPU 时间比例就会越接近期望。

提示：用彩票来表示份额

彩票（步长）调度的设计中，最强大（且最基本）的机制是彩票。在这些例子中，彩票用于表示一个进程占有 CPU 的份额，但也可以用在更多的地方。比如在虚拟机管理程序的虚存管理的最新研究工作中，Waldspurger 提出了用彩票来表示用户占用操作系统内存份额的方法[W02]。因此，如果你需要通过什么机制来表示所有权比例，这个概念可能就是彩票。

9.2　彩票机制

彩票调度还提供了一些机制，以不同且有效的方式来调度彩票。一种方式是利用彩票货币（ticket currency）的概念。这种方式允许拥有一组彩票的用户以他们喜欢的某种货币，将彩票分给自己的不同工作。之后操作系统再自动将这种货币兑换为正确的全局彩票。

比如，假设用户 A 和用户 B 每人拥有 100 张彩票。用户 A 有两个工作 A1 和 A2，他以自己的货币，给每个工作 500 张彩票（共 1000 张）。用户 B 只运行一个工作，给它 10 张彩票（总共 10 张）。操作系统将进行兑换，将 A1 和 A2 拥有的 A 的货币 500 张，兑换成全局货币 50 张。类似地，兑换给 B1 的 10 张彩票兑换成 100 张。然后会对全局彩票货币（共 200 张）举行抽奖，决定哪个工作运行。

```
User A -> 500 (A's currency) to A1 -> 50  (global currency)
       -> 500 (A's currency) to A2 -> 50  (global currency)
User B -> 10  (B's currency) to B1 -> 100 (global currency)
```

另一个有用的机制是彩票转让（ticket transfer）。通过转让，一个进程可以临时将自己的彩票交给另一个进程。这种机制在客户端/服务端交互的场景中尤其有用，在这种场景中，客户端进程向服务端发送消息，请求其按自己的需求执行工作，为了加速服务端的执行，客户端可以将自己的彩票转让给服务端，从而尽可能加速服务端执行自己请求的速度。服务端执行结束后会将这部分彩票归还给客户端。

最后，彩票通胀（ticket inflation）有时也很有用。利用通胀，一个进程可以临时提升或降低自己拥有的彩票数量。当然在竞争环境中，进程之间互相不信任，这种机制就没什么意义。一个贪婪的进程可能给自己非常多的彩票，从而接管机器。但是，通胀可以用于进程之间相互信任的环境。在这种情况下，如果一个进程知道它需要更多 CPU 时间，就可以增加自己的彩票，从而将自己的需求告知操作系统，这一切不需要与任何其他进程通信。

9.3 实现

彩票调度中最不可思议的，或许就是实现简单。只需要一个不错的随机数生成器来选择中奖彩票和一个记录系统中所有进程的数据结构（一个列表），以及所有彩票的总数。

假定我们用列表记录进程。下面的例子中有 A、B、C 这 3 个进程，每个进程有一定数量的彩票。

在做出调度决策之前，首先要从彩票总数 400 中选择一个随机数（中奖号码）[①]。假设选择了 300。然后，遍历链表，用一个简单的计数器帮助我们找到中奖者（见图 9.1）。

```
1   // counter: used to track if we've found the winner yet
2   int counter = 0;
3
4   // winner: use some call to a random number generator to
5   //           get a value, between 0 and the total # of tickets
6   int winner = getrandom(0, totaltickets);
7
8   // current: use this to walk through the list of jobs
9   node_t *current = head;
10
11  // loop until the sum of ticket values is > the winner
12  while (current) {
13      counter = counter + current->tickets;
14      if (counter > winner)
15          break; // found the winner
16      current = current->next;
17  }
18  // 'current' is the winner: schedule it...
```

图 9.1 彩票调度决定代码

---

① 令人惊讶的是，正如 Björn Lindberg 所指出的那样，要做对，这可能是一个挑战。

这段代码从前向后遍历进程列表，将每张票的值加到 counter 上，直到值超过 winner。这时，当前的列表元素所对应的进程就是中奖者。在我们的例子中，中奖彩票是 300。首先，计 A 的票后，counter 增加到 100。因为 100 小于 300，继续遍历。然后 counter 会增加到 150（B 的彩票），仍然小于 300，继续遍历。最后，counter 增加到 400（显然大于 300），因此退出遍历，current 指向 C（中奖者）。

要让这个过程更有效率，建议将列表项按照彩票数递减排序。这个顺序并不会影响算法的正确性，但能保证用最小的迭代次数找到需要的节点，尤其当大多数彩票被少数进程掌握时。

9.4　一个例子

为了更好地理解彩票调度的运行过程，我们现在简单研究一下两个互相竞争工作的完成时间，每个工作都有相同数目的 100 张彩票，以及相同的运行时间 R（稍后会改变）。

这种情况下，我们希望两个工作在大约同时完成，但由于彩票调度算法的随机性，有时一个工作会先于另一个完成。为了量化这种区别，我们定义了一个简单的不公平指标 U（unfairness metric），将两个工作完成时刻相除得到 U 的值。比如，运行时间 R 为 10，第一个工作在时刻 10 完成，另一个在 20，$U=10/20=0.5$。如果两个工作几乎同时完成，U 的值将很接近于 1。在这种情况下，我们的目标是：完美的公平调度程序可以做到 $U=1$。

图 9.2 展示了当两个工作的运行时间从 1 到 1000 变化时，30 次试验的平均 U 值（利用本章末尾的模拟器产生的结果）。可以看出，当工作执行时

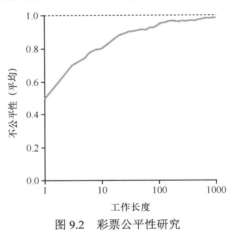

图 9.2　彩票公平性研究

间很短时，平均不公平度非常糟糕。只有当工作执行非常多的时间片时，彩票调度算法才能得到期望的结果。

9.5　如何分配彩票

关于彩票调度，还有一个问题没有提到，那就是如何为工作分配彩票？这是一个非常棘手的问题，系统的运行严重依赖于彩票的分配。假设用户自己知道如何分配，因此可以给每个用户一定量的彩票，由用户按照需要自主分配给自己的工作。然而这种方案似乎什么也没有解决——还是没有给出具体的分配策略。因此对于给定的一组工作，彩票分配的问题依然没有最佳答案。

9.6 为什么不是确定的

你可能还想知道，究竟为什么要利用随机性？从上面的内容可以看出，虽然随机方式可以使得调度程序的实现简单（且大致正确），但偶尔并不能产生正确的比例，尤其在工作运行时间很短的情况下。由于这个原因，Waldspurger 提出了步长调度（stride scheduling），一个确定性的公平分配算法[W95]。

步长调度也很简单。系统中的每个工作都有自己的步长，这个值与票数值成反比。在上面的例子中，A、B、C 这 3 个工作的票数分别是 100、50 和 250，我们通过用一个大数分别除以他们的票数来获得每个进程的步长。比如用 10000 除以这些票数值，得到了 3 个进程的步长分别为 100、200 和 40。我们称这个值为每个进程的步长（stride）。每次进程运行后，我们会让它的计数器 [称为行程（pass）值] 增加它的步长，记录它的总体进展。

之后，调度程序使用进程的步长及行程值来确定调度哪个进程。基本思路很简单：当需要进行调度时，选择目前拥有最小行程值的进程，并且在运行之后将该进程的行程值增加一个步长。下面是 Waldspurger[W95]给出的伪代码：

```
current = remove_min(queue);        // pick client with minimum pass
schedule(current);                  // use resource for quantum
current->pass += current->stride;   // compute next pass using stride
insert(queue, current);             // put back into the queue
```

在我们的例子中，3 个进程（A、B、C）的步长值分别为 100、200 和 40，初始行程值都为 0。因此，最初，所有进程都可能被选择执行。假设选择 A（任意的，所有具有同样低的行程值的进程，都可能被选中）。A 执行一个时间片后，更新它的行程值为 100。然后运行 B，并更新其行程值为 200。最后执行 C，C 的行程值变为 40。这时，算法选择最小的行程值，是 C，执行并增加为 80（C 的步长是 40）。然后 C 再次运行（依然行程值最小），行程值增加到 120。现在运行 A，更新它的行程值为 200（现在与 B 相同）。然后 C 再次连续运行两次，行程值也变为 200。此时，所有行程值再次相等，这个过程会无限地重复下去。表 9.1 展示了一段时间内调度程序的行为。

表 9.1   步长调度：记录

行程值（A）（步长=100）	行程值（B）（步长=200）	行程值（C）（步长=40）	谁运行
0	0	0	A
100	0	0	B
100	200	0	C
100	200	40	C
100	200	80	C
100	200	120	A
200	200	120	C
200	200	160	C
200	200	200	……

可以看出，C 运行了 5 次、A 运行了 2 次，B 一次，正好是票数的比例——250、100 和 50。彩票调度算法只能一段时间后，在概率上实现比例，而步长调度算法可以在每个调度周期后做到完全正确。

你可能想知道，既然有了可以精确控制的步长调度算法，为什么还要彩票调度算法呢？好吧，彩票调度有一个步长调度没有的优势——不需要全局状态。假如一个新的进程在上面的步长调度执行过程中加入系统，应该怎么设置它的行程值呢？设置成 0 吗？这样的话，它就独占 CPU 了。而彩票调度算法不需要对每个进程记录全局状态，只需要用新进程的票数更新全局的总票数就可以了。因此彩票调度算法能够更合理地处理新加入的进程。

9.7　小结

本章介绍了比例份额调度的概念，并简单讨论了两种实现：彩票调度和步长调度。彩票调度通过随机值，聪明地做到了按比例分配。步长调度算法能够确定的获得需要的比例。虽然两者都很有趣，但由于一些原因，并没有作为 CPU 调度程序被广泛使用。一个原因是这两种方式都不能很好地适合 I/O[AC97]；另一个原因是其中最难的票数分配问题并没有确定的解决方式，例如，如何知道浏览器进程应该拥有多少票数？通用调度程序（像前面讨论的 MLFQ 及其他类似的 Linux 调度程序）做得更好，因此得到了广泛的应用。

结果，比例份额调度程序只有在这些问题可以相对容易解决的领域更有用（例如容易确定份额比例）。例如在虚拟（virtualized）数据中心中，你可能会希望分配 1/4 的 CPU 周期给 Windows 虚拟机，剩余的给 Linux 系统，比例分配的方式可以更简单高效。详细信息请参考 Waldspurger [W02]，该文介绍了 VMWare 的 ESX 系统如何用比例分配的方式来共享内存。

参考资料

[AC97] "Extending Proportional-Share Scheduling to a Network of Workstations" Andrea C. Arpaci-Dusseau and David E. Culler
PDPTA'97, June 1997
这是本书的一位作者撰写的论文，关于如何扩展比例共享调度，从而在群集环境中更好地工作。

[D82] "Why Numbering Should Start At Zero"

Edsger Dijkstra, August 1982

来自计算机科学先驱之一 E. Dijkstra 的简短讲义。在关于并发的部分，我们会听到更多关于 E. Dijkstra 的信息。与此同时，请阅读这份讲义，其中有一句激励人心的话："我的一个同事（不是一个计算科学家）指责一些年轻的计算科学家'卖弄学问'，因为他们从零开始编号。"该讲义解释了为什么这样做是合理的。

[KL88] "A Fair Share Scheduler"

J. Kay and P. Lauder

CACM, Volume 31 Issue 1, January 1988

关于公平份额调度程序的早期参考文献。

[WW94] "Lottery Scheduling: Flexible Proportional-Share Resource Management" Carl A. Waldspurger and William E. Weihl

OSDI '94, November 1994

关于彩票调度的里程碑式的论文，让调度、公平分享和简单随机算法的力量在操作系统社区重新焕发了活力。

[W95] "Lottery and Stride Scheduling: Flexible Proportional-Share Resource Management" Carl A. Waldspurger

Ph.D. Thesis, MIT, 1995

Waldspurger 的获奖论文，概述了彩票和步长调度。如果你想写一篇博士论文，总应该有一个很好的例子，让你有个努力的方向：这是一个很好的例子。

[W02] "Memory Resource Management in VMware ESX Server" Carl A. Waldspurger

OSDI '02, Boston, Massachusetts

关于 VMM（虚拟机管理程序）中的内存管理的文章。除了相对容易阅读之外，该论文还包含许多有关新型 VMM 层面内存管理的很酷的想法。

作业

lottery.py 这个程序允许你查看彩票调度程序的工作原理。详情请参阅 README 文件。

问题

1. 计算 3 个工作在随机种子为 1、2 和 3 时的模拟解。
2. 现在运行两个具体的工作：每个长度为 10，但是一个（工作 0）只有一张彩票，另一个（工作 1）有 100 张（-l 10：1,10：100）。

彩票数量如此不平衡时会发生什么？在工作 1 完成之前，工作 0 是否会运行？多久？一般来说，这种彩票不平衡对彩票调度的行为有什么影响？

3．如果运行两个长度为 100 的工作，都有 100 张彩票（-l100：100,100：100），调度程序有多不公平？运行一些不同的随机种子来确定（概率上的）答案。不公平性取决于一项工作比另一项工作早完成多少。

4．随着量子规模（-q）变大，你对上一个问题的答案如何改变？

5．你可以制作类似本章中的图表吗？

还有什么值得探讨的？用步长调度程序，图表看起来如何？

第 10 章 多处理器调度（高级）

本章将介绍多处理器调度（multiprocessor scheduling）的基础知识。由于本章内容相对较深，建议认真学习并发相关的内容后再读。

过去很多年，多处理器（multiprocessor）系统只存在于高端服务器中。现在，它们越来越多地出现在个人 PC、笔记本电脑甚至移动设备上。多核处理器（multicore）将多个 CPU 核组装在一块芯片上，是这种扩散的根源。由于计算机的架构师们当时难以让单核 CPU 更快，同时又不增加太多功耗，所以这种多核 CPU 很快就变得流行。现在，我们每个人都可以得到一些 CPU，这是好事，对吧？

当然，多核 CPU 带来了许多困难。主要困难是典型的应用程序（例如你写的很多 C 程序）都只使用一个 CPU，增加了更多的 CPU 并没有让这类程序运行得更快。为了解决这个问题，不得不重写这些应用程序，使之能并行（parallel）执行，也许使用多线程（thread，本书的第 2 部分将用较多篇幅讨论）。多线程应用可以将工作分散到多个 CPU 上，因此 CPU 资源越多就运行越快。

> **补充：高级章节**
>
> 需要阅读本书的更多内容才能真正理解高级章节，但这些内容在逻辑上放在一章里。例如，本章是关于多处理器调度的，如果先学习了中间部分的并发知识，会更有意思。但是，从逻辑上它属于本书中虚拟化（一般）和 CPU 调度（具体）的部分。因此，建议不按顺序学习这些高级章节。对于本章，建议在学习完本书第 2 部分后阅读本章。

除了应用程序，操作系统遇到的一个新的问题是（不奇怪！）多处理器调度（multiprocessor scheduling）。到目前为止，我们讨论了许多单处理器调度的原则，那么如何将这些想法扩展到多处理器上呢？还有什么新的问题需要解决？因此，我们的问题如下。

> **关键问题：如何在多处理器上调度工作**
>
> 操作系统应该如何在多 CPU 上调度工作？会遇到什么新问题？已有的技术依旧适用吗？是否需要新的思路？

10.1 背景：多处理器架构

为了理解多处理器调度带来的新问题，必须先知道它与单 CPU 之间的基本区别。区别的核心在于对硬件缓存（cache）的使用（见图 10.1），以及多处理器之间共享数据的方式。本章将在较高层面讨论这些问题。更多信息可以在其他地方找到[CSG99]，尤其是在高年级或研究生计算机架构课程中。

在单 CPU 系统中，存在多级的硬件缓存（hardware cache），一般来说会让处理器更快地执行程序。缓存是很小但很快的存储设备，通常拥有内存中最热的数据的备份。相比之下，内存很大且拥有所有的数据，但访问速度较慢。通过将频繁访问的数据放在缓存中，系统似乎拥有又大又快的内存。

举个例子，假设一个程序需要从内存中加载指令并读取一个值，系统只有一个 CPU，拥有较小的缓存（如 64KB）和较大的内存。

程序第一次读取数据时，数据在内存中，因此需要花费较长的时间（可能数十或数百纳秒）。处理器判断该数据很可能会被再次使用，因此将其放入 CPU 缓存中。如果之后程序再次需要使用同样的数据，CPU 会先查找缓存。因为在缓存中找到了数据，所以取数据快得多（比如几纳秒），程序也就运行更快。

缓存是基于局部性（locality）的概念，局部性有两种，即时间局部性和空间局部性。时间局部性是指当一个数据被访问后，它很有可能会在不久的将来被再次访问，比如循环代码中的数据或指令本身。而空间局部性指的是，当程序访问地址为 x 的数据时，很有可能会紧接着访问 x 周围的数据，比如遍历数组或指令的顺序执行。由于这两种局部性存在于大多数的程序中，硬件系统可以很好地预测哪些数据可以放入缓存，从而运行得很好。

有趣的部分来了：如果系统有多个处理器，并共享同一个内存，如图 10.2 所示，会怎样呢？

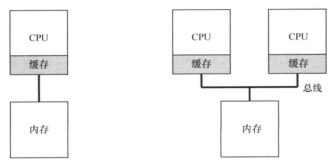

图 10.1　带缓存的单 CPU　　　图 10.2　两个有缓存的 CPU 共享内存

事实证明，多 CPU 的情况下缓存要复杂得多。例如，假设一个运行在 CPU 1 上的程序从内存地址 A 读取数据。由于不在 CPU 1 的缓存中，所以系统直接访问内存，得到值 D。程序然后修改了地址 A 处的值，只是将它的缓存更新为新值 D'。将数据写回内存比较慢，因此系统（通常）会稍后再做。假设这时操作系统中断了该程序的运行，并将其交给 CPU 2，重新读取地址 A 的数据，由于 CPU 2 的缓存中并没有该数据，所以会直接从内存中读取，得到了旧值 D，而不是正确的值 D'。哎呀！

这一普遍的问题称为缓存一致性（cache coherence）问题，有大量的研究文献描述了解决这个问题时的微妙之处[SHW11]。这里我们会略过所有的细节，只提几个要点。选一门计算机体系结构课（或 3 门），你可以了解更多。

硬件提供了这个问题的基本解决方案：通过监控内存访问，硬件可以保证获得正确的数据，并保证共享内存的唯一性。在基于总线的系统中，一种方式是使用总线窥探（bus snooping）[G83]。每个缓存都通过监听链接所有缓存和内存的总线，来发现内存访问。如果 CPU 发现对它放在缓存中的数据的更新，会作废（invalidate）本地副本（从缓存中移除），或更新（update）它（修改为新值）。回写缓存，如上面提到的，让事情更复杂（由于对内存的写入稍后才会看到），你可以想想基本方案如何工作。

10.2　别忘了同步

既然缓存已经做了这么多工作来提供一致性，应用程序（或操作系统）还需要关心共享数据的访问吗？依然需要！本书第 2 部分关于并发的描述中会详细介绍。虽然这里不会详细讨论，但我们会简单介绍（或复习）其基本思路（假设你熟悉并发相关内容）。

跨 CPU 访问（尤其是写入）共享数据或数据结构时，需要使用互斥原语（比如锁），才能保证正确性[其他方法，如使用无锁（lock-free）数据结构，很复杂，偶尔才使用。详情参见并发部分关于死锁的章节]。例如，假设多 CPU 并发访问一个共享队列。如果没有锁，即使有底层一致性协议，并发地从队列增加或删除元素，依然不会得到预期结果。需要用锁来保证数据结构状态更新的原子性。

为了更具体，我们设想这样的代码序列，用于删除共享链表的一个元素，如图 10.3 所示。假设两个 CPU 上的不同线程同时进入这个函数。如果线程 1 执行第一行，会将 head 的当前值存入它的 tmp 变量。如果线程 2 接着也执行第一行，它也会将同样的 head 值存入它自己的私有 tmp 变量（tmp 在栈上分配，因此每个线程都有自己的私有存储）。因此，两个线程会尝试删除同一个链表头，而不是每个线程移除一个元素，这导致了各种问题（比如在第 4 行重复释放头元素，以及可能两次返回同一个数据）。

```
1    typedef struct __Node_t {
2        int value;
3        struct __Node_t *next;
4    } Node_t;
5
6    int List_Pop() {
7        Node_t *tmp = head;      // remember old head ...
8        int value = head->value; // ... and its value
9        head = head->next;       // advance head to next pointer
10       free(tmp);               // free old head
11       return value;            // return value at head
12   }
```

图 10.3　简单的链表删除代码

当然，让这类函数正确工作的方法是加锁（locking）。这里只需要一个互斥锁（即 pthread_mutex_t m;），然后在函数开始时调用 lock(&m)，在结束时调用 unlock(&m)，确保代码的执行如预期。我们会看到，这里依然有问题，尤其是性能方面。具体来说，随着 CPU 数量的增加，访问同步共享的数据结构会变得很慢。

10.3　最后一个问题：缓存亲和度

在设计多处理器调度时遇到的最后一个问题，是所谓的缓存亲和度（cache affinity）。这个概念很简单：一个进程在某个 CPU 上运行时，会在该 CPU 的缓存中维护许多状态。下次该进程在相同 CPU 上运行时，由于缓存中的数据而执行得更快。相反，在不同的 CPU 上执行，会由于需要重新加载数据而很慢（好在硬件保证的缓存一致性可以保证正确执行）。因此多处理器调度应该考虑到这种缓存亲和性，并尽可能将进程保持在同一个 CPU 上。

10.4　单队列调度

上面介绍了一些背景，现在来讨论如何设计一个多处理器系统的调度程序。最基本的方式是简单地复用单处理器调度的基本架构，将所有需要调度的工作放入一个单独的队列中，我们称之为单队列多处理器调度（Single Queue Multiprocessor Scheduling，SQMS）。这个方法最大的优点是简单。它不需要太多修改，就可以将原有的策略用于多个 CPU，选择最适合的工作来运行（例如，如果有两个 CPU，它可能选择两个最合适的工作）。

然而，SQMS 有几个明显的短板。第一个是缺乏可扩展性（scalability）。为了保证在多CPU 上正常运行，调度程序的开发者需要在代码中通过加锁（locking）来保证原子性，如上所述。在 SQMS 访问单个队列时（如寻找下一个运行的工作），锁确保得到正确的结果。

然而，锁可能带来巨大的性能损失，尤其是随着系统中的 CPU 数增加时[A91]。随着这种单个锁的争用增加，系统花费了越来越多的时间在锁的开销上，较少的时间用于系统应该完成的工作（哪天在这里加上真正的测量数据就好了）。

SQMS 的第二个主要问题是缓存亲和性。比如，假设我们有 5 个工作（A、B、C、D、E）和 4 个处理器。调度队列如下：

队列 —→ A —→ B —→ C —→ D —→ E —→ NULL

一段时间后，假设每个工作依次执行一个时间片，然后选择另一个工作，下面是每个CPU 可能的调度序列：

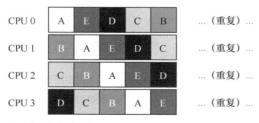

由于每个 CPU 都简单地从全局共享的队列中选取下一个工作执行，因此每个工作都不断在不同 CPU 之间转移，这与缓存亲和的目标背道而驰。

为了解决这个问题，大多数 SQMS 调度程序都引入了一些亲和度机制，尽可能让进程在同一个 CPU 上运行。保持一些工作的亲和度的同时，可能需要牺牲其他工作的亲和度来实现负载均衡。例如，针对同样的 5 个工作的调度如下：

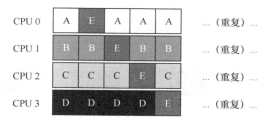

这种调度中，A、B、C、D 这 4 个工作都保持在同一个 CPU 上，只有工作 E 不断地来回迁移（migrating），从而尽可能多地获得缓存亲和度。为了公平起见，之后我们可以选择不同的工作来迁移。但实现这种策略可能很复杂。

我们看到，SQMS 调度方式有优势也有不足。优势是能够从单 CPU 调度程序很简单地发展而来，根据定义，它只有一个队列。然而，它的扩展性不好（由于同步开销有限），并且不能很好地保证缓存亲和度。

10.5 多队列调度

正是由于单队列调度程序的这些问题，有些系统使用了多队列的方案，比如每个 CPU 一个队列。我们称之为多队列多处理器调度（Multi-Queue Multiprocessor Scheduling，MQMS）

在 MQMS 中，基本调度框架包含多个调度队列，每个队列可以使用不同的调度规则，比如轮转或其他任何可能的算法。当一个工作进入系统后，系统会依照一些启发性规则（如随机或选择较空的队列）将其放入某个调度队列。这样一来，每个 CPU 调度之间相互独立，就避免了单队列的方式中由于数据共享及同步带来的问题。

例如，假设系统中有两个 CPU（CPU 0 和 CPU 1）。这时一些工作进入系统：A、B、C 和 D。由于每个 CPU 都有自己的调度队列，操作系统需要决定每个工作放入哪个队列。可能像下面这样做：

$$Q0 \rightarrow A \rightarrow C \qquad Q1 \rightarrow B \rightarrow D$$

根据不同队列的调度策略，每个 CPU 从两个工作中选择，决定谁将运行。例如，利用轮转，调度结果可能如下所示：

CPU 0	A	A	C	C	A	A	C	C	A	A	C	C	...
CPU 1	B	B	D	D	B	B	D	D	B	B	D	D	...

MQMS 比 SQMS 有明显的优势，它天生更具有可扩展性。队列的数量会随着 CPU 的增加而增加，因此锁和缓存争用的开销不是大问题。此外，MQMS 天生具有良好的缓存亲和度。所有工作都保持在固定的 CPU 上，因而可以很好地利用缓存数据。

但是，如果稍加注意，你可能会发现有一个新问题（这在多队列的方法中是根本的），即负载不均（load imbalance）。假定和上面设定一样（4 个工作，2 个 CPU），但假设一个工作（如 C）这时执行完毕。现在调度队列如下：

如果对系统中每个队列都执行轮转调度策略，会获得如下调度结果：

从图中可以看出，A 获得了 B 和 D 两倍的 CPU 时间，这不是期望的结果。更糟的是，假设 A 和 C 都执行完毕，系统中只有 B 和 D。调度队列看起来如下：

Q0 ⟶   Q1 ⟶ B ⟶ D

因此 CPU 使用时间线看起来令人难过：

所以可怜的多队列多处理器调度程序应该怎么办呢？怎样才能克服潜伏的负载不均问题，打败邪恶的……霸天虎军团[①]？如何才能不要问这些与这本好书几乎无关的问题？

关键问题：如何应对负载不均

多队列多处理器调度程序应该如何处理负载不均问题，从而更好地实现预期的调度目标？

最明显的答案是让工作移动，这种技术我们称为迁移（migration）。通过工作的跨 CPU 迁移，可以真正实现负载均衡。

来看两个例子就更清楚了。同样，有一个 CPU 空闲，另一个 CPU 有一些工作。

Q0 ⟶   Q1 ⟶ B ⟶ D

在这种情况下，期望的迁移很容易理解：操作系统应该将 B 或 D 迁移到 CPU0。这次工作迁移导致负载均衡，皆大欢喜。

更棘手的情况是较早一些的例子，A 独自留在 CPU 0 上，B 和 D 在 CPU 1 上交替运行。

Q0 ⟶ A   Q1 ⟶ B ⟶ D

在这种情况下，单次迁移并不能解决问题。应该怎么做呢？答案是不断地迁移一个或多个工作。一种可能的解决方案是不断切换工作，如下面的时间线所示。可以看到，开始的时候 A 独享 CPU 0，B 和 D 在 CPU 1。一些时间片后，B 迁移到 CPU 0 与 A 竞争，D 则独享 CPU 1 一段时间。这样就实现了负载均衡。

CPU 0	A	A	A	A	B	B	A	A	B	B	B	B	...
CPU 1	B	D	B	D	D	D	D	D	A	D	A	D	...

[①] 一个鲜为人知的事实是，变形金刚的家乡塞伯坦星球被糟糕的 CPU 调度决策所摧毁。

当然，还有其他不同的迁移模式。但现在是最棘手的部分：系统如何决定发起这样的迁移？

一个基本的方法是采用一种技术，名为工作窃取（work stealing）[FLR98]。通过这种方法，工作量较少的（源）队列不定期地"偷看"其他（目标）队列是不是比自己的工作多。如果目标队列比源队列（显著地）更满，就从目标队列"窃取"一个或多个工作，实现负载均衡。

当然，这种方法也有让人抓狂的地方——如果太频繁地检查其他队列，就会带来较高的开销，可扩展性不好，而这是多队列调度最初的全部目标！相反，如果检查间隔太长，又可能会带来严重的负载不均。找到合适的阈值仍然是黑魔法，这在系统策略设计中很常见。

10.6　Linux 多处理器调度

有趣的是，在构建多处理器调度程序方面，Linux 社区一直没有达成共识。一直以来，存在 3 种不同的调度程序：O(1)调度程序、完全公平调度程序（CFS）以及 BF 调度程序（BFS）①。从 Meehean 的论文中可以找到对这些不同调度程序优缺点的对比总结[M11]。这里我们只总结一些基本知识。

O(1) CFS 采用多队列，而 BFS 采用单队列，这说明两种方法都可以成功。当然它们之间还有很多不同的细节。例如，O(1)调度程序是基于优先级的（类似于之前介绍的 MLFQ），随时间推移改变进程的优先级，然后调度最高优先级进程，来实现各种调度目标。交互性得到了特别关注。与之不同，CFS 是确定的比例调度方法（类似之前介绍的步长调度）。BFS 作为 3 个算法中唯一采用单队列的算法，也基于比例调度，但采用了更复杂的方案，称为最早最合适虚拟截止时间优先算法（EEVEF）[SA96]读者可以自己去了解这些现代操作系统的调度算法，现在应该能够理解它们的工作原理了！

10.7　小结

本章介绍了多处理器调度的不同方法。其中单队列的方式（SQMS）比较容易构建，负载均衡较好，但在扩展性和缓存亲和度方面有着固有的缺陷。多队列的方式（MQMS）有很好的扩展性和缓存亲和度，但实现负载均衡却很困难，也更复杂。无论采用哪种方式，都没有简单的答案：构建一个通用的调度程序仍是一项令人生畏的任务，因为即使很小的代码变动，也有可能导致巨大的行为差异。除非很清楚自己在做什么，或者有人付你很多钱，否则别干这种事。

参考资料

[A90]"The Performance of Spin Lock Alternatives for Shared-Memory Multiprocessors" Thomas E. Anderson IEEE TPDS Volume 1:1, January 1990

① 自己去查 BF 代表什么。预先警告，小心脏可能受不了。

这是一篇关于不同加锁方案扩展性好坏的经典论文。Tom Anderson 是非常著名的系统和网络研究者，也是一本非常好的操作系统教科书的作者。

[B+10] "An Analysis of Linux Scalability to Many Cores Abstract"
Silas Boyd-Wickizer, Austin T. Clements, Yandong Mao, Aleksey Pesterev, M. Frans Kaashoek, Robert Morris, Nickolai Zeldovich
OSDI '10, Vancouver, Canada, October 2010
关于将 Linux 扩展到多核的很好的现代论文。

[CSG99] "Parallel Computer Architecture: A Hardware/Software Approach" David E. Culler, Jaswinder Pal Singh, and Anoop Gupta
Morgan Kaufmann, 1999
其中充满了并行机器和算法细节的宝藏。正如 Mark Hill 幽默地在书的护封上说的——这本书所包含的信息比大多数研究论文都多。

[FLR98] "The Implementation of the Cilk-5 Multithreaded Language" Matteo Frigo, Charles E. Leiserson, Keith Randall
PLDI '98, Montreal, Canada, June 1998
Cilk 是用于编写并行程序的轻量级语言和运行库，并且是工作窃取范式的极好例子。

[G83] "Using Cache Memory To Reduce Processor-Memory Traffic" James R. Goodman
ISCA '83, Stockholm, Sweden, June 1983
关于如何使用总线监听，即关注总线上看到的请求，构建高速缓存一致性协议的开创性论文。Goodman 在威斯康星的多年研究工作充满了智慧，这只是一个例子。

[M11] "Towards Transparent CPU Scheduling" Joseph T. Meehean
Doctoral Dissertation at University of Wisconsin—Madison, 2011
一篇涵盖了现代 Linux 多处理器调度如何工作的许多细节的论文。非常棒！但是，作为 Joe 的联合导师，我们可能在这里有点偏心。

[SHW11] "A Primer on Memory Consistency and Cache Coherence" Daniel J. Sorin, Mark D. Hill, and David A. Wood
Synthesis Lectures in Computer Architecture
Morgan and Claypool Publishers, May 2011
内存一致性和多处理器缓存的权威概述。对于喜欢对该主题深入了解的人来说，这是必读物。

[SA96] "Earliest Eligible Virtual Deadline First: A Flexible and Accurate Mechanism for Pro-portional Share Resource Allocation"
Ion Stoica and Hussein Abdel-Wahab
Technical Report TR-95-22, Old Dominion University, 1996
来自 Ion Stoica 的一份技术报告，其中介绍了很酷的调度思想。他现在是 U.C.伯克利大学的教授，也是网络、分布式系统和其他许多方面的世界级专家。

第 11 章　关于 CPU 虚拟化的总结对话

教授：那么，同学，你学到了什么？

学生：教授，这似乎是一个既定答案的问题。我想你只想让我说"是的，我学到了"。

教授：确实。但这也还是一个诚实的问题。来吧，让教授休息一下，好吗？

学生：好的，好的。我想我确实学到了一些知识。首先，我了解了操作系统如何虚拟化 CPU。为了理解这一点，我必须了解一些重要的机制（mechanism）：陷阱和陷阱处理程序，时钟中断以及操作系统和硬件在进程间切换时如何谨慎地保存和恢复状态。

教授：很好，很好！

学生：虽然所有这些交互似乎有点复杂，但我怎样才能学到更多的内容？

教授：好的，这是一个很好的问题。我认为没有办法可以替代动手。仅阅读这些内容并不能给你正确的理解。做课堂项目，我敢保证，它会对你有所帮助。

学生：听起来不错。我还能告诉你什么？

教授：那么，你在寻求理解操作系统的基本机制时，是否了解了操作系统的哲学？

学生：嗯……我想是的。似乎操作系统相当偏执。它希望确保控制机器。虽然它希望程序能够尽可能高效地运行 [因此也是受限直接执行（limited direct execution）背后的全部逻辑]，但操作系统也希望能够对错误或恶意的程序说"啊！别那么快，我的朋友"。偏执狂全天控制，并且确保操作系统控制机器。也许这就是我们将操作系统视为资源管理器的原因。

教授：是的，听起来你开始融会贯通了！干得漂亮！

学生：谢谢。

教授：那些机制之上的策略呢？有什么有趣的经验吗？

学生：当然能从中学到一些经验。也许有点明显，但明显也可以是很好。比如将短工作提升到队列前面的想法：自从有一次我在商店买一些口香糖，我就知道这是一个好主意，而且我面前的那个人有一张无法支付的信用卡。我要说的是，他不是"短工作"。

教授：这听起来对那个可怜的家伙有点过分。还有什么吗？

学生：好吧，你可以建立一个聪明的调度程序，试图既像 SJF 又像 RR——MLFQ 相当漂亮。构建真正的调度程序似乎很难。

教授：的确如此。这就是对使用哪个调度程序至今仍有争议的原因。例如，请参阅 CFS、BFS 和 O（1）调度程序之间的 Linux 战斗。不，我不会说出 BFS 的全名。

学生：我不会要求你说！这些策略战争看起来好像可以永远持续下去，真的有一个正确的答案吗？

教授：可能没有。毕竟，即使我们自己的度量指标也不一致。如果你的调度程序周转时间好，那么在响应时间就会很糟糕，反之亦然。正如 Lampson 说的，也许目标不是找到最好的解决方案，而是为了避免灾难。

学生：这有点令人沮丧。

教授：好的工程可以这样。它也可以令人振奋！这只是你的观点，真的。我个人认为，务实是一件好事，实用主义者意识到并非所有问题都有简洁明了的解决方案。你还喜欢什么？

学生：我非常喜欢操控调度程序的概念。我下次在亚马逊的 EC2 服务上运行一项工作时，看起来这可能是需要考虑的事情。也许我可以从其他一些毫无戒心的（更重要的是，对操作系统一无所知的）客户那里窃取一些时间周期！

教授：看起来我可能创造了一个"怪物"！你知道，我可不想被人称为弗兰肯斯坦教授。

学生：但你不就是这样想的吗？让我们对某件事感到兴奋，这样我们就会自己对它进行研究？点燃火，仅此而已？

教授：我想是的。但我不认为这会成功！

第 12 章　关于内存虚拟化的对话

学生：那么，虚拟化讲完了吗？

教授：没有！

学生：嘿，没理由这么激动，我只是在问一个问题。学生就应该问问题，对吧？

教授：好吧，教授们总是这样说，但实际上他们的意思：提出问题，仅当它们是好问题，而且你实际上已经对这些问题进行了一些思考。

学生：好吧，那肯定会让我失去动力。

教授：我得逗了。不管怎么说，我们离讲完虚拟化还有一段时间！相反，你刚看到了如何虚拟化 CPU，但是真的有一个巨大的"怪物"——内存在壁橱里等着你。虚拟内存很复杂，需要我们理解关于硬件和操作系统交互方式的更多复杂细节。

学生：听起来很酷。为什么这很难？

教授：好吧，有很多细节，你必须牢记它们，才能真正对发生的事情建立一个思维模型。我们将从简单的开始，使用诸如基址/界限等非常基本的技术，并慢慢增加复杂性以应对新的挑战，包括有趣的主题，如 TLB 和多级页表。最终，我们将能够描述一个全功能的现代虚拟内存管理程序的工作原理。

学生：漂亮！对我这个可怜的学生有什么提示吗？会被这些信息淹没，并且一般都会睡眠不足？

教授：对于睡眠不足的人来说，这很简单：多睡一会儿（少一点派对）。对于理解虚拟内存，从这里开始：用户程序生成的每个地址都是虚拟地址（every address generated by a user program is a virtual address）。操作系统只是为每个进程提供一个假象，具体来说，就是它拥有自己的大量私有内存。在一些硬件帮助下，操作系统会将这些假的虚拟地址变成真实的物理地址，从而能够找到想要的信息。

学生：好的，我想我可以记住……（自言自语）用户程序中的每个地址都是虚拟的，用户程序中的每个地址都是虚拟的，每个地址都是……

教授：你在嘟囔什么？

学生：哦，没什么……（尴尬的停顿）……但是，操作系统为什么又要提供这种假象？

教授：主要是为了易于使用（ease of use）。操作系统会让每个程序觉得，它有一个很大的连续地址空间（address space）来放入其代码和数据。因此，作为一名程序员，您不必担心诸如"我应该在哪里存储这个变量？"这样的事情，因为程序的虚拟地址空间很大，有很多空间可以存代码和数据。对于程序员来说，如果必须操心将所有的代码数据放入一个小而拥挤的内存，那么生活会变得痛苦得多。

学生：为什么呢？

教授：好吧，隔离（isolation）和保护（protection）也是大事。我们不希望一个错误的程序能够读取或者覆写其他程序的内存，对吗？

学生：可能不希望。除非它是由你不喜欢的人编写的程序。

教授：嗯……我想可能需要在下个学期为你安排一门道德与伦理课程。也许操作系统课程没有传递正确的信息。

学生：也许应该。但请记住，不是我对大家说，对于错误的进程行为，正确的操作系统反应是要"杀死"违规进程！

第 13 章 抽象：地址空间

早期，构建计算机操作系统非常简单。你可能会问，为什么？因为用户对操作系统的期望不高。然而一些烦人的用户提出要"易于使用""高性能""可靠性"等，这导致了所有这些令人头痛的问题。下次你见到这些用户的时候，应该感谢他们，他们是这些问题的根源。

13.1 早期系统

从内存来看，早期的机器并没有提供多少抽象给用户。基本上，机器的物理内存看起来如图 13.1 所示。

操作系统曾经是一组函数（实际上是一个库），在内存中（在本例中，从物理地址 0 开始），然后有一个正在运行的程序（进程），目前在物理内存中（在本例中，从物理地址 64KB 开始），并使用剩余的内存。这里几乎没有抽象，用户对操作系统的要求也不多。那时候，操作系统开发人员的生活确实很容易，不是吗？

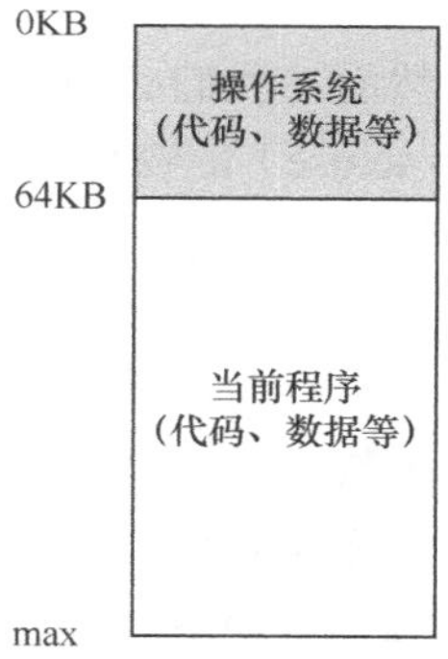

图 13.1 操作系统：早期

13.2 多道程序和时分共享

过了一段时间，由于机器昂贵，人们开始更有效地共享机器。因此，多道程序（multiprogramming）系统时代开启[DV66]，其中多个进程在给定时间准备运行，比如当有一个进程在等待 I/O 操作的时候，操作系统会切换这些进程，这样增加了 CPU 的有效利用率（utilization）。那时候，效率（efficiency）的提高尤其重要，因为每台机器的成本是数十万美元甚至数百万美元（现在你觉得你的 Mac 很贵！）

但很快，人们开始对机器要求更多，分时系统的时代诞生了[S59，L60，M62，M83]。具体来说，许多人意识到批量计算的局限性，尤其是程序员本身[CV65]，他们厌倦了长时间的（因此也是低效率的）编程—调试循环。交互性（interactivity）变得很重要，因为许多用户可能同时在使用机器，每个人都在等待（或希望）他们执行的任务得到及时响应。

一种实现时分共享的方法，是让一个进程单独占用全部内存运行一小段时间（见图 13.1），然后停止它，并将它所有的状态信息保存在磁盘上（包含所有的物理内存），加载其他进程的状态信息，再运行一段时间，这就实现了某种比较粗糙的机器共享[M+63]。

遗憾的是，这种方法有一个问题：太慢了，特别是当内存增长的时候。虽然保存和恢复寄存器级的状态信息（程序计数器、通用寄存器等）相对较快，但将全部的内存信息保存到磁盘就太慢了。因此，在进程切换的时候，我们仍然将进程信息放在内存中，这样操作系统可以更有效率地实现时分共享（见图 13.2）。

在图 13.2 中，有 3 个进程（A、B、C），每个进程拥有从 512KB 物理内存中切出来给它们的一小部分内存。假定只有一个 CPU，操作系统选择运行其中一个进程（比如 A），同时其他进程（B 和 C）则在队列中等待运行。

随着时分共享变得更流行，人们对操作系统又有了新的要求。特别是多个程序同时驻留在内存中，使保护（protection）成为重要问题。人们不希望一个进程可以读取其他进程的内存，更别说修改了。

0KB	
	操作系统（代码、数据等）
64KB	
	未分配
128KB	
	进程C（代码、数据等）
192KB	
	进程B（代码、数据等）
256KB	
	未分配
320KB	
	进程A（代码、数据等）
384KB	
	未分配
448KB	
	未分配
512KB	

图 13.2   3 个进程：共享内存

13.3   地址空间

然而，我们必须将这些烦人的用户的需求放在心上。因此操作系统需要提供一个易用（easy to use）的物理内存抽象。这个抽象叫作地址空间（address space），是运行的程序看到的系统中的内存。理解这个基本的操作系统内存抽象，是了解内存虚拟化的关键。

一个进程的地址空间包含运行的程序的所有内存状态。比如：程序的代码（code，指令）必须在内存中，因此它们在地址空间里。当程序在运行的时候，利用栈（stack）来保存当前的函数调用信息，分配空间给局部变量，传递参数和函数返回值。最后，堆（heap）用于管理动态分配的、用户管理的内存，就像你从 C 语言中调用 malloc() 或面向对象语言（如 C ++ 或 Java）中调用 new 获得内存。当然，还有其他的东西（例如，静态初始化的变量），但现在假设只有这 3 个部分：代码、栈和堆。

在图 13.3 的例子中，我们有一个很小的地址空间①（只有 16KB）。程序代码位于地址空间的顶部（在本例中从 0 开始，并且装入到地址空间的前 1KB）。代码是静态的（因此很容易放在内存中），所以可以将它放在地址空间的顶部，我们知道程序运行时不再需要新的空间。

接下来，在程序运行时，地址空间有两个区域可能增长（或者收缩）。它们就是堆（在顶部）

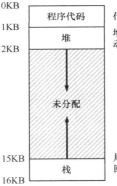

图 13.3   地址空间的例子

和栈（在底部）。把它们放在那里，是因为它们都希望能够增长。通过将它们放在地址空间的两端，我们可以允许这样的增长：它们只需要在相反的方向增长。因此堆在代码（1KB）之下开始并向下增长（当用户通过 malloc() 请求更多内存时），栈从 16KB 开始并向上增长

① 我们通常会使用这样的小例子，原因有二：第一，表示 32 位地址空间是一种痛苦；第二，数学计算更难。我们喜欢简单的数学。

（当用户进行程序调用时）。然而，堆栈和堆的这种放置方法只是一种约定，如果你愿意，可以用不同的方式安排地址空间 [稍后我们会看到，当多个线程（threads）在地址空间中共存时，就没有像这样分配空间的好办法了]。

当然，当我们描述地址空间时，所描述的是操作系统提供给运行程序的抽象（abstract）。程序不在物理地址 0～16KB 的内存中，而是加载在任意的物理地址。回顾图 13.2 中的进程 A、B 和 C，你可以看到每个进程如何加载到内存中的不同地址。因此问题来了。

关键问题：如何虚拟化内存

操作系统如何在单一的物理内存上为多个运行的进程（所有进程共享内存）构建一个私有的、可能很大的地址空间的抽象？

当操作系统这样做时，我们说操作系统在虚拟化内存（virtualizing memory），因为运行的程序认为它被加载到特定地址（例如 0）的内存中，并且具有非常大的地址空间（例如 32 位或 64 位）。现实很不一样。

例如，当图 13.2 中的进程 A 尝试在地址 0（我们将称其为虚拟地址，virtual address）执行加载操作时，然而操作系统在硬件的支持下，出于某种原因，必须确保不是加载到物理地址 0，而是物理地址 320KB（这是 A 载入内存的地址）。这是内存虚拟化的关键，这是世界上每一个现代计算机系统的基础。

提示：隔离原则

隔离是建立可靠系统的关键原则。如果两个实体相互隔离，这意味着一个实体的失败不会影响另一个实体。操作系统力求让进程彼此隔离，从而防止相互造成伤害。通过内存隔离，操作系统进一步确保运行程序不会影响底层操作系统的操作。一些现代操作系统通过将某些部分与操作系统的其他部分分离，实现进一步的隔离。这样的微内核（microkernel）[BH70，R+89，S+03] 可以比整体内核提供更大的可靠性。

13.4 目标

在这一章中，我们触及操作系统的工作——虚拟化内存。操作系统不仅虚拟化内存，还有一定的风格。为了确保操作系统这样做，我们需要一些目标来指导。以前我们已经看过这些目标（想想本章的前言），我们会再次看到它们，但它们肯定是值得重复的。

虚拟内存（VM）系统的一个主要目标是透明（transparency）[1]。操作系统实现虚拟内存的方式，应该让运行的程序看不见。因此，程序不应该感知到内存被虚拟化的事实，相反，程序的行为就好像它拥有自己的私有物理内存。在幕后，操作系统（和硬件）完成了所有的工作，让不同的工作复用内存，从而实现这个假象。

---

[1] 透明的这种用法有时令人困惑。一些学生认为 "变得透明" 意味着把所有事情都公之于众。在这里，"变得透明" 意味着相反的情况：操作系统提供的假象不应该被应用程序看破。因此，按照通常的用法，透明系统是一个很难注意到的系统。

虚拟内存的另一个目标是效率（efficiency）。操作系统应该追求虚拟化尽可能高效（efficient），包括时间上（即不会使程序运行得更慢）和空间上（即不需要太多额外的内存来支持虚拟化）。在实现高效率虚拟化时，操作系统将不得不依靠硬件支持，包括 TLB 这样的硬件功能（我们将在适当的时候学习）。

最后，虚拟内存第三个目标是保护（protection）。操作系统应确保进程受到保护（protect），不会受其他进程影响，操作系统本身也不会受进程影响。当一个进程执行加载、存储或指令提取时，它不应该以任何方式访问或影响任何其他进程或操作系统本身的内存内容（即在它的地址空间之外的任何内容）。因此，保护让我们能够在进程之间提供隔离（isolation）的特性，每个进程都应该在自己的独立环境中运行，避免其他出错或恶意进程的影响。

补充：你看到的所有地址都不是真的

写过打印出指针的 C 程序吗？你看到的值（一些大数字，通常以十六进制打印）是虚拟地址（virtual address）。有没有想过你的程序代码在哪里找到？你也可以打印出来，是的，如果你可以打印它，它也是一个虚拟地址。实际上，作为用户级程序的程序员，可以看到的任何地址都是虚拟地址。只有操作系统，通过精妙的虚拟化内存技术，知道这些指令和数据所在的物理内存的位置。所以永远不要忘记：如果你在一个程序中打印出一个地址，那就是一个虚拟的地址。虚拟地址只是提供地址如何在内存中分布的假象，只有操作系统（和硬件）才知道物理地址。

这里有一个小程序，打印出 main() 函数（代码所在地方）的地址，由 malloc() 返回的堆空间分配的值，以及栈上一个整数的地址：

```
1    #include <stdio.h>
2    #include <stdlib.h>
3    int main(int argc, char *argv[]) {
4        printf("location of code : %p\n", (void *) main);
5        printf("location of heap : %p\n", (void *) malloc(1));
6        int x = 3;
7        printf("location of stack : %p\n", (void *) &x);
8        return x;
9    }
```

在 64 位的 Mac 上面运行时，我们得到以下输出：

```
location of code : 0x1095afe50
location of heap : 0x1096008c0
location of stack : 0x7fff691aea64
```

从这里，你可以看到代码在地址空间开头，然后是堆，而栈在这个大型虚拟地址空间的另一端。所有这些地址都是虚拟的，并且将由操作系统和硬件翻译成物理地址，以便从真实的物理位置获取该地址的值。

在接下来的章节中，我们将重点介绍虚拟化内存所需的基本机制（mechanism），包括硬件和操作系统的支持。我们还将研究一些较相关的策略（policy），你会在操作系统中遇到它们，包括如何管理可用空间，以及在空间不足时哪些页面该释放。通过这些内容，你会逐渐理解现代虚拟内存系统真正的工作原理[①]。

---

① 或者，我们会说服你放弃课程。但请坚持下去，如果你坚持学完虚拟内存系统，很可能会坚持到底！

13.5 小结

　　我们介绍了操作系统的一个重要子系统：虚拟内存。虚拟内存系统负责为程序提供一个巨大的、稀疏的、私有的地址空间的假象，其中保存了程序的所有指令和数据。操作系统在专门硬件的帮助下，通过每一个虚拟内存的索引，将其转换为物理地址，物理内存根据获得的物理地址去获取所需的信息。操作系统会同时对许多进程执行此操作，并且确保程序之间互相不会受到影响，也不会影响操作系统。整个方法需要大量的机制（很多底层机制）和一些关键的策略。我们将自底向上，先描述关键机制。我们继续吧！

参考资料

[BH70] "The Nucleus of a Multiprogramming System" Per Brinch Hansen
Communications of the ACM, 13:4, April 1970
第一篇建议 OS 或内核应该是构建定制操作系统的最小且灵活的基础的论文，这个主题将在整个 OS 研究历史中重新被关注。

[CV65] "Introduction and Overview of the Multics System"
F. J. Corbato and V. A. Vyssotsky
Fall Joint Computer Conference, 1965
一篇卓越的早期 Multics 论文。下面是关于时分共享的一句名言："时分共享的动力首先来自专业程序员，因为他们在批处理系统中调试程序时经常感到沮丧。因此，时分共享计算机最初的目标，是以允许几个人同时使用，并为他们每个人提供使用整台机器的假象。"

[DV66] "Programming Semantics for Multiprogrammed Computations" Jack B. Dennis and Earl C. Van Horn
Communications of the ACM, Volume 9, Number 3, March 1966
关于多道程序系统的早期论文（但不是第一篇）。

[L60] "Man-Computer Symbiosis"
J. C. R. Licklider
IRE Transactions on Human Factors in Electronics, HFE-1:1, March 1960
一篇关于计算机和人类如何进入共生时代的趣味论文，显然超越了它的时代，但仍然令人着迷。

[M62] "Time-Sharing Computer Systems"
J. McCarthy
Management and the Computer of the Future, MIT Press, Cambridge, Mass, 1962
可能是 McCarthy 最早的关于时分共享的论文。然而，在另一篇论文[M83]中，他声称自 1957 年以来一直在思考这个想法。McCarthy 离开了系统领域，并在斯坦福大学成为人工智能领域的巨人，其工作包括创建

LISP 编程语言。查看 McCarthy 的主页可以了解更多信息。

[M+63]"A Time-Sharing Debugging System for a Small Computer"
J. McCarthy, S. Boilen, E. Fredkin, J. C. R. Licklider AFIPS '63 (Spring), New York, NY, May 1963
这是一个很好的早期系统例子，当程序没有运行时将程序存储器交换到"鼓"，然后在运行时回到"核心"
存储器。

[M83]"Reminiscences on the History of Time Sharing"John McCarthy
Winter or Spring of 1983
关于时分共享思想可能来自何处的一个了不起的历史记录，包括针对那些引用 Strachey 的作品[S59]作为这
一领域开拓性工作的人的一些怀疑。

[NS07]"Valgrind: A Framework for Heavyweight Dynamic Binary Instrumentation"Nicholas Nethercote and
Julian Seward
PLDI 2007, San Diego, California, June 2007
对于那些使用 C 这样的不安全语言的人来说，Valgrind 是程序的救星。阅读本文以了解其非常酷的二进制
探测技术——这真是令人印象深刻。

[R+89]"Mach: A System Software kernel"
Richard Rashid, Daniel Julin, Douglas Orr, Richard Sanzi, Robert Baron, Alessandro Forin, David Golub, Michael
Jones
COMPCON 89, February 1989
尽管这不是微内核的第一个项目，但 CMU 的 Mach 项目是众所周知的、有影响力的。它仍然深深扎根于
macOS X 的深处。

[S59]"Time Sharing in Large Fast Computers"
C. Strachey
Proceedings of the International Conference on Information Processing, UNESCO, June 1959
关于时分共享的最早参考文献之一。

[S+03]"Improving the Reliability of Commodity Operating Systems"Michael M. Swift, Brian N. Bershad, Henry
M. Levy
SOSP 2003
第一篇介绍微内核思想如何提高操作系统可靠性的论文。

第 14 章　插叙：内存操作 API

在本章中，我们将介绍 UNIX 操作系统的内存分配接口。操作系统提供的接口非常简洁，因此本章简明扼要[①]。本章主要关注的问题如下：

> **关键问题：如何分配和管理内存**
>
> 在 UNIX/C 程序中，理解如何分配和管理内存是构建健壮和可靠软件的重要基础。通常使用哪些接口？哪些错误需要避免？

14.1　内存类型

在运行一个 C 程序的时候，会分配两种类型的内存。第一种称为栈（stack）内存，它的申请和释放操作是编译器来隐式管理的，所以有时也称为自动（automatic）内存。

C 中申请栈内存很容易。比如，假设需要在 func()函数中为一个整形变量 x 申请空间。为了声明这样的一块内存，只需要这样做：

```
void func() {
    int x; // declares an integer on the stack
    ...
}
```

编译器完成剩下的事情，确保在你进入 func() 函数的时候，在栈上开辟空间。当你从该函数退出时，编译器释放内存。因此，如果你希望某些信息存在于函数调用之外，建议不要将它们放在栈上。

就是这种对长期内存的需求，所以我们才需要第二种类型的内存，即所谓的堆（heap）内存，其中所有的申请和释放操作都由程序员显式地完成。毫无疑问，这是一项非常艰巨的任务！这确实导致了很多缺陷。但如果加以注意，就可以正确地使用这些接口，没有太多的麻烦。下面的例子展示了如何在堆上分配一个整数，得到指向它的指针：

```
void func() {
    int *x = (int *) malloc(sizeof(int));
    ...
}
```

关于这一小段代码有两点说明。首先，你可能会注意到栈和堆的分配都发生在这一行：首先编译器看到指针的声明（int * x）时，知道为一个整型指针分配空间，随后，当程序调

---

① 实际上，我们希望所有章节都简明扼要！但我们认为，本章更简明、更扼要。

用 malloc() 时，它会在堆上请求整数的空间，函数返回这样一个整数的地址（成功时，失败时则返回 NULL），然后将其存储在栈中以供程序使用。

因为它的显式特性，以及它更富于变化的用法，堆内存对用户和系统提出了更大的挑战。所以这也是我们接下来讨论的重点。

14.2　malloc() 调用

malloc 函数非常简单：传入要申请的堆空间的大小，它成功就返回一个指向新申请空间的指针，失败就返回 NULL[①]。

man 手册展示了使用 malloc 需要怎么做，在命令行输入 man malloc，你会看到：

```
#include <stdlib.h>
...
void *malloc(size_t size);
```

从这段信息可以看到，只需要包含头文件 stdlib.h 就可以使用 malloc 了。但实际上，甚至都不需这样做，因为 C 库是 C 程序默认链接的，其中就有 malloc() 的代码，加上这个头文件只是让编译器检查你是否正确调用了 malloc()（即传入参数的数目正确且类型正确）。

malloc 只需要一个 size_t 类型参数，该参数表示你需要多少个字节。然而，大多数程序员并不会直接传入数字（比如 10）。实际上，这样做会被认为是不太好的形式。替代方案是使用各种函数和宏。例如，为了给双精度浮点数分配空间，只要这样：

```
double *d = (double *) malloc(sizeof(double));
```

> **提示：如果困惑，动手试试**
>
> 　　如果你不确定要用的一些函数或者操作符的行为，唯一的办法就是试一下，确保它的行为符合你的期望。虽然读手册或其他文档是有用的，但在实际中如何使用更为重要。实际上，我们正是通过这样做，来确保关于 sizeof() 我们所说的都是真的！

啊，好多 double！对 malloc() 的调用使用 sizeof() 操作符去申请正确大小的空间。在 C 中，这通常被认为是编译时操作符，意味着这个大小是在编译时就已知道，因此被替换成一个数（在本例中是 8，对于 double），作为 malloc() 的参数。出于这个原因，sizeof() 被正确地认为是一个操作符，而不是一个函数调用（函数调用在运行时发生）。

你也可以传入一个变量的名字（而不只是类型）给 sizeof()，但在一些情况下，可能得不到你要的结果，所以要小心使用。例如，看看下面的代码片段：

```
int *x = malloc(10 * sizeof(int));
printf("%d\n", sizeof(x));
```

在第一行，我们为 10 个整数的数组声明了空间，这很好，很漂亮。但是，当我们在下一行使用 sizeof() 时，它将返回一个较小的值，例如 4（在 32 位计算机上）或 8（在 64 位计

---

① 请注意，C 中的 NULL 实际上并不是什么特别的东西，只是一个值为 0 的宏。

算机上）。原因是在这种情况下，sizeof()认为我们只是问一个整数的指针有多大，而不是我们动态分配了多少内存。但是，有时 sizeof()的确如你所期望的那样工作：

```
int x[10];
printf("%d\n", sizeof(x));
```

在这种情况下，编译器有足够的静态信息，知道已经分配了 40 个字节。

另一个需要注意的地方是使用字符串。如果为一个字符串声明空间，请使用以下习惯用法：malloc(strlen(s) + 1)，它使用函数 strlen()获取字符串的长度，并加上 1，以便为字符串结束符留出空间。这里使用 sizeof()可能会导致麻烦。

你也许还注意到 malloc()返回一个指向 void 类型的指针。这样做只是 C 中传回地址的方式，让程序员决定如何处理它。程序员将进一步使用所谓的强制类型转换（cast），在我们上面的示例中，程序员将返回类型的 malloc()强制转换为指向 double 的指针。强制类型转换实际上没干什么事，只是告诉编译器和其他可能正在读你的代码的程序员："是的，我知道我在做什么。"通过强制转换 malloc()的结果，程序员只是在给人一些信心，强制转换不是程序正确所必须的。

14.3 free()调用

事实证明，分配内存是等式的简单部分。知道何时、如何以及是否释放内存是困难的部分。要释放不再使用的堆内存，程序员只需调用 free()：

```
int *x = malloc(10 * sizeof(int));
...
free(x);
```

该函数接受一个参数，即一个由 malloc()返回的指针。

因此，你可能会注意到，分配区域的大小不会被用户传入，必须由内存分配库本身记录追踪。

14.4 常见错误

在使用 malloc()和 free()时会出现一些常见的错误。以下是我们在教授本科操作系统课程时反复看到的情形。所有这些例子都可以通过编译器的编译并运行。对于构建一个正确的 C 程序来说，通过编译是必要的，但这远远不够，你会懂的（通常在吃了很多苦头之后）。

实际上，正确的内存管理就是这样一个问题，许多新语言都支持自动内存管理（automatic memory management）。在这样的语言中，当你调用类似 malloc()的机制来分配内存时（通常用 new 或类似的东西来分配一个新对象），你永远不需要调用某些东西来释放空间。实际上，垃圾收集器（garbage collector）会运行，找出你不再引用的内存，替你释放它。

忘记分配内存

许多例程在调用之前，都希望你为它们分配内存。例如，例程 strcpy(dst, src)将源字符串中的字符串复制到目标指针。但是，如果不小心，你可能会这样做：

```
char *src = "hello";
char *dst;          // oops! unallocated
strcpy(dst, src); // segfault and die
```

运行这段代码时，可能会导致段错误（segmentation fault）[1]，这是一个很奇怪的术语，表示"你对内存犯了一个错误。你这个愚蠢的程序员。我很生气。"

> **提示：它编译过了或它运行了!=它对了**
>
> 仅仅因为程序编译过了甚至正确运行了一次或多次，并不意味着程序是正确的。许多事件可能会让你相信它能工作，但是之后有些事情会发生变化，它停止了。学生常见的反应是说（或者叫喊）"但它以前是好的！"，然后责怪编译器、操作系统、硬件，甚至是（我们敢说）教授。但是，问题通常就像你认为的那样，在你的代码中。在指责别人之前，先撸起袖子调试一下。

在这个例子中，正确的代码可能像这样：

```
char *src = "hello";
char *dst = (char *) malloc(strlen(src) + 1);
strcpy(dst, src); // work properly
```

或者你可以用 strdup()，让生活更加轻松。阅读 strdup 的 man 手册页，了解更多信息。

没有分配足够的内存

另一个相关的错误是没有分配足够的内存，有时称为缓冲区溢出（buffer overflow）。在上面的例子中，一个常见的错误是为目标缓冲区留出"几乎"足够的空间。

```
char *src = "hello";
char *dst = (char *) malloc(strlen(src)); // too small!
strcpy(dst, src); // work properly
```

奇怪的是，这个程序通常看起来会正确运行，这取决于如何实现 malloc 和许多其他细节。在某些情况下，当字符串拷贝执行时，它会在超过分配空间的末尾处写入一个字节，但在某些情况下，这是无害的，可能会覆盖不再使用的变量。在某些情况下，这些溢出可能具有令人难以置信的危害，实际上是系统中许多安全漏洞的来源[W06]。在其他情况下，malloc 库总是分配一些额外的空间，因此你的程序实际上不会在其他某个变量的值上涂写，并且工作得很好。还有一些情况下，该程序确实会发生故障和崩溃。因此，我们学到了另一个宝贵的教训：即使它正确运行过一次，也不意味着它是正确的。

---

[1] 尽管听起来很神秘，但你很快就会明白为什么这种非法的内存访问被称为段错误。如果这都不能刺激你继续读下去，那什么能呢？

忘记初始化分配的内存

在这个错误中，你正确地调用 malloc()，但忘记在新分配的数据类型中填写一些值。不要这样做！如果你忘记了，你的程序最终会遇到未初始化的读取（uninitialized read），它从堆中读取了一些未知值的数据。谁知道那里可能会有什么？如果走运，读到的值使程序仍然有效（例如，零）。如果不走运，会读到一些随机和有害的东西。

忘记释放内存

另一个常见错误称为内存泄露（memory leak），如果忘记释放内存，就会发生。在长时间运行的应用程序或系统（如操作系统本身）中，这是一个巨大的问题，因为缓慢泄露的内存会导致内存不足，此时需要重新启动。因此，一般来说，当你用完一段内存时，应该确保释放它。请注意，使用垃圾收集语言在这里没有什么帮助：如果你仍然拥有对某块内存的引用，那么垃圾收集器就不会释放它，因此即使在较现代的语言中，内存泄露仍然是一个问题。

在某些情况下，不调用 free() 似乎是合理的。例如，你的程序运行时间很短，很快就会退出。在这种情况下，当进程死亡时，操作系统将清理其分配的所有页面，因此不会发生内存泄露。虽然这肯定"有效"（请参阅后面的补充），但这可能是一个坏习惯，所以请谨慎选择这样的策略。长远来看，作为程序员的目标之一是养成良好的习惯。其中一个习惯是理解如何管理内存，并在 C 这样的语言中，释放分配的内存块。即使你不这样做也可以逃脱惩罚，建议还是养成习惯，释放显式分配的每个字节。

在用完之前释放内存

有时候程序会在用完之前释放内存，这种错误称为悬挂指针（dangling pointer），正如你猜测的那样，这也是一件坏事。随后的使用可能会导致程序崩溃或覆盖有效的内存（例如，你调用了 free()，但随后再次调用 malloc() 来分配其他内容，这重新利用了错误释放的内存）。

重复释放内存

程序有时还会不止一次地释放内存，这被称为重复释放（double free）。这样做的结果是未定义的。正如你所能想象的那样，内存分配库可能会感到困惑，并且会做各种奇怪的事情，崩溃是常见的结果。

错误地调用 free()

我们讨论的最后一个问题是 free() 的调用错误。毕竟，free() 期望你只传入之前从 malloc() 得到的一个指针。如果传入一些其他的值，坏事就可能发生（并且会发生）。因此，这种无效的释放（invalid free）是危险的，当然也应该避免。

补充：为什么在你的进程退出时没有内存泄露

当你编写一个短时间运行的程序时，可能会使用 malloc() 分配一些空间。程序运行并即将完成：是否需要在退出前调用几次 free()？虽然不释放似乎不对，但在真正的意义上，没有任何内存会"丢失"。原因很简单：系统中实际存在两级内存管理。

第一级是由操作系统执行的内存管理，操作系统在进程运行时将内存交给进程，并在进程退出（或以其他方式结束）时将其回收。第二级管理在每个进程中，例如在调用 malloc() 和 free() 时，在堆内管理。即使你没有调用 free()（并因此泄露了堆中的内存），操作系统也会在程序结束运行时，收回进程的所有内存（包括用于代码、栈，以及相关堆的内存页）。无论地址空间中堆的状态如何，操作系统都会在进程终止时收回所有这些页面，从而确保即使没有释放内存，也不会丢失内存。

因此，对于短时间运行的程序，泄露内存通常不会导致任何操作问题（尽管它可能被认为是不好的形式）。如果你编写一个长期运行的服务器（例如 Web 服务器或数据库管理系统，它永远不会退出），泄露内存就是很大的问题，最终会导致应用程序在内存不足时崩溃。当然，在某个程序内部泄露内存是一个更大的问题：操作系统本身。这再次向我们展示：编写内核代码的人，工作是辛苦的……

小结

如你所见，有很多方法滥用内存。由于内存出错很常见，整个工具生态圈已经开发出来，可以帮助你在代码中找到这些问题。请查看 purify [HJ92] 和 valgrind [SN05]，在帮助你找到与内存有关的问题的根源方面，两者都非常出色。一旦你习惯于使用这些强大的工具，就会想知道，没有它们时，你是如何活下来的。

14.5　底层操作系统支持

你可能已经注意到，在讨论 malloc() 和 free() 时，我们没有讨论系统调用。原因很简单：它们不是系统调用，而是库调用。因此，malloc 库管理虚拟地址空间内的空间，但是它本身是建立在一些系统调用之上的，这些系统调用会进入操作系统，来请求更多内存或者将一些内容释放回系统。

一个这样的系统调用叫作 brk，它被用来改变程序分断（break）的位置：堆结束的位置。它需要一个参数（新分断的地址），从而根据新分断是大于还是小于当前分断，来增加或减小堆的大小。另一个调用 sbrk 要求传入一个增量，但目的是类似的。

请注意，你不应该直接调用 brk 或 sbrk。它们被内存分配库使用。如果你尝试使用它们，很可能会犯一些错误。建议坚持使用 malloc() 和 free()。

最后，你还可以通过 mmap() 调用从操作系统获取内存。通过传入正确的参数，mmap() 可以在程序中创建一个匿名（anonymous）内存区域——这个区域不与任何特定文件相关联，而是与交换空间（swap space）相关联，稍后我们将在虚拟内存中详细讨论。这种内存也可以像堆一样对待并管理。阅读 mmap() 的手册页以获取更多详细信息。

14.6 其他调用

内存分配库还支持一些其他调用。例如，calloc()分配内存，并在返回之前将其置零。如果你认为内存已归零并忘记自己初始化它，这可以防止出现一些错误（请参阅 14.4 节中"忘记初始化分配的内存"的内容）。当你为某些东西（比如一个数组）分配空间，然后需要添加一些东西时，例程 realloc()也会很有用：realloc()创建一个新的更大的内存区域，将旧区域复制到其中，并返回新区域的指针。

14.7 小结

我们介绍了一些处理内存分配的 API。与往常一样，我们只介绍了基本知识。更多细节可在其他地方获得。请阅读 C 语言的书[KR88]和 Stevens [SR05]（第 7 章）以获取更多信息。有关如何自动检测和纠正这些问题的很酷的现代论文，请参阅 Novark 等人的论文[N+07]。这篇文章还包含了对常见问题的很好的总结，以及关于如何查找和修复它们的一些简洁办法。

参考资料

[HJ92] Purify: Fast Detection of Memory Leaks and Access Errors
R. Hastings and B. Joyce USENIX Winter '92
很酷的 Purify 工具背后的文章。Purify 现在是商业产品。

[KR88] "The C Programming Language" Brian Kernighan and Dennis Ritchie Prentice-Hall 1988
C 之书，由 C 的开发者编写。读一遍，编一些程序，然后再读一遍，让它成为你的案头手册。

[N+07] "Exterminator: Automatically Correcting Memory Errors with High Probability" Gene Novark, Emery D. Berger, and Benjamin G. Zorn
PLDI 2007
一篇很酷的文章，包含自动查找和纠正内存错误，以及 C 和 C++程序中许多常见错误的概述。

[SN05] "Using Valgrind to Detect Undefined Value Errors with Bit-precision"
J. Seward and N. Nethercote USENIX '05
如何使用 valgrind 来查找某些类型的错误。

[SR05] "Advanced Programming in the UNIX Environment"
W. Richard Stevens and Stephen A. Rago Addison-Wesley, 2005
我们之前已经说过了，这里再重申一遍：读这本书很多遍，并在有疑问时将其用作参考。本书的两位作者总是很惊讶，每次读这本书时都会学到一些新东西，即使具有多年的 C 语言编程经验的程序员。

[W06]"Survey on Buffer Overflow Attacks and Countermeasures"Tim Werthman
一份很好的调查报告，关于缓冲区溢出及其造成的一些安全问题。文中指出了许多著名的漏洞。

作业（编码）

在这个作业中，你会对内存分配有所了解。首先，你会写一些错误的程序（好玩！）。然后，利用一些工具来帮助你找到其中的错误。最后，你会意识到这些工具有多棒，并在将来使用它们，从而使你更加快乐和高效。

你要使用的第一个工具是调试器 gdb。关于这个调试器有很多需要了解的知识，在这里，我们只是浅尝辄止。

你要使用的第二个工具是 valgrind [SN05]。该工具可以帮助查找程序中的内存泄露和其他隐藏的内存问题。如果你的系统上没有安装，请访问 valgrind 网站并安装它。

问题

1．编写一个名为 null.c 的简单程序，它创建一个指向整数的指针，将其设置为 NULL，然后尝试对其进行释放内存操作。把它编译成一个名为 null 的可执行文件。当你运行这个程序时会发生什么？

2．编译该程序，其中包含符号信息（使用-g 标志）。这样做可以将更多信息放入可执行文件中，使调试器可以访问有关变量名称等的更多有用信息。通过输入 gdb null，在调试器下运行该程序，然后，一旦 gdb 运行，输入 run。gdb 显示什么信息？

3．对这个程序使用 valgrind 工具。我们将使用属于 valgrind 的 memcheck 工具来分析发生的情况。输入以下命令来运行程序：valgrind --leak-check=yes null。当你运行它时会发生什么？你能解释工具的输出吗？

4．编写一个使用 malloc()来分配内存的简单程序，但在退出之前忘记释放它。这个程序运行时会发生什么？你可以用 gdb 来查找它的任何问题吗？用 valgrind 呢（再次使用--leak-check=yes 标志）？

5．编写一个程序，使用 malloc()创建一个名为 data、大小为 100 的整数数组。然后，将 data[100]设置为 0。当你运行这个程序时会发生什么？当你使用 valgrind 运行这个程序时会发生什么？程序是否正确？

6．创建一个分配整数数组的程序（如上所述），释放它们，然后尝试打印数组中某个元素的值。程序会运行吗？当你使用 valgrind 时会发生什么？

7．现在传递一个有趣的值来释放（例如，在上面分配的数组中间的一个指针）。会发生什么？你是否需要工具来找到这种类型的问题？

8．尝试一些其他接口来分配内存。例如，创建一个简单的向量似的数据结构，以及使用 realloc() 来管理向量的相关函数。使用数组来存储向量元素。当用户在向量中添加条目时，请使用 realloc() 为其分配更多空间。这样的向量表现如何？它与链表相比如何？使用 valgrind 来帮助你发现错误。

9．花更多时间阅读有关使用 gdb 和 valgrind 的信息。了解你的工具至关重要，花时间学习如何成为 UNIX 和 C 环境中的调试器专家。

第 15 章　机制：地址转换

在实现 CPU 虚拟化时，我们遵循的一般准则被称为受限直接访问（Limited Direct Execution，LDE）。LDE 背后的想法很简单：让程序运行的大部分指令直接访问硬件，只在一些关键点（如进程发起系统调用或发生时钟中断）由操作系统介入来确保"在正确的时间，正确的地点，做正确的事"。为了实现高效的虚拟化，操作系统应该尽量让程序自己运行，同时通过在关键点的及时介入（interposing），来保持对硬件的控制。高效和控制是现代操作系统的两个主要目标。

在实现虚拟内存时，我们将追求类似的战略，在实现高效和控制的同时，提供期望的虚拟化。高效决定了我们要利用硬件的支持，这在开始的时候非常初级（如使用一些寄存器），但会变得相当复杂（比如我们会讲到的 TLB、页表等）。控制意味着操作系统要确保应用程序只能访问它自己的内存空间。因此，要保护应用程序不会相互影响，也不会影响操作系统，我们需要硬件的帮助。最后，我们对虚拟内存还有一点要求，即灵活性。具体来说，我们希望程序能以任何方式访问它自己的地址空间，从而让系统更容易编程。所以，关键问题在于：

> **关键问题：如何高效、灵活地虚拟化内存**
>
> 如何实现高效的内存虚拟化？如何提供应用程序所需的灵活性？如何保持控制应用程序可访问的内存位置，从而确保应用程序的内存访问受到合理的限制？如何高效地实现这一切？

我们利用了一种通用技术，有时被称为基于硬件的地址转换（hardware-based address translation），简称为地址转换（address translation）。它可以看成是受限直接执行这种一般方法的补充。利用地址转换，硬件对每次内存访问进行处理（即指令获取、数据读取或写入），将指令中的虚拟（virtual）地址转换为数据实际存储的物理（physical）地址。因此，在每次内存引用时，硬件都会进行地址转换，将应用程序的内存引用重定位到内存中实际的位置。

当然，仅仅依靠硬件不足以实现虚拟内存，因为它只是提供了底层机制来提高效率。操作系统必须在关键的位置介入，设置好硬件，以便完成正确的地址转换。因此它必须管理内存（manage memory），记录被占用和空闲的内存位置，并明智而谨慎地介入，保持对内存使用的控制。

同样，所有这些工作都是为了创造一种美丽的假象：每个程序都拥有私有的内存，那里存放着它自己的代码和数据。虚拟现实的背后是丑陋的物理事实：许多程序其实是在同一时间共享着内存，就像 CPU（或多个 CPU）在不同的程序间切换运行。通过虚拟化，操作系统（在硬件的帮助下）将丑陋的机器现实转化成一种有用的、强大的、易于使用的抽象。

15.1　假设

我们对内存虚拟化的第一次尝试非常简单，甚至有点可笑。如果你觉得可笑就笑吧，很快就轮到操作系统嘲笑你了。当你试图理解 TLB 的换入换出、多级页表，和其他技术一样有奇迹之处的时候。不喜欢操作系统嘲笑你？很不幸，但这就是操作系统的运行方式。

具体来说，我们先假设用户的地址空间必须连续地放在物理内存中。同时，为了简单，我们假设地址空间不是很大，具体来说，小于物理内存的大小。最后，假设每个地址空间的大小完全一样。别担心这些假设听起来不切实际，我们会逐步地放宽这些假设，从而得到现实的内存虚拟化。

15.2　一个例子

为了更好地理解实现地址转换需要什么，以及为什么需要，我们先来看一个简单的例子。设想一个进程的地址空间如图 15.1 所示。这里我们要检查一小段代码，它从内存中加载一个值，对它加 3，然后将它存回内存。你可以设想，这段代码的 C 语言形式可能像这样：

```
void func() {
    int x;
    x = x + 3; // this is the line of code we are interested in
```

编译器将这行代码转化为汇编语句，可能像下面这样（x86 汇编）。我们可以用 Linux 的 objdump 或者 Mac 的 otool 将它反汇编：

```
128: movl 0x0(%ebx), %eax    ;load 0+ebx into eax
132: addl $0x03, %eax        ;add 3 to eax register
135: movl %eax, 0x0(%ebx)    ;store eax back to mem
```

这段代码相对简单，它假定 x 的地址已经存入寄存器 ebx，之后通过 movl 指令将这个地址的值加载到通用寄存器 eax（长字移动）。下一条指令对 eax 的内容加 3。最后一条指令将 eax 中的值写回到内存的同一位置。

> **提示：介入（Interposition）很强大**
>
> 介入是一种很常见又有用的技术，计算机系统中使用介入常常能带来很好的效果。在虚拟内存中，硬件可以介入到每次内存访问中，将进程提供的虚拟地址转换为数据实际存储的物理地址。但是，一般化的介入技术有更广阔的应用空间，实际上几乎所有良好定义的接口都应该提供功能介入机制，以便增加功能或者在其他方面提升系统。这种方式最基本的优点是透明（transparency），介入完成时通常不需要改动接口的客户端，因此客户端不需要任何改动。

在图 15.1 中，可以看到代码和数据都位于进程的地址空间，3 条指令序列位于地址 128（靠近头部的代码段），变量 x 的值位于地址 15KB（在靠近底部的栈中）。如图 15.1 所示，x 的初始值是 3000。

如果这 3 条指令执行，从进程的角度来看，发生了以下几次内存访问：

● 从地址 128 获取指令；

● 执行指令（从地址 15KB 加载数据）；

● 从地址 132 获取命令；

● 执行命令（没有内存访问）；

● 从地址 135 获取指令；

● 执行指令（新值存入地址 15KB）。

从程序的角度来看，它的地址空间（address space）从 0 开始到 16KB 结束。它包含的所有内存引用都应该在这个范围内。然而，对虚拟内存来说，操作系统希望将这个进程地址空间放在物理内存的其他位置，并不一定从地址 0 开始。因此我们遇到了如下问题：怎样在内存中重定位这个进程，同时对该进程透明（transparent）？怎么样提供一种虚拟地址空间从 0 开始的假象，而实际上地址空间位于另外某个物理地址？

图 15.2 展示了一个例子，说明这个进程的地址空间被放入物理内存后可能的样子。从图 15.2 中可以看到，操作系统将第一块物理内存留给了自己，并将上述例子中的进程地址空间重定位到从 32KB 开始的物理内存地址。剩下的两块内存空闲（16～32KB 和 48～64KB）。

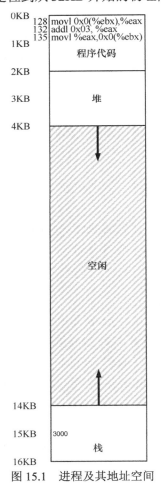

图 15.1   进程及其地址空间

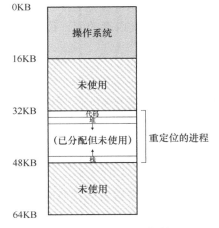

图 15.2   物理内存和单个重定位的进程

15.3 动态（基于硬件）重定位

为了更好地理解基于硬件的地址转换，我们先来讨论它的第一次应用。在 20 世纪 50 年代后期，它在首次出现的时分机器中引入，那时只是一个简单的思想，称为基址加界限机制（base and bound），有时又称为动态重定位（dynamic relocation），我们将互换使用这两个术语[SS74]。

具体来说，每个 CPU 需要两个硬件寄存器：基址（base）寄存器和界限（bound）寄存器，有时称为限制（limit）寄存器。这组基址和界限寄存器，让我们能够将地址空间放在物理内存的任何位置，同时又能确保进程只能访问自己的地址空间。

采用这种方式，在编写和编译程序时假设地址空间从零开始。但是，当程序真正执行时，操作系统会决定其在物理内存中的实际加载地址，并将起始地址记录在基址寄存器中。在上面的例子中，操作系统决定加载在物理地址 32KB 的进程，因此将基址寄存器设置为这个值。

当进程运行时，有趣的事情发生了。现在，该进程产生的所有内存引用，都会被处理器通过以下方式转换为物理地址：

```
physical address = virtual address + base
```

补充：基于软件的重定位

在早期，在硬件支持重定位之前，一些系统曾经采用纯软件的重定位方式。基本技术被称为静态重定位（static relocation），其中一个名为加载程序（loader）的软件接手将要运行的可执行程序，将它的地址重写到物理内存中期望的偏移位置。

例如，程序中有一条指令是从地址 1000 加载到寄存器（即 movl 1000, %eax），当整个程序的地址空间被加载到从 3000（不是程序认为的 0）开始的物理地址中，加载程序会重写指令中的地址（即 movl 4000, %eax），从而完成简单的静态重定位。

然而，静态重定位有许多问题，首先也是最重要的是不提供访问保护，进程中的错误地址可能导致对其他进程或操作系统内存的非法访问，一般来说，需要硬件支持来实现真正的访问保护[WL+93]。静态重定位的另一个缺点是一旦完成，稍后很难将内存空间重定位到其他位置 [M65]。

进程中使用的内存引用都是虚拟地址（virtual address），硬件接下来将虚拟地址加上基址寄存器中的内容，得到物理地址（physical address），再发给内存系统。

为了更好地理解，让我们追踪一条指令执行的情况。具体来看前面序列中的一条指令：

```
128: movl 0x0(%ebx), %eax
```

程序计数器（PC）首先被设置为 128。当硬件需要获取这条指令时，它先将这个值加上基址寄存器中的 32KB（32768），得到实际的物理地址 32896，然后硬件从这个物理地址获取指令。接下来，处理器开始执行该指令。这时，进程发起从虚拟地址 15KB 的加载，处理器同样将虚拟地址加上基址寄存器内容（32KB），得到最终的物理地址 47KB，从而获得需要的数据。

将虚拟地址转换为物理地址，这正是所谓的地址转换（address translation）技术。也就是说，硬件取得进程认为它要访问的地址，将它转换成数据实际位于的物理地址。由于这种重定位是在运行时发生的，而且我们甚至可以在进程开始运行后改变其地址空间，这种技术一般被称为动态重定位（dynamic relocation）[M65]。

提示：基于硬件的动态重定位

在动态重定位的过程中，只有很少的硬件参与，但获得了很好的效果。一个基址寄存器将虚拟地址转换为物理地址，一个界限寄存器确保这个地址在进程地址空间的范围内。它们一起提供了既简单又高效的虚拟内存机制。

现在你可能会问，界限（限制）寄存器去哪了？不是基址加界限机制吗？正如你猜测的那样，界限寄存器提供了访问保护。在上面的例子中，界限寄存器被置为 16KB。如果进程需要访问超过这个界限或者为负数的虚拟地址，CPU 将触发异常，进程最终可能被终止。界限寄存器的用处在于，它确保了进程产生的所有地址都在进程的地址"界限"中。

这种基址寄存器配合界限寄存器的硬件结构是芯片中的（每个 CPU 一对）。有时我们将 CPU 的这个负责地址转换的部分统称为内存管理单元（Memory Management Unit，MMU）。随着我们开发更复杂的内存管理技术，MMU 也将有更复杂的电路和功能。

关于界限寄存器再补充一点，它通常有两种使用方式。在一种方式中（像上面那样），它记录地址空间的大小，硬件在将虚拟地址与基址寄存器内容求和前，就检查这个界限。另一种方式是界限寄存器中记录地址空间结束的物理地址，硬件在转化虚拟地址到物理地址之后才去检查这个界限。这两种方式在逻辑上是等价的。简单起见，我们这里假设采用第一种方式。

转换示例

为了更好地理解基址加界限的地址转换的详细过程，我们来看一个例子。设想一个进程拥有 4KB 大小地址空间（是的，小得不切实际），它被加载到从 16KB 开始的物理内存中。一些地址转换结果见表 15.1。

表 15.1   地址转换结果

虚拟地址		物理地址
0	→	16KB
1KB	→	17KB
3000	→	19384
4400	→	错误（越界）

从例子中可以看到，通过基址加虚拟地址（可以看作是地址空间的偏移量）的方式，很容易得到物理地址。虚拟地址"过大"或者为负数时，会导致异常。

补充：数据结构——空闲列表

操作系统必须记录哪些空闲内存没有使用，以便能够为进程分配内存。很多不同的数据结构可以用于这项任务，其中最简单的（也是我们假定在这里采用的）是空闲列表（free list）。它就是一个列表，记录当前没有使用的物理内存的范围。

15.4　硬件支持：总结

我们来总结一下需要的硬件支持（见表 15.2）。首先，正如在 CPU 虚拟化的章节中提到的，我们需要两种 CPU 模式。操作系统在特权模式（privileged mode，或内核模式，kernel mode），可以访问整个机器资源。应用程序在用户模式（user mode）运行，只能做有限的操作。只要一个位，也许保存在处理器状态字（processor status word）中，就能说明当前的 CPU 运行模式。在一些特殊的时刻（如系统调用、异常或中断），CPU 会切换状态。

表 15.2　　　　　　　　　　　　　　　　　　**动态重定位：硬件要求**

硬件要求	解释
特权模式	需要，以防用户模式的进程执行特权操作
基址/界限寄存器	每个 CPU 需要一对寄存器来支持地址转换和界限检查
能够转换虚拟地址并检查它是否越界	电路来完成转换和检查界限，在这种情况下，非常简单
修改基址/界限寄存器的特权指令	在让用户程序运行之前，操作系统必须能够设置这些值
注册异常处理程序的特权指令	操作系统必须能告诉硬件，如果异常发生，那么执行哪些代码
能够触发异常	如果进程试图使用特权指令或越界的内存

硬件还必须提供基址和界限寄存器（base and bounds register），因此每个 CPU 的内存管理单元（Memory Management Unit，MMU）都需要这两个额外的寄存器。用户程序运行时，硬件会转换每个地址，即将用户程序产生的虚拟地址加上基址寄存器的内容。硬件也必须能检查地址是否有用，通过界限寄存器和 CPU 内的一些电路来实现。

硬件应该提供一些特殊的指令，用于修改基址寄存器和界限寄存器，允许操作系统在切换进程时改变它们。这些指令是特权（privileged）指令，只有在内核模式下，才能修改这些寄存器。想象一下，如果用户进程在运行时可以随意更改基址寄存器，那么用户进程可能会造成严重破坏[①]。想象一下吧！然后迅速将这些阴暗的想法从你的头脑中赶走，因为它们很可怕，会导致噩梦。

最后，在用户程序尝试非法访问内存（越界访问）时，CPU 必须能够产生异常（exception）。在这种情况下，CPU 应该阻止用户程序的执行，并安排操作系统的"越界"异常处理程序（exception handler）去处理。操作系统的处理程序会做出正确的响应，比如在这种情况下终止进程。类似地，如果用户程序尝试修改基址或者界限寄存器时，CPU 也应该产生异常，并调用"用户模式尝试执行特权指令"的异常处理程序。CPU 还必须提供一种方法，来通知它这些处理程序的位置，因此又需要另一些特权指令。

15.5　操作系统的问题

为了支持动态重定位，硬件添加了新的功能，使得操作系统有了一些必须处理的新问

---

① 除了"严重破坏（havoc）"还有什么可以"造成（wreaked）"的吗？

题。硬件支持和操作系统管理结合在一起，实现了一个简单的虚拟内存。具体来说，在一些关键的时刻操作系统需要介入，以实现基址和界限方式的虚拟内存，见表 15.3。

第一，在进程创建时，操作系统必须采取行动，为进程的地址空间找到内存空间。由于我们假设每个进程的地址空间小于物理内存的大小，并且大小相同，这对操作系统来说很容易。它可以把整个物理内存看作一组槽块，标记了空闲或已用。当新进程创建时，操作系统检索这个数据结构（常被称为空闲列表，free list），为新地址空间找到位置，并将其标记为已用。如果地址空间可变，那么生活就会更复杂，我们将在后续章节中讨论。

我们来看一个例子。在图 15.2 中，操作系统将物理内存的第一个槽块分配给自己，然后将例子中的进程重定位到物理内存地址 32KB。另两个槽块（16～32KB，48～64KB）空闲，因此空闲列表（free list）就包含这两个槽块。

第二，在进程终止时（正常退出，或因行为不端被强制终止），操作系统也必须做一些工作，回收它的所有内存，给其他进程或者操作系统使用。在进程终止时，操作系统会将这些内存放回到空闲列表，并根据需要清除相关的数据结构。

第三，在上下文切换时，操作系统也必须执行一些额外的操作。每个 CPU 毕竟只有一个基址寄存器和一个界限寄存器，但对于每个运行的程序，它们的值都不同，因为每个程序被加载到内存中不同的物理地址。因此，在切换进程时，操作系统必须保存和恢复基址寄存器和界限寄存器。具体来说，当操作系统决定中止当前的运行进程时，它必须将当前基址和界限寄存器中的内容保存在内存中，放在某种每个进程都有的结构中，如进程结构（process structure）或进程控制块（Process Control Block，PCB）中。类似地，当操作系统恢复执行某个进程时（或第一次执行），也必须给基址和界限寄存器设置正确的值。

表 15.3　　　　　　　　　　　　　动态重定位：操作系统的职责

操作系统的要求	解释
内存管理	需要为新进程分配内存 从终止的进程回收内存 一般通过空闲列表（free list）来管理内存
基址/界限管理	必须在上下文切换时正确设置基址/界限寄存器
异常处理	当异常发生时执行的代码，可能的动作是终止犯错的进程

需要注意，当进程停止时（即没有运行），操作系统可以改变其地址空间的物理位置，这很容易。要移动进程的地址空间，操作系统首先让进程停止运行，然后将地址空间拷贝到新位置，最后更新保存的基址寄存器（在进程结构中），指向新位置。当该进程恢复执行时，它的（新）基址寄存器会被恢复，它再次开始运行，显然它的指令和数据都在新的内存位置了。

第四，操作系统必须提供异常处理程序（exception handler），或要一些调用的函数，像上面提到的那样。操作系统在启动时加载这些处理程序（通过特权命令）。例如，当一个进程试图越界访问内存时，CPU 会触发异常。在这种异常产生时，操作系统必须准备采取行动。通常操作系统会做出充满敌意的反应：终止错误进程。操作系统应该尽力保护它运行的机器，因此它不会对那些企图访问非法地址或执行非法指令的进程客气。再见了，行为不端的进程，很高兴认识你。

表 15.4 为按时间线展示了大多数硬件与操作系统的交互。可以看出，操作系统在启动时

做了什么，为我们准备好机器，然后在进程（进程 A）开始运行时发生了什么。请注意，地址转换过程完全由硬件处理，没有操作系统的介入。在这个时候，发生时钟中断，操作系统切换到进程 B 运行，它执行了"错误的加载"（对一个非法内存地址），这时操作系统必须介入，终止该进程，清理并释放进程 B 占用的内存，将它从进程表中移除。从表中可以看出，我们仍然遵循受限直接访问（limited direct execution）的基本方法，大多数情况下，操作系统正确设置硬件后，就任凭进程直接运行在 CPU 上，只有进程行为不端时才介入。

表 15.4　　　　　受限直接执行协议（动态重定位）

操作系统@启动（内核模式）	硬件	
初始化陷阱表		
	记住以下地址： 　系统调用处理程序 　时钟处理程序 　非法内存处理程序 　非常指令处理程序	
开始中断时钟		
	开始时钟，在 x ms 后中断	
初始化进程表 初始化空闲列表		

操作系统@运行（内核模式）	硬件	程序（用户模式）
为了启动进程 A： 　在进程表中分配条目 　为进程分配内存 　设置基址/界限寄存器 　从陷阱返回（进入 A）		
	恢复 A 的寄存器 转向用户模式 跳到 A（最初）的程序计数器	
		进程 A 运行 　获取指令
	转换虚拟地址并执行获取	
		执行指令
	如果显式加载/保存 　确保地址不越界 　转换虚拟地址并执行 　加载/保存	
		……
	时钟中断 转向内核模式 跳到中断处理程序	

操作系统@启动（内核模式）	硬件	
处理陷阱 调用 switch()例程 　将寄存器（A）保存到进程结构（A） 　（包括基址/界限） 　从进程结构（B）恢复寄存器（B） 　（包括基址/界限） 从陷阱返回（进入 B）		
	恢复 B 的寄存器 转向用户模式 跳到 B 的程序计数器	
		进程 B 运行 　执行错误的加载
	加载越界 转向内核模式 跳到陷阱处理程序	
处理本期报告 　决定终止进程 B 　回收 B 的内存 　移除 B 在进程表中的条目		

15.6　小结

本章通过虚拟内存使用的一种特殊机制，即地址转换（address translation），扩展了受限直接访问的概念。利用地址转换，操作系统可以控制进程的所有内存访问，确保访问在地址空间的界限内。这个技术高效的关键是硬件支持，硬件快速地将所有内存访问操作中的虚拟地址（进程自己看到的内存位置）转换为物理地址（实际位置）。所有的这一切对进程来说都是透明的，进程并不知道自己使用的内存引用已经被重定位，制造了美妙的假象。

我们还看到了一种特殊的虚拟化方式，称为基址加界限的动态重定位。基址加界限的虚拟化方式非常高效，因为只需要很少的硬件逻辑，就可以将虚拟地址和基址寄存器加起来，并检查进程产生的地址没有越界。基址加界限也提供了保护，操作系统和硬件的协作，确保没有进程能够访问其地址空间之外的内容。保护肯定是操作系统最重要的目标之一。没有保护，操作系统不可能控制机器（如果进程可以随意修改内存，它们就可以轻松地做出可怕的事情，比如重写陷阱表并完全接管系统）。

遗憾的是，这个简单的动态重定位技术有效率低下的问题。例如，从图 15.2 中可以看到，重定位的进程使用了从 32KB 到 48KB 的物理内存，但由于该进程的栈区和堆区并不很大，导致这块内存区域中大量的空间被浪费。这种浪费通常称为内部碎片（internal fragmentation），指的是已经分配的内存单元内部有未使用的空间（即碎片），造成了浪费。在我们当前的方式中，即使有足够的物理内存容纳更多进程，但我们目前要求将地址空间放在固定大小的槽块中，因此会出现内部碎片[1]。所以，我们需要更复杂的机制，以便更好地利用物理内存，避免内部碎片。第一次尝试是将基址加界限的概念稍稍泛化，得到分段（segmentation）的概念，我们接下来将讨论。

参考资料

[M65]“On Dynamic Program Relocation”
W.C. McGee
IBM Systems Journal
Volume 4, Number 3, 1965, pages 184–199
本文对动态重定位的早期工作和静态重定位的一些基础知识进行了很好的总结。

[P90]“Relocating loader for MS-DOS .EXE executable files” Kenneth D. A. Pillay
Microprocessors & Microsystems archive Volume 14, Issue 7 (September 1990)
MS-DOS 重定位加载器的示例。不是第一个，而只是这样的系统如何工作的一个相对现代的例子。

[SS74]“The Protection of Information in Computer Systems”
J. Saltzer and M. Schroeder CACM, July 1974
摘自这篇论文：“在 1957 年至 1959 年间，在 3 个有不同目标的项目中，显然独立出现了基址和界限寄存器和硬件解释描述符的概念。在 MIT，McCarthy 建议将基址和界限的想法作为内存保护系统的一部分，以便让时分共享可行。IBM 独立开发了基本和界限寄存器，作为 Stretch（7030）计算机系统支持可靠多道程序的机制。在 Burroughs，R. Barton 建议硬件解释描述符可以直接支持 B5000 计算机系统中高级语言的命名范围规则。”我们在 Mark Smotherman 的超酷历史页面上找到了这段引用[S04]，更多信息请参见这些页面。

[S04]“System Call Support”
Mark Smotherman, May 2004
系统调用支持的简洁历史。Smotherman 还收集了一些早期历史，包括中断和其他有趣方面的计算历史。可以查看他的网页了解更多详情。

[WL+93]“Efficient Software-based Fault Isolation”
Robert Wahbe, Steven Lucco, Thomas E. Anderson, Susan L. Graham SOSP ’93
关于如何在没有硬件支持的情况下，利用编译器支持限定从程序中引用内存的一篇极好的论文。该论文引

[1] 另一种解决方案可能会在地址空间内放置一个固定大小的栈，位于代码区域的下方，并在栈下面让堆增长。但是，这限制了灵活性，让递归和深层嵌套函数调用变得具有挑战，因此我们希望避免这种情况。

发了人们对用于分离内存引用的软件技术的兴趣。

作业

程序 relocation.py 让你看到，在带有基址和边界寄存器的系统中，如何执行地址转换。详情请参阅 README 文件。

问题

1．用种子 1、2 和 3 运行，并计算进程生成的每个虚拟地址是处于界限内还是界限外？如果在界限内，请计算地址转换。

2．使用以下标志运行：-s 0 -n 10。为了确保所有生成的虚拟地址都处于边界内，要将 -l（界限寄存器）设置为什么值？

3．使用以下标志运行：-s 1 -n 10 -l 100。可以设置界限的最大值是多少，以便地址空间仍然完全放在物理内存中？

4．运行和第 3 题相同的操作，但使用较大的地址空间（-a）和物理内存（-p）。

5．作为边界寄存器的值的函数，随机生成的虚拟地址的哪一部分是有效的？画一个图，使用不同随机种子运行，限制值从 0 到最大地址空间大小。

第 16 章　分段

到目前为止，我们一直假设将所有进程的地址空间完整地加载到内存中。利用基址和界限寄存器，操作系统很容易将不同进程重定位到不同的物理内存区域。但是，对于这些内存区域，你可能已经注意到一件有趣的事：栈和堆之间，有一大块"空闲"空间。

从图 16.1 中可知，如果我们将整个地址空间放入物理内存，那么栈和堆之间的空间并没有被进程使用，却依然占用了实际的物理内存。因此，简单的通过基址寄存器和界限寄存器实现的虚拟内存很浪费。另外，如果剩余物理内存无法提供连续区域来放置完整的地址空间，进程便无法运行。这种基址加界限的方式看来并不像我们期望的那样灵活。因此：

关键问题：怎样支持大地址空间

怎样支持大地址空间，同时栈和堆之间（可能）有大量空闲空间？在之前的例子里，地址空间非常小，所以这种浪费并不明显。但设想一个 32 位（4GB）的地址空间，通常的程序只会使用几兆的内存，但需要整个地址空间都放在内存中。

16.1　分段：泛化的基址/界限

为了解决这个问题，分段（segmentation）的概念应运而生。分段并不是一个新概念，它甚至可以追溯到 20 世纪 60 年代初期[H61, G62]。这个想法很简单，在 MMU 中引入不止一个基址和界限寄存器对，而是给地址空间内的每个逻辑段（segment）一对。一个段只是地址空间里的一个连续定长的区域，在典型的地址空间里有 3 个逻辑不同的段：代码、栈和堆。分段的机制使得操作系统能够将不同的段放到不同的物理内存区域，从而避免了虚拟地址空间中的未使用部分占用物理内存。

我们来看一个例子。假设我们希望将图 16.1 中的地址空间放入物理内存。通过给每个段一对基址和界限寄存器，可以将每个段独立地放入物理内存。如图 16.2 所示，64KB 的物理内存中放置了 3 个段（为操作系统保留 16KB）。

从图中可以看到，只有已用的内存才在物理内存中分配空间，因此可以容纳巨大的地址空间，其中包含大量未使用的地址空间（有时又称为稀疏地址空间，sparse address spaces）。

你会想到，需要 MMU 中的硬件结构来支持分段：在这种情况下，需要一组 3 对基址和界限寄存器。表 16.1 展示了上面的例子中的寄存器值，每个界限寄存器记录了一个段的大小。

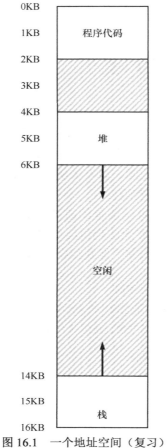

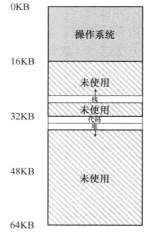

图 16.1　一个地址空间（复习）　　　图 16.2　在物理内存中放置段

表 16.1 段寄存器的值

段	基址	大小
代码	32KB	2KB
堆	34KB	2KB
栈	28KB	2KB

如表 16.1 所示，代码段放在物理地址 32KB，大小是 2KB。堆在 34KB，大小也是 2KB。

利用图 16.1 中的地址空间，我们来看一个地址转换的例子。假设现在要引用虚拟地址 100（在代码段中），MMU 将基址值加上偏移量（100）得到实际的物理地址：100 + 32KB = 32868。然后它会检查该地址是否在界限内（100 小于 2KB），发现是的，于是发起对物理地址 32868 的引用。

补充：段错误

段错误指的是在支持分段的机器上发生了非法的内存访问。有趣的是，即使在不支持分段的机器上这个术语依然保留。但如果你弄不清楚为什么代码老是出错，就没那么有趣了。

来看一个堆中的地址，虚拟地址 4200（同样参考图 16.1）。如果用虚拟地址 4200 加上

堆的基址（34KB），得到物理地址 39016，这不是正确的地址。我们首先应该先减去堆的偏移量，即该地址指的是这个段中的哪个字节。因为堆从虚拟地址 4K（4096）开始，4200 的偏移量实际上是 4200 减去 4096，即 104，然后用这个偏移量（104）加上基址寄存器中的物理地址（34KB），得到真正的物理地址 34920。

如果我们试图访问非法的地址，例如 7KB，它超出了堆的边界呢？你可以想象发生的情况：硬件会发现该地址越界，因此陷入操作系统，很可能导致终止出错进程。这就是每个 C 程序员都感到恐慌的术语的来源：段异常（segmentation violation）或段错误（segmentation fault）。

16.2 我们引用哪个段

硬件在地址转换时使用段寄存器。它如何知道段内的偏移量，以及地址引用了哪个段？

一种常见的方式，有时称为显式（explicit）方式，就是用虚拟地址的开头几位来标识不同的段，VAX/VMS 系统使用了这种技术[LL82]。在我们之前的例子中，有 3 个段，因此需要两位来标识。如果我们用 14 位虚拟地址的前两位来标识，那么虚拟地址如下所示：

那么在我们的例子中，如果前两位是 00，硬件就知道这是属于代码段的地址，因此使用代码段的基址和界限来重定位到正确的物理地址。如果前两位是 01，则是堆地址，对应地，使用堆的基址和界限。下面来看一个 4200 之上的堆虚拟地址，进行进制转换，确保弄清楚这些内容。虚拟地址 4200 的二进制形式如下：

```
13 12 11 10 9 8 7 6 5 4 3 2 1 0
 0  1  0  0  0  0  0  1  1  0  1  0  0  0
 段          偏移量
```

从图中可以看到，前两位（01）告诉硬件我们引用哪个段。剩下的 12 位是段内偏移：0000 0110 1000（即十六进制 0x068 或十进制 104）。因此，硬件就用前两位来决定使用哪个段寄存器，然后用后 12 位作为段内偏移。偏移量与基址寄存器相加，硬件就得到了最终的物理地址。请注意，偏移量也简化了对段边界的判断。我们只要检查偏移量是否小于界限，大于界限的为非法地址。因此，如果基址和界限放在数组中（每个段一项），为了获得需要的物理地址，硬件会做下面这样的事：

```
1    // get top 2 bits of 14-bit VA
2    Segment = (VirtualAddress & SEG_MASK) >> SEG_SHIFT
3    // now get offset
4    Offset  = VirtualAddress & OFFSET_MASK
5    if (Offset >= Bounds[Segment])
6        RaiseException(PROTECTION_FAULT)
7    else
8        PhysAddr = Base[Segment] + Offset
9        Register = AccessMemory(PhysAddr)
```

在我们的例子中，可以为上面的常量填上值。具体来说，SEG_MASK 为 0x3000，SEG_SHIFT 为 12，OFFSET_MASK 为 0xFFF。

你或许已经注意到，上面使用两位来区分段，但实际只有 3 个段（代码、堆、栈），因此有一个段的地址空间被浪费。因此有些系统中会将堆和栈当作同一个段，因此只需要一位来做标识[LL82]。

硬件还有其他方法来决定特定地址在哪个段。在隐式（implicit）方式中，硬件通过地址产生的方式来确定段。例如，如果地址由程序计数器产生（即它是指令获取），那么地址在代码段。如果基于栈或基址指针，它一定在栈段。其他地址则在堆段。

16.3 栈怎么办

到目前为止，我们一直没有讲地址空间中的一个重要部分：栈。在表 16.1 中，栈被重定位到物理地址 28KB。但有一点关键区别，它反向增长。在物理内存中，它始于 28KB，增长回到 26KB，相应虚拟地址从 16KB 到 14KB。地址转换必须有所不同。

首先，我们需要一点硬件支持。除了基址和界限外，硬件还需要知道段的增长方向（用一位区分，比如 1 代表自小而大增长，0 反之）。在表 16.2 中，我们更新了硬件记录的视图。

表 16.2 段寄存器（支持反向增长）

段	基址	大小	是否正向增长
代码	32KB	2KB	1
堆	34KB	2KB	1
栈	28KB	2KB	0

硬件理解段可以反向增长后，这种虚拟地址的地址转换必须有点不同。下面来看一个栈虚拟地址的例子，将它进行转换，以理解这个过程。

在这个例子中，假设要访问虚拟地址 15KB，它应该映射到物理地址 27KB。该虚拟地址的二进制形式是：11 1100 0000 0000（十六进制 0x3C00）。硬件利用前两位（11）来指定段，但然后我们要处理偏移量 3KB。为了得到正确的反向偏移，我们必须从 3KB 中减去最大的段地址：在这个例子中，段可以是 4KB，因此正确的偏移量是 3KB 减去 4KB，即−1KB。只要用这个反向偏移量（−1KB）加上基址（28KB），就得到了正确的物理地址 27KB。用户可以进行界限检查，确保反向偏移量的绝对值小于段的大小。

16.4 支持共享

随着分段机制的不断改进，系统设计人员很快意识到，通过再多一点的硬件支持，就能实现新的效率提升。具体来说，要节省内存，有时候在地址空间之间共享（share）某些内存段是有用的。尤其是，代码共享很常见，今天的系统仍然在使用。

为了支持共享，需要一些额外的硬件支持，这就是保护位（protection bit）。基本为每个段增加了几个位，标识程序是否能够读写该段，或执行其中的代码。通过将代码段标记为只读，同样的代码可以被多个进程共享，而不用担心破坏隔离。虽然每个进程都认为自己独占这块内存，但操作系统秘密地共享了内存，进程不能修改这些内存，所以假象得以保持。

表 16.3 展示了一个例子，是硬件（和操作系统）记录的额外信息。可以看到，代码段的权限是可读和可执行，因此物理内存中的一个段可以映射到多个虚拟地址空间。

表 16.3　　　　　　　　　　　　　段寄存器的值（有保护）

段	基址	大小	是否正向增长	保护
代码	32KB	2KB	1	读—执行
堆	34KB	2KB	1	读—写
栈	28KB	2KB	0	读—写

有了保护位，前面描述的硬件算法也必须改变。除了检查虚拟地址是否越界，硬件还需要检查特定访问是否允许。如果用户进程试图写入只读段，或从非执行段执行指令，硬件会触发异常，让操作系统来处理出错进程。

16.5　细粒度与粗粒度的分段

到目前为止，我们的例子大多针对只有很少的几个段的系统（即代码、栈、堆）。我们可以认为这种分段是粗粒度的（coarse-grained），因为它将地址空间分成较大的、粗粒度的块。但是，一些早期系统（如 Multics[CV65, DD68]）更灵活，允许将地址空间划分为大量较小的段，这被称为细粒度（fine-grained）分段。

支持许多段需要进一步的硬件支持，并在内存中保存某种段表（segment table）。这种段表通常支持创建非常多的段，因此系统使用段的方式，可以比之前讨论的方式更灵活。例如，像 Burroughs B5000 这样的早期机器可以支持成千上万的段，有了操作系统和硬件的支持，编译器可以将代码段和数据段划分为许多不同的部分[RK68]。当时的考虑是，通过更细粒度的段，操作系统可以更好地了解哪些段在使用哪些没有，从而可以更高效地利用内存。

16.6　操作系统支持

现在你应该大致了解了分段的基本原理。系统运行时，地址空间中的不同段被重定位到物理内存中。与我们之前介绍的整个地址空间只有一个基址/界限寄存器对的方式相比，大量节省了物理内存。具体来说，栈和堆之间没有使用的区域就不需要再分配物理内存，让我们能将更多地址空间放进物理内存。

然而，分段也带来了一些新的问题。我们先介绍必须关注的操作系统新问题。第一个是老问题：操作系统在上下文切换时应该做什么？你可能已经猜到了：各个段寄存器中的内容必须保存和恢复。显然，每个进程都有自己独立的虚拟地址空间，操作系统必须在进程运行前，确保这些寄存器被正确地赋值。

　　第二个问题更重要，即管理物理内存的空闲空间。新的地址空间被创建时，操作系统需要在物理内存中为它的段找到空间。之前，我们假设所有的地址空间大小相同，物理内存可以被认为是一些槽块，进程可以放进去。现在，每个进程都有一些段，每个段的大小也可能不同。

　　一般会遇到的问题是，物理内存很快充满了许多空闲空间的小洞，因而很难分配给新的段，或扩大已有的段。这种问题被称为外部碎片（external fragmentation）[R69]，如图 16.3（左边）所示。

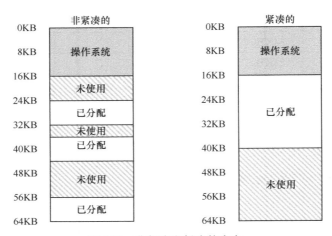

图 16.3　非紧凑和紧凑的内存

　　在这个例子中，一个进程需要分配一个 20KB 的段。当前有 24KB 空闲，但并不连续（是 3 个不相邻的块）。因此，操作系统无法满足这个 20KB 的请求。

　　该问题的一种解决方案是紧凑（compact）物理内存，重新安排原有的段。例如，操作系统先终止运行的进程，将它们的数据复制到连续的内存区域中去，改变它们的段寄存器中的值，指向新的物理地址，从而得到了足够大的连续空闲空间。这样做，操作系统能让新的内存分配请求成功。但是，内存紧凑成本很高，因为拷贝段是内存密集型的，一般会占用大量的处理器时间。图 16.3（右边）是紧凑后的物理内存。

　　一种更简单的做法是利用空闲列表管理算法，试图保留大的内存块用于分配。相关的算法可能有成百上千种，包括传统的最优匹配（best-fit，从空闲链表中找最接近需要分配空间的空闲块返回）、最坏匹配（worst-fit）、首次匹配（first-fit）以及像伙伴算法（buddy algorithm）[K68]这样更复杂的算法。Wilson 等人做过一个很好的调查[W+95]，如果你想对这些算法了解更多，可以从它开始，或者等到第 17 章，我们将介绍一些基本知识。但遗憾的是，无论算法多么精妙，都无法完全消除外部碎片，因此，好的算法只是试图减小它。

提示：如果有一千个解决方案，就没有特别好的

　　存在如此多不同的算法来尝试减少外部碎片，正说明了解决这个问题没有最好的办法。因此我们满足于找到一个合理的足够好的方案。唯一真正的解决办法就是（我们会在后续章节看到），完全避免这个问题，永远不要分配不同大小的内存块。

16.7 小结

分段解决了一些问题，帮助我们实现了更高效的虚拟内存。不只是动态重定位，通过避免地址空间的逻辑段之间的大量潜在的内存浪费，分段能更好地支持稀疏地址空间。它还很快，因为分段要求的算法很容易，很适合硬件完成，地址转换的开销极小。分段还有一个附加的好处：代码共享。如果代码放在独立的段中，这样的段就可能被多个运行的程序共享。

但我们已经知道，在内存中分配不同大小的段会导致一些问题，我们希望克服。首先，是我们上面讨论的外部碎片。由于段的大小不同，空闲内存被割裂成各种奇怪的大小，因此满足内存分配请求可能会很难。用户可以尝试采用聪明的算法[W+95]，或定期紧凑内存，但问题很根本，难以避免。

第二个问题也许更重要，分段还是不足以支持更一般化的稀疏地址空间。例如，如果有一个很大但是稀疏的堆，都在一个逻辑段中，整个堆仍然必须完整地加载到内存中。换言之，如果使用地址空间的方式不能很好地匹配底层分段的设计目标，分段就不能很好地工作。因此我们需要找到新的解决方案。你准备好了吗？

参考资料

[CV65] "Introduction and Overview of the Multics System"
F. J. Corbato and V. A. Vyssotsky
Fall Joint Computer Conference, 1965
在秋季联合计算机大会上发表的关于 Multics 的 5 篇论文之一。啊，多希望那天我在那个房间里！

[DD68] "Virtual Memory, Processes, and Sharing in Multics" Robert C. Daley and Jack B. Dennis
Communications of the ACM, Volume 11, Issue 5, May 1968
一篇关于如何在 Multics 中进行动态链接的早期文章。文中的内容远远领先于它的时代。随着大型 X-windows 库的要求，动态链接最终在 20 年后回到系统中。有人说，这些大型的 X11 库是 MIT 对 UNIX 的早期版本中取消对动态链接支持的"报复"！

[G62] "Fact Segmentation"
M. N. Greenfield
Proceedings of the SJCC, Volume 21, May 1962
另一篇关于分段的早期论文，发表的时间太早了，以至于没有引用其他人的工作。

[H61] "Program Organization and Record Keeping for Dynamic Storage"
A. W. Holt
Communications of the ACM, Volume 4, Issue 10, October 1961

一篇关于分段及其一些用途的论文，发表时间非常早且难以阅读。

[I09] "Intel 64 and IA-32 Architectures Software Developer's Manuals" Intel, 2009
尝试阅读这里的分段（第 3a 卷第 3 章），它会让你伤脑筋，至少有一点"头疼"。

[K68] "The Art of Computer Programming: Volume I" Donald Knuth
Addison-Wesley, 1968
Knuth 不仅因其早期关于计算机编程艺术的书而闻名，而且因其排版系统 TeX 而闻名。该系统仍然是当今专业人士使用的强大排版工具，并且排版了这本书。他关于算法的论述很早就引用了许多当今计算系统的算法。

[L83] "Hints for Computer Systems Design" Butler Lampson
ACM Operating Systems Review, 15:5, October 1983
关于如何构建系统的宝贵建议。一下子读完这篇文章很难，每次读几页，就像品一杯美酒，或把它当作一本参考手册。

[LL82] "Virtual Memory Management in the VAX/VMS Operating System" Henry M. Levy and Peter H. Lipman
IEEE Computer, Volume 15, Number 3 (March 1982)
一个经典的内存管理系统，在设计上有很多常识。我们将在后面的章节中更详细地研究它。

[RK68] "Dynamic Storage Allocation Systems"
B．Randell and C.J. Kuehner Communications of the ACM
Volume 11(5), pages 297-306, May 1968
对分页和分段两者的差异有一个很好的阐述，其中还有各种机器的历史讨论。

[R69] "A note on storage fragmentation and program segmentation" Brian Randell
Communications of the ACM
Volume 12(7), pages 365-372, July 1969
One of the earliest papers to discuss fragmentation.
最早讨论碎片问题的论文之一。

[W+95] "Dynamic Storage Allocation: A Survey and Critical Review" Paul R. Wilson, Mark S. Johnstone, Michael Neely, and David Boles   In International Workshop on Memory Management
Scotland, United Kingdom, September 1995
一份关于内存分配程序的很棒的调查报告。

作业

该程序允许你查看在具有分段的系统中如何执行地址转换。详情请参阅 README 文件。

问题

1．先让我们用一个小地址空间来转换一些地址。这里有一组简单的参数和几个不同的随机种子。你可以转换这些地址吗？

```
segmentation.py -a 128 -p 512 -b 0 -l 20 -B 512 -L 20 -s 0
segmentation.py -a 128 -p 512 -b 0 -l 20 -B 512 -L 20 -s 1
segmentation.py -a 128 -p 512 -b 0 -l 20 -B 512 -L 20 -s 2
```

2．现在，让我们看看是否理解了这个构建的小地址空间（使用上面问题的参数）。段 0 中最高的合法虚拟地址是什么？段 1 中最低的合法虚拟地址是什么？在整个地址空间中，最低和最高的非法地址是什么？最后，如何运行带有-A 标志的 segmentation.py 来测试你是否正确？

3．假设我们在一个 128 字节的物理内存中有一个很小的 16 字节地址空间。你会设置什么样的基址和界限，以便让模拟器为指定的地址流生成以下转换结果：有效，有效，违反……，违反，有效，有效？假设用以下参数：

```
segmentation.py -a 16 -p 128
 -A 0,1,2,3,4,5,6,7,8,9,10,11,12,13,14,15
 --b0 ? --l0 ? --b1 ? --l1 ?
```

4．假设我们想要生成一个问题，其中大约 90%的随机生成的虚拟地址是有效的（即不产生段异常）。你应该如何配置模拟器来做到这一点？哪些参数很重要？

5．你可以运行模拟器，使所有虚拟地址无效吗？怎么做到？

第 17 章　空闲空间管理

本章暂且将对虚拟内存的讨论放在一边，来讨论所有内存管理系统的一个基本方面，无论是 malloc 库（管理进程中堆的页），还是操作系统本身（管理进程的地址空间）。具体来说，我们会讨论空闲空间管理（free-space management）的一些问题。

让问题更明确一点。管理空闲空间当然可以很容易，我们会在讨论分页概念时看到。如果需要管理的空间被划分为固定大小的单元，就很容易。在这种情况下，只需要维护这些大小固定的单元的列表，如果有请求，就返回列表中的第一项。

如果要管理的空闲空间由大小不同的单元构成，管理就变得困难（而且有趣）。这种情况出现在用户级的内存分配库（如 malloc()和 free()），或者操作系统用分段（segmentation）的方式实现虚拟内存。在这两种情况下，出现了外部碎片（external fragmentation）的问题：空闲空间被分割成不同大小的小块，成为碎片，后续的请求可能失败，因为没有一块足够大的连续空闲空间，即使这时总的空闲空间超出了请求的大小。

free	used	free
0 10	20	30

上面展示了该问题的一个例子。在这个例子中，全部可用空闲空间是 20 字节，但被切成两个 10 字节大小的碎片，导致一个 15 字节的分配请求失败。所以本章需要解决的问题是：

> **关键问题：如何管理空闲空间**
>
> 要满足变长的分配请求，应该如何管理空闲空间？什么策略可以让碎片最小化？不同方法的时间和空间开销如何？

17.1　假设

本章的大多数讨论，将聚焦于用户级内存分配库中分配程序的辉煌历史。我们引用了 Wilson 的出色调查 [W+95]，有兴趣的读者可以从原文了解更多细节①。

我们假定基本的接口就像 malloc()和 free()提供的那样。具体来说，void * malloc(size t size)需要一个参数 size，它是应用程序请求的字节数。函数返回一个指针（没有具体的类型，在 C 语言的术语中是 void 类型），指向这样大小（或较大一点）的一块空间。对应的函数 void free(void *ptr)函数接受一个指针，释放对应的内存块。请注意该接口的隐含意义，在释放空间时，用户不需告知库这块空间的大小。因此，在只传入一个指针的情况下，库必须能够弄清楚这块内存的大小。我们将在稍后介绍是如何得知的。

---

① 它有近 80 页长。因此，你必须要真的对它感兴趣！

　　该库管理的空间由于历史原因被称为堆，在堆上管理空闲空间的数据结构通常称为空闲列表（free list）。该结构包含了管理内存区域中所有空闲块的引用。当然，该数据结构不一定真的是列表，而只是某种可以追踪空闲空间的数据结构。

　　进一步假设，我们主要关心的是外部碎片（external fragmentation），如上所述。当然，分配程序也可能有内部碎片（internal fragmentation）的问题。如果分配程序给出的内存块超出请求的大小，在这种块中超出请求的空间（因此而未使用）就被认为是内部碎片（因为浪费发生在已分配单元的内部），这是另一种形式的空间浪费。但是，简单起见，同时也因为它更有趣，这里主要讨论外部碎片。

　　我们还假设，内存一旦被分配给客户，就不可以被重定位到其他位置。例如，一个程序调用 malloc()，并获得一个指向堆中一块空间的指针，这块区域就"属于"这个程序了，库不再能够移动，直到程序调用相应的 free() 函数将它归还。因此，不可能进行紧凑（compaction）空闲空间的操作，从而减少碎片[①]。但是，操作系统层在实现分段（segmentation）时，却可以通过紧凑来减少碎片（正如第 16 章讨论的那样）。

　　最后我们假设，分配程序所管理的是连续的一块字节区域。在一些情况下，分配程序可以要求这块区域增长。例如，一个用户级的内存分配库在空间快用完时，可以向内核申请增加堆空间（通过 sbrk 这样的系统调用），但是，简单起见，我们假设这块区域在整个生命周期内大小固定。

17.2　底层机制

　　在深入策略细节之前，我们先来介绍大多数分配程序采用的通用机制。首先，探讨空间分割与合并的基本知识。其次，看看如何快速并相对轻松地追踪已分配的空间。最后，讨论如何利用空闲区域的内部空间维护一个简单的列表，来追踪空闲和已分配的空间。

分割与合并

　　空闲列表包含一组元素，记录了堆中的哪些空间还没有分配。假设有下面的 30 字节的堆：

free	used	free
0　　　10	20	30

　　这个堆对应的空闲列表会有两个元素，一个描述第一个 10 字节的空闲区域（字节 0～9），一个描述另一个空闲区域（字节 20～29）：

head → (addr:0 len:10) → (addr:20 len:10) → NULL

[①] 一旦将指向内存块的一个指针交给 C 程序，通常很难确定所有对该区域的引用（指针），这些引用（指针）可能存储在其他变量中，或者甚至在执行的某个时刻存储在寄存器中。在更强类型的、带垃圾收集的语言中，情况可能并非如此，因此可以用紧凑技术来减少碎片。

通过上面的介绍可以看出，任何大于 10 字节的分配请求都会失败（返回 NULL），因为没有足够的连续可用空间。而恰好 10 字节的需求可以由两个空闲块中的任何一个满足。但是，如果申请小于 10 字节空间，会发生什么？

假设我们只申请一个字节的内存。这种情况下，分配程序会执行所谓的分割（splitting）动作：它找到一块可以满足请求的空闲空间，将其分割，第一块返回给用户，第二块留在空闲列表中。在我们的例子中，假设这时遇到申请一个字节的请求，分配程序选择使用第二块空闲空间，对 malloc() 的调用会返回 20（1 字节分配区域的地址），空闲列表会变成这样：

head → [addr:0 len:10] → [addr:21 len:9] → NULL

从上面可以看出，空闲列表基本没有变化，只是第二个空闲区域的起始位置由 20 变成 21，长度由 10 变为 9 了[①]。因此，如果请求的空间大小小于某块空闲块，分配程序通常会进行分割。

许多分配程序中因此也有一种机制，名为合并（coalescing）。还是看前面的例子（10字节的空闲空间，10 字节的已分配空间，和另外 10 字节的空闲空间）。

对于这个（小）堆，如果应用程序调用 free(10)，归还堆中间的空间，会发生什么？如果只是简单地将这块空闲空间加入空闲列表，不多想想，可能得到如下的结果：

head → [addr:10 len:10] → [addr:0 len:10] → [addr:20 len:10] → NULL

问题出现了：尽管整个堆现在完全空闲，但它似乎被分割成了 3 个 10 字节的区域。这时，如果用户请求 20 字节的空间，简单遍历空闲列表会找不到这样的空闲块，因此返回失败。

为了避免这个问题，分配程序会在释放一块内存时合并可用空间。想法很简单：在归还一块空闲内存时，仔细查看要归还的内存块的地址以及邻近的空闲空间块。如果新归还的空间与一个原有空闲块相邻（或两个，就像这个例子），就将它们合并为一个较大的空闲块。通过合并，最后空闲列表应该像这样：

head → [addr:0 len:30] → NULL

实际上，这是堆的空闲列表最初的样子，在所有分配之前。通过合并，分配程序可以更好地确保大块的空闲空间能提供给应用程序。

追踪已分配空间的大小

你可能注意到，free(void *ptr) 接口没有块大小的参数。因此它是假定，对于给定的指针，内存分配库可以很快确定要释放空间的大小，从而将它放回空闲列表。

要完成这个任务，大多数分配程序都会在头块（header）中保存一点额外的信息，它在内存中，通常就在返回的内存块之前。我们再看一个例子（见图 17.1）。在这个例子中，我

---

① 这里的讨论假设没有头块，这是我们现在做出的一个不现实但简化的假设。

们检查一个 20 字节的已分配块，由 ptr 指着，设想用户调用了 malloc()，并将结果保存在 ptr 中：ptr = malloc(20)。

该头块中至少包含所分配空间的大小（这个例子中是 20）。它也可能包含一些额外的指针来加速空间释放，包含一个幻数来提供完整性检查，以及其他信息。我们假定，一个简单的头块包含了分配空间的大小和一个幻数：

```
typedef struct    header_t {
    int size;
    int magic;
} header_t;
```

上面的例子看起来会像图 17.2 的样子。用户调用 free(ptr)时，库会通过简单的指针运算得到头块的位置：

```
void free(void *ptr) {
    header_t *hptr = (void *)ptr - sizeof(header_t);
}
```

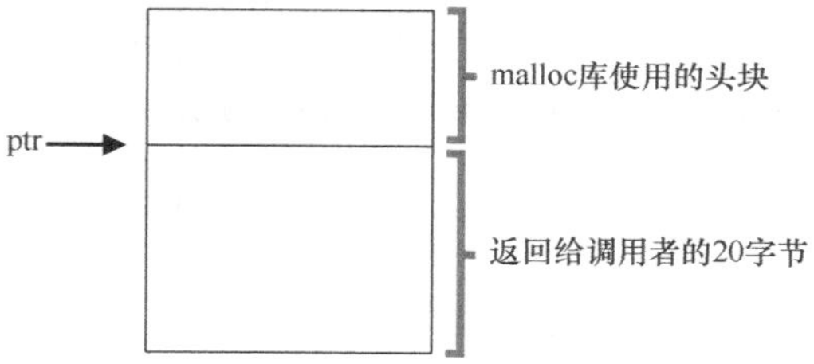

图 17.1　一个已分配的区域加上头块

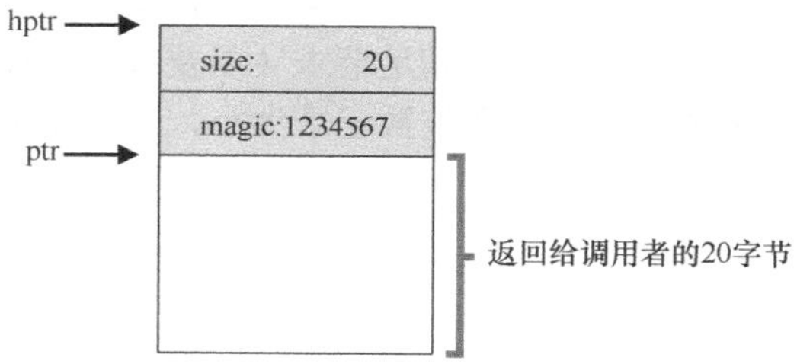

图 17.2　头块的具体内容

获得头块的指针后，库可以很容易地确定幻数是否符合预期的值，作为正常性检查（assert（hptr->magic == 1234567）），并简单计算要释放的空间大小（即头块的大小加区域长度）。请注意前一句话中一个小但重要的细节：实际释放的是头块大小加上分配给用户的空间的大小。因此，如果用户请求 N 字节的内存，库不是寻找大小为 N 的空闲块，而是寻找 N 加上头块大小的空闲块。

嵌入空闲列表

到目前为止，我们这个简单的空闲列表还只是一个概念上的存在，它就是一个列表，描述了堆中的空闲内存块。但如何在空闲内存自己内部建立这样一个列表呢？

在更典型的列表中，如果要分配新节点，你会调用 malloc()来获取该节点所需的空间。遗憾的是，在内存分配库内，你无法这么做！你需要在空闲空间本身中建立空闲空间列表。虽然听起来有点奇怪，但别担心，这是可以做到的。

假设我们需要管理一个 4096 字节的内存块（即堆是 4KB）。为了将它作为一个空闲空间列表来管理，首先要初始化这个列表。开始，列表中只有一个条目，记录了大小为 4096 的空间（减去头块的大小）。下面是该列表中一个节点描述：

```
typedef struct    node_t {
    int     size;
```

```
    struct   node_t *next;
} node_t;
```

现在来看一些代码，它们初始化堆，并将空闲列表的第一个元素放在该空间中。假设堆构建在某块空闲空间上，这块空间通过系统调用 mmap()获得。这不是构建这种堆的唯一选择，但在这个例子中很合适。下面是代码：

```
// mmap() returns a pointer to a chunk of free space
node_t *head = mmap(NULL, 4096, PROT_READ|PROT_WRITE,
                    MAP_ANON|MAP_PRIVATE, -1, 0);
head->size  = 4096 - sizeof(node_t);
head->next  = NULL;
```

执行这段代码之后，列表的状态是它只有一个条目，记录大小为4088。

是的，这是一个小堆，但对我们是一个很好的例子。head 指针指向这块区域的起始地址，假设是 16KB（尽管任何虚拟地址都可以）。堆看起来如图 17.3 所示。

现在，假设有一个 100 字节的内存请求。为了满足这个请求，库首先要找到一个足够大小的块。因为只有一个 4088 字节的块，所以选中这个块。然后，这个块被分割（split）为两块：一块足够满足请求（以及头块，如前所述），一块是剩余的空闲块。假设记录头块为 8 个字节（一个整数记录大小，一个整数记录幻数），堆中的空间如图 17.4 所示。

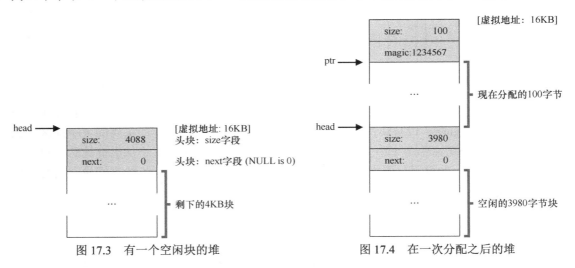

图 17.3　有一个空闲块的堆　　　　　　　图 17.4　在一次分配之后的堆

至此，对于 100 字节的请求，库从原有的一个空闲块中分配了 108 字节，返回指向它的一个指针（在上图中用 ptr 表示），并在其之前连续的 8 字节中记录头块信息，供未来的 free()函数使用。同时将列表中的空闲节点缩小为 3980 字节（4088-108）。

现在再来看该堆，其中有 3 个已分配区域，每个 100（加上头块是 108）。这个堆如图 17.5 所示。

可以看出，堆的前 324 字节已经分配，因此我们看到该空间中有 3 个头块，以及 3 个 100 字节的用户使用空间。空闲列表还是无趣：只有一个节点（由 head 指向），但在 3 次分割后，现在大小只有 3764 字节。但如果用户程序通过 free()归还一些内存，会发生什么？

在这个例子中，应用程序调用 free(16500)，归还了中间的一块已分配空间（内存块的起始地址 16384 加上前一块的 108，和这一块的头块的 8 字节，就得到了 16500）。这个值在前图中用 sptr 指向。

库马上弄清楚了这块要释放空间的大小，并将空闲块加回空闲列表。假设我们将它插入到空闲列表的头位置，该空间如图 17.6 所示。

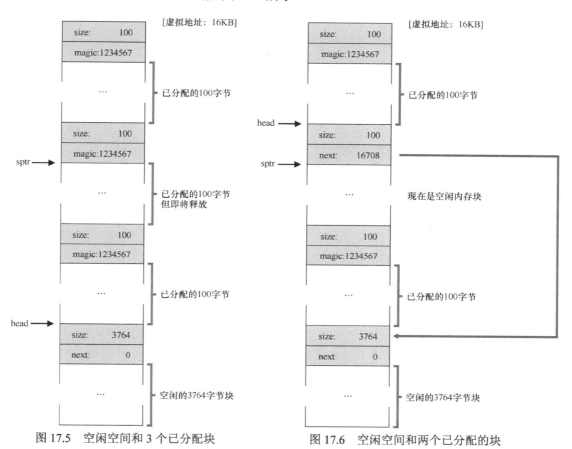

图 17.5　空闲空间和 3 个已分配块　　　　图 17.6　空闲空间和两个已分配的块

现在的空闲列表包括一个小空闲块（100 字节，由列表的头指向）和一个大空闲块（3764 字节）。

我们的列表终于有不止一个元素了！是的，空闲空间被分割成了两段，但很常见。

最后一个例子：现在假设剩余的两块已分配的空间也被释放。没有合并，空闲列表将非常破碎，如图 17.7 所示。

从图中可以看出，我们现在一团糟！为什么？简单，我们忘了合并（coalesce）列表项，虽然整个内存空间是空闲的，但却被分成了小段，因此形成了碎片化的内存空间。解决方案很简单：遍历列表，合并（merge）相邻块。完成之后，堆又成了一个整体。

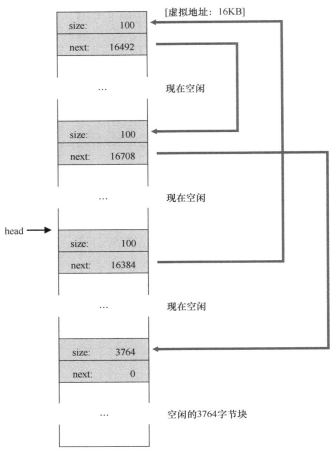

图 17.7   未合并的空闲空间列表

让堆增长

我们应该讨论最后一个很多内存分配库中都有的机制。具体来说，如果堆中的内存空间耗尽，应该怎么办？最简单的方式就是返回失败。在某些情况下这也是唯一的选择，因此返回 NULL 也是一种体面的方式。别太难过！你尽力了，即使失败，你也虽败犹荣。

大多数传统的分配程序会从很小的堆开始，当空间耗尽时，再向操作系统申请更大的空间。通常，这意味着它们进行了某种系统调用（例如，大多数 UNIX 系统中的 sbrk），让堆增长。操作系统在执行 sbrk 系统调用时，会找到空闲的物理内存页，将它们映射到请求进程的地址空间中去，并返回新的堆的末尾地址。这时，就有了更大的堆，请求就可以成功满足。

17.3   基本策略

既然有了这些底层机制，让我们来看看管理空闲空间的一些基本策略。这些方法大多基于简单的策略，你也能想到。在阅读之前试试，你是否能想出所有的选择（也许还有新策略！）。

理想的分配程序可以同时保证快速和碎片最小化。遗憾的是，由于分配及释放的请求序列是任意的（毕竟，它们由用户程序决定），任何特定的策略在某组不匹配的输入下都会变得非常差。所以我们不会描述"最好"的策略，而是介绍一些基本的选择，并讨论它们的优缺点。

最优匹配

最优匹配（best fit）策略非常简单：首先遍历整个空闲列表，找到和请求大小一样或更大的空闲块，然后返回这组候选者中最小的一块。这就是所谓的最优匹配（也可以称为最小匹配）。只需要遍历一次空闲列表，就足以找到正确的块并返回。

最优匹配背后的想法很简单：选择最接近用户请求大小的块，从而尽量避免空间浪费。然而，这有代价。简单的实现在遍历查找正确的空闲块时，要付出较高的性能代价。

最差匹配

最差匹配（worst fit）方法与最优匹配相反，它尝试找最大的空闲块，分割并满足用户需求后，将剩余的块（很大）加入空闲列表。最差匹配尝试在空闲列表中保留较大的块，而不是向最优匹配那样可能剩下很多难以利用的小块。但是，最差匹配同样需要遍历整个空闲列表。更糟糕的是，大多数研究表明它的表现非常差，导致过量的碎片，同时还有很高的开销。

首次匹配

首次匹配（first fit）策略就是找到第一个足够大的块，将请求的空间返回给用户。同样，剩余的空闲空间留给后续请求。

首次匹配有速度优势（不需要遍历所有空闲块），但有时会让空闲列表开头的部分有很多小块。因此，分配程序如何管理空闲列表的顺序就变得很重要。一种方式是基于地址排序（address-based ordering）。通过保持空闲块按内存地址有序，合并操作会很容易，从而减少了内存碎片。

下次匹配

不同于首次匹配每次都从列表的开始查找，下次匹配（next fit）算法多维护一个指针，指向上一次查找结束的位置。其想法是将对空闲空间的查找操作扩散到整个列表中去，避免对列表开头频繁的分割。这种策略的性能与首次匹配很接近，同样避免了遍历查找。

例子

下面是上述策略的一些例子。设想一个空闲列表包含 3 个元素，长度依次为 10、30、20（我们暂时忽略头块和其他细节，只关注策略的操作方式）：

head ——→ 10 ——→ 30 ——→ 20 ——→ NULL

假设有一个 15 字节的内存请求。最优匹配会遍历整个空闲列表，发现 20 字节是最优匹配，因为它是满足请求的最小空闲块。结果空闲列表变为：

head ——→ 10 ——→ 30 ——→ 5 ——→ NULL

本例中发生的情况，在最优匹配中常常发生，现在留下了一个小空闲块。最差匹配类似，但会选择最大的空闲块进行分割，在本例中是 30。结果空闲列表变为：

head ——→ 10 ——→ 15 ——→ 20 ——→ NULL

在这个例子中，首次匹配会和最差匹配一样，也发现满足请求的第一个空闲块。不同的是查找开销，最优匹配和最差匹配都需要遍历整个列表，而首次匹配只找到第一个满足需求的块即可，因此减少了查找开销。

这些例子只是内存分配策略的肤浅分析。真实场景下更详细的分析和更复杂的分配行为（如合并），需要更深入的理解。也许可以作为作业，你说呢？

17.4　其他方式

除了上述基本策略外，人们还提出了许多技术和算法，来改进内存分配。这里我们列出一些来供你考虑（就是让你多一些思考，不只局限于最优匹配）。

分离空闲列表

一直以来有一种很有趣的方式叫作分离空闲列表（segregated list）。基本想法很简单：如果某个应用程序经常申请一种（或几种）大小的内存空间，那就用一个独立的列表，只管理这样大小的对象。其他大小的请求都交给更通用的内存分配程序。

这种方法的好处显而易见。通过拿出一部分内存专门满足某种大小的请求，碎片就不再是问题了。而且，由于没有复杂的列表查找过程，这种特定大小的内存分配和释放都很快。

就像所有好主意一样，这种方式也为系统引入了新的复杂性。例如，应该拿出多少内存来专门为某种大小的请求服务，而将剩余的用来满足一般请求？超级工程师 Jeff Bonwick 为 Solaris 系统内核设计的厚块分配程序（slab allocator），很优雅地处理了这个问题[B94]。

具体来说，在内核启动时，它为可能频繁请求的内核对象创建一些对象缓存（object cache），如锁和文件系统 inode 等。这些的对象缓存每个分离了特定大小的空闲列表，因此能够很快地响应内存请求和释放。如果某个缓存中的空闲空间快耗尽时，它就向通用内存分配程序申请一些内存厚块（slab）（总量是页大小和对象大小的公倍数）。相反，如果给定厚块中对象的引用计数变为 0，通用的内存分配程序可以从专门的分配程序中回收这些空间，这通常发生在虚拟内存系统需要更多的空间的时候。

> **补充：了不起的工程师真的了不起**
>
> 像 Jeff Bonwick 这样的工程师（Jeff Bonwick 不仅写了上面提到的厚块分配程序，还是令人惊叹的文件系统 ZFS 的负责人），是硅谷的灵魂。在每一个伟大的产品或技术后面都有这样一个人（或一小群人），他们的天赋、能力和奉献精神远超众人。Facebook 的 Mark Zuckerberg 曾经说过："那些在自己的领域中超凡脱俗的人，比那些相当优秀的人强得不是一点点。"这就是为什么，会有人成立自己的公司，然后永远地改变了这个世界（想想 Google、Apple 和 Facebook）。努力工作，你也可能成为这种"以一当百"的人。做不到的话，就和这样的人一起工作，你会明白什么是"听君一席话，胜读十年书"。如果都做不到，那就太难过了。

厚块分配程序比大多数分离空闲列表做得更多，它将列表中的空闲对象保持在预初始化的状态。Bonwick 指出，数据结构的初始化和销毁的开销很大[B94]。通过将空闲对象保持在初始化状态，厚块分配程序避免了频繁的初始化和销毁，从而显著降低了开销。

伙伴系统

因为合并对分配程序很关键，所以人们设计了一些方法，让合并变得简单，一个好例子就是二分伙伴分配程序（binary buddy allocator）[K65]。

在这种系统中，空闲空间首先从概念上被看成大小为 2^N 的大空间。当有一个内存分配请求时，空闲空间被递归地一分为二，直到刚好可以满足请求的大小（再一分为二就无法满足）。这时，请求的块被返回给用户。在下面的例子中，一个 64KB 大小的空闲空间被切分，以便提供 7KB 的块：

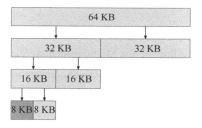

在这个例子中，最左边的 8KB 块被分配给用户（如上图中深灰色部分所示）。请注意，这种分配策略只允许分配 2 的整数次幂大小的空闲块，因此会有内部碎片（internal fragment）的麻烦。

伙伴系统的漂亮之处在于块被释放时。如果将这个 8KB 的块归还给空闲列表，分配程序会检查"伙伴"8KB 是否空闲。如果是，就合二为一，变成 16KB 的块。然后会检查这个 16KB 块的伙伴是否空闲，如果是，就合并这两块。这个递归合并过程继续上溯，直到合并整个内存区域，或者某一个块的伙伴还没有被释放。

伙伴系统运转良好的原因，在于很容易确定某个块的伙伴。怎么找？仔细想想上面例子中的各个块的地址。如果你想得够仔细，就会发现每对互为伙伴的块只有一位不同，正是这一位决定了它们在整个伙伴树中的层次。现在你应该已经大致了解了二分伙伴分配程序的工作方式。更多的细节可以参考 Wilson 的调查[W+95]。

其他想法

上面提到的众多方法都有一个重要的问题，缺乏可扩展性（scaling）。具体来说，就是查找列表可能很慢。因此，更先进的分配程序采用更复杂的数据结构来优化这个开销，牺牲简单性来换取性能。例子包括平衡二叉树、伸展树和偏序树[W+95]。

考虑到现代操作系统通常会有多核，同时会运行多线程的程序（本书之后关于并发的章节将会详细介绍），因此人们做了许多工作，提升分配程序在多核系统上的表现。两个很棒的例子参见 Berger 等人的[B+00]和 Evans 的[E06]，看看文章了解更多细节。

这只是人们为了优化内存分配程序，在长时间内提出的几千种想法中的两种。感兴趣的话可以深入阅读。或者阅读 glibc 分配程序的工作原理[S15]，你会更了解现实的情形。

17.5　小结

在本章中，我们讨论了最基本的内存分配程序形式。这样的分配程序存在于所有地方，与你编写的每个 C 程序链接，也和管理其自身数据结构的内存的底层操作系统链接。与许多系统一样，在构建这样一个系统时需要做许多折中。对分配程序提供的确切工作负载了解得越多，就越能调整它以更好地处理这种工作负载。在现代计算机系统中，构建一个适用于各种工作负载、快速、空间高效、可扩展的分配程序仍然是一个持续的挑战。

参考资料

[B+00]“Hoard: A Scalable Memory Allocator for Multithreaded Applications”Emery D. Berger, Kathryn S. McKinley, Robert D. Blumofe, and Paul R. Wilson ASPLOS-IX, November 2000
Berger 和公司的优秀多处理器系统分配程序。它不仅是一篇有趣的论文，也是能用于指导实战的！

[B94]“The Slab Allocator: An Object-Caching Kernel Memory Allocator”Jeff Bonwick
USENIX '94
一篇关于如何为操作系统内核构建分配程序的好文章，也是如何专门针对特定通用对象大小的一个很好的例子。

[E06]“A Scalable Concurrent malloc(3) Implementation for FreeBSD”Jason Evans
本文详细介绍如何构建一个真正的现代分配程序以用于多处理器。“jemalloc”分配程序今天在 FreeBSD、NetBSD、Mozilla Firefox 和 Facebook 中已广泛使用。

[K65]“A Fast Storage Allocator”Kenneth C. Knowlton
Communications of the ACM, Volume 8, Number 10, October 1965
伙伴分配的常见引用。一个奇怪的事实是：Knuth 不是把这个想法归功于 Knowlton，而是归功于获得诺贝尔奖的经济学家 Harry Markowitz。另一个奇怪的事实是：Knuth 通过秘书收发他的所有电子邮件。他不会自己发送电子邮件，而是告诉他的秘书要发送什么邮件，然后秘书负责发送电子邮件。最后一个关于 Knuth 的事实：他创建了 TeX，这是用于排版本书的工具。这是一个惊人的软件①。

[S15]"Understanding glibc malloc" Sploitfun
深入了解 glibc malloc 是如何工作的。本文详细得令人惊讶，一篇非常好的阅读材料。

[W+95]"Dynamic Storage Allocation: A Survey and Critical Review"Paul R. Wilson, Mark S. Johnstone, Michael Neely, David Boles International Workshop on Memory Management
Kinross, Scotland, September 1995
对内存分配的许多方面进行了卓越且深入的调查，比这个小小的章节中所含的内容拥有更多的细节！

作业

程序 malloc.py 让你探索本章中描述的简单空闲空间分配程序的行为。有关其基本操作的详细信息，请参见 README 文件。

问题

1. 首先运行 flag -n 10 -H 0 -p BEST -s 0 来产生一些随机分配和释放。你能预测 malloc()/free()会返回什么吗？你可以在每次请求后猜测空闲列表的状态吗？随着时间的推移，你对空闲列表有什么发现？

2. 使用最差匹配策略搜索空闲列表（-p WORST）时，结果有何不同？什么改变了？

3. 如果使用首次匹配（-p FIRST）会如何？使用首次匹配时，什么变快了？

4. 对于上述问题，列表在保持有序时，可能会影响某些策略找到空闲位置所需的时间。使用不同的空闲列表排序（-l ADDRSORT，-l SIZESORT +，-l SIZESORT-）查看策略和列表排序如何相互影响。

5. 合并空闲列表可能非常重要。增加随机分配的数量（比如说-n 1000）。随着时间的推移，大型分配请求会发生什么？在有和没有合并的情况下运行（即不用和采用-C 标志）。你看到了什么结果差异？每种情况下的空闲列表有多大？在这种情况下，列表的排序是否重要？

6. 将已分配百分比-P 改为高于 50，会发生什么？它接近 100 时分配会怎样？接近 0 会怎样？

7. 要生成高度碎片化的空闲空间，你可以提出怎样的具体请求？使用-A 标志创建碎片化的空闲列表，查看不同的策略和选项如何改变空闲列表的组织。

---

① 实际上我们使用 LaTeX，它基于 Lamport 对 TeX 的补充，但二者非常相似。

第 18 章　分页：介绍

有时候人们会说，操作系统有两种方法，来解决大多数空间管理问题。第一种是将空间分割成不同长度的分片，就像虚拟内存管理中的分段。遗憾的是，这个解决方法存在固有的问题。具体来说，将空间切成不同长度的分片以后，空间本身会碎片化（fragmented），随着时间推移，分配内存会变得比较困难。

因此，值得考虑第二种方法：将空间分割成固定长度的分片。在虚拟内存中，我们称这种思想为分页，可以追溯到一个早期的重要系统，Atlas[KE+62, L78]。分页不是将一个进程的地址空间分割成几个不同长度的逻辑段（即代码、堆、段），而是分割成固定大小的单元，每个单元称为一页。相应地，我们把物理内存看成是定长槽块的阵列，叫作页帧（page frame）。每个这样的页帧包含一个虚拟内存页。我们的挑战是：

> **关键问题：如何通过页来实现虚拟内存**
>
> 如何通过页来实现虚拟内存，从而避免分段的问题？基本技术是什么？如何让这些技术运行良好，并尽可能减少空间和时间开销？

18.1　一个简单例子

为了让该方法看起来更清晰，我们用一个简单例子来说明。图 18.1 展示了一个只有 64 字节的小地址空间，有 4 个 16 字节的页（虚拟页 0、1、2、3）。真实的地址空间肯定大得多，通常 32 位有 4GB 的地址空间，甚至有 64 位[1]。在本书中，我们常常用小例子，让大家更容易理解。

物理内存，如图 18.2 所示，也由一组固定大小的槽块组成。在这个例子中，有 8 个页帧（由 128 字节物理内存构成，也是极小的）。从图中可以看出，虚拟地址空间的页放在物理内存的不同位置。图中还显示，操作系统自己用了一些物理内存。

可以看到，与我们以前的方法相比，分页有许多优点。可能最大的改进就是灵活性：通过完善的分页方法，操作系统能够高效地提供地址空间的抽象，不管进程如何使用地址空间。例如，我们不会假定堆和栈的增长方向，以及它们如何使用。

另一个优点是分页提供的空闲空间管理的简单性。例如，如果操作系统希望将 64 字节的小地址空间放到 8 页的物理地址空间中，它只要找到 4 个空闲页。也许操作系统保存了一个所有空闲页的空闲列表（free list），只需要从这个列表中拿出 4 个空闲页。在这个例子

---

[1] 64 位地址空间很难想象，它大得惊人。类比可能有助于理解：如果说 32 位地址空间有网球场那么大，则 64 位地址空间大约与欧洲的面积大小相当！

里，操作系统将地址空间的虚拟页 0 放在物理页帧 3，虚拟页 1 放在物理页帧 7，虚拟页 2 放在物理页帧 5，虚拟页 3 放在物理页帧 2。页帧 1、4、6 目前是空闲的。

图 18.1　一个简单的 64 字节地址空间　　　　图 18.2　64 字节的地址空间在 128 字节的物理内存中

为了记录地址空间的每个虚拟页放在物理内存中的位置，操作系统通常为每个进程保存一个数据结构，称为页表（page table）。页表的主要作用是为地址空间的每个虚拟页面保存地址转换（address translation），从而让我们知道每个页在物理内存中的位置。对于我们的简单示例（见图 18.2），页表因此具有以下 4 个条目：（虚拟页 0→物理帧 3）、（VP 1→PF 7）、（VP 2→PF 5）和（VP 3→PF 2）。

重要的是要记住，这个页表是每个进程一个（per-process）的数据结构（我们讨论的大多数页表结构都是每进程的数据结构，我们将接触的一个例外是倒排页表，inverted page table）。如果在上面的示例中运行另一个进程，操作系统将不得不为它管理不同的页表，因为它的虚拟页显然映射到不同的物理页面（除了共享之外）。

现在，我们了解了足够的信息，可以完成一个地址转换的例子。设想拥有这个小地址空间（64 字节）的进程正在访问内存：

```
movl <virtual address>, %eax
```

具体来说，注意从地址<virtual address>到寄存器 eax 的数据显式加载（因此忽略之前肯定会发生的指令获取）。

为了转换（translate）该过程生成的虚拟地址，我们必须首先将它分成两个组件：虚拟页面号（virtual page number，VPN）和页内的偏移量（offset）。对于这个例子，因为进程的虚拟地址空间是 64 字节，我们的虚拟地址总共需要 6 位（$2^6 = 64$）。因此，虚拟地址可以表示如下：

Va5	Va4	Va3	Va2	Va1	Va0

在该图中，Va5 是虚拟地址的最高位，Va0 是最低位。因为我们知道页的大小（16 字节），所以可以进一步划分虚拟地址，如下所示：

VPN		偏移量			
Va5	Va4	Va3	Va2	Va1	Va0

    页面大小为 16 字节，位于 64 字节的地址空间。因此我们需要能够选择 4 个页，地址的前 2 位就是做这件事的。因此，我们有一个 2 位的虚拟页号（VPN）。其余的位告诉我们，感兴趣该页的哪个字节，在这个例子中是 4 位，我们称之为偏移量。

    当进程生成虚拟地址时，操作系统和硬件必须协作，将它转换为有意义的物理地址。例如，让我们假设上面的加载是虚拟地址 21：

```
movl 21, %eax
```

    将"21"变成二进制形式，是"010101"，因此我们可以检查这个虚拟地址，看看它是如何分解成虚拟页号（VPN）和偏移量的：

VPN		偏移量			
0	1	0	1	0	1

    因此，虚拟地址"21"在虚拟页"01"（或 1）的第 5 个（"0101"）字节处。通过虚拟页号，我们现在可以检索页表，找到虚拟页 1 所在的物理页面。在上面的页表中，物理帧号（PFN）（有时也称为物理页号，physical page number 或 PPN）是 7（二进制 111）。因此，我们可以通过用 PFN 替换 VPN 来转换此虚拟地址，然后将载入发送给物理内存（见图 18.3）。

    请注意，偏移量保持不变（即未翻译），因为偏移量只是告诉我们页面中的哪个字节是我们想要的。我们的最终物理地址是 1110101（十进制 117），正是我们希望加载指令（见图 18.2）获取数据的地方。

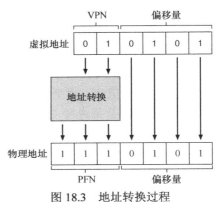

图 18.3   地址转换过程

    有了这个基本概念，我们现在可以询问（希望也可以回答）关于分页的一些基本问题。例如，这些页表在哪里存储？页表的典型内容是什么，表有多大？分页是否会使系统变（得很）慢？这些问题和其他迷人的问题（至少部分）在下文中回答。请继续阅读！

18.2   页表存在哪里

    页表可以变得非常大，比我们之前讨论过的小段表或基址/界限对要大得多。例如，想象一个典型的 32 位地址空间，带有 4KB 的页。这个虚拟地址分成 20 位的 VPN 和 12 位的偏移量（回想一下，1KB 的页面大小需要 10 位，只需增加两位即可达到 4KB）。

    一个 20 位的 VPN 意味着，操作系统必须为每个进程管理 2^{20} 个地址转换（大约一百万）。假设每个页表格条目（PTE）需要 4 个字节，来保存物理地址转换和任何其他有用的东西，每个页表就需要巨大的 4MB 内存！这非常大。现在想象一下有 100 个进程在运行：这意味着操作系统会需要 400MB 内存，只是为了所有这些地址转换！即使是现在，机器拥有千兆字节的内存，将它的一大块仅用于地址转换，这似乎有点疯狂，不是吗？我们甚至不敢想 64 位地址空间的页表有多大。那太可怕了，也许把你吓坏了。

　　由于页表如此之大，我们没有在 MMU 中利用任何特殊的片上硬件，来存储当前正在运行的进程的页表，而是将每个进程的页表存储在内存中。现在让我们假设页表存在于操作系统管理的物理内存中，稍后我们会看到，很多操作系统内存本身都可以虚拟化，因此页表可以存储在操作系统的虚拟内存中（甚至可以交换到磁盘上），但是现在这太令人困惑了，所以我们会忽略它。图 18.4 展示了操作系统内存中的页表，看到其中的一小组地址转换了吗？

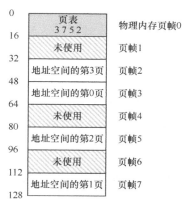

图 18.4　例子：内核物理
内存中的页表

18.3　页表中究竟有什么

　　让我们来谈谈页表的组织。页表就是一种数据结构，用于将虚拟地址（或者实际上，是虚拟页号）映射到物理地址（物理帧号）。因此，任何数据结构都可以采用。最简单的形式称为线性页表（linear page table），就是一个数组。操作系统通过虚拟页号（VPN）检索该数组，并在该索引处查找页表项（PTE），以便找到期望的物理帧号（PFN）。现在，我们将假设采用这个简单的线性结构。在后面的章节中，我们将利用更高级的数据结构来帮助解决一些分页问题。

　　至于每个 PTE 的内容，我们在其中有许多不同的位，值得有所了解。有效位（valid bit）通常用于指示特定地址转换是否有效。例如，当一个程序开始运行时，它的代码和堆在其地址空间的一端，栈在另一端。所有未使用的中间空间都将被标记为无效（invalid），如果进程尝试访问这种内存，就会陷入操作系统，可能会导致该进程终止。因此，有效位对于支持稀疏地址空间至关重要。通过简单地将地址空间中所有未使用的页面标记为无效，我们不再需要为这些页面分配物理帧，从而节省大量内存。

　　我们还可能有保护位（protection bit），表明页是否可以读取、写入或执行。同样，以这些位不允许的方式访问页，会陷入操作系统。

　　还有其他一些重要的部分，但现在我们不会过多讨论。存在位（present bit）表示该页是在物理存储器还是在磁盘上（即它已被换出，swapped out）。当我们研究如何将部分地址空间交换（swap）到磁盘，从而支持大于物理内存的地址空间时，我们将进一步理解这一机制。交换允许操作系统将很少使用的页面移到磁盘，从而释放物理内存。脏位（dirty bit）也很常见，表明页面被带入内存后是否被修改过。

　　参考位（reference bit，也被称为访问位，accessed bit）有时用于追踪页是否被访问，也用于确定哪些页很受欢迎，因此应该保留在内存中。这些知识在页面替换（page replacement）时非常重要，我们将在随后的章节中详细研究这一主题。

　　图 18.5 显示了来自 x86 架构的示例页表项[I09]。它包含一个存在位（P），确定是否允许写入该页面的读/写位（R/W）确定用户模式进程是否可以访问该页面的用户/超级用户位（U/S），有几位（PWT、PCD、PAT 和 G）确定硬件缓存如何为这些页面工作，一个访问位（A）和一个脏位（D），最后是页帧号（PFN）本身。

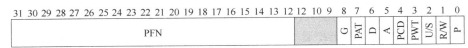

图 18.5　一个 x86 页表项（PTE）

阅读英特尔架构手册[I09]，以获取有关 x86 分页支持的更多详细信息。然而，要事先警告，阅读这些手册时，尽管非常有用（对于在操作系统中编写代码以使用这些页表的用户而言，这些手册当然是必需的），但起初可能很具挑战性。需要一点耐心和强烈的愿望。

18.4　分页：也很慢

内存中的页表，我们已经知道它们可能太大了。事实证明，它们也会让速度变慢。以简单的指令为例：

```
movl 21, %eax
```

同样，我们只看对地址 21 的显式引用，而不关心指令获取。在这个例子中，我们假定硬件为我们执行地址转换。要获取所需数据，系统必须首先将虚拟地址（21）转换为正确的物理地址（117）。因此，在从地址 117 获取数据之前，系统必须首先从进程的页表中提取适当的页表项，执行转换，然后从物理内存中加载数据。

为此，硬件必须知道当前正在运行的进程的页表的位置。现在让我们假设一个页表基址寄存器（page-table base register）包含页表的起始位置的物理地址。为了找到想要的 PTE 的位置，硬件将执行以下功能：

```
VPN     = (VirtualAddress & VPN_MASK) >> SHIFT
PTEAddr = PageTableBaseRegister + (VPN * sizeof(PTE))
```

在我们的例子中，VPN MASK 将被设置为 0x30（十六进制 30，或二进制 110000），它从完整的虚拟地址中挑选出 VPN 位；SHIFT 设置为 4（偏移量的位数），这样我们就可以将 VPN 位向右移动以形成正确的整数虚拟页码。例如，使用虚拟地址 21（010101），掩码将此值转换为 010000，移位将它变成 01，或虚拟页 1，正是我们期望的值。然后，我们使用该值作为页表基址寄存器指向的 PTE 数组的索引。

一旦知道了这个物理地址，硬件就可以从内存中获取 PTE，提取 PFN，并将它与来自虚拟地址的偏移量连接起来，形成所需的物理地址。具体来说，你可以想象 PFN 被 SHIFT 左移，然后与偏移量进行逻辑或运算，以形成最终地址，如图 18.6 所示。

```
offset   = VirtualAddress & OFFSET_MASK
PhysAddr = (PFN << SHIFT) | offset
1    // Extract the VPN from the virtual address
2    VPN = (VirtualAddress & VPN_MASK) >> SHIFT
3
4    // Form the address of the page-table entry (PTE)
5    PTEAddr = PTBR + (VPN * sizeof(PTE))
6
7    // Fetch the PTE
```

```
8       PTE = AccessMemory(PTEAddr)
9
10      // Check if process can access the page
11      if (PTE.Valid == False)
12          RaiseException(SEGMENTATION_FAULT)
13      else if (CanAccess(PTE.ProtectBits) == False)
14          RaiseException(PROTECTION_FAULT)
15      else
16          // Access is OK: form physical address and fetch it
17          offset   = VirtualAddress & OFFSET_MASK
18          PhysAddr = (PTE.PFN << PFN_SHIFT) | offset
19          Register = AccessMemory(PhysAddr)
```

图 18.6 利用分页访问内存

最后，硬件可以从内存中获取所需的数据并将其放入寄存器 eax。程序现在已成功从内存中加载了一个值！

总之，我们现在描述了在每个内存引用上发生的情况的初始协议。基本方法如图 18.6 所示。对于每个内存引用（无论是取指令还是显式加载或存储），分页都需要我们执行一个额外的内存引用，以便首先从页表中获取地址转换。工作量很大！额外的内存引用开销很大，在这种情况下，可能会使进程减慢两倍或更多。

现在你应该可以看到，有两个必须解决的实际问题。如果不仔细设计硬件和软件，页表会导致系统运行速度过慢，并占用太多内存。虽然看起来是内存虚拟化需求的一个很好的解决方案，但这两个关键问题必须先克服。

18.5　内存追踪

在结束之前，我们现在通过一个简单的内存访问示例，来演示使用分页时产生的所有内存访问。我们感兴趣的代码片段（用 C 写的，名为 array.c）是这样的：

```
int array[1000];
...
for (i = 0; i < 1000; i++)
    array[i] = 0;
```

我们编译 array.c 并使用以下命令运行它：

补充：数据结构——页表

现代操作系统的内存管理子系统中最重要的数据结构之一就是页表（page table）。通常，页表存储虚拟—物理地址转换（virtual-to-physical address translation），从而让系统知道地址空间的每个页实际驻留在物理内存中的哪个位置。由于每个地址空间都需要这种转换，因此一般来说，系统中每个进程都有一个页表。页表的确切结构要么由硬件（旧系统）确定，要么由 OS（现代系统）更灵活地管理。

```
prompt> gcc -o array array.c -Wall -O
prompt> ./array
```

当然，为了真正理解这个代码片段（它只是初始化一个数组）进程怎样的内存访问，我们必须知道（或假设）一些东西。首先，我们必须反汇编结果二进制文件（在 Linux 上使用 objdump 或在 Mac 上使用 otool），查看使用什么汇编指令来初始化循环中的数组。以下是生成的汇编代码：

```
0x1024 movl $0x0,(%edi,%eax,4)
0x1028 incl %eax
0x102c cmpl $0x03e8,%eax
0x1030 jne  0x1024
```

如果懂一点 x86，代码实际上很容易理解[①]。第一条指令将零值（显示为$0x0）移动到数组位置的虚拟内存地址，这个地址是通过取%edi 的内容并将其加上%eax 乘以 4 来计算的。因此，%edi 保存数组的基址，而%eax 保存数组索引（i）。我们乘以 4，因为数组是一个整型数组，每个元素的大小为 4 个字节。

第二条指令增加保存在%eax 中的数组索引，第三条指令将该寄存器的内容与十六进制值 0x03e8 或十进制数 1000 进行比较。如果比较结果显示两个值不相等（这就是 jne 指令测试），第四条指令跳回到循环的顶部。

为了理解这个指令序列（在虚拟层和物理层）所访问的内存，我们必须假设虚拟内存中代码片段和数组的位置，以及页表的内容和位置。

对于这个例子，我们假设一个大小为 64KB 的虚拟地址空间（不切实际地小）。我们还假定页面大小为 1KB。

我们现在需要知道页表的内容，以及它在物理内存中的位置。假设有一个线性（基于数组）的页表，它位于物理地址 1KB（1024）。

至于其内容，我们只需要关心为这个例子映射的几个虚拟页面。首先，存在代码所在的虚拟页面。由于页大小为 1KB，虚拟地址 1024 驻留在虚拟地址空间的第二页（VPN = 1，因为 VPN = 0 是第一页）。假设这个虚拟页映射到物理帧 4（VPN 1→PFN 4）。

接下来是数组本身。它的大小是 4000 字节（1000 整数），我们假设它驻留在虚拟地址 40000 到 44000（不包括最后一个字节）。它的虚拟页的十进制范围是 VPN = 39……VPN = 42。因此，我们需要这些页的映射。针对这个例子，让我们假设以下虚拟到物理的映射：

(VPN 39 → PFN 7), (VPN 40 → PFN 8), (VPN 41 → PFN 9), (VPN 42 → PFN 10)

我们现在准备好跟踪程序的内存引用了。当它运行时，每个获取指令将产生两个内存引用：一个访问页表以查找指令所在的物理页帧，另一个访问指令本身将其提取到 CPU 进行处理。另外，在 mov 指令的形式中，有一个显式的内存引用，这会首先增加另一个页表访问（将数组虚拟地址转换为正确的物理地址），然后数组访问本身。

图 18.7 展示了前 5 次循环迭代的整个过程。最下面的图显示了 y 轴上的指令内存引用（左侧为虚拟地址，右侧为物理地址）。中间的图以深灰色展示了数组访问（同样，虚拟在左侧，物理在右侧）；最后，最上面的图展示了浅灰色的页表内存访问（只有物理的，因为本例中的页表位于物理内存中）。整个追踪的 x 轴显示循环的前 5 个迭代中内存访问。每个循环有 10 次内存访问，其中包括 4 次取指令，一次显式更新内存，以及 5 次页表访问，

---

① 我们在这里隐瞒了一点事实，假设每条指令的大小都是 4 字节，实际上，x86 指令是可变大小的。

为这 4 次获取和一次显式更新进行地址转换。

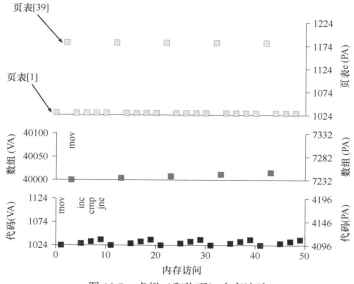

图 18.7 虚拟（和物理）内存追踪

看看你是否可以理解在这个可视化中出现的模式。特别是，随着循环继续，超过前 5 次迭代，会发生什么变化？哪些新的内存位置将被访问？你能弄明白吗？

这只是最简单的例子（只有几行 C 代码），但你可能已经能够感觉到理解实际应用程序的实际内存行为的复杂性。别担心：它肯定会变得更糟，因为我们即将引入的机制只会使这个已经很复杂的机器更复杂。

18.6 小结

我们已经引入了分页（paging）的概念，作为虚拟内存挑战的解决方案。与以前的方法（如分段）相比，分页有许多优点。首先，它不会导致外部碎片，因为分页（按设计）将内存划分为固定大小的单元。其次，它非常灵活，支持稀疏虚拟地址空间。

然而，实现分页支持而不小心考虑，会导致较慢的机器（有许多额外的内存访问来访问页表）和内存浪费（内存被页表塞满而不是有用的应用程序数据）。因此，我们不得不努力想出一个分页系统，它不仅可以工作，而且工作得很好。幸运的是，接下来的两章将告诉我们如何去做。

参考资料

[KE+62] "One-level Storage System"

T. Kilburn, and D.B.G. Edwards and M.J. Lanigan and F.H. Sumner IRE Trans. EC-11, 2 (1962), pp. 223-235

(Reprinted in Bell and Newell, "Computer Structures: Readings and Examples" McGraw-Hill, New York, 1971).
Atlas 开创了将内存划分为固定大小页面的想法，在许多方面，都是我们在现代计算机系统中看到的内存管理思想的早期形式。

[I09] "Intel 64 and IA-32 Architectures Software Developer's Manuals" Intel, 2009
Available.
具体来说，要注意《卷 3A：系统编程指南第 1 部分》和《卷 3B：系统编程指南第 2 部分》。

[L78] "The Manchester Mark I and atlas: a historical perspective"
S. H. Lavington
Communications of the ACM archive Volume 21, Issue 1 (January 1978), pp. 4-12 Special issue on computer architecture
本文是一些重要计算机系统发展历史的回顾。我们在美国有时会忘记，这些新想法中的许多来自其他国家。

作业

在这个作业中，你将使用一个简单的程序（名为 paging-linear-translate.py），来看看你是否理解了简单的虚拟—物理地址转换如何与线性页表一起工作。详情请参阅 README 文件。

问题

1．在做地址转换之前，让我们用模拟器来研究线性页表在给定不同参数的情况下如何改变大小。在不同参数变化时，计算线性页表的大小。一些建议输入如下，通过使用-v 标志，你可以看到填充了多少个页表项。

首先，要理解线性页表大小如何随着地址空间的增长而变化：

```
paging-linear-translate.py -P 1k -a 1m -p 512m -v -n 0
paging-linear-translate.py -P 1k -a 2m -p 512m -v -n 0
paging-linear-translate.py -P 1k -a 4m -p 512m -v -n 0
```

然后，理解线性页面大小如何随页大小的增长而变化：

```
paging-linear-translate.py -P 1k -a 1m -p 512m -v -n 0
paging-linear-translate.py -P 2k -a 1m -p 512m -v -n 0
paging-linear-translate.py -P 4k -a 1m -p 512m -v -n 0
```

在运行这些命令之前，请试着想想预期的趋势。页表大小如何随地址空间的增长而改变？随着页大小的增长呢？为什么一般来说，我们不应该使用很大的页呢？

2．现在让我们做一些地址转换。从一些小例子开始，使用-u 标志更改分配给地址空间的页数。例如：

```
paging-linear-translate.py -P 1k -a 16k -p 32k -v -u 0
paging-linear-translate.py -P 1k -a 16k -p 32k -v -u 25
paging-linear-translate.py -P 1k -a 16k -p 32k -v -u 50
paging-linear-translate.py -P 1k -a 16k -p 32k -v -u 75
paging-linear-translate.py -P 1k -a 16k -p 32k -v -u 100
```

如果增加每个地址空间中的页的百分比，会发生什么？

3．现在让我们尝试一些不同的随机种子，以及一些不同的（有时相当疯狂的）地址空间参数：

```
paging-linear-translate.py -P 8  -a 32   -p 1024 -v -s 1
paging-linear-translate.py -P 8k -a 32k -p 1m   -v -s 2
paging-linear-translate.py -P 1m -a 256m -p 512m -v -s 3
```

哪些参数组合是不现实的？为什么？

4．利用该程序尝试其他一些问题。你能找到让程序无法工作的限制吗？例如，如果地址空间大小大于物理内存，会发生什么情况？

第 19 章　分页：快速地址转换（TLB）

使用分页作为核心机制来实现虚拟内存，可能会带来较高的性能开销。因为要使用分页，就要将内存地址空间切分成大量固定大小的单元（页），并且需要记录这些单元的地址映射信息。因为这些映射信息一般存储在物理内存中，所以在转换虚拟地址时，分页逻辑上需要一次额外的内存访问。每次指令获取、显式加载或保存，都要额外读一次内存以得到转换信息，这慢得无法接受。因此我们面临如下问题：

> **关键问题：如何加速地址转换**
>
> *如何才能加速虚拟地址转换，尽量避免额外的内存访问？需要什么样的硬件支持？操作系统该如何支持？*

想让某些东西更快，操作系统通常需要一些帮助。帮助常常来自操作系统的老朋友：硬件。我们要增加所谓的（由于历史原因[CP78]）地址转换旁路缓冲存储器（translation-lookaside buffer，TLB[CG68,C95]），它就是频繁发生的虚拟到物理地址转换的硬件缓存（cache）。因此，更好的名称应该是地址转换缓存（address-translation cache）。对每次内存访问，硬件先检查 TLB，看看其中是否有期望的转换映射，如果有，就完成转换（很快），不用访问页表（其中有全部的转换映射）。TLB 带来了巨大的性能提升，实际上，因此它使得虚拟内存成为可能[C95]。

19.1　TLB 的基本算法

图 19.1 展示了一个大体框架，说明硬件如何处理虚拟地址转换，假定使用简单的线性页表（linear page table，即页表是一个数组）和硬件管理的 TLB（hardware-managed TLB，即硬件承担许多页表访问的责任，下面会有更多解释）。

```
1    VPN = (VirtualAddress & VPN_MASK) >> SHIFT
2    (Success, TlbEntry) = TLB_Lookup(VPN)
3    if (Success == True)    // TLB Hit
4        if (CanAccess(TlbEntry.ProtectBits) == True)
5            Offset   = VirtualAddress & OFFSET_MASK
6            PhysAddr = (TlbEntry.PFN << SHIFT) | Offset
7            AccessMemory(PhysAddr)
8        else
9            RaiseException(PROTECTION_FAULT)
10   else    // TLB Miss
11       PTEAddr = PTBR + (VPN * sizeof(PTE))
12       PTE = AccessMemory(PTEAddr)
```

```
13          if (PTE.Valid == False)
14              RaiseException(SEGMENTATION_FAULT)
15          else if (CanAccess(PTE.ProtectBits) == False)
16              RaiseException(PROTECTION_FAULT)
17          else
18              TLB_Insert(VPN, PTE.PFN, PTE.ProtectBits)
19              RetryInstruction()
```

图 19.1　TLB 控制流算法

硬件算法的大体流程如下：首先从虚拟地址中提取页号（VPN）（见图 19.1 第 1 行），然后检查 TLB 是否有该 VPN 的转换映射（第 2 行）。如果有，我们有了 TLB 命中（TLB hit），这意味着 TLB 有该页的转换映射。成功！接下来我们就可以从相关的 TLB 项中取出页帧号（PFN），与原来虚拟地址中的偏移量组合形成期望的物理地址（PA），并访问内存（第 5～7 行），假定保护检查没有失败（第 4 行）。

如果 CPU 没有在 TLB 中找到转换映射（TLB 未命中），我们有一些工作要做。在本例中，硬件访问页表来寻找转换映射（第 11～12 行），并用该转换映射更新 TLB（第 18 行），假设该虚拟地址有效，而且我们有相关的访问权限（第 13、15 行）。上述系列操作开销较大，主要是因为访问页表需要额外的内存引用（第 12 行）。最后，当 TLB 更新成功后，系统会重新尝试该指令，这时 TLB 中有了这个转换映射，内存引用得到很快处理。

TLB 和其他缓存相似，前提是在一般情况下，转换映射会在缓存中（即命中）。如果是这样，只增加了很少的开销，因为 TLB 处理器核心附近，设计的访问速度很快。如果 TLB 未命中，就会带来很大的分页开销。必须访问页表来查找转换映射，导致一次额外的内存引用（或者更多，如果页表更复杂）。如果这经常发生，程序的运行就会显著变慢。相对于大多数 CPU 指令，内存访问开销很大，TLB 未命中导致更多内存访问。因此，我们希望尽可能避免 TLB 未命中。

19.2　示例：访问数组

为了弄清楚 TLB 的操作，我们来看一个简单虚拟地址追踪，看看 TLB 如何提高它的性能。在本例中，假设有一个由 10 个 4 字节整型数组成的数组，起始虚地址是 100。进一步假定，有一个 8 位的小虚地址空间，页大小为 16B。我们可以把虚地址划分为 4 位的 VPN（有 16 个虚拟内存页）和 4 位的偏移量（每个页中有 16 个字节）。

图 19.2 展示了该数组的布局，在系统的 16 个 16 字节的页上。如你所见，数组的第一项（a[0]）开始于（VPN=06，offset=04），只有 3 个 4 字节整型数存放在该页。数组在下一页（VPN=07）继续，其中有接下来 4 项（a[3] … a[6]）。10 个元素的数组的最后 3 项（a[7] … a[9]）位于地址空间的下一页（VPN=08）。

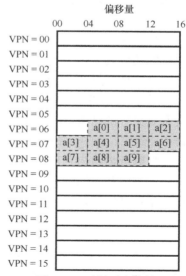

图 19.2　示例：小地址空间中的一个数组

现在考虑一个简单的循环，访问数组中的每个元素，类似下面的 C 程序：

```
int sum = 0;
for (i = 0; i < 10; i++) {
    sum += a[i];
}
```

简单起见，我们假装循环产生的内存访问只是针对数组（忽略变量 i 和 sum，以及指令本身）。当访问第一个数组元素（a[0]）时，CPU 会看到载入虚存地址 100。硬件从中提取 VPN（VPN=06），然后用它来检查 TLB，寻找有效的转换映射。假设这里是程序第一次访问该数组，结果是 TLB 未命中。

接下来访问 a[1]，这里有好消息：TLB 命中！因为数组的第二个元素在第一个元素之后，它们在同一页。因为我们之前访问数组的第一个元素时，已经访问了这一页，所以 TLB 中缓存了该页的转换映射。因此成功命中。访问 a[2]同样成功（再次命中），因为它和 a[0]、a[1]位于同一页。

遗憾的是，当程序访问 a[3]时，会导致 TLB 未命中。但同样，接下来几项（a[4] … a[6]）都会命中 TLB，因为它们位于内存中的同一页。

最后，访问 a[7]会导致最后一次 TLB 未命中。系统会再次查找页表，弄清楚这个虚拟页在物理内存中的位置，并相应地更新 TLB。最后两次访问（a[8]、a[9]）受益于这次 TLB 更新，当硬件在 TLB 中查找它们的转换映射时，两次都命中。

我们来总结一下这 10 次数组访问操作中 TLB 的行为表现：未命中、命中、命中、未命中、命中、命中、命中、未命中、命中、命中。命中的次数除以总的访问次数，得到 TLB 命中率（hit rate）为 70%。尽管这不是很高（实际上，我们希望命中率接近 100%），但也不是零，是零我们就要奇怪了。即使这是程序首次访问该数组，但得益于空间局部性（spatial locality），TLB 还是提高了性能。数组的元素被紧密存放在几页中（即它们在空间中紧密相邻），因此只有对页中第一个元素的访问才会导致 TLB 未命中。

也要注意页大小对本例结果的影响。如果页大小变大一倍（32 字节，而不是 16），数组访问遇到的未命中更少。典型页的大小一般为 4KB，这种情况下，密集的、基于数组的访问会实现极好的 TLB 性能，每页的访问只会遇到一次未命中。

关于 TLB 性能还有最后一点：如果在这次循环后不久，该程序再次访问该数组，我们会看到更好的结果，假设 TLB 足够大，能缓存所需的转换映射：命中、命中、命中、命中、命中、命中、命中、命中、命中、命中。在这种情况下，由于时间局部性（temporal locality），即在短时间内对内存项再次引用，所以 TLB 的命中率会很高。类似其他缓存，TLB 的成功依赖于空间和时间局部性。如果某个程序表现出这样的局部性（许多程序是这样），TLB 的命中率可能很高。

提示：尽可能利用缓存

缓存是计算机系统中最基本的性能改进技术之一，一次又一次地用于让"常见的情况更快"[HP06]。硬件缓存背后的思想是利用指令和数据引用的局部性（locality）。通常有两种局部性：时间局部性（temporal locality）和空间局部性（spatial locality）。时间局部性是指，最近访问过的指令或数据项可能很快会再次访问。想想循环中的循环变量或指令，它们被多次反复访问。空间局部性是指，当程序访问内存地址 x 时，可能很快会访问邻近 x 的内存。想想遍历某种数组，访问一个接一个的元素。当然，这些性质取决于程序的特点，并不是绝对的定律，而更像是一种经验法则。

硬件缓存，无论是指令、数据还是地址转换（如 TLB），都利用了局部性，在小而快的芯片内存储器中保存一份内存副本。处理器可以先检查缓存中是否存在就近的副本，而不是必须访问（缓慢的）内存来满足请求。如果存在，处理器就可以很快地访问它（例如在几个 CPU 时钟内），避免花很多时间来访问内存（好多纳秒）。

你可能会疑惑：既然像 TLB 这样的缓存这么好，为什么不做更大的缓存，装下所有的数据？可惜的是，这里我们遇到了更基本的定律，就像物理定律那样。如果想要快速地缓存，它就必须小，因为光速和其他物理限制会起作用。大的缓存注定慢，因此无法实现目的。所以，我们只能用小而快的缓存。剩下的问题就是如何利用好缓存来提升性能。

19.3 谁来处理 TLB 未命中

有一个问题我们必须回答：谁来处理 TLB 未命中？可能有两个答案：硬件或软件（操作系统）。以前的硬件有复杂的指令集（有时称为复杂指令集计算机，Complex-Instruction Set Computer，CISC），造硬件的人不太相信那些搞操作系统的人。因此，硬件全权处理 TLB 未命中。为了做到这一点，硬件必须知道页表在内存中的确切位置（通过页表基址寄存器，page-table base register，在图 19.1 的第 11 行使用），以及页表的确切格式。发生未命中时，硬件会"遍历"页表，找到正确的页表项，取出想要的转换映射，用它更新 TLB，并重试该指令。这种"旧"体系结构有硬件管理的 TLB，一个例子是 x86 架构，它采用固定的多级页表（multi-level page table，详见第 20 章），当前页表由 CR3 寄存器指出[I09]。

更现代的体系结构（例如，MIPS R10k[H93]、Sun 公司的 SPARC v9[WG00]，都是精简指令集计算机，Reduced-Instruction Set Computer，RISC），有所谓的软件管理 TLB（software-managed TLB）。发生 TLB 未命中时，硬件系统会抛出一个异常（见图 19.3 第 11 行），这会暂停当前的指令流，将特权级提升至内核模式，跳转至陷阱处理程序（trap handler）。接下来你可能已经猜到了，这个陷阱处理程序是操作系统的一段代码，用于处理 TLB 未命中。这段代码在运行时，会查找页表中的转换映射，然后用特别的"特权"指令更新 TLB，并从陷阱返回。此时，硬件会重试该指令（导致 TLB 命中）。

```
1    VPN = (VirtualAddress & VPN_MASK) >> SHIFT
2    (Success, TlbEntry) = TLB_Lookup(VPN)
3    if (Success == True)    // TLB Hit
4        if (CanAccess(TlbEntry.ProtectBits) == True)
5            Offset   = VirtualAddress & OFFSET_MASK
6            PhysAddr = (TlbEntry.PFN << SHIFT) | Offset
7            Register = AccessMemory(PhysAddr)
8        else
9            RaiseException(PROTECTION_FAULT)
10   else                    // TLB Miss
11       RaiseException(TLB_MISS)
```

图 19.3 TLB 控制流算法（操作系统处理）

接下来讨论几个重要的细节。首先，这里的从陷阱返回指令稍稍不同于之前提到的服务于系统调用的从陷阱返回。在后一种情况下，从陷阱返回应该继续执行陷入操作系统之后那条指令，就像从函数调用返回后，会继续执行此次调用之后的语句。在前一种情况下，在从 TLB 未命中的陷阱返回后，硬件必须从导致陷阱的指令继续执行。这次重试因此导致该指令再次执行，但这次会命中 TLB。因此，根据陷阱或异常的原因，系统在陷入内核时必须保存不同的程序计数器，以便将来能够正确地继续执行。

第二，在运行 TLB 未命中处理代码时，操作系统需要格外小心避免引起 TLB 未命中的无限递归。有很多解决方案，例如，可以把 TLB 未命中陷阱处理程序直接放到物理内存中 [它们没有映射过（unmapped），不用经过地址转换]。或者在 TLB 中保留一些项，记录永久有效的地址转换，并将其中一些永久地址转换槽块留给处理代码本身，这些被监听的（wired）地址转换总是会命中 TLB。

软件管理的方法，主要优势是灵活性：操作系统可以用任意数据结构来实现页表，不需要改变硬件。另一个优势是简单性。从 TLB 控制流中可以看出（见图 19.3 的第 11 行，对比图 19.1 的第 11～19 行），硬件不需要对未命中做太多工作，它抛出异常，操作系统的未命中处理程序会负责剩下的工作。

补充：RISC 与 CISC

在 20 世纪 80 年代，计算机体系结构领域曾发生过一场激烈的讨论。一方是 CISC 阵营，即复杂指令集计算（Complex Instruction Set Computing），另一方是 RISC，即精简指令集计算（Reduced Instruction Set Computing）[PS81]。RISC 阵营以 Berkeley 的 David Patterson 和 Stanford 的 John Hennessy 为代表（他们写了一些非常著名的书[HP06]），尽管后来 John Cocke 凭借他在 RISC 上的早期工作 [CM00]获得了图灵奖。

CISC 指令集倾向于拥有许多指令，每条指令比较强大。例如，你可能看到一个字符串拷贝，它接受两个指针和一个长度，将一些字节从源拷贝到目标。CISC 背后的思想是，指令应该是高级原语，这让汇编语言本身更易于使用，代码更紧凑。

RISC 指令集恰恰相反。RISC 背后的关键观点是，指令集实际上是编译器的最终目标，所有编译器实际上需要少量简单的原语，可以用于生成高性能的代码。因此，RISC 倡导者们主张，尽可能从硬件中拿掉不必要的东西（尤其是微代码），让剩下的东西简单、统一、快速。

早期的 RISC 芯片产生了巨大的影响，因为它们明显更快[BC91]。人们写了很多论文，一些相关的公司相继成立（例如 MIPS 和 Sun 公司）。但随着时间的推移，像 Intel 这样的 CISC 芯片制造商采纳了许多 RISC 芯片的优点，例如添加了早期流水线阶段，将复杂的指令转换为一些微指令，于是它们可以像 RISC 的方式运行。这些创新，加上每个芯片中晶体管数量的增长，让 CISC 保持了竞争力。争论最后平息了，现在两种类型的处理器都可以跑得很快。

19.4 TLB 的内容

我们来详细看一下硬件 TLB 中的内容。典型的 TLB 有 32 项、64 项或 128 项，并且是全相联的（fully associative）。基本上，这就意味着一条地址映射可能存在 TLB 中的任意位置，硬件会并行地查找 TLB，找到期望的转换映射。一条 TLB 项内容可能像下面这样：

VPN | PFN | 其他位

注意，VPN 和 PFN 同时存在于 TLB 中，因为一条地址映射可能出现在任意位置（用硬件的术语，TLB 被称为全相联的（fully-associative）缓存）。硬件并行地查找这些项，看看是否有匹配。

补充：TLB 的有效位!=页表的有效位

常见的错误是混淆 TLB 的有效位和页表的有效位。在页表中，如果一个页表项（PTE）被标记为无效，就意味着该页并没有被进程申请使用，正常运行的程序不应该访问该地址。当程序试图访问这样的页时，就会陷入操作系统，操作系统会杀掉该进程。

TLB 的有效位不同，只是指出 TLB 项是不是有效的地址映射。例如，系统启动时，所有的 TLB 项通常被初始化为无效状态，因为还没有地址转换映射被缓存在这里。一旦启用虚拟内存，当程序开始运行，访问自己的虚拟地址，TLB 就会慢慢地被填满，因此有效的项很快会充满 TLB。

TLB 有效位在系统上下文切换时起到了很重要的作用，后面我们会进一步讨论。通过将所有 TLB 项设置为无效，系统可以确保将要运行的进程不会错误地使用前一个进程的虚拟到物理地址转换映射。

更有趣的是"其他位"。例如，TLB 通常有一个有效（valid）位，用来标识该项是不是有效地转换映射。通常还有一些保护（protection）位，用来标识该页是否有访问权限。例如，代码页被标识为可读和可执行，而堆的页被标识为可读和可写。还有其他一些位，包括地址空间标识符（address-space identifier）、脏位（dirty bit）等。下面会介绍更多信息。

19.5　上下文切换时对 TLB 的处理

有了 TLB，在进程间切换时（因此有地址空间切换），会面临一些新问题。具体来说，TLB 中包含的虚拟到物理的地址映射只对当前进程有效，对其他进程是没有意义的。所以在发生进程切换时，硬件或操作系统（或二者）必须注意确保即将运行的进程不要误读了之前进程的地址映射。

为了更好理解这种情况，我们来看一个例子。当一个进程（P1）正在运行时，假设 TLB 缓存了对它有效的地址映射，即来自 P1 的页表。对这个例子，假设 P1 的 10 号虚拟页映射到了 100 号物理帧。

在这个例子中，假设还有一个进程（P2），操作系统不久后决定进行一次上下文切换，运行 P2。这里假定 P2 的 10 号虚拟页映射到 170 号物理帧。如果这两个进程的地址映射都在 TLB 中，TLB 的内容如表 19.1 所示。

表 19.1　　　　　　　　　　　　　　　TLB 的内容

VPN	PFN	有效位	保护位
10	100	1	rwx
—	—	0	
10	170	1	rwx
—	—	0	

在上面的 TLB 中，很明显有一个问题：VPN 10 被转换成了 PFN 100（P1）和 PFN 170

（P2），但硬件分不清哪个项属于哪个进程。所以我们还需要做一些工作，让 TLB 正确而高效地支持跨多进程的虚拟化。因此，关键问题是：

关键问题：进程切换时如何管理 TLB 的内容

如果发生进程间上下文切换，上一个进程在 TLB 中的地址映射对于即将运行的进程是无意义的。硬件或操作系统应该做些什么来解决这个问题呢？

这个问题有一些可能的解决方案。一种方法是在上下文切换时，简单地清空（flush）TLB，这样在新进程运行前 TLB 就变成了空的。如果是软件管理 TLB 的系统，可以在发生上下文切换时，通过一条显式（特权）指令来完成。如果是硬件管理 TLB，则可以在页表基址寄存器内容发生变化时清空 TLB（注意，在上下文切换时，操作系统必须改变页表基址寄存器（PTBR）的值）。不论哪种情况，清空操作都是把全部有效位（valid）置为 0，本质上清空了 TLB。

上下文切换的时候清空 TLB，这是一个可行的解决方案，进程不会再读到错误的地址映射。但是，有一定开销：每次进程运行，当它访问数据和代码页时，都会触发 TLB 未命中。如果操作系统频繁地切换进程，这种开销会很高。

为了减少这种开销，一些系统增加了硬件支持，实现跨上下文切换的 TLB 共享。比如有的系统在 TLB 中添加了一个地址空间标识符（Address Space Identifier，ASID）。可以把 ASID 看作是进程标识符（Process Identifier，PID），但通常比 PID 位数少（PID 一般 32 位，ASID 一般是 8 位）。

如果仍以上面的 TLB 为例，加上 ASID，很清楚不同进程可以共享 TLB 了：只要 ASID 字段来区分原来无法区分的地址映射。表 19.2 展示了添加 ASID 字段后的 TLB。

表 19.2   添加 ASID 字段后的 TLB

VPN	PFN	有效位	保护位	ASID
10	100	1	rwx	1
—	—	0	—	—
10	170	1	rwx	2
—	—	0	—	—

因此，有了地址空间标识符，TLB 可以同时缓存不同进程的地址空间映射，没有任何冲突。当然，硬件也需要知道当前是哪个进程正在运行，以便进行地址转换，因此操作系统在上下文切换时，必须将某个特权寄存器设置为当前进程的 ASID。

补充一下，你可能想到了另一种情况，TLB 中某两项非常相似。在表 19.3 中，属于两个不同进程的两项，将两个不同的 VPN 指向了相同的物理页。

表 19.3   包含相似两项的 TLB

VPN	PFN	有效位	保护位	ASID
10	101	1	r-x	1
—	—	0	—	—
50	101	1	r-x	2
—	—	0	—	—

如果两个进程共享同一物理页（例如代码段的页），就可能出现这种情况。在上面的例子中，进程 P1 和进程 P2 共享 101 号物理页，但是 P1 将自己的 10 号虚拟页映射到该物理页，而 P2 将自己的 50 号虚拟页映射到该物理页。共享代码页（以二进制或共享库的方式）是有用的，因为它减少了物理页的使用，从而减少了内存开销。

19.6 TLB 替换策略

TLB 和其他缓存一样，还有一个问题要考虑，即缓存替换（cache replacement）。具体来说，向 TLB 中插入新项时，会替换（replace）一个旧项，这样问题就来了：应该替换那一个？

> **关键问题：如何设计 TLB 替换策略**
>
> 在向 TLB 添加新项时，应该替换哪个旧项？目标当然是减小 TLB 未命中率（或提高命中率），从而改进性能。

在讨论页换出到磁盘的问题时，我们将详细研究这样的策略。这里我们先简单指出几个典型的策略。一种常见的策略是替换最近最少使用（least-recently-used，LRU）的项。LRU 尝试利用内存引用流中的局部性，假定最近没有用过的项，可能是好的换出候选项。另一种典型策略就是随机（random）策略，即随机选择一项换出去。这种策略很简单，并且可以避免一种极端情况。例如，一个程序循环访问 $n+1$ 个页，但 TLB 大小只能存放 n 个页。这时之前看似"合理"的 LRU 策略就会表现得不可理喻，因为每次访问内存都会触发 TLB 未命中，而随机策略在这种情况下就好很多。

19.7 实际系统的 TLB 表项

最后，我们简单看一下真实的 TLB。这个例子来自 MIPS R4000[H93]，它是一种现代的系统，采用软件管理 TLB。图 19.4 展示了稍微简化的 MIPS TLB 项。

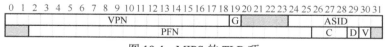

图 19.4 MIPS 的 TLB 项

MIPS R4000 支持 32 位的地址空间，页大小为 4KB。所以在典型的虚拟地址中，预期会看到 20 位的 VPN 和 12 位的偏移量。但是，你可以在 TLB 中看到，只有 19 位的 VPN。事实上，用户地址只占地址空间的一半（剩下的留给内核），所以只需要 19 位的 VPN。VPN 转换成最大 24 位的物理帧号（PFN），因此可以支持最多有 64GB 物理内存（2^{24} 个 4KB 内存页）的系统。

MIPS TLB 还有一些有趣的标识位。比如全局位（Global，G），用来指示这个页是不是所有进程全局共享的。因此，如果全局位置为 1，就会忽略 ASID。我们也看到了 8 位的 ASID，操作系统用它来区分进程空间（像上面介绍的一样）。这里有一个问题：如果正在运行的进程数超过 256（2^8）个怎么办？最后，我们看到 3 个一致性位（Coherence，C），决定硬件如何缓存该页（其中一位超出了本书的范围）；脏位（dirty），表示该页是否被写入新数据（后面会介绍用法）；有效位（valid），告诉硬件该项的地址映射是否有效。还有没在图 19.4 中展示的页掩码（page mask）字段，用来支持不同的页大小。后面会介绍，为什么更大的页可能有用。最后，64 位中有一些未使用（图 19.4 中灰色部分）。

MIPS 的 TLB 通常有 32 项或 64 项，大多数提供给用户进程使用，也有一小部分留给操作系统使用。操作系统可以设置一个被监听的寄存器，告诉硬件需要为自己预留多少 TLB 槽。这些保留的转换映射，被操作系统用于关键时候它要使用的代码和数据，在这些时候，TLB 未命中可能会导致问题（例如，在 TLB 未命中处理程序中）。

由于 MIPS 的 TLB 是软件管理的，所以系统需要提供一些更新 TLB 的指令。MIPS 提供了 4 个这样的指令：TLBP，用来查找指定的转换映射是否在 TLB 中；TLBR，用来将 TLB 中的内容读取到指定寄存器中；TLBWI，用来替换指定的 TLB 项；TLBWR，用来随机替换一个 TLB 项。操作系统可以用这些指令管理 TLB 的内容。当然这些指令是特权指令，这很关键。如果用户程序可以任意修改 TLB 的内容，你可以想象一下会发生什么可怕的事情。

提示：RAM 不总是 RAM（Culler 定律）

随机存取存储器（Random-Access Memory，RAM）暗示你访问 RAM 的任意部分都一样快。虽然一般这样想 RAM 没错，但因为 TLB 这样的硬件/操作系统功能，访问某些内存页的开销较大，尤其是没有被 TLB 缓存的页。因此，最好记住这个实现的窍门：RAM 不总是 RAM。有时候随机访问地址空间，尤其是 TLB 没有缓存的页，可能导致严重的性能损失。因为我的一位导师 David Culler 过去常常指出 TLB 是许多性能问题的源头，所以我们以他来命名这个定律：Culler 定律（Culler's Law）。

19.8　小结

我们了解了硬件如何让地址转换更快的方法。通过增加一个小的、芯片内的 TLB 作为地址转换的缓存，大多数内存引用就不用访问内存中的页表了。因此，在大多数情况下，程序的性能就像内存没有虚拟化一样，这是操作系统的杰出成就，当然对现代操作系统中的分页非常必要。

但是，TLB 也不能满足所有的程序需求。具体来说，如果一个程序短时间内访问的页数超过了 TLB 中的页数，就会产生大量的 TLB 未命中，运行速度就会变慢。这种现象被称为超出 TLB 覆盖范围（TLB coverage），这对某些程序可能是相当严重的问题。解决这个问题的一种方案是支持更大的页，把关键数据结构放在程序地址空间的某些区域，这些区域被映射到更大的页，使 TLB 的有效覆盖率增加。对更大页的支持通常被数据库管理系统（Database Management System，DBMS）这样的程序利用，它们的数据结构比较大，而且是随机访问。

另一个 TLB 问题值得一提：访问 TLB 很容易成为 CPU 流水线的瓶颈，尤其是有所谓的物理地址索引缓存（physically-indexed cache）。有了这种缓存，地址转换必须发生在访问该缓存之前，这会让操作变慢。为了解决这个潜在的问题，人们研究了各种巧妙的方法，用虚拟地址直接访问缓存，从而在缓存命中时避免昂贵的地址转换步骤。像这种虚拟地址索引缓存（virtually-indexed cache）解决了一些性能问题，但也为硬件设计带来了新问题。更多细节请参考 Wiggins 的调查[W03]。

参考资料

[BC91]"Performance from Architecture: Comparing a RISC and a CISC with Similar Hardware Organization"
D. Bhandarkar and Douglas W. Clark
Communications of the ACM, September 1991
关于 RISC 和 CISC 的一篇很好的、公平的比较性的文章。本质上，在类似的硬件上，RISC 的性能是 CISC 的 3 倍。

[CM00]"The evolution of RISC technology at IBM"John Cocke and V. Markstein
IBM Journal of Research and Development, 44:1/2
IBM 801 的概念和工作总结，许多人认为它是第一款真正的 RISC 微处理器。

[C95]"The Core of the Black Canyon Computer Corporation"John Couleur
IEEE Annals of History of Computing, 17:4, 1995
在这个引人入胜的计算历史讲义中，Couleur 谈到了他在 1964 年为通用电气公司工作时如何发明了 TLB，以及与麻省理工学院的 MAC 项目人员之间偶然而幸运的合作。

[CG68]"Shared-access Data Processing System"John F. Couleur and Edward L. Glaser
Patent 3412382, November 1968
包含用关联存储器存储地址转换的想法的专利。据 Couleur 说，这个想法产生于 1964 年。

[CP78]"The architecture of the IBM System/370"
R.P. Case and A. Padegs
Communications of the ACM. 21:1, 73-96, January 1978
也许是第一篇使用术语"地址转换旁路缓冲存储器（translation lookaside buffer）"的文章。这个名字来源于缓存的历史名称，即旁路缓冲存储器（lookaside buffer），在曼彻斯特大学开发 Atlas 系统的人这样叫它。地址转换缓存因此成为地址转换旁路缓冲存储器。尽管术语"旁路缓冲存储器"不再流行，但 TLB 似乎仍在持续使用，其原因不明。

[H93]"MIPS R4000 Microprocessor User's Manual". Joe Heinrich, Prentice-Hall, June 1993

[HP06]"Computer Architecture: A Quantitative Approach"John Hennessy and David Patterson
Morgan-Kaufmann, 2006
一本关于计算机架构的好书。我们对经典的第 1 版特别有感情。

[I09] "Intel 64 and IA-32 Architectures Software Developer's Manuals" Intel, 2009
Available.
尤其要注意《卷 3A：系统编程指南第 1 部分》和《卷 3B：系统编程指南第 2 部分》。

[PS81] "RISC-I: A Reduced Instruction Set VLSI Computer"
D.A．Patterson and C.H. Sequin ISCA '81, Minneapolis, May 1981
这篇文章介绍了 RISC 这个术语，开启了为性能而简化计算机芯片的研究狂潮。

[SB92] "CPU Performance Evaluation and Execution Time Prediction Using Narrow Spectrum Benchmarking"
Rafael H. Saavedra-Barrera
EECS Department, University of California, Berkeley Technical Report No. UCB/CSD-92-684, February 1992
一篇卓越的论文，探讨将应用的执行时间分解为组成部分，知道每个部分的成本，从而预测应用的执行时间。也许这项工作最有趣的部分是衡量缓存层次结构细节的工具（在第 5 章中介绍）。一定要看看其中的精彩图表。

[W03] "A Survey on the Interaction Between Caching, Translation and Protection" Adam Wiggins
University of New South Wales TR UNSW-CSE-TR-0321, August, 2003
关于 TLB 如何与 CPU 管道的其他部分（即硬件缓存）进行交互的一次很好的调查。

[WG00] "The SPARC Architecture Manual: Version 9" David L. Weaver and Tom Germond, September 2000
SPARC International, San Jose, California

作业（测量）

本次作业要测算一下 TLB 的容量和访问 TLB 的开销。这个想法参考了 Saavedra-Barrera 的工作[SB92]，他用设计了一个简单而漂亮的用户级程序，来测算缓存层级结构的方方面面。更多细节请阅读他的论文。

基本原理就是访问一个跨多个内存页的大尺寸数据结构（例如数组），然后统计访问时间。例如，假设一个机器的 TLB 大小为 4（这很小，但对这个讨论有用）。如果写一个程序访问 4 个或更少的页，每次访问都会命中 TLB，因此相对较快。但是，如果在一个循环里反复访问 5 个或者更多的页，每次访问的开销就会突然跃升，因为发生 TLB 未命中。

循环遍历数组一次的基本代码应该像这样：

```
int jump = PAGESIZE / sizeof(int);
for (i = 0; i < NUMPAGES * jump; i += jump) {
    a[i] += 1;
}
```

在这个循环中，数组 a 中每页的一个整数被更新，直到 NUMPAGES 指定的页数。通过对这个循环反复执行计时（比如，在外层循环中执行几亿次这个循环，或者运行几秒钟所需的次数），就可以计算出平均每次访问所用的时间。随着 NUMPAGES 的增加，寻找开销的跃升，可以大致确定第一级 TLB 的大小，确定是否存在第二级 TLB（如果存在，确定它的大小），总体上很好地理解 TLB 命中和未命中对于性能的影响。

图 19.5 是一张示意图。

从图 19.5 中可以看出，如果只访问少数页（8 或更少），平均访问时间大约是 5ns。如果访问 16 页或更多，每次访问时间突然跃升到 20ns。最后一次开销跃升发生在 1024 页时，这时每次访问大约要 70ns。通过这些数据，我们可以总结出这是一个二级的 TLB，第一级较小（大约能存放 8～16 项），第二级较大，但较慢（大约能存放 512 项）。第一级 TLB 的命中和完全未命中的总体差距非常大，大约有 14 倍。TLB 的性能很重要！

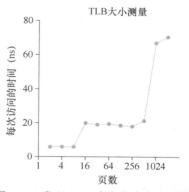

图 19.5　发现 TLB 大小和未命中开销

问题

1. 为了计时，可能需要一个计时器，例如 gettimeofday()提供的。这种计时器的精度如何？操作要花多少时间，才能让你对它精确计时？（这有助于确定需要循环多少次，反复访问内存页，才能对它成功计时。）

2. 写一个程序，命名为 tlb.c，大体测算一下每个页的平均访问时间。程序的输入参数有：页的数目和尝试的次数。

3. 用你喜欢的脚本语言（csh、Python 等）写一段脚本来运行这个程序，当访问页面从 1 增长到几千，也许每次迭代都乘 2。在不同的机器上运行这段脚本，同时收集相应数据。需要试多少次才能获得可信的测量结果？

4. 接下来，将结果绘图，类似于上图。可以用 ploticus 这样的好工具画图。可视化使数据更容易理解，你认为是什么原因？

5. 要注意编译器优化带来的影响。编译器做各种聪明的事情，包括优化掉循环，如果循环中增加的变量后续没有使用。如何确保编译器不优化掉你写的 TLB 大小测算程序的主循环？

6. 还有一个需要注意的地方，今天的计算机系统大多有多个 CPU，每个 CPU 当然有自己的 TLB 结构。为了得到准确的测量数据，我们需要只在一个 CPU 上运行程序，避免调度器把进程从一个 CPU 调度到另一个去运行。如何做到？（提示：在 Google 上搜索"pinning a thread"相关的信息）如果没有这样做，代码从一个 CPU 移到了另一个，会发生什么情况？

7. 另一个可能发生的问题与初始化有关。如果在访问数组 a 之前没有初始化，第一次访问将非常耗时，由于初始访问开销，比如要求置 0。这会影响你的代码及其计时吗？如何抵消这些潜在的开销？

第 20 章　分页：较小的表

我们现在来解决分页引入的第二个问题：页表太大，因此消耗的内存太多。让我们从线性页表开始。你可能会记得[①]，线性页表变得相当大。假设一个 32 位地址空间（2^{32} 字节），4KB（2^{12} 字节）的页和一个 4 字节的页表项。一个地址空间中大约有一百万个虚拟页面（$2^{32}/2^{12}$）。乘以页表项的大小，你会发现页表大小为 4MB。回想一下：通常系统中的每个进程都有一个页表！有一百个活动进程（在现代系统中并不罕见），就要为页表分配数百兆的内存！因此，要寻找一些技术来减轻这种沉重的负担。有很多方法，所以我们开始吧。但先看我们的关键问题：

> **关键问题：如何让页表更小？**
>
> 简单的基于数组的页表（通常称为线性页表）太大，在典型系统上占用太多内存。如何让页表更小？关键的思路是什么？由于这些新的数据结构，会出现什么效率影响？

20.1　简单的解决方案：更大的页

可以用一种简单的方法减小页表大小：使用更大的页。再以 32 位地址空间为例，但这次假设用 16KB 的页。因此，会有 18 位的 VPN 加上 14 位的偏移量。假设每个页表项（4 字节）的大小相同，现在线性页表中有 2^{18} 个项，因此每个页表的总大小为 1MB，页表缩到四分之一。

> **补充：多种页大小**
>
> 另外请注意，许多体系结构（例如 MIPS、SPARC、x86-64）现在都支持多种页大小。通常使用一个小的（4KB 或 8KB）页大小。但是，如果一个"聪明的"应用程序请求它，则可以为地址空间的特定部分使用一个大型页（例如，大小为 4MB），从而让这些应用程序可以将常用的（大型的）数据结构放入这样的空间，同时只占用一个 TLB 项。这种类型的大页在数据库管理系统和其他高端商业应用程序中很常见。然而，多种页面大小的主要原因并不是为了节省页表空间。这是为了减少 TLB 的压力，让程序能够访问更多的地址空间而不会遭受太多的 TLB 未命中之苦。然而，正如研究人员已经说明[N+02]一样，采用多种页大小，使操作系统虚拟内存管理程序显得更复杂，因此，有时只需向应用程序暴露一个新接口，让它们直接请求大内存页，这样最容易。

[①] 或者实际上，你可能记不起来了。分页这件事正在失控，不是吗？虽然这样说，但在进入解决方案之前，一定要确保你理解了正在解决的问题。事实上，如果你理解了问题，通常可以自己推导出解决方案。在这里，问题应该很清楚：简单的线性（基于数组的）页表太大了。

　　然而，这种方法的主要问题在于，大内存页会导致每页内的浪费，这被称为内部碎片（internal fragmentation）问题（因为浪费在分配单元内部）。因此，结果是应用程序会分配页，但只用每页的一小部分，而内存很快就会充满这些过大的页。因此，大多数系统在常见的情况下使用相对较小的页大小：4KB（如 x86）或 8KB（如 SPARCv9）。问题不会如此简单地解决。

20.2　混合方法：分页和分段

　　在生活中，每当有两种合理但不同的方法时，你应该总是研究两者的结合，看看能否两全其美。我们称这种组合为杂合（hybrid）。例如，为什么只吃巧克力或简单的花生酱，而不是将两者结合起来，就像可爱的花生酱巧克力杯[M28]？

　　多年前，Multics 的创造者（特别是 Jack Dennis）在构建 Multics 虚拟内存系统时，偶然发现了这样的想法[M07]。具体来说，Dennis 想到将分页和分段相结合，以减少页表的内存开销。更仔细地看看典型的线性页表，就可以理解为什么这可能有用。假设我们有一个地址空间，其中堆和栈的使用部分很小。例如，我们使用一个 16KB 的小地址空间和 1KB 的页（见图 20.1）。该地址空间的页表如表 20.1 所示。

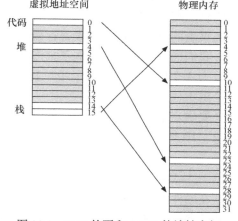

图 20.1　1KB 的页和 16KB 的地址空间

　　这个例子假定单个代码页（VPN 0）映射到物理页 10，单个堆页（VPN 4）映射到物理页 23，以及地址空间另一端的两个栈页（VPN 14 和 15）被分别映射到物理页 28 和 4。从图 20.1 中可以看到，大部分页表都没有使用，充满了无效的（invalid）项。真是太浪费了！这是一个微小的 16KB 地址空间。想象一下 32 位地址空间的页表和所有潜在的浪费空间！真的，不要想象这样的事情，太可怕了。

表 20.1　16KB 地址空间的页表

PFN	valid	prot	present	dirty
10	1	r-x	1	0
—	0	—	—	—
—	0	—	—	—
—	0	—	—	—
23	1	rw-	1	1
—	0	—	—	—
—	0	—	—	—
—	0	—	—	—
—	0	—	—	—
—	0	—	—	—

PFN	valid	prot	present	dirty
—	0	—	—	—
—	0	—	—	—
—	0	—	—	—
—	0	—	—	—
28	1	rw-	1	1
4	1	rw-	1	1

因此，我们的杂合方法不是为进程的整个地址空间提供单个页表，而是为每个逻辑分段提供一个。在这个例子中，我们可能有 3 个页表，地址空间的代码、堆和栈部分各有一个。

现在，回忆在分段中，有一个基址（base）寄存器，告诉我们每个段在物理内存中的位置，还有一个界限（bound）或限制（limit）寄存器，告诉我们该段的大小。在杂合方案中，我们仍然在 MMU 中拥有这些结构。在这里，我们使用基址不是指向段本身，而是保存该段的页表的物理地址。界限寄存器用于指示页表的结尾（即它有多少有效页）。

我们通过一个简单的例子来澄清。假设 32 位虚拟地址空间包含 4KB 页面，并且地址空间分为 4 个段。在这个例子中，我们只使用 3 个段：一个用于代码，另一个用于堆，还有一个用于栈。

要确定地址引用哪个段，我们会用地址空间的前两位。假设 00 是未使用的段，01 是代码段，10 是堆段，11 是栈段。因此，虚拟地址如下所示：

```
31 30 29 28 27 26 25 24 23 22 21 20 19 18 17 16 15 14 13 12 11 10 9  8  7  6  5  4  3  2  1  0
 Seg |                        VPN                         |                Offset               |
```

在硬件中，假设有 3 个基本/界限对，代码、堆和栈各一个。当进程正在运行时，每个段的基址寄存器都包含该段的线性页表的物理地址。因此，系统中的每个进程现在都有 3 个与其关联的页表。在上下文切换时，必须更改这些寄存器，以反映新运行进程的页表的位置。

在 TLB 未命中时（假设硬件管理的 TLB，即硬件负责处理 TLB 未命中），硬件使用分段位（SN）来确定要用哪个基址和界限对。然后硬件将其中的物理地址与 VPN 结合起来，形成页表项（PTE）的地址：

```
SN            = (VirtualAddress & SEG_MASK) >> SN_SHIFT
VPN           = (VirtualAddress & VPN_MASK) >> VPN_SHIFT
AddressOfPTE = Base[SN] + (VPN * sizeof(PTE))
```

这段代码应该看起来很熟悉，它与我们之前在线性页表中看到的几乎完全相同。当然，唯一的区别是使用 3 个段基址寄存器中的一个，而不是单个页表基址寄存器。

杂合方案的关键区别在于，每个分段都有界限寄存器，每个界限寄存器保存了段中最大有效页的值。例如，如果代码段使用它的前 3 个页（0、1 和 2），则代码段页表将只有 3 个项分配给它，并且界限寄存器将被设置为 3。内存访问超出段的末尾将产生一个异常，并可能导致进程终止。以这种方式，与线性页表相比，杂合方法实现了显著的内存节省。栈和堆之间未分配的页不再占用页表中的空间（仅将其标记为无效）。

提示：使用杂合

当你有两个看似相反的好主意时，你应该总是看到你是否可以将它们组合成一个能够实现两全其美的杂合体（hybrid）。例如，杂交玉米物种已知比任何天然存在的物种更强壮。当然，并非所有的杂合都是好主意，请参阅 Zeedonk（或 Zonkey），它是斑马和驴的杂交。如果你不相信这样的生物存在，就查一下，你会大吃一惊。

但是，你可能会注意到，这种方法并非没有问题。首先，它仍然要求使用分段。正如我们讨论的那样，分段并不像我们需要的那样灵活，因为它假定地址空间有一定的使用模式。例如，如果有一个大而稀疏的堆，仍然可能导致大量的页表浪费。其次，这种杂合导致外部碎片再次出现。尽管大部分内存是以页面大小单位管理的，但页表现在可以是任意大小（是 PTE 的倍数）。因此，在内存中为它们寻找自由空间更为复杂。出于这些原因，人们继续寻找更好的方式来实现更小的页表。

20.3 多级页表

另一种方法并不依赖于分段，但也试图解决相同的问题：如何去掉页表中的所有无效区域，而不是将它们全部保留在内存中？我们将这种方法称为多级页表（multi-level page table），因为它将线性页表变成了类似树的东西。这种方法非常有效，许多现代系统都用它（例如 x86 [BOH10]）。我们现在详细描述这种方法。

多级页表的基本思想很简单。首先，将页表分成页大小的单元。然后，如果整页的页表项（PTE）无效，就完全不分配该页的页表。为了追踪页表的页是否有效（以及如果有效，它在内存中的位置），使用了名为页目录（page directory）的新结构。页目录因此可以告诉你页表的页在哪里，或者页表的整个页不包含有效页。

图 20.2 展示了一个例子。图的左边是经典的线性页表。即使地址空间的大部分中间区域无效，我们仍然需要为这些区域分配页表空间（即页表的中间两页）。右侧是一个多级页表。页目录仅将页表的两页标记为有效（第一个和最后一个）；因此，页表的这两页就驻留在内存中。因此，你可以形象地看到多级页表的工作方式：它只是让线性页表的一部分消失（释放这些帧用于其他用途），并用页目录来记录页表的哪些页被分配。

在一个简单的两级页表中，页目录为每页页表包含了一项。它由多个页目录项（Page Directory Entries，PDE）组成。PDE（至少）拥有有效位（valid bit）和页帧号（page frame number，PFN），类似于 PTE。但是，正如上面所暗示的，这个有效位的含义稍有不同：如果 PDE 项是有效的，则意味着该项指向的页表（通过 PFN）中至少有一页是有效的，即在该 PDE 所指向的页中，至少一个 PTE，其有效位被设置为 1。如果 PDE 项无效（即等于零），则 PDE 的其余部分没有定义。

与我们至今为止看到的方法相比，多级页表有一些明显的优势。首先，也许最明显的是，多级页表分配的页表空间，与你正在使用的地址空间内存量成比例。因此它通常很紧凑，并且支持稀疏的地址空间。

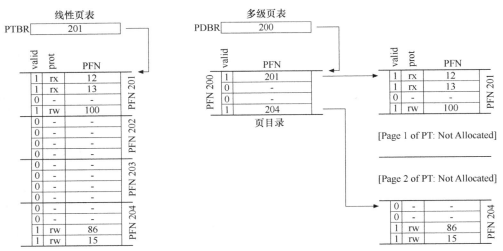

图 20.2　线性（左）和多级（右）页表

其次，如果仔细构建，页表的每个部分都可以整齐地放入一页中，从而更容易管理内存。操作系统可以在需要分配或增长页表时简单地获取下一个空闲页。将它与一个简单的（非分页）线性页表相比[①]，后者仅是按 VPN 索引的 PTE 数组。用这样的结构，整个线性页表必须连续驻留在物理内存中。对于一个大的页表（比如 4MB），找到如此大量的、未使用的连续空闲物理内存，可能是一个相当大的挑战。有了多级结构，我们增加了一个间接层（level of indirection），使用了页目录，它指向页表的各个部分。这种间接方式，让我们能够将页表页放在物理内存的任何地方。

> **提示：理解时空折中**
>
> 在构建数据结构时，应始终考虑时间和空间的折中（time-space trade-off）。通常，如果你希望更快地访问特定的数据结构，就必须为该结构付出空间的代价。

应该指出，多级页表是有成本的。在 TLB 未命中时，需要从内存加载两次，才能从页表中获取正确的地址转换信息（一次用于页目录，另一次用于 PTE 本身），而用线性页表只需要一次加载。因此，多级表是一个时间—空间折中（time-space trade-off）的小例子。我们想要更小的表（并得到了），但不是没代价。尽管在常见情况下（TLB 命中），性能显然是相同的，但 TLB 未命中时，则会因较小的表而导致较高的成本。

另一个明显的缺点是复杂性。无论是硬件还是操作系统来处理页表查找（在 TLB 未命中时），这样做无疑都比简单的线性页表查找更复杂。通常我们愿意增加复杂性以提高性能或降低管理费用。在多级表的情况下，为了节省宝贵的内存，我们使页表查找更加复杂。

详细的多级示例

为了更好地理解多级页表背后的想法，我们来看一个例子。设想一个大小为 16KB 的小地址空间，其中包含 64 个字节的页。因此，我们有一个 14 位的虚拟地址空间，VPN 有 8

---

① 我们在这里做了一些假设，所有的页表全部驻留在物理内存中（即它们没有交换到磁盘）。我们很快就会放松这个假设。

位，偏移量有 6 位。即使只有一小部分地址空间正在使用，线性页表也会有 2^8（256）个项。图 20.3 展示了这种地址空间的一个例子。

在这个例子中，虚拟页 0 和 1 用于代码，虚拟页 4 和 5 用于堆，虚拟页 254 和 255 用于栈。地址空间的其余页未被使用。

要为这个地址空间构建一个两级页表，我们从完整的线性页表开始，将它分解成页大小的单元。回想一下我们的完整页表（在这个例子中）有 256 个项；假设每个 PTE 的大小是 4 个字节。因此，我们的页大小为 1KB（256×4 字节）。鉴于我们有 64 字节的页，1KB 页表可以分为 16 个 64 字节的页，每个页可以容纳 16 个 PTE。

0000 0000	代码
0000 0001	代码
0000 0010	空闲
0000 0011	空闲
0000 0100	堆
0000 0101	堆
0000 0110	空闲
0000 0111	空闲
....	...都空闲...
1111 1100	空闲
1111 1101	空闲
1111 1110	栈
1111 1111	栈

图 20.3　16KB 的地址空间和 64 字节的页

我们现在需要了解：如何获取 VPN，并用它来首先索引到页目录中，然后再索引到页表的页中。请记住，每个都是一组项。因此，我们需要弄清楚，如何为每个 VPN 构建索引。

我们首先索引到页目录。这个例子中的页表很小：256 个项，分布在 16 个页上。页目录需要为页表的每页提供一个项。因此，它有 16 个项。结果，我们需要 4 位 VPN 来索引目录。我们使用 VPN 的前 4 位，如下所示：

	VPN								偏移量					
13	12	11	10	9	8	7	6	5	4	3	2	1	0	

页目录索引

一旦从 VPN 中提取了页目录索引（简称 PDIndex），我们就可以通过简单的计算来找到页目录项（PDE）的地址：PDEAddr = PageDirBase +（PDIndex×sizeof（PDE））。这就得到了页目录，现在我们来看它，在地址转换上取得进一步进展。

如果页目录项标记为无效，则我们知道访问无效，从而引发异常。但是，如果 PDE 有效，我们还有更多工作要做。具体来说，我们现在必须从页目录项指向的页表的页中获取页表项（PTE）。要找到这个 PTE，我们必须使用 VPN 的剩余位索引到页表的部分：

	VPN								偏移量					
13	12	11	10	9	8	7	6	5	4	3	2	1	0	

页目录索引　　页表索引

这个页表索引（Page-Table Index，PTIndex）可以用来索引页表本身，给出 PTE 的地址：

```
PTEAddr = (PDE.PFN << SHIFT) + (PTIndex * sizeof(PTE))
```

请注意，从页目录项获得的页帧号（PFN）必须左移到位，然后再与页表索引组合，才能形成 PTE 的地址。

为了确定这一切是否合理，我们现在代入一个包含一些实际值的多级页表，并转换一个虚拟地址。让我们从这个例子的页目录开始（见表 20.2 的左侧）。

在该表中，可以看到每个页目录项（PDE）都描述了有关地址空间页表的一些内容。在这个例子中，地址空间里有两个有效区域（在开始和结束处），以及一些无效的映射。

在物理页 100（页表的第 0 页的物理帧号）中，我们有 1 页，包含 16 个页表项，记录了地址空间中的前 16 个 VPN。请参见表 20.2（中间部分）了解这部分页表的内容。

表 20.2   页目录和页表

Page Directory		Page of PT (@PFN:100)			Page of PT (@PFN:101)		
PFN	valid	PFN	valid	prot	PFN	valid	prot
100	1	10	1	r-x	—	0	—
—	0	23	1	r-x	—	0	—
—	0	—	0	—	—	0	—
—	0	—	0	—	—	0	—
—	0	80	1	rw-	—	0	—
—	0	59	1	rw-	—	0	—
—	0	—	0	—	—	0	—
—	0	—	0	—	—	0	—
—	0	—	0	—	—	0	—
—	0	—	0	—	—	0	—
—	0	—	0	—	—	0	—
—	0	—	0	—	—	0	—
—	0	—	0	—	—	0	—
—	0	—	0	—	—	0	—
—	0	—	0	—	55	1	rw-
101	1	—	0	—	45	1	rw-

页表的这一页包含前 16 个 VPN 的映射。在我们的例子中，VPN 0 和 1 是有效的（代码段），4 和 5（堆）也是。因此，该表有每个页的映射信息。其余项标记为无效。

页表的另一个有效页在 PFN 101 中。该页包含地址空间的最后 16 个 VPN 的映射。具体见表 20.2（右侧）。

在这个例子中，VPN 254 和 255（栈）包含有效的映射。希望从这个例子中可以看出，多级索引结构可以节省多少空间。在这个例子中，我们不是为一个线性页表分配完整的 16 页，而是分配 3 页：一个用于页目录，两个用于页表的具有有效映射的块。大型（32 位或 64 位）地址空间的节省显然要大得多。

最后，让我们用这些信息来进行地址转换。这里是一个地址，指向 VPN 254 的第 0 个字节：0x3F80，或二进制的 11 1111 1000 0000。

回想一下，我们将使用 VPN 的前 4 位来索引页目录。因此，1111 会从上面的页目录中选择最后一个（第 15 个，如果你从第 0 个开始）。这就指向了位于地址 101 的页表的有效页。然后，我们使用 VPN 的下 4 位（1110）来索引页表的那一页并找到所需的 PTE。1110 是页面中的倒数第二（第 14 个）条，并告诉我们虚拟地址空间的页 254 映射到物理页 55。通过连接 PFN = 55（或十六进制 0x37）和 offset = 000000，可以形成我们想要的物理地址，并向内存系统发出请求：PhysAddr =（PTE.PFN << SHIFT）+ offset = 00 1101 1100 0000 = 0x0DC0。

你现在应该知道如何构建两级页表，利用指向页表页的页目录。但遗憾的是，我们的工作还没有完成。我们现在要讨论，有时两个页级别是不够的！

超过两级

在至今为止的例子中，我们假定多级页表只有两个级别：一个页目录和几页页表。在某些情况下，更深的树是可能的（并且确实需要）。

让我们举一个简单的例子，用它来说明为什么更深层次的多级页表可能有用。在这个例子中，假设我们有一个 30 位的虚拟地址空间和一个小的（512 字节）页。因此我们的虚拟地址有一个 21 位的虚拟页号和一个 9 位偏移量。

请记住我们构建多级页表的目标：使页表的每一部分都能放入一个页。到目前为止，我们只考虑了页表本身。但是，如果页目录太大，该怎么办？

要确定多级表中需要多少级别才能使页表的所有部分都能放入一页，首先要确定多少页表项可以放入一页。鉴于页大小为 512 字节，并且假设 PTE 大小为 4 字节，你应该看到，可以在单个页上放入 128 个 PTE。当我们索引页表时，我们可以得出结论，我们需要 VPN 的最低有效位 7 位（$\log_2 128$）作为索引：

在上面你还可能注意到，多少位留给了（大）页目录：14。如果我们的页目录有 2^{14} 个项，那么它不是一个页，而是 128 个，因此我们让多级页表的每一个部分放入一页目标失败了。

为了解决这个问题，我们为树再加一层，将页目录本身拆成多个页，然后在其上添加另一个页目录，指向页目录的页。我们可以按如下方式分割虚拟地址：

现在，当索引上层页目录时，我们使用虚拟地址的最高几位（图中的 PD 索引 0）。该索引用于从顶级页目录中获取页目录项。如果有效，则通过组合来自顶级 PDE 的物理帧号和 VPN 的下一部分（PD 索引 1）来查阅页目录的第二级。最后，如果有效，则可以通过使用与第二级 PDE 的地址组合的页表索引来形成 PTE 地址。这会有很多工作。所有这些只是为了在多级页表中查找某些东西。

地址转换过程：记住 TLB

为了总结使用两级页表的地址转换的整个过程，我们再次以算法形式展示控制流（见图 20.4）。该图显示了每个内存引用在硬件中发生的情况（假设硬件管理的 TLB）。

从图中可以看到，在任何复杂的多级页表访问发生之前，硬件首先检查 TLB。在命中时，物理地址直接形成，而不像之前一样访问页表。只有在 TLB 未命中时，硬件才需要执行完整的多级查找。在这条路径上，可以看到传统的两级页表的成本：两次额外的内存访问来查找有效的转换映射。

```
1    VPN = (VirtualAddress & VPN_MASK) >> SHIFT
2    (Success, TlbEntry) = TLB_Lookup(VPN)
3    if (Success == True)    // TLB Hit
4        if (CanAccess(TlbEntry.ProtectBits) == True)
5            Offset   = VirtualAddress & OFFSET_MASK
6            PhysAddr = (TlbEntry.PFN << SHIFT) | Offset
7            Register = AccessMemory(PhysAddr)
8        else
9            RaiseException(PROTECTION_FAULT)
10   else                    // TLB Miss
11       // first, get page directory entry
12       PDIndex = (VPN & PD_MASK) >> PD_SHIFT
13       PDEAddr = PDBR + (PDIndex * sizeof(PDE))
14       PDE     = AccessMemory(PDEAddr)
15       if (PDE.Valid == False)
16           RaiseException(SEGMENTATION_FAULT)
17       else
18           // PDE is valid: now fetch PTE from page table
19           PTIndex = (VPN & PT_MASK) >> PT_SHIFT
20           PTEAddr = (PDE.PFN << SHIFT) + (PTIndex * sizeof(PTE))
21           PTE     = AccessMemory(PTEAddr)
22           if (PTE.Valid == False)
23               RaiseException(SEGMENTATION_FAULT)
24           else if (CanAccess(PTE.ProtectBits) == False)
25               RaiseException(PROTECTION_FAULT)
26           else
27               TLB_Insert(VPN, PTE.PFN, PTE.ProtectBits)
28               RetryInstruction()
```

图 20.4　多级页表控制流

20.4　反向页表

在反向页表（inverted page table）中，可以看到页表世界中更极端的空间节省。在这里，我们保留了一个页表，其中的项代表系统的每个物理页，而不是有许多页表（系统的每个进程一个)。页表项告诉我们哪个进程正在使用此页,以及该进程的哪个虚拟页映射到此物理页。

现在,要找到正确的项,就是要搜索这个数据结构。线性扫描是昂贵的,因此通常在此基础结构上建立散列表,以加速查找。PowerPC 就是这种架构[JM98]的一个例子。

更一般地说,反向页表说明了我们从一开始就说过的内容:页表只是数据结构。你可以对数据结构做很多疯狂的事情,让它们更小或更大,使它们变得更慢或更快。多层和反向页表只是人们可以做的很多事情的两个例子。

20.5 将页表交换到磁盘

最后,我们讨论放松最后一个假设。到目前为止,我们一直假设页表位于内核拥有的物理内存中。即使我们有很多技巧来减小页表的大小,但是它仍然有可能是太大而无法一次装入内存。因此,一些系统将这样的页表放入内核虚拟内存(kernel virtual memory),从而允许系统在内存压力较大时,将这些页表中的一部分交换(swap)到磁盘。我们将在下一章(即 VAX/VMS 的案例研究)中进一步讨论这个问题,在我们更详细地了解了如何将页移入和移出内存之后。

20.6 小结

我们现在已经看到了如何构建真正的页表。不一定只是线性数组,而是更复杂的数据结构。这样的页表体现了时间和空间上的折中(表格越大,TLB 未命中可以处理得更快,反之亦然),因此结构的正确选择强烈依赖于给定环境的约束。

在一个内存受限的系统中(像很多旧系统一样),小结构是有意义的。在具有较多内存,并且工作负载主动使用大量内存页的系统中,用更大的页表来加速 TLB 未命中处理,可能是正确的选择。有了软件管理的 TLB,数据结构的整个世界开放给了喜悦的操作系统创新者(提示:就是你)。你能想出什么样的新结构?它们解决了什么问题?当你入睡时想想这些问题,做一个只有操作系统开发人员才能做的大梦。

参考资料

[BOH10] "Computer Systems: A Programmer's Perspective" Randal E. Bryant and David R. O'Hallaron
Addison-Wesley, 2010
我们还没有找到很好的多级页表首选参考。然而,Bryant 和 O'Hallaron 编写的这本了不起的教科书深入探讨了 x86 的细节,至少这是一个使用这种结构的早期系统。这也是一本很棒的书。

[JM98] "Virtual Memory: Issues of Implementation" Bruce Jacob and Trevor Mudge
IEEE Computer, June 1998

对许多不同系统及其虚拟内存方法的优秀调查。其中有关于 x86、PowerPC、MIPS 和其他体系结构的大量细节内容。

[LL82] "Virtual Memory Management in the VAX/VMS Operating System" Hank Levy and P. Lipman

IEEE Computer, Vol. 15, No. 3, March 1982

一篇关于经典操作系统 VMS 中真实虚拟内存管理程序的精彩论文。它非常棒，实际上，从现在开始的几章，我们将利用它来复习目前为止我们学过的有关虚拟内存的所有内容。

[M28] "Reese's Peanut Butter Cups" Mars Candy Corporation.

显然，这些精美的"甜点"是由 Harry Burnett Reese 在 1928 年发明的，他以前曾是奶牛场的农夫和 Milton S. Hershey 的运输工长。至少，维基百科上是这么说的。

[N+02] "Practical, Transparent Operating System Support for Superpages" Juan Navarro, Sitaram Iyer, Peter Druschel, Alan Cox

OSDI '02, Boston, Massachusetts, October 2002

一篇精彩的论文，展示了将大页或超大页并入现代操作系统中的所有细节。这篇文章阅读起来没有你想象的那么容易。

[M07] "Multics: History"

这个神奇的网站提供了 Multics 系统的大量历史记录，当然是 OS 历史上最有影响力的系统之一。引文如下："麻省理工学院的 Jack Dennis 为 Multics 的开始提供了有影响力的架构理念，特别是将分页和分段相结合的想法。"

作业

这个有趣的小作业会测试你是否了解多级页表的工作原理。是的，前面句子中使用的"有趣"一词有一些争议。该程序叫作"可能不太怪：paging-multilevel-translate.py"。详情请参阅 README 文件。

问题

1．对于线性页表，你需要一个寄存器来定位页表，假设硬件在 TLB 未命中时进行查找。你需要多少个寄存器才能找到两级页表？三级页表呢？

2．使用模拟器对随机种子 0、1 和 2 执行翻译，并使用-c 标志检查你的答案。需要多少内存引用来执行每次查找？

3．根据你对缓存内存的工作原理的理解，你认为对页表的内存引用如何在缓存中工作？它们是否会导致大量的缓存命中（并导致快速访问）或者很多未命中（并导致访问缓慢）？

第 21 章　超越物理内存：机制

到目前为止，我们一直假定地址空间非常小，能放入物理内存。事实上，我们假设每个正在运行的进程的地址空间都能放入内存。我们将放松这些大的假设，并假设我们需要支持许多同时运行的巨大地址空间。

为了达到这个目的，需要在内存层级（memory hierarchy）上再加一层。到目前为止，我们一直假设所有页都常驻在物理内存中。但是，为了支持更大的地址空间，操作系统需要把当前没有在用的那部分地址空间找个地方存储起来。一般来说，这个地方有一个特点，那就是比内存有更大的容量。因此，一般来说也更慢（如果它足够快，我们就可以像使用内存一样使用，对吗？）。在现代系统中，硬盘（hard disk drive）通常能够满足这个需求。因此，在我们的存储层级结构中，大而慢的硬盘位于底层，内存之上。那么我们的关键问题是：

> **关键问题：如何超越物理内存**
> 操作系统如何利用大而慢的设备，透明地提供巨大虚拟地址空间的假象？

你可能会问一个问题：为什么我们要为进程支持巨大的地址空间？答案还是方便和易用性。有了巨大的地址空间，你不必担心程序的数据结构是否有足够空间存储，只需自然地编写程序，根据需要分配内存。这是操作系统提供的一个强大的假象，使你的生活简单很多。别客气！一个反面例子是，一些早期系统使用“内存覆盖（memory overlays）”，它需要程序员根据需要手动移入或移出内存中的代码或数据[D97]。设想这样的场景：在调用函数或访问某些数据之前，你需要先安排将代码或数据移入内存。

> **补充：存储技术**
> 稍后将深入介绍 I/O 设备如何运行。所以少安毋躁！当然，这个较慢的设备可以是硬盘，也可以是一些更新的设备，比如基于闪存的 SSD。我们也会讨论这些内容。但是现在，只要假设有一个大而较慢的设备，可以利用它来构建巨大虚拟内存的假象，甚至比物理内存本身更大。

不仅是一个进程，增加交换空间让操作系统为多个并发运行的进程都提供巨大地址空间的假象。多道程序（能够“同时”运行多个程序，更好地利用机器资源）的出现，强烈要求能够换出一些页，因为早期的机器显然不能将所有进程需要的所有页同时放在内存中。因此，多道程序和易用性都需要操作系统支持比物理内存更大的地址空间。这是所有现代虚拟内存系统都会做的事情，也是现在我们要进一步学习的内容。

21.1　交换空间

我们要做的第一件事情就是，在硬盘上开辟一部分空间用于物理页的移入和移出。在操作系统中，一般这样的空间称为交换空间（swap space），因为我们将内存中的页交换到其中，并在需要的时候又交换回去。因此，我们会假设操作系统能够以页大小为单元读取或者写入交换空间。为了达到这个目的，操作系统需要记住给定页的硬盘地址（disk address）。

交换空间的大小是非常重要的，它决定了系统在某一时刻能够使用的最大内存页数。简单起见，现在假设它非常大。

在小例子中（见图 21.1），你可以看到一个 4 页的物理内存和一个 8 页的交换空间。在这个例子中，3 个进程（进程 0、进程 1 和进程 2）主动共享物理内存。但 3 个中的每一个，都只有一部分有效页在内存中，剩下的在硬盘的交换空间中。第 4 个进程（进程 3）的所有页都被交换到硬盘上，因此很清楚它目前没有运行。有一块交换空间是空闲的。即使通过这个小例子，你应该也能看出，使用交换空间如何让系统假装内存比实际物理内存更大。

我们需要注意，交换空间不是唯一的硬盘交换目的地。例如，假设运行一个二进制程序（如 ls，或者你自己编译的 main 程序）。这个二进制程序的代码页最开始是在硬盘上，但程序运行的时候，它们被加载到内存中（要么在程序开始运行时全部加载，要么在现代操作系统中，按需要一页一页加载）。但是，如果系统需要在物理内存中腾出空间以满足其他需求，则可以安全地重新使用这些代码页的内存空间，因为稍后它又可以重新从硬盘上的二进制文件加载。

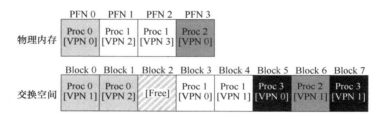

图 21.1　物理内存和交换空间

21.2　存在位

现在我们在硬盘上有一些空间，需要在系统中增加一些更高级的机制，来支持从硬盘交换页。简单起见，假设有一个硬件管理 TLB 的系统。

先回想一下内存引用发生了什么。正在运行的进程生成虚拟内存引用（用于获取指令或访问数据），在这种情况下，硬件将其转换为物理地址，再从内存中获取所需数据。

硬件首先从虚拟地址获得 VPN，检查 TLB 是否匹配（TLB 命中），如果命中，则获得最终的物理地址并从内存中取回。这希望是常见情形，因为它很快（不需要额外的内存访问）。

如果在 TLB 中找不到 VPN（即 TLB 未命中），则硬件在内存中查找页表（使用页表基址寄存器），并使用 VPN 查找该页的页表项（PTE）作为索引。如果页有效且存在于物理内存中，则硬件从 PTE 中获得 PFN，将其插入 TLB，并重试该指令，这次产生 TLB 命中。到现在为止还挺好。

但是，如果希望允许页交换到硬盘，必须添加更多的机制。具体来说，当硬件在 PTE 中查找时，可能发现页不在物理内存中。硬件（或操作系统，在软件管理 TLB 时）判断是否在内存中的方法，是通过页表项中的一条新信息，即存在位（present bit）。如果存在位设置为 1，则表示该页存在于物理内存中，并且所有内容都如上所述进行。如果存在位设置为零，则页不在内存中，而在硬盘上。访问不在物理内存中的页，这种行为通常被称为页错误（page fault）。

补充：交换术语及其他

对于不同的机器和操作系统，虚拟内存系统的术语可能会有点令人困惑和不同。例如，页错误（page fault）一般是指对页表引用时产生某种错误：这可能包括在这里讨论的错误类型，即页不存在的错误，但有时指的是内存非法访问。事实上，我们将这种完全合法的访问（页被映射到进程的虚拟地址空间，但此时不在物理内存中）称为"错误"是很奇怪的。实际上，它应该被称为"页未命中（page miss）"。但是通常，当人们说一个程序"页错误"时，意味着它正在访问的虚拟地址空间的一部分，被操作系统交换到了硬盘上。

我们怀疑这种行为之所以被称为"错误"，是因为操作系统中的处理机制。当一些不寻常的事情发生的时候，即硬件不知道如何处理的时候，硬件只是简单地把控制权交给操作系统，希望操作系统能够解决。在这种情况下，进程想要访问的页不在内存中。硬件唯一能做的就是触发异常，操作系统从开始接管。由于这与进程执行非法操作处理流程一样，所以我们把这个活动称为"错误"，这也许并不奇怪。

在页错误时，操作系统被唤起来处理页错误。一段称为"页错误处理程序（page-fault handler）"的代码会执行，来处理页错误，接下来就会讲。

21.3 页错误

回想一下，在 TLB 未命中的情况下，我们有两种类型的系统：硬件管理的 TLB（硬件在页表中找到需要的转换映射）和软件管理的 TLB（操作系统执行查找过程）。不论在哪种系统中，如果页不存在，都由操作系统负责处理页错误。操作系统的页错误处理程序（page-fault handler）确定要做什么。几乎所有的系统都在软件中处理页错误。即使是硬件管理的 TLB，硬件也信任操作系统来管理这个重要的任务。

如果一个页不存在，它已被交换到硬盘，在处理页错误的时候，操作系统需要将该页交换到内存中。那么，问题来了：操作系统如何知道所需的页在哪儿？在许多系统中，页表是存储这些信息最自然的地方。因此，操作系统可以用 PTE 中的某些位来存储硬盘地址，这些位通常用来存储像页的 PFN 这样的数据。当操作系统接收到页错误时，它会在 PTE 中查找地址，并将请求发送到硬盘，将页读取到内存中。

补充：为什么硬件不能处理页错误

我们从 TLB 的经验中得知，硬件设计者不愿意信任操作系统做所有事情。那么为什么他们相信操作系统来处理页错误呢？有几个主要原因。首先，页错误导致的硬盘操作很慢。即使操作系统需要很长时间来处理故障，执行大量的指令，但相比于硬盘操作，这些额外开销是很小的。其次，为了能够处理页故障，硬件必须了解交换空间，如何向硬盘发起 I/O 操作，以及很多它当前所不知道的细节。因此，由于性能和简单的原因，操作系统来处理页错误，即使硬件人员也很开心。

当硬盘 I/O 完成时，操作系统会更新页表，将此页标记为存在，更新页表项（PTE）的 PFN 字段以记录新获取页的内存位置，并重试指令。下一次重新访问 TLB 还是未命中，然而这次因为页在内存中，因此会将页表中的地址更新到 TLB 中（也可以在处理页错误时更新 TLB 以避免此步骤）。最后的重试操作会在 TLB 中找到转换映射，从已转换的内存物理地址，获取所需的数据或指令。

请注意，当 I/O 在运行时，进程将处于阻塞（blocked）状态。因此，当页错误正常处理时，操作系统可以自由地运行其他可执行的进程。因为 I/O 操作是昂贵的，一个进程进行 I/O（页错误）时会执行另一个进程，这种交叠（overlap）是多道程序系统充分利用硬件的一种方式。

21.4　内存满了怎么办

在上面描述的过程中，你可能会注意到，我们假设有足够的空闲内存来从存储交换空间换入（page in）的页。当然，情况可能并非如此。内存可能已满（或接近满了）。因此，操作系统可能希望先交换出（page out）一个或多个页，以便为操作系统即将交换入的新页留出空间。选择哪些页被交换出或被替换（replace）的过程，被称为页交换策略（page-replacement policy）。

事实表明，人们在创建好页交换策略上投入了许多思考，因为换出不合适的页会导致程序性能上的巨大损失，也会导致程序以类似硬盘的速度运行而不是以类似内存的速度。在现有的技术条件下，这意味着程序可能会运行慢 10000～100000 倍。因此，这样的策略是我们应该详细研究的。实际上，这也正是我们下一章要做的。现在，我们只要知道有这样的策略存在，建立在之前描述的机制之上。

21.5　页错误处理流程

有了这些知识，我们现在就可以粗略地描绘内存访问的完整流程。换言之，如果有人问你："当程序从内存中读取数据会发生什么？"，你应该对所有不同的可能性有了很好的概念。有关详细信息，请参见图 21.2 和图 21.3 中的控制流。图 21.2 展示了硬件在地址转换过程中所做的工作，图 21.3 展示了操作系统在页错误时所做的工作。

```
1    VPN = (VirtualAddress & VPN_MASK) >> SHIFT
2    (Success, TlbEntry) = TLB_Lookup(VPN)
3    if (Success == True)    // TLB Hit
4       if (CanAccess(TlbEntry.ProtectBits) == True)
5           Offset   = VirtualAddress & OFFSET_MASK
6           PhysAddr = (TlbEntry.PFN << SHIFT) | Offset
7           Register = AccessMemory(PhysAddr)
8       else
9           RaiseException(PROTECTION_FAULT)
```

```
10    else                         // TLB Miss
11        PTEAddr = PTBR + (VPN * sizeof(PTE))
12        PTE   = AccessMemory(PTEAddr)
13        if (PTE.Valid == False)
14            RaiseException(SEGMENTATION_FAULT)
15        else
16            if (CanAccess(PTE.ProtectBits) == False)
17                RaiseException(PROTECTION_FAULT)
18            else if (PTE.Present == True)
19                // assuming hardware-managed TLB
20                TLB_Insert(VPN, PTE.PFN, PTE.ProtectBits)
21                RetryInstruction()
22            else if (PTE.Present == False)
23                RaiseException(PAGE_FAULT)
```

图 21.2 页错误控制流算法（硬件）

从图 21.2 的硬件控制流图中，可以注意到当 TLB 未命中发生的时候有 3 种重要情景。第一种情况，该页存在（present）且有效（valid）（第 18～21 行）。在这种情况下，TLB 未命中处理程序可以简单地从 PTE 中获取 PFN，然后重试指令（这次 TLB 会命中），并因此继续前面描述的流程。第二种情况（第 22～23 行），页错误处理程序需要运行。虽然这是进程可以访问的合法页（毕竟是有效的），但它并不在物理内存中。第三种情况，访问的是一个无效页，可能由于程序中的错误（第 13～14 行）。在这种情况下，PTE 中的其他位都不重要了。硬件捕获这个非法访问，操作系统陷阱处理程序运行，可能会杀死非法进程。

从图 21.3 的软件控制流中，可以看到为了处理页错误，操作系统大致做了什么。首先，操作系统必须为将要换入的页找到一个物理帧，如果没有这样的物理帧，我们将不得不等待交换算法运行，并从内存中踢出一些页，释放帧供这里使用。在获得物理帧后，处理程序发出 I/O 请求从交换空间读取页。最后，当这个慢操作完成时，操作系统更新页表并重试指令。重试将导致 TLB 未命中，然后再一次重试时，TLB 命中，此时硬件将能够访问所需的值。

```
1    PFN = FindFreePhysicalPage()
2    if (PFN == -1)                  // no free page found
3        PFN = EvictPage()           // run replacement algorithm
4    DiskRead(PTE.DiskAddr, pfn)     // sleep (waiting for I/O)
5    PTE.present = True              // update page table with present
6    PTE.PFN    = PFN                // bit and translation (PFN)
7    RetryInstruction()              // retry instruction
```

图 21.3 页错误控制流算法（软件）

21.6 交换何时真正发生

到目前为止，我们一直描述的是操作系统会等到内存已经完全满了以后才会执行交换流程，然后才替换（踢出）一个页为其他页腾出空间。正如你想象的那样，这有点不切实际的，因为操作系统可以更主动地预留一小部分空闲内存。

为了保证有少量的空闲内存，大多数操作系统会设置高水位线（High Watermark，HW）和低水位线（Low Watermark，LW），来帮助决定何时从内存中清除页。原理是这样：当操作系统发现有少于 LW 个页可用时，后台负责释放内存的线程会开始运行，直到有 HW 个可用的物理页。这个后台线程有时称为交换守护进程（swap daemon）或页守护进程（page daemon）[1]，它然后会很开心地进入休眠状态，因为它毕竟为操作系统释放了一些内存。

通过同时执行多个交换过程，我们可以进行一些性能优化。例如，许多系统会把多个要写入的页聚集（cluster）或分组（group），同时写入到交换区间，从而提高硬盘的效率[LL82]。我们稍后在讨论硬盘时将会看到，这种合并操作减少了硬盘的寻道和旋转开销，从而显著提高了性能。

为了配合后台的分页线程，图 21.3 中的控制流需要稍作修改。交换算法需要先简单检查是否有空闲页，而不是直接执行替换。如果没有空闲页，会通知后台分页线程按需要释放页。当线程释放一定数目的页时，它会重新唤醒原来的线程，然后就可以把需要的页交换进内存，继续它的工作。

提示：把一些工作放在后台

当你有一些工作要做的时候，把这些工作放在后台（background）运行是一个好注意，可以提高效率，并允许将这些操作合并执行。操作系统通常在后台执行很多工作。例如，在将数据写入硬盘之前，许多系统在内存中缓冲要写入的数据。这样做有很多好处：提高硬盘效率，因为硬盘现在可以一次写入多次要写入的数据，因此能够更好地调度这些写入。优化了写入延迟，因为数据写入到内存就可以返回。可能减少某些操作，因为写入操作可能不需要写入硬盘（例如，如果文件马上又被删除），也能更好地利用系统空闲时间（idle time），因为系统可以在空闲时完成后台工作，从而更好地利用硬件资源[G+95]。

21.7   小结

在这个简短的一章中，我们介绍了访问超出物理内存大小时的一些概念。要做到这一点，在页表结构中需要添加额外信息，比如增加一个存在位（present bit，或者其他类似机制），告诉我们页是不是在内存中。如果不存在，则操作系统页错误处理程序（page-fault handler）会运行以处理页错误（page fault），从而将需要的页从硬盘读取到内存，可能还需要先换出内存中的一些页，为即将换入的页腾出空间。

回想一下，很重要的是（并且令人惊讶的是），这些行为对进程都是透明的。对进程而言，它只是访问自己私有的、连续的虚拟内存。在后台，物理页被放置在物理内存中的任意（非连续）位置，有时它们甚至不在内存中，需要从硬盘取回。虽然我们希望在一般情况下内存访问速度很快，但在某些情况下，它需要多个硬盘操作的时间。像执行单条指令这样简单的事情，在最坏的情况下，可能需要很多毫秒才能完成。

---

[1] "守护进程（daemon）"这个词通常发音为"demon"，它是一个古老的术语，用于后台线程或过程，它可以做一些有用的事情。事实表明，该术语的来源是 Multics [CS94]。

参考资料

[CS94] "Take Our Word For It"

F. Corbato and R. Steinberg

Richard Steinberg 写道："有人问我守护进程（daemon）这个词什么时候开始用于计算。根据我的研究，最好的结果是，这个词在 1963 年被你的团队在使用 IBM 7094 的 Project MAC 中首次使用。" Corbato 教授回答说："我们使用守护进程这个词的灵感来源于物理学和热力学的麦克斯韦尔守护进程（Maxwell's daemon，我的背景是物理学）。麦克斯韦尔守护进程是一个虚构的代理，帮助分拣不同速度的分子，并在后台不知疲倦地工作。我们别出心裁地开始使用守护进程来描述后台进程，这些进程不知疲倦地执行系统任务。"

[D97] "Before Memory Was Virtual" Peter Denning

From In the Beginning: Recollections of Software Pioneers, Wiley, November 1997

优秀的历史性作品，作者是虚拟内存和工作团队的先驱者之一。

[G+95] "Idleness is not sloth"

Richard Golding, Peter Bosch, Carl Staelin, Tim Sullivan, John Wilkes USENIX ATC '95, New Orleans, Louisiana

有趣且易于阅读的讨论，关于如何在系统中更好地利用空闲时间，有很多很好的例子。

[LL82] "Virtual Memory Management in the VAX/VMS Operating System" Hank Levy and P. Lipman

IEEE Computer, Vol. 15, No. 3, March 1982

这不是第一个使用这种聚集机制的地方，却是对这种机制如何工作的清晰而简单的解释。

第 22 章　超越物理内存：策略

在虚拟内存管理程序中，如果拥有大量空闲内存，操作就会变得很容易。页错误发生了，你在空闲页列表中找到空闲页，将它分配给不在内存中的页。嘿，操作系统，恭喜！ 你又成功了。

遗憾的是，当内存不够时事情会变得更有趣。在这种情况下，由于内存压力（memory pressure）迫使操作系统换出（paging out）一些页，为常用的页腾出空间。确定要踢出（evict）哪个页（或哪些页）封装在操作系统的替换策略（replacement policy）中。历史上，这是早期的虚拟内存系统要做的最重要的决定之一，因为旧系统的物理内存非常小。至少，有一些策略是非常值得了解的。因此我们的问题如下所示。

> **关键问题：如何决定踢出哪个页**
> 操作系统如何决定从内存中踢出哪一页（或哪几页）？ 这个决定由系统的替换策略做出，替换策略通常会遵循一些通用的原则（下面将会讨论），但也会包括一些调整，以避免特殊情况下的行为。

22.1　缓存管理

在深入研究策略之前，先详细描述一下我们要解决的问题。由于内存只包含系统中所有页的子集，因此可以将其视为系统中虚拟内存页的缓存（cache）。因此，在为这个缓存选择替换策略时，我们的目标是让缓存未命中（cache miss）最少，即使得从磁盘获取页的次数最少。或者，可以将目标看成让缓存命中（cache hit）最多，即在内存中找到待访问页的次数最多。

知道了缓存命中和未命中的次数，就可以计算程序的平均内存访问时间（Average Memory Access Time，AMAT，计算机架构师衡量硬件缓存的指标 [HP06]）。具体来说，给定这些值，可以按照如下公式计算 $AMAT$：

$$AMAT = (P_{Hit} \cdot T_M) + (P_{Miss} \cdot T_D)$$

其中 T_M 表示访问内存的成本，T_D 表示访问磁盘的成本，P_{Hit} 表示在缓存中找到数据的概率（命中），P_{Miss} 表示在缓存中找不到数据的概率（未命中）。P_{Hit} 和 P_{Miss} 从 0.0 变化到 1.0，并且 $P_{Miss} + P_{Hit} = 1.0$。

例如，假设有一个机器有小型地址空间：4KB，每页 256 字节。因此，虚拟地址由两部分组成：一个 4 位 VPN（最高有效位）和一个 8 位偏移量（最低有效位）。因此，本例中的一个进程可以访问总共 2^4=16 个虚拟页。在这个例子中，该进程将产生以下内存引用（即虚拟地址）0x000，0x100，0x200，0x300，0x400，0x500，0x600，0x700，0x800，0x900。

这些虚拟地址指向地址空间中前 10 页的每一页的第一个字节（页号是每个虚拟地址的第一个十六进制数字）。

让我们进一步假设，除了虚拟页 3 之外，所有页都已经在内存中。因此，我们的内存引用序列将遇到以下行为：命中，命中，命中，未命中，命中，命中，命中，命中，命中。我们可以计算命中率（hit rate，在内存中找到引用的百分比）：90%（P_{Hit} = 0.9），因为 10 个引用中有 9 个在内存中。未命中率（miss rate）显然是 10%（P_{Miss} = 0.1）。

要计算 AMAT，需要知道访问内存的成本和访问磁盘的成本。假设访问内存（TM）的成本约为 100ns，并且访问磁盘（TD）的成本大约为 10ms，则我们有以下 AMAT：0.9×100ns + 0.1×10ms，即 90ns + 1ms 或 1.0009ms，或约 1ms。如果我们的命中率是 99.9%（P_{Miss} = 0.001），结果是完全不同的：AMAT 是 10.1μs，大约快 100 倍。当命中率接近 100%时，AMAT 接近 100ns。

遗憾的是，正如你在这个例子中看到的，在现代系统中，磁盘访问的成本非常高，即使很小概率的未命中也会拉低正在运行的程序的总体 AMAT。显然，我们必须尽可能地避免缓存未命中，避免程序以磁盘的速度运行。要做到这一点，有一种方法就是仔细开发一个聪明的策略，像我们现在所做的一样。

22.2 最优替换策略

为了更好地理解一个特定的替换策略是如何工作的，将它与最好的替换策略进行比较是很好的方法。事实证明，这样一个最优（optimal）策略是 Belady 多年前开发的[B66]（原来这个策略叫作 MIN）。最优替换策略能达到总体未命中数量最少。Belady 展示了一个简单的方法（但遗憾的是，很难实现！），即替换内存中在最远将来才会被访问到的页，可以达到缓存未命中率最低。

提示：与最优策略对比非常有用

虽然最优策略非常不切实际，但作为仿真或其他研究的比较者还是非常有用的。比如，单说你喜欢的新算法有 80%的命中率是没有意义的，但加上最优算法只有 82%的命中率（因此你的新方法非常接近最优），就会使得结果很有意义，并给出了它的上下文。因此，在你进行的任何研究中，知道最优策略可以方便进行对比，知道你的策略有多大的改进空间，也用于决定当策略已经非常接近最优策略时，停止做无谓的优化[AD03]。

希望最优策略背后的想法你能理解。这样想：如果你不得不踢出一些页，为什么不踢出在最远将来才会访问的页呢？这样做基本上是说，缓存中所有其他页都比这个页重要。道理很简单：在引用最远将来会访问的页之前，你肯定会引用其他页。

我们追踪一个简单的例子，来理解最优策略的决定。假设一个程序按照以下顺序访问虚拟页：0，1，2，0，1，3，0，3，1，2，1。表 22.1 展示了最优的策略，这里假设缓存可以存 3 个页。

在表 22.1 中，可以看到以下操作。不要惊讶，前 3 个访问是未命中，因为缓存开始是空的。这种未命中有时也称作冷启动未命中（cold-start miss，或强制未命中，compulsory miss）。然后我们再次引用页 0 和 1，它们都在缓存中。最后，我们又有一个缓存未命中（页 3），但这时缓存已满，必须进行替换！这引出了一个问题：我们应该替换哪个页？使用最优策略，我们检查当前缓存中每个页（0、1 和 2）未来访问情况，可以看到页 0 马上被访问，页 1 稍后被访问，页 2 在最远的将来被访问。因此，最优策略的选择很简单：踢出页面 2，结果是缓存中的页面是 0、1 和 3。接下来的 3 个引用是命中的，然后又访问到被我们之前踢出的页 2，那么又有一个未命中。这里，最优策略再次检查缓存页（0、1 和 3）中每个页面的未来被访问情况，并且看到只要不踢出页 1（即将被访问）就可以。这个例子显示了页 3 被踢出，虽然踢出 0 也是可以的。最后，我们命中页 1，追踪完成。

表 22.1 追踪最优策略

访问	命中/未命中	踢出	导致缓存状态
0	未命中		0
1	未命中		0、1
2	未命中		0、1、2
0	命中		0、1、2
1	命中		0、1、2
3	未命中	2	0、1、3
0	命中		0、1、3
3	命中		0、1、3
1	命中		0、1、3
2	未命中	3	0、1、2
1	命中		0、1、2

补充：缓存未命中的类型

在计算机体系结构世界中，架构师有时会将未命中分为 3 类：强制性、容量和冲突未命中，有时称为 3C [H87]。发生强制性（compulsory miss）未命中（或冷启动未命中，cold-start miss [EF78]）是因为缓存开始是空的，而这是对项目的第一次引用。与此不同，由于缓存的空间不足而不得不踢出一个项目以将新项目引入缓存，就发生了容量未命中（capacity miss）。第三种类型的未命中（冲突未命中，conflict miss）出现在硬件中，因为硬件缓存中对项的放置位置有限制，这是由于所谓的集合关联性（set-associativity）。它不会出现在操作系统页面缓存中，因为这样的缓存总是完全关联的（fully-associative），即对页面可以放置的内存位置没有限制。详情请见 H＆P [HP06]。

我们同时计算缓存命中率：有 6 次命中和 5 次未命中，那么缓存命中率 $\dfrac{Hits}{Hits + Misses}$ 是 $\dfrac{6}{6+5}$，或 54.5%。也可以计算命中率中除去强制未命中（即忽略页的第一次未命中），那么命中率为 81.8%。

遗憾的是，正如我们之前在开发调度策略时所看到的那样，未来的访问是无法知道的，你无法为通用操作系统实现最优策略①。因此，在开发一个真正的、可实现的策略时，我们将聚焦于寻找其他决定把哪个页面踢出的方法。因此，最优策略只能作为比较，知道我们的策略有多接近"完美"。

22.3　简单策略：FIFO

许多早期的系统避免了尝试达到最优的复杂性，采用了非常简单的替换策略。例如，一些系统使用 FIFO（先入先出）替换策略。页在进入系统时，简单地放入一个队列。当发生替换时，队列尾部的页（"先入"页）被踢出。FIFO 有一个很大的优势：实现相当简单。

让我们来看看 FIFO 策略如何执行这过程（见表 22.2）。我们再次开始追踪 3 个页面 0、1 和 2。首先是强制性未命中，然后命中页 0 和 1。接下来，引用页 3，缓存未命中。使用 FIFO 策略决定替换哪个页面是很容易的：选择第一个进入的页，这里是页 0（表中的缓存状态列是按照先进先出顺序，最左侧是第一个进来的页），遗憾的是，我们的下一个访问还是页 0，导致另一次未命中和替换（替换页 1）。然后我们命中页 3，但是未命中页 1 和 2，最后命中页 3。

表 22.2　　　　　　　　　　　　　　　追踪 FIFO 策略

访问	命中/未命中	踢出	导致缓存状态	
0	未命中		先入→	0
1	未命中		先入→	0、1
2	未命中		先入→	0、1、2
0	命中		先入→	0、1、2
1	命中		先入→	0、1、2
3	未命中	0	先入→	1、2、3
0	未命中	1	先入→	2、3、0
3	命中		先入→	2、3、0
1	未命中	2	先入→	3、0、1
2	未命中	3	先入→	0、1、2
1	命中		先入→	0、1、2

对比 FIFO 和最优策略，FIFO 明显不如最优策略，FIFO 命中率只有 36.4%（不包括强制性未命中为 57.1%）。先进先出（FIFO）根本无法确定页的重要性：即使页 0 已被多次访问，FIFO 仍然会将其踢出，因为它是第一个进入内存的。

补充：Belady 的异常

Belady（最优策略发明者）及其同事发现了一个有意思的引用序列[BNS69]。内存引用顺序是：1，2，3，4，1，2，5，1，2，3，4，5。他们正在研究的替换策略是 FIFO。有趣的问题：当缓存大小从 3 变成 4 时，缓存命中率如何变化？

---

① 如果你可以，请告诉我们，我们可以一起发财，或者，像"发现"冷聚变的科学家一样，被众人所讽刺和嘲笑[FP89]。

一般来说，当缓存变大时，缓存命中率是会提高的（变好）。但在这个例子，采用 FIFO，命中率反而下降了！你可以自己计算一下缓存命中和未命中次数。这种奇怪的现象被称为 Belady 的异常（Belady's Anomaly）。

其他一些策略，比如 LRU，不会遇到这个问题。可以猜猜为什么？事实证明，LRU 具有所谓的栈特性（stack property）[M+70]。对于具有这个性质的算法，大小为 $N+1$ 的缓存自然包括大小为 N 的缓存的内容。因此，当增加缓存大小时，缓存命中率至少保证不变，有可能提高。先进先出（FIFO）和随机（Random）等显然没有栈特性，因此容易出现异常行为。

22.4   另一简单策略：随机

另一个类似的替换策略是随机，在内存满的时候它随机选择一个页进行替换。随机具有类似于 FIFO 的属性。实现起来很简单，但是它在挑选替换哪个页时不够智能。让我们来看看随机策略在我们著名的例子上的引用流程（见表 22.3）。

表 22.3   追踪随机策略

访问	命中/未命中	踢出	导致缓存状态
0	未命中		0
1	未命中		0、1
2	未命中		0、1、2
0	命中		0、1、2
1	命中		0、1、2
3	未命中	0	1、2、3
0	未命中	1	2、3、0
3	命中		2、3、0
1	未命中	3	2、0、1
2	命中		2、0、1
1	命中		2、0、1

当然，随机的表现完全取决于多幸运（或不幸）。在上面的例子中，随机比 FIFO 好一点，比最优的差一点。事实上，我们可以运行数千次的随机实验，求得一个平均的结果。图 22.1 显示了 10000 次试验后随机策略的平均命中率，每次试验都有不同的随机种子。正如你所看到的，有些时候（仅仅 40%的概率），随机和最优策略一样好，在上述例子中，命中内存

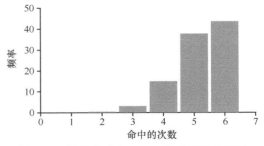

图 22.1   随机策略在 10000 次尝试下的表现

的次数是 6 次。有时候情况会更糟糕，只有 2 次或更少。随机策略取决于当时的运气。

22.5　利用历史数据：LRU

遗憾的是，任何像 FIFO 或随机这样简单的策略都可能会有一个共同的问题：它可能会踢出一个重要的页，而这个页马上要被引用。先进先出（FIFO）将先进入的页踢出。如果这恰好是一个包含重要代码或数据结构的页，它还是会被踢出，尽管它很快会被重新载入。因此，FIFO、Random 和类似的策略不太可能达到最优，需要更智能的策略。

正如在调度策略所做的那样，为了提高后续的命中率，我们再次通过历史的访问情况作为参考。例如，如果某个程序在过去访问过某个页，则很有可能在不久的将来会再次访问该页。

页替换策略可以使用的一个历史信息是频率（frequency）。如果一个页被访问了很多次，也许它不应该被替换，因为它显然更有价值。页更常用的属性是访问的近期性（recency），越近被访问过的页，也许再次访问的可能性也就越大。

这一系列的策略是基于人们所说的局部性原则（principle of locality）[D70]，基本上只是对程序及其行为的观察。这个原理简单地说就是程序倾向于频繁地访问某些代码（例如循环）和数据结构（例如循环访问的数组）。因此，我们应该尝试用历史数据来确定哪些页面更重要，并在需要踢出页时将这些页保存在内存中。

因此，一系列简单的基于历史的算法诞生了。"最不经常使用"（Least-Frequently-Used，LFU）策略会替换最不经常使用的页。同样，"最少最近使用"（Least-Recently-Used，LRU）策略替换最近最少使用的页面。这些算法很容易记住：一旦知道这个名字，就能确切知道它是什么，这种名字就非常好。

补充：局部性类型

程序倾向于表现出两种类型的局部。第一种是空间局部性（spatial locality），它指出如果页 P 被访问，可能围绕它的页（比如 P−1 或 P + 1）也会被访问。第二种是时间局部性（temporal locality），它指出近期访问过的页面很可能在不久的将来再次访问。假设存在这些类型的局部性，对硬件系统的缓存层次结构起着重要作用，硬件系统部署了许多级别的指令、数据和地址转换缓存，以便在存在此类局部性时，能帮助程序快速运行。

当然，通常所说的局部性原则（principle of locality）并不是硬性规定，所有的程序都必须遵守。事实上，一些程序以相当随机的方式访问内存（或磁盘），并且在其访问序列中不显示太多或完全没有局部性。因此，尽管在设计任何类型的缓存（硬件或软件）时，局部性都是一件好事，但它并不能保证成功。相反，它是一种经常证明在计算机系统设计中有用的启发式方法。

为了更好地理解 LRU，我们来看看 LRU 如何在示例引用序列上执行。表 22.4 展示了结果。从表中，可以看到 LRU 如何利用历史记录，比无状态策略（如随机或 FIFO）做得更好。在这个例子中，当第一次需要替换页时，LRU 会踢出页 2，因为 0 和 1 的访问时间更近。然后它替换页 0，因为 1 和 3 最近被访问过。在这两种情况下，基于历史的 LRU 的决

定证明是更准确的，并且下一个引用也是命中。因此，在我们的简单例子中，LRU 的表现几乎快要赶上最优策略了[①]。

表 22.4 追踪 LRU 策略

访问	命中/未命中	踢出	导致缓存状态	
0	未命中		LRU→	0
1	未命中		LRU→	0、1
2	未命中		LRU→	0、1、2
0	命中		LRU→	1、2、0
1	命中		LRU→	2、0、1
3	未命中	2	LRU→	0、1、3
0	命中		LRU→	1、3、0
3	命中		LRU→	1、0、3
1	命中		LRU→	0、3、1
2	未命中	0	LRU→	3、1、2
1	命中		LRU→	3、2、1

我们也应该注意到，与这些算法完全相反的算法也是存在：最经常使用策略（Most-Frequently-Used，MFU）和最近使用策略（Most-Recently-Used，MRU）。在大多数情况下（不是全部！），这些策略效果都不好，因为它们忽视了大多数程序都具有的局部性特点。

22.6 工作负载示例

让我们再看几个例子，以便更好地理解这些策略。在这里，我们将查看更复杂的工作负载（workload），而不是追踪小例子。但是，这些工作负载也被大大简化了。更好的研究应该包含应用程序追踪。

第一个工作负载没有局部性，这意味着每个引用都是访问一个随机页。在这个简单的例子中，工作负载每次访问独立的 100 个页，随机选择下一个要引用的页。总体来说，访问了 10000 个页。在实验中，我们将缓存大小从非常小（1 页）变化到足以容纳所有页（100页），以便了解每个策略在缓存大小范围内的表现。

图 22.2 展示了最优、LRU、随机和 FIFO 策略的实验结果。图 22.2 中的 y 轴显示了每个策略的命中率。如上所述，x 轴表示缓存大小的变化。

我们可以从图 22.2 中得出一些结论。首先，当工作负载不存在局部性时，使用的策略区别不大。LRU、FIFO 和随机都执行相同的操作，命中率完全由缓存的大小决定。其次，当缓存足够大到可以容纳所有的数据时，使用哪种策略也无关紧要，所有的策略（甚至是随机的）都有 100% 的命中率。最后，你可以看到，最优策略的表现明显好于实际的策略。如果有可能的话，偷窥未来，就能做到更好的替换。

---

① 好吧，我们夸大了结果。但有时候为了证明一个观点，夸大是有必要的。

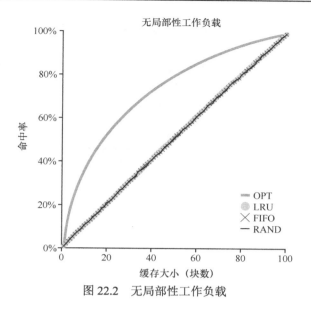

图 22.2 无局部性工作负载

我们下一个工作负载就是所谓的"80—20"负载场景，它表现出局部性：80%的引用是访问 20%的页（"热门"页）。剩下的 20%是对剩余的 80%的页（"冷门"页）访问。在我们的负载场景，总共有 100 个不同的页。因此，"热门"页是大部分时间访问的页，其余时间访问的是"冷门"页。图 22.3 展示了不同策略在这个工作负载下的表现。

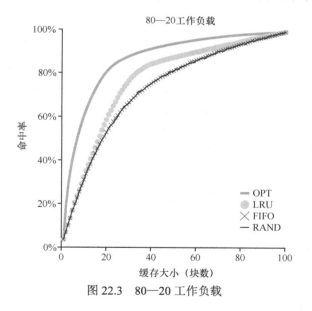

图 22.3 80—20 工作负载

从图 22.3 中可以看出，尽管随机和 FIFO 都很好地运行，但 LRU 更好，因为它更可能保持热门页。由于这些页面过去经常被提及，它们很可能在不久的将来再次被提及。优化再次表现得更好，表明 LRU 的历史信息并不完美。

你现在可能会想：LRU 对随机和 FIFO 的命中率提高真的非常重要么？如往常一样，答案是"视情况而定"。如果每次未命中代价非常大（并不罕见），那么即使小幅提高命中率

（降低未命中率）也会对性能产生巨大的影响。如果未命中的代价不那么大，那么 LRU 带来的好处就不会那么重要。

让我们看看最后一个工作负载。我们称之为"循环顺序"工作负载，其中依次引用 50 个页，从 0 开始，然后是 1，…，49，然后循环，重复访问，总共有 10000 次访问 50 个单独页。图 22.4 展示了这个工作负载下各个策略的行为。

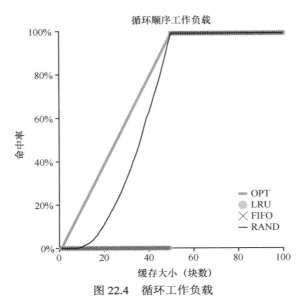

图 22.4　循环工作负载

这种工作负载在许多应用程序（包括重要的商业应用，如数据库[CD85]）中非常常见，展示了 LRU 或者 FIFO 的最差情况。这些算法，在循环顺序的工作负载下，踢出较旧的页。遗憾的是，由于工作负载的循环性质，这些较旧的页将比因为策略决定保存在缓存中的页更早被访问。事实上，即使缓存的大小是 49 页，50 个页面的循环连续工作负载也会导致 0%的命中率。有趣的是，随机策略明显更好，虽然距离最优策略还有距离，但至少达到了非零的命中率。可以看出随机策略有一些不错的属性，比如不会出现特殊情况下奇怪的结果。

22.7　实现基于历史信息的算法

正如你所看到的，像 LRU 这样的算法通常优于简单的策略（如 FIFO 或随机），它们可能会踢出重要的页。遗憾的是，基于历史信息的策略带来了一个新的挑战：应该如何实现呢？

以 LRU 为例。为了实现它，我们需要做很多工作。具体地说，在每次页访问（即每次内存访问，不管是取指令还是加载指令还是存储指令）时，我们都必须更新一些数据，从而将该页移动到列表的前面（即 MRU 侧）。与 FIFO 相比，FIFO 的页列表仅在页被踢出（通过移除最先进入的页）或者当新页添加到列表（已到列表尾部）时才被访问。为了记录哪些页是最少和最近被使用，系统必须对每次内存引用做一些记录工作。显然，如果不十分小心，这样的记录反而会极大地影响性能。

　　有一种方法有助于加快速度，就是增加一点硬件支持。例如，硬件可以在每个页访问时更新内存中的时间字段（时间字段可以在每个进程的页表中，或者在内存的某个单独的数组中，每个物理页有一个）。因此，当页被访问时，时间字段将被硬件设置为当前时间。然后，在需要替换页时，操作系统可以简单地扫描系统中所有页的时间字段以找到最近最少使用的页。

　　遗憾的是，随着系统中页数量的增长，扫描所有页的时间字段只是为了找到最精确最少使用的页，这个代价太昂贵。想象一下一台拥有 4GB 内存的机器，内存切成 4KB 的页。这台机器有一百万页，即使以现代 CPU 速度找到 LRU 页也将需要很长时间。这就引出了一个问题：我们是否真的需要找到绝对最旧的页来替换？找到差不多最旧的页可以吗？

> **关键问题：如何实现 LRU 替换策略**
>
> 　　由于实现完美的 LRU 代价非常昂贵，我们能否实现一个近似的 LRU 算法，并且依然能够获得预期的效果？

22.8　近似 LRU

　　事实证明，答案是肯定的：从计算开销的角度来看，近似 LRU 更为可行，实际上这也是许多现代系统的做法。这个想法需要硬件增加一个使用位（use bit，有时称为引用位，reference bit），这种做法在第一个支持分页的系统 Atlas one-level store[KE + 62]中实现。系统的每个页有一个使用位，然后这些使用位存储在某个地方（例如，它们可能在每个进程的页表中，或者只在某个数组中）。每当页被引用（即读或写）时，硬件将使用位设置为 1。但是，硬件不会清除该位（即将其设置为 0），这由操作系统负责。

　　操作系统如何利用使用位来实现近似 LRU？可以有很多方法，有一个简单的方法称作时钟算法（clock algorithm）[C69]。想象一下，系统中的所有页都放在一个循环列表中。时钟指针（clock hand）开始时指向某个特定的页（哪个页不重要）。当必须进行页替换时，操作系统检查当前指向的页 P 的使用位是 1 还是 0。如果是 1，则意味着页面 P 最近被使用，因此不适合被替换。然后，P 的使用位设置为 0，时钟指针递增到下一页（P + 1）。该算法一直持续到找到一个使用位为 0 的页，使用位为 0 意味着这个页最近没有被使用过（在最坏的情况下，所有的页都已经被使用了，那么就将所有页的使用位都设置为 0）。

　　请注意，这种方法不是通过使用位来实现近似 LRU 的唯一方法。实际上，任何周期性地清除使用位，然后通过区分使用位是 1 和 0 来判定该替换哪个页的方法都是可以的。Corbato 的时钟算法只是一个早期成熟的算法，并且具有不重复扫描内存来寻找未使用页的特点，也就是它在最差情况下，只会遍历一次所有内存。

　　图 22.5 展示了时钟算法的一个变种的行为。该变种在需要进行页替换时随机扫描各页，如果遇到一个页的引用位为 1，就清除该位（即将它设置为 0）。直到找到一个使用位为 0 的页，将这个页进行替换。如你所见，虽然时钟算法不如完美的 LRU 做得好，但它比不考虑历史访问的方法要好。

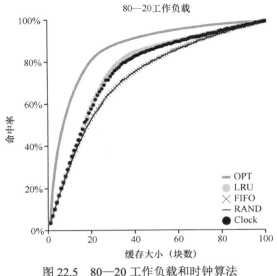

图 22.5　80—20 工作负载和时钟算法

22.9　考虑脏页

时钟算法的一个小修改（最初也由 Corbato [C69]提出），是对内存中的页是否被修改的额外考虑。这样做的原因是：如果页已被修改（modified）并因此变脏（dirty），则踢出它就必须将它写回磁盘，这很昂贵。如果它没有被修改（因此是干净的，clean），踢出就没成本。物理帧可以简单地重用于其他目的而无须额外的 I/O。因此，一些虚拟机系统更倾向于踢出干净页，而不是脏页。

为了支持这种行为，硬件应该包括一个修改位（modified bit，又名脏位，dirty bit）。每次写入页时都会设置此位，因此可以将其合并到页面替换算法中。例如，时钟算法可以被改变，以扫描既未使用又干净的页先踢出。无法找到这种页时，再查找脏的未使用页面，等等。

22.10　其他虚拟内存策略

页面替换不是虚拟内存子系统采用的唯一策略（尽管它可能是最重要的）。例如，操作系统还必须决定何时将页载入内存。该策略有时称为页选择（page selection）策略（因为 Denning 这样命名[D70]），它向操作系统提供了一些不同的选项。

对于大多数页而言，操作系统只是使用按需分页（demand paging），这意味着操作系统在页被访问时将页载入内存中，"按需"即可。当然，操作系统可能会猜测一个页面即将被使用，从而提前载入。这种行为被称为预取（prefetching），只有在有合理的成功机会时才应该这样做。例如，一些系统将假设如果代码页 P 被载入内存，那么代码页 $P+1$ 很可能很快被访问，因此也应该被载入内存。

另一个策略决定了操作系统如何将页面写入磁盘。当然，它们可以简单地一次写出一个。然而，许多系统会在内存中收集一些待完成写入，并以一种（更高效）的写入方式将它们写入硬盘。这种行为通常称为聚集（clustering）写入，或者就是分组写入（grouping），这样做有效是因为硬盘驱动器的性质，执行单次大的写操作，比许多小的写操作更有效。

22.11 抖动

在结束之前，我们解决了最后一个问题：当内存就是被超额请求时，操作系统应该做什么，这组正在运行的进程的内存需求是否超出了可用物理内存？在这种情况下，系统将不断地进行换页，这种情况有时被称为抖动（thrashing）[D70]。

一些早期的操作系统有一组相当复杂的机制，以便在抖动发生时检测并应对。例如，给定一组进程，系统可以决定不运行部分进程，希望减少的进程工作集（它们活跃使用的页面）能放入内存，从而能够取得进展。这种方法通常被称为准入控制（admission control），它表明，少做工作有时比尝试一下子做好所有事情更好，这是我们在现实生活中以及在现代计算机系统中经常遇到的情况（令人遗憾）。

目前的一些系统采用更严格的方法处理内存过载。例如，当内存超额请求时，某些版本的 Linux 会运行"内存不足的杀手程序（out-of-memory killer）"。这个守护进程选择一个内存密集型进程并杀死它，从而以不怎么委婉的方式减少内存。虽然成功地减轻了内存压力，但这种方法可能会遇到问题，例如，如果它杀死 X 服务器，就会导致所有需要显示的应用程序不可用。

22.12 小结

我们已经看到了许多页替换（和其他）策略的介绍，这些策略是所有现代操作系统中虚拟内存子系统的一部分。现代系统增加了对时钟等简单 LRU 近似值的一些调整。例如，扫描抗性（scan resistance）是许多现代算法的重要组成部分，如 ARC [MM03]。扫描抗性算法通常是类似 LRU 的，但也试图避免 LRU 的最坏情况行为，我们曾在循环顺序工作负载中看到这种情况。因此，页替换算法的发展仍在继续。

然而，在许多情况下，由于内存访问和磁盘访问时间之间的差异增加，这些算法的重要性降低了。由于分页到硬盘非常昂贵，因此频繁分页的成本太高。所以，过度分页的最佳解决方案往往很简单：购买更多的内存。

参考资料

[AD03]"Run-Time Adaptation in River" Remzi H. Arpaci-Dusseau
ACM TOCS, 21:1, February 2003
本书作者之一关于 River 系统的研究工作的总结。当然，在其中，他发现与理想情况做比较是系统设计人员的一项重要技术。

[B66] "A Study of Replacement Algorithms for Virtual-Storage Computer" Laszlo A. Belady
IBM Systems Journal 5(2): 78-101, 1966
这篇文章介绍了计算策略最优行为的简单方法（MIN 算法）。

[BNS69] "An Anomaly in Space-time Characteristics of Certain Programs Running in a Paging Machine"
L. A. Belady and R. A. Nelson and G. S. Shedler
Communications of the ACM, 12:6, June 1969
介绍称为 "Belady 的异常" 的内存引用的小序列的文章。我们想知道，Nelson 和 Shedler 如何看待这个名字呢？

[CD85] "An Evaluation of Buffer Management Strategies for Relational Database Systems" Hong-Tai Chou and
David J. DeWitt
VLDB '85, Stockholm, Sweden, August 1985
关于不同缓冲策略的著名数据库文章，你应该使用多种常见数据库访问模式。如果你知道有关工作负载的
某些信息，那么就可以制订策略，让它比操作系统中常见的通用目标策略更好。

[C69] "A Paging Experiment with the Multics System"
F.J. Corbato
Included in a Festschrift published in honor of Prof. P.M. Morse MIT Press, Cambridge, MA, 1969
对时钟算法的最初引用（很难找到!），但不是第一次使用位。感谢麻省理工学院的 H. Balakrishnan 为我们
找出这篇论文。

[D70] "Virtual Memory" Peter J. Denning
Computing Surveys, Vol. 2, No. 3, September 1970
Denning 对虚拟存储系统的早期著名调查。

[EF78] "Cold-start vs. Warm-start Miss Ratios" Malcolm C. Easton and Ronald Fagin Communications of the
ACM, 21:10, October 1978
关于冷启动与热启动未命中的很好的讨论。

[FP89] "Electrochemically Induced Nuclear Fusion of Deuterium" Martin Fleischmann and Stanley Pons
Journal of Electroanalytical Chemistry, Volume 26, Number 2, Part 1, April, 1989
这篇著名的论文有可能为世界带来革命性的变化，它提供了一种简单的方法，可以从水罐中产生几乎无限
的电力，而电力罐中只含有少许金属。但 Pons 和 Fleischmann 发表的（并广为宣传的）实验结果无法重现，
因此这两位有梦想的科学家都丧失了名誉（当然也受到了嘲笑）。唯一真正为这个结果感到高兴的人是
Marvin Hawkins，尽管他参与了这项工作，但他的名字却从本文中被删除了。他因而避免将他的名字与 20
世纪最大的科学失误之一联系起来。

[HP06] "Computer Architecture: A Quantitative Approach" John Hennessy and David Patterson
Morgan-Kaufmann, 2006
一本关于计算机体系结构的了不起而奇妙的书，必读!

[H87] "Aspects of Cache Memory and Instruction Buffer Performance" Mark D. Hill

Ph.D. Dissertation, U.C. Berkeley, 1987

Mark Hill 在其论文工作中介绍了 3C，后来因其被包含在 H&P [HP06]中而广泛流行。其中的引述："我发现根据未命中的原因直观地将未命中划分为 3 个部分是有用的（第 49 页）。"

[KE+62] "One-level Storage System"

T. Kilburn, and D.B.G. Edwards and M.J. Lanigan and F.H. Sumner IRE Trans. EC-11:2, 1962

虽然 Atlas 有一个使用位，但它只有很少量的页，因此在大型存储器中使用位的扫描并不是作者解决的问题。

[M+70] "Evaluation Techniques for Storage Hierarchies"

R. L. Mattson, J. Gecsei, D. R. Slutz, I. L. Traiger IBM Systems Journal, Volume 9:2, 1970

一篇主要关于如何高效地模拟缓存层次结构的论文。本文无疑是这方面的经典之作，还有对各种替代算法的一些特性的极佳讨论。你能弄清楚为什么栈属性可能对同时模拟很多不同大小的缓存有用吗？

[MM03] "ARC: A Self-Tuning, Low Overhead Replacement Cache" Nimrod Megiddo and Dharmendra S. Modha

FAST 2003, February 2003, San Jose, California

关于替换算法的优秀现代论文，其中包括现在某些系统中使用的新策略 ARC。在 2014 年 FAST '14 大会上，获得了存储系统社区的"时间考验"奖。

作业

这个模拟器 paging-policy.py 允许你使用不同的页替换策略。详情请参阅 README 文件。

问题

1. 使用以下参数生成随机地址：-s 0 -n 10，-s 1 -n 10 和-s 2 -n 10。将策略从 FIFO 更改为 LRU，并将其更改为 OPT。计算所述地址追踪中的每个访问是否命中或未命中。

2. 对于大小为 5 的高速缓存，为以下每个策略生成最差情况的地址引用序列：FIFO、LRU 和 MRU（最差情况下的引用序列导致尽可能多的未命中）。对于最差情况下的引用序列，需要的缓存增大多少，才能大幅提高性能，并接近 OPT？

3. 生成一个随机追踪序列（使用 Python 或 Perl）。你预计不同的策略在这样的追踪序列上的表现如何？

4. 现在生成一些局部性追踪序列。如何能够产生这样的追踪序列？LRU 表现如何？RAND 比 LRU 好多少？CLOCK 表现如何？CLOCK 使用不同数量的时钟位，表现如何？

5. 使用像 valgrind 这样的程序来测试真实应用程序并生成虚拟页面引用序列。例如，运行 valgrind --tool = lackey --trace-mem = yes ls 将为程序 ls 所做的每个指令和数据引用，输出近乎完整的引用追踪。为了使上述仿真器有用，你必须首先将每个虚拟内存引用转换为虚拟页码参考（通过屏蔽偏移量并向右移位来完成）。为了满足大部分请求，你的应用程序追踪需要多大的缓存？随着缓存大小的增加绘制其工作集的图形。

第 23 章　VAX/VMS 虚拟内存系统

在我们结束对虚拟内存的研究之前，让我们仔细研究一下 VAX/VMS 操作系统[LL82]的虚拟内存管理器，它特别干净漂亮。本章将讨论该系统，说明如何在一个完整的内存管理器中，将先前章节中提出的一些概念结合在一起。

23.1　背景

数字设备公司（DEC）在 20 世纪 70 年代末推出了 VAX-11 小型机体系结构。在微型计算机时代，DEC 是计算机行业的一个大玩家。遗憾的是，一系列糟糕的决定和个人计算机的出现慢慢（但不可避免地）导致该公司走向倒闭[C03]。该架构有许多实现，包括 VAX-11/780 和功能较弱的 VAX-11/750。

该系统的操作系统被称为 VAX/VMS（或者简单的 VMS），其主要架构师之一是 Dave Cutler，他后来领导开发了微软 Windows NT [C93]。VMS 面临通用性的问题，即它将运行在各种机器上，包括非常便宜的 VAXen（是的，这是正确的复数形式），以及同一架构系列中极高端和强大的机器。因此，操作系统必须具有一些机制和策略，适用于这一系列广泛的系统（并且运行良好）。

> **关键问题：如何避免通用性"魔咒"**
> 操作系统常常有所谓的"通用性魔咒"问题，它们的任务是为广泛的应用程序和系统提供一般支持。其根本结果是操作系统不太可能很好地支持任何一个安装。VAX-11 体系结构有许多不同的实现。那么，如何构建操作系统以便在各种系统上有效运行？

附带说一句，VMS 是软件创新的很好例子，用于隐藏架构的一些固有缺陷。尽管操作系统通常依靠硬件来构建高效的抽象和假象，但有时硬件设计人员并没有把所有事情都做好。在 VAX 硬件中，我们会看到一些例子，也会看到尽管存在这些硬件缺陷，VMS 操作系统如何构建一个有效的工作系统。

23.2　内存管理硬件

VAX-11 为每个进程提供了一个 32 位的虚拟地址空间，分为 512 字节的页。因此，虚拟地址由 23 位 VPN 和 9 位偏移组成。此外，VPN 的高两位用于区分页所在的段。因此，如前所述，该系统是分页和分段的混合体。

地址空间的下半部分称为"进程空间",对于每个进程都是唯一的。在进程空间的前半部分(称为P0)中,有用户程序和一个向下增长的堆。在进程空间的后半部分(P1),有向上增长的栈。地址空间的上半部分称为系统空间(S),尽管只有一半被使用。受保护的操作系统代码和数据驻留在此处,操作系统以这种方式跨进程共享。

VMS设计人员的一个主要关注点是VAX硬件中的页大小非常小(512字节)。由于历史原因选择的这种尺寸,存在一个根本性问题,即简单的线性页表过大。因此,VMS设计人员的首要目标之一是确保VMS不会用页表占满内存。

系统通过两种方式,减少了页表对内存的压力。首先,通过将用户地址空间分成两部分,VAX-11为每个进程的每个区域(P0和P1)提供了一个页表。因此,栈和堆之间未使用的地址空间部分不需要页表空间。基址和界限寄存器的使用与你期望的一样。一个基址寄存器保存该段的页表的地址,界限寄存器保存其大小(即页表项的数量)。

其次,通过在内核虚拟内存中放置用户页表(对于P0和P1,因此每个进程两个),操作系统进一步降低了内存压力。因此,在分配或增长页表时,内核在段S中分配自己的虚拟内存空间。如果内存受到严重压力,内核可以将这些页表的页面交换到磁盘,从而使物理内存可以用于其他用途。

将页表放入内核虚拟内存意味着地址转换更加复杂。例如,要转换P0或P1中的虚拟地址,硬件必须首先尝试在其页表中查找该页的页表项(该进程的P0或P1页表)。但是,在这样做时,硬件可能首先需要查阅系统页表(它存在于物理内存中)。随着地址转换完成,硬件可以知道页表页的地址,然后最终知道所需内存访问的地址。幸运的是,VAX的硬件管理的TLB让所有这些工作更快,TLB通常(很有可能)会绕过这种费力的查找。

23.3 一个真实的地址空间

研究VMS有一个很好的方面,我们可以看到如何构建一个真正的地址空间(见图23.1)。到目前为止,我们一直假设了一个简单的地址空间,只有用户代码、用户数据和用户堆,但正如我们上面所看到的,真正的地址空间显然更复杂。

补充:为什么空指针访问会导致段错误

你现在应该很好地理解一个空指针引用会发生什么。通过这样做,进程生成了一个虚拟地址0:

```
int *p = NULL; // set p = 0
*p = 10;       // try to store value 10 to virtual address 0
```

硬件试图在TLB中查找VPN(这里也是0),遇到TLB未命中。查询页表,并且发现VPN 0的条目被标记为无效。因此,我们遇到无效的访问,将控制权交给操作系统,这可能会终止进程(在UNIX系统上,会向进程发出一个信号,让它们对这样的错误做出反应。但是如果信号未被捕获,则会终止进程)。

例如,代码段永远不会从第0页开始。相反,该页被标记为不可访问,以便为检测空指针(null-pointer)访问提供一些支持。因此,设计地址空间时需要考虑的一个问题是对调试的支持,这正是无法访问的零页所提供的。

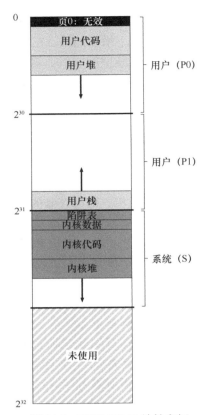

图 23.1   VAX / VMS 地址空间

也许更重要的是，内核虚拟地址空间（即其数据结构和代码）是每个用户地址空间的一部分。在上下文切换时，操作系统改变 P0 和 P1 寄存器以指向即将运行的进程的适当页表。但是，它不会更改 S 基址和界限寄存器，并因此将"相同的"内核结构映射到每个用户的地址空间。

内核映射到每个地址空间，这有一些原因。这种结构使得内核的运转更轻松。例如，如果操作系统收到用户程序（例如，在 write() 系统调用中）递交的指针，很容易将数据从该指针处复制到它自己的结构。操作系统自然是写好和编译好的，无须担心它访问的数据来自哪里。相反，如果内核完全位于物理内存中，那么将页表的交换页切换到磁盘是非常困难的。如果内核被赋予了自己的地址空间，那么在用户应用程序和内核之间移动数据将再次变得复杂和痛苦。通过这种构造（现在广泛使用），内核几乎就像应用程序库一样，尽管是受保护的。

关于这个地址空间的最后一点与保护有关。显然，操作系统不希望用户应用程序读取或写入操作系统数据或代码。因此，硬件必须支持页面的不同保护级别才能启用该功能。VAX 通过在页表中的保护位中指定 CPU 访问特定页面所需的特权级别来实现此目的。因此，系统数据和代码被设置为比用户数据和代码更高的保护级别。试图从用户代码访问这些信息，将会在操作系统中产生一个陷阱，并且（你猜对了）可能会终止违规进程。

23.4 页替换

VAX 中的页表项（PTE）包含以下位：一个有效位，一个保护字段（4 位），一个修改（或脏位）位，为 OS 使用保留的字段（5 位），最后是一个物理帧号码（PFN）将页面的位置存储在物理内存中。敏锐的读者可能会注意到：没有引用位（no reference bit）！因此，VMS 替换算法必须在没有硬件支持的情况下，确定哪些页是活跃的。

开发人员也担心会有"自私贪婪的内存"（memory hog）——一些程序占用大量内存，使其他程序难以运行。到目前为止，我们所看到的大部分策略都容易受到这种内存的影响。例如，LRU 是一种全局策略，不会在进程之间公平分享内存。

分段的 FIFO

为了解决这两个问题，开发人员提出了分段的 FIFO（segmented FIFO）替换策略[RL81]。想法很简单：每个进程都有一个可以保存在内存中的最大页数，称为驻留集大小（Resident Set Size，RSS）。每个页都保存在 FIFO 列表中。当一个进程超过其 RSS 时，"先入"的页被驱逐。FIFO 显然不需要硬件的任何支持，因此很容易实现。

正如我们前面看到的，纯粹的 FIFO 并不是特别好。为了提高 FIFO 的性能，VMS 引入了两个二次机会列表（second-chance list），页在从内存中被踢出之前被放在其中。具体来说，是全局的干净页空闲列表和脏页列表。当进程 P 超过其 RSS 时，将从其每个进程的 FIFO 中移除一个页。如果干净（未修改），则将其放在干净页列表的末尾。如果脏（已修改），则将其放在脏页列表的末尾。

如果另一个进程 Q 需要一个空闲页，它会从全局干净列表中取出第一个空闲页。但是，如果原来的进程 P 在回收之前在该页上出现页错误，则 P 会从空闲（或脏）列表中回收，从而避免昂贵的磁盘访问。这些全局二次机会列表越大，分段的 FIFO 算法越接近 LRU [RL81]。

页聚集

VMS 采用的另一个优化也有助于克服 VMS 中的小页面问题。具体来说，对于这样的小页面，交换过程中的硬盘 I/O 可能效率非常低，因为硬盘在大型传输中效果更好。为了让交换 I/O 更有效，VMS 增加了一些优化，但最重要的是聚集（clustering）。通过聚集，VMS 将大批量的页从全局脏列表中分组到一起，并将它们一举写入磁盘（从而使它们变干净）。聚集用于大多数现代系统，因为可以在交换空间的任意位置放置页，所以操作系统对页分组，执行更少和更大的写入，从而提高性能。

补充：模拟引用位

事实证明，你不需要硬件引用位，就可以了解系统中哪些页在用。事实上，在 20 世纪 80 年代早期，Babaoglu 和 Joy 表明，VAX 上的保护位可以用来模拟引用位[BJ81]。其基本思路是：如果你想了解哪些页在系统中被活跃使用，请将页表中的所有页标记为不可访问（但请注意关于哪些页可以被进程真正访问的信息，也许在页表项的"保留的操作系统字段"部分）。当一个进程访问一页时，它会在操作系统中产生一个陷阱。操作系统将检查页是否真的可以访问，如果是，则将该页恢复为正常保护（例如，只读或读写）。在替换时，操作系统可以检查哪些页仍然标记为不可用，从而了解哪些页最近没有被使用过。

这种引用位"模拟"的关键是减少开销，同时仍能很好地了解页的使用。标记页不可访问时，操作系统不应太激进，否则开销会过高。同时，操作系统也不能太被动，否则所有页面都会被引用，操作系统又无法知道踢出哪一页。

23.5　其他漂亮的虚拟内存技巧

VMS 有另外两个现在成为标准的技巧：按需置零和写入时复制。我们现在描述这些惰性（lazy）优化。

VMS（以及大多数现代系统）中的一种懒惰形式是页的按需置零（demand zeroing）。为了更好地理解这一点，我们来考虑一下在你的地址空间中添加一个页的例子。在一个初级实现中，操作系统响应一个请求，在物理内存中找到页，将该页添加到你的堆中，并将其置零（安全起见，这是必需的。否则，你可以看到其他进程使用该页时的内容。），然后将其映射到你的地址空间（设置页表以根据需要引用该物理页）。但是初级实现可能是昂贵的，特别是如果页没有被进程使用。

利用按需置零，当页添加到你的地址空间时，操作系统的工作很少。它会在页表中放入一个标记页不可访问的条目。如果进程读取或写入页，则会向操作系统发送陷阱。在处理陷阱时，操作系统注意到（通常通过页表项中"保留的操作系统字段"部分标记的一些位），这实际上是一个按需置零页。此时，操作系统会完成寻找物理页的必要工作，将它置零，并映射到进程的地址空间。如果该进程从不访问该页，则所有这些工作都可以避免，从而体现按需置零的好处。

> **提示：惰性**
> 惰性可以使得工作推迟，但出于多种原因，这在操作系统中是有益的。首先，推迟工作可能会减少当前操作的延迟，从而提高响应能力。例如，操作系统通常会报告立即写入文件成功，只是稍后在后台将其写入硬盘。其次，更重要的是，惰性有时会完全避免完成这项工作。例如，延迟写入直到文件被删除，根本不需要写入。

VMS 有另一个很酷的优化（几乎每个现代操作系统都是这样），写时复制（copy-on-write，COW）。这个想法至少可以回溯到 TENEX 操作系统[BB+72]，它很简单：如果操作系统需要将一个页面从一个地址空间复制到另一个地址空间，不是实际复制它，而是将其映射到目标地址空间，并在两个地址空间中将其标记为只读。如果两个地址空间都只读取页面，则不会采取进一步的操作，因此操作系统已经实现了快速复制而不实际移动任何数据。

但是，如果其中一个地址空间确实尝试写入页面，就会陷入操作系统。操作系统会注意到该页面是一个 COW 页面，因此（惰性地）分配一个新页，填充数据，并将这个新页映射到错误处理的地址空间。该进程然后继续，现在有了该页的私人副本。

COW 有用有一些原因。当然，任何类型的共享库都可以通过写时复制，映射到许多进程的地址空间中，从而节省宝贵的内存空间。在 UNIX 系统中，由于 fork()和 exec()的语义，COW 更加关键。你可能还记得，fork()会创建调用者地址空间的精确副本。对于大的地址空间，这样的复制过程很慢，并且是数据密集的。更糟糕的是，大部分地址空间会被随后的exec()调用立即覆盖，它用即将执行的程序覆盖调用进程的地址空间。通过改为执行写时复制的 fork()，操作系统避免了大量不必要的复制，从而保留了正确的语义，同时提高了性能。

23.6　小结

现在我们已经从头到尾地复习整个虚拟存储系统。希望大多数细节都很容易明白，因为你应该已经对大部分基本机制和策略有了很好的理解。Levy 和 Lipman [LL82]出色的（简短的）论文中有更详细的介绍。建议你阅读它，这是了解这些章节背后的资源来源的好方法。

在可能的情况下，你还应该通过阅读 Linux 和其他现代系统来了解更多关于最新技术的信息。有很多原始资料，包括一些不错的书籍[BC05]。有一件事会让你感到惊讶：在诸如VAX/VMS 这样的较早论文中看到的经典理念，仍然影响着现代操作系统的构建方式。

参考资料

[BB+72] "TENEX, A Paged Time Sharing System for the PDP-10"

Daniel G. Bobrow, Jerry D. Burchfiel, Daniel L. Murphy, Raymond S. Tomlinson Communications of the ACM, Volume 15, March 1972

早期的分时操作系统，有许多好的想法来自于此。写时复制只是其中之一，在这里可以找到现代系统许多其他方面的灵感，包括进程管理、虚拟内存和文件系统。

[BJ81] "Converting a Swap-Based System to do Paging in an Architecture Lacking Page-Reference Bits" Ozalp Babaoglu and William N. Joy

SOSP '81, Pacific Grove, California, December 1981

关于如何利用机器内现有的保护机制来模拟引用位的巧妙构思。这个想法来自 Berkeley 的小组，他们正在致力于开发他们自己的 UNIX 版本，也就是所谓的伯克利系统发行版，或称为 BSD。该团队在 UNIX 的发展中有很大的影响力，包括虚拟内存、文件系统和网络方面。

[BC05] "Understanding the Linux Kernel (Third Edition)" Daniel P. Bovet and Marco Cesati

O'Reilly Media, November 2005

关于 Linux 的众多图书之一。它们很快就会过时，但许多基础知识仍然存在，值得一读。

[C03] "The Innovator's Dilemma" Clayton M. Christenson

Harper Paperbacks, January 2003

一本关于硬盘驱动器行业的精彩图书，还涉及新的创新如何颠覆现有的技术。对于商科和计算机科学家来说，这是一本好书，提供了关于大型成功的公司如何完全失败的洞见。

[C93] "Inside Windows NT" Helen Custer and David Solomon Microsoft Press, 1993

这本关于 Windows NT 的书从头到尾地解释了系统，内容过于详细，你可能不喜欢。但认真地说，它是一本相当不错的书。

[LL82] "Virtual Memory Management in the VAX/VMS Operating System" Henry M. Levy, Peter H. Lipman

IEEE Computer, Volume 15, Number 3 (March 1982)

这是本章的大部分原始材料来源，它简洁易读。尤其重要的是，如果你想读研究生，你需要做的就是阅读论文、工作，阅读更多的论文、做更多的工作，最后写一篇论文，然后继续工作。但它很有趣！

[RL81] "Segmented FIFO Page Replacement" Rollins Turner and Henry Levy

SIGMETRICS '81, Las Vegas, Nevada, September 1981

一篇简短的文章，显示了对于一些工作负载，分段的 FIFO 可以接近 LRU 的性能。

第 24 章　内存虚拟化总结对话

学生：（大口吸气）哇，这部分内容很多。

教授：是的，那么……

学生：那么，我应该如何记住这一切？你懂的，为了考试？

教授：天啊，我希望这不是你试图记住它的原因。

学生：那我为什么要记住呢？

教授：算了吧，我以为你领会更好。你试图在这里学习一些东西，这样当你走进这个世界时，就会明白系统是如何工作的。

学生：嗯……你能举个例子吗？

教授：当然！当我还在研究生院时，有一次我和朋友正在测量内存存取的时间，有时候这些数字比我们预期的要高。我们认为所有数据都很好地融入了二级硬件缓存中，你知道，因此应该非常快速地访问。

学生：（点头）

教授：我们无法弄清楚发生了什么事。那么你在这种情况下做什么？很容易，问一位教授！于是我们去问一位教授，他看过我们制作的图表，简单地说"TLB"。啊哈！当然，TLB 未命中！我们为什么没有想到这个？有一个好的虚拟内存模型可以帮助诊断各种有趣的性能问题。

学生：我想我明白了。我要尝试建立这些关于事情如何工作的心智模型，以便我在那里独立工作，当系统不像预期的那样行事时，不会感到惊讶。我甚至应该能够预测系统将如何工作，只要想想它就行。

教授：确实如此。那么你学到了什么？关于虚拟内存如何工作的，你的心智模型有哪些？

学生：我认为我现在对进程引用内存时会发生什么有了很好的概念，正如您多次说过的那样，每次获取指令以及显式加载和存储时都会发生。

教授：听起来不错，说下去。

学生：那么，我会永远记住的一件事是，我们在用户程序中看到的地址，例如用 C 语言编写的……

教授：还有什么其他的语言？

学生：（继续）……是的，我知道你喜欢 C，我也是！无论如何，正如我所说的，我现在真的知道，我们在程序中可以观察到的所有地址都是虚拟地址。作为一名程序员，我只是看到了数据和代码在内存中的假象。我曾经认为能够打印指针的地址是很酷的，但现在我发现它令人沮丧——它只是一个虚拟地址！我看不到数据所在的真实物理地址。

教授：你看不到，操作系统肯定会向你隐藏的。还有什么？

学生：嗯，我认为 TLB 是一个非常关键的部分，为系统提供了一个地址转换的小硬件缓存。页表通常相当大，因此放在大而慢的内存中。没有 TLB，程序运行速度肯定会慢得多。TLB 似乎真的让虚拟内存成为可能。我无法想象构建一个没有 TLB 的系统！我想到了一个超出 TLB 覆盖范围的程序：所有那些 TLB 未命中，简直不敢看。

教授：是的，蒙住孩子们的眼睛！除了 TLB，你还学到了什么？

学生：我现在也明白，页表是需要了解的数据结构之一。它只是一个数据结构，这意味着几乎可以使用任何结构。我们从简单的结构（如数组，即线性页表）开始，一直到多级表（它们看起来像树），甚至像内核虚拟内存中的可分页页表一样疯狂。全是为了在内存中节省一点空间！

教授：的确如此。

学生：还有一件更重要的事情：我了解到，地址转换结构需要足够灵活，以支持程序员想要处理的地址空间。在这个意义上，像多级表这样的结构是完美的。它们只在用户需要一部分地址空间时才创建表空间，因此几乎没有浪费。早期的尝试，比如简单的基址和界限寄存器，只是不够灵活。这些结构需要与用户期望和想要的虚拟内存系统相匹配。

教授：这是一个很好的观点。我们所学到的关于交换到磁盘的所有内容的情况如何？

学生：好的，学习肯定很有趣，而且很好地知道页替换的工作原理。一些基本的策略是很明显的（比如 LRU），但是建立一个真正的虚拟内存系统似乎更有趣，就像我们在 VMS 案例研究中看到的一样。但不知何故，我发现这些机制更有趣，而策略则不太有趣。

教授：哦，那是为什么？

学生：正如你所说的那样，最终解决策略问题的好办法很简单：购买更多的内存。但是你需要理解的机制才能知道事情是如何运作的。说到……

教授：什么？

学生：好吧，我的机器现在运行速度有点慢……而且内存肯定不会太贵……

教授：噢，很好，很好！这里有些钱，去买一些 DRAM，小事情。

学生：谢谢教授！我再也不会交换到硬盘了——或者，如果发生交换，至少我会知道实际发生了什么！

■ 第 2 部分　并发

第 25 章　关于并发的对话

教授： 现在我们要开始讲操作系统三大主题中的第二个：并发。

学生： 我以为有四大主题……

教授： 不，那是在这本书的旧版本中。

学生： 呃，好的。那么什么是并发，教授？

教授： 想象我们有一个桃子——

学生：（打断）又是桃子！您和桃子有什么关系？

教授： 读过 T.S.艾略特的作品吗？《The Love Song of J. Alfred Prufrock》中写到 "Do I dare to eat a peach"，还有那些有趣的东西……

学生： 哦，是的！是在高中的英语课上学到的。我非常喜欢那个部分。

教授：（打断）这与此无关，我只是喜欢桃子。不管怎样，想象一下桌子上有很多桃子，还有很多人想吃它们。比方说，我们这样做：每个食客首先在视觉上识别桃子，然后试图抓住并吃掉桃子。这种方法有什么问题？

学生： 嗯……好像你可能会看到别人也看到的桃子。如果他们先拿到，当你伸出手时，就拿不到桃子了！

教授： 确实！那么我们应该怎么做呢？

学生： 好吧，可能会想一个更好的方法来解决这个问题。也许会排队，当你到达前面时，抓起桃子并继续前进。

教授： 好！但是你的方法有什么问题？

学生： 哎，我必须做所有的工作吗？

教授： 是的。

学生： 好的，让我想想。好吧，我们曾经让很多人同时抓起桃子，速度更快。但以我的方式，我们只是一次一个，这是正确的，但速度较慢。最好的方法是既快速又正确。

教授： 你真的开始让我刮目相看。事实上，你刚才告诉了我们关于并发的所有知识！做得好。

学生： 我做到了？我以为我们只是在谈论桃子。还记得，这通常是您再次开讲计算机的一部分。

教授： 的确如此。我道歉！永远不要忘记具体概念。好吧，事实证明，存在某些类型的程序，我们称之为多线程（multi-threaded）应用程序。每个线程（thread）都像在这个程序中运行的独立代理程序，代表程序做事。但是这些线程访问内存，对于它们来说，每个内存节点就像一个桃子。如果我们不协调线程之间的内存访问，程序将无法按预期工作。懂了吗？

学生： 有点懂了。但是为什么我们要在操作系统课上谈论这个问题？这不就是应用程序编程吗？

教授: 好问题! 实际上有几个原因。首先,操作系统必须用锁(lock)和条件变量(condition variable)这样的原语,来支持多线程应用程序,我们很快会讨论。其次,操作系统本身是第一个并发程序——它必须非常小心地访问自己的内存,否则会发生许多奇怪而可怕的事情。真的,会变得非常可怕。

学生: 我明白了。听起来不错。我猜,还有更多的细节,是不是?

教授: 确实有……

第 26 章　并发：介绍

目前为止，我们已经看到了操作系统提供的基本抽象的发展；也看到了如何将一个物理 CPU 变成多个虚拟 CPU（virtual CPU），从而支持多个程序同时运行的假象；还看到了如何为每个进程创建巨大的、私有的虚拟内存（virtual memory）的假象，这种地址空间（address space）的抽象让每个程序好像拥有自己的内存，而实际上操作系统秘密地让多个地址空间复用物理内存（或者磁盘）。

本章将介绍为单个运行进程提供的新抽象：线程（thread）。经典观点是一个程序只有一个执行点（一个程序计数器，用来存放要执行的指令），但多线程（multi-threaded）程序会有多个执行点（多个程序计数器，每个都用于取指令和执行）。换一个角度来看，每个线程类似于独立的进程，只有一点区别：它们共享地址空间，从而能够访问相同的数据。

因此，单个线程的状态与进程状态非常类似。线程有一个程序计数器（PC），记录程序从哪里获取指令。每个线程有自己的一组用于计算的寄存器。所以，如果有两个线程运行在一个处理器上，从运行一个线程（T1）切换到另一个线程（T2）时，必定发生上下文切换（context switch）。线程之间的上下文切换类似于进程间的上下文切换。对于进程，我们将状态保存到进程控制块（Process Control Block，PCB）。现在，我们需要一个或多个线程控制块（Thread Control Block，TCB），保存每个线程的状态。但是，与进程相比，线程之间的上下文切换有一点主要区别：地址空间保持不变（即不需要切换当前使用的页表）。

线程和进程之间的另一个主要区别在于栈。在简单的传统进程地址空间模型 [我们现在可以称之为单线程（single-threaded）进程] 中，只有一个栈，通常位于地址空间的底部（见图 26.1 左图）。

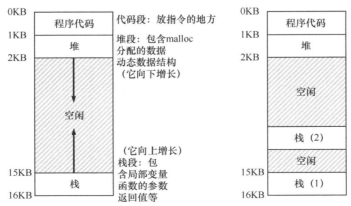

图 26.1　单线程和多线程的地址空间

然而，在多线程的进程中，每个线程独立运行，当然可以调用各种例程来完成正在执行的任何工作。不是地址空间中只有一个栈，而是每个线程都有一个栈。假设有一个多线程的进程，它有两个线程，结果地址空间看起来不同（见图 26.1 右图）。

在图 26.1 中，可以看到两个栈跨越了进程的地址空间。因此，所有位于栈上的变量、参数、返回值和其他放在栈上的东西，将被放置在有时称为线程本地（thread-local）存储的地方，即相关线程的栈。

你可能注意到，多个栈也破坏了地址空间布局的美感。以前，堆和栈可以互不影响地增长，直到空间耗尽。多个栈就没有这么简单了。幸运的是，通常栈不会很大（除了大量使用递归的程序）。

26.1 实例：线程创建

假设我们想运行一个程序，它创建两个线程，每个线程都做了一些独立的工作，在这例子中，打印"A"或"B"。代码如图 26.2 所示。

主程序创建了两个线程，分别执行函数 mythread()，但是传入不同的参数（字符串类型的 A 或者 B）。一旦线程创建，可能会立即运行（取决于调度程序的兴致），或者处于就绪状态，等待执行。创建了两个线程（T1 和 T2）后，主程序调用 pthread_join()，等待特定线程完成。

```
1    #include <stdio.h>
2    #include <assert.h>
3    #include <pthread.h>
4
5    void *mythread(void *arg) {
6        printf("%s\n", (char *) arg);
7        return NULL;
8    }
9
10   int
11   main(int argc, char *argv[]) {
12       pthread_t p1, p2;
13       int rc;
14       printf("main: begin\n");
15       rc = pthread_create(&p1, NULL, mythread, "A"); assert(rc == 0);
16       rc = pthread_create(&p2, NULL, mythread, "B"); assert(rc == 0);
17       // join waits for the threads to finish
18       rc = pthread_join(p1, NULL); assert(rc == 0);
19       rc = pthread_join(p2, NULL); assert(rc == 0);
20       printf("main: end\n");
21       return 0;
22   }
```

图 26.2 简单线程创建代码（t0.c）

让我们来看看这个小程序的可能执行顺序。在表 26.1 中，向下方向表示时间增加，每个列显示不同的线程（主线程、线程 1 或线程 2）何时运行。

表 26.1   线程追踪（1）

主程序	线程 1	线程 2
开始运行 打印"main:begin" 创建线程 1 创建线程 2 等待线程 1		
	运行 打印"A" 返回	
等待线程 2		
		运行 打印"B" 返回
打印"main:end"		

但请注意，这种排序不是唯一可能的顺序。实际上，给定一系列指令，有很多可能的顺序，这取决于调度程序决定在给定时刻运行哪个线程。例如，创建一个线程后，它可能会立即运行，这将导致表 26.2 中的执行顺序。

表 26.2   线程追踪（2）

主程序	线程 1	线程 2
开始运行 打印"main:begin" 创建线程 1		
	运行 打印"A" 返回	
创建线程 2		
		运行 打印"B" 返回

等待线程 1
  立即返回，线程 1 已完成
等待线程 2
  立即返回，线程 2 已完成
打印"main:end"		

我们甚至可以在"A"之前看到"B"，即使先前创建了线程 1，如果调度程序决定先运行线程 2，没有理由认为先创建的线程先运行。表 26.3 展示了最终的执行顺序，线程 2 在

线程 1 之前先展示它的结果。

表 26.3　　　　　　　　　　　　　　　线程追踪（3）

主程序	线程 1	线程 2
开始运行 打印"main:begin" 创建线程 1 创建线程 2		
		运行 打印"B" 返回
等待线程 1		
	运行 打印"A" 返回	
等待线程 2 　*立即返回，线程 2 已完成* 打印"main:end"		

如你所见，线程创建有点像进行函数调用。然而，并不是首先执行函数然后返回给调用者，而是为被调用的例程创建一个新的执行线程，它可以独立于调用者运行，可能在从创建者返回之前运行，但也许会晚得多。

从这个例子中也可以看到，线程让生活变得复杂：已经很难说出什么时候会运行了！没有并发，计算机也很难理解。遗憾的是，有了并发，情况变得更糟，而且糟糕得多。

26.2　为什么更糟糕：共享数据

上面演示的简单线程示例非常有用，它展示了线程如何创建，根据调度程序的决定，它们如何以不同顺序运行。但是，它没有展示线程在访问共享数据时如何相互作用。

设想一个简单的例子，其中两个线程希望更新全局共享变量。我们要研究的代码如图 26.3 所示。

```
1    #include <stdio.h>
2    #include <pthread.h>
3    #include "mythreads.h"
4
5    static volatile int counter = 0;
6
7    //
8    // mythread()
9    //
```

```
10   // Simply adds 1 to counter repeatedly, in a loop
11   // No, this is not how you would add 10,000,000 to
12   // a counter, but it shows the problem nicely.
13   //
14   void *
15   mythread(void *arg)
16   {
17       printf("%s: begin\n", (char *) arg);
18       int i;
19       for (i = 0; i < 1e7; i++) {
20           counter = counter + 1;
21       }
22       printf("%s: done\n", (char *) arg);
23       return NULL;
24   }
25
26   //
27   // main()
28   //
29   // Just launches two threads (pthread_create)
30   // and then waits for them (pthread_join)
31   //
32   int
33   main(int argc, char *argv[])
34   {
35       pthread_t p1, p2;
36       printf("main: begin (counter = %d)\n", counter);
37       Pthread_create(&p1, NULL, mythread, "A");
38       Pthread_create(&p2, NULL, mythread, "B");
39
40       // join waits for the threads to finish
41       Pthread_join(p1, NULL);
42       Pthread_join(p2, NULL);
43       printf("main: done with both (counter = %d)\n", counter);
44       return 0;
45   }
```

图 26.3   共享数据：哎呀（t1.c）

以下是关于代码的一些说明。首先，如 Stevens 建议的[SR05]，我们封装了线程创建和合并例程，以便在失败时退出。对于这样简单的程序，我们希望至少注意到发生了错误（如果发生了错误），但不做任何非常聪明的处理（只是退出）。因此，Pthread_create()只需调用pthread_create()，并确保返回码为 0。如果不是，Pthread_create()就打印一条消息并退出。

其次，我们没有用两个独立的函数作为工作线程，只使用了一段代码，并向线程传入一个参数（在本例中是一个字符串），这样就可以让每个线程在打印它的消息之前，打印不同的字母。

最后，最重要的是，我们现在可以看看每个工作线程正在尝试做什么：向共享变量计数器添加一个数字，并在循环中执行 1000 万（10^7）次。因此，预期的最终结果是：20000000。

我们现在编译并运行该程序，观察它的行为。有时候，一切如我们预期的那样：

```
prompt> gcc -o main main.c -Wall -pthread
prompt> ./main
main: begin (counter = 0)
A: begin
B: begin
A: done
B: done
main: done with both (counter = 20000000)
```

遗憾的是，即使是在单处理器上运行这段代码，也不一定能获得预期结果。有时会这样：

```
prompt> ./main
main: begin (counter = 0)
A: begin
B: begin
A: done
B: done
main: done with both (counter = 19345221)
```

让我们再试一次，看看我们是否疯了。毕竟，计算机不是应该产生确定的（deterministic）结果，像教授讲的那样？！也许教授一直在骗你？（大口地吸气）

```
prompt> ./main
main: begin (counter = 0)
A: begin
B: begin
A: done
B: done
main: done with both (counter = 19221041)
```

每次运行不但会产生错误，而且得到不同的结果！有一个大问题：为什么会发生这种情况？

提示：了解并使用工具

你应该学习使用新的工具，帮助你编程、调试和理解计算机系统。我们使用一个漂亮的工具，名为反汇编程序（disassembler）。如果对可执行文件运行反汇编程序，它会显示组成程序的汇编指令。例如，如果我们想要了解更新计数器的底层代码（如我们的例子），就运行 objdump（Linux）来查看汇编代码：

```
prompt> objdump -d main
```

这样做会产生程序中所有指令的长列表，整齐地标明（特别是如果你使用-g 标志编译），其中包含程序中的符号信息。objdump 程序只是应该学习使用的许多工具之一。像 gdb 这样的调试器，像 valgrind 或 purify 这样的内存分析器，当然编译器本身也应该花时间去了解更多信息。工具用得越好，就可以建立更好的系统。

26.3 核心问题：不可控的调度

为了理解为什么会发生这种情况，我们必须了解编译器为更新计数器生成的代码序列。在这个例子中，我们只是想给 counter 加上一个数字（1）。因此，做这件事的代码序列可能看起来像这样（在 x86 中）：

```
mov 0x8049a1c, %eax
add $0x1, %eax
mov %eax, 0x8049a1c
```

这个例子假定，变量 counter 位于地址 0x8049a1c。在这 3 条指令中，先用 x86 的 mov 指令，从内存地址处取出值，放入 eax。然后，给 eax 寄存器的值加 1（0x1）。最后，eax 的值被存回内存中相同的地址。

设想我们的两个线程之一（线程 1）进入这个代码区域，并且因此将要增加一个计数器。它将 counter 的值（假设它这时是 50）加载到它的寄存器 eax 中。因此，线程 1 的 eax = 50。然后它向寄存器加 1，因此 eax = 51。现在，一件不幸的事情发生了：时钟中断发生。因此，操作系统将当前正在运行的线程（它的程序计数器、寄存器，包括 eax 等）的状态保存到线程的 TCB。

现在更糟的事发生了：线程 2 被选中运行，并进入同一段代码。它也执行了第一条指令，获取计数器的值并将其放入其 eax 中 [请记住：运行时每个线程都有自己的专用寄存器。上下文切换代码将寄存器虚拟化（virtualized），保存并恢复它们的值]。此时 counter 的值仍为 50，因此线程 2 的 eax = 50。假设线程 2 执行接下来的两条指令，将 eax 递增 1（因此 eax = 51），然后将 eax 的内容保存到 counter（地址 0x8049a1c）中。因此，全局变量 counter 现在的值是 51。

最后，又发生一次上下文切换，线程 1 恢复运行。还记得它已经执行过 mov 和 add 指令，现在准备执行最后一条 mov 指令。回忆一下，eax=51。因此，最后的 mov 指令执行，将值保存到内存，counter 再次被设置为 51。

简单来说，发生的情况是：增加 counter 的代码被执行两次，初始值为 50，但是结果为 51。这个程序的"正确"版本应该导致变量 counter 等于 52。

为了更好地理解问题，让我们追踪一下详细的执行。假设在这个例子中，上面的代码被加载到内存中的地址 100 上，就像下面的序列一样（熟悉类似 RISC 指令集的人请注意：x86 具有可变长度指令。这个 mov 指令占用 5 个字节的内存，add 只占用 3 个字节）：

```
100 mov     0x8049a1c, %eax
105 add     $0x1, %eax
108 mov     %eax, 0x8049a1c
```

有了这些假设，发生的情况如表 26.4 所示。假设 counter 从 50 开始，并追踪这个例子，确保你明白发生了什么。

这里展示的情况称为竞态条件（race condition）：结果取决于代码的时间执行。由于运气不好（即在执行过程中发生的上下文切换），我们得到了错误的结果。事实上，可能每次都会得到不同的结果。因此，我们称这个结果是不确定的（indeterminate），而不是确定的（deterministic）计算（我们习惯于从计算机中得到）。不确定的计算不知道输出是什么，它在不同运行中确实可能是不同的。

由于执行这段代码的多个线程可能导致竞争状态，因此我们将此段代码称为临界区（critical section）。临界区是访问共享变量（或更一般地说，共享资源）的代码片段，一定不能由多个线程同时执行。

表 26.4 问题：近距离查看

OS	线程 1	线程 2	指令执行后		
			PC	%eax	counter
	在临界区之前		100	0	50
	mov 0x8049a1c, %eax		105	50	50
	add $0x1, %eax		108	51	50
中断					
保存T1 的状态					
恢复T2 的状态			100	0	50
		mov 0x8049a1c, %eax	105	50	50
		add $0x1, %eax	108	51	50
		mov %eax, 0x8049a1c	113	51	51
中断					
保存T2 的状态					
恢复T1 的状态			108	51	51
	mov %eax, 0x8049a1c		113	51	51

我们真正想要的代码就是所谓的互斥（mutual exclusion）。这个属性保证了如果一个线程在临界区内执行，其他线程将被阻止进入临界区。

事实上，所有这些术语都是由 Edsger Dijkstra 创造的，他是该领域的先驱，并且因为这项工作和其他工作而获得了图灵奖。请参阅他 1968 年关于 "Cooperating Sequential Processes" 的文章[D68]，该文对这个问题给出了非常清晰的描述。在本书的这一部分，我们将多次看到 Dijkstra 的名字。

26.4 原子性愿望

解决这个问题的一种途径是拥有更强大的指令，单步就能完成要做的事，从而消除不合时宜的中断的可能性。比如，如果有这样一条超级指令怎么样？

```
memory-add 0x8049a1c, $0x1
```

假设这条指令将一个值添加到内存位置，并且硬件保证它以原子方式（atomically）执行。当指令执行时，它会像期望那样执行更新。它不能在指令中间中断，因为这正是我们从硬件获得的保证：发生中断时，指令根本没有运行，或者运行完成，没有中间状态。硬件也可以很漂亮，不是吗？

在这里，原子方式的意思是"作为一个单元"，有时我们说"全部或没有"。我们希望以原子方式执行 3 个指令的序列：

```
mov 0x8049a1c, %eax
add $0x1, %eax
mov %eax, 0x8049a1c
```

我们说过，如果有一条指令来做到这一点，我们可以发出这条指令然后完事。但在一般情况下，不会有这样的指令。设想我们要构建一个并发的 B 树，并希望更新它。我们真的希望硬件支持"B 树的原子性更新"指令吗？可能不会，至少理智的指令集不会。

因此，我们要做的是要求硬件提供一些有用的指令，可以在这些指令上构建一个通用的集合，即所谓的同步原语（synchronization primitive）。通过使用这些硬件同步原语，加上操作系统的一些帮助，我们将能够构建多线程代码，以同步和受控的方式访问临界区，从而可靠地产生正确的结果—— 尽管有并发执行的挑战。很棒，对吗？

补充：关键并发术语
临界区、竞态条件、不确定性、互斥执行

这 4 个术语对于并发代码来说非常重要，我们认为有必要明确地指出。请参阅 Dijkstra 的一些早期著作[D65，D68]了解更多细节。

- 临界区（critical section）是访问共享资源的一段代码，资源通常是一个变量或数据结构。
- 竞态条件（race condition）出现在多个执行线程大致同时进入临界区时，它们都试图更新共享的数据结构，导致了令人惊讶的（也许是不希望的）结果。
- 不确定性（indeterminate）程序由一个或多个竞态条件组成，程序的输出因运行而异，具体取决于哪些线程在何时运行。这导致结果不是确定的（deterministic），而我们通常期望计算机系统给出确定的结果。
- 为了避免这些问题，线程应该使用某种互斥（mutual exclusion）原语。这样做可以保证只有一个线程进入临界区，从而避免出现竞态，并产生确定的程序输出。

这是本书的这一部分要研究的问题。这是一个精彩而困难的问题，应该让你有点伤脑筋（一点点）。如果没有，那么你还不明白！继续工作，直到头痛，你就知道正朝着正确的方向前进。现在，休息一下，我们不希望你的脑细胞受伤太多。

关键问题：如何实现同步

为了构建有用的同步原语，需要从硬件中获得哪些支持？需要从操作系统中获得什么支持？如何正确有效地构建这些原语？程序如何使用它们来获得期望的结果？

26.5 还有一个问题：等待另一个线程

本章提出了并发问题，就好像线程之间只有一种交互，即访问共享变量，因此需要为临界区支持原子性。事实证明，还有另一种常见的交互，即一个线程在继续之前必须等待另一个线程完成某些操作。例如，当进程执行磁盘 I/O 并进入睡眠状态时，会产生这种交互。当 I/O 完成时，该进程需要从睡眠中唤醒，以便继续进行。

因此，在接下来的章节中，我们不仅要研究如何构建对同步原语的支持来支持原子性，还要研究支持在多线程程序中常见的睡眠/唤醒交互的机制。如果现在不明白，没问题！当你阅读条件变量（condition variable）的章节时，很快就会发生。如果那时还不明白，那就有点问题了。你应该再次阅读本章（一遍又一遍），直到明白。

26.6　小结：为什么操作系统课要研究并发

在结束之前，你可能会有一个问题：为什么我们要在 OS 类中研究并发？一个词："历史"。操作系统是第一个并发程序，许多技术都是在操作系统内部使用的。后来，在多线程的进程中，应用程序员也必须考虑这些事情。

例如，设想有两个进程在运行。假设它们都调用 write() 来写入文件，并且都希望将数据追加到文件中（即将数据添加到文件的末尾，从而增加文件的长度）。为此，这两个进程都必须分配一个新块，记录在该块所在文件的 inode 中，并更改文件的大小以反映新的、增加的大小（插一句，在本书的第 3 部分，我们将更多地了解文件）。因为中断可能随时发生，所以更新这些共享结构的代码（例如，分配的位图或文件的 inode）是临界区。因此，从引入中断的一开始，OS 设计人员就不得不担心操作系统如何更新内部结构。不合时宜的中断会导致上述所有问题。毫不奇怪，页表、进程列表、文件系统结构以及几乎每个内核数据结构都必须小心地访问，并使用正确的同步原语才能正常工作。

提示：使用原子操作

原子操作是构建计算机系统的最强大的基础技术之一，从计算机体系结构到并行代码（我们在这里研究的内容）、文件系统（我们将很快研究）、数据库管理系统，甚至分布式系统[L+93]。

将一系列动作原子化（atomic）背后的想法可以简单用一个短语表达："全部或没有"。看上去，要么你希望组合在一起的所有活动都发生了，要么它们都没有发生。不会看到中间状态。有时，将许多行为组合为单个原子动作称为事务（transaction），这是一个在数据库和事务处理世界中非常详细地发展的概念[GR92]。

在探讨并发的主题中，我们将使用同步原语，将指令的短序列变成原子性的执行块。但是我们会看到，原子性的想法远不止这些。例如，文件系统使用诸如日志记录或写入时复制等技术来自动转换其磁盘状态，这对于在系统故障时正确运行至关重要。如果不明白，不要担心——后续某章会探讨。

参考资料

[D65] "Solution of a Problem in Concurrent Programming Control"

E. W. Dijkstra

Communications of the ACM, 8(9):569, September 1965

公认 Dijkstra 的第一篇论文，他概述了互斥问题和解决方案。但是，解决方案并未广泛使用。我们将在接下来的章节中看到，需要先进的硬件和操作系统支持。

[D68] "Cooperating Sequential Processes" Edsger W. Dijkstra, 1968

在他最后一个工作地点德克萨斯大学的网站上，Dijkstra 记录了很多他的旧论文、讲义和想法（为了后人）。

然而，他的许多基础性工作早在多年前就在埃因霍温理工大学（Technische Hochshule of Eindhoven，THE）进行，其中包括这篇著名的关于"Cooperating Sequential Processes"的论文，该论文基本上概述了编写多线程程序必须考虑的所有问题。Dijkstra 是在以他的学校命名的操作系统"THE"上工作时做出这些研究发现的。"THE"读作 THE，而不是"the"。

[GR92]"Transaction Processing: Concepts and Techniques"Jim Gray and Andreas Reuter

Morgan Kaufmann, September 1992

这本书是事务处理的宝典，由该领域的传奇人物之一 Jim Gray 撰写。出于这个原因，它也被认为是 Jim Gray 的"大脑转储"，其中写下了他所知道的关于数据库管理系统如何工作的一切。难过的是，Gray 在几年前不幸去世了，我们中的许多人（包括这本书的合著者）失去了一位朋友和伟大的导师。我们在研究生学习期间有幸与 Gray 交流过。

[L+93]"Atomic Transactions"

Nancy Lynch, Michael Merritt, William Weihl, Alan Fekete Morgan Kaufmann, August 1993

这是一本关于分布式系统原子事务的一些理论和实践的不错教材。对于一些人来说，也许有点正式，但在这里可以找到很多很好的材料。

[SR05]"Advanced Programming in the UNIX Environment"

我们说过很多次，购买这本书，然后一点一点阅读，建议在睡前阅读。这样，你实际上会更快地入睡。更重要的是，可以多学一点如何成为一名称职的 UNIX 程序员。

作业

x86.py 这个程序让你看到不同的线程交替如何导致或避免竞态条件。请参阅 README 文件，了解程序如何工作及其基本输入的详细信息，然后回答以下问题。

问题

1. 开始，我们来看一个简单的程序，"loop.s"。首先，阅读这个程序，看看你是否能理解它：cat loop.s。然后，用这些参数运行它：

```
./x86.py -p loop.s -t 1 -i 100 -R dx
```

这指定了一个单线程，每 100 条指令产生一个中断，并且追踪寄存器%dx。你能弄清楚%dx 在运行过程中的价值吗？你有答案之后，运行上面的代码并使用-c 标志来检查你的答案。注意答案的左边显示了右侧指令运行后寄存器的值（或内存的值）。

2. 现在运行相同的代码，但使用这些标志：

```
./x86.py -p loop.s -t 2 -i 100 -a dx=3,dx=3 -R dx
```

这指定了两个线程，并将每个%dx 寄存器初始化为 3。%dx 会看到什么值？使用-c 标志运行以查看答案。多个线程的存在是否会影响计算？这段代码有竞态条件吗？

3. 现在运行以下命令：

```
./x86.py -p loop.s -t 2 -i 3 -r -a dx=3,dx=3 -R dx
```

这使得中断间隔非常小且随机。使用不同的种子和-s 来查看不同的交替。中断频率是否会改变这个程序的行为？

4. 接下来我们将研究一个不同的程序（looping-race-nolock.s）。

该程序访问位于内存地址 2000 的共享变量。简单起见，我们称这个变量为 x。使用单线程运行它，并确保你了解它的功能，如下所示：

```
./x86.py -p looping-race-nolock.s -t 1 -M 2000
```

在整个运行过程中，x（即内存地址为 2000）的值是多少？使用-c 来检查你的答案。

5. 现在运行多个迭代和线程：

```
./x86.py -p looping-race-nolock.s -t 2 -a bx=3 -M 2000
```

你明白为什么每个线程中的代码循环 3 次吗？x 的最终值是什么？

6. 现在以随机中断间隔运行：

```
./x86.py -p looping-race-nolock.s -t 2 -M 2000 -i 4 -r -s 0
```

然后改变随机种子，设置-s 1，然后-s 2 等。只看线程交替，你能说出 x 的最终值是什么吗？中断的确切位置是否重要？在哪里发生是安全的？中断在哪里会引起麻烦？换句话说，临界区究竟在哪里？

7. 现在使用固定的中断间隔来进一步探索程序。

运行：

```
./x86.py -p looping-race-nolock.s -a bx=1 -t 2 -M 2000 -i 1
```

看看你能否猜测共享变量 x 的最终值是什么。当你改用-i 2，-i 3 等标志呢？对于哪个中断间隔，程序会给出"正确的"最终答案？

8. 现在为更多循环运行相同的代码（例如 set -a bx = 100）。使用-i 标志设置哪些中断间隔会导致"正确"结果？哪些间隔会导致令人惊讶的结果？

9. 我们来看本作业中最后一个程序（wait-for-me.s）。

像这样运行代码：

```
./x86.py -p wait-for-me.s -a ax=1,ax=0 -R ax -M 2000
```

这将线程 0 的%ax 寄存器设置为 1，并将线程 1 的值设置为 0，在整个运行过程中观察%ax 和内存位置 2000 的值。代码的行为应该如何？线程使用的 2000 位置的值如何？它的最终值是什么？

10. 现在改变输入：

```
./x86.py -p wait-for-me.s -a ax=0,ax=1 -R ax -M 2000
```

线程行为如何？线程 0 在做什么？改变中断间隔（例如，-i 1000，或者可能使用随机间隔）会如何改变追踪结果？程序是否高效地使用了 CPU？

第 27 章　插叙：线程 API

本章介绍了主要的线程 API。后续章节也会进一步介绍如何使用 API。更多的细节可以参考其他书籍和在线资源[B89，B97，B+96，K+96]。随后的章节会慢慢介绍锁和条件变量的概念，因此本章可以作为参考。

> **关键问题：如何创建和控制线程？**
> 操作系统应该提供哪些创建和控制线程的接口？这些接口如何设计得易用和实用？

27.1　线程创建

编写多线程程序的第一步就是创建新线程，因此必须存在某种线程创建接口。在 POSIX 中，很简单：

```
#include <pthread.h>
int
pthread_create(        pthread_t *         thread,
               const pthread_attr_t *      attr,
                       void *       (*start_routine)(void*),
                       void *              arg);
```

这个函数声明可能看起来有一点复杂（尤其是如果你没在 C 中用过函数指针），但实际上它并不差。该函数有 4 个参数：thread、attr、start_routine 和 arg。第一个参数 thread 是指向 pthread_t 结构类型的指针，我们将利用这个结构与该线程交互，因此需要将它传入 pthread_create()，以便将它初始化。

第二个参数 attr 用于指定该线程可能具有的任何属性。一些例子包括设置栈大小，或关于该线程调度优先级的信息。一个属性通过单独调用 pthread_attr_init() 来初始化。有关详细信息，请参阅手册。但是，在大多数情况下，默认值就行。在这个例子中，我们只需传入 NULL。

第三个参数最复杂，但它实际上只是问：这个线程应该在哪个函数中运行？在 C 中，我们把它称为一个函数指针（function pointer），这个指针告诉我们需要以下内容：一个函数名称（start_routine），它被传入一个类型为 void * 的参数（start_routine 后面的括号表明了这一点），并且它返回一个 void *类型的值（即一个 void 指针）。

如果这个函数需要一个整数参数，而不是一个 void 指针，那么声明看起来像这样：

```
int pthread_create(..., // first two args are the same
                   void *   (*start_routine)(int),
                   int        arg);
```

如果函数接受 void 指针作为参数，但返回一个整数，函数声明会变成：

```
int pthread_create(..., // first two args are the same
                   int       (*start_routine)(void *),
                   void *    arg);
```

最后，第四个参数 arg 就是要传递给线程开始执行的函数的参数。你可能会问：为什么我们需要这些 void 指针？好吧，答案很简单：将 void 指针作为函数的参数 start_routine，允许我们传入任何类型的参数，将它作为返回值，允许线程返回任何类型的结果。

下面来看图 27.1 中的例子。这里我们只是创建了一个线程，传入两个参数，它们被打包成一个我们自己定义的类型（myarg_t）。该线程一旦创建，可以简单地将其参数转换为它所期望的类型，从而根据需要将参数解包。

```
int pthread_join(pthread_t thread, void **value_ptr);
```

```
1    #include <pthread.h>
2
3    typedef struct   myarg_t {
4        int a;
5        int b;
6    } myarg_t;
7
8    void *mythread(void *arg) {
9        myarg_t *m = (myarg_t *) arg;
10       printf("%d %d\n", m->a, m->b);
11       return NULL;
12   }
13
14   int
15   main(int argc, char *argv[]) {
16       pthread_t p;
17       int rc;
18
19       myarg_t args;
20       args.a = 10;
21       args.b = 20;
22       rc = pthread_create(&p, NULL, mythread, &args);
23       ...
24   }
```

图 27.1　创建线程

它就在那里！一旦你创建了一个线程，你确实拥有了另一个活着的执行实体，它有自己的调用栈，与程序中所有当前存在的线程在相同的地址空间内运行。好玩的事开始了！

27.2　线程完成

上面的例子展示了如何创建一个线程。但是，如果你想等待线程完成，会发生什么情况？你需要做一些特别的事情来等待完成。具体来说，你必须调用函数 pthread_join()。

该函数有两个参数。第一个是 pthread_t 类型，用于指定要等待的线程。这个变量是由线程创建函数初始化的（当你将一个指针作为参数传递给 pthread_create()时）。如果你保留了它，就可以用它来等待该线程终止。

第二个参数是一个指针，指向你希望得到的返回值。因为函数可以返回任何东西，所以它被定义为返回一个指向 void 的指针。因为 pthread_join()函数改变了传入参数的值，所以你需要传入一个指向该值的指针，而不只是该值本身。

我们来看另一个例子（见图 27.2）。在代码中，再次创建单个线程，并通过 myarg_t 结构传递一些参数。对于返回值，使用 myret_t 型。当线程完成运行时，主线程已经在 pthread_join()函数内等待了[①]。然后会返回，我们可以访问线程返回的值，即在 myret_t 中的内容。

有几点需要说明。首先，我们常常不需要这样痛苦地打包、解包参数。如果我们不需要参数，创建线程时传入 NULL 即可。类似的，如果不需要返回值，那么 pthread_join()调用也可以传入 NULL。

```
1    #include <stdio.h>
2    #include <pthread.h>
3    #include <assert.h>
4    #include <stdlib.h>
5
6    typedef struct   myarg_t {
7        int a;
8        int b;
9    } myarg_t;
10
11   typedef struct   myret_t {
12       int x;
13       int y;
14   } myret_t;
15
16   void *mythread(void *arg) {
17       myarg_t *m = (myarg_t *) arg;
18       printf("%d %d\n", m->a, m->b);
19       myret_t *r = Malloc(sizeof(myret_t));
20       r->x = 1;
21       r->y = 2;
22       return (void *) r;
23   }
24
25   int
26   main(int argc, char *argv[]) {
27       int rc;
28       pthread_t p;
29       myret_t *m;
```

---

① 注意我们在这里使用了包装的函数。具体来说，我们调用了 Malloc()、Pthread_join()和 Pthread_create()，它们只是调用了与它们命名相似的小写版本，并确保函数不会返回任何意外。

```
30
31          myarg_t args;
32          args.a = 10;
33          args.b = 20;
34          Pthread_create(&p, NULL, mythread, &args);
35          Pthread_join(p, (void **) &m);
36          printf("returned %d %d\n", m->x, m->y);
37          return 0;
38    }
```

图 27.2　等待线程完成

其次，如果我们只传入一个值（例如，一个 int），也不必将它打包为一个参数。图 27.3 展示了一个例子。在这种情况下，更简单一些，因为我们不必在结构中打包参数和返回值。

```
void *mythread(void *arg) {
    int m = (int) arg;
    printf("%d\n", m);
    return (void *) (arg + 1);
}


int main(int argc, char *argv[]) {
    pthread_t p;
    int rc, m;
    Pthread_create(&p, NULL, mythread, (void *) 100);
    Pthread_join(p, (void **) &m);
    printf("returned %d\n", m);
    return 0;
}
```

图 27.3　较简单的向线程传递参数示例

再次，我们应该注意，必须非常小心如何从线程返回值。特别是，永远不要返回一个指针，并让它指向线程调用栈上分配的东西。如果这样做，你认为会发生什么？（想一想！）下面是一段危险的代码示例，对图 27.2 中的示例做了修改。

```
1    void *mythread(void *arg) {
2        myarg_t *m = (myarg_t *) arg;
3        printf("%d %d\n", m->a, m->b);
4        myret_t r; // ALLOCATED ON STACK: BAD!
5        r.x = 1;
6        r.y = 2;
7        return (void *) &r;
8    }
```

在这个例子中，变量 r 被分配在 mythread 的栈上。但是，当它返回时，该值会自动释放（这就是栈使用起来很简单的原因！），因此，将指针传回现在已释放的变量将导致各种不好的结果。当然，当你打印出你以为的返回值时，你可能会感到惊讶（但不一定！）。试试看，自己找出真相[①]！

———————————

① 幸运的是，编译器 gcc 在编译这样的代码时可能会报警，这是注意编译器警告的又一个原因。

最后，你可能会注意到，使用 pthread_create()创建线程，然后立即调用 pthread_join()，这是创建线程的一种非常奇怪的方式。事实上，有一个更简单的方法来完成这个任务，它被称为过程调用（procedure call）。显然，我们通常会创建不止一个线程并等待它完成，否则根本没有太多的用途。

我们应该注意，并非所有多线程代码都使用 join 函数。例如，多线程 Web 服务器可能会创建大量工作线程，然后使用主线程接受请求，并将其无限期地传递给工作线程。因此这样的长期程序可能不需要 join。然而，创建线程来（并行）执行特定任务的并行程序，很可能会使用 join 来确保在退出或进入下一阶段计算之前完成所有这些工作。

27.3　锁

除了线程创建和 join 之外，POSIX 线程库提供的最有用的函数集，可能是通过锁（lock）来提供互斥进入临界区的那些函数。这方面最基本的一对函数是：

```
int pthread_mutex_lock(pthread_mutex_t *mutex);
int pthread_mutex_unlock(pthread_mutex_t *mutex);
```

函数应该易于理解和使用。如果你意识到有一段代码是一个临界区，就需要通过锁来保护，以便像需要的那样运行。你大概可以想象代码的样子：

```
pthread_mutex_t lock;
pthread_mutex_lock(&lock);
x = x + 1; // or whatever your critical section is
pthread_mutex_unlock(&lock);
```

这段代码的意思是：如果在调用 pthread_mutex_lock()时没有其他线程持有锁，线程将获取该锁并进入临界区。如果另一个线程确实持有该锁，那么尝试获取该锁的线程将不会从该调用返回，直到获得该锁（意味着持有该锁的线程通过解锁调用释放该锁）。当然，在给定的时间内，许多线程可能会卡住，在获取锁的函数内部等待。然而，只有获得锁的线程才应该调用解锁。

遗憾的是，这段代码有两个重要的问题。第一个问题是缺乏正确的初始化（lack of proper initialization）。所有锁必须正确初始化，以确保它们具有正确的值，并在锁和解锁被调用时按照需要工作。

对于 POSIX 线程，有两种方法来初始化锁。一种方法是使用 PTHREAD_MUTEX_INITIALIZER，如下所示：

```
pthread_mutex_t lock = PTHREAD_MUTEX_INITIALIZER;
```

这样做会将锁设置为默认值，从而使锁可用。初始化的动态方法（即在运行时）是调用 pthread_mutex_init()，如下所示：

```
int rc = pthread_mutex_init(&lock, NULL);
assert(rc == 0); // always check success!
```

此函数的第一个参数是锁本身的地址，而第二个参数是一组可选属性。请你自己去详细了解这些属性。传入 NULL 就是使用默认值。无论哪种方式都有效，但我们通常使用动态（后者）方法。请注意，当你用完锁时，还应该相应地调用 pthread_mutex_destroy()，所有细节请参阅手册。

上述代码的第二个问题是在调用获取锁和释放锁时没有检查错误代码。就像 UNIX 系统中调用的任何库函数一样，这些函数也可能会失败！如果你的代码没有正确地检查错误代码，失败将会静静地发生，在这种情况下，可能会允许多个线程进入临界区。至少要使用包装的函数，它对函数成功加上断言（见图 27.4）。更复杂的（非玩具）程序，在出现问题时不能简单地退出，应该检查失败并在获取锁或释放锁未成功时执行适当的操作。

```
// Use this to keep your code clean but check for failures
// Only use if exiting program is OK upon failure
void Pthread_mutex_lock(pthread_mutex_t *mutex) {
  int rc = pthread_mutex_lock(mutex);
  assert(rc == 0);
}
```

图 27.4　包装函数示例

获取锁和释放锁函数不是 pthread 与锁进行交互的仅有的函数。特别是，这里有两个你可能感兴趣的函数：

```
int pthread_mutex_trylock(pthread_mutex_t *mutex);
int pthread_mutex_timedlock(pthread_mutex_t *mutex,
                            struct timespec *abs_timeout);
```

这两个调用用于获取锁。如果锁已被占用，则 trylock 版本将失败。获取锁的 timedlock 定版本会在超时或获取锁后返回，以先发生者为准。因此，具有零超时的 timedlock 退化为 trylock 的情况。通常应避免使用这两种版本，但有些情况下，避免卡在（可能无限期的）获取锁的函数中会很有用，我们将在以后的章节中看到（例如，当我们研究死锁时）。

27.4　条件变量

所有线程库还有一个主要组件（当然 POSIX 线程也是如此），就是存在一个条件变量（condition variable）。当线程之间必须发生某种信号时，如果一个线程在等待另一个线程继续执行某些操作，条件变量就很有用。希望以这种方式进行交互的程序使用两个主要函数：

```
int pthread_cond_wait(pthread_cond_t *cond, pthread_mutex_t *mutex);
int pthread_cond_signal(pthread_cond_t *cond);
```

要使用条件变量，必须另外有一个与此条件相关的锁。在调用上述任何一个函数时，应该持有这个锁。

第一个函数 pthread_cond_wait() 使调用线程进入休眠状态，因此等待其他线程发出信号，通常当程序中的某些内容发生变化时，现在正在休眠的线程可能会关心它。典型的用法如下所示：

```
pthread_mutex_t lock = PTHREAD_MUTEX_INITIALIZER;
pthread_cond_t  cond = PTHREAD_COND_INITIALIZER;
```

```
Pthread_mutex_lock(&lock);
while (ready == 0)
    Pthread_cond_wait(&cond, &lock);
Pthread_mutex_unlock(&lock);
```

在这段代码中，在初始化相关的锁和条件之后①，一个线程检查变量 ready 是否已经被设置为零以外的值。如果没有，那么线程只是简单地调用等待函数以便休眠，直到其他线程唤醒它。

唤醒线程的代码运行在另外某个线程中，像下面这样：

```
Pthread_mutex_lock(&lock);
ready = 1;
Pthread_cond_signal(&cond);
Pthread_mutex_unlock(&lock);
```

关于这段代码有一些注意事项。首先，在发出信号时（以及修改全局变量 ready 时），我们始终确保持有锁。这确保我们不会在代码中意外引入竞态条件。

其次，你可能会注意到等待调用将锁作为其第二个参数，而信号调用仅需要一个条件。造成这种差异的原因在于，等待调用除了使调用线程进入睡眠状态外，还会让调用者睡眠时释放锁。想象一下，如果不是这样：其他线程如何获得锁并将其唤醒？但是，在被唤醒之后返回之前，pthread_cond_wait()会重新获取该锁，从而确保等待线程在等待序列开始时获取锁与结束时释放锁之间运行的任何时间，它持有锁。

最后一点需要注意：等待线程在 while 循环中重新检查条件，而不是简单的 if 语句。在后续章节中研究条件变量时，我们会详细讨论这个问题，但是通常使用 while 循环是一件简单而安全的事情。虽然它重新检查了这种情况（可能会增加一点开销），但有一些 pthread 实现可能会错误地唤醒等待的线程。在这种情况下，没有重新检查，等待的线程会继续认为条件已经改变。因此，将唤醒视为某种事物可能已经发生变化的暗示，而不是绝对的事实，这样更安全。

请注意，有时候线程之间不用条件变量和锁，用一个标记变量会看起来很简单，很吸引人。例如，我们可以重写上面的等待代码，像这样：

```
while (ready == 0)
    ; // spin
```

相关的发信号代码看起来像这样：

```
ready = 1;
```

千万不要这么做。首先，多数情况下性能差（长时间的自旋浪费 CPU）。其次，容易出错。最近的研究[X+10]显示，线程之间通过标志同步（像上面那样），出错的可能性让人吃惊。在那项研究中，这些不正规的同步方法半数以上都是有问题的。不要偷懒，就算你想到可以不用条件变量，还是用吧。

如果条件变量听起来让人迷惑，也不要太担心。后面的章节会详细介绍。在此之前，只要知道它们存在，并对为什么要使用它们有一些概念即可。

---

① 请注意，可以使用 pthread_cond_init()（和对应的 pthread_cond_destroy()调用），而不是使用静态初始化程序 PTHREAD_COND_INITIALIZER。听起来像是工作更多了？是的。

27.5 编译和运行

本章所有代码很容易运行。代码需要包括头文件 pthread.h 才能编译。链接时需要 pthread 库，增加-lpthread 标记。

例如，要编译一个简单的多线程程序，只需像下面这样做：

```
prompt> gcc -o main main.c -Wall -lpthread
```

只要 main.c 包含 pthreads 头文件，你就已经成功地编译了一个并发程序。像往常一样，它是否能工作完全是另一回事。

27.6 小结

我们介绍了基本的 pthread 库，包括线程创建，通过锁创建互斥执行，通过条件变量的信号和等待。要想写出健壮高效的多线程代码，只需要耐心和万分小心！

本章结尾我们给出编写一些多线程代码的建议（参见补充内容）。API 的其他方面也很有趣。如果需要更多信息，请在 Linux 系统上输入 man -k pthread，查看构成整个接口的超过一百个 API。但是，这里讨论的基础知识应该让你能够构建复杂的（并且希望是正确的和高性能的）多线程程序。线程难的部分不是 API，而是如何构建并发程序的棘手逻辑。请继续阅读以了解更多信息。

补充：线程 API 指导

当你使用 POSIX 线程库（或者实际上，任何线程库）来构建多线程程序时，需要记住一些小而重要的事情：

- **保持简洁。**最重要的一点，线程之间的锁和信号的代码应该尽可能简洁。复杂的线程交互容易产生缺陷。
- **让线程交互减到最少。**尽量减少线程之间的交互。每次交互都应该想清楚，并用验证过的、正确的方法来实现（很多方法会在后续章节中学习）。
- **初始化锁和条件变量。**未初始化的代码有时工作正常，有时失败，会产生奇怪的结果。
- **检查返回值。**当然，任何 C 和 UNIX 的程序，都应该检查返回值，这里也是一样。否则会导致古怪而难以理解的行为，让你尖叫，或者痛苦地揪自己的头发。
- **注意传给线程的参数和返回值。**具体来说，如果传递在栈上分配的变量的引用，可能就是在犯错误。
- **每个线程都有自己的栈。**类似于上一条，记住每一个线程都有自己的栈。因此，线程局部变量应该是线程私有的，其他线程不应该访问。线程之间共享数据，值要在堆（heap）或者其他全局可访问的位置。
- **线程之间总是通过条件变量发送信号。**切记不要用标记变量来同步。
- **多查手册。**尤其是 Linux 的 pthread 手册，有更多的细节、更丰富的内容。请仔细阅读！

参考资料

[B89] "An Introduction to Programming with Threads" Andrew D. Birrell

DEC Technical Report,January, 1989

它是线程编程的经典，但内容较陈旧。不过，仍然值得一读，而且是免费的。

[B97] "Programming with POSIX Threads" David R. Butenhof

Addison-Wesley, May 1997

又是一本关于编程的书。

[B+96] "PThreads Programming: A POSIX Standard for Better Multiprocessing"

Dick Buttlar, Jacqueline Farrell, Bradford Nichols O'Reilly, September 1996

O'Reilly 出版的一本不错的书。我们的书架当然包含了这家公司的大量书籍，其中包括一些关于 Perl、Python 和 JavaScript 的优秀产品（特别是 Crockford 的《JavaScript: The Good Parts》）。

[K+96] "Programming With Threads"

Steve Kleiman, Devang Shah, Bart Smaalders Prentice Hall, January 1996

这可能是这个领域较好的书籍之一。从当地图书馆借阅，或从老一辈程序员那里"偷"来读。认真地说，只要向老一辈程序员借的话，他们会借给你的，不用担心。

[X+10] "Ad Hoc Synchronization Considered Harmful"

Weiwei Xiong, Soyeon Park, Jiaqi Zhang, Yuanyuan Zhou, Zhiqiang Ma OSDI 2010, Vancouver, Canada

本文展示了看似简单的同步代码是如何导致大量错误的。使用条件变量并正确地发送信号！

第 28 章　锁

通过对并发的介绍，我们看到了并发编程的一个最基本问题：我们希望原子式执行一系列指令，但由于单处理器上的中断（或者多个线程在多处理器上并发执行），我们做不到。本章介绍了锁（lock），直接解决这一问题。程序员在源代码中加锁，放在临界区周围，保证临界区能够像单条原子指令一样执行。

28.1　锁的基本思想

举个例子，假设临界区像这样，典型的更新共享变量：

```
balance = balance + 1;
```

当然，其他临界区也是可能的，比如为链表增加一个元素，或对共享结构的复杂更新操作。为了使用锁，我们给临界区增加了这样一些代码：

```
1   lock_t mutex; // some globally-allocated lock 'mutex'
2   ...
3   lock(&mutex);
4   balance = balance + 1;
5   unlock(&mutex);
```

锁就是一个变量，因此我们需要声明一个某种类型的锁变量（lock variable，如上面的mutex），才能使用。这个锁变量（简称锁）保存了锁在某一时刻的状态。它要么是可用的（available，或 unlocked，或 free），表示没有线程持有锁，要么是被占用的（acquired，或 locked，或 held），表示有一个线程持有锁，正处于临界区。我们也可以保存其他的信息，比如持有锁的线程，或请求获取锁的线程队列，但这些信息会隐藏起来，锁的使用者不会发现。

lock()和 unlock()函数的语义很简单。调用 lock()尝试获取锁，如果没有其他线程持有锁（即它是可用的），该线程会获得锁，进入临界区。这个线程有时被称为锁的持有者（owner）。如果另外一个线程对相同的锁变量（本例中的 mutex）调用 lock()，因为锁被另一线程持有，该调用不会返回。这样，当持有锁的线程在临界区时，其他线程就无法进入临界区。

锁的持有者一旦调用 unlock()，锁就变成可用了。如果没有其他等待线程（即没有其他线程调用过 lock()并卡在那里），锁的状态就变成可用了。如果有等待线程（卡在 lock()里），其中一个会（最终）注意到（或收到通知）锁状态的变化，获取该锁，进入临界区。

锁为程序员提供了最小程度的调度控制。我们把线程视为程序员创建的实体，但是被操作系统调度，具体方式由操作系统选择。锁让程序员获得一些控制权。通过给临界区加锁，可以保证临界区内只有一个线程活跃。锁将原本由操作系统调度的混乱状态变得更为可控。

28.2　Pthread 锁

POSIX 库将锁称为互斥量（mutex），因为它被用来提供线程之间的互斥。即当一个线程在临界区，它能够阻止其他线程进入直到本线程离开临界区。因此，如果你看到下面的 POSIX 线程代码，应该理解它和上面的代码段执行相同的任务（我们再次使用了包装函数来检查获取锁和释放锁时的错误）。

```
1    pthread_mutex_t lock = PTHREAD_MUTEX_INITIALIZER;
2
3    Pthread_mutex_lock(&lock);        // wrapper for pthread_mutex_lock()
4    balance = balance + 1;
5    Pthread_mutex_unlock(&lock);
```

你可能还会注意到，POSIX 的 lock 和 unlock 函数会传入一个变量，因为我们可能用不同的锁来保护不同的变量。这样可以增加并发：不同于任何临界区都使用同一个大锁（粗粒度的锁策略），通常大家会用不同的锁保护不同的数据和结构，从而允许更多的线程进入临界区（细粒度的方案）。

28.3　实现一个锁

我们已经从程序员的角度，对锁如何工作有了一定的理解。那如何实现一个锁呢？我们需要什么硬件支持？需要什么操作系统的支持？本章下面的内容将解答这些问题。

> **关键问题：怎样实现一个锁**
>
> 如何构建一个高效的锁？高效的锁能够以低成本提供互斥，同时能够实现一些特性，我们下面会讨论。需要什么硬件支持？什么操作系统支持？

我们需要硬件和操作系统的帮助来实现一个可用的锁。近些年来，各种计算机体系结构的指令集都增加了一些不同的硬件原语，我们不研究这些指令是如何实现的（毕竟，这是计算机体系结构课程的主题），只研究如何使用它们来实现像锁这样的互斥原语。我们也会研究操作系统如何发展完善，支持实现成熟复杂的锁库。

28.4　评价锁

在实现锁之前，我们应该首先明确目标，因此我们要问，如何评价一种锁实现的效果。为了评价锁是否能工作（并工作得好），我们应该先设立一些标准。第一是锁是否能完成它的基本任务，即提供互斥（mutual exclusion）。最基本的，锁是否有效，能够阻止多个线程进入临界区？

第二是公平性（fairness）。当锁可用时，是否每一个竞争线程有公平的机会抢到锁？用另一个方式来看这个问题是检查更极端的情况：是否有竞争锁的线程会饿死（starve），一直无法获得锁？

最后是性能（performance），具体来说，是使用锁之后增加的时间开销。有几种场景需要考虑。一种是没有竞争的情况，即只有一个线程抢锁、释放锁的开支如何？另外一种是一个 CPU 上多个线程竞争，性能如何？最后一种是多个 CPU、多个线程竞争时的性能。通过比较不同的场景，我们能够更好地理解不同的锁技术对性能的影响，下面会进行介绍。

28.5　控制中断

最早提供的互斥解决方案之一，就是在临界区关闭中断。这个解决方案是为单处理器系统开发的。代码如下：

```
1    void lock() {
2        DisableInterrupts();
3    }
4    void unlock() {
5        EnableInterrupts();
6    }
```

假设我们运行在这样一个单处理器系统上。通过在进入临界区之前关闭中断（使用特殊的硬件指令），可以保证临界区的代码不会被中断，从而原子地执行。结束之后，我们重新打开中断（同样通过硬件指令），程序正常运行。

这个方法的主要优点就是简单。显然不需要费力思考就能弄清楚它为什么能工作。没有中断，线程可以确信它的代码会继续执行下去，不会被其他线程干扰。

遗憾的是，缺点很多。首先，这种方法要求我们允许所有调用线程执行特权操作（打开关闭中断），即信任这种机制不会被滥用。众所周知，如果我们必须信任任意一个程序，可能就有麻烦了。这里，麻烦表现为多种形式：第一，一个贪婪的程序可能在它开始时就调用 lock()，从而独占处理器。更糟的情况是，恶意程序调用 lock() 后，一直死循环。后一种情况，系统无法重新获得控制，只能重启系统。关闭中断对应用要求太多，不太适合作为通用的同步解决方案。

第二，这种方案不支持多处理器。如果多个线程运行在不同的 CPU 上，每个线程都试图进入同一个临界区，关闭中断也没有作用。线程可以运行在其他处理器上，因此能够进入临界区。多处理器已经很普遍了，我们的通用解决方案需要更好一些。

第三，关闭中断导致中断丢失，可能会导致严重的系统问题。假如磁盘设备完成了读取请求，但 CPU 错失了这一事实，那么，操作系统如何知道去唤醒等待读取的进程？

最后一个不太重要的原因就是效率低。与正常指令执行相比，现代 CPU 对于关闭和打开中断的代码执行得较慢。

基于以上原因，只在很有限的情况下用关闭中断来实现互斥原语。例如，在某些情况下操作系统本身会采用屏蔽中断的方式，保证访问自己数据结构的原子性，或至少避免某些复杂的中断处理情况。这种用法是可行的，因为在操作系统内部不存在信任问题，它总是信任自己可以执行特权操作。

补充：DEKKER 算法和 PETERSON 算法

20 世纪 60 年代，Dijkstra 向他的朋友们提出了并发问题，他的数学家朋友 Theodorus Jozef Dekker 想出了一个解决方法。不同于我们讨论的需要硬件指令和操作系统支持的方法，Dekker 的算法（Dekker's algorithm）只使用了 load 和 store（早期的硬件上，它们是原子的）。

Peterson 后来改进了 Dekker 的方法[P81]。同样只使用 load 和 store，保证不会有两个线程同时进入临界区。以下是 Peterson 算法（Peterson's algorithm，针对两个线程），读者可以尝试理解这些代码吗？flag 和 turn 变量是用来做什么的？

```
int flag[2];
int turn;

void init() {
    flag[0] = flag[1] = 0;      // 1->thread wants to grab lock
    turn = 0;                   // whose turn? (thread 0 or 1?)
}
void lock() {
    flag[self] = 1;             // self: thread ID of caller
    turn = 1 - self;            // make it other thread's turn
    while ((flag[1-self] == 1) && (turn == 1 - self))
        ; // spin-wait
}
void unlock() {
    flag[self] = 0;             // simply undo your intent
}
```

一段时间以来，出于某种原因，大家都热衷于研究不依赖硬件支持的锁机制。后来这些工作都没有太多意义，因为只需要很少的硬件支持，实现锁就会容易很多（实际在多处理器的早期，就有这些硬件支持）。而且上面提到的方法无法运行在现代硬件（因为松散内存一致性模型），导致它们更加没有用处。更多的相关研究也湮没在历史中……

28.6 测试并设置指令（原子交换）

因为关闭中断的方法无法工作在多处理器上，所以系统设计者开始让硬件支持锁。最早的多处理器系统，像 20 世纪 60 年代早期的 Burroughs B5000[M82]，已经有这些支持。今天所有的系统都支持，甚至包括单 CPU 的系统。

最简单的硬件支持是测试并设置指令（test-and-set instruction），也叫作原子交换（atomic exchange）。为了理解 test-and-set 如何工作，我们首先实现一个不依赖它的锁，用一个变量标记锁是否被持有。

在第一次尝试中（见图 28.1），想法很简单：用一个变量来标志锁是否被某些线程占用。第一个线程进入临界区，调用 lock()，检查标志是否为 1（这里不是 1），然后设置标志为 1，表明线程持有该锁。结束临界区时，线程调用 unlock()，清除标志，表示锁未被持有。

```
1    typedef struct  lock_t { int flag; } lock_t;
2
3    void init(lock_t *mutex) {
4        // 0 -> lock is available, 1 -> held
5        mutex->flag = 0;
6    }
7
8    void lock(lock_t *mutex) {
9        while (mutex->flag == 1)  // TEST the flag
10           ; // spin-wait (do nothing)
11       mutex->flag = 1;          // now SET it!
12   }
13
14   void unlock(lock_t *mutex) {
15       mutex->flag = 0;
16   }
```

图 28.1   第一次尝试：简单标志

当第一个线程正处于临界区时，如果另一个线程调用 lock()，它会在 while 循环中自旋等待（spin-wait），直到第一个线程调用 unlock()清空标志。然后等待的线程会退出 while 循环，设置标志，执行临界区代码。

遗憾的是，这段代码有两个问题：正确性和性能。这个正确性问题在并发编程中很常见。假设代码按照表 28.1 执行，开始时 flag=0。

表 28.1   追踪：没有互斥

Thread 1	Thread 2
call lock() while (flag == 1) interrupt: switch to Thread 2	

	call lock()
	while (flag == 1)
	flag = 1;
	interrupt: switch to Thread 1

flag = 1; // set flag to 1 (too!)	

从这种交替执行可以看出，通过适时的（不合时宜的？）中断，我们很容易构造出两个线程都将标志设置为 1，都能进入临界区的场景。这种行为就是专家所说的"不好"，我们显然没有满足最基本的要求：互斥。

性能问题（稍后会有更多讨论）主要是线程在等待已经被持有的锁时，采用了自旋等待（spin-waiting）的技术，就是不停地检查标志的值。自旋等待在等待其他线程释放锁的时候会浪费时间。尤其是在单处理器上，一个等待线程等待的目标线程甚至无法运行（至少在上下文切换之前）！我们要开发出更成熟的解决方案，也应该考虑避免这种浪费。

28.7   实现可用的自旋锁

尽管上面例子的想法很好，但没有硬件的支持是无法实现的。幸运的是，一些系统提供了这一指令，支持基于这种概念创建简单的锁。这个更强大的指令有不同的名字：在 SPARC 上，这个指令叫 ldstub（load/store unsigned byte，加载/保存无符号字节）；在 x86 上，是 xchg（atomic exchange，原子交换）指令。但它们基本上在不同的平台上做同样的事，通常称为测试并设置指令（test-and-set）。我们用如下的 C 代码片段来定义测试并设置指令做了什么：

```
1    int TestAndSet(int *old_ptr, int new) {
2        int old = *old_ptr; // fetch old value at old_ptr
3        *old_ptr = new;     // store 'new' into old_ptr
4        return old;         // return the old value
5    }
```

测试并设置指令做了下述事情。它返回 old_ptr 指向的旧值，同时更新为 new 的新值。当然，关键是这些代码是原子地（atomically）执行。因为既可以测试旧值，又可以设置新值，所以我们把这条指令叫作"测试并设置"。这一条指令完全可以实现一个简单的自旋锁（spin lock），如图 28.2 所示。或者你可以先尝试自己实现，这样更好！

我们来确保理解为什么这个锁能工作。首先假设一个线程在运行，调用 lock()，没有其他线程持有锁，所以 flag 是 0。当调用 TestAndSet(flag, 1) 方法，返回 0，线程会跳出 while 循环，获取锁。同时也会原子的设置 flag 为 1，标志锁已经被持有。当线程离开临界区，调用 unlock() 将 flag 清理为 0。

```
1    typedef struct  lock_t {
2        int flag;
3    } lock_t;
4
5    void init(lock_t *lock) {
6        // 0 indicates that lock is available, 1 that it is held
7        lock->flag = 0;
8    }
9
10   void lock(lock_t *lock) {
11       while (TestAndSet(&lock->flag, 1) == 1)
12           ; // spin-wait (do nothing)
13   }
14
15   void unlock(lock_t *lock) {
16       lock->flag = 0;
17   }
```

图 28.2　利用测试并设置的简单自旋锁

第二种场景是，当某一个线程已经持有锁（即 flag 为 1）。本线程调用 lock()，然后调用 TestAndSet(flag, 1)，这一次返回 1。只要另一个线程一直持有锁，TestAndSet() 会重复返回 1，本线程会一直自旋。当 flag 终于被改为 0，本线程会调用 TestAndSet()，返回 0 并且原子地设置为 1，从而获得锁，进入临界区。

将测试（test 旧的锁值）和设置（set 新的值）合并为一个原子操作之后，我们保证了只有一个线程能获取锁。这就实现了一个有效的互斥原语！

你现在可能也理解了为什么这种锁被称为自旋锁（spin lock）。这是最简单的一种锁，一直自旋，利用 CPU 周期，直到锁可用。在单处理器上，需要抢占式的调度器（preemptive scheduler，即不断通过时钟中断一个线程，运行其他线程）。否则，自旋锁在单 CPU 上无法使用，因为一个自旋的线程永远不会放弃 CPU。

> **提示：从恶意调度程序的角度想想并发**
>
> 通过这个例子，你可能会明白理解并发执行所需的方法。你应该试着假装自己是一个恶意调度程序（malicious scheduler），会最不合时宜地中断线程，从而挫败它们在构建同步原语方面的微弱尝试。你是多么坏的调度程序！虽然中断的确切顺序也许未必会发生，但这是可能的，我们只需要以此证明某种特定的方法不起作用。恶意思考可能会有用！（至少有时候有用。）

28.8　评价自旋锁

现在可以按照之前的标准来评价基本的自旋锁了。锁最重要的一点是正确性（correctness）：能够互斥吗？答案是可以的：自旋锁一次只允许一个线程进入临界区。因此，这是正确的锁。

下一个标准是公平性（fairness）。自旋锁对于等待线程的公平性如何呢？能够保证一个等待线程会进入临界区吗？答案是自旋锁不提供任何公平性保证。实际上，自旋的线程在竞争条件下可能会永远自旋。自旋锁没有公平性，可能会导致饿死。

最后一个标准是性能（performance）。使用自旋锁的成本是多少？为了更小心地分析，我们建议考虑几种不同的情况。首先，考虑线程在单处理器上竞争锁的情况。然后，考虑这些线程跨多个处理器。

对于自旋锁，在单 CPU 的情况下，性能开销相当大。假设一个线程持有锁进入临界区时被抢占。调度器可能会运行其他每一个线程（假设有 $N-1$ 个这种线程）。而其他线程都在竞争锁，都会在放弃 CPU 之前，自旋一个时间片，浪费 CPU 周期。

但是，在多 CPU 上，自旋锁性能不错（如果线程数大致等于 CPU 数）。假设线程 A 在 CPU 1，线程 B 在 CPU 2 竞争同一个锁。线程 A（CPU 1）占有锁时，线程 B 竞争锁就会自旋（在 CPU 2 上）。然而，临界区一般都很短，因此很快锁就可用，然后线程 B 获得锁。自旋等待其他处理器上的锁，并没有浪费很多 CPU 周期，因此效果不错。

28.9　比较并交换

某些系统提供了另一个硬件原语，即比较并交换指令（SPARC 系统中是 compare-and-swap，x86 系统是 compare-and-exchange）。图 28.3 是这条指令的 C 语言伪代码。

```
1    int CompareAndSwap(int *ptr, int expected, int new) {
2        int actual = *ptr;
3        if (actual == expected)
4            *ptr = new;
5        return actual;
6    }
```

图 28.3　比较并交换

比较并交换的基本思路是检测 ptr 指向的值是否和 expected 相等；如果是，更新 ptr 所指的值为新值。否则，什么也不做。不论哪种情况，都返回该内存地址的实际值，让调用者能够知道执行是否成功。

有了比较并交换指令，就可以实现一个锁，类似于用测试并设置那样。例如，我们只要用下面的代码替换 lock() 函数：

```
1    void lock(lock_t *lock) {
2        while (CompareAndSwap(&lock->flag, 0, 1) == 1)
3            ; // spin
4    }
```

其余代码和上面测试并设置的例子完全一样。代码工作的方式很类似，检查标志是否为 0，如果是，原子地交换为 1，从而获得锁。锁被持有时，竞争锁的线程会自旋。

如果你想看看如何创建 C 可调用的 x86 版本的比较并交换，下面的代码段可能有用（来自[S05]）：

```
1    char CompareAndSwap(int *ptr, int old, int new) {
2        unsigned char ret;
3
4        // Note that sete sets a 'byte' not the word
5        __asm__ __volatile__ (
6            "  lock\n"
7            "  cmpxchgl %2,%1\n"
8            "  sete %0\n"
9            : "=q" (ret), "=m" (*ptr)
10           : "r" (new), "m" (*ptr), "a" (old)
11           : "memory");
12       return ret;
13   }
```

最后，你可能会发现，比较并交换指令比测试并设置更强大。当我们在将来简单探讨无等待同步（wait-free synchronization）[H91]时，会用到这条指令的强大之处。然而，如果只用它实现一个简单的自旋锁，它的行为等价于上面分析的自旋锁。

28.10 链接的加载和条件式存储指令

一些平台提供了实现临界区的一对指令。例如 MIPS 架构[H93]中，链接的加载（load-linked）和条件式存储（store-conditional）可以用来配合使用，实现其他并发结构。图 28.4 是这些指令的 C 语言伪代码。Alpha、PowerPC 和 ARM 都提供类似的指令[W09]。

```
1    int LoadLinked(int *ptr) {
2        return *ptr;
3    }
4
5    int StoreConditional(int *ptr, int value) {
6        if (no one has updated *ptr since the LoadLinked to this address) {
```

```
7              *ptr = value;
8              return 1; // success!
9          } else {
10             return 0; // failed to update
11         }
12     }
```

图 28.4   链接的加载和条件式存储

链接的加载指令和典型加载指令类似，都是从内存中取出值存入一个寄存器。关键区别来自条件式存储（store-conditional）指令，只有上一次加载的地址在期间都没有更新时，才会成功，（同时更新刚才链接的加载的地址的值）。成功时，条件存储返回 1，并将 ptr 指的值更新为 value。失败时，返回 0，并且不会更新值。

你可以挑战一下自己，使用链接的加载和条件式存储来实现一个锁。完成之后，看看下面代码提供的简单解决方案。试一下！解决方案如图 28.5 所示。

lock()代码是唯一有趣的代码。首先，一个线程自旋等待标志被设置为 0（因此表明锁没有被保持）。一旦如此，线程尝试通过条件存储获取锁。如果成功，则线程自动将标志值更改为 1，从而可以进入临界区。

```
1      void lock(lock_t *lock) {
2          while (1) {
3              while (LoadLinked(&lock->flag) == 1)
4                  ; // spin until it's zero
5              if (StoreConditional(&lock->flag, 1) == 1)
6                  return; // if set-it-to-1 was a success: all done
7                          // otherwise: try it all over again
8          }
9      }
10
11     void unlock(lock_t *lock) {
12         lock->flag = 0;
13     }
```

图 28.5   使用 LL/SC 实现锁

提示：代码越少越好（劳尔定律）

程序员倾向于吹嘘自己使用大量的代码实现某功能。这样做本质上是不对的。我们应该吹嘘以很少的代码实现给定的任务。简洁的代码更易懂，缺陷更少。正如 Hugh Lauer 在讨论构建一个飞行员操作系统时说："如果给同样这些人两倍的时间，他们可以只用一半的代码来实现"[L81]。我们称之为劳尔定律（Lauer's Law），很值得记住。下次你吹嘘写了多少代码来完成作业时，三思而后行，或者更好的做法是，回去重写，让代码更清晰、精简。

请注意条件式存储失败是如何发生的。一个线程调用 lock()，执行了链接的加载指令，返回 0。在执行条件式存储之前，中断产生了，另一个线程进入 lock 的代码，也执行链接式加载指令，同样返回 0。现在，两个线程都执行了链接式加载指令，将要执行条件存储。重点是只有一个线程能够成功更新标志为 1，从而获得锁；第二个执行条件存储的线程会失败

（因为另一个线程已经成功执行了条件更新），必须重新尝试获取锁。

在几年前的课上，一位本科生同学 David Capel 给出了一种更为简洁的实现，献给那些喜欢布尔条件短路的人。看看你是否能弄清楚为什么它是等价的。当然它更短！

```
1    void lock(lock_t *lock) {
2      while (LoadLinked(&lock->flag)||!StoreConditional(&lock->flag, 1))
3        ; // spin
4    }
```

28.11   获取并增加

最后一个硬件原语是获取并增加（fetch-and-add）指令，它能原子地返回特定地址的旧值，并且让该值自增一。获取并增加的 C 语言伪代码如下：

在这个例子中，我们会用获取并增加指令，实现一个更有趣的 ticket 锁，这是 Mellor-Crummey 和 Michael Scott[MS91]提出的。图 28.6 是 lock 和 unlock 的代码。

```
1    int FetchAndAdd(int *ptr) {
2        int old = *ptr;
3        *ptr = old + 1;
4        return old;
5    }
1    typedef struct  lock_t {
2        int ticket;
3        int turn;
4    } lock_t;
5
6    void lock_init(lock_t *lock) {
7        lock->ticket = 0;
8        lock->turn  = 0;
9    }
10
11   void lock(lock_t *lock) {
12       int myturn = FetchAndAdd(&lock->ticket);
13       while (lock->turn != myturn)
14           ; // spin
15   }
16
17   void unlock(lock_t *lock) {
18       FetchAndAdd(&lock->turn);
19   }
```

图 28.6   ticket 锁

不是用一个值，这个解决方案使用了 ticket 和 turn 变量来构建锁。基本操作也很简单：如果线程希望获取锁，首先对一个 ticket 值执行一个原子的获取并相加指令。这个值作为该线程的"turn"（顺位，即 myturn）。根据全局共享的 lock->turn 变量，当某一个线程的（myturn == turn）时，则轮到这个线程进入临界区。unlock 则是增加 turn，从而下一个等待线程可以进入临界区。

不同于之前的方法：本方法能够保证所有线程都能抢到锁。只要一个线程获得了 ticket 值，它最终会被调度。之前的方法则不会保证。比如基于测试并设置的方法，一个线程有可能一直自旋，即使其他线程在获取和释放锁。

28.12 自旋过多：怎么办

基于硬件的锁简单（只有几行代码）而且有效（如果高兴，你甚至可以写一些代码来验证），这也是任何好的系统或者代码的特点。但是，某些场景下，这些解决方案会效率低下。以两个线程运行在单处理器上为例，当一个线程（线程 0）持有锁时，被中断。第二个线程（线程 1）去获取锁，发现锁已经被持有。因此，它就开始自旋。接着自旋。

然后它继续自旋。最后，时钟中断产生，线程 0 重新运行，它释放锁。最后（比如下次它运行时），线程 1 不需要继续自旋了，它获取了锁。因此，类似的场景下，一个线程会一直自旋检查一个不会改变的值，浪费掉整个时间片！如果有 N 个线程去竞争一个锁，情况会更糟糕。同样的场景下，会浪费 $N-1$ 个时间片，只是自旋并等待一个线程释放该锁。因此，我们的下一个问题是：

> **关键问题：怎样避免自旋**
> 如何让锁不会不必要地自旋，浪费 CPU 时间？

只有硬件支持是不够的。我们还需要操作系统支持！接下来看一看怎么解决这一问题。

28.13 简单方法：让出来吧，宝贝

硬件支持让我们有了很大的进展：我们已经实现了有效、公平（通过 ticket 锁）的锁。但是，问题仍然存在：如果临界区的线程发生上下文切换，其他线程只能一直自旋，等待被中断的（持有锁的）进程重新运行。有什么好办法？

第一种简单友好的方法就是，在要自旋的时候，放弃 CPU。正如 Al Davis 说的"让出来吧，宝贝！"[D91]。图 28.7 展示了这种方法。

```
1    void init() {
2        flag = 0;
3    }
4
5    void lock() {
6        while (TestAndSet(&flag, 1) == 1)
7            yield(); // give up the CPU
8    }
9
10   void unlock() {
11       flag = 0;
12   }
```

图 28.7 测试并设置和让出实现的锁

在这种方法中，我们假定操作系统提供原语 yield()，线程可以调用它主动放弃 CPU，让其他线程运行。线程可以处于 3 种状态之一（运行、就绪和阻塞）。yield()系统调用能够让运行（running）态变为就绪（ready）态，从而允许其他线程运行。因此，让出线程本质上取消调度（deschedules）了它自己。

考虑在单 CPU 上运行两个线程。在这个例子中，基于 yield 的方法十分有效。一个线程调用 lock()，发现锁被占用时，让出 CPU，另外一个线程运行，完成临界区。在这个简单的例子中，让出方法工作得非常好。

现在来考虑许多线程（例如 100 个）反复竞争一把锁的情况。在这种情况下，一个线程持有锁，在释放锁之前被抢占，其他 99 个线程分别调用 lock()，发现锁被抢占，然后让出 CPU。假定采用某种轮转调度程序，这 99 个线程会一直处于运行—让出这种模式，直到持有锁的线程再次运行。虽然比原来的浪费 99 个时间片的自旋方案要好，但这种方法仍然成本很高，上下文切换的成本是实实在在的，因此浪费很大。

更糟的是，我们还没有考虑饿死的问题。一个线程可能一直处于让出的循环，而其他线程反复进出临界区。很显然，我们需要一种方法来解决这个问题。

28.14   使用队列：休眠替代自旋

前面一些方法的真正问题是存在太多的偶然性。调度程序决定如何调度。如果调度不合理，线程或者一直自旋（第一种方法），或者立刻让出 CPU（第二种方法）。无论哪种方法，都可能造成浪费，也不能防止饿死。

因此，我们必须显式地施加某种控制，决定锁释放时，谁能抢到锁。为了做到这一点，我们需要操作系统的更多支持，并需要一个队列来保存等待锁的线程。

简单起见，我们利用 Solaris 提供的支持，它提供了两个调用：park()能够让调用线程休眠，unpark(threadID)则会唤醒 threadID 标识的线程。可以用这两个调用来实现锁，让调用者在获取不到锁时睡眠，在锁可用时被唤醒。我们来看看图 28.8 中的代码，理解这组原语的一种可能用法。

```
1    typedef struct  lock_t {
2        int flag;
3        int guard;
4        queue_t *q;
5    } lock_t;
6
7    void lock_init(lock_t *m) {
8        m->flag  = 0;
9        m->guard = 0;
10       queue_init(m->q);
11   }
12
13   void lock(lock_t *m) {
14       while (TestAndSet(&m->guard, 1) == 1)
15           ; //acquire guard lock by spinning
```

```
16          if (m->flag == 0) {
17              m->flag = 1; // lock is acquired
18              m->guard = 0;
19          } else {
20              queue_add(m->q, gettid());
21              m->guard = 0;
22              park();
23          }
24      }
25
26  void unlock(lock_t *m) {
27      while (TestAndSet(&m->guard, 1) == 1)
28          ; //acquire guard lock by spinning
29      if (queue_empty(m->q))
30          m->flag = 0; // let go of lock; no one wants it
31      else
32          unpark(queue_remove(m->q)); // hold lock (for next thread!)
33      m->guard = 0;
34  }
```

图 28.8 使用队列，测试并设置、让出和唤醒的锁

在这个例子中，我们做了两件有趣的事。首先，我们将之前的测试并设置和等待队列结合，实现了一个更高性能的锁。其次，我们通过队列来控制谁会获得锁，避免饿死。

你可能注意到，guard 基本上起到了自旋锁的作用，围绕着 flag 和队列操作。因此，这个方法并没有完全避免自旋等待。线程在获取锁或者释放锁时可能被中断，从而导致其他线程自旋等待。但是，这个自旋等待时间是很有限的（不是用户定义的临界区，只是在 lock 和 unlock 代码中的几个指令），因此，这种方法也许是合理的。

第二点，你可能注意到在 lock()函数中，如果线程不能获取锁（它已被持有），线程会把自己加入队列（通过调用 gettid()获得当前的线程 ID），将 guard 设置为 0，然后让出 CPU。留给读者一个问题：如果我们在 park()之后，才把 guard 设置为 0 释放锁，会发生什么呢？提示一下，这是有问题的。

你还可能注意到了很有趣一点，当要唤醒另一个线程时，flag 并没有设置为 0。为什么呢？其实这不是错，而是必须的！线程被唤醒时，就像是从 park()调用返回。但是，此时它没有持有 guard，所以也不能将 flag 设置为 1。因此，我们就直接把锁从释放的线程传递给下一个获得锁的线程，期间 flag 不必设置为 0。

最后，你可能注意到解决方案中的竞争条件，就在 park()调用之前。如果不凑巧，一个线程将要 park，假定它应该睡到锁可用时。这时切换到另一个线程（比如持有锁的线程），这可能会导致麻烦。比如，如果该线程随后释放了锁。接下来第一个线程的 park 会永远睡下去（可能）。这种问题有时称为唤醒/等待竞争（wakeup/waiting race）。为了避免这种情况，我们需要额外的工作。

Solaris 通过增加了第三个系统调用 setpark()来解决这一问题。通过 setpark()，一个线程表明自己马上要 park。如果刚好另一个线程被调度，并且调用了 unpark，那么后续的 park 调用就会直接返回，而不是一直睡眠。lock()调用可以做一点小修改：

```
1    queue_add(m->q, gettid());
2    setpark(); // new code
3    m->guard = 0;
```

另外一种方案就是将 guard 传入内核。在这种情况下，内核能够采取预防措施，保证原子地释放锁，把运行线程移出队列。

28.15   不同操作系统，不同实现

目前我们看到，为了构建更有效率的锁，一个操作系统提供的一种支持。其他操作系统也提供了类似的支持，但细节不同。

例如，Linux 提供了 futex，它类似于 Solaris 的接口，但提供了更多内核功能。具体来说，每个 futex 都关联一个特定的物理内存位置，也有一个事先建好的内核队列。调用者通过 futex 调用（见下面的描述）来睡眠或者唤醒。

具体来说，有两个调用。调用 futex_wait(address, expected) 时，如果 address 处的值等于 expected，就会让调用线程睡眠。否则，调用立刻返回。调用 futex_wake(address) 唤醒等待队列中的一个线程。图 28.9 是 Linux 环境下的例子。

```
1    void mutex_lock (int *mutex) {
2      int v;
3      /* Bit 31 was clear, we got the mutex (this is the fastpath)  */
4      if (atomic_bit_test_set (mutex, 31) == 0)
5        return;
6      atomic_increment (mutex);
7      while (1) {
8          if (atomic_bit_test_set (mutex, 31) == 0) {
9              atomic_decrement (mutex);
10             return;
11         }
12         /* We have to wait now. First make sure the futex value
13            we are monitoring is truly negative (i.e. locked). */
14         v = *mutex;
15         if (v >= 0)
16           continue;
17         futex_wait (mutex, v);
18     }
19   }
20
21   void mutex_unlock (int *mutex) {
22     /* Adding 0x80000000 to the counter results in 0 if and only if
23        there are not other interested threads */
24     if (atomic_add_zero (mutex, 0x80000000))
25       return;
26
27     /* There are other threads waiting for this mutex,
28        wake one of them up.  */
29     futex_wake (mutex);
```

图 28.9   基于 Linux 的 futex 锁

这段代码来自 nptl 库（gnu libc 库的一部分）[L09]中 lowlevellock.h，它很有趣。基本上，它利用一个整数，同时记录锁是否被持有（整数的最高位），以及等待者的个数（整数的其余所有位）。因此，如果锁是负的，它就被持有（因为最高位被设置，该位决定了整数的符号）。这段代码的有趣之处还在于，它展示了如何优化常见的情况，即没有竞争时：只有一个线程获取和释放锁，所做的工作很少（获取锁时测试和设置的原子位运算，释放锁时原子的加法）。你可以看看这个"真实世界"的锁的其余部分，是否能理解其工作原理。

28.16　两阶段锁

最后一点：Linux 采用的是一种古老的锁方案，多年来不断被采用，可以追溯到 20 世纪 60 年代早期的 Dahm 锁[M82]，现在也称为两阶段锁（two-phase lock）。两阶段锁意识到自旋可能很有用，尤其是在很快就要释放锁的场景。因此，两阶段锁的第一阶段会先自旋一段时间，希望它可以获取锁。

但是，如果第一个自旋阶段没有获得锁，第二阶段调用者会睡眠，直到锁可用。上文的 Linux 锁就是这种锁，不过只自旋一次；更常见的方式是在循环中自旋固定的次数，然后使用 futex 睡眠。

两阶段锁是又一个杂合（hybrid）方案的例子，即结合两种好想法得到更好的想法。当然，硬件环境、线程数、其他负载等这些因素，都会影响锁的效果。事情总是这样，让单个通用目标的锁，在所有可能的场景下都很好，这是巨大的挑战。

28.17　小结

以上的方法展示了如今真实的锁是如何实现的：一些硬件支持（更加强大的指令）和一些操作系统支持（例如 Solaris 的 park()和 unpark()原语，Linux 的 futex）。当然，细节有所不同，执行这些锁操作的代码通常是高度优化的。读者可以查看 Solaris 或者 Linux 的代码以了解更多信息[L09，S09]。David 等人关于现代多处理器的锁策略的对比也值得一看[D+13]。

参考资料

[D91] "Just Win, Baby: Al Davis and His Raiders" Glenn Dickey, Harcourt 1991
一本关于 Al Davis 和他的名言"Just Win"的书。

[D+13] "Everything You Always Wanted to Know about Synchronization but Were Afraid to Ask"
Tudor David, Rachid Guerraoui, Vasileios Trigonakis
SOSP '13, Nemacolin Woodlands Resort, Pennsylvania, November 2013

一篇优秀的文章，比较了使用硬件原语构建锁的许多不同方法。很好的读物，看看多年来有多少想法在现代硬件上工作。

[D68]“Cooperating sequential processes”Edsger W. Dijkstra, 1968
该领域早期的开创性论文之一，主要讨论 Dijkstra 如何提出最初的并发问题以及 Dekker 的解决方案。

[H93]“MIPS R4000 Microprocessor User's Manual”Joe Heinrich, Prentice-Hall, June 1993

[H91]“Wait-free Synchronization”Maurice Herlihy
ACM Transactions on Programming Languages and Systems (TOPLAS) Volume 13, Issue 1, January 1991
一篇具有里程碑意义的文章，介绍了构建并发数据结构的不同方法。但是，由于涉及的复杂性，许多这些想法在部署系统中获得接受的速度很慢。

[L81]“Observations on the Development of an Operating System”Hugh Lauer
SOSP '81, Pacific Grove, California, December 1981
关于 Pilot 操作系统（早期 PC 操作系统）开发的必读回顾，有趣且充满洞见。

[L09]“glibc 2.9 (include Linux pthreads implementation)”
特别是，看看 nptl 子目录，你可以在这里找到 Linux 中大部分的 pthread 支持。

[M82]“The Architecture of the Burroughs B5000 20 Years Later and Still Ahead of the Times?”Alastair J.W. Mayer, 1982
摘自该论文：“一个特别有用的指令是 RDLK（读锁）。这是一个不可分割的操作，可以读取和写入内存位置。”因此 RDLK 是一个早期的测试并设置原语，如果不是最早的话。这里值得称赞的是一位名叫 Dave Dahm 的工程师，他显然为 Burroughs 系统发明了许多这样的东西，包括一种自旋锁（称为“Buzz Locks”）以及一个名为“Dahm Locks”的两阶段锁。

[MS91]“Algorithms for Scalable Synchronization on Shared-Memory Multiprocessors”John M. Mellor-Crummey and M. L. Scott
ACM TOCS, Volume 9, Issue 1, February 1991
针对不同锁算法的优秀而全面的调查。但是，没有使用操作系统支持，只有精心设计的硬件指令。

[P81]“Myths About the Mutual Exclusion Problem”
G. L. Peterson
Information Processing Letters, 12(3), pages 115–116, 1981
这里介绍了 Peterson 的算法。

[S05]“Guide to porting from Solaris to Linux on x86”Ajay Sood, April 29, 2005

[S09]“OpenSolaris Thread Library”
这看起来很有趣，但是谁知道 Oracle 现在拥有的 Sun 将会发生什么。感谢 Mike Swift 推荐的代码。

[W09]“Load-Link, Store-Conditional”

Wikipedia entry on said topic, as of October 22, 2009

你能相信我们引用了维基百科吗？很懒，不是吗？但是，我们首先在那里找到了这些信息，感觉不引用它是不对的。而且，这里甚至列出了不同架构的指令：ldl l/stl c（Alpha），lwarx/stwcx（PowerPC），ll/sc（MIPS）和 ldrex/strex（ARM 版本 6 及以上）。实际上维基百科很神奇，所以不要那么苛刻，好吗？

[WG00] "The SPARC Architecture Manual: Version 9" David L. Weaver and Tom Germond, September 2000 SPARC International, San Jose, California

有关 Sparc 原子操作的更多详细信息请参阅相关网站。

作业

程序 x86.py 允许你看到不同的线程交替如何导致或避免竞争条件。请参阅 README 文件，了解程序如何工作及其基本输入的详细信息，然后回答以下问题。

问题

1．首先用标志-p flag.s 运行 x86.py。该代码通过一个内存标志"实现"锁。你能理解汇编代码试图做什么吗？

2．使用默认值运行时，flag.s 是否按预期工作？

它会产生正确的结果吗？使用-M 和-R 标志跟踪变量和寄存器（并打开-c 查看它们的值）。你能预测代码运行时标志最终会变成什么值吗？

3．使用-a 标志更改寄存器%bx 的值（例如，如果只运行两个线程，就用-a bx = 2，bx = 2）。代码是做什么的？对这段代码问上面的问题，答案如何？

4．对每个线程将 bx 设置为高值，然后使用-i 标志生成不同的中断频率。什么值导致产生不好的结果？什么值导致产生良好的结果？

5．现在让我们看看程序 test-and-set.s。首先，尝试理解使用 xchg 指令构建简单锁原语的代码。获取锁怎么写？释放锁如何写？

6．现在运行代码，再次更改中断间隔（-i）的值，并确保循环多次。代码是否总能按预期工作？有时会导致 CPU 使用率不高吗？如何量化呢？

7．使用-P 标志生成锁相关代码的特定测试。例如，执行一个测试计划，在第一个线程中获取锁，但随后尝试在第二个线程中获取锁。正确的事情发生了吗？你还应该测试什么？

8．现在让我们看看 peterson.s 中的代码，它实现了 Peterson 算法（在文中的补充栏中提到）。研究这些代码，看看你能否理解它。

9．现在用不同的-i 值运行代码。你看到了什么样的不同行为？

10．你能控制调度（带-P 标志）来"证明"代码有效吗？你应该展示哪些不同情况？考虑互斥和避免死锁。

11．现在研究 ticket.s 中 ticket 锁的代码。它是否与本章中的代码相符？

12．现在运行代码，使用以下标志：-a bx=1000, bx=1000（此标志设置每个线程循环 1000 次）。看看随着时间的推移发生了什么，线程是否花了很多时间自旋等待锁？

13．添加更多的线程，代码表现如何？

14．现在来看 yield.s，其中我们假设 yield 指令能够使一个线程将 CPU 的控制权交给另一个线程（实际上，这会是一个 OS 原语，但为了简化仿真，我们假设 有一个指令可以完成任务）。找到一个场景，其中 test-and-set.s 浪费周期旋转，但 yield.s 不会。节省了多少指令？这些节省在什么情况下会出现？

15．最后来看 test-and-test-and-set.s。这把锁有什么作用？与 test-and-set.s 相比，它实现了什么样的优点？

第 29 章 基于锁的并发数据结构

在结束锁的讨论之前，我们先讨论如何在常见数据结构中使用锁。通过锁可以使数据结构线程安全（thread safe）。当然，具体如何加锁决定了该数据结构的正确性和效率？因此，我们的挑战是：

> **关键问题：如何给数据结构加锁？**
>
> 对于特定数据结构，如何加锁才能让该结构功能正确？进一步，如何对该数据结构加锁，能够保证高性能，让许多线程同时访问该结构，即并发访问（concurrently）？

当然，我们很难介绍所有的数据结构，或实现并发的所有方法，因为这是一个研究多年的议题，已经发表了数以千计的相关论文。因此，我们希望能够提供这类思考方式的足够介绍，同时提供一些好的资料，供你自己进一步研究。我们发现，Moir 和 Shavit 的调查 [MS04] 就是很好的资料。

29.1 并发计数器

计数器是最简单的一种数据结构，使用广泛而且接口简单。图 29.1 中定义了一个非并发的计数器。

```
1    typedef struct    counter_t {
2        int value;
3    } counter_t;
4
5    void init(counter_t *c) {
6        c->value = 0;
7    }
8
9    void increment(counter_t *c) {
10       c->value++;
11   }
12
13   void decrement(counter_t *c) {
14       c->value--;
15   }
16
17   int get(counter_t *c) {
18       return c->value;
19   }
```

图 29.1 无锁的计数器

简单但无法扩展

你可以看到，没有同步机制的计数器很简单，只需要很少代码就能实现。现在我们的下一个挑战是：如何让这段代码线程安全（thread safe）？图 29.2 展示了我们的做法。

```
1    typedef struct   counter_t {
2        int              value;
3        pthread_mutex_t lock;
4    } counter_t;
5
6    void init(counter_t *c) {
7        c->value = 0;
8        Pthread_mutex_init(&c->lock,  NULL);
9    }
10
11   void increment(counter_t *c) {
12       Pthread_mutex_lock(&c->lock);
13       c->value++;
14       Pthread_mutex_unlock(&c->lock);
15   }
16
17   void decrement(counter_t *c) {
18       Pthread_mutex_lock(&c->lock);
19       c->value--;
20       Pthread_mutex_unlock(&c->lock);
21   }
22
23   int get(counter_t *c) {
24       Pthread_mutex_lock(&c->lock);
25       int rc = c->value;
26       Pthread_mutex_unlock(&c->lock);
27       return rc;
28   }
```

图 29.2　有锁的计数器

这个并发计数器简单、正确。实际上，它遵循了最简单、最基本的并发数据结构中常见的数据模式：它只是加了一把锁，在调用函数操作该数据结构时获取锁，从调用返回时释放锁。这种方式类似基于观察者（monitor）[BH73]的数据结构，在调用、退出对象方法时，会自动获取锁、释放锁。

现在，有了一个并发数据结构，问题可能就是性能了。如果这个结构导致运行速度太慢，那么除了简单加锁，还需要进行优化。如果需要这种优化，那么本章的余下部分将进行探讨。请注意，如果数据结构导致的运行速度不是太慢，那就没事！如果简单的方案就能工作，就不需要精巧的设计。

为了理解简单方法的性能成本，我们运行一个基准测试，每个线程更新同一个共享计数器固定次数，然后我们改变线程数。图 29.3 给出了运行 1 个线程到 4 个线程的总耗时，其中每个线程更新 100 万次计数器。本实验是在 4 核 Intel 2.7GHz i5 CPU 的 iMac 上运行。通过增加 CPU，我们希望单位时间能够完成更多的任务。

从图 29.3 上方的曲线（标为"精确"）可以看出，同步的计数器扩展性不好。单线程完成 100 万次更新只需要很短的时间（大约 0.03s），而两个线程并发执行，每个更新 100 万次，性能下降很多（超过 5s！）。线程更多时，性能更差。

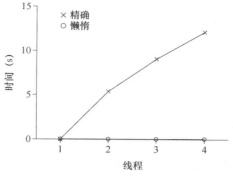

理想情况下，你会看到多处理上运行的多线程就像单线程一样快。达到这种状态称为完美扩展（perfect scaling）。虽然总工作量增多，但是并行执行后，完成任务的时间并没有增加。

图 29.3　传统计数器与懒惰计数器

可扩展的计数

令人吃惊的是，关于如何实现可扩展的计数器，研究人员已经研究了多年[MS04]。更令人吃惊的是，最近的操作系统性能分析研究[B+10]表明，可扩展的计数器很重要。没有可扩展的计数，一些运行在 Linux 上的工作在多核机器上将遇到严重的扩展性问题。

尽管人们已经开发了多种技术来解决这一问题，我们将介绍一种特定的方法。这个方法是最近的研究提出的，称为懒惰计数器（sloppy counter）[B+10]。

懒惰计数器通过多个局部计数器和一个全局计数器来实现一个逻辑计数器，其中每个 CPU 核心有一个局部计数器。具体来说，在 4 个 CPU 的机器上，有 4 个局部计数器和 1 个全局计数器。除了这些计数器，还有锁：每个局部计数器有一个锁，全局计数器有一个。

懒惰计数器的基本思想是这样的。如果一个核心上的线程想增加计数器，那就增加它的局部计数器，访问这个局部计数器是通过对应的局部锁同步的。因为每个 CPU 有自己的局部计数器，不同 CPU 上的线程不会竞争，所以计数器的更新操作可扩展性好。

但是，为了保持全局计数器更新（以防某个线程要读取该值），局部值会定期转移给全局计数器，方法是获取全局锁，让全局计数器加上局部计数器的值，然后将局部计数器置零。

这种局部转全局的频度，取决于一个阈值，这里称为 S（表示 sloppiness）。S 越小，懒惰计数器则越趋近于非扩展的计数器。S 越大，扩展性越强，但是全局计数器与实际计数的偏差越大。我们可以抢占所有的局部锁和全局锁（以特定的顺序，避免死锁），以获得精确值，但这种方法没有扩展性。

为了弄清楚这一点，来看一个例子（见表 29.1）。在这个例子中，阈值 S 设置为 5，4 个 CPU 上分别有一个线程更新局部计数器 $L_1,\cdots,L_4$。随着时间增加，全局计数器 G 的值也会记录下来。每一段时间，局部计数器可能会增加。如果局部计数值增加到阈值 S，就把局部值转移到全局计数器，局部计数器清零。

表 29.1　　　　　　　　　　　　　　　　追踪懒惰计数器

时间	L_1	L_2	L_3	L_4	G
0	0	0	0	0	0
1	0	0	1	1	0
2	1	0	2	1	0
3	2	0	3	1	0

续表

时间	L_1	L_2	L_3	L_4	G
4	3	0	3	2	0
5	4	1	3	3	0
6	5→0	1	3	4	5（来自 L_1）
7	0	2	4	5→0	10（来自 L_4）

图 29.3 中下方的线，是阈值 S 为 1024 时懒惰计数器的性能。性能很高，4 个处理器更新 400 万次的时间和一个处理器更新 100 万次的几乎一样。

图 29.4 展示了阈值 S 的重要性，在 4 个 CPU 上的 4 个线程，分别增加计数器 100 万次。如果 S 小，性能很差（但是全局计数器精确度高）。如果 S 大，性能很好，但是全局计数器会有延时。懒惰计数器就是在准确性和性能之间折中。

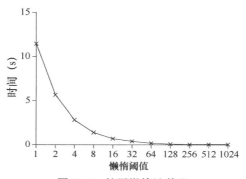

图 29.4 扩展懒惰计数器

图 29.5 是这种懒惰计数器的基本实现。阅读它，或者运行它，尝试一些例子，以便更好地理解它的原理。

```
1   typedef struct    counter_t {
2       int             global;            // global count
3       pthread_mutex_t glock;             // global lock
4       int             local[NUMCPUS];    // local count (per cpu)
5       pthread_mutex_t llock[NUMCPUS];    // ... and locks
6       int             threshold;         // update frequency
7   } counter_t;
8
9   // init: record threshold, init locks, init values
10  //       of all local counts and global count
11  void init(counter_t *c, int threshold) {
12      c->threshold = threshold;
13
14      c->global = 0;
15      pthread_mutex_init(&c->glock,  NULL);
16
17      int i;
18      for (i = 0; i < NUMCPUS; i++) {
19          c->local[i] = 0;
```

```
20              pthread_mutex_init(&c->llock[i],  NULL);
21          }
22      }
23
24      // update: usually, just grab local lock and update local amount
25      //         once local count has risen by 'threshold', grab global
26      //         lock and transfer local values to it
27      void update(counter_t *c, int threadID, int amt) {
28          pthread_mutex_lock(&c->llock[threadID]);
29          c->local[threadID] += amt;                   // assumes amt > 0
30          if (c->local[threadID] >= c->threshold) { // transfer to global
31              pthread_mutex_lock(&c->glock);
32              c->global += c->local[threadID];
33              pthread_mutex_unlock(&c->glock);
34              c->local[threadID] = 0;
35          }
36          pthread_mutex_unlock(&c->llock[threadID]);
37      }
38
39      // get: just return global amount (which may not be perfect)
40      int get(counter_t *c) {
41          pthread_mutex_lock(&c->glock);
42          int val = c->global;
43          pthread_mutex_unlock(&c->glock);
44          return val; // only approximate!
45      }
```

图 29.5 懒惰计数器的实现

29.2 并发链表

接下来看一个更复杂的数据结构，链表。同样，我们从一个基础实现开始。简单起见，我们只关注链表的插入操作，其他操作比如查找、删除等就交给读者了。图 29.6 展示了这个基本数据结构的代码。

```
1    // basic node structure
2    typedef struct   node_t {
3        int            key;
4        struct   node_t      *next;
5    } node_t;
6
7    // basic list structure (one used per list)
8    typedef struct   list_t {
9        node_t              *head;
10       pthread_mutex_t    lock;
11   } list_t;
12
13   void List_Init(list_t *L) {
14       L->head = NULL;
```

```
15          pthread_mutex_init(&L->lock, NULL);
16    }
17
18    int List_Insert(list_t *L, int key) {
19        pthread_mutex_lock(&L->lock);
20        node_t *new = malloc(sizeof(node_t));
21        if (new == NULL) {
22            perror("malloc");
23            pthread_mutex_unlock(&L->lock);
24            return -1; // fail
25        }
26        new->key  = key;
27        new->next = L->head;
28        L->head = new;
29        pthread_mutex_unlock(&L->lock);
30        return 0; // success
31    }
32
33    int List_Lookup(list_t *L, int key) {
34        pthread_mutex_lock(&L->lock);
35        node_t *curr = L->head;
36        while (curr) {
37            if (curr->key == key) {
38                pthread_mutex_unlock(&L->lock);
39                return 0; // success
40            }
41            curr = curr->next;
42        }
43        pthread_mutex_unlock(&L->lock);
44        return -1; // failure
45    }
```

图 29.6 并发链表

从代码中可以看出，代码插入函数入口处获取锁，结束时释放锁。如果 malloc 失败（在极少的时候），会有一点小问题，在这种情况下，代码在插入失败之前，必须释放锁。

事实表明，这种异常控制流容易产生错误。最近一个 Linux 内核补丁的研究表明，有40%都是这种很少发生的代码路径（实际上，这个发现启发了我们自己的一些研究，我们从 Linux 文件系统中移除了所有内存失败的路径，得到了更健壮的系统[S+11]）。

因此，挑战来了：我们能够重写插入和查找函数，保持并发插入正确，但避免在失败情况下也需要调用释放锁吗？

在这个例子中，答案是可以。具体来说，我们调整代码，让获取锁和释放锁只环绕插入代码的真正临界区。前面的方法有效是因为部分工作实际上不需要锁，假定 malloc()是线程安全的，每个线程都可以调用它，不需要担心竞争条件和其他并发缺陷。只有在更新共享列表时需要持有锁。图 29.7 展示了这些修改的细节。

对于查找函数，进行了简单的代码调整，跳出主查找循环，到单一的返回路径。这样做减少了代码中需要获取锁、释放锁的地方，降低了代码中不小心引入缺陷（诸如在返回前忘记释放锁）的可能性。

```
1    void List_Init(list_t *L) {
2        L->head = NULL;
3        pthread_mutex_init(&L->lock,  NULL);
4    }
5
6    void List_Insert(list_t *L, int key) {
7        // synchronization not needed
8        node_t *new = malloc(sizeof(node_t));
9        if (new == NULL) {
10           perror("malloc");
11           return;
12       }
13       new->key = key;
14
15       // just lock critical section
16       pthread_mutex_lock(&L->lock);
17       new->next = L->head;
18       L->head = new;
19       pthread_mutex_unlock(&L->lock);
20   }
21
22   int List_Lookup(list_t *L, int key) {
23       int rv = -1;
24       pthread_mutex_lock(&L->lock);
25       node_t *curr = L->head;
26       while (curr) {
27           if (curr->key == key) {
28               rv = 0;
29               break;
30           }
31           curr = curr->next;
32       }
33       pthread_mutex_unlock(&L->lock);
34       return rv; // now both success and failure
35   }
```

图 29.7　重写并发链表

扩展链表

尽管我们有了基本的并发链表，但又遇到了这个链表扩展性不好的问题。研究人员发现的增加链表并发的技术中，有一种叫作过手锁（hand-over-hand locking，也叫作锁耦合，lock coupling）[MS04]。

原理也很简单。每个节点都有一个锁，替代之前整个链表一个锁。遍历链表的时候，首先抢占下一个节点的锁，然后释放当前节点的锁。

从概念上说，过手锁链表有点道理，它增加了链表操作的并发程度。但是实际上，在遍历的时候，每个节点获取锁、释放锁的开销巨大，很难比单锁的方法快。即使有大量的线程和很大的链表，这种并发的方案也不一定会比单锁的方案快。也许某种杂合的方案（一定数量的节点用一个锁）值得去研究。

提示：更多并发不一定更快

如果方案带来了大量的开销（例如，频繁地获取锁、释放锁），那么高并发就没有什么意义。如果简单的方案很少用到高开销的调用，通常会很有效。增加更多的锁和复杂性可能会适得其反。话虽如此，有一种办法可以获得真知：实现两种方案（简单但少一点并发，复杂但多一点并发），测试它们的表现。毕竟，你不能在性能上作弊。结果要么更快，要么不快。

提示：当心锁和控制流

有一个通用建议，对并发代码和其他代码都有用，即注意控制流的变化导致函数返回和退出，或其他错误情况导致函数停止执行。因为很多函数开始就会获得锁，分配内存，或者进行其他一些改变状态的操作，如果错误发生，代码需要在返回前恢复各种状态，这容易出错。因此，最好组织好代码，减少这种模式。

29.3 并发队列

你现在知道了，总有一个标准的方法来创建一个并发数据结构：添加一把大锁。对于一个队列，我们将跳过这种方法，假定你能弄明白。

我们来看看 Michael 和 Scott [MS98]设计的、更并发的队列。图 29.8 展示了用于该队列的数据结构和代码。

```
1    typedef struct __node_t {
2        int                value;
3        struct __node_t    *next;
4    } node_t;
5
6    typedef struct  queue_t {
7        node_t             *head;
8        node_t             *tail;
9        pthread_mutex_t    headLock;
10       pthread_mutex_t    tailLock;
11   } queue_t;
12
13   void Queue_Init(queue_t *q) {
14       node_t *tmp = malloc(sizeof(node_t));
15       tmp->next = NULL;
16       q->head = q->tail = tmp;
17       pthread_mutex_init(&q->headLock,  NULL);
18       pthread_mutex_init(&q->tailLock,  NULL);
19   }
20
21   void Queue_Enqueue(queue_t *q, int value) {
22       node_t *tmp = malloc(sizeof(node_t));
```

```
23          assert(tmp != NULL);
24          tmp->value = value;
25          tmp->next  = NULL;
26
27          pthread_mutex_lock(&q->tailLock);
28          q->tail->next = tmp;
29          q->tail = tmp;
30          pthread_mutex_unlock(&q->tailLock);
31      }
32
33      int Queue_Dequeue(queue_t *q, int *value) {
34          pthread_mutex_lock(&q->headLock);
35          node_t *tmp = q->head;
36          node_t *newHead = tmp->next;
37          if (newHead == NULL) {
38              pthread_mutex_unlock(&q->headLock);
39              return -1; // queue was empty
40          }
41          *value = newHead->value;
42          q->head = newHead;
43          pthread_mutex_unlock(&q->headLock);
44          free(tmp);
45          return 0;
46      }
```

图 29.8   Michael 和 Scott 的并发队列

仔细研究这段代码，你会发现有两个锁，一个负责队列头，另一个负责队列尾。这两个锁使得入队列操作和出队列操作可以并发执行，因为入队列只访问 tail 锁，而出队列只访问 head 锁。

Michael 和 Scott 使用了一个技巧，添加了一个假节点（在队列初始化的代码里分配的）。该假节点分开了头和尾操作。研究这段代码，或者输入、运行、测试它，以便更深入地理解它。

队列在多线程程序里广泛使用。然而，这里的队列（只是加了锁）通常不能完全满足这种程序的需求。更完善的有界队列，在队列空或者满时，能让线程等待。这是下一章探讨条件变量时集中研究的主题。读者需要看仔细了！

29.4   并发散列表

我们讨论最后一个应用广泛的并发数据结构，散列表（见图 29.9）。我们只关注不需要调整大小的简单散列表。支持调整大小还需要一些工作，留给读者作为练习。

```
1       #define BUCKETS (101)
2
3       typedef struct __hash_t {
4           list_t lists[BUCKETS];
5       } hash_t;
```

```
6
7    void Hash_Init(hash_t *H) {
8        int i;
9        for (i = 0; i < BUCKETS; i++) {
10           List_Init(&H->lists[i]);
11       }
12   }
13
14   int Hash_Insert(hash_t *H, int key) {
15       int bucket = key % BUCKETS;
16       return List_Insert(&H->lists[bucket], key);
17   }
18
19   int Hash_Lookup(hash_t *H, int key) {
20       int bucket = key % BUCKETS;
21       return List_Lookup(&H->lists[bucket], key);
22   }
```

图 29.9　并发散列表

本例的散列表使用我们之前实现的并发链表，性能特别好。每个散列桶（每个桶都是一个链表）都有一个锁，而不是整个散列表只有一个锁，从而支持许多并发操作。

图 29.10 展示了并发更新下的散列表的性能（同样在 4 CPU 的 iMac，4 个线程，每个线程分别执行 1 万～5 万次并发更新）。同时，作为比较，我们也展示了单锁链表的性能。可以看出，这个简单的并发散列表扩展性极好，而链表则相反。

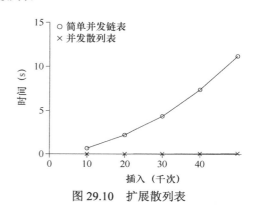

图 29.10　扩展散列表

建议：避免不成熟的优化（Knuth 定律）

实现并发数据结构时，先从最简单的方案开始，也就是加一把大锁来同步。这样做，你很可能构建了正确的锁。如果发现性能问题，那么就改进方法，只要优化到满足需要即可。正如 Knuth 的著名说法"不成熟的优化是所有坏事的根源。"

许多操作系统，在最初过渡到多处理器时都用一把大锁，包括 Sun 和 Linux。在 Linux 中，这个锁甚至有个名字，叫作 BKL（大内核锁，big kernel lock）。这个方案在很多年里都很有效，直到多 CPU 系统普及，内核只允许一个线程活动成为性能瓶颈。终于到了为这些系统优化并发性能的时候了。Linux 采用了简单的方案，把一个锁换成多个。Sun 则更为激进，实现了一个最开始就能并发的新系统，Solaris。读者可以通过 Linux 和 Solaris 的内核资料了解更多信息[BC05，MM00]。

29.5　小结

我们已经介绍了一些并发数据结构，从计数器到链表队列，最后到大量使用的散列表。

同时，我们也学习到：控制流变化时注意获取锁和释放锁；增加并发不一定能提高性能；有性能问题的时候再做优化。关于最后一点，避免不成熟的优化（premature optimization），对于所有关心性能的开发者都有用。我们让整个应用的某一小部分变快，却没有提高整体性能，其实没有价值。

当然，我们只触及了高性能数据结构的皮毛。Moir 和 Shavit 的调查提供了更多信息，包括指向其他来源的链接[MS04]。特别是，你可能会对其他结构感兴趣（比如 B 树），那么数据库课程会是一个不错的选择。你也可能对根本不用传统锁的技术感兴趣。这种非阻塞数据结构是有意义的，在常见并发问题的章节中，我们会稍稍涉及。但老实说这是一个广泛领域的知识，远非本书所能覆盖。感兴趣的读者可以自行研究。

参考资料

[B+10]《An Analysis of Linux Scalability to Many Cores》
Silas Boyd-Wickizer, Austin T. Clements, Yandong Mao, Aleksey Pesterev, M. Frans Kaashoek, Robert Morris, Nickolai Zeldovich
OSDI '10, Vancouver, Canada, October 2010
关于 Linux 在多核机器上的表现以及对一些简单的解决方案的很好的研究。

[BH73]《Operating System Principles》Per Brinch Hansen, Prentice-Hall, 1973
最早的操作系统图书之一。当然领先于它的时代。将观察者作为并发原语引入。

[BC05]《Understanding the Linux Kernel (Third Edition)》Daniel P. Bovet and Marco Cesati
O'Reilly Media, November 2005
关于 Linux 内核的经典书籍。你应该阅读它。

[L+13]《A Study of Linux File System Evolution》
Lanyue Lu, Andrea C. Arpaci-Dusseau, Remzi H. Arpaci-Dusseau, Shan Lu FAST '13, San Jose, CA, February 2013
我们的论文研究了近十年来 Linux 文件系统的每个补丁。论文中有很多有趣的发现，读读看！这项工作很痛苦，这位研究生 Lanyue Lu 不得不亲自查看每一个补丁，以了解它们做了什么。

[MS98]《 Nonblocking Algorithms and Preemption-safe Locking on Multiprogrammed Sharedmemory Multiprocessors》
M. Michael and M. Scott
Journal of Parallel and Distributed Computing, Vol. 51, No. 1, 1998
Scott 教授和他的学生多年来一直处于并发算法和数据结构的前沿。浏览他的网页，并阅读他的大量的论文和书籍，可以了解更多信息。

[MS04]《Concurrent Data Structures》Mark Moir and Nir Shavit
In Handbook of Data Structures and Applications
(Editors D. Metha and S.Sahni) Chapman and Hall/CRC Press, 2004

关于并发数据结构的简短但相对全面的参考。虽然它缺少该领域的一些最新作品（由于它的时间），但仍然是一个令人难以置信的有用的参考。

[MM00] "Solaris Internals: Core Kernel Architecture" Jim Mauro and Richard McDougall

Prentice Hall, October 2000

Solaris 之书。如果你想详细了解 Linux 之外的其他内容，就应该阅读本书。

[S+11] "Making the Common Case the Only Case with Anticipatory Memory Allocation" Swaminathan Sundararaman, Yupu Zhang, Sriram Subramanian,

Andrea C. Arpaci-Dusseau, Remzi H. Arpaci-Dusseau FAST'11, San Jose, CA, February 2011

我们关于从内核代码路径中删除可能失败的 malloc 调用的工作。其主要想法是在做任何工作之前分配所有可能需要的内存，从而避免存储栈内部发生故障。

第 30 章 条件变量

到目前为止，我们已经形成了锁的概念，看到了如何通过硬件和操作系统支持的正确组合来实现锁。然而，锁并不是并发程序设计所需的唯一原语。

具体来说，在很多情况下，线程需要检查某一条件（condition）满足之后，才会继续运行。例如，父线程需要检查子线程是否执行完毕 [这常被称为 join()]。这种等待如何实现呢？我们来看如图 30.1 所示的代码。

```
1    void *child(void *arg) {
2        printf("child\n");
3        // XXX how to indicate we are done?
4        return NULL;
5    }
6
7    int main(int argc, char *argv[]) {
8        printf("parent: begin\n");
9        pthread_t c;
10       Pthread_create(&c, NULL, child, NULL); // create child
11       // XXX how to wait for child?
12       printf("parent: end\n");
13       return 0;
14   }
```

图 30.1 父线程等待子线程

我们期望能看到这样的输出：

```
parent: begin
child
parent: end
```

我们可以尝试用一个共享变量，如图 30.2 所示。这种解决方案一般能工作，但是效率低下，因为主线程会自旋检查，浪费 CPU 时间。我们希望有某种方式让父线程休眠，直到等待的条件满足（即子线程完成执行）。

```
1    volatile int done = 0;
2
3    void *child(void *arg) {
4        printf("child\n");
5        done = 1;
6        return NULL;
7    }
8
9    int main(int argc, char *argv[]) {
10       printf("parent: begin\n");
```

```
11        pthread_t c;
12        Pthread_create(&c, NULL, child, NULL); // create child
13        while (done == 0)
14            ; // spin
15        printf("parent: end\n");
16        return 0;
17    }
```

图 30.2　父线程等待子线程：基于自旋的方案

关键问题：如何等待一个条件？

多线程程序中，一个线程等待某些条件是很常见的。简单的方案是自旋直到条件满足，这是极其低效的，某些情况下甚至是错误的。那么，线程应该如何等待一个条件？

30.1　定义和程序

线程可以使用条件变量（condition variable），来等待一个条件变成真。条件变量是一个显式队列，当某些执行状态（即条件，condition）不满足时，线程可以把自己加入队列，等待（waiting）该条件。另外某个线程，当它改变了上述状态时，就可以唤醒一个或者多个等待线程（通过在该条件上发信号），让它们继续执行。Dijkstra 最早在"私有信号量"[D01]中提出这种思想。Hoare 后来在关于观察者的工作中，将类似的思想称为条件变量[H74]。

要声明这样的条件变量，只要像这样写：pthread_cond_t c;，这里声明 c 是一个条件变量（注意：还需要适当的初始化）。条件变量有两种相关操作：wait() 和 signal()。线程要睡眠的时候，调用 wait()。当线程想唤醒等待在某个条件变量上的睡眠线程时，调用 signal()。具体来说，POSIX 调用如图 30.3 所示。

```
pthread_cond_wait(pthread_cond_t *c, pthread_mutex_t *m);
pthread_cond_signal(pthread_cond_t   *c);

1    int done  = 0;
2    pthread_mutex_t m = PTHREAD_MUTEX_INITIALIZER;
3    pthread_cond_t c = PTHREAD_COND_INITIALIZER;
4
5    void thr_exit() {
6        Pthread_mutex_lock(&m);
7        done = 1;
8        Pthread_cond_signal(&c);
9        Pthread_mutex_unlock(&m);
10    }
11
12    void *child(void *arg) {
13        printf("child\n");
14        thr_exit();
15        return NULL;
16    }
```

```
17
18    void thr_join() {
19        Pthread_mutex_lock(&m);
20        while (done == 0)
21            Pthread_cond_wait(&c, &m);
22        Pthread_mutex_unlock(&m);
23    }
24
25    int main(int argc, char *argv[]) {
26        printf("parent: begin\n");
27        pthread_t p;
28        Pthread_create(&p, NULL, child, NULL);
29        thr_join();
30        printf("parent: end\n");
31        return 0;
32    }
```

图 30.3 父线程等待子线程：使用条件变量

我们常简称为 wait() 和 signal()。你可能注意到一点，wait() 调用有一个参数，它是互斥量。它假定在 wait() 调用时，这个互斥量是已上锁状态。wait() 的职责是释放锁，并让调用线程休眠（原子地）。当线程被唤醒时（在另外某个线程发信号给它后），它必须重新获取锁，再返回调用者。这样复杂的步骤也是为了避免在线程陷入休眠时，产生一些竞态条件。我们观察一下图 30.3 中 join 问题的解决方法，以加深理解。

有两种情况需要考虑。第一种情况是父线程创建出子线程，但自己继续运行（假设只有一个处理器），然后马上调用 thr_join() 等待子线程。在这种情况下，它会先获取锁，检查子进程是否完成（还没有完成），然后调用 wait()，让自己休眠。子线程最终得以运行，打印出 "child"，并调用 thr_exit() 函数唤醒父进程，这段代码会在获得锁后设置状态变量 done，然后向父线程发信号唤醒它。最后，父线程会运行（从 wait() 调用返回并持有锁），释放锁，打印出 "parent:end"。

第二种情况是，子线程在创建后，立刻运行，设置变量 done 为 1，调用 signal 函数唤醒其他线程（这里没有其他线程），然后结束。父线程运行后，调用 thr_join() 时，发现 done 已经是 1 了，就直接返回。

最后一点说明：你可能看到父线程使用了一个 while 循环，而不是 if 语句来判断是否需要等待。虽然从逻辑上来说没有必要使用循环语句，但这样做总是好的（后面我们会加以说明）。

为了确保理解 thr_exit() 和 thr_join() 中每个部分的重要性，我们来看一些其他的实现。首先，你可能会怀疑状态变量 done 是否需要。代码像下面这样如何？正确吗？

```
1    void thr_exit() {
2        Pthread_mutex_lock(&m);
3        Pthread_cond_signal(&c);
4        Pthread_mutex_unlock(&m);
5    }
6
7    void thr_join() {
8        Pthread_mutex_lock(&m);
9        Pthread_cond_wait(&c, &m);
```

```
10          Pthread_mutex_unlock(&m);
11      }
```

这段代码是有问题的。假设子线程立刻运行，并且调用 thr_exit()。在这种情况下，子线程发送信号，但此时却没有在条件变量上睡眠等待的线程。父线程运行时，就会调用 wait 并卡在那里，没有其他线程会唤醒它。通过这个例子，你应该认识到变量 done 的重要性，它记录了线程有兴趣知道的值。睡眠、唤醒和锁都离不开它。

下面是另一个糟糕的实现。在这个例子中，我们假设线程在发信号和等待时都不加锁。会发生什么问题？想想看！

```
1      void thr_exit() {
2          done = 1;
3          Pthread_cond_signal(&c);
4      }
5
6      void thr_join() {
7          if (done == 0)
8              Pthread_cond_wait(&c);
9      }
```

这里的问题是一个微妙的竞态条件。具体来说，如果父进程调用 thr_join()，然后检查完 done 的值为 0，然后试图睡眠。但在调用 wait 进入睡眠之前，父进程被中断。子线程修改变量 done 为 1，发出信号，同样没有等待线程。父线程再次运行时，就会长眠不醒，这就惨了。

> **提示：发信号时总是持有锁**
>
> 尽管并不是所有情况下都严格需要，但有效且简单的做法，还是在使用条件变量发送信号时持有锁。虽然上面的例子是必须加锁的情况，但也有一些情况可以不加锁，而这可能是你应该避免的。因此，为了简单，请在调用 signal 时持有锁（hold the lock when calling signal）。
>
> 这个提示的反面，即调用 wait 时持有锁，不只是建议，而是 wait 的语义强制要求的。因为 wait 调用总是假设你调用它时已经持有锁、调用者睡眠之前会释放锁以及返回前重新持有锁。因此，这个提示的一般化形式是正确的：调用 signal 和 wait 时要持有锁（hold the lock when calling signal or wait），你会保持身心健康的。

希望通过这个简单的 join 示例，你可以看到使用条件变量的一些基本要求。为了确保你能理解，我们现在来看一个更复杂的例子：生产者/消费者（producer/consumer）或有界缓冲区（bounded-buffer）问题。

30.2　生产者/消费者（有界缓冲区）问题

本章要面对的下一个问题，是生产者/消费者（producer/consumer）问题，也叫作有界缓冲区（bounded buffer）问题。这一问题最早由 Dijkstra 提出[D72]。实际上也正是通过研究这一问题，Dijkstra 和他的同事发明了通用的信号量（它可用作锁或条件变量）[D01]。

假设有一个或多个生产者线程和一个或多个消费者线程。生产者把生成的数据项放入缓冲区；消费者从缓冲区取走数据项，以某种方式消费。

很多实际的系统中都会有这种场景。例如，在多线程的网络服务器中，一个生产者将HTTP 请求放入工作队列（即有界缓冲区），消费线程从队列中取走请求并处理。

我们在使用管道连接不同程序的输出和输入时，也会使用有界缓冲区，例如 grep foo file.txt | wc -l。这个例子并发执行了两个进程，grep 进程从 file.txt 中查找包括 "foo" 的行，写到标准输出；UNIX shell 把输出重定向到管道（通过 pipe 系统调用创建）。管道的另一端是 wc 进程的标准输入，wc 统计完行数后打印出结果。因此，grep 进程是生产者，wc 是进程是消费者，它们之间是内核中的有界缓冲区，而你在这个例子里只是一个开心的用户。

因为有界缓冲区是共享资源，所以我们必须通过同步机制来访问它，以免①产生竞态条件。为了更好地理解这个问题，我们来看一些实际的代码。

首先需要一个共享缓冲区，让生产者放入数据，消费者取出数据。简单起见，我们就拿一个整数来做缓冲区（你当然可以想到用一个指向数据结构的指针来代替），两个内部函数将值放入缓冲区，从缓冲区取值。图 30.4 为相关代码。

```
1    int buffer;
2    int count = 0; // initially, empty
3
4    void put(int value) {
5        assert(count == 0);
6        count = 1;
7        buffer = value;
8    }
9
10   int get() {
11       assert(count == 1);
12       count = 0;
13       return buffer;
14   }
```

图 30.4　put 和 get 函数（第 1 版）

很简单，不是吗？put()函数会假设缓冲区是空的，把一个值存在缓冲区，然后把 count 设置为 1 表示缓冲区满了。get()函数刚好相反，把缓冲区清空后（即将 count 设置为 0），并返回该值。不用担心这个共享缓冲区只能存储一条数据，稍后我们会一般化，用队列保存更多数据项，这会比听起来更有趣。

现在我们需要编写一些函数，知道何时可以访问缓冲区，以便将数据放入缓冲区或从缓冲区取出数据。条件是显而易见的：仅在 count 为 0 时（即缓冲器为空时），才将数据放入缓冲器中。仅在计数为 1 时（即缓冲器已满时），才从缓冲器获得数据。如果我们编写同步代码，让生产者将数据放入已满的缓冲区，或消费者从空的数据获取数据，就做错了（在这段代码中，断言将触发）。

这项工作将由两种类型的线程完成，其中一类我们称之为生产者（producer）线程，另一类我们称之为消费者（consumer）线程。图 30.5 展示了一个生产者的代码，它将一个整数放入共享缓冲区 loops 次，以及一个消费者，它从该共享缓冲区中获取数据（永远不停），

---

① 这里我们用了某种严肃的古英语和虚拟语气形式。

每次打印出从共享缓冲区中提取的数据项。

```
1   void *producer(void *arg) {
2       int i;
3       int loops = (int) arg;
4       for (i = 0; i < loops; i++) {
5           put(i);
6       }
7   }
8
9   void *consumer(void *arg) {
10      int i;
11      while (1) {
12          int tmp = get();
13          printf("%d\n", tmp);
14      }
15  }
```

图 30.5 生产者/消费者线程（第 1 版）

有问题的方案

假设只有一个生产者和一个消费者。显然，put()和 get()函数之中会有临界区，因为 put()更新缓冲区，get()读取缓冲区。但是，给代码加锁没有用，我们还需别的东西。不奇怪，别的东西就是某些条件变量。在这个（有问题的）首次尝试中（见图 30.6），我们用了条件变量 cond 和相关的锁 mutex。

```
1   cond_t cond;
2   mutex_t mutex;
3
4   void *producer(void *arg) {
5       int i;
6       for (i = 0; i < loops; i++) {
7           Pthread_mutex_lock(&mutex);            // p1
8           if (count == 1)                        // p2
9               Pthread_cond_wait(&cond, &mutex);  // p3
10          put(i);                                // p4
11          Pthread_cond_signal(&cond);            // p5
12          Pthread_mutex_unlock(&mutex);          // p6
13      }
14  }
15
16  void *consumer(void *arg) {
17      int i;
18      for (i = 0; i < loops; i++) {
19          Pthread_mutex_lock(&mutex);            // c1
20          if (count == 0)                        // c2
21              Pthread_cond_wait(&cond, &mutex);  // c3
22          int tmp = get();                       // c4
23          Pthread_cond_signal(&cond);            // c5
24          Pthread_mutex_unlock(&mutex);          // c6
```

```
25            printf("%d\n", tmp);
26        }
27    }
```

图 30.6　生产者/消费者：一个条件变量和 if 语句

来看看生产者和消费者之间的信号逻辑。当生产者想要填充缓冲区时，它等待缓冲区变空（p1～p3）。消费者具有完全相同的逻辑，但等待不同的条件——变满（c1～c3）。

当只有一个生产者和一个消费者时，图 30.6 中的代码能够正常运行。但如果有超过一个线程（例如两个消费者），这个方案会有两个严重的问题。哪两个问题？

……（暂停思考一下）……

我们来理解第一个问题，它与等待之前的 if 语句有关。假设有两个消费者（T_{c1} 和 T_{c2}），一个生产者（T_p）。首先，一个消费者（T_{c1}）先开始执行，它获得锁（c1），检查缓冲区是否可以消费（c2），然后等待（c3）（这会释放锁）。

接着生产者（T_p）运行。它获取锁（p1），检查缓冲区是否满（p2），发现没满就给缓冲区加入一个数字（p4）。然后生产者发出信号，说缓冲区已满（p5）。关键的是，这让第一个消费者（T_{c1}）不再睡在条件变量上，进入就绪队列。T_{c1} 现在可以运行（但还未运行）。生产者继续执行，直到发现缓冲区满后睡眠（p6,p1-p3）。

这时问题发生了：另一个消费者（T_{c2}）抢先执行，消费了缓冲区中的值（c1,c2,c4,c5,c6，跳过了 c3 的等待，因为缓冲区是满的）。现在假设 T_{c1} 运行，在从 wait 返回之前，它获取了锁，然后返回。然后它调用了 get() (p4)，但缓冲区已无法消费！断言触发，代码不能像预期那样工作。显然，我们应该设法阻止 T_{c1} 去消费，因为 T_{c2} 插进来，消费了缓冲区中之前生产的一个值。表 30.1 展示了每个线程的动作，以及它的调度程序状态（就绪、运行、睡眠）随时间的变化。

表 30.1　　　　　　　　　　追踪线程：有问题的方案（第 1 版）

T_{c1}	状态	T_{c2}	状态	T_p	状态	count	注释
c1	运行		就绪		就绪	0	
c2	运行		就绪		就绪	0	
c3	睡眠		就绪		就绪	0	没数据可取
	睡眠		就绪	p1	运行	0	
	睡眠		就绪	p2	运行	0	
	睡眠		就绪	p4	运行	1	缓冲区现在满了
	就绪		就绪	p5	运行	1	T_{c1} 唤醒
	就绪		就绪	p6	运行	1	
	就绪		就绪	p1	运行	1	
	就绪		就绪	p2	运行	1	
	就绪		就绪	p3	睡眠	1	缓冲区满了，睡眠
	就绪	c1	运行		睡眠	1	T_{c2} 插入……
	就绪	c2	运行		睡眠	1	
	就绪	c4	运行		睡眠	0	……抓取了数据

T_{c1}	状态	T_{c2}	状态	T_p	状态	count	注释
	就绪	c5	运行		就绪	0	T_p 唤醒
	就绪	c6	运行		就绪	0	
c4	运行			就绪	就绪	0	啊！没数据

问题产生的原因很简单：在 T_{c1} 被生产者唤醒后，但在它运行之前，缓冲区的状态改变了（由于 T_{c2}）。发信号给线程只是唤醒它们，暗示状态发生了变化（在这个例子中，就是值已被放入缓冲区），但并不会保证在它运行之前状态一直是期望的情况。信号的这种释义常称为 Mesa 语义（Mesa semantic），为了纪念以这种方式建立条件变量的首次研究[LR80]。另一种释义是 Hoare 语义（Hoare semantic），虽然实现难度大，但是会保证被唤醒线程立刻执行[H74]。实际上，几乎所有系统都采用了 Mesa 语义。

较好但仍有问题的方案：使用 While 语句替代 If

幸运的是，修复这个问题很简单（见图 30.7）：把 if 语句改为 while。当消费者 T_{c1} 被唤醒后，立刻再次检查共享变量（c2）。如果缓冲区此时为空，消费者就会回去继续睡眠（c3）。生产者中相应的 if 也改为 while（p2）。

```
1    cond_t cond;
2    mutex_t mutex;
3
4    void *producer(void *arg) {
5        int i;
6        for (i = 0; i < loops; i++) {
7            Pthread_mutex_lock(&mutex);              // p1
8            while (count == 1)                       // p2
9                Pthread_cond_wait(&cond, &mutex);    // p3
10           put(i);                                  // p4
11           Pthread_cond_signal(&cond);              // p5
12           Pthread_mutex_unlock(&mutex);            // p6
13       }
14   }
15
16   void *consumer(void *arg) {
17       int i;
18       for (i = 0; i < loops; i++) {
19           Pthread_mutex_lock(&mutex);              // c1
20           while (count == 0)                       // c2
21               Pthread_cond_wait(&cond, &mutex);    // c3
22           int tmp = get();                         // c4
23           Pthread_cond_signal(&cond);              // c5
24           Pthread_mutex_unlock(&mutex);            // c6
25           printf("%d\n", tmp);
26       }
27   }
```

图 30.7 生产者/消费者：一个条件变量和 while 语句

由于 Mesa 语义，我们要记住一条关于条件变量的简单规则：总是使用 while 循环（always use while loop）。虽然有时候不需要重新检查条件，但这样做总是安全的，做了就开心了。

但是，这段代码仍然有一个问题，也是上文提到的两个问题之一。你能想到吗？它和我们只用了一个条件变量有关。尝试弄清楚这个问题是什么，再继续阅读。想一下！

……（暂停想一想，或者闭一下眼）……

我们来确认一下你想得对不对。假设两个消费者（T_{c1} 和 T_{c2}）先运行，都睡眠了（c3）。生产者开始运行，在缓冲区放入一个值，唤醒了一个消费者（假定是 T_{c1}），并开始睡眠。现在是一个消费者马上要运行（T_{c1}），两个线程（T_{c2} 和 T_p）都等待在同一个条件变量上。问题马上就要出现了：让人感到兴奋！

消费者 T_{c1} 醒过来并从 wait() 调用返回（c3），重新检查条件（c2），发现缓冲区是满的，消费了这个值（c4）。这个消费者然后在该条件上发信号（c5），唤醒一个在睡眠的线程。但是，应该唤醒哪个线程呢？

因为消费者已经清空了缓冲区，很显然，应该唤醒生产者。但是，如果它唤醒了 T_{c2}（这绝对是可能的，取决于等待队列是如何管理的），问题就出现了。具体来说，消费者 T_{c2} 会醒过来，发现队列为空（c2），又继续回去睡眠（c3）。生产者 T_p 刚才在缓冲区中放了一个值，现在在睡眠。另一个消费者线程 T_{c1} 也回去睡眠了。3 个线程都在睡眠，显然是一个缺陷。由表 30.2 可以看到这个可怕灾难的步骤。

表 30.2　　　　　　　　　　　　追踪线程：有问题的方案（第 2 版）

T_{c1}	状态	T_{c2}	状态	T_p	状态	count	注释
c1	运行		就绪		就绪	0	
c2	运行		就绪		就绪	0	
c3	睡眠		就绪		就绪	0	没数据可取
	睡眠	c1	运行		就绪	0	
	睡眠	c2	运行		就绪	0	
	睡眠	c3	睡眠		就绪	0	没数据可取
	睡眠		睡眠	p1	运行	0	
	睡眠		睡眠	p2	运行	0	
	睡眠		睡眠	p4	运行	1	缓冲区现在满了
	就绪		睡眠	p5	运行	1	T_{c1} 唤醒
	就绪		睡眠	p6	运行	1	
	就绪		睡眠	p1	运行	1	
	就绪		睡眠	p2	运行	1	
	就绪		睡眠	p3	睡眠	1	必须睡（满了）
c2	运行		睡眠		睡眠	1	重新检查条件
c4	运行		睡眠		睡眠	0	T_{c1} 抓取数据
c5	运行		就绪		睡眠	0	啊！唤醒 T_{c2}
c6	运行		就绪		睡眠	0	

续表

T_{c1}	状态	T_{c2}	状态	T_p	状态	count	注释
c1	运行		就绪		睡眠	0	
c2	运行		就绪		睡眠	0	
c3	睡眠		就绪		睡眠	0	没数据可取
	睡眠	c2	运行		睡眠	0	
	睡眠	c3	睡眠		睡眠	0	大家都睡了……

信号显然需要，但必须更有指向性。消费者不应该唤醒消费者，而应该只唤醒生产者，反之亦然。

单值缓冲区的生产者/消费者方案

解决方案也很简单：使用两个条件变量，而不是一个，以便正确地发出信号，在系统状态改变时，哪类线程应该唤醒。图 30.8 展示了最终的代码。

```
1    cond_t  empty, fill;
2    mutex_t mutex;
3
4    void *producer(void *arg) {
5        int i;
6        for (i = 0; i < loops; i++) {
7            Pthread_mutex_lock(&mutex);
8            while (count == 1)
9                Pthread_cond_wait(&empty,  &mutex);
10           put(i);
11           Pthread_cond_signal(&fill);
12           Pthread_mutex_unlock(&mutex);
13       }
14   }
15
16   void *consumer(void *arg) {
17       int i;
18       for (i = 0; i < loops; i++) {
19           Pthread_mutex_lock(&mutex);
20           while (count == 0)
21               Pthread_cond_wait(&fill, &mutex);
22           int tmp = get();
23           Pthread_cond_signal(&empty);
24           Pthread_mutex_unlock(&mutex);
25           printf("%d\n", tmp);
26       }
27   }
```

图 30.8　生产者/消费者：两个条件变量和 while 语句

在上述代码中，生产者线程等待条件变量 empty，发信号给变量 fill。相应地，消费者线程等待 fill，发信号给 empty。这样做，从设计上避免了上述第二个问题：消费者再也不会唤醒消费者，生产者也不会唤醒生产者。

最终的生产者/消费者方案

我们现在有了可用的生产者/消费者方案，但不太通用。我们最后的修改是提高并发和效率。具体来说，增加更多缓冲区槽位，这样在睡眠之前，可以生产多个值。同样，睡眠之前可以消费多个值。单个生产者和消费者时，这种方案因为上下文切换少，提高了效率。多个生产者和消费者时，它甚至支持并发生产和消费，从而提高了并发。幸运的是，和现有方案相比，改动也很小。

第一处修改是缓冲区结构本身，以及对应的 put() 和 get() 方法（见图 30.9）。我们还稍稍修改了生产者和消费者的检查条件，以便决定是否要睡眠。图 30.10 展示了最终的等待和信号逻辑。生产者只有在缓冲区满了的时候才会睡眠（p2），消费者也只有在队列为空的时候睡眠（c2）。至此，我们解决了生产者/消费者问题。

```
1    int buffer[MAX];
2    int fill_ptr = 0;
3    int use_ptr = 0;
4    int count = 0;
5
6    void put(int value) {
7        buffer[fill_ptr] = value;
8        fill_ptr = (fill_ptr + 1) % MAX;
9        count++;
10   }
11
12   int get() {
13       int tmp = buffer[use_ptr];
14       use_ptr = (use_ptr + 1) % MAX;
15       count--;
16       return tmp;
17   }
```

图 30.9　最终的 put() 和 get() 方法

```
1    cond_t empty, fill;
2    mutex_t mutex;
3
4    void *producer(void *arg) {
5        int i;
6        for (i = 0; i < loops; i++) {
7            Pthread_mutex_lock(&mutex);              // p1
8            while (count == MAX)                     // p2
9                Pthread_cond_wait(&empty, &mutex);   // p3
10           put(i);                                  // p4
11           Pthread_cond_signal(&fill);              // p5
12           Pthread_mutex_unlock(&mutex);            // p6
13       }
14   }
15
16   void *consumer(void *arg) {
17       int i;
18       for (i = 0; i < loops; i++) {
```

```
19              Pthread_mutex_lock(&mutex);              // c1
20              while (count == 0)                       // c2
21                  Pthread_cond_wait(&fill, &mutex);    // c3
22              int tmp = get();                         // c4
23              Pthread_cond_signal(&empty);             // c5
24              Pthread_mutex_unlock(&mutex);            // c6
25              printf("%d\n", tmp);
26          }
27      }
```

图 30.10　最终有效方案

提示：对条件变量使用 while（不是 if）

多线程程序在检查条件变量时，使用 while 循环总是对的。if 语句可能会对，这取决于发信号的语义。因此，总是使用 while，代码就会符合预期。

对条件变量使用 while 循环，这也解决了假唤醒（spurious wakeup）的情况。某些线程库中，由于实现的细节，有可能出现一个信号唤醒两个线程的情况[L11]。再次检查线程的等待条件，假唤醒是另一个原因。

30.3　覆盖条件

现在再来看条件变量的一个例子。这段代码摘自 Lampson 和 Redell 关于操作系统的论文[LR80]，同一个小组首次提出了上述的 Mesa 语义（Mesa semantic，他们使用的语言是 Mesa，因此而得名）。

他们遇到的问题通过一个简单的例子就能说明，在这个例子中，是一个简单的多线程内存分配库。图 30.11 是展示这一问题的代码片段。

```
1    // how many bytes of the heap are free?
2    int bytesLeft = MAX_HEAP_SIZE;
3
4    // need lock and condition too
5    cond_t   c;
6    mutex_t m;
7
8    void *
9    allocate(int size) {
10       Pthread_mutex_lock(&m);
11       while (bytesLeft < size)
12           Pthread_cond_wait(&c, &m);
13       void *ptr = ...; // get mem from heap
14       bytesLeft -= size;
15       Pthread_mutex_unlock(&m);
16       return ptr;
17   }
18
```

```
19   void free(void *ptr, int size) {
20       Pthread_mutex_lock(&m);
21       bytesLeft += size;
22       Pthread_cond_signal(&c); // whom to signal??
23       Pthread_mutex_unlock(&m);
24   }
```

图 30.11　覆盖条件的例子

从代码中可以看出，当线程调用进入内存分配代码时，它可能会因为内存不足而等待。相应的，线程释放内存时，会发信号说有更多内存空闲。但是，代码中有一个问题：应该唤醒哪个等待线程（可能有多个线程）？

考虑以下场景。假设目前没有空闲内存，线程 T_a 调用 allocate(100)，接着线程 T_b 请求较少的内存，调用 allocate(10)。T_a 和 T_b 都等待在条件上并睡眠，没有足够的空闲内存来满足它们的请求。

这时，假定第三个线程 T_c 调用了 free(50)。遗憾的是，当它发信号唤醒等待线程时，可能不会唤醒申请 10 字节的 T_b 线程。而 T_a 线程由于内存不够，仍然等待。因为不知道唤醒哪个（或哪些）线程，所以图中代码无法正常工作。

Lampson 和 Redell 的解决方案也很直接：用 pthread_cond_broadcast() 代替上述代码中的 pthread_cond_signal()，唤醒所有的等待线程。这样做，确保了所有应该唤醒的线程都被唤醒。当然，不利的一面是可能会影响性能，因为不必要地唤醒了其他许多等待的线程，它们本来（还）不应该被唤醒。这些线程被唤醒后，重新检查条件，马上再次睡眠。

Lampson 和 Redell 把这种条件变量叫作覆盖条件（covering condition），因为它能覆盖所有需要唤醒线程的场景（保守策略）。成本如上所述，就是太多线程被唤醒。聪明的读者可能发现，在单个条件变量的生产者/消费者问题中，也可以使用这种方法。但是，在这个例子中，我们有更好的方法，因此用了它。一般来说，如果你发现程序只有改成广播信号时才能工作（但你认为不需要），可能是程序有缺陷，修复它！但在上述内存分配的例子中，广播可能是最直接有效的方案。

30.4　小结

我们看到了引入锁之外的另一个重要同步原语：条件变量。当某些程序状态不符合要求时，通过允许线程进入休眠状态，条件变量使我们能够漂亮地解决许多重要的同步问题，包括著名的（仍然重要的）生产者/消费者问题，以及覆盖条件。

参考资料

[D72]"Information Streams Sharing a Finite Buffer"
E.W. Dijkstra
Information Processing Letters 1: 179180, 1972

这是一篇介绍生产者/消费者问题的著名文章。

[D01] "My recollections of operating system design"
E.W. Dijkstra April, 2001
如果你对这一领域的先驱们如何提出一些非常基本的概念（诸如"中断"和"栈"等概念）感兴趣，那么它是一本很好的读物！

[H74] "Monitors: An Operating System Structuring Concept"
C.A.R. Hoare
Communications of the ACM, 17:10, pages 549–557, October 1974
Hoare 在并发方面做了大量的理论工作。不过，他最出名的工作可能还是快速排序算法，那是世上最酷的排序算法，至少本书的作者这样认为。

[L11] "Pthread cond signal Man Page"
Linux 手册页展示了一个很好的简单例子，以说明为什么线程可能会发生假唤醒——因为信号/唤醒代码中的竞态条件。

[LR80] "Experience with Processes and Monitors in Mesa"
B.W. Lampson, D.R. Redell
Communications of the ACM. 23:2, pages 105-117, February 1980
一篇关于如何在真实系统中实际实现信号和条件变量的极好论文，导致了术语"Mesa"语义，说明唤醒意味着什么。较早的语义由 Tony Hoare [H74]提出，于是被称为"Hoare"语义。

第 31 章　信号量

我们现在知道，需要锁和条件变量来解决各种相关的、有趣的并发问题。多年前，首先认识到这一点的人之中，有一个就是 Edsger Dijkstra（虽然很难知道确切的历史[GR92]）。他出名是因为图论中著名的"最短路径"算法[D59]，因为早期关于结构化编程的论战 "Goto 语句是有害的"[D68a]（这是一个极好的标题！），还因为他引入了名为信号量[D68b，D72] 的同步原语，正是这里我们要学习的。事实上，Dijkstra 及其同事发明了信号量，作为与同步有关的所有工作的单一原语。你会看到，可以使用信号量作为锁和条件变量。

关键问题：如何使用信号量？

如何使用信号量代替锁和条件变量？什么是信号量？什么是二值信号量？用锁和条件变量来实现信号量是否简单？不用锁和条件变量，如何实现信号量？

31.1　信号量的定义

信号量是有一个整数值的对象，可以用两个函数来操作它。在 POSIX 标准中，是 sem_wait() 和 sem_post()[①]。因为信号量的初始值能够决定其行为，所以首先要初始化信号量，才能调用其他函数与之交互，如图 31.1 所示。

```
1    #include <semaphore.h>
2    sem_t s;
3    sem_init(&s, 0, 1);
```

图 31.1　初始化信号量

其中申明了一个信号量 s，通过第三个参数，将它的值初始化为 1。sem_init() 的第二个参数，在我们看到的所有例子中都设置为 0，表示信号量是在同一进程的多个线程共享的。读者可以参考手册，了解信号量的其他用法（即如何用于跨不同进程的同步访问），这要求第二个参数用不同的值。

信号量初始化之后，我们可以调用 sem_wait() 或 sem_post() 与之交互。图 31.2 展示了这两个函数的不同行为。

我们暂时不关注这两个函数的实现，这显然是需要注意的。多个线程会调用 sem_wait() 和 sem_post()，显然需要管理这些临界区。我们首先关注如何使用这些原语，稍后再讨论如何实现。

---

① 历史上，sem_wait() 开始被 Dijkstra 称为 P()（代指荷兰语单词"to probe"），而 sem_post() 被称为 V()（代指荷兰语单词"to test"）。有时候，人们也会称它们为下（down）和上（up）。使用荷兰语版本，给你的朋友留下深刻印象。

```
1    int sem_wait(sem_t *s) {
2        decrement the value of semaphore s by one
3        wait if value of semaphore s is negative
4    }
5
6    int sem_post(sem_t *s) {
7        increment the value of semaphore s by one
8        if there are one or more threads waiting, wake one
9    }
```

图 31.2   信号量：Wait 和 Post 的定义

我们应该讨论这些接口的几个突出方面。首先，sem_wait()要么立刻返回（调用 sem_wait()时，信号量的值大于等于 1），要么会让调用线程挂起，直到之后的一个 post 操作。当然，也可能多个调用线程都调用 sem_wait()，因此都在队列中等待被唤醒。

其次，sem_post()并没有等待某些条件满足。它直接增加信号量的值，如果有等待线程，唤醒其中一个。

最后，当信号量的值为负数时，这个值就是等待线程的个数[D68b]。虽然这个值通常不会暴露给信号量的使用者，但这个恒定的关系值得了解，可能有助于记住信号量的工作原理。

先（暂时）不用考虑信号量内的竞争条件，假设这些操作都是原子的。我们很快就会用锁和条件变量来实现。

31.2   二值信号量（锁）

现在我们要使用信号量了。信号量的第一种用法是我们已经熟悉的：用信号量作为锁。在图 31.3 所示的代码片段里，我们直接把临界区用一对 sem_wait()/sem_post()环绕。但是，为了使这段代码正常工作，信号量 m 的初始值（图中初始化为 X）是至关重要的。X 应该是多少呢？

```
1    sem_t m;
2    sem_init(&m, 0, X); // initialize semaphore to X; what should X be?
3
4    sem_wait(&m);
5    // critical section here
6    sem_post(&m);
```

图 31.3   二值信号量（就是锁）

……（读者先思考一下再继续学习）……

回顾 sem_wait()和 sem_post()函数的定义，我们发现初值应该是 1。

为了说明清楚，我们假设有两个线程的场景。第一个线程（线程 0）调用了 sem_wait()，它把信号量的值减为 0。然后，它只会在值小于 0 时等待。因为值是 0，调用线程从函数返回并继续，线程 0 现在可以自由进入临界区。线程 0 在临界区中，如果没有其他线程尝试获取锁，当它调用 sem_post()时，会将信号量重置为 1（因为没有等待线程，不会唤醒其他线程）。表 31.1 追踪了这一场景。

表 31.1   追踪线程：单线程使用一个信号量

信号量的值	线程 0	线程 1
1		
1	调用 sem_wait()	
0	sem_wait()返回	
0	（临界区）	
0	调用 sem_post()	
1	sem_post()返回	

如果线程 0 持有锁（即调用了 sem_wait()之后，调用 sem_post()之前，另一个线程（线程 1）调用 sem_wait()尝试进入临界区，那么更有趣的情况就发生了。这种情况下，线程 1 把信号量减为-1，然后等待（自己睡眠，放弃处理器）。线程 0 再次运行，它最终调用 sem_post()，将信号量的值增加到 0，唤醒等待的线程（线程 1），然后线程 1 就可以获取锁。线程 1 执行结束时，再次增加信号量的值，将它恢复为 1。

表 31.2 追踪了这个例子。除了线程的动作，表中还显示了每一个线程的调度程序状态（scheduler state）：运行、就绪（即可运行但没有运行）和睡眠。特别要注意，当线程 1 尝试获取已经被持有的锁时，陷入睡眠。只有线程 0 再次运行之后，线程 1 才可能会唤醒并继续运行。

表 31.2   追踪线程：两个线程使用一个信号量

值	线程 0	状态	线程 1	状态
1		运行		就绪
1	调用 sem_wait()	运行		就绪
0	sem_wait()返回	运行		就绪
0	（临界区：开始）	运行		就绪
0	中断；切换到→T1	就绪		运行
0		就绪	调用 sem_wait()	运行
-1		就绪	sem 减 1	运行
-1		就绪	(sem<0) →睡眠	睡眠
-1		运行	切换到→T0	睡眠
-1	（临界区：结束）	运行		睡眠
-1	调用 sem_post()	运行		睡眠
0	增加 sem	运行		睡眠
0	唤醒 T1	运行		就绪
0	sem_post()返回	运行		就绪
0	中断；切换到→T1	就绪		运行
0		就绪	sem_wait()返回	运行
0		就绪	（临界区）	运行
0		就绪	调用 sem_post()	运行
1		就绪	sem_post()返回	运行

如果你想追踪自己的例子，那么请尝试一个场景，多个线程排队等待锁。在这样的追踪中，信号量的值会是什么？

我们可以用信号量来实现锁了。因为锁只有两个状态（持有和没持有），所以这种用法有时也叫作二值信号量（binary semaphore）。事实上这种信号量也有一些更简单的实现，我们这里使用了更为通用的信号量作为锁。

31.3   信号量用作条件变量

信号量也可以用在一个线程暂停执行，等待某一条件成立的场景。例如，一个线程要等待一个链表非空，然后才能删除一个元素。在这种场景下，通常一个线程等待条件成立，另外一个线程修改条件并发信号给等待线程，从而唤醒等待线程。因为等待线程在等待某些条件（condition）发生变化，所以我们将信号量作为条件变量（condition variable）。

下面是一个简单例子。假设一个线程创建另外一线程，并且等待它结束（见图 31.4）。

```
1    sem_t s;
2
3    void *
4    child(void *arg) {
5        printf("child\n");
6        sem_post(&s); // signal here: child is done
7        return NULL;
8    }
9
10   int
11   main(int argc, char *argv[]) {
12       sem_init(&s, 0, X); // what should X be?
13       printf("parent: begin\n");
14       pthread_t c;
15       Pthread_create(c, NULL, child, NULL);
16       sem_wait(&s); // wait here for child
17       printf("parent: end\n");
18       return 0;
19   }
```

图 31.4   父线程等待子线程

该程序运行时，我们希望能看到这样的输出：

```
parent: begin
child
parent: end
```

然后问题就是如何用信号量来实现这种效果。结果表明，答案也很容易理解。从代码中可知，父线程调用 sem_wait()，子线程调用 sem_post()，父线程等待子线程执行完成。但是，问题来了：信号量的初始值应该是多少？

（再想一下，然后继续阅读）

当然，答案是信号量初始值应该是 0。有两种情况需要考虑。第一种，父线程创建了子线程，但是子线程并没有运行。这种情况下（见表 31.3），父线程调用 sem_wait() 会先于子线程调用 sem_post()。我们希望父线程等待子线程运行。为此，唯一的办法是让信号量的值不大于 0。因此，0 为初值。父线程运行，将信号量减为 -1，然后睡眠等待；子线程运行的时候，调用 sem_post()，信号量增加为 0，唤醒父线程，父线程然后从 sem_wait() 返回，完成该程序。

表 31.3　　　　　　　　　　追踪线程：父线程等待子线程（场景 1）

值	父线程	状态	子线程	状态
0	create(子线程)	运行	(子线程产生)	就绪
0	调用 sem_wait()	运行		就绪
−1	sem 减 1	运行		就绪
−1	(sem<0)→ 睡眠	睡眠		就绪
−1	切换到→子线程	睡眠	子线程运行	运行
−1		睡眠	调用 sem_post()	运行
0		睡眠	sem 增 1	运行
0		就绪	wake(父线程)	运行
0		就绪	sem_post()返回	运行
0		就绪	中断；切换到→父线程	就绪
0	sem_wait()返回	运行		就绪

第二种情况是子线程在父线程调用 sem_wait() 之前就运行结束（见表 31.4）。在这种情况下，子线程会先调用 sem_post()，将信号量从 0 增加到 1。然后当父线程有机会运行时，会调用 sem_wait()，发现信号量的值为 1。于是父线程将信号量从 1 减为 0，没有等待，直接从 sem_wait() 返回，也达到了预期效果。

表 31.4　　　　　　　　　　追踪线程：父线程等待子线程（场景 2）

值	父线程	状态	子线程	状态
0	create（子线程）	运行	(子线程产生)	就绪
0	中断；切换到→子线程	就绪	子线程运行	运行
0		就绪	调用 sem_post()	运行
1		睡眠	sem 增 1	运行
1		就绪	wake(没有线程)	运行
1		就绪	sem_post()返回	运行
1	父线程运行	运行	中断；切换到→父线程	就绪
1	调用 sem_wait()	运行		就绪
0	sem 减 1	运行		就绪
0	(sem>=0)→不用睡眠	运行		就绪
0	sem_wait()返回	运行		就绪

31.4 生产者/消费者（有界缓冲区）问题

本章的下一个问题是生产者/消费者（producer/consumer）问题，有时称为有界缓冲区问题[D72]。第 30 章讲条件变量时已经详细描述了这一问题，细节请参考相应内容。

第一次尝试

第一次尝试解决该问题时，我们用两个信号量 empty 和 full 分别表示缓冲区空或者满。图 31.5 是 put() 和 get() 函数，图 31.6 是我们尝试解决生产者/消费者问题的代码。

```
1    int buffer[MAX];
2    int fill = 0;
3    int use  = 0;
4
5    void put(int value) {
6        buffer[fill] = value;    // line f1
7        fill = (fill + 1) % MAX; // line f2
8    }
9
10   int get() {
11       int tmp = buffer[use];   // line g1
12       use = (use + 1) % MAX;   // line g2
13       return tmp;
14   }
```

图 31.5 put() 和 get() 函数

```
1    sem_t empty;
2    sem_t full;
3
4    void *producer(void *arg) {
5        int i;
6        for (i = 0; i < loops; i++) {
7            sem_wait(&empty);          // line P1
8            put(i);                    // line P2
9            sem_post(&full);           // line P3
10       }
11   }
12
13   void *consumer(void *arg) {
14       int i, tmp = 0;
15       while (tmp != -1) {
16           sem_wait(&full);           // line C1
17           tmp = get();               // line C2
18           sem_post(&empty);          // line C3
19           printf("%d\n", tmp);
20       }
```

```
21      }
22
23      int main(int argc, char *argv[]) {
24          // ...
25          sem_init(&empty, 0, MAX); // MAX buffers are empty to begin with...
26          sem_init(&full, 0, 0);     // ... and 0 are full
27          // ...
28      }
```

图 31.6 增加 full 和 empty 条件

本例中，生产者等待缓冲区为空，然后加入数据。类似地，消费者等待缓冲区变成有数据的状态，然后取走数据。我们先假设 MAX=1（数组中只有一个缓冲区），验证程序是否有效。

假设有两个线程，一个生产者和一个消费者。我们来看在一个 CPU 上的具体场景。消费者先运行，执行到 C1 行，调用 sem_wait(&full)。因为 full 初始值为 0，wait 调用会将 full 减为-1，导致消费者睡眠，等待另一个线程调用 sem_post(&full)，符合预期。

假设生产者然后运行。执行到 P1 行，调用 sem_wait(&empty)。不像消费者，生产者将继续执行，因为 empty 被初始化为 MAX（在这里是 1）。因此，empty 被减为 0，生产者向缓冲区中加入数据，然后执行 P3 行，调用 sem_post(&full)，把 full 从-1 变成 0，唤醒消费者（即将它从阻塞变成就绪）。

在这种情况下，可能会有两种情况。如果生产者继续执行，再次循环到 P1 行，由于 empty 值为 0，它会阻塞。如果生产者被中断，而消费者开始执行，调用 sem_wait(&full)（c1 行），发现缓冲区确实满了，消费它。这两种情况都是符合预期的。

你可以用更多的线程来尝试这个例子（即多个生产者和多个消费者）。它应该仍然正常运行。

我们现在假设 MAX 大于 1（比如 MAX=10）。对于这个例子，假定有多个生产者，多个消费者。现在就有问题了：竞态条件。你能够发现是哪里产生的吗？（花点时间找一下）如果没有发现，不妨仔细观察 put() 和 get() 的代码。

好，我们来理解该问题。假设两个生产者（Pa 和 Pb）几乎同时调用 put()。当 Pa 先运行，在 f1 行先加入第一条数据（fill=0），假设 Pa 在将 fill 计数器更新为 1 之前被中断，Pb 开始运行，也在 f1 行给缓冲区的 0 位置加入一条数据，这意味着那里的老数据被覆盖！这可不行，我们不能让生产者的数据丢失。

解决方案：增加互斥

你可以看到，这里忘了互斥。向缓冲区加入元素和增加缓冲区的索引是临界区，需要小心保护起来。所以，我们使用二值信号量来增加锁。图 31.7 是对应的代码。

```
1      sem_t empty;
2      sem_t full;
3      sem_t mutex;
4
5      void *producer(void *arg) {
6          int i;
```

```
7            for (i = 0; i < loops; i++) {
8                sem_wait(&mutex);              // line p0 (NEW LINE)
9                sem_wait(&empty);              // line p1
10               put(i);                        // line p2
11               sem_post(&full);               // line p3
12               sem_post(&mutex);              // line p4 (NEW LINE)
13           }
14       }
15
16       void *consumer(void *arg) {
17           int i;
18           for (i = 0; i < loops; i++) {
19               sem_wait(&mutex);              // line c0 (NEW LINE)
20               sem_wait(&full);               // line c1
21               int tmp = get();               // line c2
22               sem_post(&empty);              // line c3
23               sem_post(&mutex);              // line c4 (NEW LINE)
24               printf("%d\n", tmp);
25           }
26       }
27
28       int main(int argc, char *argv[]) {
29           // ...
30           sem_init(&empty, 0, MAX); // MAX buffers are empty to begin with...
31           sem_init(&full, 0, 0);    // ... and 0 are full
32           sem_init(&mutex, 0, 1);    // mutex=1 because it is a lock (NEW LINE)
33           // ...
34       }
```

图 31.7   增加互斥量（不正确的）

现在我们给整个 put()/get()部分都增加了锁，注释中有 NEW LINE 的几行就是。这似乎是正确的思路，但仍然有问题。为什么？死锁。为什么会发生死锁？考虑一下，尝试找出一个死锁的场景。必须以怎样的步骤执行，会导致程序死锁？

避免死锁

好，既然你想出来了，下面是答案。假设有两个线程，一个生产者和一个消费者。消费者首先运行，获得锁（c0 行），然后对 full 信号量执行 sem_wait() （c1 行）。因为还没有数据，所以消费者阻塞，让出 CPU。但是，重要的是，此时消费者仍然持有锁。

然后生产者运行。假如生产者能够运行，它就能生产数据并唤醒消费者线程。遗憾的是，它首先对二值互斥信号量调用 sem_wait()（p0 行）。锁已经被持有，因此生产者也被卡住。

这里出现了一个循环等待。消费者持有互斥量，等待在 full 信号量上。生产者可以发送 full 信号，却在等待互斥量。因此，生产者和消费者互相等待对方——典型的死锁。

最后，可行的方案

要解决这个问题，只需减少锁的作用域。图 31.8 是最终的可行方案。可以看到，我们把获取和释放互斥量的操作调整为紧挨着临界区，把 full、empty 的唤醒和等待操作调整到锁外面。结果得到了简单而有效的有界缓冲区，多线程程序的常用模式。现在理解，将来使用。未来的岁月中，你会感谢我们的。至少在期末考试遇到这个问题时，你会感谢我们。

```
1   sem_t empty;
2   sem_t full;
3   sem_t mutex;
4
5   void *producer(void *arg) {
6       int i;
7       for (i = 0; i < loops; i++) {
8           sem_wait(&empty);        // line p1
9           sem_wait(&mutex);        // line p1.5 (MOVED MUTEX HERE...)
10          put(i);                  // line p2
11          sem_post(&mutex);        // line p2.5 (... AND HERE)
12          sem_post(&full);         // line p3
13      }
14  }
15
16  void *consumer(void *arg) {
17      int i;
18      for (i = 0; i < loops; i++) {
19          sem_wait(&full);         // line c1
20          sem_wait(&mutex);        // line c1.5 (MOVED MUTEX HERE...)
21          int tmp = get();         // line c2
22          sem_post(&mutex);        // line c2.5 (... AND HERE)
23          sem_post(&empty);        // line c3
24          printf("%d\n", tmp);
25      }
26  }
27
28  int main(int argc, char *argv[]) {
29      // ...
30      sem_init(&empty, 0, MAX);  // MAX buffers are empty to begin with...
31      sem_init(&full, 0, 0);     // ... and 0 are full
32      sem_init(&mutex, 0, 1);    // mutex=1 because it is a lock
33      // ...
34  }
```

图 31.8　增加互斥量（正确的）

31.5　读者—写者锁

另一个经典问题源于对更加灵活的锁定原语的渴望，它承认不同的数据结构访问可能需要不同类型的锁。例如，一个并发链表有很多插入和查找操作。插入操作会修改链表的状态（因此传统的临界区有用），而查找操作只是读取该结构，只要没有进行插入操作，我们可以并发的执行多个查找操作。读者—写者锁（reader-writer lock）就是用来完成这种操作的[CHP71]。图 31.9 是这种锁的代码。

代码很简单。如果某个线程要更新数据结构，需要调用 rwlock_acquire_writelock()获得写锁，调用 rwlock_release_writelock()释放锁。内部通过一个 writelock 的信号量保证只有一个写者能获得锁进入临界区，从而更新数据结构。

```
1    typedef struct _rwlock_t {
2      sem_t lock;        // binary semaphore (basic lock)
3      sem_t writelock;  // used to allow ONE writer or MANY readers
4      int    readers;   // count of readers reading in critical section
5    } rwlock_t;
6
7    void rwlock_init(rwlock_t *rw) {
8      rw->readers = 0;
9      sem_init(&rw->lock, 0, 1);
10     sem_init(&rw->writelock, 0, 1);
11   }
12
13   void rwlock_acquire_readlock(rwlock_t *rw) {
14     sem_wait(&rw->lock);
15     rw->readers++;
16     if (rw->readers == 1)
17       sem_wait(&rw->writelock); // first reader acquires writelock
18     sem_post(&rw->lock);
19   }
20
21   void rwlock_release_readlock(rwlock_t *rw) {
22     sem_wait(&rw->lock);
23     rw->readers--;
24     if (rw->readers == 0)
25       sem_post(&rw->writelock); // last reader releases writelock
26     sem_post(&rw->lock);
27   }
28
29   void rwlock_acquire_writelock(rwlock_t *rw) {
30     sem_wait(&rw->writelock);
31   }
32
33   void rwlock_release_writelock(rwlock_t *rw) {
34     sem_post(&rw->writelock);
35   }
```

图 31.9   一个简单的读者-写者锁

读锁的获取和释放操作更加吸引人。获取读锁时，读者首先要获取 lock，然后增加 reader 变量，追踪目前有多少个读者在访问该数据结构。重要的步骤然后在 rwlock_acquire_readlock() 内发生，当第一个读者获取该锁时。在这种情况下，读者也会获取写锁，即在 writelock 信号量上调用 sem_wait()，最后调用 sem_post()释放 lock。

一旦一个读者获得了读锁，其他的读者也可以获取这个读锁。但是，想要获取写锁的线程，就必须等到所有的读者都结束。最后一个退出的读者在"writelock"信号量上调用

sem_post()，从而让等待的写者能够获取该锁。

> **提示：简单的笨办法可能更好（Hill 定律）**
>
> 我们不能小看一个概念，即简单的笨办法可能最好。某些时候简单的自旋锁反而是最有效的，因为它容易实现而且高效。虽然读者—写者锁听起来很酷，但是却很复杂，复杂可能意味着慢。因此，总是优先尝试简单的笨办法。
>
> 这种受简单吸引的思想，在多个地方都能发现。一个早期来源是 Mark Hill 的学位论文[H87]，研究如何为 CPU 设计缓存。Hill 发现简单的直接映射缓存比花哨的集合关联性设计更加有效（一个原因是在缓存中，越简单的设计，越能够更快地查找）。Hill 简洁地总结了他的工作：“大而笨更好。”因此我们将这种类似的建议叫作 Hill 定律（Hill's Law）。

这一方案可行（符合预期），但有一些缺陷，尤其是公平性。读者很容易饿死写者。存在复杂一些的解决方案，也许你可以想到更好的实现？提示：有写者等待时，如何能够避免更多的读者进入并持有锁。

最后，应该指出，读者-写者锁还有一些注意点。它们通常加入了更多开销（尤其是更复杂的实现），因此和其他一些简单快速的锁相比，读者写者锁在性能方面没有优势[CB08]。无论哪种方式，它们都再次展示了如何以有趣、有用的方式来使用信号量。

31.6 哲学家就餐问题

哲学家就餐问题（dining philosopher's problem）是一个著名的并发问题，它由 Dijkstra 提出来并解决[DHO71]。这个问题之所以出名，是因为它很有趣，引人入胜，但其实用性却不强。可是，它的名气让我们在这里必须讲。实际上，你可能会在面试中遇到这一问题，假如老师没有提过，导致你们没有通过面试，你们会责怪操作系统老师的。因此，我们这里会讨论这一问题。假如你们因为这个问题得到工作，可以向操作系统老师发感谢信，或者发一些股票期权。

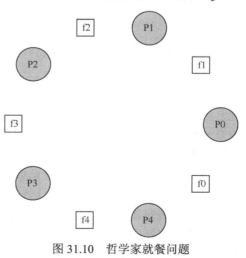

图 31.10 哲学家就餐问题

这个问题的基本情况是（见图 31.10）：假定有 5 位“哲学家”围着一个圆桌。每两位哲学家之间有一把餐叉（一共 5 把）。哲学家有时要思考一会，不需要餐叉；有时又要就餐。而一位哲学家只有同时拿到了左手边和右手边的两把餐叉，才能吃到东西。关于餐叉的竞争以及随之而来的同步问题，就是我们在并发编程中研究它的原因。

下面是每个哲学家的基本循环：

```
while (1) {
  think();
```

```
getforks();
eat();
putforks();
}
```

关键的挑战就是如何实现 getforks()和 putforks()函数，保证没有死锁，没有哲学家饿死，并且并发度更高（尽可能让更多哲学家同时吃东西）。

根据 Downey 的解决方案[D08]，我们会用一些辅助函数，帮助构建解决方案。它们是：

```
int left(int p)  { return p; }
int right(int p) { return (p + 1) % 5; }
```

如果哲学家 p 希望用左手边的叉子，他们就调用 left(p)。类似地，右手边的叉子就用 right(p)。模运算解决了最后一个哲学家（p = 4）右手边叉子的编号问题，就是餐叉 0。

我们需要一些信号量来解决这个问题。假设需要 5 个，每个餐叉一个：sem_t forks[5]。

有问题的解决方案

我们开始第一次尝试。假设我们把每个信号量（在 fork 数组中）都用 1 初始化。同时假设每个哲学家知道自己的编号（p）。我们可以写出 getforks()和 putforks()函数，如图 31.11 所示。

```
1    void getforks() {
2      sem_wait(forks[left(p)]);
3      sem_wait(forks[right(p)]);
4    }
5
6    void putforks() {
7      sem_post(forks[left(p)]);
8      sem_post(forks[right(p)]);
9    }
```

图 31.11　getforks()和 putforks()函数

这个（有问题的）解决方案背后的思路如下。为了拿到餐叉，我们依次获取每把餐叉的锁——先是左手边的，然后是右手边的。结束就餐时，释放掉锁。很简单，不是吗？但是，在这个例子中，简单是有问题的。你能看到问题吗？想一想。

问题是死锁（deadlock）。假设每个哲学家都拿到了左手边的餐叉，他们每个都会阻塞住，并且一直等待另一个餐叉。具体来说，哲学家 0 拿到了餐叉 0，哲学家 1 拿到了餐叉 1，哲学家 2 拿到餐叉 2，哲学家 3 拿到餐叉 3，哲学家 4 拿到餐叉 4。所有的餐叉都被占有了，所有的哲学家都阻塞着，并且等待另一个哲学家占有的餐叉。我们在后续章节会深入学习死锁，这里只要知道这个方案行不通就可以了。

一种方案：破除依赖

解决上述问题最简单的方法，就是修改某个或者某些哲学家的取餐叉顺序。事实上，Dijkstra 自己也是这样解决的。具体来说，假定哲学家 4（编写最大的一个）取餐叉的顺序不同。相应的代码如下：

```
1    void getforks() {
2      if (p == 4) {
3        sem_wait(forks[right(p)]);
4        sem_wait(forks[left(p)]);
5      } else {
6        sem_wait(forks[left(p)]);
7        sem_wait(forks[right(p)]);
8      }
9    }
```

因为最后一个哲学家会尝试先拿右手边的餐叉，然后拿左手边，所以不会出现每个哲学家都拿着一个餐叉，卡住等待另一个的情况，等待循环被打破了。想想这个方案的后果，让你自己相信它有效。

还有其他一些类似的"著名"问题，比如吸烟者问题（cigarette smoker's problem），理发师问题（sleeping barber problem）。大多数问题只是让我们去理解并发，某些问题的名字很吸引人。感兴趣的读者可以去查阅相关资料，或者通过一些更实际的思考去理解并发行为[D08]。

31.7 如何实现信号量

最后，我们用底层的同步原语（锁和条件变量），来实现自己的信号量，名字叫作Zemaphore。这个任务相当简单，如图 31.12 所示。

```
1    typedef struct  _Zem_t {
2        int value;
3        pthread_cond_t cond;
4        pthread_mutex_t lock;
5    } Zem_t;
6
7    // only one thread can call this
8    void Zem_init(Zem_t *s, int value) {
9        s->value = value;
10       Cond_init(&s->cond);
11       Mutex_init(&s->lock);
12   }
13
14   void Zem_wait(Zem_t *s) {
15       Mutex_lock(&s->lock);
16       while (s->value <= 0)
17           Cond_wait(&s->cond, &s->lock);
18       s->value--;
19       Mutex_unlock(&s->lock);
20   }
21
22   void Zem_post(Zem_t *s) {
```

```
23          Mutex_lock(&s->lock);
24          s->value++;
25          Cond_signal(&s->cond);
26          Mutex_unlock(&s->lock);
27     }
```

图 31.12　用锁和条件变量实现 Zemahpore

可以看到，我们只用了一把锁、一个条件变量和一个状态的变量来记录信号量的值。请自己研究这些代码，直到真正理解它。去做吧！

我们实现的 Zemaphore 和 Dijkstra 定义的信号量有一点细微区别，就是我们没有保持当信号量的值为负数时，让它反映出等待的线程数。事实上，该值永远不会小于 0。这一行为更容易实现，并符合现有的 Linux 实现。

提示：小心泛化

在系统设计中，泛化的抽象技术是很有用处的。一个好的想法稍微扩展之后，就可以解决更大一类问题。然而，泛化时要小心，正如 Lampson 提醒我们的"不要泛化。泛化通常都是错的。"[L83]

我们可以把信号量当作锁和条件变量的泛化。但这种泛化有必要吗？考虑基于信号量去实现条件变量的难度，可能这种泛化并没有你想的那么通用。

很奇怪，利用信号量来实现锁和条件变量，是棘手得多的问题。某些富有经验的并发程序员曾经在 Windows 环境下尝试过，随之而来的是很多缺陷[B04]。你自己试一下，看看是否能明白为什么使用信号量实现条件变量比看起来更困难。

31.8　小结

信号量是编写并发程序的强大而灵活的原语。有程序员会因为简单实用，只用信号量，不用锁和条件变量。

本章展示了几个经典问题和解决方案。如果你有兴趣了解更多，有许多资料可以参考。Allen Downey 关于并发和使用信号量编程的书[D08]就很好（免费的参考资料）。该书包括了许多谜题，你可以研究它们，从而深入理解具体的信号量和一般的并发。成为一个并发专家需要多年的努力，学习本课程之外的内容，无疑是掌握这个领域的关键。

参考资料

[B04] "Implementing Condition Variables with Semaphores" Andrew Birrell
December 2004
一本关于在信号量上实现条件变量有多困难，以及作者和同事在此过程中犯的错误的有趣读物。因为该小组进行了大量的并发编程，所以讲述特别中肯。例如，Birrell 以编写各种线程编程指南而闻名。

[CB08] "Real-world Concurrency" Bryan Cantrill and Jeff Bonwick

ACM Queue. Volume 6, No. 5. September 2008

一篇很好的文章，来自一家以前名为 Sun 的公司的一些内核黑客，讨论了并发代码中面临的实际问题。

[CHP71] "Concurrent Control with Readers and Writers"

P.J. Courtois, F. Heymans, D.L. Parnas Communications of the ACM, 14:10, October 1971

读者—写者问题的介绍以及一个简单的解决方案。后来的工作引入了更复杂的解决方案，这里跳过了，因为它们非常复杂。

[D59] "A Note on Two Problems in Connexion with Graphs"

E. W. Dijkstra

Numerische Mathematik 1, 269271, 1959

你能相信人们在 1959 年从事算法工作吗？我们很难相信。即使在计算机用起来有趣之前，这些人都感觉到他们会改变世界……

[D68a] "Go-to Statement Considered Harmful"

E.W. Dijkstra

Communications of the ACM, volume 11(3): pages 147148, March 1968

有时被认为是软件工程领域的开始。

[D68b] "The Structure of the THE Multiprogramming System"

E.W. Dijkstra

Communications of the ACM, volume 11(5), pages 341346, 1968

最早的论文之一，指出计算机科学中的系统工作是一项引人入胜的智力活动，也为分层系统式的模块化进行了强烈辩护。

[D72] "Information Streams Sharing a Finite Buffer"

E.W. Dijkstra

Information Processing Letters 1: 179180, 1972

Dijkstra 创造了一切吗？不，但可能差不多。他当然是第一位明确写下并发代码中的问题的人。然而，操作系统设计的从业者确实知道 Dijkstra 所描述的许多问题，所以将太多东西归功于他也许是对历史的误传。

[D08] "The Little Book of Semaphores"

A.B. Downey

一本关于信号量的好书（而且免费！）。如果你喜欢这样的事情，有很多有趣的问题等待解决。

[DHO71] "Hierarchical ordering of sequential processes"

E.W. Dijkstra

介绍了许多并发问题，包括哲学家就餐问题。关于这个问题，维基百科也给出了很丰富的内容。

[GR92] "Transaction Processing: Concepts and Techniques" Jim Gray and Andreas Reuter

Morgan Kaufmann, September 1992

我们发现特别幽默的引用就在第 485 页，第 8.8 节开始处："第一个多处理器，大约在 1960 年，就有测试并设置指令……大概是 OS 的实现者想出了正确的算法，尽管通常认为 Dijkstra 在多年后发明信号量。"

[H87] "Aspects of Cache Memory and Instruction Buffer Performance" Mark D. Hill
Ph.D. Dissertation, U.C. Berkeley, 1987
Hill 的学位论文工作，给那些痴迷于早期系统缓存的人。量化论文的一个很好的例子。

[L83] "Hints for Computer Systems Design" Butler Lampson
ACM Operating Systems Review, 15:5, October 1983
著名系统研究员 Lampson 喜欢在设计计算机系统时使用暗示。暗示经常是正确的，但可能是错误的。在这种用法中，signal()告诉等待线程它改变了等待的条件，但不要相信当等待线程唤醒时条件将处于期望的状态。在这篇关于系统设计的暗示的文章中， Lampson 的一般暗示是你应该使用暗示。这并不像听上去那么令人困惑。

第 32 章　常见并发问题

多年来，研究人员花了大量的时间和精力研究并发编程的缺陷。很多早期的工作是关于死锁的，之前的章节也有提及，本章会深入学习[C+71]。最近的研究集中在一些其他类型的常见并发缺陷（即非死锁缺陷）。在本章中，我们会简要了解一些并发问题的例子，以便更好地理解要注意什么问题。因此，本章的关键问题就是：

> **关键问题：如何处理常见的并发缺陷**
> 并发缺陷会有很多常见的模式。了解这些模式是写出健壮、正确程序的第一步。

32.1　有哪些类型的缺陷

第一个最明显的问题就是：在复杂并发程序中，有哪些类型的缺陷呢？一般来说，这个问题很难回答，好在其他人已经做过相关的工作。具体来说，Lu 等人[L+08]详细分析了一些流行的并发应用，以理解实践中有哪些类型的缺陷。

研究集中在 4 个重要的开源应用：MySQL（流行的数据库管理系统）、Apache（著名的Web 服务器）、Mozilla（著名的 Web 浏览器）和 OpenOffice（微软办公套件的开源版本）。研究人员通过检查这几个代码库已修复的并发缺陷，将开发者的工作变成量化的缺陷分析。理解这些结果，有助于我们了解在成熟的代码库中，实际出现过哪些类型的并发问题。

表 32.1 是 Lu 及其同事的研究结论。可以看出，共有 105 个缺陷，其中大多数是非死锁相关的（74 个），剩余 31 个是死锁缺陷。另外，可以看出每个应用的缺陷数目，OpenOffice只有 8 个，而 Mozilla 有接近 60 个。

表 32.1　　　　　　　　　　现代应用程序的缺陷统计

应用名称	用途	非死锁	死锁
MySQL	数据库服务	14	9
Apache	Web 服务器	13	4
Mozilla	Web 浏览器	41	16
OpenOffice	办公套件	6	2
总计		74	31

我们现在来深入分析这两种类型的缺陷。对于第一类非死锁的缺陷，我们通过该研究的例子来讨论。对于第二类死锁缺陷，我们讨论人们在阻止、避免和处理死锁上完成的大量工作。

32.2　非死锁缺陷

Lu 的研究表明，非死锁问题占了并发问题的大多数。它们是怎么发生的？我们如何修复？我们现在主要讨论其中两种：违反原子性（atomicity violation）缺陷和错误顺序（order violation）缺陷。

违反原子性缺陷

第一种类型的问题叫作违反原子性。这是一个 MySQL 中出现的例子。读者可以先自行找出其中问题所在。

```
1    Thread 1::
2    if (thd->proc_info) {
3      ...
4      fputs(thd->proc_info, ...);
5      ...
6    }
7
8    Thread 2::
9    thd->proc_info = NULL;
```

这个例子中，两个线程都要访问 thd 结构中的成员 proc_info。第一个线程检查 proc_info 非空，然后打印出值；第二个线程设置其为空。显然，当第一个线程检查之后，在 fputs() 调用之前被中断，第二个线程把指针置为空；当第一个线程恢复执行时，由于引用空指针，导致程序崩溃。

根据 Lu 等人，更正式的违反原子性的定义是："违反了多次内存访问中预期的可串行性（即代码段本意是原子的，但在执行中并没有强制实现原子性）"。在我们的例子中，proc_info 的非空检查和 fputs() 调用打印 proc_info 是假设原子的，当假设不成立时，代码就出问题了。

这种问题的修复通常（但不总是）很简单。你能想到如何修复吗？

在这个方案中，我们只要给共享变量的访问加锁，确保每个线程访问 proc_info 字段时，都持有锁（proc_info_lock）。当然，访问这个结构的所有其他代码，也应该先获取锁。

```
1    pthread_mutex_t proc_info_lock = PTHREAD_MUTEX_INITIALIZER;
2
3    Thread 1::
4    pthread_mutex_lock(&proc_info_lock);
5    if (thd->proc_info) {
6      ...
7      fputs(thd->proc_info, ...);
8      ...
9    }
10    pthread_mutex_unlock(&proc_info_lock);
```

```
11
12    Thread 2::
13    pthread_mutex_lock(&proc_info_lock);
14    thd->proc_info = NULL;
15    pthread_mutex_unlock(&proc_info_lock);
```

违反顺序缺陷

Lu 等人提出的另一种常见的非死锁问题叫作违反顺序（order violation）。下面是一个简单的例子。同样，看看你是否能找出为什么下面的代码有缺陷。

```
1     Thread 1::
2     void init() {
3         ...
4         mThread = PR_CreateThread(mMain, ...);
5         ...
6     }
7
8     Thread 2::
9     void mMain(...) {
10        ...
11        mState = mThread->State;
12        ...
13    }
```

你可能已经发现，线程 2 的代码中似乎假定变量 mThread 已经被初始化了（不为空）。然而，如果线程 1 并没有首先执行，线程 2 就可能因为引用空指针崩溃（假设 mThread 初始值为空；否则，可能会产生更加奇怪的问题，因为线程 2 中会读到任意的内存位置并引用）。

违反顺序更正式的定义是："两个内存访问的预期顺序被打破了（即 A 应该在 B 之前执行，但是实际运行中却不是这个顺序）"[L+08]。

我们通过强制顺序来修复这种缺陷。正如之前详细讨论的，条件变量（condition variables）就是一种简单可靠的方式，在现代代码集中加入这种同步。在上面的例子中，我们可以把代码修改成这样：

```
1     pthread_mutex_t mtLock = PTHREAD_MUTEX_INITIALIZER;
2     pthread_cond_t  mtCond = PTHREAD_COND_INITIALIZER;
3     int mtInit            = 0;
4
5     Thread 1::
6     void init() {
7         ...
8         mThread = PR_CreateThread(mMain, ...);
9
10        // signal that the thread has been created...
11        pthread_mutex_lock(&mtLock);
12        mtInit = 1;
13        pthread_cond_signal(&mtCond);
```

```
14        pthread_mutex_unlock(&mtLock);
15        ...
16   }
17
18   Thread 2::
19   void mMain(...) {
20        ...
21        // wait for the thread to be initialized...
22        pthread_mutex_lock(&mtLock);
23        while (mtInit == 0)
24            pthread_cond_wait(&mtCond,   &mtLock);
25        pthread_mutex_unlock(&mtLock);
26
27        mState = mThread->State;
28        ...
29   }
```

在这段修复的代码中，我们增加了一个锁（mtLock）、一个条件变量（mtCond）以及状态的变量（mtInit）。初始化代码运行时，会将 mtInit 设置为 1，并发出信号表明它已做了这件事。如果线程 2 先运行，就会一直等待信号和对应的状态变化；如果后运行，线程 2 会检查是否初始化（即 mtInit 被设置为 1），然后正常运行。请注意，我们可以用 mThread 本身作为状态变量，但为了简洁，我们没有这样做。当线程之间的顺序很重要时，条件变量（或信号量）能够解决问题。

非死锁缺陷：小结

Lu 等人的研究中，大部分（97%）的非死锁问题是违反原子性和违反顺序这两种。因此，程序员仔细研究这些错误模式，应该能够更好地避免它们。此外，随着更自动化的代码检查工具的发展，它们也应该关注这两种错误，因为开发中发现的非死锁问题大部分都是这两种。

然而，并不是所有的缺陷都像我们举的例子一样，这么容易修复。有些问题需要对应用程序的更深的了解，以及大量代码及数据结构的调整。阅读 Lu 等人的优秀（可读性强）的论文，了解更多细节。

32.3　死锁缺陷

除了上面提到的并发缺陷，死锁（deadlock）是一种在许多复杂并发系统中出现的经典问题。例如，当线程 1 持有锁 L1，正在等待另外一个锁 L2，而线程 2 持有锁 L2，却在等待锁 L1 释放时，死锁就产生了。以下的代码片段就可能出现这种死锁：

```
Thread 1:     Thread 2:
lock(L1);     lock(L2);
lock(L2);     lock(L1);
```

这段代码运行时，不是一定会出现死锁的。当线程 1 占有锁 L1，上下文切换到线程 2。线程 2 锁住 L2，试图锁住 L1。这时才产生了死锁，两个线程互相等待。如图 32.1 所示，其中的圈（cycle）表明了死锁。

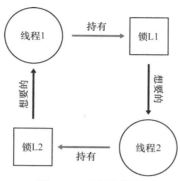

图 32.1　死锁依赖图

该图应该有助于描述清楚问题。程序员在编写代码中应该如何处理死锁呢？

> **关键问题：如何对付死锁**
> 我们在实现系统时，如何避免或者能够检测、恢复死锁呢？这是目前系统中的真实问题吗？

为什么发生死锁

你可能在想，上文提到的这个死锁的例子，很容易就可以避免。例如，只要线程 1 和线程 2 都用相同的抢锁顺序，死锁就不会发生。那么，死锁为什么还会发生？

其中一个原因是在大型的代码库里，组件之间会有复杂的依赖。以操作系统为例。虚拟内存系统在需要访问文件系统才能从磁盘读到内存页；文件系统随后又要和虚拟内存交互，去申请一页内存，以便存放读到的块。因此，在设计大型系统的锁机制时，你必须要仔细地去避免循环依赖导致的死锁。

另一个原因是封装（encapsulation）。软件开发者一直倾向于隐藏实现细节，以模块化的方式让软件开发更容易。然而，模块化和锁不是很契合。Jula 等人指出[J+08]，某些看起来没有关系的接口可能会导致死锁。以 Java 的 Vector 类和 AddAll()方法为例，我们这样调用这个方法：

```
Vector v1, v2;
v1.AddAll(v2);
```

在内部，这个方法需要多线程安全，因此针对被添加向量（v1）和参数（v2）的锁都需要获取。假设这个方法，先给 v1 加锁，然后再给 v2 加锁。如果另外某个线程几乎同时在调用 v2.AddAll(v1)，就可能遇到死锁。

产生死锁的条件

死锁的产生需要如下 4 个条件[C+71]。

- 互斥：线程对于需要的资源进行互斥的访问（例如一个线程抢到锁）。
- 持有并等待：线程持有了资源（例如已将持有的锁），同时又在等待其他资源（例如，需要获得的锁）。
- 非抢占：线程获得的资源（例如锁），不能被抢占。
- 循环等待：线程之间存在一个环路，环路上每个线程都额外持有一个资源，而这个资源又是下一个线程要申请的。

如果这 4 个条件的任何一个没有满足，死锁就不会产生。因此，我们首先研究一下预防死锁的方法；每个策略都设法阻止某一个条件，从而解决死锁的问题。

预防

循环等待

也许最实用的预防技术（当然也是经常采用的），就是让代码不会产生循环等待。最直接的方法就是获取锁时提供一个全序（total ordering）。假如系统共有两个锁（L1 和 L2），那么我们每次都先申请 L1 然后申请 L2，就可以避免死锁。这样严格的顺序避免了循环等待，也就不会产生死锁。

当然，更复杂的系统中不会只有两个锁，锁的全序可能很难做到。因此，偏序（partial ordering）可能是一种有用的方法，安排锁的获取并避免死锁。Linux 中的内存映射代码就是一个偏序锁的好例子[T+94]。代码开头的注释表明了 10 组不同的加锁顺序，包括简单的关系，比如 i_mutex 早于 i_mmap_mutex，也包括复杂的关系，比如 i_mmap_mutex 早于 private_lock，早于 swap_lock，早于 mapping->tree_lock。

你可以想到，全序和偏序都需要细致的锁策略的设计和实现。另外，顺序只是一种约定，粗心的程序员很容易忽略，导致死锁。最后，有序加锁需要深入理解代码库，了解各种函数的调用关系，即使一个错误，也会导致 "D" 字[①]。

提示：通过锁的地址来强制锁的顺序

当一个函数要抢多个锁时，我们需要注意死锁。比如有一个函数：do_something(mutex t *m1, mutex t *m2)，如果函数总是先抢 m1，然后 m2，那么当一个线程调用 do_something(L1, L2)，而另一个线程调用 do_something(L2, L1)时，就可能会产生死锁。

为了避免这种特殊问题，聪明的程序员根据锁的地址作为获取锁的顺序。按照地址从高到低，或者从低到高的顺序加锁，do_something()函数就可以保证不论传入参数是什么顺序，函数都会用固定的顺序加锁。具体的代码如下：

```
if (m1 > m2) {  // grab locks in high-to-low address order
    pthread_mutex_lock(m1);
    pthread_mutex_lock(m2);
} else {
    pthread_mutex_lock(m2);
    pthread_mutex_lock(m1);
```

---

① "D" 表示 "Deadlock"。

```
    }
    // Code assumes that m1 != m2 (it is not the same lock)
```

在获取多个锁时，通过简单的技巧，就可以确保简单有效的无死锁实现。

持有并等待

死锁的持有并等待条件，可以通过原子地抢锁来避免。实践中，可以通过如下代码来实现：

```
1    lock(prevention);
2    lock(L1);
3    lock(L2);
4    ...
5    unlock(prevention);
```

先抢到 prevention 这个锁之后，代码保证了在抢锁的过程中，不会有不合时宜的线程切换，从而避免了死锁。当然，这需要任何线程在任何时候抢占锁时，先抢到全局的 prevention 锁。例如，如果另一个线程用不同的顺序抢锁 L1 和 L2，也不会有问题，因为此时，线程已经抢到了 prevention 锁。

注意，出于某些原因，这个方案也有问题。和之前一样，它不适用于封装：因为这个方案需要我们准确地知道要抢哪些锁，并且提前抢到这些锁。因为要提前抢到所有锁（同时），而不是在真正需要的时候，所以可能降低了并发。

非抢占

在调用 unlock 之前，都认为锁是被占有的，多个抢锁操作通常会带来麻烦，因为我们等待一个锁时，同时持有另一个锁。很多线程库提供更为灵活的接口来避免这种情况。具体来说，trylock() 函数会尝试获得锁，或者返回−1，表示锁已经被占有。你可以稍后重试一下。

可以用这一接口来实现无死锁的加锁方法：

```
1    top:
2      lock(L1);
3      if (trylock(L2) == -1) {
4        unlock(L1);
5        goto top;
6      }
```

注意，另一个线程可以使用相同的加锁方式，但是不同的加锁顺序（L2 然后 L1），程序仍然不会产生死锁。但是会引来一个新的问题：活锁（livelock）。两个线程有可能一直重复这一序列，又同时都抢锁失败。这种情况下，系统一直在运行这段代码（因此不是死锁），但是又不会有进展，因此名为活锁。也有活锁的解决方法：例如，可以在循环结束的时候，先随机等待一个时间，然后再重复整个动作，这样可以降低线程之间的重复互相干扰。

关于这个方案的最后一点：使用 trylock 方法可能会有一些困难。第一个问题仍然是封装：如果其中的某一个锁，是封装在函数内部的，那么这个跳回开始处就很难实现。如果代码在中途获取了某些资源，必须要确保也能释放这些资源。例如，在抢到 L1 后，我们的代码分配了一些内存，当抢 L2 失败时，并且在返回开头之前，需要释放这些内存。当然，在某些场景下（例如，之前提到的 Java 的 vector 方法），这种方法很有效。

互斥

最后的预防方法是完全避免互斥。通常来说，代码都会存在临界区，因此很难避免互斥。那么我们应该怎么做呢？

Herlihy 提出了设计各种无等待（wait-free）数据结构的思想[H91]。想法很简单：通过强大的硬件指令，我们可以构造出不需要锁的数据结构。

举个简单的例子，假设我们有比较并交换（compare-and-swap）指令，是一种由硬件提供的原子指令，做下面的事：

```
1    int CompareAndSwap(int *address, int expected, int new) {
2      if (*address == expected) {
3        *address = new;
4        return 1; // success
5      }
6      return 0;   // failure
7    }
```

假定我们想原子地给某个值增加特定的数量。我们可以这样实现：

```
1    void AtomicIncrement(int *value, int amount) {
2      do {
3        int old = *value;
4      } while (CompareAndSwap(value, old, old + amount) == 0);
5    }
```

无须获取锁，更新值，然后释放锁这些操作，我们使用比较并交换指令，反复尝试将值更新到新的值。这种方式没有使用锁，因此不会有死锁（有可能产生活锁）。

我们来考虑一个更复杂的例子：链表插入。这是在链表头部插入元素的代码：

```
1    void insert(int value) {
2      node_t *n = malloc(sizeof(node_t));
3      assert(n != NULL);
4      n->value = value;
5      n->next  = head;
6      head     = n;
7    }
```

这段代码在多线程同时调用的时候，会有临界区（看看你是否能弄清楚原因）。当然，我们可以通过给相关代码加锁，来解决这个问题：

```
1    void insert(int value) {
2      node_t *n = malloc(sizeof(node_t));
3      assert(n != NULL);
4      n->value = value;
```

```
5        lock(listlock);     // begin critical section
6        n->next = head;
7        head    = n;
8        unlock(listlock); // end of critical section
9    }
```

上面的方案中，我们使用了传统的锁[①]。这里我们尝试用比较并交换指令（compare-and-swap）来实现插入操作。一种可能的实现是：

```
1    void insert(int value) {
2        node_t *n = malloc(sizeof(node_t));
3        assert(n != NULL);
4        n->value = value;
5        do {
6            n->next = head;
7        } while (CompareAndSwap(&head, n->next, n) == 0);
8    }
```

这段代码，首先把 next 指针指向当前的链表头（head），然后试着把新节点交换到链表头。但是，如果此时其他的线程成功地修改了 head 的值，这里的交换就会失败，导致这个线程根据新的 head 值重试。

当然，只有插入操作是不够的，要实现一个完善的链表还需要删除、查找等其他工作。如果你有兴趣，可以去查阅关于无等待同步的丰富文献。

通过调度避免死锁

除了死锁预防，某些场景更适合死锁避免（avoidance）。我们需要了解全局的信息，包括不同线程在运行中对锁的需求情况，从而使得后续的调度能够避免产生死锁。

例如，假设我们需要在两个处理器上调度 4 个线程。更进一步，假设我们知道线程 1（T1）需要用锁 L1 和 L2，T2 也需要抢 L1 和 L2，T3 只需要 L2，T4 不需要锁。我们用表 32.2 来表示线程对锁的需求。

表 32.2		线程对锁的需求		
	T1	T2	T3	T4
L1	yes	yes	no	no
L2	yes	yes	yes	no

一种比较聪明的调度方式是，只要 T1 和 T2 不同时运行，就不会产生死锁。下面就是这种方式：

请注意，T3 和 T1 重叠，或者和 T2 重叠都是可以的。虽然 T3 会抢占锁 L2，但是由于它只用到一把锁，和其他线程并发执行都不会产生死锁。

---

① 聪明的读者可能会问，为什么我们这么晚才抢锁，而不是就在进入 insert()时。聪明的读者，你可以弄清楚为什么这可能是正确的？

我们再来看另一个竞争更多的例子。在这个例子中，对同样的资源（又是锁 L1 和 L2）有更多的竞争。锁和线程的竞争如表 32.3 所示。

表 32.3   锁和线程的竞争

	T1	T2	T3	T4
L1	yes	yes	yes	no
L2	yes	yes	yes	no

特别是，线程 T1、T2 和 T3 执行过程中，都需要持有锁 L1 和 L2。下面是一种不会产生死锁的可行方案：

你可以看到，T1、T2 和 T3 运行在同一个处理器上，这种保守的静态方案会明显增加完成任务的总时间。尽管有可能并发运行这些任务，但为了避免死锁，我们没有这样做，付出了性能的代价。

Dijkstra 提出的银行家算法[D64]是一种类似的著名解决方案，文献中也描述了其他类似的方案。遗憾的是，这些方案的适用场景很局限。例如，在嵌入式系统中，你知道所有任务以及它们需要的锁。另外，和上文的第二个例子一样，这种方法会限制并发。因此，通过调度来避免死锁不是广泛使用的通用方案。

检查和恢复

最后一种常用的策略就是允许死锁偶尔发生，检查到死锁时再采取行动。举个例子，如果一个操作系统一年死机一次，你会重启系统，然后愉快地（或者生气地）继续工作。如果死锁很少见，这种不是办法的办法也是很实用的。

> **提示：不要总是完美（TOM WEST 定律）**
>
> Tom West 是经典的计算机行业小说《Soul of a New Machine》[K81]的主人公，有一句很棒的工程格言："不是所有值得做的事情都值得做好"。如果坏事很少发生，并且造成的影响很小，那么我们不应该去花费大量的精力去预防它。当然，如果你在制造航天飞机，事故会导致航天飞机爆炸，那么你应该忽略这个建议。

很多数据库系统使用了死锁检测和恢复技术。死锁检测器会定期运行，通过构建资源图来检查循环。当循环（死锁）发生时，系统需要重启。如果还需要更复杂的数据结构相关的修复，那么需要人工参与。

读者可以在其他地方找到更多的关于数据库并发、死锁和相关问题的资料[B+87，K87]。阅读这些著作，当然最好可以通过学习数据库的课程，深入地了解这一有趣而且丰富的主题。

32.4   小结

在本章中，我们学习了并发编程中出现的缺陷的类型。第一种是非常常见的，非死锁缺陷，通常也很容易修复。这种问题包括：违法原子性，即应该一起执行的指令序列没有一起执行；违反顺序，即两个线程所需的顺序没有强制保证。

　　同时，我们简要地讨论了死锁：为何会发生，以及如何处理。这个问题几乎和并发一样古老，已经有成百上千的相关论文了。实践中是自行设计抢锁的顺序，从而避免死锁发生。无等待的方案也很有希望，在一些通用库和系统中，包括 Linux，都已经有了一些无等待的实现。然而，这种方案不够通用，并且设计一个新的无等待的数据结构极其复杂，以至于不够实用。也许，最好的解决方案是开发一种新的并发编程模型：在类似 MapReduce（来自 Google）[GD02]这样的系统中，程序员可以完成一些类型的并行计算，无须任何锁。锁必然带来各种困难，也许我们应该尽可能地避免使用锁，除非确信必须使用。

参考资料

[B+87] "Concurrency Control and Recovery in Database Systems" Philip A. Bernstein, Vassos Hadzilacos, Nathan Goodman Addison-Wesley, 1987
数据库管理系统中并发性的经典教材。如你所知，理解数据库领域的并发性、死锁和其他主题本身就是一个世界。研究它，自己探索这个世界。

[C+71] "System Deadlocks"
E.G. Coffman, M.J. Elphick, A. Shoshani ACM Computing Surveys, 3:2, June 1971
这篇经典论文概述了死锁的条件以及如何处理它。当然有一些关于这个话题的早期论文，详细信息请参阅该论文的参考文献。

[D64] "Een algorithme ter voorkoming van de dodelijke omarming" Circulated privately, around 1964
事实上，Dijkstra 不仅提出了死锁问题的一些解决方案，更重要的是他首先注意到了死锁的存在，至少是以书面形式。然而，他称之为"致命的拥抱"，（幸好）没有流行起来。

[GD02] "MapReduce: Simplified Data Processing on Large Clusters" Sanjay Ghemawhat and Jeff Dean
OSDI '04, San Francisco, CA, October 2004
MapReduce 论文迎来了大规模数据处理时代，提出了一个框架，在通常不可靠的机器群集上执行这样的计算。

[H91] "Wait-free Synchronization" Maurice Herlihy
ACM TOPLAS, 13(1), pages 124-149, January 1991
Herlihy 的工作开创了无等待方式编写并发程序的想法。这些方法往往复杂而艰难，通常比正确使用锁更困难，可能会限制它们在现实世界中的成功。

[J+08] "Deadlock Immunity: Enabling Systems To Defend Against Deadlocks" Horatiu Jula, Daniel Tralamazza, Cristian Zamfir, George Candea
OSDI '08, San Diego, CA, December 2008
最近的优秀文章，关于死锁以及如何避免在特定系统中一次又一次地陷入同一个问题。

[K81] "Soul of a New Machine" Tracy Kidder, 1980

任何系统建造者或工程师都必须阅读，详细介绍 Tom West 领导的 Data General（DG）内部团队如何制造"新机器"的早期工作。Kidder 的其他图书也非常出色，其中包括《Mountains beyond Mountains》。 或者，也许你不同意我们的观点？

[K87] "Deadlock Detection in Distributed Databases" Edgar Knapp

ACM Computing Surveys, Volume 19, Number 4, December 1987

分布式数据库系统中死锁检测的极好概述，也指出了一些其他相关的工作，因此是开始阅读的好文章。

[L+08] "Learning from Mistakes — A Comprehensive Study on Real World Concurrency Bug Characteristics"

Shan Lu, Soyeon Park, Eunsoo Seo, Yuanyuan Zhou

ASPLOS '08, March 2008, Seattle, Washington

首次深入研究真实软件中的并发错误，也是本章的基础。参见 Y.Y. Zhou 或 Shan Lu 的网页，有许多关于缺陷的更有趣的论文。

[T+94] "Linux File Memory Map Code" Linus Torvalds and many others

感谢 Michael Walfish（纽约大学）指出这个宝贵的例子。真实的世界，就像你在这个文件中看到的那样，可能比教科书中的简单、清晰更复杂一些。

第 33 章　基于事件的并发（进阶）

目前为止，我们提到的并发，似乎只能用线程来实现。就像生活中的许多事，这不完全对。具体来说，一些基于图形用户界面（GUI）的应用[O96]，或某些类型的网络服务器[PDZ99]，常常采用另一种并发方式。这种方式称为基于事件的并发（event-based concurrency），在一些现代系统中较为流行，比如 node.js[N13]，但它源自于 C/UNIX 系统，我们下面将讨论。

基于事件的并发针对两方面的问题。一方面是多线程应用中，正确处理并发很有难度。正如我们讨论的，忘加锁、死锁和其他烦人的问题会发生。另一方面，开发者无法控制多线程在某一时刻的调度。程序员只是创建了线程，然后就依赖操作系统能够合理地调度线程。要实现一个在各种不同负载下，都能够良好运行的通用调度程序，是极有难度的。因此，某些时候操作系统的调度并不是最优的。关键问题如下。

> **关键问题：不用线程，如何构建并发服务器**
>
> 不用线程，同时保证对并发的控制，避免多线程应用中出现的问题，我们应该如何构建一个并发服务器？

33.1　基本想法：事件循环

我们使用的基本方法就是基于事件的并发（event-based concurrency）。该方法很简单：我们等待某事（即"事件"）发生；当它发生时，检查事件类型，然后做少量的相应工作（可能是 I/O 请求，或者调度其他事件准备后续处理）。这就好了！

在深入细节之前，我们先看一个典型的基于事件的服务器。这种应用都是基于一个简单的结构，称为事件循环（event loop）。事件循环的伪代码如下：

```
while (1) {
    events = getEvents();
    for (e in events)
        processEvent(e);
}
```

它确实如此简单。主循环等待某些事件发生（通过 getEvents()调用），然后依次处理这些发生的事件。处理事件的代码叫作事件处理程序（event handler）。重要的是，处理程序在处理一个事件时，它是系统中发生的唯一活动。因此，调度就是决定接下来处理哪个事件。这种对调度的显式控制，是基于事件方法的一个重要优点。

但这也带来一个更大的问题：基于事件的服务器如何决定哪个事件发生，尤其是对于网络和磁盘 I/O？具体来说，事件服务器如何确定是否有它的消息已经到达？

33.2　重要 API：select()（或 poll()）

知道了基本的事件循环，我们接下来必须解决如何接收事件的问题。大多数系统提供了基本的 API，即通过 select()或 poll()系统调用。

这些接口对程序的支持很简单：检查是否有任何应该关注的进入 I/O。例如，假定网络应用程序（如 Web 服务器）希望检查是否有网络数据包已到达，以便为它们提供服务。这些系统调用就让你做到这一点。

下面以 select()为例，手册页（在 macOS X 上）以这种方式描述 API：

```
int select(int nfds,
           fd_set *restrict readfds,
           fd_set *restrict writefds,
           fd_set *restrict errorfds,
           struct timeval *restrict timeout);
```

手册页中的实际描述：select()检查 I/O 描述符集合，它们的地址通过 readfds、writefds 和 errorfds 传入，分别查看它们中的某些描述符是否已准备好读取，是否准备好写入，或有异常情况待处理。在每个集合中检查前 nfds 个描述符，即检查描述符集合中从 0 到 nfds-1 的描述符。返回时，select()用给定请求操作准备好的描述符组成的子集替换给定的描述符集合。select()返回所有集合中就绪描述符的总数。

> **补充：阻塞与非阻塞接口**
>
> 阻塞（或同步，synchronous）接口在返回给调用者之前完成所有工作。非阻塞（或异步，asynchronous）接口开始一些工作，但立即返回，从而让所有需要完成的工作都在后台完成。
>
> 通常阻塞调用的主犯是某种 I/O。例如，如果一个调用必须从磁盘读取才能完成，它可能会阻塞，等待发送到磁盘的 I/O 请求返回。
>
> 非阻塞接口可用于任何类型的编程（例如，使用线程），但在基于事件的方法中非常重要，因为阻塞的调用会阻止所有进展。

关于 select()有几点要注意。首先，请注意，它可以让你检查描述符是否可以读取和写入。前者让服务器确定新数据包已到达并且需要处理，而后者则让服务知道何时可以回复（即出站队列未满）。

其次，请注意超时参数。这里的一个常见用法是将超时设置为 NULL，这会导致 select()无限期地阻塞，直到某个描述符准备就绪。但是，更健壮的服务器通常会指定某种超时。一种常见的技术是将超时设置为零，因此让调用 select()立即返回。

poll()系统调用非常相似。有关详细信息，请参阅其手册页或 Stevens 和 Rago 的书[SR05]。

无论哪种方式，这些基本原语为我们提供了一种构建非阻塞事件循环的方法，它可以简单地检查传入数据包，从带有消息的套接字中读取数据，并根据需要进行回复。

33.3 使用 select()

为了让这更具体，我们来看看如何使用 select() 来查看哪些网络描述符在它们上面有传入消息。图 33.1 展示了一个简单的例子。

```
1    #include <stdio.h>
2    #include <stdlib.h>
3    #include <sys/time.h>
4    #include <sys/types.h>
5    #include <unistd.h>
6
7    int main(void) {
8        // open and set up a bunch of sockets (not shown)
9        // main loop
10       while (1) {
11           // initialize the fd_set to all zero
12           fd_set readFDs;
13           FD_ZERO(&readFDs);
14
15           // now set the bits for the descriptors
16           // this server is interested in
17           // (for simplicity, all of them from min to max)
18           int fd;
19           for (fd = minFD; fd < maxFD; fd++)
20               FD_SET(fd, &readFDs);
21
22           // do the select
23           int rc = select(maxFD+1, &readFDs, NULL, NULL, NULL);
24
25           // check which actually have data using FD_ISSET()
26           int fd;
27           for (fd = minFD; fd < maxFD; fd++)
28               if (FD_ISSET(fd, &readFDs))
29                   processFD(fd);
30       }
31   }
```

图 33.1　使用 select() 的简单代码

这段代码实际上很容易理解。初始化完成后，服务器进入无限循环。在循环内部，它使用 FD_ZERO() 宏首先清除文件描述符集合，然后使用 FD_SET() 将所有从 minFD 到 maxFD 的文件描述符包含到集合中。例如，这组描述符可能表示服务器正在关注的所有网络套接字。最后，服务器调用 select() 来查看哪些连接有可用的数据。然后，通过在循环中使用 FD_ISSET()，事件服务器可以查看哪些描述符已准备好数据并处理传入的数据。

当然，真正的服务器会比这更复杂，并且在发送消息、发出磁盘 I/O 和许多其他细节时需要使用逻辑。想了解更多信息，请参阅 Stevens 和 Rago 的书 [SR05]，了解 API 信息，或

Pai 等人的论文、Welsh 等人的论文[PDZ99，WCB01]，以便对基于事件的服务器的一般流程有一个很好的总体了解。

33.4 为何更简单？无须锁

使用单个 CPU 和基于事件的应用程序，并发程序中发现的问题不再存在。具体来说，因为一次只处理一个事件，所以不需要获取或释放锁。基于事件的服务器不能被另一个线程中断，因为它确实是单线程的。因此，线程化程序中常见的并发性错误并没有出现在基本的基于事件的方法中。

> **提示：请勿阻塞基于事件的服务器**
> 基于事件的服务器可以对任务调度进行细粒度的控制。但是，为了保持这种控制，不可以有阻止调用者执行的调用。如果不遵守这个设计提示，将导致基于事件的服务器阻塞，客户心塞，并严重质疑你是否读过本书的这部分内容。

33.5 一个问题：阻塞系统调用

到目前为止，基于事件的编程听起来很棒，对吧？编写一个简单的循环，然后在事件发生时处理事件。甚至不需要考虑锁！但是有一个问题：如果某个事件要求你发出可能会阻塞的系统调用，该怎么办？

例如，假定一个请求从客户端进入服务器，要从磁盘读取文件并将其内容返回给发出请求的客户端（很像简单的 HTTP 请求）。为了处理这样的请求，某些事件处理程序最终将不得不发出 open()系统调用来打开文件，然后通过一系列 read()调用来读取文件。当文件被读入内存时，服务器可能会开始将结果发送到客户端。

open()和 read()调用都可能向存储系统发出 I/O 请求（当所需的元数据或数据不在内存中时），因此可能需要很长时间才能提供服务。使用基于线程的服务器时，这不是问题：在发出 I/O 请求的线程挂起（等待 I/O 完成）时，其他线程可以运行，从而使服务器能够取得进展。事实上，I/O 和其他计算的自然重叠（overlap）使得基于线程的编程非常自然和直接。

但是，使用基于事件的方法时，没有其他线程可以运行：只是主事件循环。这意味着如果一个事件处理程序发出一个阻塞的调用，整个服务器就会这样做：阻塞直到调用完成。当事件循环阻塞时，系统处于闲置状态，因此是潜在的巨大资源浪费。因此，我们在基于事件的系统中必须遵守一条规则：不允许阻塞调用。

33.6 解决方案：异步 I/O

为了克服这个限制，许多现代操作系统已经引入了新的方法来向磁盘系统发出 I/O 请求，一般称为异步 I/O（asynchronous I/O）。这些接口使应用程序能够发出 I/O 请求，并在 I/O 完成之前立即将控制权返回给调用者，另外的接口让应用程序能够确定各种 I/O 是否已完成。

例如，让我们来看看在 macOS X 上提供的接口（其他系统有类似的 API）。这些 API 围绕着一个基本的结构，即 struct aiocb 或 AIO 控制块（AIO control block）。该结构的简化版本如下所示（有关详细信息，请参阅手册页）：

```
struct aiocb {
    int             aio_fildes;    /* File descriptor */
    off_t           aio_offset;    /* File offset */
    volatile void   *aio_buf;      /* Location of buffer */
    size_t          aio_nbytes;    /* Length of transfer */
};
```

要向文件发出异步读取，应用程序应首先用相关信息填充此结构：要读取文件的文件描述符（aio_fildes），文件内的偏移量（ai_offset）以及长度的请求（aio_nbytes），最后是应该复制读取结果的目标内存位置（aio_buf）。

在填充此结构后，应用程序必须发出异步调用来读取文件。在 macOS X 上，此 API 就是异步读取（asynchronous read）API：

```
int aio_read(struct aiocb *aiocbp);
```

该调用尝试发出 I/O。如果成功，它会立即返回并且应用程序（即基于事件的服务器）可以继续其工作。

然而，我们必须解决最后一个难题。我们如何知道 I/O 何时完成，并且缓冲区（由 aio buf 指向）现在有了请求的数据？

还需要最后一个 API。在 macOS X 上，它被称为 aio_error()（有点令人困惑）。API 看起来像这样：

```
int aio_error(const struct aiocb *aiocbp);
```

该系统调用检查 aiocbp 引用的请求是否已完成。如果有，则函数返回成功（用零表示）。如果不是，则返回 EINPROGRESS。因此，对于每个未完成的异步 I/O，应用程序可以通过调用 aio_error() 来周期性地轮询（poll）系统，以确定所述 I/O 是否尚未完成。

你可能已经注意到，检查一个 I/O 是否已经完成是很痛苦的。如果一个程序在某个特定时间点发出数十或数百个 I/O，是否应该重复检查它们中的每一个，或者先等待一会儿，或者……

为了解决这个问题，一些系统提供了基于中断（interrupt）的方法。此方法使用 UNIX 信号（signal）在异步 I/O 完成时通知应用程序，从而消除了重复询问系统的需要。这种轮询与中断问题也可以在设备中看到，正如你将在 I/O 设备章节中看到的（或已经看到的）。

补充：UNIX 信号

所有现代 UNIX 变体都有一个称为信号（signal）的巨大而迷人的基础设施。最简单的信号提供了一种与进程进行通信的方式。具体来说，可以将信号传递给应用程序。这样做会让应用程序停止当前的任何工作，开始运行信号处理程序（signal handler），即应用程序中某些处理该信号的代码。完成后，该进程就恢复其先前的行为。

　　每个信号都有一个名称，如 HUP（挂断）、INT（中断）、SEGV（段违规）等。有关详细信息，请
参阅手册页。有趣的是，有时是内核本身发出信号。例如，当你的程序遇到段违规时，操作系统发送一
个 SIGSEGV（在信号名称之前加上 SIG 是很常见的）。如果你的程序配置为捕获该信号，则实际上可以
运行一些代码来响应这种错误的程序行为（这可能对调试有用）。当一个信号被发送到一个没有配置处
理该信号的进程时，一些默认行为就会生效。对于 SEGV 来说，这个进程会被杀死。

　　下面一个进入无限循环的简单程序，但首先设置一个信号处理程序来捕捉 SIGHUP：

```c
#include <stdio.h>
#include <signal.h>

void handle(int arg) {
    printf("stop wakin' me up...\n");
}

int main(int argc, char *argv[]) {
    signal(SIGHUP, handle);
    while (1)
        ; // doin' nothin' except catchin' some sigs
    return 0;
}
```

　　你可以用 kill 命令行工具向其发送信号（是的，这是一个奇怪而富有攻击性的名称）。这样做会中
断程序中的主 while 循环并运行处理程序代码 handle()：

```
prompt> ./main &
[3] 36705
prompt> kill -HUP 36705
stop wakin' me up...
prompt> kill -HUP 36705
stop wakin' me up...
prompt> kill -HUP 36705
stop wakin' me up...
```

　　要了解信号还有很多事情要做，以至于单个页面，甚至单独的章节，都远远不够。与往常一样，有
一个重要来源：Stevens 和 Rago 的书[SR05]。如果感兴趣，请阅读。

　　在没有异步 I/O 的系统中，纯基于事件的方法无法实现。然而，聪明的研究人员已经推
出了相当适合他们的方法。例如，Pai 等人 [PDZ99]描述了一种使用事件处理网络数据包的
混合方法，并且使用线程池来管理未完成的 I/O。详情请阅读他们的论文。

33.7　另一个问题：状态管理

　　基于事件的方法的另一个问题是，这种代码通常比传统的基于线程的代码更复杂。原
因如下：当事件处理程序发出异步 I/O 时，它必须打包一些程序状态，以便下一个事件处理

程序在 I/O 最终完成时使用。这个额外的工作在基于线程的程序中是不需要的，因为程序需要的状态在线程栈中。Adya 等人称之为手工栈管理（manual stack management），这是基于事件编程的基础[A + 02]。

为了使这一点更加具体一些，我们来看一个简单的例子，在这个例子中，一个基于线程的服务器需要从文件描述符（fd）中读取数据，一旦完成，将从文件中读取的数据写入网络套接字描述符 SD）。代码（忽略错误检查）如下所示：

```
int rc = read(fd, buffer, size);
rc = write(sd, buffer, size);
```

如你所见，在一个多线程程序中，做这种工作很容易。当 read() 最终返回时，代码立即知道要写入哪个套接字，因为该信息位于线程堆栈中（在变量 sd 中）。

在基于事件的系统中，生活并没有那么容易。为了执行相同的任务，我们首先使用上面描述的 AIO 调用异步地发出读取。假设我们使用 aio_error() 调用定期检查读取的完成情况。当该调用告诉我们读取完成时，基于事件的服务器如何知道该怎么做？

解决方案，如 Adya 等人[A+02]所述，是使用一种称为"延续（continuation）"的老编程语言结构[FHK84]。虽然听起来很复杂，但这个想法很简单：基本上，在某些数据结构中，记录完成处理该事件需要的信息。当事件发生时（即磁盘 I/O 完成时），查找所需信息并处理事件。

在这个特定例子中，解决方案是将套接字描述符（sd）记录在由文件描述符（fd）索引的某种数据结构（例如，散列表）中。当磁盘 I/O 完成时，事件处理程序将使用文件描述符来查找延续，这会将套接字描述符的值返回给调用者。此时（最后），服务器可以完成最后的工作将数据写入套接字。

33.8　什么事情仍然很难

基于事件的方法还有其他一些困难，我们应该指出。例如，当系统从单个 CPU 转向多个 CPU 时，基于事件的方法的一些简单性就消失了。具体来说，为了利用多个 CPU，事件服务器必须并行运行多个事件处理程序。发生这种情况时，就会出现常见的同步问题（例如临界区），并且必须采用通常的解决方案（例如锁定）。因此，在现代多核系统上，无锁的简单事件处理已不再可能。

基于事件的方法的另一个问题是，它不能很好地与某些类型的系统活动集成，如分页（paging）。例如，如果事件处理程序发生页错误，它将被阻塞，并且因此服务器在页错误完成之前不会有进展。尽管服务器的结构可以避免显式阻塞，但由于页错误导致的这种隐式阻塞很难避免，因此在频繁发生时可能会导致较大的性能问题。

还有一个问题是随着时间的推移，基于事件的代码可能很难管理，因为各种函数的确切语义发生了变化[A+02]。例如，如果函数从非阻塞变为阻塞，调用该例程的事件处理程序也必须更改以适应其新性质，方法是将其自身分解为两部分。由于阻塞对于基于事件的服务器而言是灾难性的，因此程序员必须始终注意每个事件使用的 API 语义的这种变化。

最后，虽然异步磁盘 I/O 现在可以在大多数平台上使用，但是花了很长时间才做到这一点[PDZ99]，而且与异步网络 I/O 集成不会像你想象的那样有简单和统一的方式。例如，虽然人们只想使用 select()接口来管理所有未完成的 I/O，但通常需要组合用于网络的 select() 和用于磁盘 I/O 的 AIO 调用。

33.9 小结

我们已经介绍了不同风格的基于事件的并发。基于事件的服务器为应用程序本身提供了调度控制，但是这样做的代价是复杂性以及与现代系统其他方面（例如分页）的集成难度。由于这些挑战，没有哪一种方法表现最好。因此，线程和事件在未来很多年内可能会持续作为解决同一并发问题的两种不同方法。阅读一些研究论文（例如[A+02，PDZ99，vB+03，WCB01]），或者写一些基于事件的代码，以了解更多信息，这样更好。

参考资料

[A+02] "Cooperative Task Management Without Manual Stack Management" Atul Adya, Jon Howell, Marvin Theimer, William J. Bolosky, John R. Douceur USENIX ATC '02, Monterey, CA, June 2002
这篇论文首次明确阐述了基于事件的并发的一些困难，并提出了一些简单的解决方案，同时也探讨了将两种并发管理整合到单个应用程序中的更疯狂的想法！

[FHK84] "Programming With Continuations"
Daniel P. Friedman, Christopher T. Haynes, Eugene E. Kohlbecker
In Program Transformation and Programming Environments, Springer Verlag, 1984
这是来自编程语言世界的这个老思想的经典参考。现在在一些现代语言中越来越流行。

[N13] "Node.js Documentation" By the folks who build node.js
许多很酷的新框架之一，可帮助你轻松构建 Web 服务和应用程序。每个现代系统黑客都应该精通这样的框架（可能还有多个框架）。花时间在这些世界中的一个进行开发，并成为专家。

[O96] "Why Threads Are A Bad Idea (for most purposes)" John Ousterhout
Invited Talk at USENIX '96, San Diego, CA, January 1996
关于线程如何与基于 GUI 的应用程序不太匹配的一次很好的演讲（但是这些想法更通用）。Ousterhout 在开发 Tcl/Tk 时，形成了这些观点中的大部分，Tcl/Tk 是一种很酷的脚本语言和工具包，与当时最先进的技术相比，开发基于 GUI 的应用程序要容易 100 倍。虽然 Tk GUI 工具箱继续存在（例如在 Python 中），但 Tcl 似乎正在慢慢死去（很遗憾）。

[PDZ99] "Flash: An Efficient and Portable Web Server" Vivek S. Pai, Peter Druschel, Willy Zwaenepoel
USENIX '99, Monterey, CA, June 1999

关于如何在当今新兴的互联网时代构建 Web 服务器的开创性论文。阅读它以了解基础知识，并了解作者在缺乏对异步 I/O 支持时如何构建混合体系的想法。

[SR05]"Advanced Programming in the UNIX Environment"

W. Richard Stevens and Stephen A. Rago Addison-Wesley, 2005

UNIX 系统编程的经典必备图书。如果你需要知道一些细节，就在这里。

[vB+03]"Capriccio: Scalable Threads for Internet Services"

Rob von Behren, Jeremy Condit, Feng Zhou, George C. Necula, Eric Brewer SOSP '03, Lake George, New York, October 2003

一篇关于如何使线程在极端规模下工作的论文，这是当时正在进行的所有基于事件的工作的反驳。

[WCB01]"SEDA: An Architecture for Well-Conditioned, Scalable Internet Services" Matt Welsh, David Culler, and Eric Brewer

SOSP '01, Banff, Canada, October 2001

基于事件的服务的一个不错的变通，它将线程、队列和基于事件的处理合并为一个简化的整体。其中一些想法已经进入谷歌、亚马逊等公司的基础设施。

第 34 章　并发的总结对话

教授： 那么，你现在头疼吗？

学生：（吃了两颗治头疼的药）有点儿。很难想象线程之间有这么多种相互穿插的方式。

教授： 的确如此。就这么几行代码，并发执行的时候，就变得难以理解，很让人意外啊。

学生： 我也是。想到自己是计算机专业的学生，却不能理解这几行代码，有点尴尬。

教授： 不用这么难过。你可以看看最早的并发算法的论文，有很多都是有问题的。这些作者通常都是专家教授呢。

学生：（吸气）教授也会……嗯……出错？

教授： 是的。但是不要告诉别人——这是我们之间的秘密。

学生： 并发程序难以理解，又很难正确实现，我们怎么才能写出正确的并发程序呢？

教授： 这确实是个问题。我这里有一些简单的建议。首先，尽可能简单。避免复杂的线程交互，使用已被证实的线程交互方式。

学生： 比如锁，或者生产者—消费者队列？

教授： 对！你们也已经学过了这些常见的范式，应该能够找出解决方案。还有一点，只在需要的时候才并发，尽可能不用它。过早地优化是最糟糕的。

学生： 我明白了——为什么在不需要时添加线程呢？

教授： 是的。如果确实需要并行，那么应该采用一些简单的形式。使用 Map-Reduce 来写并行的数据分析代码，就是一个很好的例子，不需要我们考虑锁、条件变量和其他复杂的事情。

学生： Map-Reduce，听起来很不错呀——我得自己去了解一下。

教授： 是这样的。我们学习到的知识仅仅是冰山一角，还需要大量的阅读学习，以及大量的编码练习。正如 Gladwell 在《异类》这本书中提到的，1 万小时的锤炼，才能成为专家。课程上的时间是远远不够的。

学生： 听完感觉很振奋人心。我要去干活了！该写一些并发代码了……

■ 第３部分　持久性

第 35 章　关于持久性的对话

教授：现在，我们来到了 4 个支柱中的第三个……嗯……操作系统的三大支柱：持久性。

学生：你说有 3 个支柱，还是 4 个？第四个是什么？

教授：不，只有 3 个，年轻的同学，只有 3 个。要尽量保持简单。

学生：好的，很好。但是，什么是持久性，噢，尊贵的好教授？

教授：其实，你可能知道传统意义上的含义，对吧？正如字典上说的："尽管遇到困难或反对，但在行动过程中坚定或顽固地继续下去。"

学生：这有点像上课，需要一点固执。

教授：哈！是的。但这里的持久意味着别的东西。我来解释一下。想象一下，你在外面，在一片田野，你拿了一个——

学生：（打断）我知道！桃子！从桃树上！

教授：我本来要说苹果，从一棵苹果树上。好吧，我们按照你的方式来。

学生：（茫然地看着）

教授：别管了，你拿了一个桃子。事实上，你拿了很多很多的桃子，但是你想让它们持久保持很长时间。毕竟，冬天在威斯康星州是残酷的。你会怎么做？

学生：嗯，我认为你可以做一些不同的事情。你可以腌制它！或烤一块馅饼，或者做某种果酱。很好玩！

教授：好玩？可能吧。当然，你必须做更多的工作才能让桃子持久保持（persist）下去。信息也是如此。让信息持久，尽管计算机会崩溃，磁盘会出故障或停电，这是一项艰巨而有趣的挑战。

学生：讲得漂亮，您越来越擅长了。

教授：谢谢！你知道，教授总是可以用一些词。

学生：我会尽量记住这一点。我想是时候停止谈论桃子，开始谈计算机了？

教授：是的，是时候了……

第 36 章 I/O 设备

在深入讲解持久性部分的主要内容之前,我们先介绍输入/输出(I/O)设备的概念,并展示操作系统如何与它们交互。当然,I/O 对计算机系统非常重要。设想一个程序没有任何输入(每次运行总会产生相同的结果),或者一个程序没有任何输出(为什么要运行它?)。显而易见,为了让计算机系统更有趣,输入和输出都是需要的。因此,常见的问题如下。

> **关键问题:如何将 I/O 集成进计算机系统中**
> I/O 应该如何集成进系统中?其中的一般机制是什么?如何让它们变得高效?

36.1 系统架构

开始讨论之前,我们先看一个典型系统的架构(见图 36.1)。其中,CPU 通过某种内存总线(memory bus)或互连电缆连接到系统内存。图像或者其他高性能 I/O 设备通过常规的 I/O 总线(I/O bus)连接到系统,在许多现代系统中会是 PCI 或它的衍生形式。最后,更下面是外围总线(peripheral bus),比如 SCSI、SATA 或者 USB。它们将最慢的设备连接到系统,包括磁盘、鼠标及其他类似设备。

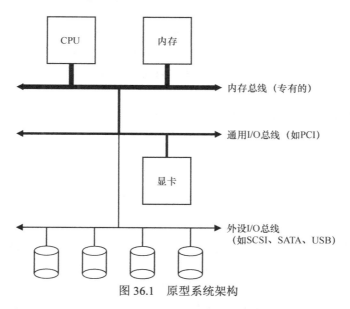

图 36.1 原型系统架构

你可能会问:为什么要用这样的分层架构?简单回答:因为物理布局及造价成本。越快的总线越短，因此高性能的内存总线没有足够的空间连接太多设备。另外，在工程上高性能总线的造价非常高。所以，系统的设计采用了这种分层的方式，这样可以让要求高性能的设备（比如显卡）离 CPU 更近一些，低性能的设备离 CPU 远一些。将磁盘和其他低速设备连到外围总线的好处很多，其中较为突出的好处就是你可以在外围总线上连接大量的设备。

36.2　标准设备

现在来看一个标准设备（不是真实存在的），通过它来帮助我们更好地理解设备交互的机制。从图 36.2 中，可以看到一个包含两部分重要组件的设备。第一部分是向系统其他部分展现的硬件接口（interface）。同软件一样，硬件也需要一些接口，让系统软件来控制它的操作。因此，所有设备都有自己的特定接口以及典型交互的协议。

图 36.2　标准设备

第 2 部分是它的内部结构（internal structure）。这部分包含设备相关的特定实现，负责具体实现设备展示给系统的抽象接口。非常简单的设备通常用一个或几个芯片来实现它们的功能。更复杂的设备会包含简单的 CPU、一些通用内存、设备相关的特定芯片，来完成它们的工作。例如，现代 RAID 控制器通常包含成百上千行固件（firmware，即硬件设备中的软件），以实现其功能。

36.3　标准协议

在图 36.2 中，一个（简化的）设备接口包含 3 个寄存器：一个状态（status）寄存器，可以读取并查看设备的当前状态；一个命令（command）寄存器，用于通知设备执行某个具体任务；一个数据（data）寄存器，将数据传给设备或从设备接收数据。通过读写这些寄存器，操作系统可以控制设备的行为。

我们现在来描述操作系统与该设备的典型交互，以便让设备为它做某事。协议如下：

```
While (STATUS == BUSY)
    ; // wait until device is not busy
Write data to DATA register
Write command to COMMAND register
    (Doing so starts the device and executes the command)
While (STATUS == BUSY)
    ; // wait until device is done with your request
```

该协议包含 4 步。第 1 步，操作系统通过反复读取状态寄存器，等待设备进入可以接收命令的就绪状态。我们称之为轮询（polling）设备（基本上，就是问它正在做什么）。第 2 步，操作系统下发数据到数据寄存器。例如，你可以想象如果这是一个磁盘，需要多次写入操作，将一个磁盘块（比如 4KB）传递给设备。如果主 CPU 参与数据移动（就像这个示例协议一样），我们就称之为编程的 I/O（programmed I/O，PIO）。第 3 步，操作系统将命令写入命令寄存器；这样设备就知道数据已经准备好了，它应该开始执行命令。最后一步，操作系统再次通过不断轮询设备，等待并判断设备是否执行完成命令（有可能得到一个指示成功或失败的错误码）。

这个简单的协议好处是足够简单并且有效。但是难免会有一些低效和不方便。我们注意到这个协议存在的第一个问题就是轮询过程比较低效，在等待设备执行完成命令时浪费大量 CPU 时间，如果此时操作系统可以切换执行下一个就绪进程，就可以大大提高 CPU 的利用率。

> **关键问题：如何减少轮询开销**
> 操作系统检查设备状态时如何避免频繁轮询，从而降低管理设备的 CPU 开销？

36.4 利用中断减少 CPU 开销

多年前，工程师们发明了我们目前已经很常见的中断（interrupt）来减少 CPU 开销。有了中断后，CPU 不再需要不断轮询设备，而是向设备发出一个请求，然后就可以让对应进程睡眠，切换执行其他任务。当设备完成了自身操作，会抛出一个硬件中断，引发 CPU 跳转执行操作系统预先定义好的中断服务例程（Interrupt Service Routine，ISR），或更为简单的中断处理程序（interrupt handler）。中断处理程序是一小段操作系统代码，它会结束之前的请求（比如从设备读取到了数据或者错误码）并且唤醒等待 I/O 的进程继续执行。

因此，中断允许计算与 I/O 重叠（overlap），这是提高 CPU 利用率的关键。下面的时间线展示了这一点：

其中，进程 1 在 CPU 上运行一段时间（对应 CPU 那一行上重复的 1），然后发出一个读取数据的 I/O 请求给磁盘。如果没有中断，那么操作系统就会简单自旋，不断轮询设备状态，直到设备完成 I/O 操作（对应其中的 p）。当设备完成请求的操作后，进程 1 又可以继续运行。

如果我们利用中断并允许重叠，操作系统就可以在等待磁盘操作时做其他事情：

在这个例子中，在磁盘处理进程 1 的请求时，操作系统在 CPU 上运行进程 2。磁盘处理完成后，触发一个中断，然后操作系统唤醒进程 1 继续运行。这样，在这段时间，无论 CPU 还是磁盘都可以有效地利用。

注意，使用中断并非总是最佳方案。假如有一个非常高性能的设备，它处理请求很快：通常在 CPU 第一次轮询时就可以返回结果。此时如果使用中断，反而会使系统变慢：切换到其他进程，处理中断，再切换回之前的进程代价不小。因此，如果设备非常快，那么最好的办法反而是轮询。如果设备比较慢，那么采用允许发生重叠的中断更好。如果设备的速度未知，或者时快时慢，可以考虑使用混合（hybrid）策略，先尝试轮询一小段时间，如果设备没有完成操作，此时再使用中断。这种两阶段（two-phased）的办法可以实现两种方法的好处。

提示：中断并非总是比 PIO 好

尽管中断可以做到计算与 I/O 的重叠，但这仅在慢速设备上有意义。否则，额外的中断处理和上下文切换的代价反而会超过其收益。另外，如果短时间内出现大量的中断，可能会使得系统过载并且引发活锁[MR96]。这种情况下，轮询的方式可以在操作系统自身的调度上提供更多的控制，反而更有效。

另一个最好不要使用中断的场景是网络。网络端收到大量数据包，如果每一个包都发生一次中断，那么有可能导致操作系统发生活锁（livelock），即不断处理中断而无法处理用户层的请求。例如，假设一个 Web 服务器因为"点杠效应"而突然承受很重的负载。这种情况下，偶尔使用轮询的方式可以更好地控制系统的行为，并允许 Web 服务器先服务一些用户请求，再回去检查网卡设备是否有更多数据包到达。

另一个基于中断的优化就是合并（coalescing）。设备在抛出中断之前往往会等待一小段时间，在此期间，其他请求可能很快完成，因此多次中断可以合并为一次中断抛出，从而降低处理中断的代价。当然，等待太长会增加请求的延迟，这是系统中常见的折中。参见 Ahmad 等人的文章[A+11]，有精彩的总结。

36.5   利用 DMA 进行更高效的数据传送

标准协议还有一点需要我们注意。具体来说，如果使用编程的 I/O 将一大块数据传给设备，CPU 又会因为琐碎的任务而变得负载很重，浪费了时间和算力，本来更好是用于运行其他进程。下面的时间线展示了这个问题：

进程 1 在运行过程中需要向磁盘写一些数据，所以它开始进行 I/O 操作，将数据从内存拷贝到磁盘（其中标示 c 的过程）。拷贝结束后，磁盘上的 I/O 操作开始执行，此时 CPU 才可以处理其他请求。

关键问题：如何减少 PIO 的开销

使用 PIO 的方式，CPU 的时间会浪费在向设备传输数据或从设备传出数据的过程中。如何才能分离这项工作，从而提高 CPU 的利用率？

解决方案就是使用 DMA（Direct Memory Access）。DMA 引擎是系统中的一个特殊设备，它可以协调完成内存和设备间的数据传递，不需要 CPU 介入。

DMA 工作过程如下。为了能够将数据传送给设备，操作系统会通过编程告诉 DMA 引擎数据在内存的位置，要拷贝的大小以及要拷贝到哪个设备。在此之后，操作系统就可以处理其他请求了。当 DMA 的任务完成后，DMA 控制器会抛出一个中断来告诉操作系统自己已经完成数据传输。修改后的时间线如下：

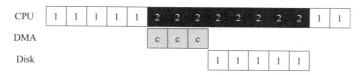

从时间线中可以看到，数据的拷贝工作都是由 DMA 控制器来完成的。因为 CPU 在此时是空闲的，所以操作系统可以让它做一些其他事情，比如此处调度进程 2 到 CPU 来运行。因此进程 2 在进程 1 再次运行之前可以使用更多的 CPU。

36.6 设备交互的方法

现在，我们了解了执行 I/O 涉及的效率问题后，还有其他一些问题需要解决，以便将设备合并到系统中。你可能已经注意到了一个问题：我们还没有真正讨论过操作系统究竟如何与设备进行通信！所以问题如下。

> **关键问题：如何与设备通信**
> 硬件如何如与设备通信？是否需要一些明确的指令？或者其他的方式？

随着技术的不断发展，主要有两种方式来实现与设备的交互。第一种办法相对老一些（在 IBM 主机中使用了多年），就是用明确的 I/O 指令。这些指令规定了操作系统将数据发送到特定设备寄存器的方法，从而允许构造上文提到的协议。

例如在 x86 上，in 和 out 指令可以用来与设备进行交互。当需要发送数据给设备时，调用者指定一个存入数据的特定寄存器及一个代表设备的特定端口。执行这个指令就可以实现期望的行为。

这些指令通常是特权指令（privileged）。操作系统是唯一可以直接与设备交互的实体。例如，设想如果任意程序都可以直接读写磁盘：完全混乱（总是会这样），因为任何用户程序都可以利用这个漏洞来取得计算机的全部控制权。

第二种方法是内存映射 I/O（memory- mapped I/O）。通过这种方式，硬件将设备寄存器作为内存地址提供。当需要访问设备寄存器时，操作系统装载（读取）或者存入（写入）到该内存地址；然后硬件会将装载/存入转移到设备上，而不是物理内存。

两种方法没有一种具备极大的优势。内存映射 I/O 的好处是不需要引入新指令来实现设备交互，但两种方法今天都在使用。

36.7 纳入操作系统：设备驱动程序

最后我们要讨论一个问题：每个设备都有非常具体的接口，如何将它们纳入操作系统，而我们希望操作系统尽可能通用。例如文件系统，我们希望开发一个文件系统可以工作在 SCSI 硬盘、IDE 硬盘、USB 钥匙串设备等设备之上，并且希望这个文件系统不那么清楚对这些不同设备发出读写请求的全部细节。因此，我们的问题如下。

关键问题：如何实现一个设备无关的操作系统

如何保持操作系统的大部分与设备无关，从而对操作系统的主要子系统隐藏设备交互的细节？

这个问题可以通过古老的抽象（abstraction）技术来解决。在最底层，操作系统的一部分软件清楚地知道设备如何工作，我们将这部分软件称为设备驱动程序（device driver），所有设备交互的细节都封装在其中。

我们来看看 Linux 文件系统栈，理解抽象技术如何应用于操作系统的设计和实现。图 36.3 粗略地展示了 Linux 软件的组织方式。可以看出，文件系统（当然也包括在其之上的应用程序）完全不清楚它使用的是什么类型的磁盘。它只需要简单地向通用块设备层发送读写请求即可，块设备层会将这些请求路由给对应的设备驱动，然后设备驱动来完成真正的底层操作。尽管比较简单，但图 36.3 展示了这些细节如何对操作系统的大部分进行隐藏。

图 36.3　文件系统栈

注意，这种封装也有不足的地方。例如，如果有一个设备可以提供很多特殊的功能，但为了兼容大多数操作系统它不得不提供一个通用的接口，这样就使得自身的特殊功能无法使用。这种情况在使用 SCSI 设备的 Linux 中就发生了。SCSI 设备提供非常丰富的报告错误信息，但其他的块设备（比如 ATA/IDE）只提供非常简单的报错处理，这样上层的所有软件只能在出错时收到一个通用的 EIO 错误码（一般 IO 错误），SCSI 可能提供的所有附加信息都不能报告给文件系统[G08]。

有趣的是，因为所有需要插入系统的设备都需要安装对应的驱动程序，所以久而久之，驱动程序的代码在整个内核代码中的占比越来越大。查看 Linux 内核代码会发现，超过 70%的代码都是各种驱动程序。在 Windows 系统中，这样的比例同样很高。因此，如果有人跟你说操作系统包含上百万行代码，实际的意思是包含上百万行驱动程序代码。当然，任何安装进操作系统的驱动程序，大部分默认都不是激活状态（只有一小部分设备是在系统刚开启时就需要连接）。更加令人沮丧的是，因为驱动程序的开发者大部分是"业余的"（不是全职内核开发者），所以他们更容易写出缺陷，因此是内核崩溃的主要贡献者[S03]。

36.8 案例研究：简单的 IDE 磁盘驱动程序

为了更深入地了解设备驱动，我们快速看看一个真实的设备——IDE 磁盘驱动程序 [L94]。我们总结了协议，如参考文献[W10]所述。我们也会看看 xv6 源码中一个简单的、能工作的 IDE 驱动程序实现。

IDE 硬盘暴露给操作系统的接口比较简单，包含 4 种类型的寄存器，即控制、命令块、状态和错误。在 x86 上，利用 I/O 指令 in 和 out 向特定的 I/O 地址（如下面的 0x3F6）读取或写入时，可以访问这些寄存器，如图 36.4 所示。

```
Control Register:
    Address 0x3F6 = 0x80 (0000 1RE0): R=reset, E=0 means "enable interrupt"


Command Block Registers:
    Address 0x1F0 = Data Port
    Address 0x1F1 = Error
    Address 0x1F2 = Sector Count
    Address 0x1F3 = LBA low byte
    Address 0x1F4 = LBA mid byte
    Address 0x1F5 = LBA hi  byte
    Address 0x1F6 = 1B1D TOP4LBA: B=LBA, D=drive
    Address 0x1F7 = Command/status


Status Register (Address 0x1F7):
      7     6     5     4     3     2     1     0
    BUSY  READY FAULT SEEK  DRQ   CORR IDDEX ERROR


Error Register (Address 0x1F1): (check when Status ERROR==1)
      7     6     5     4     3     2     1     0
    BBK   UNC   MC    IDNF  MCR   ABRT T0NF AMNF


    BBK  = Bad Block
    UNC  = Uncorrectable data error
    MC   = Media Changed
    IDNF = ID mark Not Found
    MCR  = Media Change Requested
    ABRT = Command aborted
    T0NF = Track 0 Not Found
    AMNF = Address Mark Not Found
```

图 36.4　IDE 接口

下面是与设备交互的简单协议，假设它已经初始化了，如图 36.5 所示。
- **等待驱动就绪**。读取状态寄存器（0x1F7）直到驱动 READY 而非忙碌。
- **向命令寄存器写入参数**。写入扇区数，待访问扇区对应的逻辑块地址（LBA），并将驱动编号（master=0x00，slave=0x10，因为 IDE 允许接入两个硬盘）写入命令寄存器（0x1F2-0x1F6）。

- **开启 I/O**。发送读写命令到命令寄存器。向命令寄存器（0x1F7）中写入 READ-WRITE 命令。
- **数据传送（针对写请求）**：等待直到驱动状态为 READY 和 DRQ（驱动请求数据），向数据端口写入数据。
- **中断处理**。在最简单的情况下，每个扇区的数据传送结束后都会触发一次中断处理程序。较复杂的方式支持批处理，全部数据传送结束后才会触发一次中断处理。
- **错误处理**。在每次操作之后读取状态寄存器。如果 ERROR 位被置位，可以读取错误寄存器来获取详细信息。

```c
static int ide_wait_ready() {
  while (((int r = inb(0x1f7)) & IDE_BSY) || !(r & IDE_DRDY))
    ;                                    // loop until drive isn't busy
}

static void ide_start_request(struct buf *b) {
  ide_wait_ready();
  outb(0x3f6, 0);                        // generate interrupt
  outb(0x1f2, 1);                        // how many sectors?
  outb(0x1f3, b->sector & 0xff);         // LBA goes here ...
  outb(0x1f4, (b->sector >> 8) & 0xff);  // ... and here
  outb(0x1f5, (b->sector >> 16) & 0xff); // ... and here!
  outb(0x1f6, 0xe0 | ((b->dev&1)<<4) | ((b->sector>>24)&0x0f));
  if(b->flags & B_DIRTY){
    outb(0x1f7, IDE_CMD_WRITE);          // this is a WRITE
    outsl(0x1f0, b->data, 512/4);        // transfer data too!
  } else {
    outb(0x1f7, IDE_CMD_READ);           // this is a READ (no data)
  }
}

void ide_rw(struct buf *b) {
  acquire(&ide_lock);
  for (struct buf **pp = &ide_queue; *pp; pp=&(*pp)->qnext)
    ;                                    // walk queue
  *pp = b;                               // add request to end
  if (ide_queue == b)                    // if q is empty
    ide_start_request(b);                // send req to disk
  while ((b->flags & (B_VALID|B_DIRTY)) != B_VALID)
    sleep(b, &ide_lock);                 // wait for completion
  release(&ide_lock);
}

void ide_intr() {
  struct buf *b;
  acquire(&ide_lock);
  if (!(b->flags & B_DIRTY) && ide_wait_ready() >= 0)
    insl(0x1f0, b->data, 512/4);    // if READ: get data
```

```
b->flags |= B_VALID;
b->flags &= ~B_DIRTY;
wakeup(b);                           // wake waiting process
if ((ide_queue = b->qnext) != 0) // start next request
  ide_start_request(ide_queue);  // (if one exists)
release(&ide_lock);
}
```

图 36.5 xv6 的 IDE 硬盘驱动程序（简化的）

该协议的大部分可以在 xv6 的 IDE 驱动程序中看到，它（在初始化后）通过 4 个主要函数来实现。第一个是 ide_rw()，它会将一个请求加入队列（如果前面还有请求未处理完成），或者直接将请求发送到磁盘（通过 ide_start_request()）。不论哪种情况，调用进程进入睡眠状态，等待请求处理完成。第二个是 ide_start_request()，它会将请求发送到磁盘（在写请求时，可能是发送数据）。此时 x86 的 in 或 out 指令会被调用，以读取或写入设备寄存器。在发起请求之前，开始请求函数会使用第三个函数 ide_wait_ready()，来确保驱动处于就绪状态。最后，当发生中断时，ide_intr() 会被调用。它会从设备中读取数据（如果是读请求），并且在结束后唤醒等待的进程，如果此时在队列中还有别的未处理的请求，则调用 ide_start_request() 接着处理下一个 I/O 请求。

36.9 历史记录

在结束之前，我们简述一下这些基本思想的由来。如果你想了解更多内容，可以阅读 Smotherman 的出色总结[S08]。

中断的思想很古老，存在于最早的机器之中。例如，20 世纪 50 年代的 UNIVAC 上就有某种形式的中断向量，虽然无法确定具体是哪一年出现的[S08]。遗憾的是，即使现在还是计算机诞生的初期，我们就开始丢失了起缘的历史记录。

关于什么机器第一个使用 DMA 技术也有争论。Knuth 和一些人认为是 DYSEAC（一种“移动”计算机，当时意味着可以用拖车运输它），而另外一些人则认为是 IBM SAGE[S08]。无论如何，在 20 世纪 50 年代中期，就有系统的 I/O 设备可以直接和内存交互，并在完成后中断 CPU。

这段历史比较难追溯，因为相关发明都与真实的、有时不太出名的机器联系在一起。例如，有些人认为 Lincoln Labs TX-2 是第一个拥有向量中断的机器[S08]，但这无法确定。

因为这些技术思想相对明显（在等待缓慢的 I/O 操作时让 CPU 去做其他事情，这种想法不需要爱因斯坦式的飞跃），也许我们关注“谁第一”是误入歧途。肯定明确的是：在人们构建早期的机器系统时，I/O 支持是必需的。中断、DMA 及相关思想都是在快速 CPU 和慢速设备之间权衡的结果。如果你处于那个时代，可能也会有同样的想法。

36.10 小结

至此你应该对操作系统如何与设备交互有了非常基本的理解。本章介绍了两种技术，中断和 DMA，用于提高设备效率。我们还介绍了访问设备寄存器的两种方式，I/O 指令和内存映射 I/O。最后，我们介绍了设备驱动程序的概念，展示了操作系统本身如何封装底层细节，从而更容易以设备无关的方式构建操作系统的其余部分。

参考资料

[A+11]“vIC: Interrupt Coalescing for Virtual Machine Storage Device IO” Irfan Ahmad, Ajay Gulati, Ali Mashtizadeh
USENIX '11
对传统和虚拟化环境中的中断合并进行了极好的调查。

[C01]“An Empirical Study of Operating System Errors”
Andy Chou, Junfeng Yang, Benjamin Chelf, Seth Hallem, Dawson Engler SOSP '01
首批系统地研究现代操作系统中有多少错误的文章之一。除了其他漂亮的研究结果之外，作者展示了设备驱动程序的 bug 数是主线内核代码中的 bug 数的 7 倍。

[CK+08]“The xv6 Operating System”
Russ Cox, Frans Kaashoek, Robert Morris, Nickolai Zeldovich.
请参阅 ide.c 中的 IDE 设备驱动程序，其中有更多细节。

[D07]“What Every Programmer Should Know About Memory” Ulrich Drepper
November, 2007
关于现代内存系统的极好的阅读材料，从 DRAM 开始，一直到虚拟化和缓存优化算法。

[G08]“EIO: Error-handling is Occasionally Correct”
Haryadi Gunawi, Cindy Rubio-Gonzalez, Andrea Arpaci-Dusseau, Remzi Arpaci-Dusseau, Ben Liblit
FAST '08, San Jose, CA, February 2008
我们自己的工作，构建一个工具来查找 Linux 文件系统中没有正确处理错误返回的代码。我们发现了成百上千个错误，其中很多错误现在已经修复。

[L94]“AT Attachment Interface for Disk Drives” Lawrence J. Lamers, X3T10 Technical Editor
Reference number: ANSI X3.221 - 1994
关于设备接口的相当枯燥的文档。你可以尝试读一下。

[MR96]“Eliminating Receive Livelock in an Interrupt-driven Kernel” Jeffrey Mogul and K. K. Ramakrishnan
USENIX '96, San Diego, CA, January 1996
Mogul 和同事在 Web 服务器网络性能方面做了大量的开创性工作。这篇论文只是其中之一。

[S08]“Interrupts”
Mark Smotherman, as of July '08

关于中断历史、DMA 以及早期相关计算思想的宝库。

[S03] "Improving the Reliability of Commodity Operating Systems" Michael M. Swift, Brian N. Bershad, and Henry M. Levy
SOSP '03
Swift 的工作重新燃起了对操作系统更像微内核方法的兴趣。至少，它终于给出了一些很好的理由，说明基于地址空间的保护在现代操作系统中可能有用。

[W10] "Hard Disk Driver" Washington State Course Homepage
很好地总结了一个简单的 IDE 磁盘驱动器接口，介绍了如何为它建立一个设备驱动程序。

第 37 章　磁盘驱动器

第 36 章介绍了 I/O 设备的一般概念，并展示了操作系统如何与这种东西进行交互。在本章中，我们将更详细地介绍一种设备：磁盘驱动器（hard disk drive）。数十年来，这些驱动器一直是计算机系统中持久数据存储的主要形式，文件系统技术（即将探讨）的大部分发展都是基于它们的行为。因此，在构建管理它的文件系统软件之前，有必要先了解磁盘操作的细节。Ruemmler 和 Wilkes [RW92]，以及 Anderson、Dykes 和 Riedel [ADR03]在他们的优秀论文中提供了许多这方面的细节。

> **关键问题：如何存储和访问磁盘上的数据**
> 现代磁盘驱动器如何存储数据？接口是什么？数据是如何安排和访问的？磁盘调度如何提高性能？

37.1　接口

我们先来了解一个现代磁盘驱动器的接口。所有现代驱动器的基本接口都很简单。驱动器由大量扇区（512 字节块）组成，每个扇区都可以读取或写入。在具有 n 个扇区的磁盘上，扇区从 0 到 $n-1$ 编号。因此，我们可以将磁盘视为一组扇区，0 到 $n-1$ 是驱动器的地址空间（address space）。

多扇区操作是可能的。实际上，许多文件系统一次读取或写入 4KB（或更多）。但是，在更新磁盘时，驱动器制造商唯一保证的是单个 512 字节的写入是原子的（atomic，即它将完整地完成或者根本不会完成）。因此，如果发生不合时宜的掉电，则只能完成较大写入的一部分 [有时称为不完整写入（torn write）]。

大多数磁盘驱动器的客户端都会做出一些假设，但这些假设并未直接在接口中指定。Schlosser 和 Ganger 称这是磁盘驱动器的"不成文的合同"[SG04]。具体来说，通常可以假设访问驱动器地址空间内两个彼此靠近的块将比访问两个相隔很远的块更快。人们通常也可以假设访问连续块（即顺序读取或写入）是最快的访问模式，并且通常比任何更随机的访问模式快得多。

37.2　基本几何形状

让我们开始了解现代磁盘的一些组件。我们从一个盘片（platter）开始，它是一个圆形坚硬的表面，通过引入磁性变化来永久存储数据。磁盘可能有一个或多个盘片。每个盘片有两面，每面都称为表面。这些盘片通常由一些硬质材料（如铝）制成，然后涂上薄薄的磁性层，即使驱动器断电，驱动器也能持久存储数据位。

所有盘片都围绕主轴（spindle）连接在一起，主轴连接到一个电机，以一个恒定（固定）的速度旋转盘片（当驱动器接通电源时）。旋转速率通常以每分钟转数（Rotations Per Minute，RPM）来测量，典型的现代数值在 7200～15000 RPM 范围内。请注意，我们经常会对单次旋转的时间感兴趣，例如，以 10000 RPM 旋转的驱动器意味着一次旋转需要大约 6ms。

数据在扇区的同心圆中的每个表面上被编码。我们称这样的同心圆为一个磁道（track）。一个表面包含数以千计的磁道，紧密地排在一起，数百个磁道只有头发的宽度。

要从表面进行读写操作，我们需要一种机制，使我们能够感应（即读取）磁盘上的磁性图案，或者让它们发生变化（即写入）。读写过程由磁头（disk head）完成；驱动器的每个表面有一个这样的磁头。磁头连接到单个磁盘臂（disk arm）上，磁盘臂在表面上移动，将磁头定位在期望的磁道上。

37.3 简单的磁盘驱动器

让我们每次构建一个磁道的模型，来了解磁盘是如何工作的。假设我们有一个单一磁道的简单磁盘（见图 37.1）。

该磁道只有 12 个扇区，每个扇区的大小为 512 字节（典型的扇区大小，回忆一下），因此用 0 到 11 的数字表示。这里的单个盘片围绕主轴旋转，电机连接到主轴。当然，磁道本身并不太有趣，我们希望能够读取或写入这些扇区，因此需要一个连接到磁盘臂上的磁头，如我们现在所见（见图 37.2）。

图 37.1　只有单一磁道的磁盘

图 37.2　单磁道加磁头

在图 37.2 中，连接到磁盘臂末端的磁头位于扇形部分 6 的上方，磁盘表面逆时针旋转。

单磁道延迟：旋转延迟

要理解如何在简单的单道磁盘上处理请求，请想象我们现在收到读取块 0 的请求。磁盘应如何处理该请求？

在我们的简单磁盘中，磁盘不必做太多工作。具体来说，它必须等待期望的扇区旋转到磁头下。这种等待在现代驱动器中经常发生，并且是 I/O 服务时间的重要组成部分，它有一个特殊的名称：旋转延迟（rotational delay，有时称为 rotation delay，尽管听起来很奇怪）。

在这个例子中，如果完整的旋转延迟是 R，那么磁盘必然产生大约为 $R/2$ 的旋转延迟，以等待 0 来到读/写磁头下面（如果我们从 6 开始）。对这个单一磁道，最坏情况的请求是第 5 扇区，这导致接近完整的旋转延迟，才能服务这种请求。

多磁道：寻道时间

到目前为止，我们的磁盘只有一条磁道，这是不太现实的。现代磁盘当然有数以百万计的磁道。因此，我们来看看更具现实感的磁盘表面，这个表面有 3 条磁道（见图 37.3 左图）。

在该图中，磁头当前位于最内圈的磁道上（它包含扇区 24～35）。下一个磁道包含下一组扇区（12～23），最外面的磁道包含最前面的扇区（0～11）。

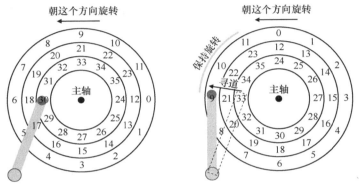

图 37.3　3 条磁道加上一个磁头（右：带寻道）

为了理解驱动器如何访问给定的扇区，我们现在追踪请求发生在远处扇区的情况，例如，读取扇区 11。为了服务这个读取请求，驱动器必须首先将磁盘臂移动到正确的磁道（在这种情况下，是最外面的磁道），通过一个所谓的寻道（seek）过程。寻道，以及旋转，是最昂贵的磁盘操作之一。

应该指出的是，寻道有许多阶段：首先是磁盘臂移动时的加速阶段。然后随着磁盘臂全速移动而惯性滑动。然后随着磁盘臂减速而减速。最后，在磁头小心地放置在正确的磁道上时停下来。停放时间（settling time）通常不小，例如 0.5～2ms，因为驱动器必须确定找到正确的磁道（想象一下，如果它只是移到附近！）。

寻道之后，磁盘臂将磁头定位在正确的磁道上。图 37.3（右图）描述了寻道。

如你所见，在寻道过程中，磁盘臂已经移动到所需的磁道上，并且盘片当然已经开始旋转，在这个例子中，大约旋转了 3 个扇区。因此，扇区 9 即将通过磁头下方，我们只能承受短暂的转动延迟，以便完成传输。

当扇区 11 经过磁盘磁头时，I/O 的最后阶段将发生，称为传输（transfer），数据从表面读取或写入表面。因此，我们得到了完整的 I/O 时间图：首先寻道，然后等待转动延迟，最后传输。

一些其他细节

尽管我们不会花费太多时间，但还有一些关于磁盘驱动器操作的令人感兴趣的细节。

许多驱动器采用某种形式的磁道偏斜（track skew），以确保即使在跨越磁道边界时，顺序读取也可以方便地服务。在我们的简单示例磁盘中，这可能看起来如图 37.4 所示。

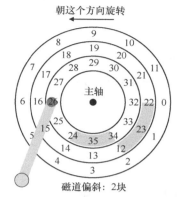

扇区往往会偏斜，因为从一个磁道切换到另一个磁道时，磁盘需要时间来重新定位磁头（即便移到相邻磁道）。如果没有这种偏斜，磁头将移动到下一个磁道，但所需的下一个块已经旋转到磁头下，因此驱动器将不得不等待整个旋转延迟，才能访问下一个块。

另一个事实是，外圈磁道通常比内圈磁道具有更多扇区，这是几何结构的结果。那里空间更多。这些磁道通常被称为多区域（multi-zoned）磁盘驱动器，其中磁盘被组织成多个区域，区域是表面上连续的一组磁道。每个区域每个磁道具有相同的扇区数量，并且外圈区域具有比内圈区域更多的扇区。

图 37.4　3 条磁道：磁道偏斜为 2

最后，任何现代磁盘驱动器都有一个重要组成部分，即它的缓存（cache），由于历史原因有时称为磁道缓冲区（track buffer）。该缓存只是少量的内存（通常大约 8MB 或 16MB），驱动器可以使用这些内存来保存从磁盘读取或写入磁盘的数据。例如，当从磁盘读取扇区时，驱动器可能决定读取该磁道上的所有扇区并将其缓存在其存储器中。这样做可以让驱动器快速响应所有后续对同一磁道的请求。

在写入时，驱动器面临一个选择：它应该在将数据放入其内存之后，还是写入实际写入磁盘之后，回报写入完成？前者被称为后写（write back）缓存（有时称为立即报告，immediate reporting），后者则称为直写（write through）。后写缓存有时会使驱动器看起来"更快"，但可能有危险。如果文件系统或应用程序要求将数据按特定顺序写入磁盘以保证正确性，后写缓存可能会导致问题（请阅读文件系统日志的章节以了解详细信息）。

补充：量纲分析

回忆一下在化学课上，你如何通过简单地选择单位，从而消掉这些单位，结果答案就跳出来了。这几乎能解决所有问题。这种化学魔法有一个高大上的名字，即量纲分析（dimensional analysis），事实证明，它在计算机系统分析中也很有用。

让我们举个例子，看看量纲分析是如何工作的，以及它为什么有用。在这个例子中，假设你必须计算磁盘旋转一周所需的时间（以 ms 为单位）。遗憾的是，你只能得到磁盘的 RPM，或每分钟的旋转次数（rotations per minute）。假设我们正在谈论一个 10K RPM 磁盘（每分钟旋转 10000 次）。如何通过量纲分析，得到以毫秒为单位的每转时间？

要做到这一点，我们先将所需单位置于左侧。在这个例子中，我们希望获得每次旋转所需的时间（以毫秒为单位），所以我们就写下：$\dfrac{时间(ms)}{1次旋转}$。然后写下我们所知道的一切，确保在可能的情况下消掉单位。首先，我们得到 $\dfrac{1min}{10000次旋转}$（将旋转保持在分母，因为左侧它也在分母），然后用 $\dfrac{60s}{1min}$ 将分钟转换成秒，然后用 $\dfrac{1000ms}{1s}$ 将秒转换成毫秒。最终结果如下（单位很好地消掉了）：

$$\frac{时间(ms)}{1次旋转} = \frac{1min}{10000转} \times \frac{60s}{1min} \times \frac{1000ms}{1s} = \frac{60000ms}{10000转} = \frac{6ms}{1转}$$

从这个例子中可以看出，量纲分析使得一个简单而可重复的过程变得很明显。除了上面的 RPM 计算之外，它也经常用于 I/O 分析。例如，经常会给你磁盘的传输速率，例如100MB/s，然后问：传输 512KB 数据块需要多长时间（以 ms 为单位）？利用量纲分析，这很容易：

$$\frac{时间(ms)}{1次请求} = \frac{512KB}{1次请求} \times \frac{1MB}{1024KB} \times \frac{1s}{100MB} = \frac{1000ms}{1秒} = \frac{5ms}{1次请求}$$

37.4　I/O 时间：用数学

既然我们有了一个抽象的磁盘模型，就可以通过一些分析来更好地理解磁盘性能。具体来说，现在可以将 I/O 时间表示为 3 个主要部分之和：

$$T_{I/O} = T_{寻道} + T_{旋转} + T_{传输} \tag{37.1}$$

请注意，通常比较驱动器用 I/O 速率（$R_{I/O}$）更容易（如下所示），它很容易从时间计算出来。只要将传输的大小除以所花的时间：

$$R_{I/O} = \frac{大小_{传输}}{T_{I/O}} \tag{37.2}$$

为了更好地感受 I/O 时间，我们执行以下计算。假设有两个我们感兴趣的工作负载。第一个工作负载称为随机（random）工作负载，它向磁盘上的随机位置发出小的（例如 4KB）读取请求。随机工作负载在许多重要的应用程序中很常见，包括数据库管理系统。第二种称为顺序（sequential）工作负载，只是从磁盘连续读取大量的扇区，不会跳过。顺序访问模式很常见，因此也很重要。

为了理解随机和顺序工作负载之间的性能差异，我们首先需要对磁盘驱动器做一些假设。我们来看看希捷的几个现代磁盘。第一个名为 Cheetah 15K.5 [S09b]，是高性能 SCSI 驱动器。第二个名为 Barracuda [S09a]，是一个为容量而生的驱动器。有关两者的详细信息如表 37.1 所示。

如你所见，这些驱动器具有完全不同的特性，并且从很多方面很好地总结了磁盘驱动器市场的两个重要部分。首先是"高性能"驱动器市场，驱动器的设计尽可能快，提供低寻道时间，并快速传输数据。其次是"容量"市场，每字节成本是最重要的方面。因此，驱动器速度较慢，但将尽可能多的数据放到可用空间中。

表 37.1	磁盘驱动器规格：SCSI 与 SATA	
	Cheetah 15K.5	Barracuda
容量	300GB	1TB
RPM	15000	7200
平均寻道时间	4ms	9ms
最大传输速度	125MB/s	105MB/s
磁盘	4	4
缓存	16MB	16/32MB
连接方式	SCSI	SATA

根据这些数据，我们可以开始计算驱动器在上述两个工作负载下的性能。我们先看看随机工作负载。假设每次读取 4KB 发生在磁盘的随机位置，我们可以计算每次读取需要多长时间。在 Cheetah 上：

$$T_{寻道} = 4\text{ms}, \quad T_{旋转} = 2\text{ms}, \quad T_{传输} = 30\text{μs} \tag{37.3}$$

> **提示：顺序地使用磁盘**
>
> 尽可能以顺序方式将数据传输到磁盘，并从磁盘传输数据。如果顺序不可行，至少应考虑以大块传输数据：越大越好。如果 I/O 是以小而随机方式完成的，则 I/O 性能将受到显著影响。而且，用户也会痛苦。而且，你也会痛苦，因为你知道正是你不小心的随机 I/O 让你痛苦。

平均寻道时间（4ms）就采用制造商报告的平均时间。请注意，完全寻道（从表面的一端到另一端）可能需要两到三倍的时间。平均旋转延迟直接根据 RPM 计算。15000 RPM 等于 250 RPS（每秒转速）。因此，每次旋转需要 4ms。平均而言，磁盘将会遇到半圈旋转，因此平均时间为 2ms。最后，传输时间就是传输大小除以峰值传输速率。在这里它小得几乎看不见（30μs，注意，需要 1000μs 才是 1ms！）。

因此，根据我们上面的公式，Cheetah 的 $T_{I/O}$ 大致等于 6ms。为了计算 I/O 的速率，我们只需将传输的大小除以平均时间，因此得到 Cheetah 在随机工作负载下的 $R_{I/O}$ 大约是 0.66MB/s。对 Barracuda 进行同样的计算，得到 $T_{I/O}$ 约为 13.2ms，慢两倍多，因此速率约为 0.31MB/s。

现在让我们看看顺序工作负载。在这里我们可以假定在一次很长的传输之前只有一次寻道和旋转。简单起见，假设传输的大小为 100MB。因此，Barracuda 和 Cheetah 的 $T_{I/O}$ 分别约为 800ms 和 950ms。因此 I/O 的速率几乎接近 125MB/s 和 105MB/s 的峰值传输速率，如表 37.2 所示。

表 37.2 展示了一些重要的事情。第一点，也是最重要的一点，随机和顺序工作负载之间的驱动性能差距很大，对于 Cheetah 来说几乎是 200 左右，而对于 Barracuda 来说差不多是 300 倍。因此我们得出了计算历史上最明显的设计提示。

第二点更微妙：高端"性能"驱动器与低端"容量"驱动器之间的性能差异很大。出于这个原因（和其他原因），人们往往愿意为前者支付最高的价格，同时尽可能便宜地获得后者。

表 37.2 磁盘驱动器性能：SCSI 与 SATA

	Cheetah	Barracuda
$R_{I/O}$ 随机	0.66MB/s	0.31MB/s
$R_{I/O}$ 顺序	125MB/s	105MB/s

补充：计算"平均"寻道时间

在许多书籍和论文中，引用的平均磁盘寻道时间大约为完整寻道时间的三分之一。这是怎么来的？

原来，它是基于平均寻道距离而不是时间的简单计算而产生的。将磁盘想象成一组从 0 到 N 的磁道。因此任何两个磁道 x 和 y 之间的寻道距离计算为它们之间差值的绝对值：$|x-y|$。

要计算平均搜索距离，只需首先将所有可能的搜索距离相加即可：

$$\sum_{x=0}^{N}\sum_{y=0}^{N}|x-y| \tag{37.4}$$

然后，将其除以不同可能的搜索次数：N^2。为了计算总和，我们将使用积分形式：

$$\int_{0}^{N}\int_{0}^{N}|x-y|\,\mathrm{d}x\mathrm{d}y \tag{37.5}$$

为了计算内层积分，我们分离绝对值：

$$\int_{y=0}^{x}(x-y)\mathrm{d}y+\int_{y=x}^{n}(y-x)\mathrm{d}y \tag{37.6}$$

求解它得到 $\left(xy-\frac{1}{2}y^2\right)\Big|_0^x+\left(\frac{1}{2}y^2-xy\right)\Big|_x^N$，这可以简化为 $\left(x^2-Nx+\frac{1}{2}N^2\right)$。现在我们必须计算外层积分：

$$\int_{x=0}^{N}\left(x^2-Nx+\frac{1}{2}N^2\right)\mathrm{d}x \tag{37.7}$$

这得到：

$$\left(\frac{1}{3}x^3-\frac{N}{2}x^2+\frac{N^2}{2}x\right)\Big|_0^N=\frac{N^3}{3}$$

记住，我们仍然必须除以寻道总数（N^2）来计算平均寻道距离：$(N^3/3)/(N^2)=N/3$。因此，在所有可能的寻道中，磁盘上的平均寻道距离是全部距离的 1/3。现在，如果听到平均寻道时间是完整寻道时间的 1/3，你就会知道是怎么来的。

37.5 磁盘调度

由于 I/O 的高成本，操作系统在决定发送给磁盘的 I/O 顺序方面历来发挥作用。更具体地说，给定一组 I/O 请求，磁盘调度程序检查请求并决定下一个要调度的请求[SCO90，JW91]。

与任务调度不同，每个任务的长度通常是不知道的，对于磁盘调度，我们可以很好地猜测"任务"（即磁盘请求）需要多长时间。通过估计请求的查找和可能的旋转延迟，磁盘调度程序可以知道每个请求将花费多长时间，因此（贪婪地）选择先服务花费最少时间的请求。因此，磁盘调度程序将尝试在其操作中遵循 SJF（最短任务优先）的原则（principle of SJF，shortest job first）。

SSTF：最短寻道时间优先

一种早期的磁盘调度方法被称为最短寻道时间优先（Shortest-Seek-Time-First，SSTF）（也称为最短寻道优先，Shortest-Seek-First，SSF）。SSTF 按磁道对 I/O 请求队列排序，选择在最近磁道上的请求先完成。例如，假设磁头当前位置在内圈磁道上，并且我们请求扇区 21（中间磁道）和 2（外圈磁道），那么我们会首先发出对 21 的请求，等待它完成，然后发出对 2 的请求（见图 37.5）。

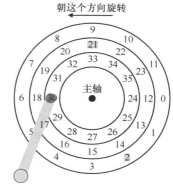

图 37.5　SSTF：调度请求 21 和 2

在这个例子中，SSTF 运作良好，首先寻找中间磁道，然后寻找外圈磁道。但 SSTF 不是万能的，原因如下。第一个问题，主机操作系统无法利用驱动器的几何结构，而是只会看到一系列的块。幸运的是，这个问题很容易解决。操作系统可以简单地实现最近块优先（Nearest-Block-First，NBF），而不是 SSTF，然后用最近的块地址来调度请求。

第二个问题更为根本：饥饿（starvation）。想象一下，在我们上面的例子中，是否有对磁头当前所在位置的内圈磁道有稳定的请求。然后，纯粹的 SSTF 方法将完全忽略对其他磁道的请求。因此关键问题如下。

> **关键问题：如何处理磁盘饥饿**
>
> 我们如何实现类 SSTF 调度，但避免饥饿？

电梯（又称 SCAN 或 C-SCAN）

这个问题的答案是很久以前得到的（参见[CKR72]中的例子），并且相对比较简单。该算法最初称为 SCAN，简单地以跨越磁道的顺序来服务磁盘请求。我们将一次跨越磁盘称为扫一遍。因此，如果请求的块所属的磁道在这次扫一遍中已经服务过了，它就不会立即处理，而是排队等待下次扫一遍。

SCAN 有许多变种，所有这些变种都是一样的。例如，Coffman 等人引入了 F-SCAN，它在扫一遍时冻结队列以进行维护[CKR72]。这个操作会将扫一遍期间进入的请求放入队列中，以便稍后处理。这样做可以避免远距离请求饥饿，延迟了迟到（但更近）请求的服务。

C-SCAN 是另一种常见的变体，即循环 SCAN（Circular SCAN）的缩写。不是在一个方向扫过磁盘，该算法从外圈扫到内圈，然后从内圈扫到外圈，如此下去。

由于现在应该很明显的原因，这种算法（及其变种）有时被称为电梯（elevator）算法，因为它的行为像电梯，电梯要么向上要么向下，而不只根据哪层楼更近来服务请求。试想一下，如果你从 10 楼下降到 1 楼，有人在 3 楼上来并按下 4 楼，那么电梯就会上升到 4 楼，因为它比 1 楼更近！如你所见，电梯算法在现实生活中使用时，可以防止电梯中发生战斗。在磁盘中，它就防止了饥饿。

然而，SCAN 及其变种并不是最好的调度技术。特别是，SCAN（甚至 SSTF）实际上并没有严格遵守 SJF 的原则。具体来说，它们忽视了旋转。因此，另一个关键问题如下。

> **关键问题：如何计算磁盘旋转开销**
> 如何同时考虑寻道和旋转，实现更接近 SJF 的算法？

SPTF：最短定位时间优先

在讨论最短定位时间优先调度之前（Shortest Positioning Time First，SPTF，有时也称为最短接入时间优先，Shortest Access Time First，SATF。这是解决我们问题的方法），让我们确保更详细地了解问题。图 37.6 给出了一个例子。

在这个例子中，磁头当前定位在内圈磁道上的扇区 30 上方。因此，调度程序必须决定：下一个请求应该为安排扇区 16（在中间磁道上）还是扇区 8（在外圈磁道上）。接下来应该服务哪个请求？

答案当然是"视情况而定"。在工程中，事实证明"视情况而定"几乎总是答案，这反映了取舍是工程师生活的一部分。这样的格言也很好，例如，当你不知道老板问题的答案时，也许可以试试这句好话。然而，知道为什么视情况而定总是更好，我们在这里讨论要讨论这一点。

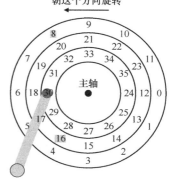

图 37.6　SSTF：有时候不够好

这里的情况是旋转与寻道相比的相对时间。如果在我们的例子中，寻道时间远远高于旋转延迟，那么 SSTF（和变体）就好了。但是，想象一下，如果寻道比旋转快得多。然后，在我们的例子中，寻道远一点的、在外圈磁道的服务请求 8，比寻道近一点的、在中间磁道的服务请求 16 更好，后者必须旋转很长的距离才能移到磁头下。

在现代驱动器中，正如上面所看到的，查找和旋转大致相当（当然，视具体的请求而定），因此 SPTF 是有用的，它提高了性能。然而，它在操作系统中实现起来更加困难，操作系统通常不太清楚磁道边界在哪，也不知道磁头当前的位置（旋转到了哪里）。因此，SPTF 通常在驱动器内部执行，如下所述。

> **提示：总是视情况而定（LIVNY 定律）**
> 正如我们的同事 Miron Livny 总是说的那样，几乎任何问题都可以用"视情况而定"来回答。但是，要谨慎使用，因为如果你以这种方式回答太多问题，人们就不会再问你问题。例如，有人问："想去吃午饭吗？"你回答："视情况而定。你是一个人来吗？"

其他调度问题

在这个基本磁盘操作，调度和相关主题的简要描述中，还有很多问题我们没有讨论。其中一个问题是：在现代系统上执行磁盘调度的地方在哪里？在较早的系统中，操作系统完成了所有的调度。在查看一系列挂起的请求之后，操作系统会选择最好的一个，并将其发送到磁盘。当该请求完成时，将选择下一个，如此下去。磁盘当年比较简单，生活也是。

在现代系统中，磁盘可以接受多个分离的请求，它们本身具有复杂的内部调度程序（它们可以准确地实现 SPTF。在磁盘控制器内部，所有相关细节都可以得到，包括精确的磁头位置）。因此，操作系统调度程序通常会选择它认为最好的几个请求（如 16），并将它们全部发送到磁盘。磁盘然后利用其磁头位置和详细的磁道布局信息等内部知识，以最佳可能（SPTF）顺序服务于这些请求。

磁盘调度程序执行的另一个重要相关任务是 I/O 合并（I/O merging）。例如，设想一系列请求读取块 33，然后是 8，然后是 34，如图 37.6 所示。在这种情况下，调度程序应该将块 33 和 34 的请求合并（merge）为单个两块请求。调度程序执行的所有请求都基于合并后的请求。合并在操作系统级别尤其重要，因为它减少了发送到磁盘的请求数量，从而降低了开销。

现代调度程序关注的最后一个问题是：在向磁盘发出 I/O 之前，系统应该等待多久？有人可能天真地认为，即使有一个磁盘 I/O，也应立即向驱动器发出请求。这种方法被称为工作保全（work-conserving），因为如果有请求要服务，磁盘将永远不会闲下来。然而，对预期磁盘调度的研究表明，有时最好等待一段时间 [ID01]，即所谓的非工作保全（non-work-conserving）方法。通过等待，新的和"更好"的请求可能会到达磁盘，从而整体效率提高。当然，决定何时等待以及多久可能会非常棘手。请参阅研究论文以了解详细信息，或查看 Linux 内核实现，以了解这些想法如何转化为实践（如果你对自己要求很高）。

37.6　小结

我们已经展示了磁盘如何工作的概述。概述实际上是一个详细的功能模型。它没有描述实际驱动器设计涉及的惊人的物理、电子和材料科学。对于那些对更多这类细节感兴趣的人，我们建议换一个主修专业（或辅修专业）。对于那些对这个模型感到满意的人，很好！我们现在可以继续使用该模型，在这些令人难以置信的设备之上构建更多有趣的系统。

参考资料

[ADR03] "More Than an Interface: SCSI vs. ATA" Dave Anderson, Jim Dykes, Erik Riedel
FAST '03, 2003
关于现代磁盘驱动器真正如何工作的最新的参考文献之一。有兴趣了解更多信息的人必读。

[CKR72] "Analysis of Scanning Policies for Reducing Disk Seek Times"

E.G. Coffman, L.A. Klimko, B. Ryan

SIAM Journal of Computing, September 1972, Vol 1. No 3.

磁盘调度领域的一些早期工作。

[ID01]"Anticipatory Scheduling: A Disk-scheduling Framework To Overcome Deceptive Idleness In Synchronous I/O"

Sitaram Iyer, Peter Druschel SOSP '01, October 2001

一篇很酷的论文，展示了等待如何可以改善磁盘调度——更好的请求可能正在路上！

[JW91] "Disk Scheduling Algorithms Based On Rotational Position"

D. Jacobson, J. Wilkes

Technical Report HPL-CSP-91-7rev1, Hewlett-Packard (February 1991)

更现代的磁盘调度技术。它仍然是一份技术报告（而不是发表的论文），因为该文被 Seltzer 等人的 [SCO90] 抢先收录。

[RW92] "An Introduction to Disk Drive Modeling"

C. Ruemmler, J. Wilkes

IEEE Computer, 27:3, pp. 17-28, March 1994

磁盘操作的基础知识的很好介绍。有些部分已经过时，但大部分基础知识仍然有用。

[SCO90] "Disk Scheduling Revisited" Margo Seltzer, Peter Chen, John Ousterhout USENIX 1990

一篇论述磁盘调度世界中旋转问题的文章。

[SG04] "MEMS-based storage devices and standard disk interfaces: A square peg in a round hole?"

Steven W. Schlosser, Gregory R. Ganger FAST '04, pp. 87-100, 2004

尽管本文的 MEMS 方面尚未产生影响，但文件系统和磁盘之间的契约讨论是美妙而持久的贡献。

[S09a] "Barracuda ES.2 data sheet"

数据表，阅读风险自负。

[S09b] "Cheetah 15K.5"

作业

本作业使用 disk.py 来帮助读者熟悉现代磁盘的工作原理。它有很多不同的选项，与大多数其他模拟不同，它有图形动画，可以准确显示磁盘运行时发生的情况。详情请参阅 README 文件。

问题

1. 计算以下几组请求的寻道、旋转和传输时间：-a 0，-a 6，-a 30，-a 7，30，8，最后

-a 10，11，12，13。

2．执行上述相同请求，但将寻道速率更改为不同值：-S 2，-S 4，-S 8，-S 10，-S 40，-S 0.1。时代如何变化？

3．同样的请求，但改变旋转速率：-R 0.1，-R 0.5，-R 0.01。时间如何变化？

4．你可能已经注意到，对于一些请求流，一些策略比 FIFO 更好。例如，对于请求流 -a 7，30，8，处理请求的顺序是什么？现在在相同的工作负载上运行最短寻道时间优先（SSTF）调度程序（-p SSTF）。每个请求服务需要多长时间（寻道、旋转、传输）？

5．现在做同样的事情，但使用最短的访问时间优先（SATF）调度程序（-p SATF）。它是否对-a 7，30.8 指定的一组请求有所不同？找到 SATF 明显优于 SSTF 的一组请求。出现显著差异的条件是什么？

6．你可能已经注意到，该磁盘没有特别好地处理请求流-a 10，11，12，13。这是为什么？你可以引入一个磁道偏斜来解决这个问题（-o skew，其中 skew 是一个非负整数）？考虑到默认寻道速率，偏斜应该是多少，才能尽量减少这一组请求的总时间？对于不同的寻道速率（例如，-S 2，-S 4）呢？一般来说，考虑到寻道速率和扇区布局信息，你能否写出一个公式来计算偏斜？

7．多区域磁盘将更多扇区放到外圈磁道中。以这种方式配置此磁盘，请使用-z 标志运行。具体来说，尝试运行一些请求，针对使用-z 10，20，30 的磁盘（这些数字指定了扇区在每个磁道中占用的角度空间。在这个例子中，外圈磁道每隔 10 度放入一个扇区，中间磁道每 20 度，内圈磁道每 30 度一个扇区）。运行一些随机请求（例如，-a -1 -A 5，-1，0，它通过-a -1 标志指定使用随机请求，并且生成从 0 到最大值的五个请求），看看你是否可以计算寻道、旋转和传输时间。使用不同的随机种子（-s 1，-s 2 等）。外圈，中间和内圈磁道的带宽（每单位时间的扇区数）是多少？

8．调度窗口确定一次磁盘可以接受多少个扇区请求，以确定下一个要服务的扇区。生成大量请求的某种随机工作负载（例如，-A 1000，-1，0，可能用不同的种子），并查看调度窗口从 1 变为请求数量时，SATF 调度器需要多长时间（即-w 1 至-w 1000，以及其间的一些值）。需要多大的调度窗口才能达到最佳性能？制作一张图并看看。提示：使用-c 标志，不要使用-G 打开图形，以便更快运行。当调度窗口设置为 1 时，你使用的是哪种策略？

9．在调度程序中避免饥饿非常重要。对于 SATF 这样的策略，你能否想到一系列的请求，导致特定扇区的访问被推迟了很长时间？给定序列，如果使用有界的 SATF（bounded SATF，BSATF）调度方法，它将如何执行？在这种方法中，你可以指定调度窗口（例如-w 4）以及 BSATF 策略（-p BSATF）。这样，调度程序只在当前窗口中的所有请求都被服务后，才移动到下一个请求窗口。这是否解决了饥饿问题？与 SATF 相比，它的表现如何？一般来说，磁盘如何在性能与避免饥饿之间进行权衡？

10．到目前为止，我们看到的所有调度策略都很贪婪（greedy），因为它们只是选择下一个最佳选项，而不是在一组请求中寻找最优调度。你能找到一组请求，导致这种贪婪方法不是最优吗？

第 38 章　廉价冗余磁盘阵列（RAID）

我们使用磁盘时，有时希望它更快。I/O 操作很慢，因此可能成为整个系统的瓶颈。我们使用磁盘时，有时希望它更大。越来越多的数据正在上线，因此磁盘变得越来越满。我们使用磁盘时，有时希望它更可靠。如果磁盘出现故障，而数据没有备份，那么所有有价值的数据都没了。

> **关键问题：如何得到大型、快速、可靠的磁盘**
> 我们如何构建一个大型、快速和可靠的存储系统？关键技术是什么？不同方法之间的折中是什么？

本章将介绍廉价冗余磁盘阵列（Redundant Array of Inexpensive Disks），更多时候称为 RAID [P+88]，这种技术使用多个磁盘一起构建更快、更大、更可靠的磁盘系统。这个词在 20 世纪 80 年代后期由 U.C.伯克利的一组研究人员引入（由 David Patterson 教授和 Randy Katz 教授以及后来的学生 Garth Gibson 领导）。大约在这个时候，许多不同的研究人员同时提出了使用多个磁盘来构建更好的存储系统的基本思想[BJ88，K86，K88，PB86，SG86]。

从外部看，RAID 看起来像一个磁盘：一组可以读取或写入的块。在内部，RAID 是一个复杂的庞然大物，由多个磁盘、内存（包括易失性和非易失性）以及一个或多个处理器来管理系统。硬件 RAID 非常像一个计算机系统，专门用于管理一组磁盘。

与单个磁盘相比，RAID 具有许多优点。一个好处就是性能。并行使用多个磁盘可以大大加快 I/O 时间。另一个好处是容量。大型数据集需要大型磁盘。最后，RAID 可以提高可靠性。在多个磁盘上传输数据（无 RAID 技术）会使数据容易受到单个磁盘丢失的影响。通过某种形式的冗余（redundancy），RAID 可以容许损失一个磁盘并保持运行，就像没有错误一样。

> **提示：透明支持部署**
> 在考虑如何向系统添加新功能时，应该始终考虑是否可以透明地（transparently）添加这样的功能，而不需要对系统其余部分进行更改。要求彻底重写现有软件（或激进的硬件更改）会减少创意产生影响的机会。RAID 就是一个很好的例子，它的透明肯定有助于它的成功。管理员可以安装基于 SCSI 的 RAID 存储阵列而不是 SCSI 磁盘，系统的其他部分（主机，操作系统等）不必更改一位就可以开始使用它。通过解决这个部署（deployment）问题，RAID 从第一天开始就取得了更大的成功。

令人惊讶的是，RAID 为使用它们的系统透明地（transparently）提供了这些优势，即 RAID 对于主机系统看起来就像一个大磁盘。当然，透明的好处在于它可以简单地用 RAID 替换磁盘，而不需要更换一行软件。操作系统和客户端应用程序无须修改，就可以继续运行。通过这种方式，透明极大地提高了 RAID 的可部署性（deployability），使用户和管理员可以使用 RAID，而不必担心软件兼容性问题。

我们现在来讨论一些 RAID 的重要方面。从接口、故障模型开始，然后讨论如何在 3 个重要的方面评估 RAID 设计：容量、可靠性和性能。然后我们讨论一些对 RAID 设计和实现很重要的其他问题。

38.1 接口和 RAID 内部

对于上面的文件系统，RAID 看起来像是一个很大的、（我们希望是）快速的、并且（希望是）可靠的磁盘。就像使用单个磁盘一样，它将自己展现为线性的块数组，每个块都可以由文件系统（或其他客户端）读取或写入。

当文件系统向 RAID 发出逻辑 I/O 请求时，RAID 内部必须计算要访问的磁盘（或多个磁盘）以完成请求，然后发出一个或多个物理 I/O 来执行此操作。这些物理 I/O 的确切性质取决于 RAID 级别，我们将在下面详细讨论。但是，举一个简单的例子，考虑一个 RAID，它保留每个块的两个副本（每个都在一个单独的磁盘上）。当写入这种镜像（mirrored）RAID 系统时，RAID 必须为它发出的每一个逻辑 I/O 执行两个物理 I/O。

RAID 系统通常构建为单独的硬件盒，并通过标准连接（例如，SCSI 或 SATA）接入主机。然而，在内部，RAID 相当复杂。它包括一个微控制器，运行固件以指导 RAID 的操作。它还包括 DRAM 这样的易失性存储器，在读取和写入时缓冲数据块。在某些情况下，还包括非易失性存储器，安全地缓冲写入。它甚至可能包含专用的逻辑电路，来执行奇偶校验计算（在某些 RAID 级别中非常有用，下面会提到）。在很高的层面上，RAID 是一个非常专业的计算机系统：它有一个处理器，内存和磁盘。然而，它不是运行应用程序，而是运行专门用于操作 RAID 的软件。

38.2 故障模型

要理解 RAID 并比较不同的方法，我们必须考虑故障模型。RAID 旨在检测并从某些类型的磁盘故障中恢复。因此，准确地知道哪些故障对于实现工作设计至关重要。

我们假设的第一个故障模型非常简单，并且被称为故障—停止（fail-stop）故障模型 [S84]。在这种模式下，磁盘可以处于两种状态之一：工作状态或故障状态。使用工作状态的磁盘时，所有块都可以读取或写入。相反，当磁盘出现故障时，我们认为它永久丢失。

故障—停止模型的一个关键方面是它关于故障检测的假定。具体来说，当磁盘发生故障时，我们认为这很容易检测到。例如，在 RAID 阵列中，我们假设 RAID 控制器硬件（或软件）可以立即观察磁盘何时发生故障。

因此，我们暂时不必担心更复杂的"无声"故障，如磁盘损坏。我们也不必担心在其他工作磁盘上无法访问单个块（有时称为潜在扇区错误）。稍后我们会考虑这些更复杂的（遗憾的是，更现实的）磁盘错误。

38.3　如何评估 RAID

我们很快会看到，构建 RAID 有多种不同的方法。每种方法都有不同的特点，这值得评估，以便了解它们的优缺点。

具体来说，我们将从 3 个方面评估每种 RAID 设计。第一个方面是容量（capacity）。在给定一组 N 个磁盘的情况下，RAID 的客户端可用的容量有多少？没有冗余，答案显然是 N。不同的是，如果有一个系统保存每个块的两个副本，我们将获得 N/2 的有用容量。不同的方案（例如，基于校验的方案）通常介于两者之间。

第二个方面是可靠性（reliability）。给定设计允许有多少磁盘故障？根据我们的故障模型，我们只假设整个磁盘可能会故障。在后面的章节（例如，关于数据完整性的第 44 章）中，我们将考虑如何处理更复杂的故障模式。

最后，第三个方面是性能（performance）。性能有点难以评估，因为它在很大程度上取决于磁盘阵列提供的工作负载。因此，在评估性能之前，我们将首先提出一组应该考虑的典型工作负载。

我们现在考虑 3 个重要的 RAID 设计：RAID 0 级（条带化），RAID 1 级（镜像）和 RAID 4/5 级（基于奇偶校验的冗余）。这些设计中的每一个都被命名为一“级”，源于伯克利的 Patterson、Gibson 和 Katz 的开创性工作[P+88]。

38.4　RAID 0 级：条带化

第一个 RAID 级别实际上不是 RAID 级别，因为没有冗余。但是，RAID 0 级（即条带化，striping）因其更为人所知，可作为性能和容量的优秀上限，所以值得了解。

最简单的条带形式将按表 38.1 所示的方式在系统的磁盘上将块条带化（stripe），假设此处为 4 个磁盘阵列。

表 38.1　　　　　　　　　　　　　　RAID-0：简单条带化

磁盘 0	磁盘 1	磁盘 2	磁盘 3
0	1	2	3
4	5	6	7
8	9	10	11
12	13	14	15

通过表 38.1，你了解了基本思想：以轮转方式将磁盘阵列的块分布在磁盘上。这种方法的目的是在对数组的连续块进行请求时，从阵列中获取最大的并行性（例如，在一个大的顺序读取中）。我们将同一行中的块称为条带，因此，上面的块 0、1、2 和 3 在相同的条带中。

在这个例子中，我们做了一个简化的假设，在每个磁盘上只有 1 个块（每个大小为 4KB）放在下一个磁盘上。但是，这种安排不是必然的。例如，我们可以像表 38.2 那样在磁盘上安排块。

表 38.2 使用较大的大块大小进行条带化

磁盘 0	磁盘 1	磁盘 2	磁盘 3	
0	2	4	6	大块大小
1	3	5	7	2
8	10	12	14	
9	11	13	15	

在这个例子中，我们在每个磁盘上放置两个 4KB 块，然后移动到下一个磁盘。因此，此 RAID 阵列的大块大小（chunk size）为 8KB，因此条带由 4 个大块（或 32KB）数据组成。

补充：RAID 映射问题

在研究 RAID 的容量、可靠性和性能特征之前，我们首先提出一个问题，我们称之为映射问题（the mapping problem）。这个问题出现在所有 RAID 阵列中。简单地说，给定一个逻辑块来读或写，RAID 如何确切地知道要访问哪个物理磁盘和偏移量？

对于这些简单的 RAID 级别，我们不需要太多复杂计算，就能正确地将逻辑块映射到其物理位置。以上面的第一个条带为例（大块大小 = 1 块 = 4KB）。在这种情况下，给定逻辑块地址 A，RAID 可以使用两个简单的公式轻松计算要访问的磁盘和偏移量：

磁盘 = A % 磁盘数
偏移量 = A / 磁盘数

请注意，这些都是整数运算（例如，4/3 = 1 而不是 1.33333…）。我们来看看这些公式如何用于一个简单的例子。假设在上面的第一个 RAID 中，对块 14 的请求到达。鉴于有 4 个磁盘，这意味着我们感兴趣的磁盘是（14 % 4 = 2）：磁盘 2。确切的块计算为（14 / 4 = 3）：块 3。因此，应在第三个磁盘（磁盘 2，从 0 开始）的第四个块（块 3，从 0 开始）处找到块 14，该块恰好位于该位置。

你可以考虑如何修改这些公式来支持不同的块大小。尝试一下！这不太难。

大块大小

一方面，大块大小主要影响阵列的性能。例如，大小较小的大块意味着许多文件将跨多个磁盘进行条带化，从而增加了对单个文件的读取和写入的并行性。但是，跨多个磁盘访问块的定位时间会增加，因为整个请求的定位时间由所有驱动器上请求的最大定位时间决定。

另一方面，较大的大块大小减少了这种文件内的并行性，因此依靠多个并发请求来实现高吞吐量。但是，较大的大块大小减少了定位时间。例如，如果一个文件放在一个块中并放置在单个磁盘上，则访问它时发生的定位时间将只是单个磁盘的定位时间。

因此，确定"最佳"的大块大小是很难做到的，因为它需要大量关于提供给磁盘系统的工作负载的知识[CL95]。对于本讨论的其余部分，我们将假定该数组使用单个块（4KB）的大块大小。大多数阵列使用较大的大块大小（例如，64KB），但对于我们在下面讨论的问题，确切的块大小无关紧要。因此，简单起见，我们用一个单独的块。

回到 RAID-0 分析

现在让我们评估条带化的容量、可靠性和性能。从容量的角度来看，它是顶级的：给定 N 个磁盘，条件化提供 N 个磁盘的有用容量。从可靠性的角度来看，条带化也是顶级的，但是最糟糕：任何磁盘故障都会导致数据丢失。最后，性能非常好：通常并行使用所有磁盘来为用户 I/O 请求提供服务。

评估 RAID 性能

在分析 RAID 性能时，可以考虑两种不同的性能指标。首先是单请求延迟。了解单个 I/O 请求对 RAID 的满意度非常有用，因为它可以揭示单个逻辑 I/O 操作期间可以存在多少并行性。第二个是 RAID 的稳态吞吐量，即许多并发请求的总带宽。由于 RAID 常用于高性能环境，因此稳态带宽至关重要，因此将成为我们分析的主要重点。

为了更详细地理解吞吐量，我们需要提出一些感兴趣的工作负载。对于本次讨论，我们将假设有两种类型的工作负载：顺序（sequential）和随机（random）。对于顺序的工作负载，我们假设对阵列的请求大部分是连续的。例如，一个请求（或一系列请求）访问 1MB 数据，始于块（B），终于（B+1MB），这被认为是连续的。顺序工作负载在很多环境中都很常见（想想在一个大文件中搜索关键字），因此被认为是重要的。

对于随机工作负载，我们假设每个请求都很小，并且每个请求都是到磁盘上不同的随机位置。例如，随机请求流可能首先在逻辑地址 10 处访问 4KB，然后在逻辑地址 550000 处访问，然后在 20100 处访问，等等。一些重要的工作负载（例如数据库管理系统（DBMS）上的事务工作负载）表现出这种类型的访问模式，因此它被认为是一种重要的工作负载。

当然，真正的工作负载不是那么简单，并且往往混合了顺序和类似随机的部分，行为介于两者之间。简单起见，我们只考虑这两种可能性。

你知道，顺序和随机工作负载会导致磁盘的性能特征差异很大。对于顺序访问，磁盘以最高效的模式运行，花费很少时间寻道并等待旋转，大部分时间都在传输数据。对于随机访问，情况恰恰相反：大部分时间花在寻道和等待旋转上，花在传输数据上的时间相对较少。为了在分析中捕捉到这种差异，我们将假设磁盘可以在连续工作负载下以 S MB/s 传输数据，并且在随机工作负载下以 R MB/s 传输数据。一般来说，S 比 R 大得多。

为了确保理解这种差异，我们来做一个简单的练习。具体来说，给定以下磁盘特征，计算 S 和 R。假设平均大小为 10MB 的连续传输，平均为 10KB 的随机传输。另外，假设以下磁盘特征：

平均寻道时间 7ms

平均旋转延迟 3ms

磁盘传输速率 50MB/s

要计算 S，我们需要首先计算在典型的 10MB 传输中花费的时间。首先，我们花 7ms 寻找，然后 3ms 旋转。最后，传输开始。10MB @ 50MB/s 导致 1/5s，即 200ms 的传输时间。因此，对于每个 10MB 的请求，花费了 210ms 完成请求。要计算 S，只需要除一下：

$$S = \frac{\text{数据量}}{\text{访问时间}} = \frac{10\text{MB}}{210\text{ms}} = 47.62\text{MB/s}$$

如你所见，由于大量时间用于传输数据，S 非常接近磁盘的峰值带宽（寻道和旋转成本已经摊销）。

我们可以类似地计算 R。寻道和旋转是一样的。然后我们计算传输所花费的时间，即 10KB @ 50MB/s，即 0.195ms。

$$R = \frac{\text{数据量}}{\text{访问时间}} = \frac{10\text{KB}}{10.195\text{ms}} = 0.981\text{MB/s}$$

如你所见，R 小于 1MB/s，S/R 几乎为 50 倍。

再次回到 RAID-0 分析

现在我们来评估条带化的性能。正如我们上面所说的，它通常很好。例如，从延迟角度来看，单块请求的延迟应该与单个磁盘的延迟几乎相同。毕竟，RAID-0 将简单地将该请求重定向到其磁盘之一。

从稳态吞吐量的角度来看，我们期望获得系统的全部带宽。因此，吞吐量等于 N（磁盘数量）乘以 S（单个磁盘的顺序带宽）。对于大量的随机 I/O，我们可以再次使用所有的磁盘，从而获得 $N \cdot R$ MB/s。我们在后面会看到，这些值都是最简单的计算值，并且将作为与其他 RAID 级别比较的上限。

38.5 RAID 1 级：镜像

第一个超越条带化的 RAID 级别称为 RAID 1 级，即镜像。对于镜像系统，我们只需生成系统中每个块的多个副本。当然，每个副本应该放在一个单独的磁盘上。通过这样做，我们可以容许磁盘故障。

在一个典型的镜像系统中，我们将假设对于每个逻辑块，RAID 保留两个物理副本。表 38.3 所示的是一个例子。

表 38.3　　　　　　　　　　　　简单 RAID-1：镜像

磁盘 0	磁盘 1	磁盘 2	磁盘 3
0	0	1	1
2	2	3	3
4	4	5	5
6	6	7	7

在这个例子中，磁盘 0 和磁盘 1 具有相同的内容，而磁盘 2 和磁盘 3 也具有相同的内容。数据在这些镜像对之间条带化。实际上，你可能已经注意到有多种不同的方法可以在磁盘上放置块副本。上面的安排是常见的安排，有时称为 RAID-10（或 RAID 1+0），因为它使用镜像对（RAID-1），然后在其上使用条带化（RAID-0）。另一种常见安排是 RAID-01

（或 RAID 0+1），它包含两个大型条带化（RAID-0）阵列，然后是镜像（RAID-1）。目前，我们的讨论只是假设上面布局的镜像。

从镜像阵列读取块时，RAID 有一个选择：它可以读取任一副本。例如，如果对 RAID 发出对逻辑块 5 的读取，则可以自由地从磁盘 2 或磁盘 3 读取它。但是，在写入块时，不存在这样的选择：RAID 必须更新两个副本的数据，以保持可靠性。但请注意，这些写入可以并行进行。例如，对逻辑块 5 的写入可以同时在磁盘 2 和 3 上进行。

RAID-1 分析

让我们评估一下 RAID-1。从容量的角度来看，RAID-1 价格昂贵。在镜像级别=2 的情况下，我们只能获得峰值有用容量的一半。因此，对于 N 个磁盘，镜像的有用容量为 $N/2$。

从可靠性的角度来看，RAID-1 表现良好。它可以容许任何一个磁盘的故障。你也许会注意到 RAID-1 实际上可以做得比这更好，只需要一点运气。想象一下，在表 38.3 中，磁盘 0 和磁盘 2 都故障了。在这种情况下，没有数据丢失！更一般地说，镜像系统（镜像级别为 2）肯定可以容许一个磁盘故障，最多可容许 $N/2$ 个磁盘故障，这取决于哪些磁盘故障。在实践中，我们通常不喜欢把这样的事情交给运气。因此，大多数人认为镜像对于处理单个故障是很好的。

最后，我们分析性能。从单个读取请求的延迟角度来看，我们可以看到它与单个磁盘上的延迟相同。所有 RAID-1 都会将读取导向一个副本。写入有点不同：在完成写入之前，需要完成两次物理写入。这两个写入并行发生，因此时间大致等于单次写入的时间。然而，因为逻辑写入必须等待两个物理写入完成，所以它遭遇到两个请求中最差的寻道和旋转延迟，因此（平均而言）比写入单个磁盘略高。

补充：RAID 一致更新问题

在分析 RAID-1 之前，让我们先讨论所有多磁盘 RAID 系统都会出现的问题，称为一致更新问题（consistent-update problem）[DAA05]。对于任何在单个逻辑操作期间必须更新多个磁盘的 RAID，会出现这个问题。在这里，假设考虑镜像磁盘阵列。

想象一下写入发送到 RAID，然后 RAID 决定它必须写入两个磁盘，即磁盘 0 和磁盘 1。然后，RAID 向磁盘 0 写入数据，但在 RAID 发出请求到磁盘 1 之前，发生掉电（或系统崩溃）。在这个不幸的情况下，让我们假设对磁盘 0 的请求已完成（但对磁盘 1 的请求显然没有完成，因为它从未发出）。

这种不合时宜的掉电，导致现在数据块的两个副本不一致（inconsistent）。磁盘 0 上的副本是新版本，而磁盘 1 上的副本是旧的。我们希望的是两个磁盘的状态都原子地（atomically）改变，也就是说，两者都应该最终成为新版本或者两者都不是。

解决此问题的一般方法，是使用某种预写日志（write-ahead log），在做之前首先记录 RAID 将要执行的操作（即用某个数据更新两个磁盘）。通过采取这种方法，我们可以确保在发生崩溃时，会发生正确的事情。通过运行一个恢复（recovery）过程，将所有未完成的事务重新在 RAID 上执行，我们可以确保两个镜像副本（在 RAID-1 情况下）同步。

最后一个注意事项：每次写入都在磁盘上记录日志，这个代价昂贵得不行，因此大多数 RAID 硬件都包含少量非易失性 RAM（例如电池有备份的），用于执行此类记录。因此，既提供了一致的更新，又不需要花费高昂的代价，将日志记录到磁盘。

要分析稳态吞吐量，让我们从顺序工作负载开始。顺序写入磁盘时，每个逻辑写入必定导致两个物理写入。例如，当我们写入逻辑块 0（在表 38.3 中）时，RAID 在内部会将它写入磁盘 0 和磁盘 1。因此，我们可以得出结论，顺序写入镜像阵列期间获得的最大带宽是 $\left(\frac{N}{2} \cdot S\right)$，即峰值带宽的一半。

遗憾的是，我们在顺序读取过程中获得了完全相同的性能。有人可能会认为顺序读取可能会更好，因为它只需要读取一个数据副本，而不是两个副本。但是，让我们用一个例子来说明为什么这没有多大帮助。想象一下，我们需要读取块 0、1、2、3、4、5、6 和 7。假设我们将 0 读到磁盘 0，将 1 读到磁盘 2，将 2 读到磁盘 1，读取 3 到磁盘 3。我们继续分别向磁盘 0、2、1 和 3 发出读取请求 4、5、6 和 7。有人可能天真地认为，因为我们正在利用所有磁盘，所以得到了阵列的全部带宽。

但是，要看到情况并非如此，请考虑单个磁盘接收的请求（例如磁盘 0）。首先，它收到块 0 的请求。然后，它收到块 4 的请求（跳过块 2）。实际上，每个磁盘都会接收到每个其他块的请求。当它在跳过的块上旋转时，不会为客户提供有用的带宽。因此，每个磁盘只能提供一半的峰值带宽。因此，顺序读取只能获得 $\left(\frac{N}{2} \cdot S\right)$ MB/s 的带宽。

随机读取是镜像 RAID 的最佳案例。在这种情况下，我们可以在所有磁盘上分配读取数据，从而获得完整的可用带宽。因此，对于随机读取，RAID-1 提供 $N \cdot R$ MB/s。

最后，随机写入按照你预期的方式执行：$\frac{N}{2} \cdot R$ MB/s。每个逻辑写入必须变成两个物理写入，因此在所有磁盘都将被使用的情况下，客户只会看到可用带宽的一半。尽管对逻辑块 X 的写入变为对两个不同物理磁盘的两个并行写入，但许多小型请求的带宽只能达到我们看到的条带化的一半。我们很快会看到，获得一半的可用带宽实际上相当不错！

38.6 RAID 4 级：通过奇偶校验节省空间

我们现在展示一种向磁盘阵列添加冗余的不同方法，称为奇偶校验（parity）。基于奇偶校验的方法试图使用较少的容量，从而克服由镜像系统付出的巨大空间损失。不过，这样做的代价是——性能。

这是 5 个磁盘的 RAID-4 系统的例子（见表 38.4）。对于每一条数据，我们都添加了一个奇偶校验（parity）块，用于存储该条块的冗余信息。例如，奇偶校验块 P1 具有从块 4、5、6 和 7 计算出的冗余信息。

表 38.4　　　　　　　　　　　具有奇偶校验的 RAID-4

磁盘 0	磁盘 1	磁盘 2	磁盘 3	磁盘 4
0	1	2	3	P0
4	5	6	7	P1
8	9	10	11	P2
12	13	14	15	P3

为了计算奇偶性，我们需要使用一个数学函数，使我们能够承受条带中任何一个块的损失。事实表明，简单异或（XOR）函数相当不错。对于给定的一组比特，如果比特中有偶数个 1，则所有这些比特的 XOR 返回 0，如果有奇数个 1，则返回 1 如表 38.5 所示。

表 38.5   使用异或函数

C0	C1	C2	C3	P
0	0	1	1	XOR(0,0,1,1) = 0
0	1	0	0	XOR(0,1,0,0) = 1

在第一行（0、0、1、1）中，有两个 1（C2、C3），因此所有这些值的异或是 0（P）。同样，在第二行中只有一个 1（C1），因此 XOR 必须是 1（P）。你可以用一种简单的方法记住这一点：任何一行中的 1 的数量必须是偶数（而不是奇数）。这是 RAID 必须保持的不变性（invariant），以便奇偶校验正确。

从上面的例子中，你也许可以猜出，如何利用奇偶校验信息从故障中恢复。想象一下标为 C2 的列丢失了。要找出该列中肯定存在的值，我们只需读取该行中的所有其他值（包括 XOR 的奇偶校验位）并重构（reconstruct）正确的答案。具体来说，假设 C2 列中第一行的值丢失（它是 1）。通过读取该行中的其他值（C0 中的 0，C1 中的 0，C3 中的 1 以及奇偶校验列 P 中的 0），我们得到值 0、0、1 和 0。因为我们知道 XOR 保持每行有偶数个 1，所以就知道丢失的数据肯定是什么——1。这就是重构在基于异或的方案中的工作方式！还要注意如何计算重构值：只要将数据位和奇偶校验位异或，就像开始计算奇偶校验一样。

现在你可能会想：我们正在讨论所有这些位的异或，然而上面我们知道 RAID 在每个磁盘上放置了 4KB（或更大）的块。如何将 XOR 应用于一堆块来计算奇偶校验？事实证明这很容易。只需在数据块的每一位上执行按位 XOR。将每个按位 XOR 的结果放入奇偶校验块的相应位置中。例如，如果我们有 4 位大小的块（是的，这个块仍然比 4KB 块小很多，但是你看到了全景），它们可能看起来如表 38.6 所示。

表 38.6   将 XOR 用于块

Block0	Block1	Block2	Block3	Parity
00	10	11	10	11
10	01	00	01	10

可以看出，每个块的每个比特计算奇偶校验，结果放在奇偶校验块中。

RAID-4 分析

现在让我们分析一下 RAID-4。从容量的角度来看，RAID-4 使用 1 个磁盘作为它所保护的每组磁盘的奇偶校验信息。因此，RAID 组的有用容量是（$N-1$）。

可靠性也很容易理解：RAID-4 容许 1 个磁盘故障，不容许更多。如果丢失多个磁盘，则无法重建丢失的数据。

最后，是性能。这一次，让我们从分析稳态吞吐量开始。连续读取性能可以利用除奇偶校验磁盘以外的所有磁盘，因此可提供（$N-1$）· S MB/s（简单情况）的峰值有效带宽。

要理解顺序写入的性能，我们必须首先了解它们是如何完成的。将大块数据写入磁盘时，RAID-4 可以执行一种简单优化，称为全条带写入（full-stripe write）。例如，设想块 0、

1、2 和 3 作为写请求的一部分发送到 RAID（见表 38.7）。

表 38.7   RAID-4 中的全条带写入

磁盘 0	磁盘 1	磁盘 2	磁盘 3	磁盘 4
0	1	2	3	P0
4	5	6	7	P1
8	9	10	11	P2
12	13	14	15	P3

在这种情况下，RAID 可以简单地计算 P0 的新值（通过在块 0、1、2 和 3 上执行 XOR），然后将所有块（包括奇偶块）并行写入上面的 5 个磁盘（在图中以灰色突出显示）。因此，全条带写入是 RAID-4 写入磁盘的最有效方式。

一旦我们理解了全条带写入，计算 RAID-4 上顺序写入的性能就很容易。有效带宽也是 $(N-1) \cdot S$ MB/s。即使奇偶校验磁盘在操作过程中一直处于使用状态，客户也无法从中获得性能优势。

现在让我们分析随机读取的性能。从表 38.7 中还可以看到，一组 1 块的随机读取将分布在系统的数据磁盘上，而不是奇偶校验磁盘上。因此，有效性能是：$(N-1) \cdot R$ MB/s。

随机写入，我们留到了最后，展示了 RAID-4 最引人注目的情况。想象一下，我们希望在上面的例子中覆盖写入块 1。我们可以继续并覆盖它，但这会给我们带来一个问题：奇偶校验块 P0 将不再准确地反映条带的正确奇偶校验值。在这个例子中，P0 也必须更新。我们如何正确并有效地更新它？

存在两种方法。第一种称为加法奇偶校验（additive parity），要求我们做以下工作。为了计算新奇偶校验块的值，并行读取条带中所有其他数据块（在本例中为块 0、2 和 3），并与新块（1）进行异或。结果是新的校验块。为了完成写操作，你可以将新数据和新奇偶校验写入其各自的磁盘，也是并行写入。

这种技术的问题在于它随磁盘数量而变化，因此在较大的 RAID 中，需要大量的读取来计算奇偶校验。因此，导致了减法奇偶校验（subtractive parity）方法。

例如，想象下面这串位（4 个数据位，一个奇偶校验位）：

C0	C1	C2	C3	P
0	0	1	1	XOR(0,0,1,1)=0

想象一下，我们希望用一个新值来覆盖 C2 位，称之为 $C2_{new}$。减法方法分三步工作。首先，我们读入 C2（$C2_{old} = 1$）和旧数据（$P_{old} = 0$）的旧数据。

然后，比较旧数据和新数据。如果它们相同（例如，$C2_{new} = C2_{old}$），那么我们知道奇偶校验位也将保持相同（即 $P_{new} = P_{old}$）。但是，如果它们不同，那么我们必须将旧的奇偶校验位翻转到其当前状态的相反位置，也就是说，如果（$P_{old} == 1$），P_{new} 将被设置为 0。如果（$P_{old} == 0$），P_{new} 将被设置为 1。我们可以用 XOR（⊕是 XOR 运算符）漂亮地表达完整的复杂情况：

$$P_{new} = (C_{old} \oplus C_{new}) \oplus P_{old} \tag{38.1}$$

由于所处理的是块而不是位，因此我们对块中的所有位执行此计算（例如，每个块中的 4096 个字节乘以每个字节的 8 位）。在大多数情况下，新块与旧块不同，因此新的奇偶块也会不同。

你现在应该能够确定何时使用加法奇偶校验计算，何时使用减法方法。考虑系统中需要多少个磁盘，导致加法方法比减法方法执行更少的 I/O。哪里是交叉点？

对于这里的性能分析，假定使用减法方法。因此，对于每次写入，RAID 必须执行 4 次物理 I/O（两次读取和两次写入）。现在想象有很多提交给 RAID 的写入。RAID-4 可以并行执行多少个？为了理解，让我们再看一下 RAID-4 的布局（见表 38.8）。

表 38.8　　　　　　　　　　　示例：写入 4、13 和对应奇偶校验块

磁盘 0	磁盘 1	磁盘 2	磁盘 3	磁盘 4
0	1	2	3	P0
*4	5	6	7	+P1
8	9	10	11	P2
12	*13	14	15	+P3

现在想象几乎同时向 RAID-4 提交 2 个小的请求，写入块 4 和块 13（在表 38.8 中标出）。这些磁盘的数据位于磁盘 0 和 1 上，因此对数据的读写操作可以并行进行，这很好。出现的问题是奇偶校验磁盘。这两个请求都必须读取 4 和 13 的奇偶校验块，即奇偶校验块 1 和 3（用+标记）。估计你已明白了这个问题：在这种类型的工作负载下，奇偶校验磁盘是瓶颈。因此我们有时将它称为基于奇偶校验的 RAID 的小写入问题（small-write problem）。因此，即使可以并行访问数据磁盘，奇偶校验磁盘也不会实现任何并行。由于奇偶校验磁盘，所有对系统的写操作都将被序列化。由于奇偶校验磁盘必须为每个逻辑 I/O 执行两次 I/O（一次读取，一次写入），我们可以通过计算奇偶校验磁盘在这两个 I/O 上的性能来计算 RAID-4 中的小的随机写入的性能，从而得到（$R / 2$）MB/s。随机小写入下的 RAID-4 吞吐量很糟糕，向系统添加磁盘也不会改善。

我们最后来分析 RAID-4 中的 I/O 延迟。你现在知道，单次读取（假设没有失败）只映射到单个磁盘，因此其延迟等同于单个磁盘请求的延迟。单次写入的延迟需要两次读取，然后两次写入。读操作可以并行进行，写操作也是如此，因此总延迟大约是单个磁盘的两倍。（有一些差异，因为我们必须等待两个读取操作完成，所以会得到最差的定位时间，但是之后，更新不会导致寻道成本，因此可能是比平均水平更好的定位成本。）

38.7　RAID 5 级：旋转奇偶校验

为解决小写入问题（至少部分解决），Patterson、Gibson 和 Katz 推出了 RAID-5。RAID-5 的工作原理与 RAID-4 几乎完全相同，只是它将奇偶校验块跨驱动器旋转（见表 38.9）。

表 38.9　　　　　　　　　　　具有旋转奇偶校验的 RAID-5

磁盘 0	磁盘 1	磁盘 2	磁盘 3	磁盘 4
0	1	2	3	P0
5	6	7	P1	4
10	11	P2	8	9
15	P3	12	13	14
P4	16	17	18	19

如你所见，每个条带的奇偶校验块现在都在磁盘上旋转，以消除 RAID-4 的奇偶校验磁盘瓶颈。

RAID-5 分析

RAID-5 的大部分分析与 RAID-4 相同。例如，两级的有效容量和容错能力是相同的。顺序读写性能也是如此。单个请求（无论是读还是写）的延迟也与 RAID-4 相同。

随机读取性能稍好一点，因为我们可以利用所有的磁盘。最后，RAID-4 的随机写入性能明显提高，因为它允许跨请求进行并行处理。想象一下写入块 1 和写入块 10。这将变成对磁盘 1 和磁盘 4（对于块 1 及其奇偶校验）的请求以及对磁盘 0 和磁盘 2（对于块 10 及其奇偶校验）的请求。因此，它们可以并行进行。事实上，我们通常可以假设，如果有大量的随机请求，我们将能够保持所有磁盘均匀忙碌。如果是这样的话，那么我们用于小写入的总带宽将是 $\frac{N}{4} \cdot R$ MB/s。4 倍损失是由于每个 RAID-5 写入仍然产生总计 4 个 I/O 操作，这就是使用基于奇偶校验的 RAID 的成本。

由于 RAID-5 基本上与 RAID-4 相同，只是在少数情况下它更好，所以它几乎完全取代了市场上的 RAID-4。唯一没有取代的地方是系统知道自己绝不会执行大写入以外的任何事情，从而完全避免了小写入问题[HLM94]。在这些情况下，有时会使用 RAID-4，因为它的构建稍微简单一些。

38.8　RAID 比较：总结

现在简单总结一下表 38.10 中各级 RAID 的比较。请注意，我们省略了一些细节来简化分析。例如，在镜像系统中写入时，平均查找时间比写入单个磁盘时稍高，因为寻道时间是两个寻道时间（每个磁盘上一个）的最大值。因此，对两个磁盘的随机写入性能通常会比单个磁盘的随机写入性能稍差。此外，在 RAID-4/5 中更新奇偶校验磁盘时，旧奇偶校验的第一次读取可能会导致完全寻道和旋转，但第二次写入奇偶校验只会导致旋转。

表 38.10　　　　　　　　　　　RAID 容量、可靠性和性能

	RAID-0	RAID-1	RAID-4	RAID-5
容量	N	$N/2$	$N-1$	$N-1$
可靠性	0	1（肯定）	1	1
		$N/2$（如果走运）		
吞吐量				
顺序读	$N \cdot S$	$(N/2) \cdot S$	$(N-1) \cdot S$	$(N-1) \cdot S$
顺序写	$N \cdot S$	$(N/2) \cdot S$	$(N-1) \cdot S$	$(N-1) \cdot S$
随机读	$N \cdot R$	$N \cdot R$	$(N-1) \cdot R$	$N \cdot R$
随机写	$N \cdot R$	$(N/2) \cdot R$	$1/2 \cdot R$	$N/4 \cdot R$

	RAID-0	RAID-1	RAID-4	RAID-5
延迟				
读	T	T	T	T
写	T	T	2T	2T

但是，表 38.10 中的比较确实抓住了基本差异，对于理解 RAID 各级之间的折中很有用。对于延迟分析，我们就使用 T 来表示对单个磁盘的请求所需的时间。

总之，如果你严格要求性能而不关心可靠性，那么条带显然是最好的。但是，如果你想要随机 I/O 的性能和可靠性，镜像是最好的，你付出的代价是容量下降。如果容量和可靠性是你的主要目标，那么 RAID-5 胜出，你付出的代价是小写入的性能。最后，如果你总是在按顺序执行 I/O 操作并希望最大化容量，那么 RAID-5 也是最有意义的。

38.9　其他有趣的 RAID 问题

还有一些其他有趣的想法，人们可以（并且应该）在讨论 RAID 时讨论。以下是我们最终可能会写的一些内容。

例如，还有很多其他 RAID 设计，包括最初分类中的第 2 和第 3 级以及第 6 级可容许多个磁盘故障[C+04]。还有 RAID 在磁盘发生故障时的功能；有时它会有一个热备用（hot spare）磁盘来替换发生故障的磁盘。发生故障时的性能和重建故障磁盘期间的性能会发生什么变化？还有更真实的故障模型，考虑潜在的扇区错误（latent sector error）或块损坏（block corruption)[B+08]，以及处理这些故障的许多技术（详细信息参见数据完整性章节）。最后，甚至可以将 RAID 构建为软件层：这种软件 RAID 系统更便宜，但有其他问题，包括一致更新问题[DAA05]。

38.10　小结

我们讨论了 RAID。RAID 将大量独立磁盘扩充成更大、更可靠的单一实体。重要的是，它是透明的，因此上面的硬件和软件对这种变化相对不在意。

有很多可能的 RAID 级别可供选择，使用的确切 RAID 级别在很大程度上取决于最终用户的优先级。例如，镜像 RAID 是简单的、可靠的，并且通常提供良好的性能，但是容量成本高。相比之下，RAID-5 从容量角度来看是可靠和更好的，但在工作负载中有小写入时性能很差。为特定工作负载正确地挑选 RAID 并设置其参数（块大小、磁盘数量等），这非常具有挑战性，更多的是艺术而不是科学。

参考资料

[B+08]《An Analysis of Data Corruption in the Storage Stack》

Lakshmi N. Bairavasundaram, Garth R. Goodson, Bianca Schroeder, Andrea C. Arpaci-Dusseau, Remzi H. Arpaci-Dusseau

FAST '08, San Jose, CA, February 2008

我们自己的工作分析了磁盘实际损坏数据的频率。不经常，但有时会发生！ 因此，一个可靠的存储系统必须考虑。

[BJ88]《Disk Shadowing》

D. Bitton and J. Gray VLDB1988

首批讨论镜像的论文之一，这里称镜像为"影子"。

[CL95]《Striping in a RAID level 5 disk array》Peter M. Chen, Edward K. Lee

SIGMETRICS 1995

对 RAID-5 磁盘阵列中的一些重要参数进行了很好的分析。

[C+04]《Row-Diagonal Parity for Double Disk Failure Correction》

P. Corbett, B. English, A. Goel, T. Grcanac, S. Kleiman, J. Leong, S. Sankar FAST '04, February 2004

虽然不是第一篇关于带有两块磁盘以实现奇偶校验的 RAID 系统的论文，但它是这个想法的最新和高度可理解的版本。阅读它，了解更多信息。

[DAA05]《Journal-guided Resynchronization for Software RAID》Timothy E. Denehy, A. Arpaci-Dusseau, R. Arpaci-Dusseau

FAST 2005

我们自己在一致更新问题上的研究工作。在这里，我们通过将上述文件系统的日志机制与其下的软件 RAID 集成在一起，来解决它的软件 RAID 问题。

[HLM94]《File System Design for an NFS File Server Appliance》Dave Hitz, James Lau, Michael Malcolm

USENIX Winter 1994, San Francisco, California, 1994

关于稀疏文件系统的论文，介绍了存储中的标志性产品，任意位置写入文件布局，即 WAFL 文件系统，这是 NetApp 文件服务器的基础。

[K86]《Synchronized Disk Interleaving》

M.Y. Kim.

IEEE Transactions on Computers, Volume C-35: 11, November 1986

在这里可以找到关于 RAID 的一些最早的工作。

[K88]《Small Disk Arrays - The Emerging Approach to High Performance》

F. Kurzweil.

Presentation at Spring COMPCON '88, March 1, 1988, San Francisco, California

另一个早期的 RAID 参考。

[P+88]"Redundant Arrays of Inexpensive Disks"

D. Patterson, G. Gibson, R. Katz. SIGMOD 1988

本论文由著名作者 Patterson、Gibson 和 Katz 撰写。此后，该论文赢得了众多奖项，宣告了 RAID 时代的到来，甚至 RAID 这个名字本身也源于此文。

[PB86]"Providing Fault Tolerance in Parallel Secondary Storage Systems"

A. Park and K. Balasubramaniam

Department of Computer Science, Princeton, CS-TR-O57-86, November 1986

另一项关于 RAID 的早期研究工作。

[SG86]"Disk Striping"

K. Salem and H. Garcia-Molina.

IEEE International Conference on Data Engineering, 1986

是的，另一项早期的 RAID 研究工作。当那篇 RAID 论文在 SIGMOD 发布时，有很多这类论文公开发表。

[S84]"Byzantine Generals in Action: Implementing Fail-Stop Processors"

F.B. Schneider.

ACM Transactions on Computer Systems, 2(2):145154, May 1984

一篇不是关于 RAID 的文章！本文实际上是关于系统如何发生故障，以及如何让某些运行变成故障就停止。

作业

本节引入 raid.py，这是一个简单的 RAID 模拟器，你可以使用它来增强你对 RAID 系统工作方式的了解。详情请参阅 README 文件。

问题

1．使用模拟器执行一些基本的 RAID 映射测试。运行不同的级别（0、1、4、5），看看你是否可以找出一组请求的映射。对于 RAID-5，看看你是否可以找出左对称（left-symmetric）和左不对称（left-asymmetric）布局之间的区别。使用一些不同的随机种子，产生不同于上面的问题。

2．与第一个问题一样，但这次使用-C 来改变大块的大小。大块的大小如何改变映射？

3．执行上述测试，但使用-r 标志来反转每个问题的性质。

4．现在使用反转标志，但用-S 标志增加每个请求的大小。尝试指定 8KB、12KB 和 16KB 的大小，同时改变 RAID 级别。当请求的大小增加时，底层 I/O 模式会发生什么？请务必在顺序工作负载上尝试此操作（-W sequential）。对于什么请求大小，RAID-4 和 RAID-5 的 I／O 效率更高？

5. 使用模拟器的定时模式（-t）来估计 100 次随机读取到 RAID 的性能，同时改变 RAID 级别，使用 4 个磁盘。

6. 按照上述步骤操作，但增加磁盘数量。随着磁盘数量的增加，每个 RAID 级别的性能如何变化？

7. 执行上述操作，但全部用写入（-w 100），而不是读取。

每个 RAID 级别的性能现在如何扩展？你能否粗略估计完成 100 次随机写入所需的时间？

8. 最后一次运行定时模式，但是这次用顺序的工作负载（-W sequential）。性能如何随 RAID 级别而变化，在读取与写入时有何不同？如何改变每个请求的大小？使用 RAID-4 或 RAID-5 时应该写入 RAID 大小是多少？

第 39 章　插叙：文件和目录

到目前为止，我们看到了两项关键操作系统技术的发展：进程，它是虚拟化的 CPU；地址空间，它是虚拟化的内存。在这两种抽象共同作用下，程序运行时就好像它在自己的私有独立世界中一样，好像它有自己的处理器（或多处理器），好像它有自己的内存。这种假象使得对系统编程变得更容易，因此现在不仅在台式机和服务器上盛行，而且在所有可编程平台上越来越普遍，包括手机等在内。

在这一部分，我们加上虚拟化拼图中更关键的一块：持久存储（persistent storage）。永久存储设备永久地（或至少长时间地）存储信息，如传统硬盘驱动器（hard disk drive）或更现代的固态存储设备（solid-state storage device）。持久存储设备与内存不同。内存在断电时，其内容会丢失，而持久存储设备会保持这些数据不变。因此，操作系统必须特别注意这样的设备：用户用它们保存真正关心的数据。

> **关键问题：如何管理持久存储设备**
>
> 操作系统应该如何管理持久存储设备？都需要哪些 API？实现有哪些重要方面？

接下来几章会讨论管理持久数据的一些关键技术，重点是如何提高性能及可靠性。但是，我们先从总体上看看 API：你在与 UNIX 文件系统交互时会看到的接口。

39.1　文件和目录

随着时间的推移，存储虚拟化形成了两个关键的抽象。第一个是文件（file）。文件就是一个线性字节数组，每个字节都可以读取或写入。每个文件都有某种低级名称（low-level name），通常是某种数字。用户通常不知道这个名字（我们稍后会看到）。由于历史原因，文件的低级名称通常称为 inode 号（inode number）。我们将在以后的章节中学习更多关于 inode 的知识。现在，只要假设每个文件都有一个与其关联的 inode 号。

在大多数系统中，操作系统不太了解文件的结构（例如，它是图片、文本文件还是 C 代码）。相反，文件系统的责任仅仅是将这些数据永久存储在磁盘上，并确保当你再次请求数据时，得到你原来放在那里的内容。做到这一点并不像看起来那么简单！

第二个抽象是目录（directory）。一个目录，像一个文件一样，也有一个低级名字（即 inode 号），但是它的内容非常具体：它包含一个（用户可读名字，低级名字）对的列表。例如，假设存在一个低级别名称为"10"的文件，它的用户可读的名称为"foo"。"foo"所在的目录因此会有条目（"foo"，"10"），将用户可读名称映射到低级名称。目录中的每个条目都指向文件或其他目录。通过将目录放入其他目录中，用户可以构建任意的目录树（directory tree，或目录层次结构，directory hierarchy），在该目录树下存储所有文件和目录。

目录层次结构从根目录（root directory）开始（在基于 UNIX 的系统中，根目录就记为"/"），并使用某种分隔符（separator）来命名后续子目录（sub-directories），直到命名所需的文件或目录。例如，如果用户在根目录中创建了一个目录 foo，然后在目录 foo 中创建了一个文件 bar.txt，我们就可以通过它的绝对路径名（absolute pathname）来引用该文件，在这个例子中，它将是/foo/bar.txt。更复杂的目录树，请参见图 39.1。示例中的有效目录是/，/foo，/bar，/bar/bar，/bar/foo，有效的文件是/foo/bar.txt 和/bar/foo/bar.txt。目录和文件可以具有相同的名称，只要它们位于文件系统树的不同位置（例如，图中有两个名为 bar.txt 的文件：/foo/bar.txt 和/bar/foo/bar.txt）。

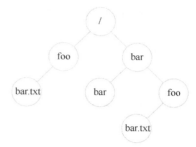

图 39.1 目录树示例

提示：请仔细考虑命名

命名是计算机系统的一个重要方面[SK09]。在 UNIX 系统中，你几乎可以想到的所有内容都是通过文件系统命名的。除了文件、设备、管道，甚至进程[K84]都可以在一个看似普通的旧文件系统中看到。这种命名的一致性简化了系统的概念模型，使系统更简单、更模块化。因此，无论何时创建系统或接口，都要仔细考虑你使用的是什么名称。

你可能还会注意到，这个例子中的文件名通常包含两部分：bar 和 txt，以句点分隔。第一部分是任意名称，而文件名的第二部分通常用于指示文件的类型（type），例如，它是 C 代码（例如.c）还是图像（例如.jpg），或音乐文件（例如.mp3）。然而，这通常只是一个惯例（convention）：一般不会强制名为 main.c 的文件中包含的数据确实是 C 源代码。

因此，我们可以看到文件系统提供的了不起的东西：一种方便的方式来命名我们感兴趣的所有文件。名称在系统中很重要，因为访问任何资源的第一步是能够命名它。在 UNIX 系统中，文件系统提供了一种统一的方式来访问磁盘、U 盘、CD-ROM、许多其他设备上的文件，事实上还有很多其他的东西，都位于单一目录树下。

39.2 文件系统接口

现在让我们更详细地讨论文件系统接口。我们将从创建、访问和删除文件的基础开始。你可能会认为这很简单，但在这个过程中，你会发现用于删除文件的神秘调用，称为 unlink()。希望阅读本章之后，你不再困惑！

39.3 创建文件

我们将从最基本的操作开始：创建一个文件。这可以通过 open 系统调用完成。通过调用 open()并传入 O_CREAT 标志，程序可以创建一个新文件。下面是示例代码，用于在当前工作目录中创建名为"foo"的文件。

```
int fd = open("foo", O_CREAT | O_WRONLY | O_TRUNC);
```

函数 open()接受一些不同的标志。在本例中，程序创建文件（O_CREAT），只能写入该文件，因为以（O_WRONLY）这种方式打开，并且如果该文件已经存在，则首先将其截断为零字节大小，删除所有现有内容（O_TRUNC）。

补充：creat()系统调用

创建文件的旧方法是调用 creat()，如下所示：

```
int fd = creat("foo");
```

你可以认为 creat()是 open()加上以下标志：O_CREAT | O_WRONLY | O_TRUNC。 因为 open()可以创建一个文件，所以 creat()的用法有些失宠（实际上，它可能就是实现为对 open()的一个库调用）。然而，它确实在 UNIX 知识中占有一席之地。特别是，有人曾问 Ken Thompson，如果他重新设计 UNIX，做法会有什么不同，他回答说："我拼写 creat 时会加上 e"。

---

open()的一个重要方面是它的返回值：文件描述符（file descriptor）。文件描述符只是一个整数，是每个进程私有的，在 UNIX 系统中用于访问文件。因此，一旦文件被打开，你就可以使用文件描述符来读取或写入文件，假定你有权这样做。这样，一个文件描述符就是一种权限（capability）[L84]，即一个不透明的句柄，它可以让你执行某些操作。另一种看待文件描述符的方法，是将它作为指向文件类型对象的指针。一旦你有这样的对象，就可以调用其他"方法"来访问文件，如 read()和 write()。下面你会看到如何使用文件描述符。

39.4 读写文件

一旦我们有了一些文件，当然就会想要读取或写入。我们先读取一个现有的文件。如果在命令行键入，我们就可以用 cat 程序，将文件的内容显示到屏幕上。

```
prompt> echo hello > foo
prompt> cat foo
hello
prompt>
```

在这段代码中，我们将程序 echo 的输出重定向到文件 foo，然后文件中就包含单词"hello"。然后我们用 cat 来查看文件的内容。但是，cat 程序如何访问文件 foo？

为了弄清楚这个问题，我们将使用一个非常有用的工具，来跟踪程序所做的系统调用。在 Linux 上，该工具称为 strace。其他系统也有类似的工具（参见 macOS X 上的 dtruss，或某些较早的 UNIX 变体上的 truss）。strace 的作用就是跟踪程序在运行时所做的每个系统调用，然后将跟踪结果显示在屏幕上供你查看。

提示：使用 strace（和类似工具）

strace 工具提供了一种非常棒的方式，来查看程序在做什么。通过运行它，你可以跟踪程序生成的系统调用，查看参数和返回代码，通常可以很好地了解正在发生的事情。

> 该工具还接受一些非常有用的参数。例如，-f 跟踪所有 fork 的子进程，-t 报告每次调用的时间，-e trace=open,close,read,write 只跟踪对这些系统调用的调用，并忽略所有其他调用。还有许多更强大的标志，请阅读手册页，弄清楚如何利用这个奇妙的工具。

下面是一个例子，使用 strace 来找出 cat 在做什么（为了可读性删除了一些调用）。

```
prompt> strace cat foo
...
open("foo", O_RDONLY|O_LARGEFILE)         = 3
read(3, "hello\n", 4096)                  = 6
write(1, "hello\n", 6)                     = 6
hello
read(3, "", 4096)                         = 0
close(3)                                  = 0
...
prompt>
```

cat 做的第一件事是打开文件准备读取。我们应该注意几件事情。首先，该文件仅为读取而打开（不写入），如 O_RDONLY 标志所示。其次，使用 64 位偏移量（O_LARGEFILE）。最后，open()调用成功并返回一个文件描述符，其值为 3。

你可能会想，为什么第一次调用 open()会返回 3，而不是 0 或 1？事实证明，每个正在运行的进程已经打开了 3 个文件：标准输入（进程可以读取以接收输入），标准输出（进程可以写入以便将信息显示到屏幕），以及标准错误（进程可以写入错误消息）。这些分别由文件描述符 0、1 和 2 表示。因此，当你第一次打开另一个文件时（如上例所示），它几乎肯定是文件描述符 3。

打开成功后，cat 使用 read()系统调用重复读取文件中的一些字节。read()的第一个参数是文件描述符，从而告诉文件系统读取哪个文件。一个进程当然可以同时打开多个文件，因此描述符使操作系统能够知道某个特定的读取引用了哪个文件。第二个参数指向一个用于放置 read()结果的缓冲区。在上面的系统调用跟踪中，strace 显示了这时的读取结果（"hello"）。第三个参数是缓冲区的大小，在这个例子中是 4KB。对 read()的调用也成功返回，这里返回它读取的字节数（6，其中包括"hello"中的 5 个字母和一个行尾标记）。

此时，你会看到 strace 的另一个有趣结果：对 write()系统调用的一次调用，针对文件描述符 1。如上所述，此描述符被称为标准输出，因此用于将单词"Hello"写到屏幕上，这正是 cat 程序要做的事。但是它直接调用 write()吗？也许（如果它是高度优化的）。但是，如果不是，那么可能会调用库例程 printf()。在内部，printf()会计算出传递给它的所有格式化细节，并最终对标准输出调用 write，将结果显示到屏幕上。

然后，cat 程序试图从文件中读取更多内容，但由于文件中没有剩余字节，read()返回 0，程序知道这意味着它已经读取了整个文件。因此，程序调用 close()，传入相应的文件描述符，表明它已用完文件"foo"。该文件因此被关闭，对它的读取完成了。

写入文件是通过一组类似的步骤完成的。首先，打开一个文件准备写入，然后调用 write()系统调用，对于较大的文件，可能重复调用，然后调用 close()。使用 strace 追踪写入文件，也许针对你自己编写的程序，或者追踪 dd 实用程序，例如 dd if = foo of = bar。

39.5　读取和写入，但不按顺序

到目前为止，我们已经讨论了如何读取和写入文件，但所有访问都是顺序的（sequential）。也就是说，我们从头到尾读取一个文件，或者从头到尾写入一个文件。

但是，有时能够读取或写入文件中的特定偏移量是有用的。例如，如果你在文本文件上构建了索引并利用它来查找特定单词，最终可能会从文件中的某些随机（random）偏移量中读取数据。为此，我们将使用 lseek() 系统调用。下面是函数原型：

```
off_t lseek(int fildes, off_t offset, int whence);
```

第一个参数是熟悉的（一个文件描述符）。第二个参数是偏移量，它将文件偏移量定位到文件中的特定位置。第三个参数，由于历史原因而被称为 whence，明确地指定了搜索的执行方式。以下摘自手册页：

```
If whence is SEEK_SET, the offset is set to offset bytes.
If whence is SEEK_CUR, the offset is set to its current
location plus offset bytes.
If whence is SEEK_END, the offset is set to the size of
the file plus offset bytes.
```

从这段描述中可见，对于每个进程打开的文件，操作系统都会跟踪一个"当前"偏移量，这将决定在文件中读取或写入时，下一次读取或写入开始的位置。因此，打开文件的抽象包括它具有当前偏移量，偏移量的更新有两种方式。第一种是当发生 N 个字节的读或写时，N 被添加到当前偏移。因此，每次读取或写入都会隐式更新偏移量。第二种是明确的 lseek，它改变了上面指定的偏移量。

补充：调用 lseek() 不会执行磁盘寻道

命名糟糕的系统调用 lseek() 让很多学生困惑，试图去理解磁盘以及其上的文件系统如何工作。不要混淆二者！lseek() 调用只是在 OS 内存中更改一个变量，该变量跟踪特定进程的下一个读取或写入开始的偏移量。如果发送到磁盘的读取或写入与最后一次读取或写入不在同一磁道上，就会发生磁盘寻道，因此需要磁头移动。更令人困惑的是，调用 lseek() 从文件的随机位置读取或写入文件，然后读取/写入这些随机位置，确实会导致更多的磁盘寻道。因此，调用 lseek() 肯定会导致在即将进行的读取或写入中进行搜索，但绝对不会导致任何磁盘 I/O 自动发生。

请注意，调用 lseek() 与移动磁盘臂的磁盘的寻道（seek）操作无关。对 lseek() 的调用只是改变内核中变量的值。执行 I/O 时，根据磁盘头的位置，磁盘可能会也可能不会执行实际的寻道来完成请求。

39.6　用 fsync() 立即写入

大多数情况下，当程序调用 write() 时，它只是告诉文件系统：请在将来的某个时刻，将此数据写入持久存储。出于性能的原因，文件系统会将这些写入在内存中缓冲（buffer）一段时间（例如 5s 或 30s）。在稍后的时间点，写入将实际发送到存储设备。从调用应用程序的角度来看，写入似乎很快完成，并且只有在极少数情况下（例如，在 write()调用之后但写入磁盘之前，机器崩溃）数据会丢失。

但是，有些应用程序需要的不只是这种保证。例如，在数据库管理系统（DBMS）中，开发正确的恢复协议要求能够经常强制写入磁盘。

为了支持这些类型的应用程序，大多数文件系统都提供了一些额外的控制 API。在 UNIX 中，提供给应用程序的接口被称为 fsync(int fd)。当进程针对特定文件描述符调用 fsync()时，文件系统通过强制将所有脏（dirty）数据（即尚未写入的）写入磁盘来响应，针对指定文件描述符引用的文件。一旦所有这些写入完成，fsync()例程就会返回。

以下是如何使用 fsync()的简单示例。代码打开文件 foo，向它写入一个数据块，然后调用 fsync()以确保立即强制写入磁盘。一旦 fsync()返回，应用程序就可以安全地继续前进，知道数据已被保存（如果 fsync()实现正确，那就是了）。

```
int fd = open("foo", O_CREAT | O_WRONLY | O_TRUNC);
assert(fd > -1);
int rc = write(fd, buffer, size);
assert(rc == size);
rc = fsync(fd);
assert(rc == 0);
```

有趣的是，这段代码并不能保证你所期望的一切。在某些情况下，还需要 fsync()包含 foo 文件的目录。添加此步骤不仅可以确保文件本身位于磁盘上，而且可以确保文件（如果新创建）也是目录的一部分。毫不奇怪，这种细节往往被忽略，导致许多应用程序级别的错误[P+13]。

39.7 文件重命名

有了一个文件后，有时需要给一个文件一个不同的名字。在命令行键入时，这是通过 mv 命令完成的。在下面的例子中，文件 foo 被重命名为 bar。

```
prompt> mv foo bar
```

利用 strace，我们可以看到 mv 使用了系统调用 rename(char * old, char * new)，它只需要两个参数：文件的原来名称（old）和新名称（new）。

rename()调用提供了一个有趣的保证：它（通常）是一个原子（atomic）调用，不论系统是否崩溃。如果系统在重命名期间崩溃，文件将被命名为旧名称或新名称，不会出现奇怪的中间状态。因此，对于支持某些需要对文件状态进行原子更新的应用程序，rename()非常重要。

让我们更具体一点。想象一下，你正在使用文件编辑器（例如 emacs），并将一行插入到文件的中间。例如，该文件的名称是 foo.txt。编辑器更新文件并确保新文件包含原有内容和插入行的方式如下（为简单起见，忽略错误检查）：

```
int fd = open("foo.txt.tmp", O_WRONLY|O_CREAT|O_TRUNC);
write(fd, buffer, size); // write out new version of file
fsync(fd);
close(fd);
rename("foo.txt.tmp", "foo.txt");
```

在这个例子中，编辑器做的事很简单：将文件的新版本写入临时名称（foot.txt.tmp），使用 fsync() 将其强制写入磁盘。然后，当应用程序确定新文件的元数据和内容在磁盘上，就将临时文件重命名为原有文件的名称。最后一步自动将新文件交换到位，同时删除旧版本的文件，从而实现原子文件更新。

39.8   获取文件信息

除了文件访问之外，我们还希望文件系统能够保存关于它正在存储的每个文件的大量信息。我们通常将这些数据称为文件元数据（metadata）。要查看特定文件的元数据，我们可以使用 stat() 或 fstat() 系统调用。这些调用将一个路径名（或文件描述符）添加到一个文件中，并填充一个 stat 结构，如下所示：

```
struct stat {
    dev_t     st_dev;      /* ID of device containing file */
    ino_t     st_ino;      /* inode number */
    mode_t    st_mode;     /* protection */
    nlink_t   st_nlink;    /* number of hard links */
    uid_t     st_uid;      /* user ID of owner */
    gid_t     st_gid;      /* group ID of owner */
    dev_t     st_rdev;     /* device ID (if special file) */
    off_t     st_size;     /* total size, in bytes */
    blksize_t st_blksize;  /* blocksize for filesystem I/O */
    blkcnt_t  st_blocks;   /* number of blocks allocated */
    time_t    st_atime;    /* time of last access */
    time_t    st_mtime;    /* time of last modification */
    time_t    st_ctime;    /* time of last status change */
};
```

你可以看到有关于每个文件的大量信息，包括其大小（以字节为单位），其低级名称（即 inode 号），一些所有权信息以及有关何时文件被访问或修改的一些信息，等等。要查看此信息，可以使用命令行工具 stat：

```
prompt> echo hello > file
prompt> stat file
  File: 'file'
  Size: 6 Blocks: 8    IO Block: 4096    regular file
Device: 811h/2065d Inode: 67158084    Links: 1
Access: (0640/-rw-r-----) Uid: (30686/ remzi) Gid: (30686/ remzi)
Access: 2011-05-03 15:50:20.157594748 -0500
Modify: 2011-05-03 15:50:20.157594748 -0500
Change: 2011-05-03 15:50:20.157594748 -0500
```

事实表明，每个文件系统通常将这种类型的信息保存在一个名为 inode[①]的结构中。当我们讨论文件系统的实现时，会学习更多关于 inode 的知识。就目前而言，你应该将 inode 看作是由文件系统保存的持久数据结构，包含上述信息。

39.9 删除文件

现在，我们知道了如何创建文件并按顺序访问它们。但是，如何删除文件？如果用过 UNIX，你可能认为你知道：只需运行程序 rm。但是，rm 使用什么系统调用来删除文件？

我们再次使用老朋友 strace 来找出答案。下面删除那个讨厌的文件"foo"：

```
prompt> strace rm foo
...
unlink("foo")                       = 0
...
```

我们从跟踪的输出中删除了一堆不相关的内容，只留下一个神秘名称的系统调用 unlink()。如你所见，unlink()只需要待删除文件的名称，并在成功时返回零。但这引出了一个很大的疑问：为什么这个系统调用名为"unlink"？为什么不就是"remove"或"delete"？要理解这个问题的答案，我们不仅要先了解文件，还有目录。

39.10 创建目录

除了文件外，还可以使用一组与目录相关的系统调用来创建、读取和删除目录。请注意，你永远不能直接写入目录。因为目录的格式被视为文件系统元数据，所以你只能间接更新目录，例如，通过在其中创建文件、目录或其他对象类型。通过这种方式，文件系统可以确保目录的内容始终符合预期。

要创建目录，可以用系统调用 mkdir()。同名的 mkdir 程序可以用来创建这样一个目录。让我们看一下，当我们运行 mkdir 程序来创建一个名为 foo 的简单目录时，会发生什么：

```
prompt> strace mkdir foo
...
mkdir("foo", 0777)                  = 0
...
prompt>
```

提示：小心强大的命令

程序 rm 为我们提供了强大命令的一个好例子，也说明有时太多的权利可能是一件坏事。例如，要一次删除一堆文件，可以键入如下内容：

[①] 一些文件系统中，这些结构名称相似但略有不同，如 dnodes。但基本的想法是相似的。

```
prompt> rm *
```

其中*将匹配当前目录中的所有文件。但有时你也想删除目录，实际上包括它们的所有内容。你可以告诉 rm 以递归方式进入每个目录并删除其内容，从而完成此操作：

```
prompt> rm -rf *
```

如果你发出命令时碰巧是在文件系统的根目录，从而删除了所有文件和目录，这一小串字符会给你带来麻烦。哎呀！

因此，要记住强大的命令是双刃剑。虽然它们让你能够通过少量击键来完成大量工作，但也可能迅速而容易地造成巨大的伤害。

这样的目录创建时，它被认为是"空的"，尽管它实际上包含最少的内容。具体来说，空目录有两个条目：一个引用自身的条目，一个引用其父目录的条目。前者称为"."（点）目录，后者称为".."（点-点）目录。你可以通过向程序 ls 传递一个标志（-a）来查看这些目录：

```
prompt> ls -a
./  ../
prompt> ls -al
total 8
drwxr-x---  2 remzi remzi    6 Apr 30 16:17 ./
drwxr-x--- 26 remzi remzi 4096 Apr 30 16:17 ../
```

39.11   读取目录

既然我们创建了目录，也可能希望读取目录。实际上，这正是 ls 程序做的事。让我们编写像 ls 这样的小工具，看看它是如何做的。

不是像打开文件一样打开一个目录，而是使用一组新的调用。下面是一个打印目录内容的示例程序。该程序使用了 opendir()、readdir() 和 closedir() 这 3 个调用来完成工作，你可以看到接口有多简单。我们只需使用一个简单的循环就可以一次读取一个目录条目，并打印目录中每个文件的名称和 inode 编号。

```c
int main(int argc, char *argv[]) {
    DIR *dp = opendir(".");
    assert(dp != NULL);
    struct dirent *d;
    while ((d = readdir(dp)) != NULL) {
        printf("%d %s\n", (int) d->d_ino, d->d_name);
    }
    closedir(dp);
    return 0;
}
```

下面的声明在 struct dirent 数据结构中，展示了每个目录条目中可用的信息。

```c
struct dirent {
    char          d_name[256];          /* filename */
```

```
ino_t           d_ino;                  /* inode number */
off_t           d_off;      /* offset to the next dirent */
unsigned short d_reclen;    /* length of this record */
unsigned char  d_type;      /* type of file */
};
```

由于目录只有少量的信息（基本上，只是将名称映射到 inode 号，以及少量其他细节），程序可能需要在每个文件上调用 stat() 以获取每个文件的更多信息，例如其长度或其他详细信息。实际上，这正是 ls 带有-l 标志时所做的事情。请试着对带有和不带有-l 标志的 ls 运行 strace，自己看看结果。

39.12 删除目录

最后，你可以通过调用 rmdir() 来删除目录（它由相同名称的程序 rmdir 使用）。然而，与删除文件不同，删除目录更加危险，因为你可以使用单个命令删除大量数据。因此，rmdir() 要求该目录在被删除之前是空的（只有"."和".."条目）。如果你试图删除一个非空目录，那么对 rmdir() 的调用就会失败。

39.13 硬链接

我们现在回到为什么删除文件是通过 unlink() 的问题，理解在文件系统树中创建条目的新方法，即通过所谓的 link() 系统调用。link() 系统调用有两个参数：一个旧路径名和一个新路径名。当你将一个新的文件名"链接"到一个旧的文件名时，你实际上创建了另一种引用同一个文件的方法。命令行程序 ln 用于执行此操作，如下面的例子所示：

```
prompt> echo hello > file
prompt> cat file
hello
prompt> ln file file2
prompt> cat file2
hello
```

在这里，我们创建了一个文件，其中包含单词"hello"，并称之为 file。然后，我们用 ln 程序创建了该文件的一个硬链接。在此之后，我们可以通过打开 file 或 file2 来检查文件。

link 只是在要创建链接的目录中创建了另一个名称，并将其指向原有文件的相同 inode 号（即低级别名称）。该文件不以任何方式复制。相反，你现在就有了两个人类可读的名称（file 和 file2），都指向同一个文件。通过打印每个文件的 inode 号，我们甚至可以在目录中看到这一点：

```
prompt> ls -i file file2
67158084 file
```

```
67158084 file2
prompt>
```

通过带-i 标志的 ls，它会打印出每个文件的 inode 编号（以及文件名）。因此，你可以看到实际上已完成的链接：只是对同一个 inode 号（本例中为 67158084）创建了新的引用。

现在，你可能已经开始明白 unlink()名称的由来。创建一个文件时，实际上做了两件事。首先，要构建一个结构（inode），它将跟踪几乎所有关于文件的信息，包括其大小、文件块在磁盘上的位置等等。其次，将人类可读的名称链接到该文件，并将该链接放入目录中。

在创建文件的硬链接之后，在文件系统中，原有文件名（file）和新创建的文件名（file2）之间没有区别。实际上，它们都只是指向文件底层元数据的链接，可以在 inode 编号 67158084 中找到。

因此，为了从文件系统中删除一个文件，我们调用 unlink()。在上面的例子中，我们可以删除文件名 file，并且仍然毫无困难地访问该文件：

```
prompt> rm file
removed 'file'
prompt> cat file2
hello
```

这样的结果是因为当文件系统取消链接文件时，它检查 inode 号中的引用计数（reference count）。该引用计数（有时称为链接计数，link count）允许文件系统跟踪有多少不同的文件名已链接到这个 inode。调用 unlink()时，会删除人类可读的名称（正在删除的文件）与给定 inode 号之间的“链接”，并减少引用计数。只有当引用计数达到零时，文件系统才会释放 inode 和相关数据块，从而真正“删除”该文件。

当然，你可以使用 stat()来查看文件的引用计数。让我们看看创建和删除文件的硬链接时，引用计数是什么。在这个例子中，我们将为同一个文件创建 3 个链接，然后删除它们。仔细看链接计数！

```
prompt> echo hello > file
prompt> stat file
... Inode: 67158084   Links: 1 ...
prompt> ln file file2
prompt> stat file
... Inode: 67158084   Links: 2 ...
prompt> stat file2
... Inode: 67158084   Links: 2 ...
prompt> ln file2 file3
prompt> stat file
... Inode: 67158084   Links: 3 ...
prompt> rm file
prompt> stat file2
... Inode: 67158084   Links: 2 ...
prompt> rm file2
prompt> stat file3
... Inode: 67158084   Links: 1 ...
prompt> rm file3
```

39.14 符号链接

还有一种非常有用的链接类型，称为符号链接（symbolic link），有时称为软链接（soft link）。事实表明，硬链接有点局限：你不能创建目录的硬链接（因为担心会在目录树中创建一个环）。你不能硬链接到其他磁盘分区中的文件（因为 inode 号在特定文件系统中是唯一的，而不是跨文件系统），等等。因此，人们创建了一种称为符号链接的新型链接。

要创建这样的链接，可以使用相同的程序 ln，但使用-s 标志。下面是一个例子。

```
prompt> echo hello > file
prompt> ln -s file file2
prompt> cat file2
hello
```

如你所见，创建软链接看起来几乎相同，现在可以通过文件名称 file 以及符号链接名称 file2 来访问原始文件。

但是，除了表面相似之外，符号链接实际上与硬链接完全不同。第一个区别是符号链接本身实际上是一个不同类型的文件。我们已经讨论过常规文件和目录。符号链接是文件系统知道的第三种类型。对符号链接运行 stat 揭示了一切。

```
prompt> stat file
  ... regular file ...
prompt> stat file2
  ... symbolic link ...
```

运行 ls 也揭示了这个事实。如果仔细观察 ls 输出的长格式的第一个字符，可以看到常规文件最左列中的第一个字符是 "-"，目录是 "d"，软链接是 "l"。你还可以看到符号链接的大小（本例中为 4 个字节），以及链接指向的内容（名为 file 的文件）。

```
prompt> ls -al
drwxr-x---  2 remzi remzi   29 May  3 19:10 ./
drwxr-x--- 27 remzi remzi 4096 May  3 15:14 ../
-rw-r-----  1 remzi remzi    6 May  3 19:10 file
lrwxrwxrwx  1 remzi remzi    4 May  3 19:10 file2 -> file
```

file2 是 4 个字节，原因在于形成符号链接的方式，即将链接指向文件的路径名作为链接文件的数据。因为我们链接到一个名为 file 的文件，所以我们的链接文件 file2 很小（4个字节）。如果链接到更长的路径名，链接文件会更大。

```
prompt> echo hello > alongerfilename
prompt> ln -s alongerfilename file3
prompt> ls -al alongerfilename file3
-rw-r----- 1 remzi remzi  6 May  3 19:17 alongerfilename
lrwxrwxrwx 1 remzi remzi 15 May  3 19:17 file3 -> alongerfilename
```

最后，由于创建符号链接的方式，有可能造成所谓的悬空引用（dangling reference）。

```
prompt> echo hello > file
prompt> ln -s file file2
prompt> cat file2
hello
prompt> rm file
prompt> cat file2
cat: file2: No such file or directory
```

正如你在本例中看到的，符号链接与硬链接完全不同，删除名为 file 的原始文件会导致符号链接指向不再存在的路径名。

39.15　创建并挂载文件系统

我们现在已经了解了访问文件、目录和特定类型链接的基本接口。但是我们还应该讨论另一个话题：如何从许多底层文件系统组建完整的目录树。这项任务的实现是先制作文件系统，然后挂载它们，使其内容可以访问。

为了创建一个文件系统，大多数文件系统提供了一个工具，通常名为 mkfs（发音为"make fs"），它就是完成这个任务的。思路如下：作为输入，为该工具提供一个设备（例如磁盘分区，例如/dev/sda1），一种文件系统类型（例如 ext3），它就在该磁盘分区上写入一个空文件系统，从根目录开始。mkfs 说，要有文件系统！

但是，一旦创建了这样的文件系统，就需要在统一的文件系统树中进行访问。这个任务是通过 mount 程序实现的（它使底层系统调用 mount()完成实际工作）。mount 的作用很简单：以现有目录作为目标挂载点（mount point），本质上是将新的文件系统粘贴到目录树的这个点上。

这里举个例子可能很有用。想象一下，我们有一个未挂载的 ext3 文件系统，存储在设备分区/dev/sda1 中，它的内容包括：一个根目录，其中包含两个子目录 a 和 b，每个子目录依次包含一个名为 foo 的文件。假设希望在挂载点/home/users 上挂载此文件系统。我们会输入以下命令：

```
prompt> mount -t ext3 /dev/sda1 /home/users
```

如果成功，mount 就让这个新的文件系统可用了。但是，请注意现在如何访问新的文件系统。要查看那个根目录的内容，我们将这样使用 ls：

```
prompt> ls /home/users/
a b
```

如你所见，路径名/home/users/现在指的是新挂载目录的根。同样，我们可以使用路径名/home/users/a 和/home/users/b 访问文件 a 和 b。最后，可以通过/home/users/a/foo 和/home/users/b/foo 访问名为 foo 的两个文件。因此 mount 的美妙之处在于：它将所有文件系统统一到一棵树中，而不是拥有多个独立的文件系统，这让命名统一而且方便。

要查看系统上挂载的内容，以及在哪些位置挂载，只要运行 mount 程序。你会看到类似下面的内容：

```
/dev/sda1 on / type ext3 (rw)
proc on /proc type proc (rw)
sysfs on /sys type sysfs (rw)
/dev/sda5 on /tmp type ext3 (rw)
/dev/sda7 on /var/vice/cache type ext3 (rw)
tmpfs on /dev/shm type tmpfs (rw)
AFS on /afs type afs (rw)
```

这个疯狂的组合展示了许多不同的文件系统，包括 ext3（标准的基于磁盘的文件系统）、proc 文件系统（用于访问当前进程信息的文件系统）、tmpfs（仅用于临时文件的文件系统）和 AFS（分布式文件系统）。它们都"粘"在这台机器的文件系统树上。

39.16 小结

UNIX 系统（实际上任何系统）中的文件系统接口看似非常基本，但如果你想掌握它，还有很多需要了解的东西。当然，没有什么比直接（大量地）使用它更好。所以请用它！当然，要读更多的书。像往常一样，Stevens 的书[SR05]是开始的地方。

我们浏览了基本的接口，希望你对它们的工作原理有所了解。更有趣的是如何实现一个满足 API 要求的文件系统，接下来将详细介绍这个主题。

参考资料

[K84] "Processes as Files" Tom J. Killian

USENIX, June 1984

介绍/proc 文件系统的文章，其中每个进程都可以被视为伪文件系统中的文件。这是一个聪明的想法，你仍然可以在现代 UNIX 系统中看到。

[L84] "Capability-Based Computer Systems" Henry M. Levy

Digital Press, 1984

早期基于权限的系统的完美概述。

[P+13] "Towards Efficient, Portable Application-Level Consistency"

Thanumalayan S. Pillai, Vijay Chidambaram, Joo-Young Hwang, Andrea C. Arpaci-Dusseau, and Remzi H. Arpaci-Dusseau

HotDep '13, November 2013

我们自己的研究工作，表明了应用程序在将数据提交到磁盘时可能会有多少错误。特别是关于文件系统假设"溜"到应用程序中，从而导致应用程序只在特定文件系统上运行时才能正常工作。

[SK09] "Principles of Computer System Design" Jerome H. Saltzer and M. Frans Kaashoek Morgan-Kaufmann, 2009

对于任何对该领域感兴趣的人来说，这是系统的代表作，是必读的。这是作者在麻省理工学院教授系统的方式。希望你阅读一遍，然后再读几遍，直至完全理解。

[SR05]"Advanced Programming in the UNIX Environment"
W. Richard Stevens and Stephen A. Rago Addison-Wesley, 2005
我们可能引用了这本书几十万次。如果你想成为一个出色的系统程序员，这本书对你很有用。

作业

在这次作业中，我们将熟悉本章中描述的 API 是如何工作的。为此，你只需编写几个不同的程序，主要基于各种 UNIX 实用程序。

问题

1．Stat：实现一个自己的命令行工具 stat，实现对一个文件或目录调用 stat() 函数即可。将文件的大小、分配的磁盘块数、引用数等信息打印出来。当目录的内容发生变化时，目录的引用计数如何变化？有用的接口：stat()。

2．列出文件：编写一个程序，列出指定目录内容。如果没有传参数，则程序仅输出文件名。当传入-l 参数时，程序需要打印出文件的所有者，所属组权限以及 stat() 函数获得的一些其他信息。另外还要支持传入要读取的目录作为参数，比如 myls -l directory。如果没有传入目录参数，则用当前目录作为默认参数。有用的接口：stat()、opendir()、readdir()和 getcwd()。

3．Tail：编写一个程序，输出一个文件的最后几行。这个程序运行后要能跳到文件末尾附近，然后一直读取指定的数据行数，并全部打印出来。运行程序的命令是 mytail -n file，其中参数 n 是指从文件末尾数起要打印的行数。有用的接口：stat()、lseek()、open()、read()和 close()。

4．递归查找：编写一个程序，打印指定目录树下所有的文件和目录名。比如，当不带参数运行程序时，会从当前工作目录开始递归打印目录内容以及其所有子目录的所有内容，直到打印完以当前工作目录为根的整棵目录树。如果传入了一个目录参数，则以这个目录为根开始递归打印。可以添加更多的参数来限制程序的递归遍历操作，可以参照 find 命令。有用的接口：自己想一下。

第 40 章　文件系统实现

本章将介绍一个简单的文件系统实现，称为 VSFS（Very Simple File System，简单文件系统）。它是典型 UNIX 文件系统的简化版本，因此可用于介绍一些基本磁盘结构、访问方法和各种策略，你可以在当今许多文件系统中看到。

文件系统是纯软件。与 CPU 和内存虚拟化的开发不同，我们不会添加硬件功能来使文件系统的某些方面更好地工作（但我们需要注意设备特性，以确保文件系统运行良好）。由于在构建文件系统方面具有很大的灵活性，因此人们构建了许多不同的文件系统，从 AFS（Andrew 文件系统）[H+88]到 ZFS（Sun 的 Zettabyte 文件系统）[B07]。所有这些文件系统都有不同的数据结构，在某些方面优于或逊于同类系统。因此，我们学习文件系统的方式是通过案例研究：首先，通过本章中的简单文件系统（VSFS）介绍大多数概念。然后，对真实文件系统进行一系列研究，以了解它们在实践中有何区别。

> **关键问题：如何实现简单的文件系统**
> 如何构建一个简单的文件系统？磁盘上需要什么结构？它们需要记录什么？它们如何访问？

40.1　思考方式

考虑文件系统时，我们通常建议考虑它们的两个不同方面。如果你理解了这两个方面，可能就理解了文件系统基本工作原理。

第一个方面是文件系统的数据结构（data structure）。换言之，文件系统在磁盘上使用哪些类型的结构来组织其数据和元数据？我们即将看到的第一个文件系统（包括下面的VSFS）使用简单的结构，如块或其他对象的数组，而更复杂的文件系统（如 SGI 的 XFS）使用更复杂的基于树的结构[S+96]。

> **补充：文件系统的心智模型**
> 正如我们之前讨论的那样，心智模型就是你在学习系统时真正想要发展的东西。对于文件系统，你的心智模型最终应该包含以下问题的答案：磁盘上的哪些结构存储文件系统的数据和元数据？当一个进程打开一个文件时会发生什么？在读取或写入期间访问哪些磁盘结构？通过研究和改进心智模型，你可以对发生的事情有一个抽象的理解，而不是试图理解某些文件系统代码的细节（当然这也是有用的！）。

文件系统的第二个方面是访问方法（access method）。如何将进程发出的调用，如 open()、read()、write()等，映射到它的结构上？在执行特定系统调用期间读取哪些结构？改写哪些结构？所有这些步骤的执行效率如何？

如果你理解了文件系统的数据结构和访问方法，就形成了一个关于它如何工作的良好心智模型，这是系统思维的一个关键部分。在深入研究我们的第一个实现时，请尝试建立你的心智模型。

40.2　整体组织

我们现在来开发 VSFS 文件系统在磁盘上的数据结构的整体组织。我们需要做的第一件事是将磁盘分成块（block）。简单的文件系统只使用一种块大小，这里正是这样做的。我们选择常用的 4KB。

因此，我们对构建文件系统的磁盘分区的看法很简单：一系列块，每块大小为 4KB。在大小为 N 个 4KB 块的分区中，这些块的地址为从 0 到 N–1。假设我们有一个非常小的磁盘，只有 64 块：

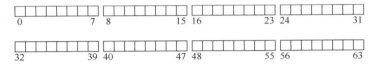

现在让我们考虑一下，为了构建文件系统，需要在这些块中存储什么。当然，首先想到的是用户数据。实际上，任何文件系统中的大多数空间都是（并且应该是）用户数据。我们将用于存放用户数据的磁盘区域称为数据区域（data region），简单起见，将磁盘的固定部分留给这些块，例如磁盘上 64 个块的最后 56 个：

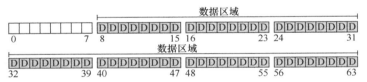

正如我们在第 39 章中了解到的，文件系统必须记录每个文件的信息。该信息是元数据（metadata）的关键部分，并且记录诸如文件包含哪些数据块（在数据区域中）、文件的大小、其所有者和访问权限、访问和修改时间以及其他类似信息的事情。为了存储这些信息，文件系统通常有一个名为 inode 的结构（后面会详细介绍 inode）。

为了存放 inode，我们还需要在磁盘上留出一些空间。我们将这部分磁盘称为 inode 表（inode table），它只是保存了一个磁盘上 inode 的数组。因此，假设我们将 64 个块中的 5 块用于 inode，磁盘映像现在看起来如下：

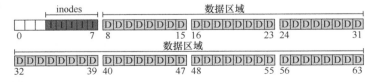

在这里应该指出，inode 通常不是那么大，例如，只有 128 或 256 字节。假设每个 inode 有 256 字节，一个 4KB 块可以容纳 16 个 inode，而我们上面的文件系统则包含 80 个 inode。在我们简单的文件系统中，建立在一个小小的 64 块分区上，这个数字表示文件系统中可以拥有的最大文件数量。但是请注意，建立在更大磁盘上的相同文件系统可以简单地分配更大的 inode 表，从而容纳更多文件。

到目前为止，我们的文件系统有了数据块（D）和 inode（I），但还缺一些东西。你可能已经猜到，还需要某种方法来记录 inode 或数据块是空闲还是已分配。因此，这种分配结构（allocation structure）是所有文件系统中必需的部分。

当然，可能有许多分配记录方法。例如，我们可以用一个空闲列表（free list），指向第一个空闲块，然后它又指向下一个空闲块，依此类推。我们选择一种简单而流行的结构，称为位图（bitmap），一种用于数据区域（数据位图，data bitmap），另一种用于 inode 表（inode 位图，inode bitmap）。位图是一种简单的结构：每个位用于指示相应的对象/块是空闲（0）还是正在使用（1）。因此新的磁盘布局如下，包含 inode 位图（i）和数据位图（d）：

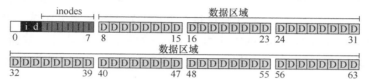

你可能会注意到，对这些位图使用整个 4KB 块是有点杀鸡用牛刀。这样的位图可以记录 32K 对象是否分配，但我们只有 80 个 inode 和 56 个数据块。但是，简单起见，我们就为每个位图使用整个 4KB 块。

细心的读者可能已经注意到，在极简文件系统的磁盘结构设计中，还有一块。我们将它保留给超级块（superblock），在下图中用 S 表示。超级块包含关于该特定文件系统的信息，包括例如文件系统中有多少个 inode 和数据块（在这个例子中分别为 80 和 56）、inode 表的开始位置（块 3）等等。它可能还包括一些幻数，来标识文件系统类型（在本例中为 VSFS）。

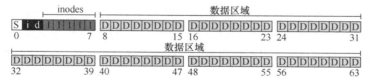

因此，在挂载文件系统时，操作系统将首先读取超级块，初始化各种参数，然后将该卷添加到文件系统树中。当卷中的文件被访问时，系统就会知道在哪里查找所需的磁盘上的结构。

40.3 文件组织：inode

文件系统最重要的磁盘结构之一是 inode，几乎所有的文件系统都有类似的结构。名称 inode 是 index node（索引节点）的缩写，它是由 UNIX 开发人员 Ken Thompson [RT74] 给出的历史性名称，因为这些节点最初放在一个数组中，在访问特定 inode 时会用到该数组的索引。

补充：数据结构——inode

inode 是许多文件系统中使用的通用名称，用于描述保存给定文件的元数据的结构，例如其长度、权限以及其组成块的位置。这个名称至少可以追溯到 UNIX（如果不是早期的系统，可能还会追溯到 Multics）。它是 index node（索引节点）的缩写，因为 inode 号用于索引磁盘上的 inode 数组，以便查找该 inode 号对应的 inode。我们将看到，inode 的设计是文件系统设计的一个关键部分。大多数现代系统对于它们记录的每个文件都有这样的结构，但也许用了不同的名字（如 dnodes、fnodes 等）。

每个 inode 都由一个数字（称为 inumber）隐式引用，我们之前称之为文件的低级名称（low-level name）。在 VSFS（和其他简单的文件系统）中，给定一个 inumber，你应该能够直接计算磁盘上相应节点的位置。例如，如上所述，获取 VSFS 的 inode 表：大小为 20KB（5 个 4KB 块），因此由 80 个 inode（假设每个 inode 为 256 字节）组成。进一步假设 inode 区域从 12KB 开始（即超级块从 0KB 开始，inode 位图在 4KB 地址，数据位图在 8KB，因此 inode 表紧随其后）。因此，在 VSFS 中，我们为文件系统分区的开头提供了以下布局（特写视图）：

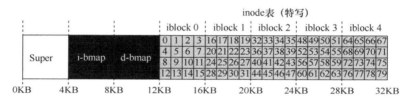

要读取 inode 号 32，文件系统首先会计算 inode 区域的偏移量（32×inode 的大小，即 8192），将它加上磁盘 inode 表的起始地址（inodeStartAddr = 12KB），从而得到希望的 inode 块的正确字节地址：20KB。回想一下，磁盘不是按字节可寻址的，而是由大量可寻址扇区组成，通常是 512 字节。因此，为了获取包含索引节点 32 的索引节点块，文件系统将向节点（即 40）发出一个读取请求，取得期望的 inode 块。更一般地说，inode 块的扇区地址 iaddr 可以计算如下：

```
blk    = (inumber * sizeof(inode_t)) / blockSize;
sector = ((blk * blockSize) + inodeStartAddr) / sectorSize;
```

在每个 inode 中，实际上是所有关于文件的信息：文件类型（例如，常规文件、目录等）、大小、分配给它的块数、保护信息（如谁拥有该文件以及谁可以访问它）、一些时间信息（包括文件创建、修改或上次访问的时间文件下），以及有关其数据块驻留在磁盘上的位置的信息（如某种类型的指针）。我们将所有关于文件的信息称为元数据（metadata）。实际上，文件系统中除了纯粹的用户数据外，其他任何信息通常都称为元数据。表 40.1 所示的是 ext2 [P09]的 inode 的例子。

设计 inode 时，最重要的决定之一是它如何引用数据块的位置。一种简单的方法是在 inode 中有一个或多个直接指针（磁盘地址）。每个指针指向属于该文件的一个磁盘块。这种方法有局限：例如，如果你想要一个非常大的文件（例如，大于块的大小乘以直接指针数），那就不走运了。

表 40.1   ext2 的 inode

大小（字节）	名称	inode 字段的用途
2	mode	该文件是否可以读/写/执行
2	uid	谁拥有该文件
4	size	该文件有多少字节
4	time	该文件最近的访问时间是什么时候
4	ctime	该文件的创建时间是什么时候
4	mtime	该文件最近的修改时间是什么时候
4	dtime	该 inode 被删除的时间是什么时候
2	gid	该文件属于哪个分组
2	links count	该文件有多少硬链接
4	blocks	为该文件分配了多少块
4	flags	ext2 将如何使用该 inode
4	osd1	OS 相关的字段
60	block	一组磁盘指针（共 15 个）
4	generation	文件版本（用于 NFS）
4	file acl	一种新的许可模式，除了 mode 位
4	dir acl	称为访问控制列表
4	faddr	未支持字段
12	i osd2	另一个 OS 相关字段

多级索引

为了支持更大的文件，文件系统设计者必须在 inode 中引入不同的结构。一个常见的思路是有一个称为间接指针（indirect pointer）的特殊指针。它不是指向包含用户数据的块，而是指向包含更多指针的块，每个指针指向用户数据。因此，inode 可以有一些固定数量（例如 12 个）的直接指针和一个间接指针。如果文件变得足够大，则会分配一个间接块（来自磁盘的数据块区域），并将 inode 的间接指针设置为指向它。假设一个块是 4KB，磁盘地址是 4 字节，那就增加了 1024 个指针。文件可以增长到（12 + 1024）×4KB，即 4144KB。

提示：考虑基于范围的方法

另一种方法是使用范围（extent）而不是指针。范围就是一个磁盘指针加一个长度（以块为单位）。因此，不需要指向文件的每个块的指针，只需要指针和长度来指定文件的磁盘位置。只有一个范围是有局限的，因为分配文件时可能无法找到连续的磁盘可用空间块。因此，基于范围的文件系统通常允许多个范围，从而在文件分配期间给予文件系统更多的自由。

这两种方法相比较，基于指针的方法是最灵活的，但是每个文件使用大量元数据（尤其是大文件）。基于范围的方法不够灵活但更紧凑。特别是，如果磁盘上有足够的可用空间并且文件可以连续布局（无论如何，这实际上是所有文件分配策略的目标），基于范围的方法都能正常工作。

毫不奇怪，在这种方法中，你可能希望支持更大的文件。为此，只需添加另一个指向 inode 的指针：双重间接指针（double indirect pointer）。该指针指的是一个包含间接块指针的块，每个间接块都包含指向数据块的指针。因此，双重间接块提供了可能性，允许使用额外的 1024×1024 个 4KB 块来增长文件，换言之，支持超过 4GB 大小的文件。不过，你可能想要更多，我们打赌你知道怎么办：三重间接指针（triple indirect pointer）。

总之，这种不平衡树被称为指向文件块的多级索引（multi-level index）方法。我们来看一个例子，它有 12 个直接指针，以及一个间接块和一个双重间接块。假设块大小为 4KB，并且指针为 4 字节，则该结构可以容纳一个刚好超过 4GB 的文件，即（12 + 1024 + 1024^2）× 4KB。增加一个三重间接块，你是否能弄清楚支持多大的文件？（提示：很大）

许多文件系统使用多级索引，包括常用的文件系统，如 Linux ext2 [P09]和 ext3，NetApp 的 WAFL，以及原始的 UNIX 文件系统。其他文件系统，包括 SGI XFS 和 Linux ext4，使用范围而不是简单的指针。有关基于范围的方案如何工作的详细信息，请参阅前面的内容（它们类似于讨论虚拟内存时的段）。

你可能想知道：为什么使用这样的不平衡树？为什么不采用不同的方法？好吧，事实证明，许多研究人员已经研究过文件系统以及它们的使用方式，几乎每次他们都发现了某些"真相"，几十年来都是如此。其中一个真相是，大多数文件很小。这种不平衡的设计反映了这样的现实。如果大多数文件确实很小，那么为这种情况优化是有意义的。因此，使用少量的直接指针（12 是一个典型的数字），inode 可以直接指向 48KB 的数据，需要一个（或多个）间接块来处理较大的文件。参见 Agrawal 等人最近的研究[A+07]。表 40.2 总结了这些结果。

表 40.2　　　　　　　　　　　　　文件系统测量汇总

大多数文件很小	大约 2KB 是常见大小
平均文件大小在增长	几乎平均增长 200KB
大多数字节保存在大文件中	少数大文件使用了大部分空间
文件系统包含许多文件	几乎平均 100KB
文件系统大约一半是满的	尽管磁盘在增长，文件系统仍保持约 50%是满的
目录通常很小	许多只有少量条目，大多数少于 20 个条目

补充：基于链接的方法

设计 inode 有另一个更简单的方法，即使用链表（linked list）。这样，在一个 inode 中，不是有多个指针，只需要一个，指向文件的第一个块。要处理较大的文件，就在该数据块的末尾添加另一个指针等，这样就可以支持大文件。

你可能已经猜到，链接式文件分配对于某些工作负载表现不佳。例如，考虑读取文件的最后一个块，或者就是进行随机访问。因此，为了使链接式分配更好地工作，一些系统在内存中保留链接信息表，而不是将下一个指针与数据块本身一起存储。该表用数据块 D 的地址来索引，一个条目的内容就是 D 的下一个指针，即 D 后面的文件中的下一个块的地址。那里也可以是空值（表示文件结束），或用其他标记来表示一个特定的块是空闲的。拥有这样的下一块指针表，使得链接分配机制可以有效地进行随机文件访问，只需首先扫描（在内存中）表来查找所需的块，然后直接访问（在磁盘上）。

> 这样的表听起来很熟悉吗？我们描述的是所谓的文件分配表（File Allocation Table，FAT）——文件系统的基本结构。是的，在 NTFS [C94]之前，这款经典的旧 Windows 文件系统基于简单的基于链接的分配方案。它与标准 UNIX 文件系统还有其他不同之处。例如，本身没有 inode，而是存储关于文件的元数据的目录条目，并且直接指向所述文件的第一个块，这导致不可能创建硬链接。参见 Brouwer 的著作 [B02]，了解更多不够优雅的细节。

当然，在 inode 设计的空间中，存在许多其他可能性。毕竟，inode 只是一个数据结构，任何存储相关信息并可以有效查询的数据结构就足够了。由于文件系统软件很容易改变，如果工作负载或技术发生变化，你应该愿意探索不同的设计。

40.4 目录组织

在 VSFS 中（像许多文件系统一样），目录的组织很简单。一个目录基本上只包含一个二元组（条目名称，inode 号）的列表。对于给定目录中的每个文件或目录，目录的数据块中都有一个字符串和一个数字。对于每个字符串，可能还有一个长度（假定采用可变大小的名称）。

例如，假设目录 dir（inode 号是 5）中有 3 个文件（foo、bar 和 foobar），它们的 inode 号分别为 12、13 和 24。dir 在磁盘上的数据可能如下所示：

```
inum | reclen | strlen | name
  5       4        2      .
  2       4        3      ..
 12       4        4      foo
 13       4        4      bar
 24       8        7      foobar
```

在这个例子中，每个条目都有一个 inode 号，记录长度（名称的总字节数加上所有的剩余空间），字符串长度（名称的实际长度），最后是条目的名称。请注意，每个目录有两个额外的条目：.（点）和..（点点）。点目录就是当前目录（在本例中为 dir），而点点是父目录（在本例中是根目录）。

删除一个文件（例如调用 unlink()）会在目录中间留下一段空白空间，因此应该有一些方法来标记它（例如，用一个保留的 inode 号，比如 0）。这种删除是使用记录长度的一个原因：新条目可能会重复使用旧的、更大的条目，从而在其中留有额外的空间。

你可能想知道确切的目录存储在哪里。通常，文件系统将目录视为特殊类型的文件。因此，目录有一个 inode，位于 inode 表中的某处（inode 表中的 inode 标记为"目录"的类型字段，而不是"常规文件"）。该目录具有由 inode 指向的数据块（也可能是间接块）。这些数据块存在于我们的简单文件系统的数据块区域中。我们的磁盘结构因此保持不变。

我们还应该再次指出，这个简单的线性目录列表并不是存储这些信息的唯一方法。像以前一样，任何数据结构都是可能的。例如，XFS [S+96]以 B 树形式存储目录，使文件创建操作（必须确保文件名在创建之前未被使用）快于使用简单列表的系统，因为后者必须扫描其中的条目。

40.5　空闲空间管理

文件系统必须记录哪些 inode 和数据块是空闲的，哪些不是，这样在分配新文件或目录时，就可以为它找到空间。因此，空闲空间管理（free space management）对于所有文件系统都很重要。在 VSFS 中，我们用两个简单的位图来完成这个任务。

补充：空闲空间管理

管理空闲空间可以有很多方法，位图只是其中一种。一些早期的文件系统使用空闲列表（free list），其中超级块中的单个指针保持指向第一个空闲块。在该块内部保留下一个空闲指针，从而通过系统的空闲块形成列表。在需要块时，使用头块并相应地更新列表。

现代文件系统使用更复杂的数据结构。例如，SGI 的 XFS [S+96]使用某种形式的 B 树（B-tree）来紧凑地表示磁盘的哪些块是空闲的。与所有数据结构一样，不同的时间-空间折中也是可能的。

例如，当我们创建一个文件时，我们必须为该文件分配一个 inode。文件系统将通过位图搜索一个空闲的内容，并将其分配给该文件。文件系统必须将 inode 标记为已使用（用 1），并最终用正确的信息更新磁盘上的位图。分配数据块时会发生类似的一组活动。

为新文件分配数据块时，还可能会考虑其他一些注意事项。例如，一些 Linux 文件系统（如 ext2 和 ext3）在创建新文件并需要数据块时，会寻找一系列空闲块（如 8 块）。通过找到这样一系列空闲块，然后将它们分配给新创建的文件，文件系统保证文件的一部分将在磁盘上并且是连续的，从而提高性能。因此，这种预分配（pre-allocation）策略，是为数据块分配空间时的常用启发式方法。

40.6　访问路径：读取和写入

现在我们已经知道文件和目录如何存储在磁盘上，我们应该能够明白读取或写入文件的操作过程。理解这个访问路径（access path）上发生的事情，是开发人员理解文件系统如何工作的第二个关键。请注意！

对于下面的例子，我们假设文件系统已经挂载，因此超级块已经在内存中。其他所有内容（如 inode、目录）仍在磁盘上。

从磁盘读取文件

在这个简单的例子中，让我们先假设你只是想打开一个文件（例如/foo/bar，读取它，然后关闭它）。对于这个简单的例子，假设文件的大小只有 4KB（即 1 块）。

当你发出一个 open("/foo/bar", O_RDONLY)调用时，文件系统首先需要找到文件 bar 的 inode，从而获取关于该文件的一些基本信息（权限信息、文件大小等等）。为此，文件系统必须能够找到 inode，但它现在只有完整的路径名。文件系统必须遍历（traverse）路径名，从而找到所需的 inode。

所有遍历都从文件系统的根开始，即根目录（root directory），它就记为/。因此，文件系统的第一次磁盘读取是根目录的 inode。但是这个 inode 在哪里？要找到 inode，我们必须知道它的 i-number。通常，我们在其父目录中找到文件或目录的 i-number。根没有父目录（根据定义）。因此，根的 inode 号必须是"众所周知的"。在挂载文件系统时，文件系统必须知道它是什么。在大多数 UNIX 文件系统中，根的 inode 号为 2。因此，要开始该过程，文件系统会读入 inode 号 2 的块（第一个 inode 块）。

一旦 inode 被读入，文件系统可以在其中查找指向数据块的指针，数据块包含根目录的内容。因此，文件系统将使用这些磁盘上的指针来读取目录，在这个例子中，寻找 foo 的条目。通过读入一个或多个目录数据块，它将找到 foo 的条目。一旦找到，文件系统也会找到下一个需要的 foo 的 inode 号（假定是 44）。

下一步是递归遍历路径名，直到找到所需的 inode。在这个例子中，文件系统读取包含 foo 的 inode 及其目录数据的块，最后找到 bar 的 inode 号。open() 的最后一步是将 bar 的 inode 读入内存。然后文件系统进行最后的权限检查，在每个进程的打开文件表中，为此进程分配一个文件描述符，并将它返回给用户。

打开后，程序可以发出 read() 系统调用，从文件中读取。第一次读取（除非 lseek() 已被调用，则在偏移量 0 处）将在文件的第一个块中读取，查阅 inode 以查找这个块的位置。它也会用新的最后访问时间更新 inode。读取将进一步更新此文件描述符在内存中的打开文件表，更新文件偏移量，以便下一次读取会读取第二个文件块，等等。

补充：读取不会访问分配结构

我们曾见过许多学生对分配结构（如位图）感到困惑。特别是，许多人经常认为，只是简单地读取文件而不分配任何新块时，也会查询位图。不是这样的！分配结构（如位图）只有在需要分配时才会访问。inode、目录和间接块具有完成读请求所需的所有信息。inode 已经指向一个块，不需要再次确认它已分配。

在某个时候，文件将被关闭。这里要做的工作要少得多。很明显，文件描述符应该被释放，但现在，这就是 FS 真正要做的。没有磁盘 I/O 发生。

整个过程如表 40.3 所示（向下时间递增）。在该表中，打开导致了多次读取，以便最终找到文件的 inode。之后，读取每个块需要文件系统首先查询 inode，然后读取该块，再使用写入更新 inode 的最后访问时间字段。花一些时间，试着理解发生了什么。

另外请注意，open 导致的 I/O 量与路径名的长度成正比。对于路径中的每个增加的目录，我们都必须读取它的 inode 及其数据。更糟糕的是，会出现大型目录。在这里，我们只需要读取一个块来获取目录的内容，而对于大型目录，我们可能需要读取很多数据块才能找到所需的条目。是的，读取文件时生活会变得非常糟糕。你会发现，写入一个文件（尤其是创建一个新文件）更糟糕。

表 40.3 　　　　　　　　　　　　　　文件读取时间线（向下时间递增）

	data bitmap	inode bitmap	root inode	foo inode	bar inode	root data	foo data	bar data[0]	bar data[1]	bar data[2]
open(bar)			read	read	read	read	read			
read()					read write			read		
read()					read write				read	
read()					read write					read

写入磁盘

写入文件是一个类似的过程。首先，文件必须打开（如上所述）。其次，应用程序可以发出 write()调用以用新内容更新文件。最后，关闭该文件。

与读取不同，写入文件也可能会分配（allocate）一个块（除非块被覆写）。当写入一个新文件时，每次写入操作不仅需要将数据写入磁盘，还必须首先决定将哪个块分配给文件，从而相应地更新磁盘的其他结构（例如数据位图和 inode）。因此，每次写入文件在逻辑上会导致 5 个 I/O：一个读取数据位图（然后更新以标记新分配的块被使用），一个写入位图（将它的新状态存入磁盘），再有两次 I/O，其中一次是读取 inode，另一次是写 inode（为了更新块的位置），最后一次写入真正的数据块本身。

考虑简单和常见的操作（例如文件创建），写入的工作量更大。要创建一个文件，文件系统不仅要分配一个 inode，还要在包含新文件的目录中分配空间。这样做的 I/O 工作总量非常大：一个读取 inode 位图（查找空闲 inode），一个写入 inode 位图（将其标记为已分配），一个写入新的 inode 本身（初始化它），一个写入目录的数据（将文件的高级名称链接到它的 inode 号），以及一个读写目录 inode 以便更新它。如果目录需要增长以容纳新条目，则还需要额外的 I/O（即数据位图和新目录块）。所有这些只是为了创建一个文件！

我们来看一个具体的例子，其中创建了 file/foo/bar，并且向它写入了 3 个块。表 40.4 展示了在 open()（创建文件）期间和在 3 个 4KB 写入期间发生的情况。

在该表中，对磁盘的读取和写入放在导致它们发生的系统调用之下，它们可能发生的大致顺序从表的顶部到底部依次进行。你可以看到创建该文件需要多少工作：在这种情况下，有 10 次 I/O，用于遍历路径名，然后创建文件。你还可以看到每个分配写入需要 5 次 I/O：一对读取和更新 inode，另一对读取和更新数据位图，最后写入数据本身。文件系统如何以合理的效率完成这些任务？

表 40.4 文件创建时间线（向下时间递增）

	data bitmap	inode bitmap	root inode	foo inode	bar inode	root data	foo data	bar data[0]	bar data[1]	bar data[2]
create (/foo/bar)			read			read				
				read			read			
		read								
		write					write			
					read					
					write					
				write						
write()	read				read					
	write							write		
					write					
write()	read				read					
	write								write	
					write					
write()	read				read					
	write									write
					write					

关键问题：如何降低文件系统 I/O 成本

　　即使是最简单的操作，如打开、读取或写入文件，也会产生大量 I/O 操作，分散在磁盘上。文件系统可以做些什么，来降低执行如此多 I/O 的高成本？

40.7 缓存和缓冲

　　如上面的例子所示，读取和写入文件可能是昂贵的，会导致（慢速）磁盘的许多 I/O。这显然是一个巨大的性能问题，为了弥补，大多数文件系统积极使用系统内存（DRAM）来缓存重要的块。

　　想象一下上面的打开示例：没有缓存，每个打开的文件都需要对目录层次结构中的每个级别至少进行两次读取（一次读取相关目录的 inode，并且至少有一次读取其数据）。使用长路径名（例如，/1/2/3/⋯/100/file.txt），文件系统只是为了打开文件，就要执行数百次读取！

　　早期的文件系统因此引入了一个固定大小的缓存（fixed-size cache）来保存常用的块。正如我们在讨论虚拟内存时一样，LRU 及不同变体策略会决定哪些块保留在缓存中。这个固定大小的缓存通常会在启动时分配，大约占总内存的 10%。

然而，这种静态的内存划分（static partitioning）可能导致浪费。如果文件系统在给定的时间点不需要 10%的内存，该怎么办？使用上述固定大小的方法，文件高速缓存中的未使用页面不能被重新用于其他一些用途，因此导致浪费。

相比之下，现代系统采用动态划分（dynamic partitioning）方法。具体来说，许多现代操作系统将虚拟内存页面和文件系统页面集成到统一页面缓存中（unified page cache）[S00]。通过这种方式，可以在虚拟内存和文件系统之间更灵活地分配内存，具体取决于在给定时间哪种内存需要更多的内存。

现在想象一下有缓存的文件打开的例子。第一次打开可能会产生很多 I/O 流量，来读取目录的 inode 和数据，但是随后文件打开的同一文件（或同一目录中的文件），大部分会命中缓存，因此不需要 I/O。

我们也考虑一下缓存对写入的影响。尽管可以通过足够大的缓存完全避免读取 I/O，但写入流量必须进入磁盘，才能实现持久。因此，高速缓存不能减少写入流量，像对读取那样。虽然这么说，写缓冲（write buffering，人们有时这么说）肯定有许多优点。首先，通过延迟写入，文件系统可以将一些更新编成一批（batch），放入一组较小的 I/O 中。例如，如果在创建一个文件时，inode 位图被更新，稍后在创建另一个文件时又被更新，则文件系统会在第一次更新后延迟写入，从而节省一次 I/O。其次，通过将一些写入缓冲在内存中，系统可以调度（schedule）后续的 I/O，从而提高性能。最后，一些写入可以通过拖延来完全避免。例如，如果应用程序创建文件并将其删除，则将文件创建延迟写入磁盘，可以完全避免（avoid）写入。在这种情况下，懒惰（在将块写入磁盘时）是一种美德。

提示：理解静态划分与动态划分

在不同客户端/用户之间划分资源时，可以使用静态划分（static partitioning）或动态划分（dynamic partitioning）。静态方法简单地将资源一次分成固定的比例。例如，如果有两个可能的内存用户，则可以给一个用户固定的内存部分，其余的则分配给另一个用户。动态方法更灵活，随着时间的推移提供不同数量的资源。例如，一个用户可能会在一段时间内获得更高的磁盘带宽百分比，但是之后，系统可能会切换，决定为不同的用户提供更大比例的可用磁盘带宽。

每种方法都有其优点。静态划分可确保每个用户共享一些资源，通常提供更可预测的性能，也更易于实现。动态划分可以实现更好的利用率（通过让资源匮乏的用户占用其他空闲资源），但实现起来可能会更复杂，并且可能导致空闲资源被其他用户占用，然后在需要时花费很长时间收回，从而导致这些用户性能很差。像通常一样，没有最好的方法。你应该考虑手头的问题，并确定哪种方法最适合。实际上，你不是应该一直这样做吗？

由于上述原因，大多数现代文件系统将写入在内存中缓冲 5～30s，这代表了另一种折中：如果系统在更新传递到磁盘之前崩溃，更新就会丢失。但是，将内存写入时间延长，则可以通过批处理、调度甚至避免写入，提高性能。

某些应用程序（如数据库）不喜欢这种折中。因此，为了避免由于写入缓冲导致的意外数据丢失，它们就强制写入磁盘，通过调用 fsync()，使用绕过缓存的直接 I/O（direct I/O）

接口，或者使用原始磁盘（raw disk）接口并完全避免使用文件系统[①]。虽然大多数应用程序能接受文件系统的折中，但是如果默认设置不能令人满意，那么有足够的控制可以让系统按照你的要求进行操作。

提示：了解耐用性/性能权衡

存储系统通常会向用户提供耐用性/性能折中。如果用户希望写入的数据立即持久，则系统必须尽全力将新写入的数据提交到磁盘，因此写入速度很慢（但是安全）。但是，如果用户可以容忍丢失少量数据，系统可以缓冲内存中的写入一段时间，然后将其写入磁盘（在后台）。这样做可以使写入快速完成，从而提高感受到的性能。但是，如果发生崩溃，尚未提交到磁盘的写入操作将丢失，因此需要进行折中。要理解如何正确地进行这种折中，最好了解使用存储系统的应用程序需要什么。例如，虽然丢失网络浏览器下载的最后几张图像可以忍受，但丢失部分数据库交易、让你的银行账户不能增加资金，这不能忍。当然，除非你很有钱。如果你很有钱，为什么要特别关心积攒每一分钱？

40.8   小结

我们已经看到了构建文件系统所需的基本机制。需要有关于每个文件（元数据）的一些信息，这通常存储在名为 inode 的结构中。目录只是"存储名称→inode 号"映射的特定类型的文件。其他结构也是需要的。例如，文件系统通常使用诸如位图的结构，来记录哪些 inode 或数据块是空闲的或已分配的。

文件系统设计的极好方面是它的自由。接下来的章节中探讨的文件系统，都利用了这种自由来优化文件系统的某些方面。显然，我们还有很多尚未探讨的策略决定。例如，创建一个新文件时，它应该放在磁盘上的什么位置？这一策略和其他策略会成为未来章节的主题吗？

参考资料

[A+07] Nitin Agrawal, William J. Bolosky, John R. Douceur, Jacob R. Lorch A Five-Year Study of File-System Metadata

FAST '07, pages 31–45, February 2007, San Jose, CA

最近对文件系统实际使用方式的一个很好的分析。利用其中的文献目录可以追溯到 20 世纪 80 年代早期的文件系统分析论文。

[B07] "ZFS: The Last Word in File Systems" Jeff Bonwick and Bill Moore

最新的重要文件系统之一，功能丰富，性能卓越。我们应该为它写一章，也许很快就会有这么一章。

[①] 选修一门数据库课程，了解更多有关传统数据库的知识，以及它们过去对避开操作系统和自己控制一切的坚持。 但要小心！有些搞数据库的人总是试图说操作系统的坏话。

[B02]"The FAT File System"Andries Brouwer, September, 2002
关于 FAT 的很好、很漂亮的描述。文件系统的类型,不是培根的类型。但你必须承认,培根可能味道更好。

[C94]"Inside the Windows NT File System", Helen Custer
Microsoft Press, 1994
一本关于 NTFS 的小书,其他书中可能有更多技术 s 细节。

[H+88]"Scale and Performance in a Distributed File System"
John H. Howard, Michael L. Kazar, Sherri G. Menees, David A. Nichols, M. Satyanarayanan, Robert N. Sidebotham, Michael J. West.
ACM Transactions on Computing Systems (ACM TOCS), page 51-81, Volume 6, Number 1, February 1988
经典的分布式文件系统,我们稍后会更多地了解它,不用担心。

[P09]"The Second Extended File System: Internal Layout"Dave Poirier, 2009
有关 ext2 的详细信息,这是一个非常简单的基于 FFS 的 Linux 文件系统,即 Berkeley Fast File System。我们将在第 41 章中详细解读。

[RT74]"The UNIX Time-Sharing System"
M.Ritchie and K. Thompson
CACM, Volume 17:7, pages 365-375, 1974
关于 UNIX 的较早的论文。阅读它,能了解许多现代操作系统的基础知识。

[S00]"UBC: An Efficient Unified I/O and Memory Caching Subsystem for NetBSD"Chuck Silvers
FREENIX, 2000
一篇关于 NetBSD 集成文件系统缓冲区缓存和虚拟内存页面缓存的好文章。许多其他系统做了同样的事情。

[S+96]"Scalability in the XFS File System"
Adan Sweeney, Doug Doucette, Wei Hu, Curtis Anderson, Mike Nishimoto, Geoff Peck
USENIX '96, January 1996, San Diego, CA
第一次尝试让操作具有可伸缩性,其中包括在目录中拥有数百万个文件这样的事情,这是核心关注点。它是一个把想法推向极致的好例子。这个文件系统的关键思想是:一切都是树。我们也应该为这个文件系统写一章内容。

作业

使用工具 vsfs.py 来研究文件系统状态如何随着各种操作的发生而改变。文件系统以空状态开始,只有一个根目录。模拟发生时,会执行各种操作,从而慢慢改变文件系统的磁盘状态。详情请参阅 README 文件。

问题

1. 用一些不同的随机种子（比如 17、18、19、20）运行模拟器，看看你是否能确定每次状态变化之间一定发生了哪些操作。

2. 现在使用不同的随机种子（比如 21、22、23、24），但使用-r 标志运行，这样做可以让你在显示操作时猜测状态的变化。关于 inode 和数据块分配算法，根据它们喜欢分配的块，你可以得出什么结论？

3. 现在将文件系统中的数据块数量减少到非常少（比如两个），并用 100 个左右的请求来运行模拟器。在这种高度约束的布局中，哪些类型的文件最终会出现在文件系统中？什么类型的操作会失败？

4. 现在做同样的事情，但针对 inodes。只有非常少的 inode，什么类型的操作才能成功？哪些通常会失败？文件系统的最终状态可能是什么？

第41章 局部性和快速文件系统

当 UNIX 操作系统首次引入时，UNIX "魔法师" Ken Thompson 编写了第一个文件系统。我们称之为 "老 UNIX 文件系统"，它非常简单，基本上，它的数据结构在磁盘上看起来像这样：

超级块（S）包含有关整个文件系统的信息：卷的大小、有多少 inode、指向空闲列表块的头部的指针等等。磁盘的 inode 区域包含文件系统的所有 inode。最后，大部分磁盘都被数据块占用。

老文件系统的好处在于它很简单，支持文件系统试图提供的基本抽象：文件和目录层次结构。与过去笨拙的基于记录的存储系统相比，这个易于使用的系统真正向前迈出了一步。与早期系统提供的更简单的单层次层次结构相比，目录层次结构是真正的进步。

41.1 问题：性能不佳

问题是：性能很糟糕。根据 Kirk McKusick 和他在伯克利的同事[MJLF84]的测量，性能开始就不行，随着时间的推移变得更糟，直到文件系统仅提供总磁盘带宽的 2%！

主要问题是老 UNIX 文件系统将磁盘当成随机存取内存。数据遍布各处，而不考虑保存数据的介质是磁盘的事实，因此具有实实在在的、昂贵的定位成本。例如，文件的数据块通常离其 inode 非常远，因此每当第一次读取 inode 然后读取文件的数据块（非常常见的操作）时，就会导致昂贵的寻道。

更糟糕的是，文件系统最终会变得非常碎片化（fragmented），因为空闲空间没有得到精心管理。空闲列表最终会指向遍布磁盘的一堆块，并且随着文件的分配，它们只会占用下一个空闲块。结果是在磁盘上来回访问逻辑上连续的文件，从而大大降低了性能。

例如，假设以下数据块区域包含 4 个文件（A、B、C 和 D），每个文件大小为两个块：

A1	A2	B1	B2	C1	C2	D1	D2

如果删除 B 和 D，则生成的布局为：

A1	A2			C1	C2		

如你所见，可用空间被分成两块构成的两大块，而不是很好的连续 4 块。假设我们现在希望分配一个大小为 4 块的文件 E：

你可以看到会发生什么：E 分散在磁盘上，因此，在访问 E 时，无法从磁盘获得峰值（顺序）性能。你首先读取 E1 和 E2，然后寻道，再读取 E3 和 E4。这个碎片问题一直发生在老 UNIX 文件系统中，并且会影响性能。（插一句：这个问题正是磁盘碎片整理工具要解决的。它们将重新组织磁盘数据以连续放置文件，并为让空闲空间成为一个或几个连续的区域，移动数据，然后重写 inode 等以反映变化。）

另一个问题：原始块大小太小（512 字节）。因此，从磁盘传输数据本质上是低效的。较小的块是好的，因为它们最大限度地减少了内部碎片（internal fragmentation，块内的浪费），但是由于每个块可能需要一个定位开销来访问它，因此传输不佳。我们可以总结如下问题。

> **关键问题：如何组织磁盘数据以提高性能**
> 如何组织文件系统数据结构以提高性能？在这些数据结构之上，需要哪些类型的分配策略？如何让文件系统具有"磁盘意识"？

41.2 FFS：磁盘意识是解决方案

伯克利的一个小组决定建立一个更好、更快的文件系统，他们聪明地称之为快速文件系统（Fast File System，FFS）。思路是让文件系统的结构和分配策略具有"磁盘意识"，从而提高性能，这正是他们所做的。因此，FFS 进入了文件系统研究的新时代。通过保持与文件系统相同的接口（相同的 API，包括 open()、read()、write()、close() 和其他文件系统调用），但改变内部实现，作者为新文件系统的构建铺平了道路，这方面的工作今天仍在继续。事实上，所有现代文件系统都遵循现有的接口（从而保持与应用程序的兼容性），同时为了性能、可靠性或其他原因，改变其内部实现。

41.3 组织结构：柱面组

第一步是更改磁盘上的结构。FFS 将磁盘划分为一些分组，称为柱面组（cylinder group，而一些现代文件系统，如 Linux ext2 和 ext3，就称它们为块组，即 block group）。因此，我们可以想象一个具有 10 个柱面组的磁盘：

G0	G1	G2	G3	G4	G5	G6	G7	G8	G9

这些分组是 FFS 用于改善性能的核心机制。通过在同一组中放置两个文件，FFS 可以确保先后访问两个文件不会导致穿越磁盘的长时间寻道。

因此，FFS 需要能够在每个组中分配文件和目录。每个组看起来像这样：

我们现在描述一个柱面组的构成。出于可靠性原因，每个组中都有超级块（super block）的一个副本（例如，如果一个被损坏或划伤，你仍然可以通过使用其中一个副本来挂载和访问文件系统）。

在每个组中，我们需要记录该组的 inode 和数据块是否已分配。每组的 inode 位图（inode bitmap，ib）和数据位图（data bitmap，db）起到了这个作用，分别针对每组中的 inode 和数据块。位图是管理文件系统中可用空间的绝佳方法，因为很容易找到大块可用空间并将其分配给文件，这可能会避免旧文件系统中空闲列表的某些碎片问题。

最后，inode 和数据块区域就像之前的极简文件系统一样。像往常一样，每个柱面组的大部分都包含数据块。

补充：FFS 文件创建

例如，考虑在创建文件时必须更新哪些数据结构。对于这个例子，假设用户创建了一个新文件 /foo/bar.txt，并且该文件长度为一个块（4KB）。该文件是新的，因此需要一个新的 inode。因此，inode 位图和新分配的 inode 都将写入磁盘。该文件中还包含数据，因此也必须分配。因此（最终）将数据位图和数据块写入磁盘。因此，会对当前柱面组进行至少 4 次写入（回想一下，在写入发生之前，这些写入可以在存储器中缓冲一段时间）。但这并不是全部！特别是，在创建新文件时，我们还必须将文件放在文件系统层次结构中。因此，必须更新目录。具体来说，必须更新父目录 foo，以添加 bar.txt 的条目。此更新可能放入 foo 现有的数据块，或者需要分配新块（包括关联的数据位图）。还必须更新 foo 的 inode，以反映目录的新长度以及更新时间字段（例如最后修改时间）。总的来说，创建一个新文件需要做很多工作！也许下次你这样做，你应该更加心怀感激，或者至少感到惊讶，一切都运作良好。

41.4 策略：如何分配文件和目录

有了这个分组结构，FFS 现在必须决定，如何在磁盘上放置文件和目录以及相关的元数据，以提高性能。基本的咒语很简单：相关的东西放一起（以此推论，无关的东西分开放）。

因此，为了遵守规则，FFS 必须决定什么是"相关的"，并将它们置于同一个区块组内。相反，不相关的东西应该放在不同的块组中。为实现这一目标，FFS 使用了一些简单的放置推断方法。

首先是目录的放置。FFS 采用了一种简单的方法：找到分配数量少的柱面组（因为我们希望跨组平衡目录）和大量的自由 inode（因为我们希望随后能够分配一堆文件），并将目录数据和 inode 放在该分组中。当然，这里可以使用其他推断方法（例如，考虑空闲数据块的数量）。

对于文件，FFS 做两件事。首先，它确保（在一般情况下）将文件的数据块分配到与其 inode 相同的组中，从而防止 inode 和数据之间的长时间寻道（如在老文件系统中）。其次，它将位于同一目录中的所有文件，放在它们所在目录的柱面组中。因此，如果用户创建了 4 个文件，/dir1/1.txt、/dir1/2.txt、/dir1/3.txt 和/dir99/4.txt，FFS 会尝试将前 3 个放在一起（同一组），与第四个远离（它在另外某个组中）。

应该注意的是，这些推断方法并非基于对文件系统流量的广泛研究，或任何特别细致的研究。相反，它们建立在良好的老式常识基础之上（这不就是 CS 代表的吗？）。目录中的文件通常一起访问（想象编译一堆文件然后将它们链接到单个可执行文件中）。因为它们确保了相关文件之间的寻道时间很短，FFS 通常会提高性能。

41.5 测量文件的局部性

为了更好地理解这些推断方法是否有意义，我们决定分析文件系统访问的一些跟踪记录，看看是否确实存在命名空间的局部性。出于某种原因，文献中似乎没有对这个主题进行过很好的研究。

具体来说，我们进行了 SEER 跟踪[K94]，并分析了目录树中不同文件的访问有多"遥远"。例如，如果打开文件 f，然后跟踪到它重新打开（在打开任何其他文件之前），则在目录树中打开的这两个文件之间的距离为零（因为它们是同一文件）。如果打开目录 dir 中的文件 f（即 dir/f），然后在同一目录中打开文件 g（即 dir/g），则两个文件访问之间的距离为1，因为它们共享相同的目录，但不是同一个文件。换句话说，我们的距离度量标准衡量为了找到两个文件的共同祖先，必须在目录树上走多远。它们在树上越靠近，度量值越低。

图41.1展示了 SEER 跟踪中看到的局部性，针对 SEER 集群中所有工作站上的所有 SEER 跟踪。其中的 x 轴是差异度量值，y 轴是具有该差异值的文件打开的累积百分比。具体来说，对于 SEER 跟踪（图中标记为"跟踪"），你可以看到大约 7% 的文件访问是先前打开的文件，并且近 40% 的文件访问是相同的文件或同一目录中的文件（即 0 或 1 的差异值）。因此，FFS 的局部性假设似乎有意义（至少对于这些跟踪）。

有趣的是，另外 25% 左右的文件访问是距离为 2 的文件。当用户以多级方式构造一组相关目录，并不断在它们之间跳转时，就会发生这种类型的局部性。例如，如果用户有一个 src 目录，并将目标文件（.o 文件）构建到 obj 目录中，并且这两个目录都是主 proj 目录的子目录，则常见访问模式就是 proj/src/foo .c 后跟着 proj/obj/foo.o。这两个访问之间的距离是 2，因为 proj 是共同的祖先。FFS 在其策略中没有考虑这种类型的局部性，因此在这种访问之间会发生更多的寻道。

为了进行比较，我们还展示了"随机"跟踪的局部性。我们以随机的顺序，从原有的 SEER 跟踪中选择文件，计算这些随机顺序访问之间的距离度量值，从而生成随机跟踪。如你所见，随机跟踪中的命名空间局部性较少，和预期的一样。但是，因为最终每个文件共享一个共同的祖先（即根），总会有一些局部性，

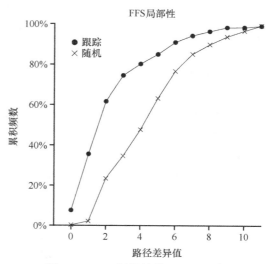

图 41.1 FFS 局部性的 SEER 跟踪

因此随机跟踪可以作为比较点。

41.6　大文件例外

在 FFS 中，文件放置的一般策略有一个重要的例外，它出现在大文件中。如果没有不同的规则，大文件将填满它首先放入的块组（也可能填满其他组）。以这种方式填充块组是不符合需要的，因为它妨碍了随后的"相关"文件放置在该块组内，因此可能破坏文件访问的局部性。

因此，对于大文件，FFS 执行以下操作。在将一定数量的块分配到第一个块组（例如，12 个块，或 inode 中可用的直接指针的数量）之后，FFS 将文件的下一个"大"块（即第一个间接块指向的那些部分）放在另一个块组中（可能因为它的利用率低而选择）。然后，文件的下一个块放在另一个不同的块组中，依此类推。

让我们看一些图片，更好地理解这个策略。如果没有大文件例外，单个大文件会将其所有块放入磁盘的一部分。我们使用一个包含 10 个块的文件的小例子，来直观地说明该行为。

以下是 FFS 没有大文件例外时的图景：

```
G0   G1   G2   G3   G4   G5   G6   G7   G8   G9
01234
56789
```

有了大文件例外，我们可能会看到像这样的情形，文件以大块的形式分布在磁盘上：

```
G0   G1   G2   G3   G4   G5   G6   G7   G8   G9
89        01        23        45        67
```

聪明的读者会注意到，在磁盘上分散文件块会损害性能，特别是在顺序文件访问的相对常见的情况下（例如，当用户或应用程序按顺序读取块 0～9 时）。你是对的！确实会。我们可以通过仔细选择大块大小，来改善这一点。

具体来说，如果大块大小足够大，我们大部分时间仍然花在从磁盘传输数据上，而在大块之间寻道的时间相对较少。每次开销做更多工作，从而减少开销，这个过程称为摊销（amortization），它是计算机系统中的常用技术。

举个例子：假设磁盘的平均定位时间（即寻道和旋转）是 10ms。进一步假设磁盘以 40 MB/s 的速率传输数据。如果我们的目标是花费一半的时间来寻找数据块，一半时间传输数据（从而达到峰值磁盘性能的 50%），那么需要每 10ms 定位开销导致 10ms 的传输数据。所以问题就变成了：为了在传输中花费 10ms，大块必须有多大？简单，只需使用数学，特别是我们在磁盘章节中提到的量纲分析：

$$\frac{40MB}{1s} \times \frac{1024KB}{1MB} \times \frac{1s}{1000ms} \times 10ms = 409.6KB \qquad (41.1)$$

基本上，这个等式是说：如果你以 40 MB/s 的速度传输数据，每次寻找时只需要传输 409.6KB，就能花费一半的时间寻找，一半的时间传输。同样，你可以计算达到 90%峰值带宽所需的块大小（结果大约为 3.69MB），甚至达到 99%的峰值带宽（40.6MB！）。正如你所看到的，越接近峰值，这些块就越大（图 41.2 展示了这些值）。

但是，FFS 没有使用这种类型的计算来跨组分布大文件。相反，它采用了一种简单的方法，基于 inode 本身的结构。前 12 个直接块与 inode 放在同一组中。每个后续的间接块，以及它指向的所有块都放在不同的组中。如果块大小为 4KB，磁盘地址是 32 位，则此策略意味着文件的每 1024 个块（4MB）放在单独的组中，唯一的例外是直接指针所指向的文件的前 48KB。

我们应该注意到，磁盘驱动器的趋势是传输速率相当快，因为磁盘制造商擅长将更多位填塞到同一表面。但驱动器的机械方面与寻道相关（磁盘臂速度和旋转速度），改善相当缓慢[P98]。这意味着随着时间的推移，机械成本变得相对昂贵，因此，为了摊销所述成本，你必须在寻道之间传输更多数据。

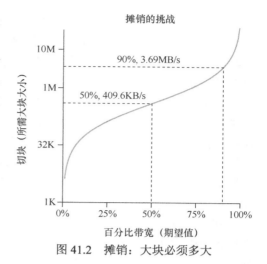

图 41.2　摊销：大块必须多大

41.7　关于 FFS 的其他几件事

FFS 也引入了一些其他创新。特别是，设计人员非常担心容纳小文件。事实证明，当时许多文件大小为 2KB 左右，使用 4KB 块虽然有利于传输数据，但空间效率却不太好。因此，在典型的文件系统上，这种内部碎片（internal fragmentation）可能导致大约一半的磁盘浪费。

FFS 设计人员采用很简单的解决方案解决了这个问题。他们决定引入子块（sub-block），这些子块有 512 字节，文件系统可以将它们分配给文件。因此，如果你创建了一个小文件（比如大小为 1KB），它将占用两个子块，因此不会浪费整个 4KB 块。随着文件的增长，文件系统将继续为其分配 512 字节的子块，直到它达到完整的 4KB 数据。此时，FFS 将找到一个 4KB 块，将子块复制到其中，并释放子块以备将来使用。

你可能会发现这个过程效率低下，文件系统需要大量的额外工作（特别是执行复制的大量额外 I/O）。你又对了！因此，FFS 通常通过修改 libc 库来避免这种异常行为。该库将缓冲写入，然后以 4KB 块的形式将它们发送到文件系统，从而在大多数情况下完全避免子块的特殊情况。

FFS 引入的第二个巧妙方法，是针对性能进行优化的磁盘布局。那时候（在 SCSI 和其他更现代的设备接口之前），磁盘不太复杂，需要主机 CPU 以更加亲力亲为的方式来控制它们的操作。当文件放在磁盘的连续扇区上时，FFS 遇到了问题，如图 41.3 左图所示。

具体来说，在顺序读取期间出现了问题。FFS 首先发出一个请求，读取块 0。当读取完成时，FFS 向块 1 发出读取，为时已晚：块 1 已在磁头下方旋转，现在对块 1 的读取将导致完全旋转。

FFS 使用不同的布局解决了这个问题，如图 41.3（右图）

图 41.3　FFS：标准与参数化放置

所示。通过每次跳过一块（在这个例子中），在下一块经过磁头之前，FFS 有足够的时间发出请求。实际上，FFS 足够聪明，能够确定特定磁盘在布局时应跳过多少块，以避免额外的旋转。这种技术称为参数化，因为 FFS 会找出磁盘的特定性能参数，并利用它们来确定准确的交错布局方案。

你可能会想：这个方案毕竟不太好。实际上，使用这种类型的布局只能获得 50%的峰值带宽，因为你必须绕过每个轨道两次才能读取每个块一次。幸运的是，现代磁盘更加智能：它们在内部读取整个磁道并将其缓冲在内部磁盘缓存中（由于这个原因，通常称为磁道缓冲区，track buffer）。然后，在对轨道的后续读取中，磁盘就从其高速缓存中返回所需数据。因此，文件系统不再需要担心这些令人难以置信的低级细节。如果设计得当，抽象和更高级别的接口可能是一件好事。

FFS 还增加了另一些可用性改进。FFS 是允许长文件名的第一个文件系统之一，因此在文件系统中实现了更具表现力的名称，而不是传统的固定大小方法（例如，8 个字符）。此外，引入了一种称为符号链接的新概念。正如第 40 章所讨论的那样，硬链接的局限性在于它们都不能指向目录（因为害怕引入文件系统层次结构中的循环），并且它们只能指向同一卷内的文件（即 inode 号必须仍然有意义）。符号链接允许用户为系统上的任何其他文件或目录创建"别名"，因此更加灵活。FFS 还引入了一个原子 rename()操作，用于重命名文件。除了基本技术之外，可用性的改进也可能让 FFS 拥有更强大的用户群。

提示：让系统可用

FFS 最基本的经验可能在于，它不仅引入了磁盘意识布局（这是个好主意），还添加了许多功能，这些功能让系统的可用性更好。长文件名、符号链接和原子化的重命名操作都改善了系统的可用性。虽然很难写一篇研究论文（想象一下，试着读一篇 14 页的论文，名为《符号链接：硬链接长期失散的表兄》），但这些小功能让 FFS 更可用，从而可能增加了人们采用它的机会。让系统可用通常与深层技术创新一样重要，或者更重要。

41.8 小结

FFS 的引入是文件系统历史中的一个分水岭，因为它清楚地表明文件管理问题是操作系统中最有趣的问题之一，并展示了如何开始处理最重要的设备：硬盘。从那时起，人们开发了数百个新的文件系统，但是现在仍有许多文件系统从 FFS 中获得提示（例如，Linux ext2 和 ext3 是明显的知识传承）。当然，所有现代系统都要感谢 FFS 的主要经验：将磁盘当作磁盘。

参考资料

[MJLF84] "A Fast File System for UNIX"
Marshall K. McKusick, William N. Joy, Sam J. Leffler, Robert S. Fabry ACM Transactions on Computing

Systems.

August, 1984. Volume 2, Number 3.

pages 181-197.

McKusick 因其对文件系统的贡献而荣获 IEEE 的 Reynold B. Johnson 奖，其中大部分是基于他的 FFS 工作。在他的获奖演讲中，他讲到了最初的 FFS 软件：只有 1200 行代码！现代版本稍微复杂一些，例如，BSD FFS 后继版本现在大约有 5 万行代码。

[P98] "Hardware Technology Trends and Database Opportunities" David A. Patterson

Keynote Lecture at the ACM SIGMOD Conference (SIGMOD '98) June, 1998

磁盘技术趋势及其随时间变化的简单概述。

[K94] "The Design of the SEER Predictive Caching System"

G. H. Kuenning

MOBICOMM '94, Santa Cruz, California, December 1994

据 Kuenning 说，这是 SEER 项目的较全面的概述，这导致人们收集这些跟踪记录（和其他一些事）。

第 42 章　崩溃一致性：FSCK 和日志

至此我们看到，文件系统管理一组数据结构以实现预期的抽象：文件、目录，以及所有其他元数据，它们支持我们期望从文件系统获得的基本抽象。与大多数数据结构不同（例如，正在运行的程序在内存中的数据结构），文件系统数据结构必须持久（persist），即它们必须长期存在，存储在断电也能保留数据的设备上（例如硬盘或基于闪存的 SSD）。

文件系统面临的一个主要挑战在于，如何在出现断电（power loss）或系统崩溃（system crash）的情况下，更新持久数据结构。具体来说，如果在更新磁盘结构的过程中，有人绊到电源线并且机器断电，会发生什么？或者操作系统遇到错误并崩溃？由于断电和崩溃，更新持久性数据结构可能非常棘手，并导致了文件系统实现中一个有趣的新问题，称为崩溃一致性问题（crash-consistency problem）。

这个问题很容易理解。想象一下，为了完成特定操作，你必须更新两个磁盘上的结构 A 和 B。由于磁盘一次只为一个请求提供服务，因此其中一个请求将首先到达磁盘（A 或 B）。如果在一次写入完成后系统崩溃或断电，则磁盘上的结构将处于不一致（inconsistent）的状态。因此，我们遇到了所有文件系统需要解决的问题：

> **关键问题：考虑到崩溃，如何更新磁盘**
> 系统可能在任何两次写入之间崩溃或断电，因此磁盘上状态可能仅部分地更新。崩溃后，系统启动并希望再次挂载文件系统（以便访问文件等）。鉴于崩溃可能发生在任意时间点，如何确保文件系统将磁盘上的映像保持在合理的状态？

在本章中，我们将更详细地探讨这个问题，看看文件系统克服它的一些方法。我们将首先检查较老的文件系统采用的方法，即 fsck，文件系统检查程序（file system checker）。然后，我们将注意力转向另一种方法，称为日志记录（journaling，也称为预写日志，write-ahead logging），这种技术为每次写入增加一点开销，但可以更快地从崩溃或断电中恢复。我们将讨论日志的基本机制，包括 Linux ext3 [T98，PAA05]（一个相对现代的日志文件系统）实现的几种不同的日志。

42.1　一个详细的例子

为了开始对日志的调查，先看一个例子。我们需要一种工作负载（workload），它以某种方式更新磁盘结构。这里假设工作负载很简单：将单个数据块附加到原有文件。通过打开文件，调用 lseek() 将文件偏移量移动到文件末尾，然后在关闭文件之前，向文件发出单个 4KB 写入来完成追加。

我们还假定磁盘上使用标准的简单文件系统结构，类似于之前看到的文件系统。这个小例子包括一个 inode 位图（inode bitmap，只有 8 位，每个 inode 一个），一个数据位图（data bitmap，也是 8 位，每个数据块一个），inode（总共 8 个，编号为 0 到 7，分布在 4 个块上），以及数据块（总共 8 个，编号为 0~7）。以下是该文件系统的示意图：

查看图中的结构，可以看到分配了一个 inode（inode 号为 2），它在 inode 位图中标记，单个分配的数据块（数据块 4）也在数据中标记位图。inode 表示为 I [v1]，因为它是此 inode 的第一个版本。它将很快更新（由于上述工作负载）。

再来看看这个简化的 inode。在 I[v1]中，我们看到：

```
owner       : remzi
permissions : read-write
size        : 1
pointer     : 4
pointer     : null
pointer     : null
pointer     : null
```

在这个简化的 inode 中，文件的大小为 1（它有一个块位于其中），第一个直接指针指向块 4（文件的第一个数据块，Da），并且所有其他 3 个直接指针都被设置为 null（表示它们未被使用）。当然，真正的 inode 有更多的字段。更多相关信息，请参阅前面的章节。

向文件追加内容时，要向它添加一个新数据块，因此必须更新 3 个磁盘上的结构：inode（必须指向新块，并且由于追加而具有更大的大小），新数据块 Db 和新版本的数据位图（称之为 B[v2]）表示新数据块已被分配。

因此，在系统的内存中，有 3 个块必须写入磁盘。更新的 inode（inode 版本 2，或简称为 I [v2]）现在看起来像这样：

```
owner       : remzi
permissions : read-write
size        : 2
pointer     : 4
pointer     : 5
pointer     : null
pointer     : null
```

更新的数据位图（B[v2]）现在看起来像这样：00001100。最后，有数据块（Db），它只是用户放入文件的内容。

我们希望文件系统的最终磁盘映像如下所示：

要实现这种转变，文件系统必须对磁盘执行 3 次单独写入，分别针对 inode（I[v2]），位图（B[v2]）和数据块（Db）。请注意，当用户发出 write()系统调用时，这些写操作通常不会立即发生。脏的 inode、位图和新数据先在内存（页面缓存，page cache，或缓冲区缓存，buffer cache）中存在一段时间。然后，当文件系统最终决定将它们写入磁盘时（比如说 5s 或 30s），文件系统将向磁盘发出必要的写入请求。遗憾的是，可能会发生崩溃，从而干扰磁盘的这些更新。特别是，如果这些写入中的一个或两个完成后发生崩溃，而不是全部 3 个，则文件系统可能处于有趣的状态。

崩溃场景

为了更好地理解这个问题，让我们看一些崩溃情景示例。想象一下，只有一次写入成功。因此有以下 3 种可能的结果。

- **只将数据块（Db）写入磁盘**。在这种情况下，数据在磁盘上，但是没有指向它的 inode，也没有表示块已分配的位图。因此，就好像写入从未发生过一样。从文件系统崩溃一致性的角度来看，这种情况根本不是问题①。
- **只有更新的 inode（I[v2]）写入了磁盘**。在这种情况下，inode 指向磁盘地址（5），其中 Db 即将写入，但 Db 尚未写入。因此，如果我们信任该指针，我们将从磁盘读取垃圾数据（磁盘地址 5 的旧内容）。

此外，遇到了一个新问题，我们将它称为文件系统不一致（file-system inconsistency）。磁盘上的位图告诉我们数据块 5 尚未分配，但是 inode 说它已经分配了。文件系统数据结构中的这种不同意见，是文件系统的数据结构不一致。要使用文件系统，我们必须以某种方式解决这个问题。

- **只有更新后的位图（B [v2]）写入了磁盘**。在这种情况下，位图指示已分配块 5，但没有指向它的 inode。因此文件系统再次不一致。如果不解决，这种写入将导致空间泄露（space leak），因为文件系统永远不会使用块 5。

在这个向磁盘写入 3 次的尝试中，还有 3 种崩溃场景。在这些情况下，两次写入成功，最后一次失败。

- **inode（I[v2]）和位图（B[v2]）写入了磁盘，但没有写入数据（Db）**。在这种情况下，文件系统元数据是完全一致的：inode 有一个指向块 5 的指针，位图指示 5 正在使用，因此从文件系统的元数据的角度来看，一切看起来都很正常。但是有一个问题：5 中又是垃圾。
- **写入了 inode（I[v2]）和数据块（Db），但没有写入位图（B[v2]）**。在这种情况下，inode 指向了磁盘上的正确数据，但同样在 inode 和位图（B1）的旧版本之间存在不一致。因此，我们在使用文件系统之前，又需要解决问题。
- **写入了位图（B[v2]）和数据块（Db），但没有写入 inode（I[v2]）**。在这种情况下，inode 和数据位图之间再次存在不一致。但是，即使写入块并且位图指示其使用，我们也不知道它属于哪个文件，因为没有 inode 指向该块。

---

① 但是，对于刚丢失一些数据的用户来说，这可能是一个问题！

崩溃一致性问题

希望从这些崩溃场景中，你可以看到由于崩溃而导致磁盘文件系统映像可能出现的许多问题：在文件系统数据结构中可能存在不一致性。可能有空间泄露，可能将垃圾数据返回给用户，等等。理想的做法是将文件系统从一个一致状态（在文件被追加之前），原子地（atomically）移动到另一个状态（在 inode、位图和新数据块被写入磁盘之后）。遗憾的是，做到这一点不容易，因为磁盘一次只提交一次写入，而这些更新之间可能会发生崩溃或断电。我们将这个一般问题称为崩溃一致性问题（crash-consistency problem，也可以称为一致性更新问题，consistent-update problem）。

42.2 解决方案 1：文件系统检查程序

早期的文件系统采用了一种简单的方法来处理崩溃一致性。基本上，它们决定让不一致的事情发生，然后再修复它们（重启时）。这种偷懒方法的典型例子可以在一个工具中找到：fsck[①]。fsck 是一个 UNIX 工具，用于查找这些不一致并修复它们[M86]。在不同的系统上，存在检查和修复磁盘分区的类似工具。请注意，这种方法无法解决所有问题。例如，考虑上面的情况，文件系统看起来是一致的，但是 inode 指向垃圾数据。唯一真正的目标，是确保文件系统元数据内部一致。

工具 fsck 在许多阶段运行，如 McKusick 和 Kowalski 的论文[MK96]所述。它在文件系统挂载并可用之前运行（fsck 假定在运行时没有其他文件系统活动正在进行）。一旦完成，磁盘上的文件系统应该是一致的，因此可以让用户访问。

以下是 fsck 的基本总结。

- **超级块**：fsck 首先检查超级块是否合理，主要是进行健全性检查，例如确保文件系统大小大于分配的块数。通常，这些健全性检查的目的是找到一个可疑的（冲突的）超级块。在这种情况下，系统（或管理员）可以决定使用超级块的备用副本。
- **空闲块**：接下来，fsck 扫描 inode、间接块、双重间接块等，以了解当前在文件系统中分配的块。它利用这些知识生成正确版本的分配位图。因此，如果位图和 inode 之间存在任何不一致，则通过信任 inode 内的信息来解决它。对所有 inode 执行相同类型的检查，确保所有看起来像在用的 inode，都在 inode 位图中有标记。
- **inode 状态**：检查每个 inode 是否存在损坏或其他问题。例如，fsck 确保每个分配的 inode 具有有效的类型字段（即常规文件、目录、符号链接等）。如果 inode 字段存在问题，不易修复，则 inode 被认为是可疑的，并被 fsck 清除，inode 位图相应地更新。
- **inode 链接**：fsck 还会验证每个已分配的 inode 的链接数。你可能还记得，链接计数表示包含此特定文件的引用（即链接）的不同目录的数量。为了验证链接计数，fsck 从根目录开始扫描整个目录树，并为文件系统中的每个文件和目录构建自己的

---

① 发音为 "eff-ess-see-kay" "eff-ess-check"，或者，如果你不喜欢这个工具，那就用 "eff-suck"。是的，严肃的专业人士使用这个术语。

链接计数。如果新计算的计数与 inode 中找到的计数不匹配，则必须采取纠正措施，通常是修复 inode 中的计数。如果发现已分配的 inode 但没有目录引用它，则会将其移动到 lost + found 目录。

- **重复**：fsck 还检查重复指针，即两个不同的 inode 引用同一个块的情况。如果一个 inode 明显不好，可能会被清除。或者，可以复制指向的块，从而根据需要为每个 inode 提供其自己的副本。
- **坏块**：在扫描所有指针列表时，还会检查坏块指针。如果指针显然指向超出其有效范围的某个指针，则该指针被认为是"坏的"，例如，它的地址指向大于分区大小的块。在这种情况下，fsck 不能做任何太聪明的事情。它只是从 inode 或间接块中删除（清除）该指针。
- **目录检查**：fsck 不了解用户文件的内容。但是，目录包含由文件系统本身创建的特定格式的信息。因此，fsck 对每个目录的内容执行额外的完整性检查，确保"."和".."是前面的条目，目录条目中引用的每个 inode 都已分配，并确保整个层次结构中没有目录的引用超过一次。

如你所见，构建有效工作的 fsck 需要复杂的文件系统知识。确保这样的代码在所有情况下都能正常工作可能具有挑战性[G+08]。然而，fsck（和类似的方法）有一个更大的、也许更根本的问题：它们太慢了。对于非常大的磁盘卷，扫描整个磁盘，以查找所有已分配的块并读取整个目录树，可能需要几分钟或几小时。随着磁盘容量的增长和 RAID 的普及，fsck 的性能变得令人望而却步（尽管最近取得了进展[M+13]）。

在更高的层面上，fsck 的基本前提似乎有点不合理。考虑上面的示例，其中只有 3 个块写入磁盘。扫描整个磁盘，仅修复更新 3 个块期间出现的问题，这是非常昂贵的。这种情况类似于将你的钥匙放在卧室的地板上，然后从地下室开始，搜遍每个房间，执行"搜索整个房子找钥匙"的恢复算法。它有效，但很浪费。因此，随着磁盘（和 RAID）的增长，研究人员和从业者开始寻找其他解决方案。

42.3　解决方案 2：日志（或预写日志）

对于一致更新问题，最流行的解决方案可能是从数据库管理系统的世界中借鉴的一个想法。这种名为预写日志（write-ahead logging）的想法，是为了解决这类问题而发明的。在文件系统中，出于历史原因，我们通常将预写日志称为日志（journaling）。第一个实现它的文件系统是 Cedar [H87]，但许多现代文件系统都使用这个想法，包括 Linux ext3 和 ext4、reiserfs、IBM 的 JFS、SGI 的 XFS 和 Windows NTFS。

基本思路如下。更新磁盘时，在覆写结构之前，首先写下一点小注记（在磁盘上的其他地方，在一个众所周知的位置），描述你将要做的事情。写下这个注记就是"预写"部分，我们把它写入一个结构，并组织成"日志"。因此，就有了预写日志。

通过将注释写入磁盘，可以保证在更新（覆写）正在更新的结构期间发生崩溃时，能够返回并查看你所做的注记，然后重试。因此，你会在崩溃后准确知道要修复的内容（以及如何修复它），而不必扫描整个磁盘。因此，通过设计，日志功能在更新期间增加了一些工作量，从而大大减少了恢复期间所需的工作量。

我们现在将描述 Linux ext3（一种流行的日志文件系统）如何将日志记录到文件系统中。大多数磁盘上的结构与 Linux ext2 相同，例如，磁盘被分成块组，每个块组都有一个 inode 和数据位图以及 inode 和数据块。新的关键结构是日志本身，它占用分区内或其他设备上的少量空间。因此，ext2 文件系统（没有日志）看起来像这样：

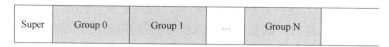

假设日志放在同一个文件系统映像中（虽然有时将它放在单独的设备上，或作为文件系统中的文件），带有日志的 ext3 文件系统如下所示：

真正的区别只是日志的存在，当然，还有它的使用方式。

数据日志

看一个简单的例子，来理解数据日志（data journaling）的工作原理。数据日志作为 Linux ext3 文件系统的一种模式提供，本讨论的大部分内容都来自于此。

假设再次进行标准的更新，我们再次希望将 inode（I[v2]）、位图（B[v2]）和数据块（Db）写入磁盘。在将它们写入最终磁盘位置之前，现在先将它们写入日志。这就是日志中的样子：

Journal | TxB | I[v2] | B[v2] | Db | TxE | ───────────▶

你可以看到，这里写了 5 个块。事务开始（TxB）告诉我们有关此更新的信息，包括对文件系统即将进行的更新的相关信息（例如，块 I[v2]、B[v2]和 Db 的最终地址），以及某种事务标识符（transaction identifier，TID）。中间的 3 个块只包含块本身的确切内容，这被称为物理日志（physical logging），因为我们将更新的确切物理内容放在日志中（另一种想法，逻辑日志（logical logging），在日志中放置更紧凑的更新逻辑表示，例如，"这次更新希望将数据块 Db 追加到文件 X"，这有点复杂，但可以节省日志中的空间，并可能提高性能）。最后一个块（TxE）是该事务结束的标记，也会包含 TID。

一旦这个事务安全地存在于磁盘上，我们就可以覆写文件系统中的旧结构了。这个过程称为加检查点（checkpointing）。因此，为了对文件系统加检查点（checkpoint，即让它与日志中即将进行的更新一致），我们将 I[v2]、B[v2]和 Db 写入其磁盘位置，如上所示。如果这些写入成功完成，我们已成功地为文件系统加上了检查点，基本上完成了。因此，我们的初始操作顺序如下。

1. **日志写入**：将事务（包括事务开始块，所有即将写入的数据和元数据更新以及事务结束块）写入日志，等待这些写入完成。

2. **加检查点**：将待处理的元数据和数据更新写入文件系统中的最终位置。

在我们的例子中，先将 TxB、I[v2]、B[v2]、Db 和 TxE 写入日志。这些写入完成后，我们将加检查点，将 I[v2]、B[v2]和 Db 写入磁盘上的最终位置，完成更新。

在写入日志期间发生崩溃时，事情变得有点棘手。在这里，我们试图将事务中的这些块（即 TxB、I[v2]、B[v2]、Db、TxE）写入磁盘。一种简单的方法是一次发出一个，等待每个完成，然后发出下一个。但是，这很慢。理想情况下，我们希望一次发出所有 5 个块写入，因为这会将 5 个写入转换为单个顺序写入，因此更快。然而，由于以下原因，这是不安全的：给定如此大的写入，磁盘内部可以执行调度并以任何顺序完成大批写入的小块。因此，磁盘内部可以（1）写入 TxB、I[v2]、B[v2]和 TxE，然后才写入 Db。遗憾的是，如果磁盘在（1）和（2）之间断电，那么磁盘上会变成：

补充：强制写入磁盘

为了在两次磁盘写入之间强制执行顺序，现代文件系统必须采取一些额外的预防措施。在过去，强制在两个写入 A 和 B 之间进行顺序很简单：只需向磁盘发出 A 写入，等待磁盘在写入完成时中断 OS，然后发出写入 B。

由于磁盘中写入缓存的使用增加，事情变得有点复杂了。启用写入缓冲后（有时称为立即报告，immediate reporting），如果磁盘已经放入磁盘的内存缓存中、但尚未到磁盘，磁盘就会通知操作系统写入完成。如果操作系统随后发出后续写入，则无法保证它在先前写入之后到达磁盘。因此，不再保证写入之间的顺序。一种解决方案是禁用写缓冲。然而，更现代的系统采取额外的预防措施，发出明确的写入屏障（write barrier）。这样的屏障，当它完成时，能确保在屏障之前发出的所有写入，先于在屏障之后发出的所有写入到达磁盘。

所有这些机制都需要对磁盘的正确操作有很大的信任。遗憾的是，最近的研究表明，为了提供"性能更高"的磁盘，一些磁盘制造商显然忽略了写屏障请求，从而使磁盘看起来运行速度更快，但存在操作错误的风险[C+13, R+11]。正如 Kahan 所说，快速几乎总是打败慢速，即使快速是错的。

为什么这是个问题？好吧，事务看起来像一个有效的事务（它有一个匹配序列号的开头和结尾）。此外，文件系统无法查看第四个块并知道它是错误的。毕竟，它是任意的用户数据。因此，如果系统现在重新启动并运行恢复，它将重放此事务，并无知地将垃圾块"??"的内容复制到 Db 应该存在的位置。这对文件中的任意用户数据不利。如果它发生在文件系统的关键部分上，例如超级块，可能会导致文件系统无法挂载，那就更糟了。

补充：优化日志写入

你可能已经注意到，写入日志的效率特别低。也就是说，文件系统首先必须写出事务开始块和事务的内容。只有在这些写入完成后，文件系统才能将事务结束块发送到磁盘。如果你考虑磁盘的工作方式，性能影响很明显：通常会产生额外的旋转（请考虑原因）。

我们以前的一个研究生 Vijayan Prabhakaran，用一个简单的想法解决了这个问题[P+05]。将事务写入日志时，在开始和结束块中包含日志内容的校验和。这样做可以使文件系统立即写入整个事务，而不会产生等待。如果在恢复期间，文件系统发现计算的校验和与事务中存储的校验和不匹配，则可以断定在写入事务期间发生了崩溃，从而丢弃了文件系统更新。因此，通过写入协议和恢复系统中的小调整，文件系统可以实现更快的通用情况性能。最重要的是，系统更可靠了，因为来自日志的任何读取现在都受到校验和的保护。

这个简单的修复很吸引人，足以引起 Linux 文件系统开发人员的注意。他们后来将它合并到下一代 Linux 文件系统中，称为 Linux ext4（你猜对了！）。它现在可以在全球数百万台机器上运行，包括 Android 手持平台。因此，每次在许多基于 Linux 的系统上写入磁盘时，威斯康星大学开发的一些代码都会使你的系统更快、更可靠。

为避免该问题，文件系统分两步发出事务写入。首先，它将除 TxE 块之外的所有块写入日志，同时发出这些写入。当这些写入完成时，日志将看起来像这样（假设又是文件追加的工作负载）：

当这些写入完成时，文件系统会发出 TxE 块的写入，从而使日志处于最终的安全状态：

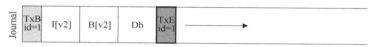

此过程的一个重要方面是磁盘提供的原子性保证。事实证明，磁盘保证任何 512 字节写入都会发生或不发生（永远不会半写）。因此，为了确保 TxE 的写入是原子的，应该使它成为一个 512 字节的块。因此，我们当前更新文件系统的协议如下，3 个阶段中的每一个都标上了名称。

1. **日志写入**：将事务的内容（包括 TxB、元数据和数据）写入日志，等待这些写入完成。

2. **日志提交**：将事务提交块（包括 TxE）写入日志，等待写完成，事务被认为已提交（committed）。

3. **加检查点**：将更新内容（元数据和数据）写入其最终的磁盘位置。

恢复

现在来了解文件系统如何利用日志内容从崩溃中恢复（recover）。在这个更新序列期间，任何时候都可能发生崩溃。如果崩溃发生在事务被安全地写入日志之前（在上面的步骤 2 完成之前），那么我们的工作很简单：简单地跳过待执行的更新。如果在事务已提交到日志之后但在加检查点完成之前发生崩溃，则文件系统可以按如下方式恢复（recover）更新。系统引导时，文件系统恢复过程将扫描日志，并查找已提交到磁盘的事务。然后，这些事务被重放（replayed，按顺序），文件系统再次尝试将事务中的块写入它们最终的磁盘位置。这种形式的日志是最简单的形式之一，称为重做日志（redo logging）。通过在日志中恢复已提交的事务，文件系统确保磁盘上的结构是一致的，因此可以继续工作，挂载文件系统并为新请求做好准备。

请注意，即使在某些更新写入块的最终位置之后，在加检查点期间的任何时刻发生崩溃，都没问题。在最坏的情况下，其中一些更新只是在恢复期间再次执行。因为恢复是一种罕见的操作（仅在系统意外崩溃之后发生），所以几次冗余写入无须担心[①]。

批处理日志更新

你可能已经注意到，基本协议可能会增加大量额外的磁盘流量。例如，假设我们在同一目录中连续创建两个文件，称为 file1 和 file2。要创建一个文件，必须更新许多磁盘上的结构，至少包括：inode 位图（分配新的 inode），新创建的文件 inode，包含新文件目录条目的父目录的数据块，以及父目录的 inode（现在有一个新的修改时间）。通过日志，我们将所有这些信息逻辑地提交给我们的两个文件创建的日志。因为文件在同一个目录中，我们假设在同一个 inode 块中都有 inode，这意味着如果不小心，我们最终会一遍又一遍地写入这些相同的块。

为了解决这个问题，一些文件系统不会一次一个地向磁盘提交每个更新（例如，Linux ext3）。与此不同，可以将所有更新缓冲到全局事务中。在上面的示例中，当创建两个文件时，文件系统只将内存中的 inode 位图、文件的 inode、目录数据和目录 inode 标记为脏，并将它们添加到块列表中，形成当前的事务。当最后应该将这些块写入磁盘时（例如，在超时 5s 之后），会提交包含上述所有更新的单个全局事务。因此，通过缓冲更新，文件系统在许多情况下可以避免对磁盘的过多的写入流量。

使日志有限

因此，我们已经了解了更新文件系统磁盘结构的基本协议。文件系统缓冲内存中的更新一段时间。最后写入磁盘时，文件系统首先仔细地将事务的详细信息写入日志（即预写日志）。事务完成后，文件系统会加检查点，将这些块写入磁盘上的最终位置。

但是，日志的大小有限。如果不断向它添加事务（如下所示），它将很快填满。你觉得会发生什么？

日志满时会出现两个问题。第一个问题比较简单，但不太重要：日志越大，恢复时间越长，因为恢复过程必须重放日志中的所有事务（按顺序）才能恢复。第二个问题更重要：当日志已满（或接近满）时，不能向磁盘提交进一步的事务，从而使文件系统"不太有用"（即无用）。

为了解决这些问题，日志文件系统将日志视为循环数据结构，一遍又一遍地重复使用。这就是为什么日志有时被称为循环日志（circular log）。为此，文件系统必须在加检查点之后的某个时间执行操作。具体来说，一旦事务被加检查点，文件系统应释放它在日志中占用的空间，允许重用日志空间。有很多方法可以达到这个目的。例如，你只需在日志超级块（journal superblock）中标记日志中最旧和最新的事务。所有其他空间都是空闲的。以下是这种机制的图形描述：

[①] 除非你担心一切，在这种情况下我们无法帮助你。不要太担心，这是不健康的！ 但现在你可能担心自己会过度担心。

在日志超级块中（不要与主文件系统的超级块混淆），日志系统记录了足够的信息，以了解哪些事务尚未加检查点，从而减少了恢复时间，并允许以循环的方式重新使用日志。因此，我们在基本协议中添加了另一个步骤。

1. **日志写入**：将事务的内容（包括 TxB 和更新内容）写入日志，等待这些写入完成。
2. **日志提交**：将事务提交块（包括 TxE）写入日志，等待写完成，事务被认为已提交（committed）。
3. **加检查点**：将更新内容写入其最终的磁盘位置。
4. **释放**：一段时间后，通过更新日志超级块，在日志中标记该事务为空闲。

因此，我们得到了最终的数据日志协议。但仍然存在一个问题：我们将每个数据块写入磁盘两次，这是沉重的成本，特别是为了系统崩溃这样罕见的事情。你能找到一种方法来保持一致性，而无须两次写入数据吗？

元数据日志

尽管恢复现在很快（扫描日志并重放一些事务而不是扫描整个磁盘），但文件系统的正常操作比我们想要的要慢。特别是，对于每次写入磁盘，我们现在也要先写入日志，从而使写入流量加倍。在顺序写入工作负载期间，这种加倍尤为痛苦，现在将以驱动器峰值写入带宽的一半进行。此外，在写入日志和写入主文件系统之间，存在代价高昂的寻道，这为某些工作负载增加了显著的开销。

由于将每个数据块写入磁盘的成本很高，人们为了提高性能，尝试了一些不同的东西。例如，我们上面描述的日志模式通常称为数据日志（data journaling，如在 Linux ext3 中），因为它记录了所有用户数据（除了文件系统的元数据之外）。一种更简单（也更常见）的日志形式有时称为有序日志（ordered journaling，或称为元数据日志，metadata journaling），它几乎相同，只是用户数据没有写入日志。因此，在执行与上述相同的更新时，以下信息将写入日志：

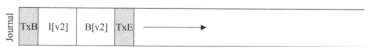

先前写入日志的数据块 Db 将改为写入文件系统，避免额外写入。考虑到磁盘的大多数 I/O 流量是数据，不用两次写入数据会大大减少日志的 I/O 负载。然而，修改确实提出了一个有趣的问题：我们何时应该将数据块写入磁盘？

再考虑一下文件追加的例子，以更好地理解问题。更新包含 3 个块：I[v2]、B[v2]和 Db。前两个都是元数据，将被记录，然后加检查点。后者只会写入文件系统一次。什么时候应该把 Db 写入磁盘？这有关系吗？

事实证明，数据写入的顺序对于仅元数据日志很重要。例如，如果我们在事务（包含 I[v2]和 B [v2]）完成后将 Db 写入磁盘如何？遗憾的是，这种方法存在一个问题：文件系统是一致的，但 I[v2]可能最终指向垃圾数据。具体来说，考虑写入了 I[v2]和 B[v2]，但 Db 没有写入磁盘的情况。然后文件系统将尝试恢复。由于 Db 不在日志中，因此文件系统将重放对 I[v2]和 B[v2]的写入，并生成一致的文件系统（从文件系统元数据的角度来看）。但是，I[v2]将指向垃圾数据，即指向 Db 中的任何数据。

为了确保不出现这种情况，在将相关元数据写入磁盘之前，一些文件系统（例如，Linux ext3）先将数据块（常规文件）写入磁盘。具体来说，协议有以下几个。

1．**数据写入**：将数据写入最终位置，等待完成（等待是可选的，详见下文）。

2．**日志元数据写入**：将开始块和元数据写入日志，等待写入完成。

3．**日志提交**：将事务提交块（包括 TxE）写入日志，等待写完成，现在认为事务（包括数据）已提交（committed）。

4．**加检查点元数据**：将元数据更新的内容写入文件系统中的最终位置。

5．**释放**：稍后，在日志超级块中将事务标记为空闲。

通过强制先写入数据，文件系统可以保证指针永远不会指向垃圾。实际上，这个"先写入被指对象，再写入指针对象"的规则是崩溃一致性的核心，并且被其他崩溃一致性方案[GP94]进一步利用。

在大多数系统中，元数据日志（类似于 ext3 的有序日志）比完整数据日志更受欢迎。例如，Windows NTFS 和 SGI 的 XFS 都使用无序的元数据日志。Linux ext3 为你提供了选择数据、有序或无序模式的选项（在无序模式下，可以随时写入数据）。所有这些模式都保持元数据一致，它们的数据语义各不相同。

最后，请注意，在发出写入日志（步骤 2）之前强制数据写入完成（步骤 1）不是正确性所必需的，如上面的协议所示。具体来说，可以发出数据写入，并向日志写入事务开始块和元数据。唯一真正的要求，是在发出日志提交块之前完成步骤 1 和步骤 2（步骤 3）。

棘手的情况：块复用

一些有趣的特殊情况让日志更加棘手，因此值得讨论。其中一些与块复用有关。正如 Stephen Tweedie（ext3 背后的主要开发者之一）说的：

"整个系统的可怕部分是什么？……是删除文件。与删除有关的一切都令人毛骨悚然。与删除有关的一切……如果块被删除然后重新分配，你会做噩梦。"[T00]

Tweedie 给出的具体例子如下。假设你正在使用某种形式的元数据日志（因此不记录文件的数据块）。假设你有一个名为 foo 的目录。用户向 foo 添加一个条目（例如通过创建文件），因此 foo 的内容（因为目录被认为是元数据）被写入日志。假设 foo 目录数据的位置是块 1000。因此日志包含如下内容：

| Journal | TxB id=1 | I[foo] ptr:1000 | D[foo] [final addr:1000] | TxE id=1 | → |

此时，用户删除目录中的所有内容以及目录本身，从而释放块 1000 以供复用。最后，用户创建了一个新文件（比如 foobar），结果复用了过去属于 foo 的相同块（1000）。foobar 的 inode 提交给磁盘，其数据也是如此。但是，请注意，因为正在使用元数据日志，所以只有 foobar 的 inode 被提交给日志，文件 foobar 中块 1000 中新写入的数据没有写入日志。

| Journal | TxB id=1 | I[foo] ptr:1000 | D[foo] [final addr:1000] | TxE id=1 | TxB id=2 | I[foobar] ptr:1000 | TxE id=2 | → |

现在假设发生了崩溃，所有这些信息仍然在日志中。在重放期间，恢复过程简单地重放日志中的所有内容，包括在块 1000 中写入目录数据。因此，重放会用旧目录内容覆盖当前文件 foobar 的用户数据！显然，这不是一个正确的恢复操作，当然，在阅读文件 foobar 时，用户会感到惊讶。

这个问题有一些解决方案。例如，可以永远不再重复使用块，直到所述块的删除加上检查点，从日志中清除。Linux ext3 的做法是将新类型的记录添加到日志中，称为撤销（revoke）记录。在上面的情况中，删除目录将导致撤销记录被写入日志。在重放日志时，系统首先扫描这样的重新记录。任何此类被撤销的数据都不会被重放，从而避免了上述问题。

总结日志：时间线

在结束对日志的讨论之前，我们总结一下讨论过的协议，用时间线来描述每个协议。表 42.1 展示了日志数据和元数据时的协议，表 42.2 展示了仅记录元数据时的协议。

表 42.1　　数据日志的时间线

| | 日志 | | | 文件系统 | |
TxB	内容		TxE	元数据	数据
	（元数据）	（数据）			
发出	发出	发出			
完成					
	完成				
		完成			
			发出		
			完成		
				发出	发出
					完成
				完成	

表 42.2　　元数据日志的时间线

| | 日志 | | 文件系统 | |
TxB	内容	TxE	元数据	数据
	（元数据）			
发出	发出			发出
				完成
完成				
	完成			
		发出		
		完成		
			发出	
			完成	

在每个表中，时间向下增加，表中的每一行显示可以发出或可能完成写入的逻辑时间。例如，在数据日志协议（见表 42.1 中），事务开始块（TxB）的写入和事务的内容可以在逻辑上同时发出，因此可以按任何顺序完成。但是，在上述写入完成之前，不得发出对事务结束块（TxE）的写入。同样，在事务结束块提交之前，写入数据和元数据块的加检查点无法开始。水平虚线表示必须遵守的写入顺序要求。

对元数据日志协议也显示了类似的时间线。请注意，在逻辑上，数据写入可以与对事务开始的写入和日志的内容一起发出。但是，必须在事务结束发出之前发出并完成。

最后，请注意，时间线中每次写入标记的完成时间是任意的。在实际系统中，完成时间由 I/O 子系统确定，I/O 子系统可能会重新排序写入以提高性能。对于顺序的唯一保证，是那些必须强制执行，才能保证协议正确性的顺序。

42.4　解决方案 3：其他方法

到目前为止，我们已经描述了保持文件系统元数据一致性的两个可选方法：基于 fsck 的偷懒方法，以及称为日志的更活跃的方法。但是，并不是只有这两种方法。Ganger 和 Patt 引入了一种称为软更新[GP94]的方法。这种方法仔细地对文件系统的所有写入排序，以确保磁盘上的结构永远不会处于不一致的状态。例如，通过先写入指向的数据块，再写入指向它的 inode，可以确保 inode 永远不会指向垃圾。对文件系统的所有结构可以导出类似的规则。然而，实现软更新可能是一个挑战。上述日志层的实现只需要具体文件系统结构的较少知识，但软更新需要每个文件系统数据结构的复杂知识，因此给系统增加了相当大的复杂性。

另一种方法称为写时复制（Copy-On-Write，COW），并且在许多流行的文件系统中使用，包括 Sun 的 ZFS [B07]。这种技术永远不会覆写文件或目录。相反，它会对磁盘上以前未使用的位置进行新的更新。在完成许多更新后，COW 文件系统会翻转文件系统的根结构，以包含指向刚更新结构的指针。这样做可以使文件系统保持一致。在将来的章节中讨论日志结构文件系统（LFS）时，我们将学习更多关于这种技术的知识。LFS 是 COW 的早期范例。

另一种方法是我们刚刚在威斯康星大学开发的方法。这种技术名为基于反向指针的一致性（Backpointer-Based Consistency，BBC），它在写入之间不强制执行排序。为了实现一致性，系统中的每个块都会添加一个额外的反向指针。例如，每个数据块都引用它所属的 inode。访问文件时，文件系统可以检查正向指针（inode 或直接块中的地址）是否指向引用它的块，从而确定文件是否一致。如果是这样，一切都肯定安全地到达磁盘，因此文件是一致的。如果不是，则文件不一致，并返回错误。通过向文件系统添加反向指针，可以获得一种新形式的惰性崩溃一致性[C+12]。

最后，我们还探索了减少日志协议等待磁盘写入完成的次数的技术。这种新方法名为乐观崩溃一致性（optimistic crash consistency）[C+13]，尽可能多地向磁盘发出写入，并利用事务校验和（transaction checksum）[P+05]的一般形式，以及其他一些技术来检测不一致，如果出现不一致的话。对于某些工作负载，这些乐观技术可以将性能提高一个数量级。但是，要真正运行良好，需要稍微不同的磁盘接口[C+13]。

42.5 小结

我们介绍了崩溃一致性的问题，并讨论了处理这个问题的各种方法。构建文件系统检查程序的旧方法有效，但在现代系统上恢复可能太慢。因此，许多文件系统现在使用日志。日志可将恢复时间从 O（磁盘大小的卷）减少到 O（日志大小），从而在崩溃和重新启动后大大加快恢复速度。因此，许多现代文件系统都使用日志。我们还看到日志可以有多种形式。最常用的是有序元数据日志，它可以减少日志流量，同时仍然保证文件系统元数据和用户数据的合理一致性。

参考资料

[B07]"ZFS: The Last Word in File Systems"Jeff Bonwick and Bill Moore
实际上，ZFS 使用写时复制和日志，因为在某些情况下，对磁盘的写入比日志性能更好。

[C+12]"Consistency Without Ordering"
Vijay Chidambaram, Tushar Sharma, Andrea C. Arpaci-Dusseau, Remzi H. Arpaci-Dusseau FAST '12, San Jose, California
我们最近发表的一篇关于基于反向指针的新形式的崩溃一致性的论文。阅读它，了解令人兴奋的细节内容！

[C+13]"Optimistic Crash Consistency"
Vijay Chidambaram, Thanu S. Pillai, Andrea C. Arpaci-Dusseau, Remzi H. Arpaci-Dusseau SOSP '13, Nemacolin Woodlands Resort, PA, November 2013
我们致力于更乐观、更高性能的日志协议。对于大量调用 fsync() 的工作负载，可以大大提高性能。

[GP94]"Metadata Update Performance in File Systems"Gregory R. Ganger and Yale N. Patt
OSDI '94
一篇关于使用谨慎的写入顺序作为实现一致性的主要方法的优秀论文。后来在基于 BSD 的系统中实现。

[G+08]"SQCK: A Declarative File System Checker"
Haryadi S. Gunawi, Abhishek Rajimwale, Andrea C. Arpaci-Dusseau, Remzi H. Arpaci-Dusseau OSDI '08, San Diego, California
我们自己的论文，介绍了一种使用 SQL 查询构建文件系统检查程序的新方法。我们还展示了现有检查器的一些问题，发现了许多错误和奇怪的行为，这是 FSCK 复杂性的直接结果。

[H87]"Reimplementing the Cedar File System Using Logging and Group Commit"Robert Hagmann
SOSP '87, Austin, Texas, November 1987
第一项工作（我们所知的）将预写日志（即日志）应用于文件系统。

[M+13]"ffsck: The Fast File System Checker"
Ao Ma, Chris Dragga, Andrea C. Arpaci-Dusseau, Remzi H. Arpaci-Dusseau FAST '13, San Jose, California, February 2013
这篇文章详细介绍了如何让 FSCK 快一个数量级。一些想法已经集成到 BSD 文件系统检查器[MK96]中，并已部署。

[MK96] "Fsck - The UNIX File System Check Program" Marshall Kirk McKusick and T. J. Kowalski

Revised in 1996

由开发 FFS 的一些人编写的描述第一个全面的文件系统检查工具，即因此得名的 FSCK。

[MJLF84] "A Fast File System for UNIX"

Marshall K. McKusick, William N. Joy, Sam J. Leffler, Robert S. Fabry ACM Transactions on Computing Systems.

August 1984, Volume 2:3

你已经对 FFS 了解得够多了，对吗？但是，可以在书中不止一次地引用这样的论文。

[P+05] "IRON File Systems"

Vijayan Prabhakaran, Lakshmi N. Bairavasundaram, Nitin Agrawal, Haryadi S. Gunawi, An- drea C. Arpaci-Dusseau, Remzi H. Arpaci-Dusseau

SOSP '05, Brighton, England, October 2005

该论文主要关注研究文件系统如何对磁盘故障做出反应。在最后，我们引入了一个事务校验和来加速日志，最终被 Linux ext4 采用。

[PAA05] "Analysis and Evolution of Journaling File Systems"

Vijayan Prabhakaran, Andrea C. Arpaci-Dusseau, Remzi H. Arpaci-Dusseau USENIX '05, Anaheim, California, April 2005

我们早期写的一篇论文，分析了日志文件系统的工作原理。

[R+11] "Coerced Cache Eviction and Discreet-Mode Journaling" Abhishek Rajimwale, Vijay Chidambaram, Deepak Ramamurthi, Andrea C. Arpaci-Dusseau, Remzi H. Arpaci-Dusseau

DSN '11, Hong Kong, China, June 2011

我们自己的论文，关于磁盘缓冲写入内存缓存而不是强制它们写入磁盘的问题，即使明确告知不这样做！我们克服这个问题的解决方案：如果你想在 B 之前将 A 写入磁盘，首先写 A，然后向磁盘发送大量"虚拟"写入，希望将 A 强制写入磁盘，以便为它们在缓存中腾出空间。一个简洁但不太实际的解决方案。

[T98] "Journaling the Linux ext2fs File System" Stephen C. Tweedie

The Fourth Annual Linux Expo, May 1998

Tweedie 在为 Linux ext2 文件系统添加日志方面做了大量工作。结果毫不奇怪地被称为 ext3。一些不错的设计决策包括强烈关注向后兼容性，例如，你只需将日志文件添加到现有的 ext2 文件系统，然后将其挂载为 ext3 文件系统。

[T00] "EXT3, Journaling Filesystem" Stephen Tweedie

Talk at the Ottawa Linux Symposium, July 2000 olstrans.sourceforge.net/release/OLS2000-ext3/OLS2000-ext3.html

Tweedie 关于 ext3 的演讲的文字记录。

[T01] "The Linux ext2 File System" Theodore Ts'o, June, 2001.

一个简单的 Linux 文件系统，基于 FFS 中的想法。有一段时间它被大量使用，现在它真的只是在内核中作为简单文件系统的一个例子。

第 43 章　日志结构文件系统

在 20 世纪 90 年代早期，由 John Ousterhout 教授和研究生 Mendel Rosenblum 领导的伯克利小组开发了一种新的文件系统，称为日志结构文件系统[RO91]。他们这样做的动机是基于以下观察。

- **内存大小不断增长**。随着内存越来越大，可以在内存中缓存更多数据。随着更多数据的缓存，磁盘流量将越来越多地由写入组成，因为读取将在缓存中进行处理。因此，文件系统性能很大程度上取决于写入性能。
- **随机 I/O 性能与顺序 I/O 性能之间存在巨大的差距，且不断扩大：传输带宽每年增加约 50%～100%**。寻道和旋转延迟成本下降得较慢，可能每年 5%～10%[P98]。因此，如果能够以顺序方式使用磁盘，则可以获得巨大的性能优势，随着时间的推移而增长。
- **现有文件系统在许多常见工作负载上表现不佳**。例如，FFS [MJLF84]会执行大量写入，以创建大小为一个块的新文件：一个用于新的 inode，一个用于更新 inode 位图，一个用于文件所在的目录数据块，一个用于目录 inode 以更新它，一个用于新数据块，它是新文件的一部分，另一个是数据位图，用于将数据块标记为已分配。因此，尽管 FFS 会将所有这些块放在同一个块组中，但 FFS 会导致许多短寻道和随后的旋转延迟，因此性能远远低于峰值顺序带宽。
- **文件系统不支持 RAID**。例如，RAID-4 和 RAID-5 具有小写入问题（small-write problem），即对单个块的逻辑写入会导致 4 个物理 I/O 发生。现有的文件系统不会试图避免这种最坏情况的 RAID 写入行为。

因此，理想的文件系统会专注于写入性能，并尝试利用磁盘的顺序带宽。此外，它在常见工作负载上表现良好，这种负载不仅写出数据，还经常更新磁盘上的元数据结构。最后，它可以在 RAID 和单个磁盘上运行良好。

引入的新型文件系统 Rosenblum 和 Ousterhout 称为 LFS，是日志结构文件系统（Log-structured File System）的缩写。写入磁盘时，LFS 首先将所有更新（包括元数据！）缓冲在内存段中。当段已满时，它会在一次长时间的顺序传输中写入磁盘，并传输到磁盘的未使用部分。LFS 永远不会覆写现有数据，而是始终将段写入空闲位置。由于段很大，因此可以有效地使用磁盘，并且文件系统的性能接近其峰值。

> **关键问题：如何让所有写入变成顺序写入？**
>
> 文件系统如何将所有写入转换为顺序写入？对于读取，此任务是不可能的，因为要读取的所需块可能是磁盘上的任何位置。但是，对于写入，文件系统总是有一个选择，而这正是我们希望利用的选择。

43.1　按顺序写入磁盘

因此，我们遇到了第一个挑战：如何将文件系统状态的所有更新转换为对磁盘的一系列顺序写入？为了更好地理解这一点，让我们举一个简单的例子。想象一下，我们正在将数据块 D 写入文件。将数据块写入磁盘可能会导致以下磁盘布局，其中 D 写在磁盘地址 A0：

但是，当用户写入数据块时，不仅是数据被写入磁盘；还有其他需要更新的元数据（metadata）。在这个例子中，让我们将文件的 inode（I）也写入磁盘，并将其指向数据块 D。写入磁盘时，数据块和 inode 看起来像这样（注意 inode 看起来和数据块一样大，但通常情况并非如此。在大多数系统中，数据块大小为 4KB，而 inode 小得多，大约 128B）：

> **提示：细节很重要**
> 　　所有有趣的系统都包含一些一般性的想法和一些细节。有时，在学习这些系统时，你会对自己说，"哦，我抓住了一般的想法，其余的只是细节说明。"你这样想时，对事情是如何运作的只是一知半解。不要这样做！很多时候，细节至关重要。正如我们在 LFS 中看到的那样，一般的想法很容易理解，但要真正构建一个能工作的系统，必须仔细考虑所有棘手的情况。

简单地将所有更新（例如数据块、inode 等）顺序写入磁盘的这一基本思想是 LFS 的核心。如果你理解这一点，就抓住了基本的想法。但就像所有复杂的系统一样，魔鬼藏在细节中。

43.2　顺序而高效地写入

遗憾的是，（单单）顺序写入磁盘并不足以保证高效写入。例如，假设我们在时间 T 向地址 A 写入一个块。然后等待一会儿，再向磁盘写入地址 A+1（下一个块地址按顺序），但是在时间 T+δ。遗憾的是，在第一次和第二次写入之间，磁盘已经旋转。当你发出第二次写入时，它将在提交之前等待一大圈旋转（具体地说，如果旋转需要时间 $T_{rotation}$，则磁盘将等待 $T_{rotation}-\delta$，然后才能将第二次写入提交到磁盘表面）。因此，你可以希望看到简单地按顺序写入磁盘不足以实现最佳性能。实际上，你必须向驱动器发出大量连续写入（或一次大写入）才能获得良好的写入性能。

为了达到这个目的，LFS 使用了一种称为写入缓冲[①]（write buffering）的古老技术。在写入磁盘之前，LFS 会跟踪内存中的更新。收到足够数量的更新时，会立即将它们写入磁盘，从而确保有效使用磁盘。

LFS 一次写入的大块更新被称为段（segment）。虽然这个术语在计算机系统中被过度使用，但这里的意思是 LFS 用来对写入进行分组的大块。因此，在写入磁盘时，LFS 会缓冲内存段中的更新，然后将该段一次性写入磁盘。只要段足够大，这些写入就会很有效。

下面是一个例子，其中 LFS 将两组更新缓冲到一个小段中。实际段更大（几 MB）。第一次更新是对文件 j 的 4 次块写入，第二次是添加到文件 k 的一个块。然后，LFS 立即将整个七个块的段提交到磁盘。这些块的磁盘布局如下：

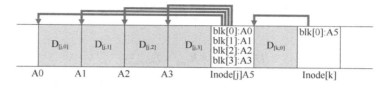

43.3　要缓冲多少

这提出了以下问题：LFS 在写入磁盘之前应该缓冲多少次更新？答案当然取决于磁盘本身，特别是与传输速率相比定位开销有多高。有关类似的分析，请参阅 FFS 相关的章节。

例如，假设在每次写入之前定位（即旋转和寻道开销）大约需要 T_{position} s。进一步假设磁盘传输速率是 R_{peak} MB / s。在这样的磁盘上运行时，LFS 在写入之前应该缓冲多少？

考虑这个问题的方法是，每次写入时，都需要支付固定的定位成本。因此，为了摊销（amortize）这笔成本，你需要写入多少？写入越多就越好（显然），越接近达到峰值带宽。

为了得到一个具体的答案，假设要写入 D MB 数据。写数据块的时间 T_{write} 是定位时间 T_{position} 的加上 D 的传输时间 $\left(\dfrac{D}{R_{\text{peak}}}\right)$，即

$$T_{\text{write}}=T_{\text{position}}+\frac{D}{R_{\text{peak}}} \tag{43.1}$$

因此，有效写入速率（$R_{\text{effective}}$）就是写入的数据量除以写入的总时间，即

$$R_{\text{effective}}=\frac{D}{T_{\text{write}}}=\frac{D}{T_{\text{position}}+\dfrac{D}{R_{\text{peak}}}} \tag{43.2}$$

我们感兴趣的是，让有效速率（$R_{\text{effective}}$）接近峰值速率。具体而言，我们希望有效速率与峰值速率的比值是某个分数 F，其中 $0<F<1$（典型的 F 可能是 0.9，即峰值速率的 90%）。

---

① 实际上，很难找到关于这个想法的好引用，因为它很可能是很多人在计算史早期发明的。有关写入缓冲的好处的研究，请参阅 Solworth 和 Orji [SO90]。要了解它的潜在危害，请参阅 Mogul [M94]。

用数学表示，这意味着我们需要 $R_{\text{effective}} = F \times R_{\text{peak}}$。

此时，我们可以解出 D：

$$R_{\text{effective}} = \frac{D}{T_{\text{position}} + \dfrac{D}{R_{\text{peak}}}} = F \times R_{\text{peak}} \tag{43.3}$$

$$D = F \times R_{\text{peak}} \times \left(T_{\text{position}} + \frac{D}{R_{\text{peak}}} \right) \tag{43.4}$$

$$D = (F \times R_{\text{peak}} \times T_{\text{position}}) + \left(F \times R_{\text{peak}} \times \frac{D}{R_{\text{peak}}} \right) \tag{43.5}$$

$$D = \frac{F}{1 - F} \times R_{\text{peak}} \times T_{\text{position}} \tag{43.6}$$

举个例子，一个磁盘的定位时间为 10ms，峰值传输速率为 100MB/s。假设我们希望有效带宽达到峰值的 90%（$F = 0.9$）。在这种情况下，$D = 0.9 \times 100\text{MB/s} \times 0.01\text{s} = 9\text{MB}$。请尝试一些不同的值，看看需要缓冲多少才能接近峰值带宽，达到 95% 的峰值需要多少，达到 99% 呢？

43.4　问题：查找 inode

要了解如何在 LFS 中找到 inode，让我们简单回顾一下如何在典型的 UNIX 文件系统中查找 inode。在典型的文件系统（如 FFS）甚至老 UNIX 文件系统中，查找 inode 很容易，因为它们以数组形式组织，并放在磁盘的固定位置上。

例如，老 UNIX 文件系统将所有 inode 保存在磁盘的固定位置。因此，给定一个 inode 号和起始地址，要查找特定的 inode，只需将 inode 号乘以 inode 的大小，然后将其加上磁盘数组的起始地址，即可计算其确切的磁盘地址。给定一个 inode 号，基于数组的索引是快速而直接的。

在 FFS 中查找给定 inode 号的 inode 仅稍微复杂一些，因为 FFS 将 inode 表拆分为块并在每个柱面组中放置一组 inode。因此，必须知道每个 inode 块的大小和每个 inode 的起始地址。之后的计算类似，也很容易。

在 LFS 中，生活比较艰难。为什么？好吧，我们已经设法将 inode 分散在整个磁盘上！更糟糕的是，我们永远不会覆盖，因此最新版本的 inode（即我们想要的那个）会不断移动。

43.5　通过间接解决方案：inode 映射

为了解决这个问题，LFS 的设计者通过名为 inode 映射（inode map，imap）的数据结构，在 inode 号和 inode 之间引入了一个间接层（level of indirection）。imap 是一个结构，它将 inode 号作为输入，并生成最新版本的 inode 的磁盘地址。因此，你可以想象它通常被实现为一个简单的数组，每个条目有 4 个字节（一个磁盘指针）。每次将 inode 写入磁盘时，imap 都会使用其新位置进行更新。

提示：使用一个间接层

人们常说，计算机科学中所有问题的解决方案就是一个间接层（level of indirection）。这显然不是真的，它只是大多数问题的解决方案。你当然可以将我们研究的每个虚拟化（例如虚拟内存）视为间接层。当然 LFS 中的 inode 映射是 inode 号的虚拟化。希望你可以在这些示例中看到间接的强大功能，允许我们自由移动结构（例如 VM 例子中的页面，或 LFS 中的 inode），而无需更改对它们的每个引用。当然，间接也可能有一个缺点：额外的开销。所以下次遇到问题时，请尝试使用间接解决方案。但请务必先考虑这样做的开销。

遗憾的是，imap 需要保持持久（写入磁盘）。这样做允许 LFS 在崩溃时仍能记录 inode 位置，从而按设想运行。因此有一个问题：imap 应该驻留在磁盘上的哪个位置？

当然，它可以存在于磁盘的固定部分。遗憾的是，由于它经常更新，因此需要更新文件结构，然后写入 imap，因此性能会受到影响（每次的更新和 imap 的固定位置之间，会有更多的磁盘寻道）。

与此不同，LFS 将 inode 映射的块放在它写入所有其他新信息的位置旁边。因此，当将数据块追加到文件 k 时，LFS 实际上将新数据块，其 inode 和一段 inode 映射一起写入磁盘，如下所示：

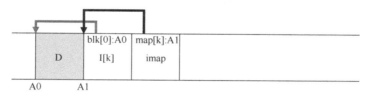

在该图中，imap 数组存储在标记为 imap 的块中，它告诉 LFS，inode k 位于磁盘地址 A1。接下来，这个 inode 告诉 LFS 它的数据块 D 在地址 A0。

43.6 检查点区域

聪明的读者（就是你，对吗？）可能已经注意到了这里的问题。我们如何找到 inode 映射，现在它的各个部分现在也分布在整个磁盘上？归根到底：文件系统必须在磁盘上有一些固定且已知的位置，才能开始文件查找。

LFS 在磁盘上只有这样一个固定的位置，称为检查点区域（checkpoint region，CR）。检查点区域包含指向最新的 inode 映射片段的指针（即地址），因此可以通过首先读取 CR 来找到 inode 映射片段。请注意，检查点区域仅定期更新（例如每 30s 左右），因此性能不会受到影响。因此，磁盘布局的整体结构包含一个检查点区域（指向内部映射的最新部分），每个 inode 映射块包含 inode 的地址，inode 指向文件（和目录），就像典型的 UNIX 文件系统一样。

下面的例子是检查点区域（注意它始终位于磁盘的开头，地址为 0），以及单个 imap 块，

inode 和数据块。一个真正的文件系统当然会有一个更大的 CR（事实上，它将有两个，我们稍后会理解），许多 imap 块，当然还有更多的 inode、数据块等。

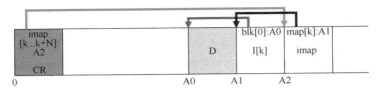

43.7   从磁盘读取文件：回顾

为了确保理解 LFS 的工作原理，现在让我们来看看从磁盘读取文件时必须发生的事情。假设从内存中没有任何东西开始。我们必须读取的第一个磁盘数据结构是检查点区域。检查点区域包含指向整个 inode 映射的指针（磁盘地址），因此 LFS 读入整个 inode 映射并将其缓存在内存中。在此之后，当给定文件的 inode 号时，LFS 只是在 imap 中查找 inode 号到 inode 磁盘地址的映射，并读入最新版本的 inode。要从文件中读取块，此时，LFS 完全按照典型的 UNIX 文件系统进行操作，方法是使用直接指针或间接指针或双重间接指针。在通常情况下，从磁盘读取文件时，LFS 应执行与典型文件系统相同数量的 I/O，整个 imap 被缓存，因此 LFS 在读取过程中所做的额外工作是在 imap 中查找 inode 的地址。

43.8   目录如何

到目前为止，我们通过仅考虑 inode 和数据块，简化了讨论。但是，要访问文件系统中的文件（例如/home/remzi/foo，我们最喜欢的伪文件名之一），也必须访问一些目录。那么 LFS 如何存储目录数据呢？

幸运的是，目录结构与传统的 UNIX 文件系统基本相同，因为目录只是（名称，inode 号）映射的集合。例如，在磁盘上创建文件时，LFS 必须同时写入新的 inode，一些数据，以及引用此文件的目录数据及其 inode。请记住，LFS 将在磁盘上按顺序写入（在缓冲更新一段时间后）。因此，在目录中创建文件 foo，将导致磁盘上的以下新结构：

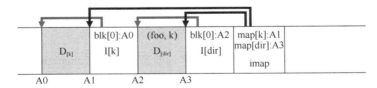

inode 映射的片段包含目录文件 dir 以及新创建的文件 f 的位置信息。因此，访问文件 foo（具有 inode 号 f）时，你先要查看 inode 映射（通常缓存在内存中），找到目录 dir（A3）的 inode 的位置。然后读取目录的 inode，它给你目录数据的位置（A2）。读取此数据块为你提供名称到 inode 号的映射（foo，k）。然后再次查阅 inode 映射，找到 inode 号 k（A1）的位置，最后在地址 A0 处读取所需的数据块。

inode 映射还解决了 LFS 中存在的另一个严重问题，称为递归更新问题（recursive update problem）[Z+12]。任何永远不会原地更新的文件系统（例如 LFS）都会遇到该问题，它们将更新移动到磁盘上的新位置。

具体来说，每当更新 inode 时，它在磁盘上的位置都会发生变化。如果我们不小心，这也会导致对指向该文件的目录的更新，然后必须更改该目录的父目录，依此类推，一路沿文件系统树向上。

LFS 巧妙地避免了 inode 映射的这个问题。即使 inode 的位置可能会发生变化，更改也不会反映在目录本身中。事实上，imap 结构被更新，而目录保持相同的名称到 inumber 的映射。因此，通过间接，LFS 避免了递归更新问题。

43.9 一个新问题：垃圾收集

你可能已经注意到 LFS 的另一个问题：它会反复将最新版本的文件（包括其 inode 和数据）写入磁盘上的新位置。此过程在保持写入效率的同时，意味着 LFS 会在整个磁盘中分散旧版本的文件结构。我们（毫不客气地）将这些旧版本称为垃圾（garbage）。

例如，假设有一个由 inode 号 k 引用的现有文件，该文件指向单个数据块 D0。我们现在覆盖该块，生成新的 inode 和新的数据块。由此产生的 LFS 磁盘布局看起来像这样（注意，简单起见，我们省略了 imap 和其他结构。还需要将一个新的 imap 大块写入磁盘，以指向新的 inode）：

在图中，可以看到 inode 和数据块在磁盘上有两个版本，一个是旧的（左边那个），一个是当前的，因此是活的（live，右边那个）。对于覆盖数据块的简单行为，LFS 必须持久许多新结构，从而在磁盘上留下上述块的旧版本。

另外举个例子，假设我们将一块添加到该原始文件 k 中。在这种情况下，会生成新版本的 inode，但旧数据块仍由旧 inode 指向。因此，它仍然存在，并且与当前文件系统分离：

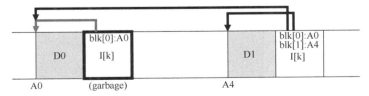

那么，应该如何处理这些旧版本的 inode、数据块等呢？可以保留那些旧版本并允许用户恢复旧文件版本（例如，当他们意外覆盖或删除文件时，这样做可能非常方便）。这样的文件系统称为版本控制文件系统（versioning file system），因为它跟踪文件的不同版本。

但是，LFS 只保留文件的最新活版本。因此（在后台），LFS 必须定期查找文件数据、索引节点和其他结构的旧的死版本，并清理（clean）它们。因此，清理应该使磁盘上的块再次空闲，以便在后续写入中使用。请注意，清理过程是垃圾收集（garbage collection）的一种形式，这种技术在编程语言中出现，可以自动为程序释放未使用的内存。

之前我们讨论过的段很重要，因为它们是在 LFS 中实现对磁盘的大段写入的机制。事实证明，它们也是有效清理的重要组成部分。想象一下，如果 LFS 清理程序在清理过程中简单地通过并释放单个数据块，索引节点等，会发生什么。结果：文件系统在磁盘上分配的空间之间混合了一些空闲洞（hole）。写入性能会大幅下降，因为 LFS 无法找到一个大块连续区域，以便顺序地写入磁盘，获得高性能。

实际上，LFS 清理程序按段工作，从而为后续写入清理出大块空间。基本清理过程的工作原理如下。LFS 清理程序定期读入许多旧的（部分使用的）段，确定哪些块在这些段中存在，然后写出一组新的段，只包含其中活着的块，从而释放旧块用于写入。具体来说，我们预期清理程序读取 M 个现有段，将其内容打包（compact）到 N 个新段（其中 $N < M$），然后将 N 段写入磁盘的新位置。然后释放旧的 M 段，文件系统可以使用它们进行后续写入。

但是，我们现在有两个问题。第一个是机制：LFS 如何判断段内的哪些块是活的，哪些块已经死了？第二个是策略：清理程序应该多久运行一次，以及应该选择清理哪些部分？

43.10 确定块的死活

我们首先关注这个问题。给定磁盘段 S 内的数据块 D，LFS 必须能够确定 D 是不是活的。为此，LFS 会为描述每个块的每个段添加一些额外信息。具体地说，对于每个数据块 D，LFS 包括其 inode 号（它属于哪个文件）及其偏移量（这是该文件的哪一块）。该信息记录在一个数据结构中，位于段头部，称为段摘要块（segment summary block）。

根据这些信息，可以直接确定块的死活。对于位于地址 A 的磁盘上的块 D，查看段摘要块并找到其 inode 号 N 和偏移量 T。接下来，查看 imap 以找到 N 所在的位置，并从磁盘读取 N（可能它已经在内存中，这更好）。最后，利用偏移量 T，查看 inode（或某个间接块），看看 inode 认为此文件的第 T 个块在磁盘上的位置。如果它刚好指向磁盘地址 A，则 LFS 可以断定块 D 是活的。如果它指向其他地方，LFS 可以断定 D 未被使用（即它已经死了），因此知道不再需要该版本。下面的伪代码总结了这个过程：

```
(N, T) = SegmentSummary[A];
inode  = Read(imap[N]);
if (inode[T] == A)
    // block D is alive
else
    // block D is garbage
```

下面是一个描述机制的图，其中段摘要块（标记为 SS）记录了地址 A0 处的数据块，实际上是文件 k 在偏移 0 处的部分。通过检查 imap 的 k，可以找到 inode，并且看到它确实指向该位置。

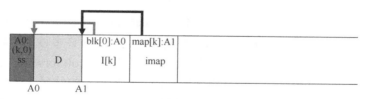

　　LFS 走了一些捷径，可以更有效地确定死活。例如，当文件被截断或删除时，LFS 会增加其版本号（version number），并在 imap 中记录新版本号。通过在磁盘上的段中记录版本号，LFS 可以简单地通过将磁盘版本号与 imap 中的版本号进行比较，跳过上述较长的检查，从而避免额外的读取。

43.11　策略问题：要清理哪些块，何时清理

　　在上述机制的基础上，LFS 必须包含一组策略，以确定何时清理以及哪些块值得清理。确定何时清理比较容易。要么是周期性的，要么是空闲时间，要么是因为磁盘已满。

　　确定清理哪些块更具挑战性，并且已成为许多研究论文的主题。在最初的 LFS 论文 [RO91] 中，作者描述了一种试图分离冷热段的方法。热段是经常覆盖内容的段。因此，对于这样的段，最好的策略是在清理之前等待很长时间，因为越来越多的块被覆盖（在新的段中），从而被释放以供使用。相比之下，冷段可能有一些死块，但其余的内容相对稳定。因此，作者得出结论，应该尽快清理冷段，延迟清理热段，并开发出一种完全符合要求的试探算法。但是，与大多数政策一样，这只是一种方法，当然并非"最佳"方法。后来的一些方法展示了如何做得更好 [MR+97]。

43.12　崩溃恢复和日志

　　最后一个问题：如果系统在 LFS 写入磁盘时崩溃会发生什么？你可能还记得上一章讲的日志，在更新期间崩溃对于文件系统来说是棘手的，因此 LFS 也必须考虑这些问题。

　　在正常操作期间，LFS 将一些写入缓冲在段中，然后（当段已满或经过一段时间后），将段写入磁盘。LFS 在日志（log）中组织这些写入，即指向头部段和尾部段的检查点区域，并且每个段指向要写入的下一个段。LFS 还定期更新检查点区域（CR）。在这些操作期间都可能发生崩溃（写入段，写入 CR）。那么 LFS 在写入这些结构时如何处理崩溃？

　　我们先介绍第二种情况。为了确保 CR 更新以原子方式发生，LFS 实际上保留了两个 CR，每个位于磁盘的一端，并交替写入它们。当使用最新的指向 inode 映射和其他信息的指针更新 CR 时，LFS 还实现了一个谨慎的协议。具体来说，它首先写出一个头（带有时间戳），然后写出 CR 的主体，然后最后写出最后一部分（也带有时间戳）。如果系统在 CR 更新期间崩溃，LFS 可以通过查看一对不一致的时间戳来检测到这一点。LFS 将始终选择使用具有一致时间戳的最新 CR，从而实现 CR 的一致更新。

我们现在关注第一种情况。由于 LFS 每隔 30s 左右写入一次 CR，因此文件系统的最后一致快照可能很旧。因此，在重新启动时，LFS 可以通过简单地读取检查点区域、它指向的 imap 片段以及后续文件和目录，从而轻松地恢复。但是，最后许多秒的更新将会丢失。

为了改进这一点，LFS 尝试通过数据库社区中称为前滚（roll forward）的技术，重建其中许多段。基本思想是从最后一个检查点区域开始，找到日志的结尾（包含在 CR 中），然后使用它来读取下一个段，并查看其中是否有任何有效更新。如果有，LFS 会相应地更新文件系统，从而恢复自上一个检查点以来写入的大部分数据和元数据。有关详细信息，请参阅 Rosenblum 获奖论文[R92]。

43.13　小结

LFS 引入了一种更新磁盘的新方法。LFS 总是写入磁盘的未使用部分，然后通过清理回收旧空间，而不是在原来的位置覆盖文件。这种方法在数据库系统中称为影子分页（shadow paging）[L77]，在文件系统中有时称为写时复制（copy-on-write），可以实现高效写入，因为 LFS 可以将所有更新收集到内存的段中，然后按顺序一起写入。

这种方法的缺点是它会产生垃圾。旧数据的副本分散在整个磁盘中，如果想要为后续使用回收这样的空间，则必须定期清理旧的数据段。清理成为 LFS 争议的焦点，对清理成本的担忧[SS+95]可能限制了 LFS 开始对该领域的影响。然而，一些现代商业文件系统，包括 NetApp 的 WAFL [HLM94]、Sun 的 ZFS [B07]和 Linux btrfs [M07]，采用了类似的写时复制方法来写入磁盘，因此 LFS 的知识遗产继续存在于这些现代文件系统中。特别是，WAFL 通过将清理问题转化为特征来解决问题。通过快照（snapshots）提供旧版本的文件系统，用户可以在意外删除当前文件时，访问到旧文件。

提示：将缺点变成美德

每当你的系统存在根本缺点时，请看看是否可以将它转换为特征或有用的功能。NetApp 的 WAFL 对旧文件内容做到了这一点。通过提供旧版本，WAFL 不再需要担心清理，还因此提供了一个很酷的功能，在一个美妙的转折中消除了 LFS 的清理问题。系统中还有其他这样的例子吗？毫无疑问还有，但你必须自己去思考，因为本章的内容已经结束了。

参考资料

[B07] "ZFS: The Last Word in File Systems" Jeff Bonwick and Bill Moore
关于 ZFS 的幻灯片。遗憾的是，没有优秀的 ZFS 论文。

[HLM94] "File System Design for an NFS File Server Appliance" Dave Hitz, James Lau, Michael Malcolm
USENIX Spring '94

WAFL 从 LFS 和 RAID 中获取了许多想法，并将其置于数十亿美元的存储公司 NetApp 的高速 NFS 设备中。

[L77]《Physical Integrity in a Large Segmented Database》
R. Lorie
ACM Transactions on Databases, 1977, Volume 2:1, pages 91-104
这里介绍了影子分页的最初想法。

[M07]《The Btrfs Filesystem》Chris Mason
September 2007
最近的一种写时复制 Linux 文件系统，其重要性和使用率逐渐增加。

[MJLF84]《A Fast File System for UNIX》
Marshall K. McKusick, William N. Joy, Sam J. Leffler, Robert S. Fabry ACM TOCS, August, 1984, Volume 2, Number 3
最初的 FFS 文件。有关详细信息，请参阅有关 FFS 的章节。

[MR+97]《Improving the Performance of Log-structured File Systems with Adaptive Methods》
Jeanna Neefe Matthews, Drew Roselli, Adam M. Costello,
Randolph Y. Wang, Thomas E. Anderson
SOSP 1997, pages 238-251, October, Saint Malo, France
最近的一篇论文，详细说明了 LFS 中更好的清理策略。

[M94]《A Better Update Policy》Jeffrey C. Mogul
USENIX ATC '94, June 1994
在该文中，Mogul 发现，因为缓冲写入时间过长，然后集中发送到磁盘中，读取工作负载可能会受到影响。因此，他建议更频繁地以较小的批次发送写入。

[P98]《Hardware Technology Trends and Database Opportunities》David A. Patterson
ACM SIGMOD '98 Keynote Address, Presented June 3, 1998, Seattle, Washington
关于计算机系统技术趋势的一系列幻灯片。也许 Patterson 很快就会制作另一个幻灯片。

[RO91]《Design and Implementation of the Log-structured File System》Mendel Rosenblum and John Ousterhout
SOSP '91, Pacific Grove, CA, October 1991
关于 LFS 的原始 SOSP 论文，已被数百篇其他论文引用，并启发了许多真实系统。

[R92]《Design and Implementation of the Log-structured File System》Mendel Rosenblum
关于 LFS 的获奖学位论文，包含其他论文中缺失的许多细节。

[SS+95]《File system logging versus clustering: a performance comparison》
Margo Seltzer, Keith A. Smith, Hari Balakrishnan, Jacqueline Chang, Sara McMains, Venkata Padmanabhan
USENIX 1995 Technical Conference, New Orleans, Louisiana, 1995
该文显示 LFS 的性能有时会出现问题，特别是对于多次调用 fsync()的工作负载（例如数据库工作负载）。

该论文当时备受争议。

[SO90]"Write-Only Disk Caches" Jon A. Solworth, Cyril U. Orji

SIGMOD '90, Atlantic City, New Jersey, May 1990

对写缓冲及其好处的早期研究。但是，缓冲太长时间可能会产生危害，详情请参阅 Mogul [M94]。

[Z+12]"De-indirection for Flash-based SSDs with Nameless Writes"

Yiying Zhang, Leo Prasath Arulraj, Andrea C. Arpaci-Dusseau, Remzi H. Arpaci-Dusseau FAST '13, San Jose, California, February 2013

我们的论文介绍了构建基于闪存的存储设备的新方法。由于 FTL（闪存转换层）通常以日志结构样式构建，因此在基于闪存的设备中会出现一些 LFS 中相同的问题。在这个例子中，它是递归更新问题，LFS 用 imap 巧妙地解决了这个问题。大多数 SSD 中存在类似的结构。

第 44 章 数据完整性和保护

除了我们迄今为止研究的文件系统中的基本进展，还有许多功能值得研究。本章将再次关注可靠性（之前在 RAID 章节中，已经研究过存储系统的可靠性）。具体来说，鉴于现代存储设备的不可靠性，文件系统或存储系统应如何确保数据安全？

该一般领域称为数据完整性（data integrity）或数据保护（data protection）。因此，我们现在将研究一些技术，确保放入存储系统的数据就是存储系统返回的数据。

> **关键问题：如何确保数据完整性**
> 系统应如何确保写入存储的数据受到保护？需要什么技术？如何在低空间和时间开销的情况下提高这些技术的效率？

44.1 磁盘故障模式

正如你在关于 RAID 的章节中所了解到的，磁盘并不完美，并且可能会发生故障（有时）。在早期的 RAID 系统中，故障模型非常简单：要么整个磁盘都在工作，要么完全失败，而且检测到这种故障很简单。这种磁盘故障的故障—停止（fail-stop）模型使构建 RAID 相对简单[S90]。

你不知道的是现代磁盘展示的所有其他类型的故障模式。具体来说，正如 Bairavasundaram 等人的详细研究[B+07，B+08]，现代磁盘似乎大部分时间正常工作，但是无法成功访问一个或几个块。具体来说，两种类型的单块故障是常见的，值得考虑：潜在扇区错误（Latent-Sector Errors，LSE）和块讹误（block corruption）。接下来分别详细地讨论。

当磁盘扇区（或扇区组）以某种方式讹误时，会出现 LSE。例如，如果磁头由于某种原因接触到表面（磁头碰撞，head crash，在正常操作期间不应发生的情况），则可能会讹误表面，使得数据位不可读。宇宙射线也会导致数据位翻转，使内容不正确。幸运的是，驱动器使用磁盘内纠错码（Error Correcting Code，ECC）来确定块中的磁盘位是否良好，并且在某些情况下，修复它们。如果它们不好，并且驱动器没有足够的信息来修复错误，则在发出请求读取它们时，磁盘会返回错误。

还存在一些情况，磁盘块出现讹误（corrupt），但磁盘本身无法检测到。例如，有缺陷的磁盘固件可能会将块写入错误的位置。在这种情况下，磁盘 ECC 指示块内容很好，但是从客户端的角度来看，在随后访问时返回错误的块。类似地，当一个块通过有故障的总线从主机传输到磁盘时，它可能会讹误。由此产生的讹误数据会存入磁盘，但它不是客户所希望的。这些类型的故障特别隐蔽，因为它们是无声的故障（silent fault）。返回故障数据时，磁盘没有报告问题。

Prabhakaran 等人将这种更现代的磁盘故障视图描述为故障—部分（fail-partial）磁盘故障模型[P+05]。在此视图中，磁盘仍然可以完全失败（像传统的故障停止模型中的情况）。然而，磁盘也可以似乎正常工作，并有一个或多个块变得不可访问（即 LSE）或保存了错误的内容（即讹误）。因此，当访问看似工作的磁盘时，偶尔会在尝试读取或写入给定块时返回错误（非无声的部分故障），偶尔可能只是返回错误的数据（一个无声的部分错误）。

这两种类型的故障都有点罕见，但有多罕见？表 44.1 总结了 Bairavasundaram 的两项研究[B+07，B+08]的一些结果。

表 44.1   LSE 和块讹误的频率

项目	廉价	昂贵
LSEs	9.40%	1.40%
讹误	0.50%	0.05%

该表显示了在研究过程中至少出现一次 LSE 或块讹误的驱动器百分比（大约 3 年，超过 150 万个磁盘驱动器）。该表进一步将结果细分为"廉价"驱动器（通常为 SATA 驱动器）和"昂贵"驱动器（通常为 SCSI 或 FibreChannel）。如你所见，虽然购买更好的驱动器可以减少两种类型问题的频率（大约一个数量级），但它们的发生频率仍然足够高，你需要仔细考虑如何在存储系统中处理它们。

关于 LSE 的一些其他发现如下：
- 具有多个 LSE 的昂贵驱动器可能会像廉价驱动器一样产生附加错误。
- 对于大多数驱动器，第二年的年度错误率会增加。
- LSE 随磁盘大小增加。
- 大多数磁盘的 LSE 少于 50 个。
- 具有 LSE 的磁盘更有可能发生新增的 LSE。
- 存在显著的空间和时间局部性。
- 磁盘清理很有用（大多数 LSE 都是这样找到的）。

关于讹误的一些发现如下：
- 同一驱动器类别中不同驱动器型号的讹误机会差异很大。
- 老化效应因型号而异。
- 工作负载和磁盘大小对讹误几乎没有影响。
- 大多数具有讹误的磁盘只有少数讹误。
- 讹误不是与一个磁盘或 RAID 中的多个磁盘无关的。
- 存在空间局部性和一些时间局部性。
- 与 LSE 的相关性较弱。

要了解有关这些故障的更多信息，应该阅读原始论文[B+07，B+08]。但主要观点应该已经明确：如果真的希望建立一个可靠的存储系统，必须包括一些机制来检测和恢复 LSE 并阻止讹误。

44.2 处理潜在的扇区错误

鉴于这两种新的部分磁盘故障模式，我们现在应该尝试看看可以对它们做些什么。让我们首先解决两者中较为容易的问题，即潜在的扇区错误。

关键问题：如何处理潜在的扇区错误

存储系统应该如何处理潜在的扇区错误？需要多少额外的机制来处理这种形式的部分故障？

事实证明，潜在的扇区错误很容易处理，因为它们（根据定义）很容易被检测到。当存储系统尝试访问块，并且磁盘返回错误时，存储系统应该就用它具有的任何冗余机制，来返回正确的数据。例如，在镜像 RAID 中，系统应该访问备用副本。在基于奇偶校验的 RAID-4 或 RAID-5 系统中，系统应通过奇偶校验组中的其他块重建该块。因此，利用标准冗余机制，可以容易地恢复诸如 LSE 这样的容易检测到的问题。

多年来，LSE 的日益增长影响了 RAID 设计。当全盘故障和 LSE 接连发生时，RAID-4/5 系统会出现一个特别有趣的问题。具体来说，当整个磁盘发生故障时，RAID 会尝试读取奇偶校验组中的所有其他磁盘，并重新计算缺失值，来重建（reconstruct）磁盘（例如，在热备用磁盘上）。如果在重建期间，在任何一个其他磁盘上遇到 LSE，我们就会遇到问题：重建无法成功完成。

为了解决这个问题，一些系统增加了额外的冗余度。例如，NetApp 的 RAID-DP 相当于两个奇偶校验磁盘，而不是一个[C+04]。在重建期间发现 LSE 时，额外的校验盘有助于重建丢失的块。与往常一样，这有成本，因为为每个条带维护两个奇偶校验块的成本更高。但是，NetApp WAFL 文件系统的日志结构特性在许多情况下降低了成本[HLM94]。另外的成本是空间，需要额外的磁盘来存放第二个奇偶校验块。

44.3 检测讹误：校验和

现在让我们解决更具挑战性的问题，即数据讹误导致的无声故障。在出现讹误导致磁盘返回错误数据时，如何阻止用户获取错误数据？

关键问题：尽管有讹误，如何保护数据完整性

鉴于此类故障的无声性，存储系统可以做些什么来检测何时出现讹误？需要什么技术？如何有效地实现？

与潜在的扇区错误不同，检测讹误是一个关键问题。客户如何判断一个块坏了？一旦知道特定块是坏的，恢复就像以前一样：你需要有该块的其他副本（希望没有讹误！）。因此，我们将重点放在检测技术上。

现代存储系统用于保持数据完整性的主要机制称为校验和（checksum）。校验和就是一个函数的结果，该函数以一块数据（例如 4KB 块）作为输入，并计算这段数据的函数，产生数据内容的小概要（比如 4 字节或 8 字节）。此摘要称为校验和。这种计算的目的在于，让系统将校验和与数据一起存储，然后在访问时确认数据的当前校验和与原始存储值匹配，从而检测数据是否以某种方式被破坏或改变。

提示：没有免费午餐

没有免费午餐这种事，或简称 TNSTAAFL，是一句古老的美国谚语，暗示当你似乎在免费获得某些东西时，实际上你可能会付出一些代价。以前，餐馆会向顾客宣传免费午餐，希望能吸引他们。只有当你进去时，才会意识到要获得"免费"午餐，必须购买一种或多种含酒精的饮料。

常见的校验和函数

许多不同的函数用于计算校验和，并且强度（即它们在保护数据完整性方面有多好）和速度（即它们能够以多快的速度计算）不同。系统中常见的权衡取决于此：通常，你获得的保护越多，成本就越高。没有免费午餐这种事。

有人使用一个简单的校验和函数，它基于异或（XOR）。使用基于 XOR 的校验和，只需对需要校验和的数据块的每个块进行异或运算，从而生成一个值，表示整个块的 XOR。

为了使这更具体，想象一下在一个 16 字节的块上计算一个 4 字节的校验和（这个块当然太小而不是真正的磁盘扇区或块，但它将用作示例）。十六进制的 16 个数据字节如下所示：

```
365e c4cd ba14 8a92 ecef 2c3a 40be f666
```

如果以二进制形式查看它们，会看到：

```
0011 0110 0101 1110    1100 0100 1100 1101
1011 1010 0001 0100    1000 1010 1001 0010
1110 1100 1110 1111    0010 1100 0011 1010
0100 0000 1011 1110    1111 0110 0110 0110
```

因为我们以每行 4 个字节为一组排列数据，所以很容易看出生成的校验和是什么。只需对每列执行 XOR 以获得最终的校验和值：

```
0010 0000 0001 1011    1001 0100 0000 0011
```

十六进制的结果是 0x201b9403。

XOR 是一个合理的校验和，但有其局限性。例如，如果每个校验和单元内相同位置的两个位发生变化，则校验和将不会检测到讹误。出于这个原因，人们研究了其他校验和函数。

另一个简单的校验和函数是加法。这种方法具有快速的优点。计算它只需要在每个数据块上执行二进制补码加法，忽略溢出。它可以检测到数据中的许多变化，但如果数据被移位，则不好。

稍微复杂的算法被称为 Fletcher 校验和（Fletcher checksum），命名基于（你可能会猜到）发明人 John G. Fletcher [F82]。它非常简单，涉及两个校验字节 s1 和 s2 的计算。具体来说，假设块 D 由字节 d1,…, dn 组成。s1 简单地定义如下：s1 = s1 + di mod 255（在所有 di 上计算）。s2 依次为：s2 = s2 + s1 mod 255（同样在所有 di 上）[F04]。已知 fletcher 校验和几乎与 CRC（下面描述）一样强，可以检测所有单比特错误，所有双比特错误和大部分突发错误[F04]。

最后常用的校验和称为循环冗余校验（CRC）。虽然听起来很奇特，但基本想法很简单。假设你希望计算数据块 D 的校验和。你所做的只是将 D 视为一个大的二进制数（毕竟它只是一串位）并将其除以约定的值（k）。该除法的其余部分是 CRC 的值。事实证明，人们可以相当有效地实现这种二进制模运算，因此也可以在网络中普及 CRC。有关详细信息，请参见其他资料[M13]。

无论使用何种方法，很明显没有完美的校验和：两个具有不相同内容的数据块可能具有相同的校验和，这被称为碰撞（collision）。这个事实应该是直观的：毕竟，计算校验和会使某种很大的东西（例如，4KB）产生很小的摘要（例如，4 或 8 个字节）。在选择良好的校验和函数时，我们试图找到一种函数，能够在保持易于计算的同时，最小化碰撞机会。

校验和布局

既然你已经了解了如何计算校验和，接下来就分析如何在存储系统中使用校验和。我们必须解决的第一个问题是校验和的布局，即如何将校验和存储在磁盘上？

最基本的方法就是为每个磁盘扇区（或块）存储校验和。给定数据块 D，我们称该数据的校验和为 C（D）。因此，没有校验和，磁盘布局如下所示：

有了校验和，布局为每个块添加一个校验和：

因为校验和通常很小（例如，8 字节），并且磁盘只能以扇区大小的块（512 字节）或其倍数写入，所以出现的一个问题是如何实现上述布局。驱动器制造商采用的一种解决方案是使用 520 字节扇区格式化驱动器，每个扇区额外的 8 个字节可用于存储校验和。

在没有此类功能的磁盘中，文件系统必须找到一种方法来将打包的校验和存储到 512 字节的块中。一种可能性如下：

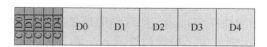

在该方案中，n 个校验和一起存储在一个扇区中，后跟 n 个数据块，接着是后 n 块的另一个校验和扇区，依此类推。该方案具有在所有磁盘上工作的优点，但效率较低。例如，如果文件系统想要覆盖块 D1，它必须读入包含 C（D1）的校验和扇区，更新其中的 C（D1），然后写出校验和扇区以及新的数据块 D1（因此，一次读取和两次写入）。前面的方法（每个扇区一个校验和）只执行一次写操作。

44.4 使用校验和

在确定了校验和布局后，现在可以实际了解如何使用校验和。读取块 D 时，客户端（即文件系统或存储控制器）也从磁盘 Cs（D）读取其校验和，这称为存储的校验和（stored checksum，因此有下标 Cs）。然后，客户端计算读取的块 D 上的校验和，这称为计算的校验和（computed checksum）Cc（D）。此时，客户端比较存储和计算的校验和。如果它们相等 [即 Cs（D）== Cc（D）]，数据很可能没有被破坏，因此可以安全地返回给用户。如果它们不匹配 [即 Cs（D）!= Cc（D）]，则表示数据自存储之后已经改变（因为存储的校验和反映了当时数据的值）。在这种情况下，存在讹误，校验和帮助我们检测到了。

发现了讹误，自然的问题是我们应该怎么做呢？如果存储系统有冗余副本，答案很简单：尝试使用它。如果存储系统没有此类副本，则可能的答案是返回错误。在任何一种情况下，都要意识到讹误检测不是神奇的子弹。如果没有其他方法来获取没有讹误的数据，那你就不走运了。

44.5 一个新问题：错误的写入

上述基本方案对一般情况的讹误块工作良好。但是，现代磁盘有几种不同的故障模式，需要不同的解决方案。

第一种感兴趣的失败模式称为"错误位置的写入（misdirected write）"。这出现在磁盘和 RAID 控制器中，它们正确地将数据写入磁盘，但位置错误。在单磁盘系统中，这意味着磁盘写入块 Dx 不是在地址 x（像期望那样），而是在地址 y（因此是"讹误的"Dy）。另外，在多磁盘系统中，控制器也可能将 Di,x 不是写入磁盘 i 的 x，而是写入另一磁盘 j。因此问题是：

> **关键问题：如何处理错误的写入**
> 存储系统或磁盘控制器应该如何检测错误位置的写入？校验和需要哪些附加功能？

毫不奇怪，答案很简单：在每个校验和中添加更多信息。在这种情况下，添加物理标识符（Physical Identifier，物理 ID）非常有用。例如，如果存储的信息现在包含校验和 C（D）以及块的磁盘和扇区号，则客户端很容易确定块内是否存在正确的信息。具体来说，如果客户端正在读取磁盘 10 上的块 4（D_{10,4}），则存储的信息应包括该磁盘号和扇区偏移量，如下所示。如果信息不匹配，则发生了错误位置写入，并且现在检测到讹误。以下是在双磁盘系统上添加此信息的示例。注意，该图与之前的其他图一样，不是按比例绘制的，因为校验和通常很小（例如，8 个字节），而块则要大得多（例如，4KB 或更大）：

Disk 1	C[D0] disk=1 block=0	D0	C[D1] disk=1 block=1	D1	C[D2] disk=1 block=2	D2
Disk 0	C[D0] disk=0 block=0	D0	C[D1] disk=0 block=1	D1	C[D2] disk=0 block=2	D2

可以从磁盘格式看到，磁盘上现在有相当多的冗余：对于每个块，磁盘编号在每个块中重复，并且相关块的偏移量也保留在块本身旁边。但是，冗余信息的存在应该是不奇怪。冗余是错误检测（在这种情况下）和恢复（在其他情况下）的关键。一些额外的信息虽然不是完美磁盘所必需的，但可以帮助检测出现问题的情况。

44.6 最后一个问题：丢失的写入

遗憾的是，错误位置的写入并不是我们要解决的最后一个问题。具体来说，一些现代存储设备还有一个问题，称为丢失的写入（lost write）。当设备通知上层写入已完成，但事实上它从未持久，就会发生这种问题。因此，磁盘上留下的是该块的旧内容，而不是更新的新内容。

这里显而易见的问题是：上面做的所有校验和策略（例如，基本校验和或物理 ID），是否有助于检测丢失的写入？遗憾的是，答案是否定的：旧块很可能具有匹配的校验和，上面使用的物理 ID（磁盘号和块偏移）也是正确的。因此我们最后的问题：

> **关键问题：如何处理丢失的写入**
> 存储系统或磁盘控制器应如何检测丢失的写入？校验和需要哪些附加功能？

有许多可能的解决方案有助于解决该问题[K+08]。一种经典方法[BS04]是执行写入验证（write verify），或写入后读取（read-after-write）。通过在写入后立即读回数据，系统可以确保数据确实到达磁盘表面。然而，这种方法非常慢，使完成写入所需的 I/O 数量翻了一番。

某些系统在系统的其他位置添加校验和，以检测丢失的写入。例如，Sun 的 Zettabyte 文件系统（ZFS）在文件系统的每个 inode 和间接块中，包含文件中每个块的校验和。因此，即使对数据块本身的写入丢失，inode 内的校验和也不会与旧数据匹配。只有当同时丢失对 inode 和数据的写入时，这样的方案才会失败，这是不太可能的情况（但也有可能发生！）。

44.7 擦净

经过所有这些讨论，你可能想知道：这些校验和何时实际得到检查？当然，在应用程序访问数据时会发生一些检查，但大多数数据很少被访问，因此将保持未检查状态。未经检查的数据对于可靠的存储系统来说是个问题，因为数据位衰减最终可能会影响特定数据的所有副本。

为了解决这个问题，许多系统利用各种形式的磁盘擦净（disk scrubbing）[K+08]。通过定期读取系统的每个块，并检查校验和是否仍然有效，磁盘系统可以减少某个数据项的所有副本都被破坏的可能性。典型的系统每晚或每周安排扫描。

44.8　校验和的开销

在结束之前，讨论一下使用校验和进行数据保护的一些开销。有两种不同的开销，在计算机系统中很常见：空间和时间。

空间开销有两种形式。第一种是磁盘（或其他存储介质）本身。每个存储的校验和占用磁盘空间，不能再用于用户数据。典型的比率可能是每 4KB 数据块的 8 字节校验和，磁盘空间开销为 0.19%。

第二种空间开销来自系统的内存。访问数据时，内存中必须有足够的空间用于校验和以及数据本身。但是，如果系统只是检查校验和，然后在完成后将其丢弃，则这种开销是短暂的，并不是很重要。只有将校验和保存在内存中（为了增加内存讹误防护级别[Z+13]），才能观察到这种小开销。

虽然空间开销很小，但校验和引起的时间开销可能非常明显。至少，CPU 必须计算每个块的校验和，包括存储数据时（确定存储的校验和的值），以及访问时（再次计算校验和，并将其与存储的校验和进行比较）。许多使用校验和的系统（包括网络栈）采用了一种降低 CPU 开销的方法，将数据复制和校验和组合成一个简化的活动。因为无论如何都需要拷贝（例如，将数据从内核页面缓存复制到用户缓冲区中），组合的复制/校验和可能非常有效。

除了 CPU 开销之外，一些校验和方案可能会导致外部 I/O 开销，特别是当校验和与数据分开存储时（因此需要额外的 I/O 来访问它们），以及后台擦净所需的所有额外 I/O。前者可以通过设计减少，后者影响有限，因为可以调整，也许通过控制何时进行这种擦净活动。半夜，当大多数（不是全部）努力工作的人们上床睡觉时，可能是进行这种擦净活动、增加存储系统健壮性的好时机。

44.9　小结

我们已经讨论了现代存储系统中的数据保护，重点是校验和的实现和使用。不同的校验和可以防止不同类型的故障。随着存储设备的发展，毫无疑问会出现新的故障模式。也许这种变化将迫使研究界和行业重新审视其中的一些基本方法，或发明全新的方法。时间会证明，或者不会。从这个角度来看，时间很有趣。

参考资料

[B+07] "An Analysis of Latent Sector Errors in Disk Drives"
Lakshmi N. Bairavasundaram, Garth R. Goodson, Shankar Pasupathy, Jiri Schindler SIGMETRICS '07, San Diego, California, June 2007
一篇详细研究潜在扇区错误的论文。正如引文[B+08]所述，这是威斯康星大学与 NetApp 之间的合作。该论文还获得了 Kenneth C. Sevcik 杰出学生论文奖。Sevcik 是一位了不起的研究者，也是一位太早过世的好人。为了向本书作者展示有可能从美国搬到加拿大并喜欢上这个地方，Sevcik 曾经站在餐馆中间唱过加拿大国歌。

[B+08] "An Analysis of Data Corruption in the Storage Stack" Lakshmi N. Bairavasundaram, Garth R. Goodson, Bianca Schroeder, Andrea C. Arpaci-Dusseau, Remzi H. Arpaci-Dusseau

FAST '08, San Jose, CA, February 2008

一篇真正详细研究磁盘讹误的论文，重点关注超过 150 万个驱动器 3 年内发生此类讹误的频率。Lakshmi 做这项工作时还是威斯康星大学的一名研究生，在我们的指导下，同时也与他在 NetApp 的同事合作，他有几个暑假都在 NetApp 做实习生。与业界合作可以带来更有趣、有实际意义的研究，这是一个很好的例子。

[BS04] "Commercial Fault Tolerance: A Tale of Two Systems" Wendy Bartlett, Lisa Spainhower

IEEE Transactions on Dependable and Secure Computing, Vol. 1, No. 1, January 2004

这是构建容错系统的经典之作，是对 IBM 和 Tandem 最新技术的完美概述。对该领域感兴趣的人应该读这篇文章。

[C+04] "Row-Diagonal Parity for Double Disk Failure Correction"

P. Corbett, B. English, A. Goel, T. Grcanac, S. Kleiman, J. Leong, S. Sankar FAST '04, San Jose, CA, February 2004

关于额外冗余如何帮助解决组合的全磁盘故障/部分磁盘故障问题的早期文章。这也是如何将更多理论工作与实践相结合的一个很好的例子。

[F04] "Checksums and Error Control" Peter M. Fenwick

一个非常简单的校验和教程，免费提供给你阅读。

[F82] "An Arithmetic Checksum for Serial Transmissions" John G. Fletcher

IEEE Transactions on Communication, Vol. 30, No. 1, January 1982

Fletcher 的原创工作，内容关于以他命名的校验和。当然，他并没有把它称为 Fletcher 校验和，实际上他没有把它称为任何东西，因此用发明者的名字来命名它就变得很自然了。所以不要因这个看似自夸的名称而责怪老 Fletcher。这个轶事可能会让你想起 Rubik 和他的立方体（魔方）。Rubik 从未称它为"Rubik 立方体"。实际上，他只是称之为"我的立方体"。

[HLM94] "File System Design for an NFS File Server Appliance" Dave Hitz, James Lau, Michael Malcolm

USENIX Spring '94

这篇开创性的论文描述了 NetApp 核心的思想和产品。基于该系统，NetApp 已经发展成为一家价值数十亿美元的存储公司。如果你有兴趣了解更多有关其成立的信息，请阅读 Hitz 的自传《How to Castrate a Bull: Unexpected Lessons on Risk, Growth, and Success in Business》（如何阉割公牛：商业风险，成长和成功的意外教训）"（这是真实的标题，不是开玩笑）。你本以为进入计算机科学领域可以避免"阉割公牛"吧？

[K+08] "Parity Lost and Parity Regained"

Andrew Krioukov, Lakshmi N. Bairavasundaram, Garth R. Goodson, Kiran Srinivasan, Randy Thelen, Andrea C. Arpaci-Dusseau, Remzi H. Arpaci-Dusseau

FAST '08, San Jose, CA, February 2008

我们的这项工作与 NetApp 的同事一起探讨了不同的校验和方案如何在保护数据方面起作用（或不起作用）。我们揭示了当前保护策略中的一些有趣缺陷，其中一些已导致商业产品的修复。

[M13]　"Cyclic Redundancy Checks" Author Unknown

不确定是谁写的，但这是一个非常简洁明了的 CRC 说明。事实证明，互联网充满了信息。

[P+05]　"IRON File Systems"

Vijayan Prabhakaran, Lakshmi N. Bairavasundaram, Nitin Agrawal, Haryadi S. Gunawi, An- drea C. Arpaci-Dusseau, Remzi H. Arpaci-Dusseau

SOSP '05, Brighton, England, October 2005

我们关于磁盘如何具有部分故障模式的论文，其中包括对 Linux ext3 和 Windows NTFS 等文件系统如何对此类故障作出反应的详细研究。事实证明，相当糟糕！ 我们在这项工作中发现了许多错误、设计缺陷和其他奇怪之处。其中一些已反馈到 Linux 社区，从而有助于产生一些新的更强大的文件系统来存储数据。

[RO91]　"Design and Implementation of the Log-structured File System" Mendel Rosenblum and John Ousterhout

SOSP '91, Pacific Grove, CA, October 1991

一篇关于如何提高文件系统写入性能的开创性论文。

[S90]　"Implementing Fault-Tolerant Services Using The State Machine Approach: A Tutorial" Fred B. Schneider

ACM Surveys, Vol. 22, No. 4, December 1990

这篇经典论文主要讨论如何构建容错服务，其中包含了许多术语的基本定义。从事构建分布式系统的人应该读一读这篇论文。

[Z+13]　"Zettabyte Reliability with Flexible End-to-end Data Integrity"

Yupu Zhang, Daniel S. Myers, Andrea C. Arpaci-Dusseau, Remzi H. Arpaci-Dusseau MSST '13, Long Beach, California, May 2013

这是我们自己的工作，将数据保护添加到系统的页面缓存中，以防止内存讹误和磁盘讹误。

第 45 章　关于持久的总结对话

学生： 哇，文件系统看起来很有趣，但很复杂。

教授： 这就是我和我妻子从事这个领域研究的原因。

学生： 坚持下去。你是写这本书的教授之一吗？我认为我们都只是虚构的，用来总结一些要点，并可能在操作系统的研究中增加一点点轻松气氛。

教授： 呃……呃……也许吧。不关你的事！你认为是谁写的这些东西？（叹气）无论如何，让我们继续吧：你学到了什么？

学生： 嗯，我认为我掌握了一个要点，即长期（持久）管理数据比管理非持久数据（如内存中的内容）要困难得多。毕竟，如果你的机器崩溃，那么内存内容就会消失！但文件系统中的东西需要永远存在。

教授： 好吧，我的朋友 Kevin Hultquist 曾经说过，"永远是一段很长的时间"。当时他在谈论塑料高尔夫球座，对于大多数文件系统中的垃圾来说，尤其如此。

学生： 嗯，你知道我的意思！至少很长一段时间。即使简单的事情，例如更新持久存储设备，也很复杂，因为你必须关心如果崩溃会发生什么。恢复，这是我们在虚拟化内存时从未想过的东西，现在是一件大事！

教授： 太对了。对持久存储的更新向来是，并且一直是一个有趣且有挑战性的问题。

学生： 我还学习了磁盘调度等很酷的东西，以及 RAID、校验和等数据保护技术。那些内容很酷。

教授： 我也喜欢这些话题。但是，如果你真的深入进去，可能需要一些数学。如果你想伤脑筋，请查看一些最新的擦除代码。

学生： 我马上就去。

教授：（皱眉）我觉得你是在讽刺。那么，你还喜欢什么？

学生： 我也很喜欢构建有技术含量的系统的所有想法，比如 FFS 和 LFS。漂亮！磁盘意识似乎很酷。但是，有了 Flash 和所有最新技术，它还重要吗？

教授： 好问题！这提醒我开始写 Flash 的章节……（自己草草写下一些笔记）……但是，就算使用 Flash，所有这些东西仍然相关，令人惊讶。例如，Flash 转换层（FTL）在内部使用日志结构，以提高基于闪存的 SSD 的性能和可靠性。考虑局部性总是有用的。因此，尽管技术可能正在发生变化，但我们研究的许多想法至少在一段时间内仍将继续有用。

学生： 那很好。我刚花了这么多时间来学习它，不希望它完全没用！

教授： 教授不会那样对你，对吗？

第 46 章　关于分布式的对话

教授：现在，我们到了操作系统领域的最后一个小部分：分布式系统。由于这里不能介绍太多内容，我们将在有关持久性的部分中插入一些介绍，主要关注分布式文件系统。希望这样可以！

学生：听起来不错。但究竟什么是分布式系统呢，有趣而无所不知的教授？

教授：嗯，我打赌你知道这是怎么回事……

学生：有一个桃子？

教授：没错！但这一次，它离你很远，可能需要一些时间才能拿到桃子。而且有很多桃子！更糟糕的是，有时桃子会腐烂。但你要确保任何人咬到桃子时，都会享受到美味。

学生：这个桃子的比喻对我来说越来越没意思了。

教授：好吧！这是最后一个，就勉为其难吧。

学生：好的。

教授：无论怎样，忘了桃子吧。构建分布式系统很难，因为事情总是会失败。消息会丢失，机器会故障，磁盘会损坏数据，就像整个世界都在和你作对！

学生：但我一直使用分布式系统，对吧？

教授：是的！你是在用，而且……

学生：好吧，看起来它们大部分都在工作。毕竟，当我向谷歌发送搜索请求时，它通常会快速响应，给出一些很棒的结果！当我用 Facebook 或亚马逊时，也是这样。

教授：是的，太神奇了。尽管发生了所有这些失败！这些公司在他们的系统中构建了大量的机器，确保即使某些机器出现故障，整个系统也能保持正常运行。他们使用了很多技术来实现这一点：复制，重试，以及各种其他技巧。人们随着时间的推移开发了这些技巧，用于检测故障，并从故障中恢复。

学生：听起来很有趣。是时候学点真东西了吧？

教授：确实如此。我们开始吧！但首先要做的事情……（咬一口他一直拿着的桃子，遗憾的是，它已经烂了）

第 47 章　分布式系统

分布式系统改变了世界的面貌。当你的 Web 浏览器连接到地球上其他地方的 Web 服务器时，它就会参与似乎是简单形式的客户端/服务器（client/server）分布式系统。当你连上 Google 和 Facebook 等现代网络服务时，不只是与一台机器进行交互。在幕后，这些复杂的服务是利用大量机器（成千上万台）来提供的，每台机器相互合作，以提供站点的特定服务。因此，你应该清楚什么让研究分布式系统变得有趣。的确，它值得开一门课。在这里，我们只介绍一些主要议题。

构建分布式系统时会出现许多新的挑战。我们关注的主要是故障（failure）。机器、磁盘、网络和软件都会不时故障，因为我们不知道（并且可能永远不知道）如何构建"完美"的组件和系统。但是，构建一个现代的 Web 服务时，我们希望它对客户来说就像永远不会失败一样。怎样才能完成这项任务？

> **关键问题：如何构建在组件故障时仍能工作的系统**
> 如何用无法一直正常工作的部件，来构建能工作系统？这个基本问题应该让你想起，我们在 RAID 存储阵列中讨论的一些主题。然而，这里的问题往往更复杂，解决方案也是如此。

有趣的是，虽然故障是构建分布式系统的核心挑战，但它也代表着一个机遇。是的，机器会故障。但是机器故障这一事实并不意味着整个系统必须失败。通过聚集一组机器，我们可以构建一个看起来很少失败的系统，尽管它的组件经常出现故障。这种现实是分布式系统的核心优点和价值，也是为什么它们几乎支持了你使用的所有现代 Web 服务，包括 Google、Facebook 等。

> **提示：通信本身是不可靠的**
> 几乎在所有情况下，将通信视为根本不可靠的活动是很好的。位讹误、关闭或无效的链接和机器，以及缺少传入数据包的缓冲区空间，都会导致相同的结果：数据包有时无法到达目的地。为了在这种不可靠的网络上建立可靠的服务，我们必须考虑能够应对数据包丢失的技术。

其他重要问题也存在。系统性能（performance）通常很关键。对于将分布式系统连接在一起的网络，系统设计人员必须经常仔细考虑如何完成给定的任务，尝试减少发送的消息数量，并进一步使通信尽可能高效（低延迟、高带宽）。

最后，安全（security）也是必要的考虑因素。连接到远程站点时，确保远程方是他们声称的那些人，这成为一个核心问题。此外，确保第三方无法监听或改变双方之间正在进行的通信，也是一项挑战。

本章将介绍分布式系统中最基本的新方面：通信（communication）。也就是说，分布式系统中的机器应该如何相互通信？我们将从可用的最基本原语（消息）开始，并在它们之上构建一些更高级的原语。正如上面所说的，故障将是重点：通信层应如何处理故障？

47.1 通信基础

现代网络的核心原则是，通信基本是不可靠的。无论是在广域 Internet，还是 Infiniband 等局域高速网络中，数据包都会经常丢失、损坏，或无法到达目的地。

数据包丢失或损坏的原因很多。有时，在传输过程中，由于电气或其他类似问题，某些位会被翻转。有时，系统中的某个元素（例如网络链接或数据包路由器，甚至远程主机）会以某种方式损坏，或以其他方式无法正常工作。网络电缆确实会意外地被切断，至少有时候。

然而，更基本的是由于网络交换机、路由器或终端节点内缺少缓冲，而导致数据包丢失。具体来说，即使我们可以保证所有链路都能正常工作，并且系统中的所有组件（交换机、路由器、终端主机）都按预期启动并运行，仍然可能出现丢失，原因如下。想象一下数据包到达路由器。对于要处理的数据包，它必须放在路由器内某处的内存中。如果许多此类数据包同时到达，则路由器内的内存可能无法容纳所有数据包。此时路由器唯一的选择是丢弃（drop）一个或多个数据包。同样的行为也发生在终端主机上。当你向单台机器发送大量消息时，机器的资源很容易变得不堪重负，从而再次出现丢包现象。

因此，丢包是网络的基本现象。所以问题变成：应该如何处理丢包？

47.2 不可靠的通信层

一个简单的方法是：我们不处理它。由于某些应用程序知道如何处理数据包丢失，因此让它们用基本的不可靠消息传递层进行通信有时很有用，这是端到端的论点（end-to-end argument）的一个例子，人们经常听到（参见本章结尾处的补充）。这种不可靠层的一个很好的例子，就是几乎所有现代系统中都有的 UDP/IP 网络栈。要使用 UDP，进程使用套接字（socket）API 来创建通信端点（communication endpoint）。其他机器（或同一台机器上）的进程将 UDP 数据报（datagram）发送到前面的进程（数据报是一个固定大小的消息，有最大大小）。

图 47.1 和图 47.2 展示了一个基于 UDP/IP 构建的简单客户端和服务器。客户端可以向服务器发送消息，然后服务器响应回复。用这么少的代码，你就拥有了开始构建分布式系统所需的一切！

```
// client code
int main(int argc, char *argv[]) {
    int sd = UDP_Open(20000);
    struct sockaddr_in addr, addr2;
    int rc = UDP_FillSockAddr(&addr, "machine.cs.wisc.edu", 10000);
    char message[BUFFER_SIZE];
    sprintf(message, "hello world");
    rc = UDP_Write(sd, &addr, message, BUFFER_SIZE);
```

```
        if (rc > 0) {
            int rc = UDP_Read(sd, &addr2, buffer, BUFFER_SIZE);
        }
        return 0;
    }


// server code
int main(int argc, char *argv[]) {
    int sd = UDP_Open(10000);
    assert(sd > -1);
    while (1) {
        struct sockaddr_in s;
        char buffer[BUFFER_SIZE];
        int rc = UDP_Read(sd, &s, buffer, BUFFER_SIZE);
        if (rc > 0) {
            char reply[BUFFER_SIZE];
            sprintf(reply, "reply");
            rc = UDP_Write(sd, &s, reply, BUFFER_SIZE);
        }
    }
    return 0;
}
```

图 47.1 UDP/IP 客户端/服务器代码示例

```
int UDP_Open(int port) {
    int sd;
    if ((sd = socket(AF_INET, SOCK_DGRAM, 0)) == -1) { return -1; }
    struct sockaddr_in myaddr;
    bzero(&myaddr, sizeof(myaddr));
    myaddr.sin_family      = AF_INET;
    myaddr.sin_port        = htons(port);
    myaddr.sin_addr.s_addr = INADDR_ANY;
    if (bind(sd, (struct sockaddr *) &myaddr, sizeof(myaddr)) == -1) {
        close(sd);
        return -1;
    }
    return sd;
}


int UDP_FillSockAddr(struct sockaddr_in *addr, char *hostName, int port) {
    bzero(addr, sizeof(struct sockaddr_in));
    addr->sin_family = AF_INET;            // host byte order
    addr->sin_port = htons(port);          // short, network byte order
    struct in_addr *inAddr;
    struct hostent *hostEntry;
    if ((hostEntry = gethostbyname(hostName)) == NULL) { return -1; }
    inAddr = (struct in_addr *) hostEntry->h_addr;
    addr->sin_addr = *inAddr;
    return 0;
}
```

```
int UDP_Write(int sd, struct sockaddr_in *addr, char *buffer, int n) {
    int addrLen = sizeof(struct sockaddr_in);
    return sendto(sd, buffer, n, 0, (struct sockaddr *) addr, addrLen);
}

int UDP_Read(int sd, struct sockaddr_in *addr, char *buffer, int n) {
  int len = sizeof(struct sockaddr_in);
  return recvfrom(sd, buffer, n, 0, (struct sockaddr *) addr,
                  (socklen_t *) &len);
    return rc;
}
```

图 47.2　一个简单的 UDP 库

UDP 是不可靠通信层的一个很好的例子。如果你使用它，就会遇到数据包丢失（丢弃），从而无法到达目的地的情况。发送方永远不会被告知丢失。但是，这并不意味着 UDP 根本不能防止任何故障。例如，UDP 包含校验和（checksum），以检测某些形式的数据包损坏。

但是，由于许多应用程序只是想将数据发送到目的地，而不想考虑丢包，所以我们需要更多。具体来说，我们需要在不可靠的网络之上进行可靠的通信。

> **提示：使用校验和检查完整性**
>
> 校验和是在现代系统中快速有效地检测讹误的常用方法。一个简单的校验和是加法：就是将一大块数据的字节加起来。当然，人们还创建了许多其他更复杂的校验和，包括基本的循环冗余校验码（CRC）、Fletcher 校验以及许多其他方法[MK09]。
>
> 在网络中，校验和使用如下：在将消息从一台计算机发送到另一台计算机之前，计算消息字节的校验和。然后将消息和校验和发送到目的地。在目的地，接收器也计算传入消息的校验和。如果这个计算的校验和与发送的校验和匹配，则接收方可以确保数据在传输期间很可能没有被破坏。
>
> 校验和可以从许多不同的方面进行评估。有效性是一个主要考虑因素：数据的变化是否会导致校验和的变化？校验和越强，数据变化就越难被忽视。性能是另一个重要标准：计算校验和的成本是多少？遗憾的是，有效性和性能通常是不一致的，这意味着高质量的校验和通常很难计算。生活并不完美，又是这样。

47.3　可靠的通信层

为了构建可靠的通信层，我们需要一些新的机制和技术来处理数据包丢失。考虑一个简单的示例，其中客户端通过不可靠的连接向服务器发送消息。我们必须回答的第一个问题是：发送方如何知道接收方实际收到了消息？

我们要使用的技术称为确认（acknowledgment），或简称为 ack。这个想法很简单：发送方向接收方发送消息，接收方然后发回短消息确认收到。图 47.3 描述了该过程。

当发送方收到该消息的确认时，它可以放心接收方确实收到了原始消息。但是，如果没有收

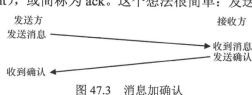

图 47.3　消息加确认

到确认，发送方应该怎么办？

为了处理这种情况，我们需要一种额外的机制，称为超时（timeout）。当发送方发送消息时，发送方现在将计时器设置为在一段时间后关闭。如果在此时间内未收到确认，则发送方断定该消息已丢失。发送方然后就重试（retry）发送，再次发送相同的消息，希望这次它能送达。要让这种方法起作用，发送方必须保留一份消息副本，以防它需要再次发送。超时和重试的组合导致一些人称这种方法为超时/重试（timeout/retry）。非常聪明的一群人，那些搞网络的，不是吗？图47.4展示了一个例子。

遗憾的是，这种形式的超时/重试还不够。图47.5展示了可能导致故障的数据包丢失示例。在这个例子中，丢失的不是原始消息，而是确认消息。从发送方的角度来看，情况似乎是相同的：没有收到确认，因此超时和重试是合适的。但是从接收方的角度来看，完全不同：现在相同的消息收到了两次！虽然可能存在这种情况，但通常情况并非如此。设想下载文件时，在下载过程中重复多个数据包，会发生什么。因此，如果目标是可靠的消息层，我们通常还希望保证接收方每个消息只接收一次（exactly once）。

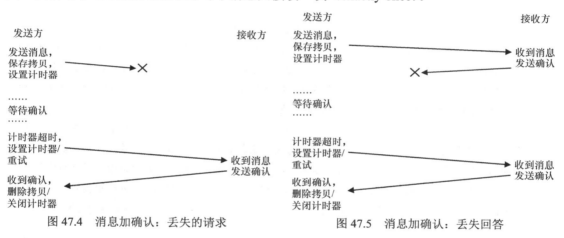

图 47.4　消息加确认：丢失的请求　　　　图 47.5　消息加确认：丢失回答

为了让接收方能够检测重复的消息传输，发送方必须以某种独特的方式标识每个消息，并且接收方需要某种方式来追踪它是否已经看过每个消息。当接收方看到重复传输时，它只是简单地响应消息，但（严格地说）不会将消息传递给接收数据的应用程序。因此，发送方收到确认，但消息未被接收两次，保证了上面提到的一次性语义。

有许多方法可以检测重复的消息。例如，发送方可以为每条消息生成唯一的 ID。接收方可以追踪它所见过的每个 ID。这种方法可行，但它的成本非常高，需要无限的内存来跟踪所有 ID。

一种更简单的方法，只需要很少的内存，解决了这个问题，该机制被称为顺序计数器（sequence counter）。利用顺序计数器，发送方和接收方就每一方将维护的计数器的起始值达成一致（例如 1）。无论何时发送消息，计数器的当前值都与消息一起发送。此计数器值（N）作为消息的 ID。发送消息后，发送方递增该值（到 $N+1$）。

接收方使用其计数器值，作为发送方传入消息的 ID 的预期值。如果接收的消息（N）的 ID 与接收方的计数器匹配（也是 N），它将确认该消息，将其传递给上层的应用程序。在这种情况下，接收方断定这是第一次收到此消息。接收方然后递增其计数器（到 $N+1$），并等待下一条消息。

如果确认丢失，则发送方将超时，并重新发送消息 N。这次，接收器的计数器更高（$N+1$），因此接收器知道它已经接收到该消息。因此它会确认该消息，但不会将其传递给应用程序。以这种简单的方式，顺序计数器可以避免重复。

最常用的可靠通信层称为 TCP/IP，或简称为 TCP。TCP 比上面描述的要复杂得多，包括处理网络拥塞的机制[VJ88]，多个未完成的请求，以及数百个其他的小调整和优化。如果你很好奇，请阅读更多相关信息。参加一个网络课程并很好地学习这些材料，这样更好。

47.4 通信抽象

有了基本的消息传递层，现在遇到了本章的下一个问题：构建分布式系统时，应该使用什么抽象通信？

提示：小心设置超时值

你也许可以从讨论中猜到，正确设置超时值，是使用超时重试消息发送的一个重要方面。如果超时太小，发送方将不必要地重新发送消息，从而浪费发送方的 CPU 时间和网络资源。如果超时太大，则发送方为重发等待太长时间，因此会感到发送方的性能降低。所以，从单个客户端和服务器的角度来看，"正确"值就是等待足够长的时间来检测数据包丢失，但不能再长。

但是，分布式系统中通常不只有一个客户端和服务器，我们在后面的章节中会看到。在许多客户端发送到单个服务器的情况下，服务器上的数据包丢失可能表明服务器过载。如果是这样，则客户端可能会以不同的自适应方式重试。例如，在第一次超时之后，客户端可能会将其超时值增加到更高的量，可能是原始值的两倍。这种指数倒退（exponential back-off）方案，在早期的 Aloha 网络中实施，并在早期的以太网[A70]中采用，避免了资源因过量重发而过载的情况。健壮的系统力求避免这种过载。

多年来，系统社区开发了许多方法。其中一项工作涉及操作系统抽象，将其扩展到在分布式环境中运行。例如，分布式共享内存（Distributed Shared Memory，DSM）系统使不同机器上的进程能够共享一个大的虚拟地址空间[LH89]。这种抽象将分布式计算变成貌似多线程应用程序。唯一的区别是这些线程在不同的机器上运行，而不是在同一台机器上的不同处理器上。

大多数 DSM 系统的工作方式是通过操作系统的虚拟内存系统。在一台计算机上访问页面时，可能会发生两种情况。在第一种（最佳）情况下，页面已经是机器上的本地页面，因此可以快速获取数据。在第二种情况下，页面目前在其他机器上。发生页面错误，页面错误处理程序将消息发送到其他计算机以获取页面，将其装入请求进程的页表中，然后继续执行。

由于许多原因，这种方法今天并未广泛使用。DSM 最大的问题是它如何处理故障。例如，想象一下，如果机器出现故障。那台机器上的页面会发生什么？如果分布式计算的数据结构分布在整个地址空间怎么办？在这种情况下，这些数据结构的一部分将突然变得不可用。如果部分地址空间丢失，处理故障会很难。想象一下链表，其中下一个指针指向已经消失的地址空间的一部分。

另一个问题是性能。人们通常认为，在编写代码时，访问内存的成本很低。在 DSM 系统中，一些访问是便宜的，但是其他访问导致页面错误和远程机器的昂贵提取。因此，这种 DSM 系统的程序员必须非常小心地组织计算，以便几乎不发生任何通信，从而打败了这种方法的主要出发点。虽然在这个领域进行了大量研究，但实际影响不大。没有人用 DSM 构建可靠的分布式系统。

47.5　远程过程调用（RPC）

虽然最终结果表明，操作系统抽象对于构建分布式系统来说是一个糟糕的选择，但编程语言（PL）抽象要有意义得多。最主要的抽象是基于远程过程调用（Remote Procedure Call），或简称 RPC [BN84][①]。

远程过程调用包都有一个简单的目标：使在远程机器上执行代码的过程像调用本地函数一样简单直接。因此，对于客户端来说，进行一个过程调用，并在一段时间后返回结果。服务器只是定义了一些它希望导出的例程。其余的由 RPC 系统处理，RPC 系统通常有两部分：存根生成器（stub generator，有时称为协议编译器，protocol compiler）和运行时库（run-time library）。接下来将更详细地介绍这些部分。

存根生成器

存根生成器的工作很简单：通过自动化，消除将函数参数和结果打包成消息的一些痛苦。这有许多好处：通过设计避免了手工编写此类代码时出现的简单错误。此外，存根生成器也许可以优化此类代码，从而提高性能。

这种编译器的输入就是服务器希望导出到客户端的一组调用。从概念上讲，它可能就像这样简单：

```
interface {
  int func1(int arg1);
  int func2(int arg1, int arg2);
};
```

存根生成器接受这样的接口，并生成一些不同的代码片段。对于客户端，生成客户端存根（client stub），其中包含接口中指定的每个函数。希望使用此 RPC 服务的客户端程序将链接此客户端存根，调用它以进行 RPC。

在内部，客户端存根中的每个函数都执行远程过程调用所需的所有工作。对于客户端，代码只是作为函数调用出现（例如，客户端调用 func1(x)）。在内部，func1() 的客户端存根中的代码执行此操作：

- **创建消息缓冲区**。消息缓冲区通常只是某种大小的连续字节数组。
- **将所需信息打包到消息缓冲区中**。该信息包括要调用的函数的某种标识符，以及

---

① 在现代编程语言中，我们可能会说远程方法调用（RMI），但谁会喜欢这些语言，还有它们所有的花哨对象？

函数所需的所有参数（例如，在上面的示例中，func1 需要一个整数）。将所有这些信息放入单个连续缓冲区的过程，有时被称为参数的封送处理（marshaling）或消息的序列化（serialization）。

- **将消息发送到目标 RPC 服务器**。与 RPC 服务器的通信，以及使其正常运行所需的所有细节，都由 RPC 运行时库处理，如下所述。
- **等待回复**。由于函数调用通常是同步的（synchronous），因此调用将等待其完成。
- **解包返回代码和其他参数**。如果函数只返回一个返回码，那么这个过程很简单。但是，较复杂的函数可能会返回更复杂的结果（例如，列表），因此存根可能也需要对它们解包。此步骤也称为解封送处理（unmarshaling）或反序列化（deserialization）。
- **返回调用者**。最后，只需从客户端存根返回到客户端代码。

对于服务器，也会生成代码。在服务器上执行的步骤如下：

- **解包消息**。此步骤称为解封送处理（unmarshaling）或反序列化（deserialization），将信息从传入消息中取出。提取函数标识符和参数。
- **调用实际函数**。终于，我们到了实际执行远程函数的地方。RPC 运行时调用 ID 指定的函数，并传入所需的参数。
- **打包结果**。返回参数被封送处理，放入一个回复缓冲区。
- **发送回复**。回复最终被发送给调用者。

在存根编译器中还有一些其他重要问题需要考虑。第一个是复杂的参数，即一个包如何发送复杂的数据结构？例如，调用 write() 系统调用时，会传入 3 个参数：一个整数文件描述符，一个指向缓冲区的指针，以及一个大小，指示要写入多少字节（从指针开始）。如果向 RPC 包传入了一个指针，它需要能够弄清楚如何解释该指针，并执行正确的操作。通常，这是通过众所周知的类型（例如，用于传递给定大小的数据块的缓冲区 t，RPC 编译器可以理解），或通过使用更多信息注释数据结构来实现的，从而让编译器知道哪些字节需要序列化。

另一个重要问题是关于并发性的服务器组织方式。一个简单的服务器只是在一个简单的循环中等待请求，并一次处理一个请求。但是，你可能已经猜到，这可能非常低效。如果一个 RPC 调用阻塞（例如，在 I/O 上），就会浪费服务器资源。因此，大多数服务器以某种并发方式构造。常见的组织方式是线程池（thread pool）。在这种组织方式中，服务器启动时会创建一组有限的线程。消息到达时，它被分派给这些工作线程之一，然后执行 RPC 调用的工作，最终回复。在此期间，主线程不断接收其他请求，并可能将其发送给其他工作线程。这样的组织方式支持服务器内并发执行，从而提高其利用率。标准成本也会出现，主要是编程复杂性，因为 RPC 调用现在可能需要使用锁和其他同步原语来确保它们的正确运行。

运行时库

运行时库处理 RPC 系统中的大部分繁重工作。这里处理大多数性能和可靠性问题。接下来讨论构建此类运行时层的一些主要挑战。

我们必须克服的首要挑战之一，是如何找到远程服务。这个命名（naming）问题在分布式系统中很常见，在某种意义上超出了我们当前讨论的范围。最简单的方法建立在现有命名系统上，例如，当前互联网协议提供的主机名和端口号。在这样的系统中，客户端必须知道运行所需 RPC 服务的机器的主机名或 IP 地址，以及它正在使用的端口号（端口号就是在机器上标识发生的特定通信活动的一种方式，允许同时使用多个通信通道）。然后，协议套件必须提供一种机制，将数据包从系统中的任何其他机器路由到特定地址。有关命名的详细讨论，请阅读 Grapevine 的论文，或关于互联网上的 DNS 和名称解析，或者阅读 Saltzer 和 Kaashoek 的书[SK09]中的相关章节，这样更好。

一旦客户端知道它应该与哪个服务器通信，以获得特定的远程服务，下一个问题是应该构建 RPC 的传输级协议。具体来说，RPC 系统应该使用可靠的协议（如 TCP/IP），还是建立在不可靠的通信层（如 UDP/IP）上？

天真的选择似乎很容易：显然，我们希望将请求可靠地传送到远程服务器，显然，我们希望能够可靠地收到回复。因此，我们应该选择 TCP 这样的可靠传输协议，对吗？

遗憾的是，在可靠的通信层之上构建 RPC 可能会导致性能的低效率。回顾上面的讨论，可靠的通信层如何工作：确认和超时/重试。因此，当客户端向服务器发送 RPC 请求时，服务器以确认响应，以便调用者知道收到了请求。类似地，当服务器将回复发送到客户端时，客户端会对其进行确认，以便服务器知道它已被接收。在可靠的通信层之上构建请求/响应协议（例如 RPC），必须发送两个"额外"消息。

因此，许多 RPC 软件包都建立在不可靠的通信层之上，例如 UDP。这样做可以实现更高效的 RPC 层，但确实增加了为 RPC 系统提供可靠性的责任。RPC 层通过使用超时/重试和确认来实现所需的责任级别，就像我们上面描述的那样。通过使用某种形式的序列编号，通信层可以保证每个 RPC 只发生一次（在没有故障的情况下），或者最多只发生一次（在发生故障的情况下）。

其他问题

还有一些其他问题，RPC 的运行时也必须处理。例如，当远程调用需要很长时间才能完成时，会发生什么？鉴于我们的超时机制，长时间运行的远程调用可能被客户端认为是故障，从而触发重试，因此需要小心。一种解决方案是在没有立即生成回复时使用显式确认（从接收方到发送方）。这让客户端知道服务器收到了请求。然后，经过一段时间后，客户端可以定期询问服务器是否仍在处理请求。如果服务器一直说"是"，客户端应该感到高兴并继续等待（毕竟，有时过程调用可能需要很长时间才能完成执行）。

运行时还必须处理具有大参数的过程调用，大于可以放入单个数据包的过程。一些底层的网络协议提供这样的发送方分组（fragmentation，较大的包分成一组较小的包）和接收方重组（reassembly，较小的部分组成一个较大的逻辑整体）。如果没有，RPC 运行时可能必须自己实现这样的功能。有关详细信息，请参阅 Birrell 和 Nelson 的优秀 RPC 论文[BN84]。

许多系统要处理的一个问题是字节序（byte ordering）。你可能知道，有些机器存储值时采用所谓的大端序（big endian），而其他机器采用小端序（little endian）。大端序存储从最高有效位到最低有效位的字节（比如整数），非常像阿拉伯数字。小端序则相反。两者对存储数字信息同样有效。这里的问题是如何在不同字节序的机器之间进行通信。

补充：端到端的论点

　　端到端的论点（end-to-end argument）表明，系统中的最高层（通常是"末端"的应用程序）最终是分层系统中唯一能够真正实现某些功能的地方。在 Saltzer 等人的标志性论文中，他们通过一个很好的例子来证明这一点：两台机器之间可靠的文件传输。如果要将文件从机器 A 传输到机器 B，并确保最终在 B 上的字节与从 A 开始的字节完全相同，则必须对此进行"端到端"检查。较低级别的可靠机制，例如在网络或磁盘中，不提供这种保证。

　　与此相对的是一种方法，尝试通过向系统的较低层添加可靠性，来解决可靠文件传输问题。例如，假设我们构建了一个可靠的通信协议，并用它来构建可靠的文件传输。通信协议保证发送方发送的每个字节都将由接收方按顺序接收，例如使用超时/重试、确认和序列号。遗憾的是，使用这样的协议并不能实现可靠的文件传输。想象一下，在通信发生之前，发送方内存中的字节被破坏，或者当接收方将数据写入磁盘时发生了一些不好的事情。在这些情况下，即使字节在网络上可靠地传递，文件传输最终也不可靠。要构建可靠的文件传输，必须包括端到端的可靠性检查，例如，在整个传输完成后，读取接收方磁盘上的文件，计算校验和，并将该校验和与发送方文件的校验和进行比较。

　　按照这个准则的推论是，有时候，较低层提供额外的功能确实可以提高系统性能，或在其他方面优化系统。因此，不应该排除在系统中较低层的这种机制。实际上，你应该小心考虑这种机制的实用性，考虑它最终对整个系统或应用程序的作用。

　　RPC 包通常在其消息格式中提供明确定义的字节序，从而处理该问题。在 Sun 的 RPC 包中，XDR（eXternal Data Representation，外部数据表示）层提供此功能。如果发送或接收消息的计算机与 XDR 的字节顺序匹配，就会按预期发送和接收消息。但是，如果机器通信具有不同的字节序，则必须转换消息中的每条信息。因此，字节顺序的差异可以有一点性能成本。

　　最后一个问题是：是否向客户端暴露通信的异步性质，从而实现一些性能优化。具体来说，典型的 RPC 是同步（synchronously）的，即当客户端发出过程调用时，它必须等待过程调用返回，然后再继续。因为这种等待可能很长，而且因为客户端可能正在执行其他工作，所以某些 RPC 包让你能够异步（asynchronously）地调用 RPC。当发出异步 RPC 时，RPC 包发送请求并立即返回。然后，客户端可以自由地执行其他工作，例如调用其他 RPC，或进行其他有用的计算。客户端在某些时候会希望看到异步 RPC 的结果。因此它再次调用 RPC 层，告诉它等待未完成的 RPC 完成，此时可以访问返回的结果。

47.6　小结

　　我们介绍了一个新主题，分布式系统及其主要问题：如何处理故障现在是常见事件。正如人们在 Google 内部所说的那样，当你只有自己的台式机时，故障很少见。当你拥有数千台机器的数据中心时，故障一直在发生。所有分布式系统的关键是如何处理故障。

　　我们还看到，通信是所有分布式系统的核心。在远程过程调用（RPC）中可以看到这种通信的常见抽象，它使客户端能够在服务器上进行远程调用。RPC 包处理所有细节，包括超时/重试和确认，以便提供一种服务，很像本地过程调用。

真正理解 RPC 包的最好方法，当然是亲自使用它。Sun 的 RPC 系统使用存根编译器 rpcgen，它是很常见的，在当今的许多系统上可用，包括 Linux。尝试一下，看看所有这些麻烦到底是怎么回事。

参考资料

[A70]"The ALOHA System — Another Alternative for Computer Communications"Norman Abramson
The 1970 Fall Joint Computer Conference
ALOHA 网络开创了网络中的一些基本概念，包括指数倒退和重传。多年来，这些已成为共享总线以太网网络通信的基础。

[BN84]"Implementing Remote Procedure Calls"Andrew D. Birrell, Bruce Jay Nelson
ACM TOCS, Volume 2:1, February 1984
基础 RPC 系统，其他所有理论都基于此。是的，它是我们在 Xerox PARC 的朋友们的另一项开创性努力的结果。

[MK09]"The Effectiveness of Checksums for Embedded Control Networks"Theresa C. Maxino and Philip J. Koopman
IEEE Transactions on Dependable and Secure Computing, 6:1, January '09
对基本校验和机制的很好的概述，包括它们之间的一些性能和健壮性比较。

[LH89]"Memory Coherence in Shared Virtual Memory Systems"Kai Li and Paul Hudak
ACM TOCS, 7:4, November 1989
本文介绍了通过虚拟内存来实现基于软件的共享内存。这是一个有趣的想法，但结果没有坚持下去，或者不太好。

[SK09]"Principles of Computer System Design"Jerome H. Saltzer and M. Frans Kaashoek Morgan-Kaufmann, 2009
一本关于系统的优秀图书，也是每个书架的必备书。这是我们看到的关于命名的几个优质的讨论内容之一。

[SRC84]"End-To-End Arguments in System Design"Jerome H. Saltzer, David P. Reed, David D. Clark ACM TOCS, 2:4, November 1984
关于分层、抽象，以及功能必须最终放在计算机系统中的讨论。

[VJ88] "Congestion Avoidance and Control"Van Jacobson
SIGCOMM '88
关于客户端应如何调整，以感知网络拥塞的开创性论文。绝对是互联网背后的关键技术之一，所有认真对待系统的人必读。

第 48 章　Sun 的网络文件系统（NFS）

分布式客户端/服务器计算的首次使用之一，是在分布式文件系统领域。在这种环境中，有许多客户端机器和一个服务器（或几个）。服务器将数据存储在其磁盘上，客户端通过结构良好的协议消息请求数据。图 48.1 展示了基本设置。

从图中可以看到，服务器有磁盘，发送消息的客户端通过网络，访问服务器磁盘上的目录和文件。为什么要麻烦，采用这种安排？（也就是说，为什么不就让客户端用它们的本地磁盘？）好吧，这种设置允许在客户端之间轻松地共享（sharing）数据。因此，如果你在一台计算机上访问文件（客户端 0），然后再使用另一台（客户端 2），则你将拥有相同的文件系统视图。你可以在这些不同的机器上自然共享你的数据。第二个好处是集中管理（centralized administration）。例如，备份文件可以通过少数服务器机器完成，而不必通过众多客户端。另一个优点可能是安全（security），将所有服务器放在加锁的机房中。

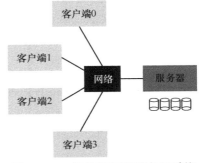

图 48.1　一般的客户端/服务器系统

> **关键问题：如何构建分布式文件系统**
> 如何构建分布式文件系统？要考虑哪些关键方面？哪里容易出错？我们可以从现有系统中学到什么？

48.1　基本分布式文件系统

我们将研究分布式文件系统的体系结构。简单的客户端/服务器分布式文件系统，比之前研究的文件系统拥有更多的组件。在客户端，客户端应用程序通过客户端文件系统（client-side file system）来访问文件和目录。客户端应用程序向客户端文件系统发出系统调用（system call，例如 open()、read()、write()、close()、mkdir() 等），以便访问保存在服务器上的文件。因此，对于客户端应用程序，该文件系统似乎与基于磁盘的文件系统没有任何不同，除了性能之外。这样，分布式文件系统提供了对文件的透明（transparent）访问，这是一个明显的目标。毕竟，谁想使用文件系统时需要不同的 API，或者用起来很痛苦？

客户端文件系统的作用，是执行服务这些系统调用所需的操作如图 48.2 所示。例如，如果客户端发出 read() 请求，则客户端文件系统可以向服务器端文件系统（server-side file system，或更常见的是文件服务器，file server）发送消息，以读取特定块。然后，文件服务器将从磁盘（或自己的内存缓存）中读取块，并发送消息，将请求的数据发送回客户端。然后，客户端文件系统将数据复制到用户的缓冲区中。请注意，客户端内存或客户端磁盘上的后续 read()可以缓存（cached）在客户端内存中，在最好的情况下，不需要产生网络流量。

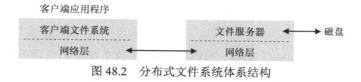

图 48.2 分布式文件系统体系结构

通过这个简单的概述，你应该了解客户端/服务器分布式文件系统中两个最重要的软件部分：客户端文件系统和文件服务器。它们的行为共同决定了分布式文件系统的行为。现在可以研究一个特定的系统：Sun 的网络文件系统（NFS）。

补充：为什么服务器会崩溃

在深入了解 NFSv2 协议的细节之前，你可能想知道：为什么服务器会崩溃？好吧，你可能已经猜到，有很多原因。服务器可能会遭遇停电（power outage，暂时的）。只有在恢复供电后才能重新启动机器。服务器通常由数十万甚至数百万行代码组成。因此，它们有缺陷（bug，即使是好软件，每几百或几千行代码中也有少量缺陷），因此它们最终会触发一个缺陷，导致崩溃。它们也有内存泄露。即使很小的内存泄露也会导致系统内存不足并崩溃。最后，在分布式系统中，客户端和服务器之间存在网络。如果网络行为异常 [例如，如果它被分割（partitioned），客户端和服务器在工作，但不能通信]，可能看起来好像一台远程机器崩溃，但实际上只是目前无法通过网络访问。

48.2 交出 NFS

最早且相当成功的分布式系统之一是由 Sun Microsystems 开发的，被称为 Sun 网络文件系统（或 NFS）[S86]。在定义 NFS 时，Sun 采取了一种不寻常的方法：Sun 开发了一种开放协议（open protocol），它只是指定了客户端和服务器用于通信的确切消息格式，而不是构建专有的封闭系统。不同的团队可以开发自己的 NFS 服务器，从而在 NFS 市场中竞争，同时保持互操作性。NFS 服务器（包括 Oracle/Sun、NetApp [HLM94]、EMC、IBM 等）和 NFS 的广泛成功可能要归功于这种"开放市场"的做法。

48.3 关注点：简单快速的服务器崩溃恢复

本章将讨论经典的 NFS 协议（版本 2，即 NFSv2），这是多年来的标准。转向 NFSv3 时进行了小的更改，并且在转向 NFSv4 时进行了更大规模的协议更改。然而，NFSv2 既精彩又令人沮丧，因此成为我们关注的焦点。

在 NFSv2 中，协议的主要目标是"简单快速的服务器崩溃恢复"。在多客户端，单服务器环境中，这个目标非常有意义。服务器关闭（或不可用）的任何一分钟都会使所有客户端计算机（及其用户）感到不快和无效。因此，服务器不行，整个系统也就不行了。

48.4　快速崩溃恢复的关键：无状态

通过设计无状态（stateless）协议，NFSv2 实现了这个简单的目标。根据设计，服务器不会追踪每个客户端发生的事情。例如，服务器不知道哪些客户端正在缓存哪些块，或者哪些文件当前在每个客户端打开，或者文件的当前文件指针位置等。简而言之，服务器不会追踪客户正在做什么。实际上，该协议的设计要求在每个协议请求中提供所有需要的信息，以便完成该请求。如果现在还看不出，下面更详细地讨论该协议时，这种无状态的方法会更有意义。

作为有状态（stateful，非无状态）协议的示例，请考虑 open() 系统调用。给定一个路径名，open() 返回一个文件描述符（一个整数）。此描述符用于后续的 read() 或 write() 请求，以访问各种文件块，如图 48.3 所示的应用程序代码（请注意，出于篇幅原因，这里省略了对系统调用的正确错误检查）：

```
char buffer[MAX];
int fd = open("foo", O_RDONLY); // get descriptor "fd"
read(fd, buffer, MAX);          // read MAX bytes from foo (via fd)
read(fd, buffer, MAX);          // read MAX bytes from foo
...
read(fd, buffer, MAX);          // read MAX bytes from foo
close(fd);                      // close file
```

图 48.3　客户端代码：从文件读取

现在想象一下，客户端文件系统向服务器发送协议消息"打开文件 foo 并给我一个描述符"，从而打开文件。然后，文件服务器在本地打开文件，并将描述符发送回客户端。在后续读取时，客户端应用程序使用该描述符来调用 read() 系统调用。客户端文件系统然后在给文件服务器的消息中，传递该描述符，说"从我传给你的描述符所指的文件中，读一些字节"。

在这个例子中，文件描述符是客户端和服务器之间的一部分共享状态（shared state，Ousterhout 称为分布式状态，distributed state [O91]）。正如我们上面所暗示的那样，共享状态使崩溃恢复变得复杂。想象一下，在第一次读取完成后，但在客户端发出第二次读取之前，服务器崩溃。服务器启动并再次运行后，客户端会发出第二次读取。遗憾的是，服务器不知道 fd 指的是哪个文件。该信息是暂时的（即在内存中），因此在服务器崩溃时丢失。要处理这种情况，客户端和服务器必须具有某种恢复协议（recovery protocol），客户端必须确保在内存中保存足够信息，以便能够告诉服务器，它需要知道的信息（在这个例子中，是文件描述符 fd 指向文件 foo）。

考虑到有状态的服务器必须处理客户崩溃的情况，事情会变得更糟。例如，想象一下，一个打开文件然后崩溃的客户端。open() 在服务器上用掉了一个文件描述符，服务器怎么知道可以关闭给定的文件呢？在正常操作中，客户端最终将调用 close()，从而通知服务器应该关闭该文件。但是，当客户端崩溃时，服务器永远不会收到 close()，因此必须注意到客户端已崩溃，以便关闭文件。

出于这些原因，NFS 的设计者决定采用无状态方法：每个客户端操作都包含完成请求所需的所有信息。不需要花哨的崩溃恢复，服务器只是再次开始运行，最糟糕的情况下，客户端可能必须重试请求。

48.5 NFSv2 协议

下面来看看 NFSv2 的协议定义。问题很简单：

关键问题：如何定义无状态文件协议

如何定义网络协议来支持无状态操作？显然，像 open() 这样的有状态调用不应该讨论。但是，客户端应用程序会调用 open()、read()、write()、close() 和其他标准 API 调用，来访问文件和目录。因此，改进该问题：如何定义协议，让它既无状态，又支持 POSIX 文件系统 API？

理解 NFS 协议设计的一个关键是理解文件句柄（file handle）。文件句柄用于唯一地描述文件或目录。因此，许多协议请求包括一个文件句柄。

可以认为文件句柄有 3 个重要组件：卷标识符、inode 号和世代号。这 3 项一起构成客户希望访问的文件或目录的唯一标识符。卷标识符通知服务器，请求指向哪个文件系统（NFS 服务器可以导出多个文件系统）。inode 号告诉服务器，请求访问该分区中的哪个文件。最后，复用 inode 号时需要世代号。通过在复用 inode 号时递增它，服务器确保具有旧文件句柄的客户端不会意外地访问新分配的文件。

图 48.4 是该协议的一些重要部分的摘要。完整的协议可在其他地方获得（NFS 的优秀详细概述，请参阅 Callaghan 的书[C00]）。

```
NFSPROC_GETATTR
  expects: file handle
  returns: attributes
NFSPROC_SETATTR
  expects: file handle, attributes
  returns: nothing
NFSPROC_LOOKUP
  expects: directory file handle, name of file/directory to look up
  returns: file handle
NFSPROC_READ
  expects: file handle, offset, count
  returns: data, attributes
NFSPROC_WRITE
  expects: file handle, offset, count, data
  returns: attributes
NFSPROC_CREATE
  expects: directory file handle, name of file, attributes
  returns: nothing
NFSPROC_REMOVE
  expects: directory file handle, name of file to be removed
  returns: nothing
NFSPROC_MKDIR
  expects: directory file handle, name of directory, attributes
  returns: file handle
NFSPROC_RMDIR
  expects: directory file handle, name of directory to be removed
  returns: nothing
```

```
NFSPROC_READDIR
  expects: directory handle, count of bytes to read, cookie
  returns: directory entries, cookie (to get more entries)
```

图 48.4　NFS 协议：示例

我们简单强调一下该协议的重要部分。首先，LOOKUP 协议消息用于获取文件句柄，然后用于访问文件数据。客户端传递目录文件句柄和要查找的文件的名称，该文件（或目录）的句柄及其属性将从服务器传递回客户端。

例如，假设客户端已经有一个文件系统根目录的目录文件句柄（/）[实际上，这是 NFS 挂载协议（mount protocol），它说明客户端和服务器开始如何连接在一起。简洁起见，在此不讨论挂载协议]。如果客户端上运行的应用程序打开文件/foo.txt，则客户端文件系统会向服务器发送查找请求，并向其传递根文件句柄和名称 foo.txt。如果成功，将返回 foo.txt 的文件句柄（和属性）。

属性就是文件系统追踪每个文件的元信息，包括文件创建时间、上次修改时间、大小、所有权和权限信息等，即对文件调用 stat() 会返回的信息。

有了文件句柄，客户端可以对一个文件发出 READ 和 WRITE 协议消息，读取和写入该文件。READ 协议消息要求传递文件句柄，以及文件中的偏移量和要读取的字节数。然后，服务器就能发出读取请求（毕竟，该文件句柄告诉了服务器，从哪个卷和哪个 inode 读取，偏移量和字节数告诉它要读取该文件的哪些字节），并将数据返回给客户端　（如果有故障就返回错误代码）。除了将数据从客户端传递到服务器，并返回成功代码之外，WRITE 的处理方式类似。

最后一个有趣的协议消息是 GETATTR 请求。给定文件句柄，它获取该文件的属性，包括文件的最后修改时间。我们将在 NFSv2 中看到，为什么这个协议请求很重要（你能猜到吗）。

48.6　从协议到分布式文件系统

希望你已对该协议如何转换为文件系统有所了解。客户端文件系统追踪打开的文件，通常将应用程序的请求转换为相关的协议消息集。服务器只响应每个协议消息，每个协议消息都具有完成请求所需的所有信息。

例如，考虑一个读取文件的简单应用程序。表 48.1 展示了应用程序进行的系统调用，以及客户端文件系统和文件服务器响应此类调用时的行为。

关于该表有几点说明。首先，请注意客户端如何追踪文件访问的所有相关状态（state），包括整数文件描述符到 NFS 文件句柄的映射，以及当前的文件指针。这让客户端能够将每个读取请求（你可能注意到，读取请求没有显式地指定读取的偏移量），转换为正确格式的读取协议消息，该消息明确地告诉服务器，从文件中读取哪些字节。成功读取后，客户端更新当前文件位置，后续读取使用相同的文件句柄，但偏移量不同。

其次，你可能会注意到，服务器交互发生的位置。当文件第一次打开时，客户端文件系统发送 LOOKUP 请求消息。实际上，如果必须访问一个长路径名（例如/home/remzi/foo.txt），客户端将发送 3 个 LOOKUP：一个在/目录中查找 home，一个在 home 中查找 remzi，最后一个在 remzi 中查找 foo.txt。

第三，你可能会注意到，每个服务器请求如何包含完成请求所需的所有信息。这个设计对于从服务器故障中优雅地恢复的能力至关重要，接下来将更详细地讨论。这确保服务器不需要状态就能够响应请求。

表 48.1 读取文件：客户端和文件服务器的操作

客户端	服务器
fd = open("/foo",…); 发送 LOOKUP (rootdir FH, "foo")	

	接收 LOOKUP 请求
	   在 root 目录中查找 "foo"
	   返回 foo 的 FH + 属性

接收 LOOKUP 回复
   在打开文件表中分配文件描述符在表中保存 foo 的 FH
   保存当前文件位置 (0)
   向应用程序返回文件描述符	

read(fd, buffer, MAX);
   用 fd 检索打开文件列表
   取得 NFS 文件句柄(FH)
   使用当前文件位置作为偏移量
   发送 READ(FH, offset=0, count=MAX)	

	接收 READ 请求
	   利用 FH 获取卷/ inode 号
	   从磁盘（或缓存）读取 inode
	   计算块位置（利用偏移量）
	   从磁盘（或缓存）读取数据
	   向客户端返回数据

接收 READ 回复
   更新文件位置（+读取的字节数）
   设置当前文件位置= MAX
   向应用程序返回数据/错误代码	

read(fd, buffer, MAX); 除了偏移量=MAX，设置当前文件位置= 2*MAX 外，都一样	
read(fd, buffer, MAX); 除了偏移量=2*MAX，设置当前文件位置= 3*MAX 外，都一样	

close(fd);
   只需要清理本地数据结构
   释放打开文件
表中的描述符 "fd"
   （不需要与服务器通信）	

提示：幂等性很强大

   在构建可靠的系统时，幂等性（idempotency）是一种有用的属性。如果一次操作可以发出多次请求，那么处理该操作的失败就要容易得多。你只要重试一下。如果操作不具有幂等性，那么事情就会更困难。

48.7 利用幂等操作处理服务器故障

   当客户端向服务器发送消息时，有时候不会收到回复。这种失败可能的原因很多。在某些情况下，网络可能会丢弃该消息。网络确实会丢失消息，因此请求或回复可能会丢失，所以客户端永远不会收到响应，如图 48.5 所示。

也可能服务器已崩溃，因此无法响应消息。稍后，服务器将重新启动，并再次开始运行，但所有请求都已丢失。在所有这些情况下，客户端有一个问题：如果服务器没有及时回复，应该怎么做？

在 NFSv2 中，客户端以唯一、统一和优雅的方式处理所有这些故障：就是重试请求。具体来说，在发送请求之后，客户端将计时器设置为在指定的时间之后关闭。如果在定时器关闭之前收到回复，则取消定时器，一切正常。但是，如果在收到任何回复之前计时器关闭，则客户端会假定请求尚未处理，并重新发送。如果服务器回复，一切都很好，客户端已经漂亮地处理了问题。

客户端之所以能够简单重试请求（不论什么情况导致了故障），是因为大多数 NFS 请求有一个重要的特性：它们是幂等的（idempotent）。如果操作执行多次的效果与执行一次的效果相同，该操作就是幂等的。例如，如果将值在内存位置存储 3 次，与存储一次一样。因此"将值存储到内存中"是一种幂等操作。但是，如果将计数器递增 3 次，它的数量就会与递增一次不同。因此，递增计数器不是幂等的。更一般地说，任何只读取数据的操作显然都是幂等的。对更新数据的操作必须更仔细地考虑，才能确定它是否具有幂等性。

NFS 中崩溃恢复的核心在于，大多数常见操作具有幂等性。LOOKUP 和 READ 请求是简单幂等的，因为它们只从文件服务器读取信息而不更新它。更有趣的是，WRITE 请求也是幂等的。例如，如果 WRITE 失败，客户端可以简单地重试它。WRITE 消息包含数据、计数和（重要的）写入数据的确切偏移量。因此，可以重复多次写入，因为多次写入的结果与单次的结果相同。

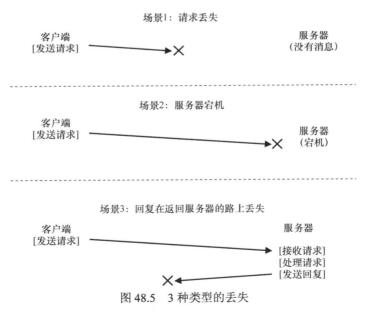

图 48.5　3 种类型的丢失

通过这种方式，客户端可以用统一的方式处理所有超时。如果 WRITE 请求丢失（上面的第一种情况），客户端将重试它，服务器将执行写入，一切都会好。如果在请求发送时，服务器恰好关闭，但在第二个请求发送时，服务器已重启并继续运行，则又会如愿执行（第二种情况）。最后，服务器可能实际上收到了 WRITE 请求，发出写入磁盘并发送回复。此回复可能会丢失（第三种情况），导致客户端重新发送请求。当服务器再次收到请求时，它就会执行相同的操作：将数据写入磁盘，并回复它已完成该操作。如果客户端这次收到了回复，则一切正常，因此客户端以统一的方式处理了消息丢失和服务器故障。漂亮！

一点补充：一些操作很难成为幂等的。例如，当你尝试创建已存在的目录时，系统会通知你 mkdir 请求已失败。因此，在 NFS 中，如果文件服务器收到 MKDIR 协议消息并成功执行，但回复丢失，则客户端可能会重复它并遇到该故障，实际上该操作第一次成功了，只是在重试时失败。所以，生活并不完美。

> **提示：完美是好的敌人（Voltaire 定律）**
>
> 即使你设计了一个漂亮的系统，有时候并非所有的特殊情况都像你期望的那样。以上面的 mkdir 为例，你可以重新设计 mkdir，让它具有不同的语义，从而让它成为幂等的（想想你会怎么做）。但是，为什么要这么麻烦？NFS 的设计理念涵盖了大多数重要情况，它使系统设计在故障方面简洁明了。因此，接受生活并不完美的事实，仍然构建系统，这是良好工程的标志。显然，这种智慧应该要感谢伏尔泰，他说："一个聪明的意大利人说，最好是好的敌人。"因此我们称之为 Voltaire 定律。

48.8 提高性能：客户端缓存

分布式文件系统很多，这有很多原因，但将所有读写请求都通过网络发送，会导致严重的性能问题：网络速度不快，特别是与本地内存或磁盘相比。因此，另一个问题是：如何才能改善分布式文件系统的性能？

答案你可能已经猜到（看到上面的节标题），就是客户端缓存（caching）。NFS 客户端文件系统缓存文件数据（和元数据）。因此，虽然第一次访问是昂贵的（即它需要网络通信），但后续访问很快就从客户端内存中得到服务。

缓存还可用作写入的临时缓冲区。当客户端应用程序写入文件时，客户端会在数据写入服务器之前，将数据缓存在客户端的内存中（与数据从文件服务器读取的缓存一样）。这种写缓冲（write buffering）是有用的，因为它将应用程序的 write()延迟与实际的写入性能分离，即应用程序对 write()的调用会立即成功（只是将数据放入客户端文件系统的缓存中），只是稍后才会将数据写入文件服务器。

因此，NFS 客户端缓存数据和性能通常很好，我们成功了，对吧？遗憾的是，并没完全成功。在任何系统中添加缓存，导致包含多个客户端缓存，都会引入一个巨大且有趣的挑战，我们称之为缓存一致性问题（cache consistency problem）。

48.9 缓存一致性问题

利用两个客户端和一个服务器，可以很好地展示缓存一致性问题。想象一下客户端 C1 读取文件 F，并将文件的副本保存在其本地缓存中。现在假设一个不同的客户端 C2 覆盖文件 F，从而改变其内容。我们称该文件的新版本为 F（版本 2），或 F [v2]，称旧版本为 F [v1]，以便区分两者。最后，还有第三个客户端 C3，尚未访问文件 F。

你可能会看到即将发生的问题（见图 48.6）。实际上，有两个子问题。第一个子问题是，客户端 C2 可能将它的写入缓存一段时间，然后再将它们发送给服务器。在这种情况下，当 F[v2]位于 C2 的内存中时，来自另一个客户端（比如 C3）的任何对 F 的访问，都会获得旧版本的文件（F[v1]）。因此，在客户端缓冲写入，可能导致其他客户端获得文件的陈旧版本，这也许不是期望的结果。实际上，想象一下你登录机器 C2，更新 F，然后登录 C3，并尝试读取文件：只得到了旧版本！这当然会令人沮丧。因此，我们称这个方面的缓存一致性问题为"更新可见性（update visibility）"。来自一个客户端的更新，什么时候被其他客户端看见？

图 48.6　缓存一致性问题

缓存一致性的第二个子问题是陈旧的缓存（stale cache）。在这种情况下，C2 最终将它的写入发送给文件服务器，因此服务器具有最新版本（F[v2]）。但是，C1 的缓存中仍然是 F[v1]。如果运行在 C1 上的程序读了文件 F，它将获得过时的版本（F [v1]），而不是最新的版本（F [v2]），这（通常）不是期望的结果。

NFSv2 实现以两种方式解决了这些缓存一致性问题。首先，为了解决更新可见性，客户端实现了有时称为"关闭时刷新"（flush-on-close，即 close-to-open）的一致性语义。具体来说，当应用程序写入文件并随后关闭文件时，客户端将所有更新（即缓存中的脏页面）刷新到服务器。通过关闭时刷新的一致性，NFS 可确保后续从另一个节点打开文件，会看到最新的文件版本。

其次，为了解决陈旧的缓存问题，NFSv2 客户端会先检查文件是否已更改，然后再使用其缓存内容。具体来说，在打开文件时，客户端文件系统会发出 GETATTR 请求，以获取文件的属性。重要的是，属性包含有关服务器上次修改文件的信息。如果文件修改的时间晚于文件提取到客户端缓存的时间，则客户端会让文件无效（invalidate），因此将它从客户端缓存中删除，并确保后续的读取将转向服务器，取得该文件的最新版本。另外，如果客户端看到它持有该文件的最新版本，就会继续使用缓存的内容，从而提高性能。

当 Sun 最初的团队实现陈旧缓存问题的这个解决方案时，他们意识到一个新问题。突然，NFS 服务器充斥着 GETATTR 请求。一个好的工程原则，是为常见情况而设计，让它运作良好。这里，尽管常见情况是文件只由一个客户端访问（可能反复访问），但该客户端必须一直向服务器发送 GETATTR 请求，以确没人改变该文件。客户因此"轰炸"了服务器，不断询问"有没有人修改过这个文件？"，大部分时间都没有人修改。

为了解决这种情况（在某种程度上），为每个客户端添加了一个属性缓存（attribute cache）。客户端在访问文件之前仍会验证文件，但大多数情况下只会查看属性缓存以获取属性。首次访问某文件时，该文件的属性被放在缓存中，然后在一定时间（例如 3s）后超时。

因此，在这 3s 内，所有文件访问都会断定使用缓存的文件没有问题，并且没有与服务器的网络通信。

48.10 评估 NFS 的缓存一致性

关于 NFS 的缓存一致性还有几句话。加入关闭时刷新的行为是因为"有意义"，但带来了一定的性能问题。具体来说，如果在客户端上创建临时或短期文件，然后很快删除，它仍将被强制写到服务器。更理想的实现可能会将这些短暂的文件保留在内存中，直到它们被删除，从而完全消除服务器交互，提高性能。

更重要的是，NFS 加入属性缓存让它很难知道或推断出得到文件的确切版本。有时你会得到最新版本，有时你会得到旧版本，因为属性缓存没有超时，因此客户端很高兴地提供了客户端内存中的内容。虽然这在大多数情况下都没问题，但它偶尔会（现在仍然如此！）导致奇怪的行为。

我们已经描述了 NFS 客户端缓存的奇怪之处。它是一个有趣的例子，其中实现的细节致力于定义用户可观察的语义，而不是相反。

48.11 服务器端写缓冲的隐含意义

我们的重点是客户端缓存，这是最有趣的问题出现的地方。但是，NFS 服务器也往往配备了大量内存，因此它们也存在缓存问题。从磁盘读取数据（和元数据）时，NFS 服务器会将其保留在内存中，后续读取这些数据（和元数据）不会访问磁盘，这可能对性能有（小）提升。

更有趣的是写缓冲的情况。在强制写入稳定存储（即磁盘或某些其他持久设备）之前，NFS 服务器绝对不会对 WRITE 协议请求返回成功。虽然他们可以将数据的拷贝放在服务器内存中，但对 WRITE 协议请求向客户端返回成功，可能会导致错误的行为。你能搞清楚为什么吗？

答案在于我们对客户端如何处理服务器故障的假设。想象一下客户端发出以下写入序列：

```
write(fd, a_buffer, size); // fill first block with a's
write(fd, b_buffer, size); // fill second block with b's
write(fd, c_buffer, size); // fill third block with c's
```

这些写入覆盖了文件的 3 个块，先是 a，然后是 b，最后是 c。因此，如果文件最初看起来像这样：

```
xxxxxxxxxxxxxxxxxxxxxxxxxxxxxxxxxxxxxxxxxxxxxxxxxxxx
yyyyyyyyyyyyyyyyyyyyyyyyyyyyyyyyyyyyyyyyyyyyyyyyyyyy
zzzzzzzzzzzzzzzzzzzzzzzzzzzzzzzzzzzzzzzzzzzzzzzzzzzz
```

我们可能期望这些写入之后的最终结果是这样：x、y 和 z 分别用 a、b 和 c 覆盖。

```
aaaaaaaaaaaaaaaaaaaaaaaaaaaaaaaaaaaaaaaaaaaaaaaaaaaa
bbbbbbbbbbbbbbbbbbbbbbbbbbbbbbbbbbbbbbbbbbbbbbbbbbbb
cccccccccccccccccccccccccccccccccccccccccccccccccccc
```

现在假设，在这个例子中，客户端的 3 个写入作为 3 个不同的 WRITE 协议消息，发送给服务器。假设服务器接收到第一个 WRITE 消息，将它发送到磁盘，并向客户端通知成功。现在假设第二次写入只是缓冲在内存中，服务器在强制写入磁盘之前，也向客户端报告成功。遗憾的是，服务器在写入磁盘之前崩溃了。服务器快速重启，并接收第三个写请求，该请求也成功了。

因此，对于客户端，所有请求都成功了，但我们很惊讶文件的内容如下：

```
aaaaaaaaaaaaaaaaaaaaaaaaaaaaaaaaaaaaaaaaaaaaaaaaaaaaaaaaaaa
yyyyyyyyyyyyyyyyyyyyyyyyyyyyyyyyyyyyyyyyyyyyyyyyyyyyyyyyyyy  <--- oops
ccccccccccccccccccccccccccccccccccccccccccccccccccccccccccc
```

因为服务器在提交到磁盘之前，告诉客户端第二次写入成功，所以文件中会留下一个旧块，这对于某些应用程序，可能是灾难性的。

为了避免这个问题，NFS 服务器必须在通知客户端成功之前，将每次写入提交到稳定（持久）存储。这样做可以让客户端在写入期间检测服务器故障，从而重试，直到它最终成功。这样做确保了不会导致前面例子中混合的文件内容。

这个需求，对 NFS 服务器的实现带来一个问题，即写入性能，如果不小心，会成为主要的性能瓶颈。实际上，一些公司（例如 Network Appliance）的出现，只是为了构建一个可以快速执行写入的 NFS 服务器。一个技巧是先写入有电池备份的内存，从而快速报告 WRITE 请求成功，而不用担心丢失数据，也没有必须立即写入磁盘的成本。第二个技巧是采用专门为快速写入磁盘而设计的文件系统，如果你最后需要这样做[HLM94，RO91]。

48.12　小结

我们已经介绍了 NFS 分布式文件系统。NFS 的核心在于，服务器的故障要能简单快速地恢复。操作的幂等性至关重要，因为客户端可以安全地重试失败的操作，不论服务器是否已执行该请求，都可以这样做。

我们还看到，将缓存引入多客户端、单服务器的系统，如何会让事情变得复杂。具体来说，系统必须解决缓存一致性问题，才能合理地运行。但是，NFS 以稍微特别的方式来解决这个问题，偶尔会导致你看到奇怪的行为。最后，我们看到了服务器缓存如何变得棘手：对服务器的写入，在返回成功之前，必须强制写入稳定存储（否则数据可能会丢失）。

我们还没有谈到其他一些问题，这些问题肯定有关，尤其是安全问题。早期 NFS 实现中，安全性非常宽松。客户端的任何用户都可以轻松伪装成其他用户，并获得对几乎任何文件的访问权限。后来集成了更严肃的身份验证服务（例如，Kerberos [NT94]），解决了这些明显的缺陷。

参考资料

[S86] "The Sun Network File System: Design, Implementation and Experience" Russel Sandberg

USENIX Summer 1986

最初的 NFS 论文。阅读这些美妙的想法是个好主意。

[NT94] "Kerberos: An Authentication Service for Computer Networks"

B. Clifford Neuman, Theodore Ts'o

IEEE Communications, 32(9):33-38, September 1994

Kerberos 是一种早期且极具影响力的身份验证服务。我们可能应该在某个时候为它写上一章……

[P+94] "NFS Version 3: Design and Implementation"

Brian Pawlowski, Chet Juszczak, Peter Staubach, Carl Smith, Diane Lebel, Dave Hitz USENIX Summer 1994, pages 137-152

NFS 版本 3 的小修改。

[P+00] "The NFS version 4 protocol"

Brian Pawlowski, David Noveck, David Robinson, Robert Thurlow

2nd International System Administration and Networking Conference (SANE 2000)

毫无疑问，这是有史以来关于 NFS 的优秀论文。

[C00] "NFS Illustrated" Brent Callaghan

Addison-Wesley Professional Computing Series, 2000

一个很棒的 NFS 参考，每个协议都讲得非常彻底和详细。

[Sun89] "NFS: Network File System Protocol Specification"

Sun Microsystems, Inc. Request for Comments: 1094, March 1989

可怕的规范。如果你必须读，就读它。

[O91] "The Role of Distributed State" John K. Ousterhout

很少引用的关于分布式状态的讨论，对问题和挑战有更广的视角。

[HLM94] "File System Design for an NFS File Server Appliance" Dave Hitz, James Lau, Michael Malcolm

USENIX Winter 1994. San Francisco, California, 1994

Hitz 等人受到以前日志结构文件系统工作的极大影响。

[RO91] "The Design and Implementation of the Log-structured File System" Mendel Rosenblum, John Ousterhout

Symposium on Operating Systems Principles (SOSP), 1991

又是 LFS。不，LFS，学无止境。

第 49 章　Andrew 文件系统（AFS）

Andrew 文件系统由卡内基梅隆大学（CMU）的研究人员于 20 世纪 80 年代[H+88]引入。该项目由卡内基梅隆大学著名教授 M. Satyanarayanan（简称为 Satya）领导，主要目标很简单：扩展（scale）。具体来说，如何设计分布式文件系统（如服务器）可以支持尽可能多的客户端？

有趣的是，设计和实现的许多方面都会影响可扩展性。最重要的是客户端和服务器之间的协议（protocol）设计。例如，在 NFS 中，协议强制客户端定期检查服务器，以确定缓存的内容是否已更改。因为每次检查都使用服务器资源（包括 CPU 和网络带宽），所以频繁的检查会限制服务器响应的客户端数量，从而限制可扩展性。

AFS 与 NFS 的不同之处也在于，从一开始，合理的、用户可见的行为就是首要考虑的问题。在 NFS 中，缓存一致性很难描述，因为它直接依赖于低级实现细节，包括客户端缓存超时间隔。在 AFS 中，缓存一致性很简单且易于理解：当文件打开时，客户端通常会从服务器接收最新的一致副本。

49.1　AFS 版本 1

我们将讨论两个版本的 AFS [H+88，S+85]。第一个版本（我们称之为 AFSv1，但实际上原来的系统被称为 ITC 分布式文件系统[S+85]）已经有了一些基本的设计，但没有像期望那样可扩展，这导致了重新设计和最终协议（我们称之为 AFSv2，或就是 AFS）[H+88]。现在讨论第一个版本。

所有 AFS 版本的基本原则之一，是在访问文件的客户端计算机的本地磁盘（local disk）上，进行全文件缓存（whole-file caching）。当 open()文件时，将从服务器获取整个文件（如果存在），并存储在本地磁盘上的文件中。后续应用程序 read()和 write()操作被重定向到存储文件的本地文件系统。因此，这些操作不需要网络通信，速度很快。最后，在 close()时，文件（如果已被修改）被写回服务器。注意，与 NFS 的明显不同，NFS 缓存块（不是整个文件，虽然 NFS 当然可以缓存整个文件的每个块），并且缓存在客户端内存（不是本地磁盘）中。

让我们进一步了解细节。当客户端应用程序首次调用 open()时，AFS 客户端代码（AFS 设计者称之为 Venus）将向服务器发送 Fetch 协议消息。Fetch 协议消息会将所需文件的整个路径名（例如/home/remzi/notes.txt）传递给文件服务器（它们称为 Vice 的组），然后将沿着路径名，查找所需的文件，并将整个文件发送回客户端。然后，客户端代码将文件缓存在客户端的本地磁盘上（将它写入本地磁盘）。如上所述，后续的 read()和 write()系统调用在 AFS 中是严格本地的(不与服务器进行通信)。它们只是重定向到文件的本地副本。因为read()和 write()调用就像调用本地文件系统一样，一旦访问了一个块，它也可以缓存在客户端内存中。因此，AFS 还使用客户端内存来缓存它在本地磁盘中的块副本。最后，AFS 客户端完成后检查文件是否已被修改（即它被打开并写入）。如果被修改，它会用 Store 协议消息，将新版本刷写回服务器，将整个文件和路径名发送到服务器以进行持久存储。

下次访问该文件时，AFSv1 的效率会更高。具体来说，客户端代码首先联系服务器（使用 TestAuth 协议消息），以确定文件是否已更改。如果未更改，客户端将使用本地缓存的副本，从而避免了网络传输，提高了性能。表 49.1 展示了 AFSv1 中的一些协议消息。请注意，协议的早期版本仅缓存文件内容。例如，目录只保存在服务器上。

表 49.1   AFSv1 协议的要点

TestAuth	测试文件是否已改变（用于验证缓存条目的有效性）
GetFileStat	取得文件的状态信息
Fetch	获取文件的内容
Store	将文件存入服务器
SetFileStat	设置文件的状态信息
ListDir	列出目录的内容

49.2 版本 1 的问题

第一版 AFS 的一些关键问题，促使设计人员重新考虑他们的文件系统。为了详细研究这些问题，AFS 的设计人员花费了大量时间来测量他们已有的原型，以找出问题所在。这样的实验是一件好事。测量（measurement）是理解系统如何工作，以及如何改进系统的关键。实际数据有助于取代直觉，让解构系统成为具体的科学。在他们的研究中，作者发现了 AFSv1 的两个主要问题。

> **提示：先测量后构建（Patterson 定律）**
> 我们的顾问之一，David Patterson（因 RISC 和 RAID 而著名），过去总是鼓励我们先测量系统并揭示问题，再构建新系统来修复所述问题。通过使用实验证据而不是直觉，你可以将系统构建过程变成更科学的尝试。这样做也具有让你在开发改进版本之前，先考虑如何准确测量系统的优势。当你最终开始构建新系统时，结果两件事情会变得更好：首先，你有证据表明你正在解决一个真正的问题。第二，你现在有办法测量新系统，以显示它实际上改进了现有技术。因此我们称之为 Patterson 定律。

- **路径查找成本过高**。执行 Fetch 或 Store 协议请求时，客户端将整个路径名（例如 /home/remzi/notes.txt）传递给服务器。为了访问文件，服务器必须执行完整的路径名遍历，首先查看根目录以查找 home，然后在 home 中查找 remzi，依此类推，一直沿着路径直到最终定位所需的文件。由于许多客户端同时访问服务器，AFS 的设计人员发现服务器花费了大量的 CPU 时间，只是在沿着目录路径走。
- **客户端发出太多 TestAuth 协议消息**。与 NFS 及其过多的 GETATTR 协议消息非常相似，AFSv1 用 TestAuth 协议信息，生成大量流量，以检查本地文件（或其状态信息）是否有效。因此，服务器花费大量时间，告诉客户端是否可以使用文件的缓存副本。大多数时候，答案是文件没有改变。

AFSv1 实际上还存在另外两个问题：服务器之间的负载不均衡，服务器对每个客户端使用一个不同的进程，从而导致上下文切换和其他开销。通过引入卷（volume），解决了负载不平衡问题。管理员可以跨服务器移动卷，以平衡负载。通过使用线程而不是进程构建服务器，在 AFSv2 中解决了上下文切换问题。但是，限于篇幅，这里集中讨论上述主要的两个协议问题，这些问题限制了系统的扩展。

49.3　改进协议

上述两个问题限制了 AFS 的可扩展性。服务器 CPU 成为系统的瓶颈，每个服务器只能服务 20 个客户端而不会过载。服务器收到太多的 TestAuth 消息，当他们收到 Fetch 或 Store 消息时，花费了太多时间查找目录层次结构。因此，AFS 设计师面临一个问题。

> **关键问题：如何设计一个可扩展的文件协议**
>
> 如何重新设计协议，让服务器交互最少，即如何减少 TestAuth 消息的数量？进一步，如何设计协议，让这些服务器交互高效？通过解决这两个问题，新的协议将导致可扩展性更好的 AFS 版本。

49.4　AFS 版本 2

AFSv2 引入了回调（callback）的概念，以减少客户端/服务器交互的数量。回调就是服务器对客户端的承诺，当客户端缓存的文件被修改时，服务器将通知客户端。通过将此状态（state）添加到服务器，客户端不再需要联系服务器，以查明缓存的文件是否仍然有效。实际上，它假定文件有效，直到服务器另有说明为止。这里类似于轮询（polling）与中断（interrupt）。

AFSv2 还引入了文件标识符（File Identifier，FID）的概念（类似于 NFS 文件句柄），替代路径名，来指定客户端感兴趣的文件。AFS 中的 FID 包括卷标识符、文件标识符和"全局唯一标识符"（用于在删除文件时复用卷和文件 ID）。因此，不是将整个路径名发送到服务器，并让服务器沿着路径名来查找所需的文件，而是客户端会沿着路径名查找，每次一个，缓存结果，从而有望减少服务器上的负载。

例如，如果客户端访问文件/home/remzi/notes.txt，并且 home 是挂载在/上的 AFS 目录（即/是本地根目录，但 home 及其子目录在 AFS 中），则客户端将先获取 home 的目录内容，将它们放在本地磁盘缓存中，然后在 home 上设置回调。然后，客户端将获取目录 remzi，将其放入本地磁盘缓存，并在服务器上设置 remzi 的回调。最后，客户端将获取 notes.txt，将此常规文件缓存在本地磁盘中，设置回调，最后将文件描述符返回给调用应用程序。有关摘要，参见表 49.2。

然而，与 NFS 的关键区别在于，每次获取目录或文件时，AFS 客户端都会与服务器建立回调，从而确保服务器通知客户端，其缓存状态发生变化。好处是显而易见的：尽管第一次访问/home/remzi/notes.txt 会生成许多客户端—服务器消息（如上所述），但它也会为所有目录以及文件 notes.txt 建立回调，因此后续访问完全是本地的，根本不需要服务器交互。因此，在客户端缓存文件的常见情况下，AFS 的行为几乎与基于本地磁盘的文件系统相同。如果多次访问一个文件，则第二次访问应该与本地访问文件一样快。

表 49.2　　　　　　　　　　　读取文件：客户端和文件服务器操作

客户端 (C1)	服务器
fd = open("/home/remzi/notes.txt",···); 　发送 Fetch (home FID, "remzi")	
	接收 Fetch 请求 　在 home 目录中查找 remzi 　对 remzi 建立 callback(C1) 　返回 remzi 的内容和 FID
接收 Fetch 回复 　将 remzi 写入本地磁盘缓存 　记录 remzi 的回调状态 发送 Fetch (remzi FID, "notes.txt")	
	接收 Fetch 请求 　在 remzi 目录中查找 notes.txt 　对 notes.txt 建立 callback(C1) 　返回 notes.txt 的内容和 FID
接收 Fetch 回复 　将 notes.txt 写入本地磁盘缓存 　记录 notes.txt 的回调状态 　本地 open() 缓存的 notes.txt 　向应用程序返回文件描述符	
read(fd, buffer, MAX); 　执行本地 read()缓存副本	
close(fd); 　执行本地 close()缓存副本 　如果文件已改变，刷新到服务器	

fd = open("/home/remzi/notes.txt",···);
　Foreach dir (home, remzi)
　if (callback(dir) == VALID)
　　使用本地副本执行 lookup(dir)
　else
　　Fetch (像上面一样)
　if (callback(notes.txt) == VALID)
　　open 本地缓存副本
　　return 它的文件描述符
　else
　　Fetch (像上面一样) then open 并 return fd	

补充：缓存一致性不能解决所有问题

　　在讨论分布式文件系统时，很多都是关于文件系统提供的缓存一致性。但是，关于多个客户端访问文件，这种基本一致性并未解决所有问题。例如，如果要构建代码存储库，并且有多个客户端检入和检出代码，则不能简单地依赖底层文件系统来为你完成所有工作。实际上，你必须使用显式的文件级锁（file-level locking），以确保在发生此类并发访问时，发生"正确"的事情。事实上，任何真正关心并发更新的应用程序，都会增加额外的机制来处理冲突。本章和第 48 章中描述的基本一致性主要用于随意使用，例如，当用户在不同的客户端登录时，他们希望看到文件的某个合理版本。对这些协议期望过多，会让自己陷入挫败、失望和泪流满面的沮丧。

49.5　缓存一致性

讨论 NFS 时，我们考虑了缓存一致性的两个方面：更新可见性（update visibility）和缓存陈旧（cache staleness）。对于更新可见性，问题是：服务器何时用新版本的文件进行更新？对于缓存陈旧，问题是：一旦服务器有新版本，客户端看到新版本而不是旧版本缓存副本，需要多长时间？

由于回调和全文件缓存，AFS 提供的缓存一致性易于描述和理解。有两个重要的情况需要考虑：不同机器上进程的一致性，以及同一台机器上进程的一致性。

在不同的计算机之间，AFS 让更新在服务器上可见，并在同一时间使缓存的副本无效，即在更新的文件被关闭时。客户端打开一个文件，然后写入（可能重复写入）。当它最终关闭时，新文件被刷新到服务器（因此可见）。然后，服务器中断任何拥有缓存副本的客户端的回调，从而确保客户端不再读取文件的过时副本。在这些客户端上的后续打开，需要从服务器重新获取该文件的新版本。

对于这个简单模型，AFS 对同一台机器上的不同进程进行了例外处理。在这种情况下，对文件的写入对于其他本地进程是立即可见的（进程不必等到文件关闭，就能查看其最新更新版本）。这让使用单个机器完全符合你的预期，因为此行为基于典型的 UNIX 语义。只有切换到不同的机器时，你才会发现更一般的 AFS 一致性机制。

有一个有趣的跨机器场景值得进一步讨论。具体来说，在极少数情况下，不同机器上的进程会同时修改文件，AFS 自然会采用所谓的"最后写入者胜出"方法（last writer win，也许应该称为"最后关闭者胜出"，last closer win）。具体来说，无论哪个客户端最后调用 close()，将最后更新服务器上的整个文件，因此将成为"胜出"文件，即保留在服务器上，供其他人查看。结果是文件完全由一个客户端或另一个客户端生成。请注意与基于块的协议（如 NFS）的区别：在 NFS 中，当每个客户端更新文件时，可能会将各个块的写入刷新到服务器，因此服务器上的最终文件最终可能会混合为来自两个客户的更新。在许多情况下，这样的混合文件输出没有多大意义，例如，想象一个 JPEG 图像被两个客户端分段修改，导致的混合写入不太可能构成有效的 JPEG。

在表 49.3 中可以看到，展示其中一些不同场景的时间线。这些列展示了 Client1 上的两个进程（P1 和 P2）的行为及其缓存状态，Client2 上的一个进程（P3）及其缓存状态，以及服务器（Server），它们都在操作一个名为的 F 文件。对于服务器，该表只展示了左边的操作完成后该文件的内容。仔细查看，看看你是否能理解每次读取的返回结果的原因。如果想不通，右侧的"评论"字段对你会有所帮助。

表 49.3　　　　　　　　　　　　　　缓存一致性时间线

P1	Client1 P2	Cache	Client2 P3	Cache	Server Disk	评论
open(F)		—		—	—	文件创建
write(A)		A		—	—	
close()		A		—	A	

P1	Client1 P2	Cache	Client2 P3	Cache	Server Disk	评论
	open(F)	A	—		A	
	read()→A	A	—		A	
	close()	A	—		A	
open(F)		A		—	A	
write(B)		B		—	A	
	open(F)	B		—	A	本地进程
	read()→B	B		—	A	马上看到写入
	close()	B		—	A	
		B	open(F)	A	A	远程进程
		B	read()→A	A	A	没有看到写入……
		B	close()	A	A	
close()		B B		A̸	B	……直到发生 close()
			open(F)	B	B	
		B	read()→B	B	B	
		B	close()	B	B	
		B	open(F)	B	B	
open(F)		B		B	B	
write(D)		D		B	B	
		D	write(C)	C	B	
		D	close()	C	C	
close()		D D		C̸ D	D D	
			open(F)			P3 很不幸
		D	read()→D	D	D	最后写入者胜出
		D	close()	D	D	

49.6　崩溃恢复

从上面的描述中，你可能会感觉，崩溃恢复比 NFS 更复杂。你是对的。例如，假设有一小段时间，服务器（S）无法联系客户端（C1），比方说，客户端 C1 正在重新启动。当 C1 不可用时，S 可能试图向它发送一个或多个回调撤销消息。例如，假设 C1 在其本地磁盘上缓存了文件 F，然后 C2（另一个客户端）更新了 F，从而导致 S 向缓存该文件的所有客户端发送消息，以便将它从本地缓存中删除。因为 C1 在重新启动时可能会丢失这些关键消息，所以在重新加入系统时，C1 应该将其所有缓存内容视为可疑。因此，在下次访问文件 F 时，C1 应首先向服务器（使用 TestAuth 协议消息）询问，其文件 F 的缓存副本是否仍然有效。如果是这样，C1 可以使用它。如果不是，C1 应该从服务器获取更新的版本。

　　崩溃后服务器恢复也更复杂。问题是回调被保存在内存中。因此，当服务器重新启动时，它不知道哪个客户端机器具有哪些文件。因此，在服务器重新启动时，服务器的每个客户端必须意识到服务器已崩溃，并将其所有缓存内容视为可疑，并且（如上所述）在使用之前重新检查文件的有效性。因此，服务器崩溃是一件大事，因为必须确保每个客户端及时了解崩溃，或者冒着客户端访问陈旧文件的风险。有很多方法可以实现这种恢复。例如，让服务器在每个客户端启动并再次运行时向每个客户端发送消息（说“不要信任你的缓存内容！”），或让客户端定期检查服务器是否处于活动状态（利用心跳（heartbeat）消息，正如其名）。如你所见，构建更具可扩展性和合理性的缓存模型需要付出代价。使用 NFS，客户端很少注意到服务器崩溃。

49.7　AFSv2 的扩展性和性能

　　有了新协议，人们对 AFSv2 进行了测量，发现它比原来的版本更具可扩展性。实际上，每台服务器可以支持大约 50 个客户端（而不是仅仅 20 个）。另一个好处是客户端性能通常非常接近本地性能，因为在通常情况下，所有文件访问都是本地的。文件读取通常转到本地磁盘缓存（可能还有本地内存）。只有当客户端创建新文件或写入现有文件时，才需要向服务器发送 Store 消息，从而用新内容更新文件。

　　对于常见的文件系统访问场景，通过与 NFS 进行比较，可以对 AFS 的性能有所了解。表 49.4 展示了定性比较的结果。

表 49.4　　　　　　　　　　　　　　比较：AFS 与 NFS

工作负载	NFS	AFS	AFS/NFS
1．小文件，顺序读取	$N_s \cdot$ Lnet	$N_s \cdot$ Lnet	1
2．小文件，顺序重读	$N_s \cdot$ Lmem	$N_s \cdot$ Lmem	1
3．中文件，顺序读取	$N_m \cdot$ Lnet	$N_m \cdot$ Lnet	1
4．中文件，顺序重读	$N_m \cdot$ Lmem	$N_m \cdot$ Lmem	1
5．大文件，顺序读取	$N_L \cdot$ Lnet	$N_L \cdot$ Lnet	1
6．大文件，顺序重读	$N_L \cdot$ Lnet	$N_L \cdot$ Ldisk	Ldisk / Lnet
7．大文件，单次读取	Lnet	$N_L \cdot$ Lnet	N_L
8．小文件，顺序写入	$N_s \cdot$ Lnet	$N_s \cdot$ Lnet	1
9．大文件，顺序写入	$N_L \cdot$ Lnet	$N_L \cdot$ Lnet	1
10．大文件，顺序覆写	$N_L \cdot$ Lnet	$2 \cdot N_L \cdot$ Lnet	2
11．大文件，单次写入	Lnet	$2 \cdot N_L \cdot$ Lnet	$2 \cdot N_L$

　　在表中，我们分析了不同大小的文件的典型读写模式。小文件中有 N_S 块，中等文件有 N_M 个块，大文件有 N_L 块。假设中小型文件可以放入客户端的内存，大文件可以放入本地磁

盘，但不能放入客户端内存。

为了便于分析，我们还假设，跨网络访问远程服务器上的文件块，需要的时间为 L_{net}。访问本地内存需要 L_{mem}，访问本地磁盘需要 L_{disk}。一般假设是 $L_{net} > L_{disk} > L_{mem}$。

最后，我们假设第一次访问文件没有任何缓存命中。如果相关高速缓存具有足够容量来保存文件，则假设后续文件访问（即"重新读取"）将在高速缓存中命中。

该表的列展示了特定操作（例如，小文件顺序读取）在 NFS 或 AFS 上的大致时间。最右侧的列展示了 AFS 与 NFS 的比值。

我们有以下观察结果。首先，在许多情况下，每个系统的性能大致相当。例如，首次读取文件时（即工作负载 1、3、5），从远程服务器获取文件的时间占主要部分，并且两个系统上差不多。在这种情况下，你可能会认为 AFS 会更慢，因为它必须将文件写入本地磁盘。但是，这些写入由本地（客户端）文件系统缓存来缓冲，因此上述成本可能不明显。同样，你可能认为从本地缓存副本读取 AFS 会更慢，因为 AFS 会将缓存副本存储在磁盘上。但是，AFS 再次受益于本地文件系统缓存。读取 AFS 可能会命中客户端内存缓存，性能与 NFS 类似。

其次，在大文件顺序重新读取时（工作负载 6），出现了有趣的差异。由于 AFS 具有大型本地磁盘缓存，因此当再次访问该文件时，它将从磁盘缓存中访问该文件。相反，NFS 只能在客户端内存中缓存块。结果，如果重新读取大文件（即比本地内存大的文件），则 NFS 客户端将不得不从远程服务器重新获取整个文件。因此，假设远程访问确实比本地磁盘慢，AFS 在这种情况下比 NFS 快一倍。我们还注意到，在这种情况下，NFS 会增加服务器负载，这也会对扩展产生影响。

第三，我们注意到，（新文件的）顺序写入应该在两个系统上性能差不多（工作负载 8、9）。在这种情况下，AFS 会将文件写入本地缓存副本。当文件关闭时，AFS 客户端将根据协议强制写入服务器。NFS 将缓冲写入客户端内存，可能由于客户端内存压力，会强制将某些块写入服务器，但在文件关闭时肯定会将它们写入服务器，以保持 NFS 的关闭时刷新的一致性。你可能认为 AFS 在这里会变慢，因为它会将所有数据写入本地磁盘。但是，要意识到它正在写入本地文件系统。这些写入首先提交到页面缓存，并且只是稍后（在后台）提交到磁盘，因此 AFS 利用了客户端操作系统内存缓存基础结构的优势，提高了性能。

第四，我们注意到 AFS 在顺序文件覆盖（工作负载 10）上表现较差。之前，我们假设写入的工作负载也会创建一个新文件。在这种情况下，文件已存在，然后被覆盖。对于 AFS 来说，覆盖可能是一个特别糟糕的情况，因为客户端先完整地提取旧文件，只是为了后来覆盖它。相反，NFS 只会覆盖块，从而避免了初始的（无用）读取[1]。

最后，访问大型文件中的一小部分数据的工作负载，在 NFS 上比 AFS 执行得更好（工作负载 7、11）。在这些情况下，AFS 协议在文件打开时获取整个文件。遗憾的是，只进行了一次小的读写操作。更糟糕的是，如果文件被修改，整个文件将被写回服务器，从而使性能影响加倍。NFS 作为基于块的协议，执行的 I/O 与读取或写入的大小成比例。

总的来说，我们看到 NFS 和 AFS 做出了不同的假设，并且因此实现了不同的性能结果，这不意外。这些差异是否重要，总是要看工作负载。

---

[1] 我们假设 NFS 读取是按照块大小和块对齐的。如果不是，NFS 客户端也必须先读取该块。我们还假设文件未使用 O_TRUNC 标志打开。如果是，AFS 中的初始打开也不会获取即将被截断的文件内容。

49.8　AFS：其他改进

就像我们在介绍 Berkeley FFS（添加了符号链接和许多其他功能）时看到的那样，AFS 的设计人员在构建系统时借此机会添加了许多功能，使系统更易于使用和管理。例如，AFS 为客户端提供了真正的全局命名空间，从而确保所有文件在所有客户端计算机上以相同的方式命名。相比之下，NFS 允许每个客户端以它们喜欢的任何方式挂载 NFS 服务器，因此只有通过公约（以及大量的管理工作），才能让文件在不同客户端上有相似的名字。

补充：工作负载的重要性

评估任何系统都有一个挑战：选择工作负载（workload）。由于计算机系统以多种不同的方式使用，因此有多种工作负载可供选择。存储系统设计人员应该如何确定哪些工作负载很重要，以便做出合理的设计决策？

鉴于他们在测量文件系统使用方式方面的经验，AFS 的设计者做出了某些工作负载假设。具体来说，他们认为大多数文件不会经常共享，而是按顺序完整地访问。鉴于这些假设，AFS 设计非常有意义。

但是，这些假设并非总是正确。例如，想象一个应用程序，它定期将信息追加到日志中。这些小的日志写入会将少量数据添加到现有的大型文件中，这对 AFS 来说是个问题。还存在许多其他困难的工作负载，例如，事务数据库中的随机更新。

要了解什么类型的工作负载常见，一种方法是通过人们已经进行的各种研究。请参考这些研究 [B+91，H+11，R+00，V99]，看看工作量分析得好例子，包括 AFS 的回顾[H+88]。

AFS 也认真对待安全性，采用了一些机制来验证用户，确保如果用户需要，可以让一组文件保持私密。相比之下，NFS 在多年里对安全性的支持非常原始。

AFS 还包含了灵活的、用户管理的访问控制功能。因此，在使用 AFS 时，用户可以很好地控制谁可以访问哪些文件。与大多数 UNIX 文件系统一样，NFS 对此类共享的支持要少得多。

最后，如前所述，AFS 添加了一些工具，让系统管理员可以更简单地管理服务器。在考虑系统管理方面，AFS 遥遥领先。

49.9　小结

AFS 告诉我们，构建分布式文件系统与我们在 NFS 中看到的完全不同。AFS 的协议设计特别重要。通过让服务器交互最少（通过全文件缓存和回调），每个服务器可以支持许多客户端，从而减少管理特定站点所需的服务器数量。许多其他功能，包括单一命名空间、安全性和访问控制列表，让 AFS 非常好用。AFS 提供的一致性模型易于理解和推断，不会导致偶尔在 NFS 中看到的奇怪行为。

也许很不幸，AFS 可能在走下坡路。由于 NFS 是一个开放标准，许多不同的供应商都支持它，它与 CIFS（基于 Windows 的分布式文件系统协议）一起，在市场上占据了主导地位。虽然人们仍不时看到 AFS 安装（例如在各种教育机构，包括威斯康星大学），但唯一持久的影响可能来自 AFS 的想法，而不是实际的系统本身。实际上，NFSv4 现在添加了服务器状态（例如，"open" 协议消息），因此与基本 AFS 协议越来越像。

参考资料

[B+91] "Measurements of a Distributed File System"
Mary Baker, John Hartman, Martin Kupfer, Ken Shirriff, John Ousterhout SOSP '91, Pacific Grove, California, October 1991
早期的论文，测量人们如何使用分布式文件系统，符合 AFS 中的大部分直觉。

[H+11] "A File is Not a File: Understanding the I/O Behavior of Apple Desktop Applications" Tyler Harter, Chris Dragga, Michael Vaughn,
Andrea C. Arpaci-Dusseau, Remzi H. Arpaci-Dusseau
SOSP '11, New York, New York, October 2011
我们自己的论文，研究 Apple Desktop 工作负载的行为。事实证明，它们与系统研究社区通常关注的许多基于服务器的工作负载略有不同。本文也是一篇优秀的参考文献，指出了很多相关的工作。

[H+88] "Scale and Performance in a Distributed File System"
John H. Howard, Michael L. Kazar, Sherri G. Menees, David A. Nichols, M. Satyanarayanan, Robert N. Sidebotham, Michael J. West
ACM Transactions on Computing Systems (ACM TOCS), page 51-81, Volume 6, Number 1, February 1988
著名的 AFS 系统的期刊长版本，该系统仍然在全世界的许多地方使用，也可能是关于如何构建分布式文件系统的最早的清晰思考。它是测量科学和原理工程的完美结合。

[R+00] "A Comparison of File System Workloads" Drew Roselli, Jacob R. Lorch, Thomas E. Anderson
USENIX '00, San Diego, California, June 2000
与 Baker 的论文[B+91]相比，有最近的一些记录。

[S+85] "The ITC Distributed File System: Principles and Design"
M. Satyanarayanan, J.H. Howard, D.A. Nichols, R.N. Sidebotham, A. Spector, M.J. West SOSP '85, Orcas Island, Washington, December 1985
关于分布式文件系统的较早的文章。AFS 的许多基本设计都在这个较早的系统中实现，但没有对扩展进行改进。

[V99] "File system usage in Windows NT 4.0" Werner Vogels
SOSP '99, Kiawah Island Resort, South Carolina, December 1999
对 Windows 工作负载的一项很酷的研究，与之前已经完成的许多基于 UNIX 的研究相比，它在本质上是不同的。

作业

本节引入了 afs.py，这是一个简单的 AFS 模拟器，可用于增强你对 Andrew 文件系统工作原理的理解。阅读 README 文件，以获取更多详细信息。

问题

1．运行一些简单的场景，以确保你可以预测客户端将读取哪些值。改变随机种子标志（-s），看看是否可以追踪并预测存储在文件中的中间值和最终值。还可以改变文件数（-f），客户端数（-C）和读取比率（-r，介于 0 到 1 之间），这样更有挑战。你可能还想生成稍长的追踪，记录更有趣的交互，例如（-n 2 或更高）。

2．现在执行相同的操作，看看是否可以预测 AFS 服务器发起的每个回调。尝试使用不同的随机种子，并确保使用高级别的详细反馈（例如，-d 3），来查看当你让程序计算答案时（使用-c），何时发生回调。你能准确猜出每次回调发生的时间吗？发生一次回调的确切条件是什么？

3．与上面类似，运行一些不同的随机种子，看看你是否可以预测每一步的确切缓存状态。用-c 和-d 7 运行，可以观察到缓存状态。

4．现在让我们构建一些特定的工作负载。用-A oa1:w1:c1,oa1:r1:c1 标志运行该模拟程序。在用随机调度程序运行时，客户端 1 在读取文件 a 时，观察到的不同可能值是什么（尝试不同的随机种子，看看不同的结果）？在两个客户端操作的所有可能的调度重叠中，有多少导致客户端 1 读取值 1，有多少读取值 0？

5．现在让我们构建一些具体的调度。当使用-A oa1:w1:c1,oa1:r1:c1 标志运行时，也用以下调度方案来运行：-S 01，-S 100011，-S 011100，以及其他你可以想到的调度方案。客户端 1 读到什么值？

6．现在使用此工作负载来运行：-A oa1:w1:c1,oa1:w1:c1，并按上述方式更改调度方式。用-S 011100 运行时会发生什么？用-S 010011 时怎么样？确定文件的最终值有什么重要意义？

第50章 关于分布式的总结对话

学生：嗯，真快。在我看来，真是太快了！

教授：是的，分布式系统又复杂又酷，值得学习。但不属于本书（或本课程）的范围。

学生：那太糟糕了，我想了解更多！但我确实学到了一些知识。

教授：比如？

学生：嗯，一切都会失败。

教授：好的开始。

学生：但是通过拥有大量这些东西（无论是磁盘、机器还是其他东西），可以隐藏出现的大部分失败。

教授：继续！

学生：像重试这样的一些基本技巧非常有用。

教授：确实。

学生：你必须仔细考虑协议：机器之间交换的确切数据位。协议可以影响一切，包括系统如何响应故障，以及它们的可扩展性。

教授：你真是学得越来越好。

学生：谢谢！您本人也不是差劲的老师！

教授：非常感谢。

学生：那么本书结束了吗？

教授：我不确定。他们没有给我任何通知。

学生：我也不确定。我们走吧。

教授：好的。

学生：您先请。

教授：不，你先。

学生：教授先请。

教授：不，你先，我在你之后。

学生：（被激怒）那好！

教授：（等待）……那你为什么不离开？

学生：我不知道怎么做。事实证明，我唯一能做的就是参与这些对话。

教授：我也是。现在你已经学到了我们的最后一课……

附录 A 关于虚拟机监视器的对话

学生：所以现在我们被困在附录中了，对吧？

教授：是的，就在你认为事情变得更糟的时候。

学生：嗯，我们要谈什么？

教授：一个重生的老话题：虚拟机监视器（virtual machine monitor），也称为虚拟机管理程序（hypervisor）。

学生：哦，就像 VMware 一样？这很酷，我以前用过这种软件。

教授：确实很酷。我们将了解 VMM 如何在系统中添加另一层虚拟化，这一系统在操作系统本身之下！真的，疯狂而惊人的东西。

学生：听起来很好。为什么不在本书的前面部分中包含本章，然后包含虚拟化？真的不应该放在那里吗？

教授：我想，这超过了我们的职责范围。但我猜是因为：那里已有很多材料。通过将善于 VMM 的这一小部分移到附录中，教师可以选择是包含它还是跳过它。但我确实认为它应该被包括在内，因为如果你能理解 VMM 是如何工作的，那就真的非常了解虚拟化了。

学生：好吧，让我们开始工作吧！

附录 B　虚拟机监视器

B.1　简介

多年前，IBM 将昂贵的大型机出售给大型组织，出现了一个问题：如果组织希望同时在机器上运行不同的操作系统，该怎么办？有些应用程序是在一个操作系统上开发的，有些是在其他操作系统上开发的，因此出现了该问题。作为一种解决方案，IBM 以虚拟机监视器（Virtual Machine Monitor，VMM）（也称为管理程序，hypervisor）[G74]的形式，引入了另一个间接层。

具体来说，监视器位于一个或多个操作系统和硬件之间，并为每个运行的操作系统提供控制机器的假象。然而，在幕后，实际上是监视器在控制硬件，并必须在机器的物理资源上为运行的 OS 提供多路复用。实际上，VMM 作为操作系统的操作系统，但在低得多层次上。操作系统仍然认为它与物理硬件交互。因此，透明度（transparency）是 VMM 的主要目标。

因此，我们发现自己处于一个有趣的位置：到目前为止操作系统已经成为假象提供大师，欺骗毫无怀疑的应用程序，让它们认为拥有自己私有的 CPU 和大型虚拟内存，同时在应用程序之间进行切换，并共享内存。现在，我们必须再次这样做，但这次是在操作系统之下，它曾经拥有控制权。VMM 如何为每个运行在其上的操作系统创建这种假象？

> **关键问题：如何在操作系统之下虚拟化机器**
> 虚拟机监视器必须透明地虚拟化操作系统下的机器。这样做需要什么技术？

B.2　动机：为何用 VMM

今天，由于多种原因，VMM 再次流行起来。服务器合并就是一个原因。在许多设置中，人们在运行不同操作系统（甚至 OS 版本）的不同机器上运行服务，但每台机器的利用率都不高。在这种情况下，虚拟化使管理员能够将多个操作系统合并（consolidate）到更少的硬件平台上，从而降低成本并简化管理。

虚拟化在桌面上也变得流行，因为许多用户希望运行一个操作系统（比如 Linux 或 macOS X），但仍然可以访问不同平台上的本机应用程序（比如 Windows）。这种功能（functionality）上的改进也是一个很好的理由。

另一个原因是测试和调试。当开发者在一个主平台上编写代码时，他们通常希望在许多不同平台上进行调试和测试。在实际环境中，他们要将软件部署到这些平台上。因此，通过让开发人员能够在一台计算机上运行多种操作系统类型和版本，虚拟化可以轻松实现这一点。

虚拟化的复兴始于 20 世纪 90 年代中后期，由 Mendel Rosenblum 教授领导的斯坦福大学的一组研究人员推动。他的团队在用于 MIPS 处理器的虚拟机监视器 Disco [B+97]上的工作是早期的努力，它使 VMM 重新焕发活力，并最终使该团队成为 VMware [V98]的创始人，该公司现在是虚拟化技术的市场领导者。在本章中，我们将讨论 Disco 的主要技术，并尝试通过该窗口来了解虚拟化的工作原理。

B.3 虚拟化 CPU

为了在虚拟机监视器上运行虚拟机（virtual machine，即 OS 及其应用程序），使用的基本技术是受限直接执行（limited direct execution），这是我们在讨论操作系统如何虚拟化 CPU 时看到的技术。因此，如果想在 VMM 之上"启动"新操作系统，只需跳转到第一条指令的地址，并让操作系统开始运行，就这么简单。

假设我们在单个处理器上运行，并且希望在两个虚拟机之间进行多路复用，即在两个操作系统和它们各自的应用程序之间进行多路复用。非常类似于操作系统在运行进程之间切换的方式（上下文切换，context switch），虚拟机监视器必须在运行的虚拟机之间执行机器切换（machine switch）。因此，当执行这样的切换时，VMM 必须保存一个 OS 的整个机器状态（包括寄存器，PC，并且与上下文切换不同，包括所有特权硬件状态），恢复待运行虚拟机的机器状态，然后跳转到待运行虚拟机的 PC，完成切换。注意，待运行 VM 的 PC 可能在 OS 本身内（系统正在执行系统调用），或可能就在该 OS 上运行的进程内（用户模式应用程序）。

当正在运行的应用程序或操作系统尝试执行某种特权操作（privileged operation）时，我们会遇到一些稍微棘手的问题。例如，在具有软件管理的 TLB 的系统上，操作系统将使用特殊的特权指令，用一个地址转换来更新 TLB，再重新执行遇到 TLB 未命中的指令。在虚拟化环境中，不允许操作系统执行特权指令，因为它控制机器而不是其下的 VMM。因此，VMM 必须以某种方式拦截执行特权操作的尝试，从而保持对机器的控制。

如果在给定 OS 上的运行进程尝试进行系统调用，会出现 VMM 必须如何介入某些操作的简单场景。例如，进程可能尝试对一个文件调用 open()，或者可能调用 read()，从中获取数据，或者可能正在调用 fork()来创建新进程。在没有虚拟化的系统中，通过特殊指令实现系统调用。在 MIPS 上，它是一个陷阱（trap）指令。在 x86 上，它是带有参数 0x80 的 int（中断）指令。下面是 FreeBSD 上的 open 库调用[B00]（回想一下，你的 C 代码首先对 C 库进行库调用，然后执行正确的汇编序列，实际发出陷阱指令并进行系统调用）：

```
open:
    push    dword mode
    push    dword flags
    push    dword path
```

```
mov     eax, 5
push    eax
int     80h
```

在基于 UNIX 的系统上，open() 只接受 3 个参数：int open(char * path, int flags, mode_t mode)。你可以在上面的代码中看到 open() 库调用是如何实现的：首先，将数据推入栈（模式，标志，路径），然后将 5 推入栈，然后调用 int 80h，它将控制权转移到内核。如果你想知道，5 是用户模式应用程序与 FreeBSD 中 open() 系统调用的内核之间预先商定的约定。不同的系统调用会在调用陷阱指令 int 之前将不同的数字放在栈上（在相同的位置），从而进行系统调用[①]。

执行陷阱指令时，正如之前讨论的那样，它通常会做很多有趣的事情。在我们的示例中，最重要的是它首先将控制转移（即更改 PC）到操作系统内定义良好的陷阱处理程序（trap handler）。操作系统开始启动时，会利用硬件（也是特权操作）建立此类例程的地址，因此在后续的陷阱中，硬件知道从哪里开始运行代码来处理陷阱。在陷阱的同时，硬件还做了另一件至关重要的事情：它将处理器的模式从用户模式（user mode）更改为内核模式（kernel mode）。在用户模式下，操作受到限制，尝试执行特权操作将导致陷阱，并可能终止违规进程。另一方面，在内核模式下，机器的全部能力都可用，因此可以执行所有特权操作。因此，在传统设置中（同样，没有虚拟化），控制流程如表 B.1 所示。

表 B.1   执行系统调用

进程	硬件	操作系统
1．执行指令 （add, load, 等） 2．系统调用： 陷入 OS		
	3．切换到内核模式 跳转到陷阱处理程序	
		4．在内核模式 处理系统调用 从陷阱返回
	5．切换到用户模式 返回用户模式	
6．继续执行 （@陷阱之后的 PC）		

在虚拟化平台上，事情会更有趣。如果在 OS 上运行的应用程序希望执行系统调用，它会执行完全相同的操作：执行陷阱指令，并将参数小心地放在栈上（或寄存器中）。但是，VMM 控制机器，因此安装了陷阱处理程序的 VMM 将首先在内核模式下执行。

那么 VMM 应该如何处理这个系统调用呢？VMM 并不真正知道如何（how）处理调用。毕竟，它不知道正在运行的每个操作系统的细节，因此不知道每个调用应该做什么。然而，VMM 知道的是 OS 的陷阱处理程序在哪里（where）。它知道这一点，因为当操作系统启动时，它试图安装自己的陷阱处理程序。当操作系统这样做时，它试图执行一些特权操作，因此陷

---

① 使用术语"中断"来表示几乎任何理智的人都会称之为陷阱的指令，这让事情变得混乱。正如 Patterson 曾说英特尔指令集是"只有母亲才爱的 ISA。"但实际上，我们有点喜欢它，但我们不是它的母亲。

入 VMM 中。那时，VMM 记录了必要的信息（即这个 OS 的陷阱处理程序在内存中的位置）。现在，当 VMM 从在给定操作系统上运行的用户进程接收到陷阱时，它确切地知道该做什么：它跳转到操作系统的陷阱处理程序，并让操作系统按原样处理系统调用。当操作系统完成时，它会执行某种特权指令从陷阱返回（在 MIPS 上是 eret，在 x86 上是 iret），然后再次弹回 VMM，然后 VMM 意识到操作系统正试图从陷阱返回，从而执行一次真正的从陷阱返回，从而将控制返回给用户，并让机器返回用户模式。表 B.2 和表 B.3 描述了整个过程，无论是没有虚拟化的正常情况，还是虚拟化的情况（上面省略了具体的硬件操作，以节省空间）。

表 B.2　　　　　　　　　　　　没有虚拟化的系统调用流程

进程	操作系统
1. 系统调用： 陷入 OS	
	2. OS 陷阱处理程序： 解码陷阱并执行相应的系统调用例程； 完成后，从陷阱返回
3. 继续执行（@陷阱之后的 PC）	

表 B.3　　　　　　　　　　　　有虚拟化的系统调用流程

进程	操作系统	VMM
1. 系统调用： 陷入 OS		
		2. 进程陷入： 调用 OS 陷阱处理程序 （以减少的特权）
	3. OS 陷阱处理程序： 解码陷阱并执行系统调用 完成后：发出从陷阱返回	
		4. OS 尝试从陷阱返回： 真正从陷阱返回
5. 继续执行（@陷阱之后的 PC）		

从表中可以看出，虚拟化时必须做更多的工作。当然，由于额外的跳转，虚拟化可能确实会减慢系统调用，从而可能影响性能。

你可能还注意到，我们还有一个问题：操作系统应该运行在什么模式？它无法在内核模式下运行，因为这可以无限制地访问硬件。因此，它必须以比以前更少的特权模式运行，能够访问自己的数据结构，同时阻止从用户进程访问其数据结构。

在 Disco 的工作中，Rosenblum 及其同事利用 MIPS 硬件提供的特殊模式（称为管理员模式），非常巧妙地处理了这个问题。在此模式下运行时，仍然无法访问特权指令，但可以访问比在用户模式下更多的内存。操作系统可以将这个额外的内存用于其数据结构，一切都很好。在没有这种模式的硬件上，必须以用户模式运行 OS 并使用内存保护（页表和 TLB），来适当地保护 OS 的数据结构。换句话说，当切换到 OS 时，监视器必须通过页表保护，让 OS 数据结构的内存对 OS 可用。当切换回正在运行的应用程序时，必须删除读取和写入内核的能力。

B.4 虚拟化内存

你现在应该对处理器的虚拟化方式有了基本的了解：VMM 就像一个操作系统，安排不同的虚拟机运行。当特权级别发生变化时，会发生一些有趣的交互。但我们忽略了很大一部分：VMM 如何虚拟化内存？

每个操作系统通常将物理内存视为一个线性的页面数组，并将每个页面分配给自己或用户进程。当然，操作系统本身已经为其运行的进程虚拟化了内存，因此每个进程都有自己的私有地址空间的假象。现在我们必须添加另一层虚拟化，以便多个操作系统可以共享机器的实际物理内存，我们必须透明地这样做。

这个额外的虚拟化层使"物理"内存成为一个虚拟化层，在 VMM 所谓的机器内存（machine memory）之上，机器内存是系统的真实物理内存。因此，我们现在有一个额外的间接层：每个操作系统通过其每个进程的页表映射虚拟到物理地址，VMM 通过它的每个 OS 页面表，将生成的物理地址映射到底层机器地址。图 B.1 描述了这种额外的间接层。

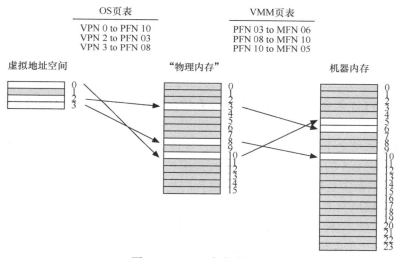

图 B.1 VMM 内存虚拟化

在该图中，只有一个虚拟地址空间，包含 4 个页面，其中 3 个是有效的（0、2 和 3）。操作系统使用其页面表将这些页面映射到 3 个底层物理帧（分别为 10、3 和 8）。在 OS 之下，VMM 提供进一步的间接级别，将 PFN 3、8 和 10 分别映射到机器帧 6、10 和 5。当然，这张图简化了一些事情。在真实系统上，会运行 V 个操作系统（V 可能大于 1），因有此 V 个 VMM 页表。此外，在每个运行的操作系统 OSi 之上，将有许多进程 Pi 运行（Pi 可能是数十或数百），因此 OSi 内有 Pi 个（每进程）页表。

为了理解它如何更好地工作，让我们回想一下地址转换（address translation）在现代分页系统中的工作原理。具体来说，让我们讨论在具有软件管理的 TLB 的系统上，在地址转换期间发生的情况。假设用户进程生成一个地址（用于指令获取或显式加载或存储）。根据定义，该进程生成虚拟地址（virtual address），因为其地址空间已由 OS 虚拟化。如你所知，操作系统的作用是在硬件的帮助下将其转换为物理地址（virtual address），从而能够从物理内存中获取所需的内容。

假设有一个 32 位的虚拟地址空间和 4-KB 的页面大小。因此，32 位地址被分成两部分：一个 20 位的虚拟页号（VPN）和一个 12 位的偏移量。在硬件 TLB 的帮助下，OS 的作用是将 VPN 转换为有效的物理页帧号（PFN），从而产生完全形式的物理地址，可以将其发送到物理内存以获取正确的数据。在通常情况下，我们希望 TLB 能够处理硬件中的转换，从而快速实现转换。当 TLB 未命中时（至少在具有软件管理的 TLB 的系统上），操作系统必须参与处理未命中，如表 B.4 所示。

表 B.4　　　　　　　　　　　没有虚拟化的 TLB 未命中流程

进程	操作系统
1．从内存加载： TLB 未命中：陷阱	
	2．OS TLB 未命中处理程序： 从 VA 提取 VPN 查找页表 如果存在并有效，则取得 PFN，更新 TLB； 从陷阱返回
3．继续执行（@导致陷入的指令的 PC） 指令重试 导致 TLB 命中	

如你所见，TLB 未命中会导致陷入操作系统，操作系统在页表中查找 VPN，将转换映射装入 TLB，来处理该故障。

然而，操作系统之下有虚拟机监视器时，事情变得更有趣了。我们再来看看 TLB 未命中的流程（参见表 B.5 的总结）。当进程进行虚拟内存引用，并导致 TLB 未命中时，运行的不是 OS TLB 的未命中处理程序。实际上，运行的是 VMM TLB 未命中处理程序，因为 VMM 是机器的真正特权所有者。但是，在正常情况下，VMM TLB 处理程序不知道如何处理 TLB 未命中，因此它立即跳转到 OS TLB 未命中处理程序。VMM 知道此处理程序的位置，因为操作系统在"启动"期间尝试安装自己的陷阱处理程序。然后运行 OS TLB 未命中处理程序，对有问题的 VPN 执行页表查找，并尝试在 TLB 中安装 VPN 到 PFN 映射。但是，这样做是一种特权操作，因此导致另一次陷入 VMM（当任何非特权代码尝试执行特权时，VMM 都会得到通知）。此时，VMM 玩了花样：VMM 不是安装操作系统的 VPN-to-PFN 映射，而是安装其所需的 VPN-to-MFN 映射。这样做之后，系统最终返回到用户级代码，该代码重试该指令，并导致 TLB 命中，从数据所在的机器帧中获取数据。

表 B.5　　　　　　　　　　　有虚拟化的 TLB 未命中流程

进程	操作系统	虚拟机监视器
1．从内存加载 TLB 未命中：陷阱		

续表

进程	操作系统	虚拟机监视器
		2. VMM TLB 未命中处理程序： 调用 OS TLB 处理程序（减少的特权）
	3. OS TLB 未命中处理程序： 从 VA 提取 VPN 查找页表 如果存在并有效：取得 PFN， 更新 TLB	
		4. 陷阱处理程序： 非特权代码尝试更新 TLB OS 在尝试安装 VPN 到 PFN 的映射 用 VPN-to-MFN 更新 TLB（特权操作） 跳回 OS（减少的特权）
	5. 从陷阱返回	
		6. 陷阱处理程序： 非特权指令尝试从陷阱返回 从陷阱返回
7. 继续执行（@导致陷入的指 令的 PC） 指令重试 导致 TLB 命中		

这组操作还暗示了，对于每个正在运行的操作系统的物理内存，VMM 必须如何管理虚拟化。就像操作系统有每个进程的页表一样，VMM 必须跟踪它运行的每个虚拟机的物理到机器映射。在 VMM TLB 未命中处理程序中，需要查阅每个机器的页表，以便确定特定"物理"页面映射到哪个机器页面，甚至它当前是否存在于机器内存中（例如，VMM 可能已将其交换到磁盘）。

补充：管理程序和硬件管理的 TLBS

我们的讨论集中在软件管理的 TLB 以及发生未命中时需要完成的工作。但你可能想知道：有硬件管理的 TLB 时，虚拟机监视器如何参与？在这些系统中，硬件在每个 TLB 未命中时遍历页表并根据需要更新 TLB，因此 VMM 没有机会在每个 TLB 未命中时运行以将其转换到系统中。作为替代，VMM 必须密切监视操作系统对每个页表的更改（在硬件管理的系统中，由某种类型的页表基址寄存器指向），并保留一个影子页表（shadow page table），它将每个进程的虚拟地址映射到 VMM 期望的机器页面 [AA06]。每当操作系统尝试安装进程的操作系统级页表时，VMM 就会安装进程的影子页表，然后硬件干活，利用影子表将虚拟地址转换为机器地址，而操作系统甚至没有注意到。

最后，你可能注意到，在这一系列操作中，虚拟化系统上的 TLB 未命中变得比非虚拟化系统更昂贵一点。为了降低这一成本，Disco 的设计人员增加了一个 VMM 级别的"软件 TLB"。这种数据结构背后的想法很简单。VMM 记录它看到操作系统尝试安装的每个虚拟到物理的映射。然后，在 TLB 未命中时，VMM 首先查询其软件 TLB 以查看它是否已经看到此虚拟到物理映射，以及 VMM 所需的虚拟到机器的映射应该是什么。如果 VMM 在其软件 TLB 中找到转换，就将虚拟到机器的映射直接装入硬件 TLB 中，因此跳过了上面控制流中的所有来回[B+97]。

B.5   信息沟

操作系统不太了解应用程序的真正需求，因此通常必须制定通用的策略，希望对所有程序都有效。类似地，VMM 通常不太了解操作系统正在做什么或想要什么，这种知识缺乏有时被称为 VMM 和 OS 之间的信息沟（information gap），可能导致各种低效率[B+97]。例如，当 OS 没有其他任何东西可以运行时，它有时会进入空循环（idle loop），只是自旋并等待下一个中断发生：

```
while (1)
  ; // the idle loop
```

如果操作系统负责整个机器，因此知道没有其他任务需要运行，这样旋转是有意义的。但是，如果 VMM 在两个不同的操作系统下运行，一个在空循环中，另一个在运行有用的用户进程，那么 VMM 知道一个操作系统处于空闲状态会很有用，这样可以为做有用工作的操作系统提供更多的 CPU 时间。

补充：半虚拟化

在许多情况下，最好是假定，无法为了更好地使用虚拟机监视器而修改操作系统（例如，因为你在不友好的竞争对手的操作系统下运行 VMM）。但是，情况并非总是如此。如果可以修改操作系统（正如我们在页面按需置零的示例中所见），它可能在 VMM 上更高效地运行。运行修改后的操作系统，以便在 VMM 上运行，这通常称为半虚拟化（para-virtualization）[WSG02]，因为 VMM 提供的虚拟化不是完整的虚拟化，而是需要操作系统更改才能有效运行的部分虚拟化。研究表明，一个设计合理的半虚拟化系统，只需要正确的操作系统更改，就可以接近没有 VMM 时的效率[BD+03]。

另一个例子是页面按需置零。大多数操作系统在将物理帧映射到进程的地址空间之前将其置零。这样做的原因很简单：安全性。如果操作系统为一个进程提供了另一个已经使用的页面，但没有将其置零，则可能会发生跨进程的信息泄露，从而可能泄露敏感信息。遗憾的是，出于同样的原因，VMM 必须将它提供给每个操作系统的页面置零，因此很多时候页面将置零两次，一次由 VMM 分配给操作系统，一次由操作系统分配给操作系统的一个进程。Disco 的作者没有很好地解决这个问题的方法：他们只是简单地将操作系统（IRIX）改为不对页面置零，因为知道已被底层 VMM [B+97]置零。

类似这样的问题，这里描述的还有很多。一种解决方案是 VMM 使用推理（一种隐含信息，implicit information）来克服该问题。例如，VMM 可以通过注意到 OS 切换到低功率模式来检测空闲循环。在半虚拟化（para-virtualized）系统中，还有另一种方法，需要更改操作系统。这种更明确的方法虽然难以实施，但却非常有效。

B.6 小结

虚拟化正在复兴。出于多种原因，用户和管理员希望同时在同一台计算机上运行多个操作系统。关键是 VMM 通常透明地（transparently）提供服务，上面的操作系统完全不知道它实际上并没有控制机器的硬件。VMM 使用的关键方法是扩展受限直接执行的概念。通过设置硬件，让 VMM 能够介入关键事件（例如陷阱），VMM 可以完全控制机器资源的分配方式，同时保留操作系统所需的假象。

提示：使用隐含信息

隐含信息可以成为分层系统中的一个强大工具，在这种系统中很难改变系统之间的接口，但需要更多关于系统不同层的信息。例如，基于块的磁盘设备，可能想了解更多关于它上面的文件系统如何使用它的信息。同样，应用程序可能想知道文件系统页面缓存中当前有哪些页面，但操作系统不提供访问此信息的 API。在这两种情况下，研究人员都开发了强大的推理技术，来隐式收集所需的信息，而无需在层 [AD+01, S+03] 之间建立明确的接口。这些技术在虚拟机监视器中非常有用，它希望了解有关在其上运行的 OS 的更多信息，而无需在两个层之间使用显式 API。

你可能已经注意到，操作系统为进程执行的操作与 VMM 为操作系统执行的操作之间存在一些相似之处。它们毕竟都是虚拟化硬件，因此做了一些相同的事情。但是，有一个关键的区别：通过操作系统虚拟化，提供了许多新的抽象和漂亮的接口。使用 VMM 级虚拟化，抽象与硬件相同（因此不是很好）。虽然 OS 和 VMM 都虚拟化硬件，但它们通过提供完全不同的接口来实现。与操作系统不同，VMM 没有特别打算让硬件更易于使用。

如果你想了解有关虚拟化的更多信息，还有许多其他主题需要研究。例如，我们甚至没有讨论 I/O 会发生什么，这个主题在虚拟化平台方面有一些有趣的新问题。我们也没有讨论操作系统"作为兼职"运行在有时称为"托管"配置中，虚拟化如何工作。如果你感兴趣，请阅读有关这两个主题的更多信息 [SVL01]。我们也没有讨论，如果 VMM 上运行的一些操作系统占用太多内存，会发生什么。

最后，硬件支持改变了平台支持虚拟化的方式。英特尔和 AMD 等公司现在直接支持额外的虚拟化层，从而避免了本章中的许多软件技术。也许，在尚未撰写的一章中，我们会更详细地讨论这些机制。

参考资料

[AA06] "A Comparison of Software and Hardware Techniques for x86 Virtualization"
Keith Adams and Ole Agesen
ASPLOS '06, San Jose, California
来自两位 VMware 工程师的一篇优秀的论文，讲述了为虚拟化提供硬件支持所带来的惊人的小优势。此外，还有关于 VMware 虚拟化的一般性讨论，包括为了虚拟化难以虚拟化的 x86 平台，而必须采用的疯狂的二进制翻译技巧。

[AD+01] "Information and Control in Gray-box Systems" Andrea C. Arpaci-Dusseau and Remzi H. Arpaci-Dusseau SOSP '01, Banff, Canada
我们自己的工作是如何推断信息,甚至从应用程序级别对操作系统施加控制,而不对操作系统进行任何更改。其中最好的例子:使用基于概率探测器的技术确定在 OS 中缓存哪些文件块。这样做可以让应用程序更好地利用缓存,优先安排会导致命中的工作。

[B00] "FreeBSD Developers' Handbook:
Chapter 11 x86 Assembly Language Programming"
一本 BSD 开发者手册中关于系统调用的很好的教程。

[BD+03] "Xen and the Art of Virtualization"
Paul Barham, Boris Dragovic, Keir Fraser, Steven Hand, Tim Harris, Alex Ho, Rolf Neuge- bauer, Ian Pratt, Andrew Warfield
SOSP '03, Bolton Landing, New York
该论文表明,对于半虚拟化系统,虚拟化系统的开销可以低得令人难以置信。这篇关于 Xen 虚拟机监视器的论文如此成功,导致了一家公司的诞生。

[B+97] "Disco: Running Commodity Operating Systems on Scalable Multiprocessors"
Edouard Bugnion, Scott Devine, Kinshuk Govil, Mendel Rosenblum
SOSP '97
将系统社区重新带回虚拟机研究的论文。好吧,也许这是不公平的,因为 Bressoud 和 Schneider [BS95]也做了,但在这里我们开始理解为什么虚拟化会回来。然而更令人瞩目的是,这群优秀的研究人员创立了 VMware,赚取了数十亿美元。

[BS95] "Hypervisor-based Fault-tolerance" Thomas C. Bressoud, Fred B. Schneider SOSP '95
最早引入虚拟机管理程序(hypervisor,这只是虚拟机监视器的另一个术语)的论文之一。然而,在这项工作中,这些管理程序用于提高硬件故障的系统容忍度,这可能不如本章讨论的一些更实际的场景有用。但它本身仍然是一篇非常有趣的论文。

[G74] "Survey of Virtual Machine Research"
R.P. Goldberg
IEEE Computer, Volume 7, Number 6
一份对许多老的虚拟机研究的调查。

[SVL01] "Virtualizing I/O Devices on VMware Workstation's Hosted Virtual Machine Monitor"
Jeremy Sugerman, Ganesh Venkitachalam and Beng-Hong Lim
USENIX '01, Boston, Massachusetts
本文很好地概述了在使用托管体系结构的 VMware 中 I/O 的工作方式。该体系结构利用了许多操作系统自身的功能,避免了在 VMM 中重新实现它们。

[V98] VMware corporation.

这可能是本书中最无价值的参考资料,因为你可以自己阅读一下。但无论如何,该公司成立于 1998 年,是虚拟化领域的领导者。

[S+03]"Semantically-Smart Disk Systems"

Muthian Sivathanu, Vijayan Prabhakaran, Florentina I. Popovici, Timothy E. Denehy, Andrea

C. Arpaci-Dusseau, Remzi H. Arpaci-Dusseau FAST '03, San Francisco, California, March 2003

又是我们的工作,这次展示了一个基于块的设备如何能够推断出它上面的文件系统正在做什么,例如删除文件。其中使用的技术在块设备内实现了有趣的新功能,例如安全删除或更可靠的存储。

[WSG02]"Scale and Performance in the Denali Isolation Kernel"Andrew Whitaker, Marianne Shaw, and Steven D. Gribble

OSDI '02, Boston, Massachusetts

介绍术语半虚拟化的论文。虽然人们可以争辩说 Bugnion 等人[B+97]在 Disco 论文中介绍了半虚拟化的概念,但 Whitaker 等人进一步说明,这个想法的通用性如何超出以前的想象。

附录 C　关于监视器的对话

教授： 你又来了，是吧？

学生： 我打赌你现在已经累了，因为你知道的，你老了。实际上，不是 50 岁那种老。

教授： 我不是 50 岁！实际上，我刚满 40 岁。但天啊，我想你，20 出头吧……

学生： ……19，实际上……

教授： （呃）……是的，19，不管怎样，我猜想 40 岁和 50 岁的人看起来有点像。但相信我，其实他们这不一样。至少，我 50 岁的朋友是这么说的。

学生： 不管怎样……

教授： 啊，是的！我们为什么谈话来着？

学生： 监视器。现在我知道监视器（monitor）是什么了，它不仅是放在我面前的计算机的显示器的某种旧的名称。

教授： 是的，这是完全不同类型的东西。它是一种老的并发原语，旨在将锁自动合并到面向对象的程序中。

学生： 为什么不把它包含在并发部分呢？

教授： 好吧，本书的大部分内容都是关于 C 编程和 POSIX 线程库的，那里没有监视器，因而没有放在那部分。但出于一些历史原因，至少应该包含有关该主题的信息，所以就放在这里了，我想。①

学生： 啊，历史。那是为老人准备的，就像你一样，对吗？

教授： （怒视）……

学生： 哦，轻松点。我开玩笑的！

教授： 我都等不及想看到你参加期末考试了……

---

① 由于监视器的内容已过时，本书中文版并不包含，感兴趣的读者可以访问作者网站并下载阅读。

附录 D　关于实验室的对话

学生：这是我们最后的对话吗？

教授：希望如此！你知道，你已经成了我心中的痛！

学生：是的，我也很喜欢我们的谈话。现在谈什么？

教授：这是关于你在学习这些材料时应该做的项目。你知道，实际编程，做一些真正的工作，而不是这种不间断的谈话和阅读，才是真正的学习方式！

学生：听起来很重要。为什么不早点告诉我？

教授：嗯，希望那些在整个课程中使用这本书的人更早地看到这一部分。如果没有，他们真的错过了一些东西。

学生：好像是这样的。项目是什么样的？

教授：嗯，有两种类型的项目。第一类可以称为系统编程项目，在运行 Linux 的机器上和 C 编程环境中完成的。这种类型的编程非常有用，因为当你进入现实世界时，可能不得不自己做一些这种类型的黑客编程。

学生：第二类项目是什么？

教授：第二类基于一个真正的内核，一个在麻省理工学院开发的、又酷又小的教学内核，名为 xv6。它是 Intel x86 的老版 UNIX 的"移植"，非常简洁！通过这些项目，你实际上可以重新编写内核的一部分，而不是编写与内核交互的代码（就像在系统编程中那样）。

学生：听起来很有趣！那么我们一个学期应该做些什么呢？你知道，白天只有这么长，而且你们教授们似乎忘记了，我们学生会选择四五门课程，而不仅仅是你的课程！

教授：嗯，这里可以很灵活。有些课只进行所有系统编程，因为它非常实用。有些课会进行所有 xv6 黑客编程，因为它确实让你了解操作系统的工作原理。有些课，你可能已经猜到，从一些系统编程开始，然后在最后进行 xv6 编程。这实际上取决于特定课程的教授。

学生：（叹气）教授们掌控一切，似乎……

教授：哦，完全不是！但他们的那些微小控制是这项工作中最有趣的部分之一。你知道决定作业是很重要的——而且任何教授都不会掉以轻心。

学生：嗯，很高兴听到这一点。我想我们应该看看这些项目是关于什么的……

教授：好的。还有一件事：如果你对系统编程部分感兴趣，还有一些关于 UNIX 和 C 编程环境的教程。

学生：听起来似乎太有用了。

教授：好吧，看一看。你知道，有时候，课程应该讲一些有用的东西！

附录 E 实验室：指南

这是一份非常简短的文档，可以帮助你熟悉 UNIX 系统上 C 编程环境的基础知识。它不是面面俱到或特别详细，只是给你足够的知识让你继续学习。

关于编程的几点一般建议：如果想成为一名专业程序员，需要掌握的不仅仅是语言的语法。具体来说，应该了解你的工具，了解你的库，并了解你的文档。与 C 编译相关的工具是 gcc、gdb 和 ld。还有大量的库函数也可供你使用，但幸运的是 libc 包含了许多功能，默认情况下它与所有 C 程序相关联——需要做的就是包含正确的头文件。最后，了解如何找到所需的库函数（例如，学习查找和阅读手册页）是一项值得掌握的技能。我们稍后将更详细地讨论这些内容。

就像生活中（几乎）所有值得做的事情，成为这些领域的专家需要时间——事先花时间了解有关工具和环境的更多信息，绝对值得付出努力。

E.1 一个简单的 C 程序

我们从一个简单的 C 程序开始，它保存在文件 "hw.c" 中。与 Java 不同，文件名和文件内容之间不一定有关系。因此，请以适当的方式，利用你的常识来命名文件。

第一行指定要包含的文件，在本例中为 stdio.h，它包含许多常用输入/输出函数的"原型"。我们感兴趣的是 printf()。当你使用#include 指令时，就告诉 C 预处理器（cpp）查找特定文件（例如，stdio.h），并将其直接插入到#include 的代码中。默认情况下，cpp 将查看目录/usr/include/，尝试查找该文件。

下面一部分指定 main()函数的签名，即它返回一个整数（int），并用两个参数来调用，一个整数 argc，它是命令行上参数数量的计数。一个指向字符（argv）的指针数组，每个指针都包含命令行中的一个单词，最后一个单词为 null。下面的指针和数组会更多。

```
/* header files go up here */
/* note that C comments are enclosed within a slash and a star, and
   may wrap over lines */
// if you use gcc, two slashes will work too (and may be preferred)
#include <stdio.h>

/* main returns an integer */
int main(int argc, char *argv[]) {
    /* printf is our output function;
       by default, writes to standard out */
    /* printf returns an integer, but we ignore that */
    printf("hello, world\n");
```

```
      /* return 0 to indicate all went well */
      return(0);
  }
```

程序然后简单打印字符串"hello, world",并将输出流换到下一行,这是由 printf()调用结束时的"\n"实现的。然后,程序返回一个值并结束,该值被传递回执行程序的 shell。终端上的脚本或用户可以检查此值(在 csh 和 tcsh shell 中,它存储在状态变量中),以查看程序是干净地退出还是出错。

E.2 编译和执行

我们现在将学习如何编译程序。请注意,我们将使用 gcc 作为示例,但在某些平台上,可以使用不同的(本机)编译器 cc。

在 shell 提示符下,只需键入:

```
prompt> gcc hw.c
```

gcc 不是真正的编译器,而是所谓的"编译器驱动程序",因此它协调了编译的许多步骤。通常有 4~5 个步骤。首先,gcc 将执行 cpp(C 预处理器)来处理某些指令(例如#define 和#include。程序 cpp 只是一个源到源的转换器,所以它的最终产品仍然只是源代码(即一个 C 文件)。然后真正的编译将开始,通常是一个名为 cc1 的命令。这会将源代码级别的 C 代码转换为特定主机的低级汇编代码。然后执行汇编程序 as,生成目标代码(机器可以真正理解的数据位和代码位),最后链接编辑器(或链接器)ld 将它们组合成最终的可执行程序。幸运的是(!),在大多数情况下,你可以不明白 gcc 如何工作,只需愉快地使用正确的标志。

上面编译的结果是一个可执行文件,命名为(默认情况下)a.out。然后运行该程序,只需键入:

```
prompt> ./a.out
```

运行该程序时,操作系统将正确设置 argc 和 argv,以便程序可以根据需要处理命令行参数。具体来说,argc 将等于 1,argv [0]将是字符串"./a.out",而 argv[1]将是 null,表示数组的结束。

E.3 有用的标志

在继续使用 C 语言之前,我们首先指出一些有用的 gcc 编译标志。

```
prompt> gcc -o hw hw.c  # -o: to specify the executable name
prompt> gcc -Wall hw.c  # -Wall: gives much better warnings
prompt> gcc -g hw.c     # -g: to enable debugging with gdb
prompt> gcc -O hw.c     # -O: to turn on optimization
```

当然，你可以根据需要组合这些标志（例如 gcc -o hw -g -Wall hw.c）。在这些标志中，你应该总是使用-Wall，这会提供很多关于可能出错的额外警告。不要忽视警告！相反，要修复它们，让它们幸福地消失。

E.4 与库链接

有时，你可能想在程序中使用库函数。因为 C 库中有很多函数（可以自动链接到每个程序），所以通常要做的就是找到正确的#include 文件。最好的方法是通过手册页（manual page），通常称为 man page。

例如，假设你要使用 fork()系统调用[①]。在 shell 提示符下输入 man fork，你将获得 fork()如何工作的文本描述。最顶部的是一个简短的代码片段，它告诉你在程序中需要#include 哪些文件才能让它通过编译。对于 fork()，需要#include sys/types.h 和 unistd.h，按如下方式完成：

```
#include <sys/types.h>
#include <unistd.h>
```

但是，某些库函数不在 C 库中，因此你必须做更多的工作。例如，数学库有许多有用的函数（正弦、余弦、正切等）。如果要在代码中包含函数 tan()，应该先查手册页。在 tan 的 Linux 手册页的顶部，你会看到以下两行代码：

```
#include <math.h>
...
Link with -lm.
```

你已经应该理解了第一行——你需要#include 数学库，它位于文件系统的标准位置（即/usr/include/math.h）。但是，下一行告诉你如何将程序与数学库"链接"。有许多有用的库可以链接。其中许多都放在/usr/lib 中，数学库也确实在这里。

有两种类型的库：静态链接库（以.a 结尾）和动态链接库（以.so 结尾）。静态链接库直接组合到可执行文件中。也就是说，链接器将库的低级代码插入到可执行文件中，从而产生更大的二进制对象。动态链接通过在程序可执行文件中包含对库的引用来改进这一点。程序运行时，操作系统加载程序动态链接库。这种方法优于静态方法，因为它节省了磁盘空间（没有不必要的大型可执行文件），并允许应用程序在内存中共享库代码和静态数据。对于数学库，静态和动态版本都可用，静态版本是/usr/lib/libm.a，动态版本是/usr/lib/libm.so。

在任何情况下，要与数学库链接，都需要向链接编辑器指定库。这可以通过使用正确的标志调用 gcc 来实现。

```
prompt> gcc -o hw hw.c -Wall -lm
```

-l×××标志告诉链接器查找 lib×××.so 或 lib×××.a，可能按此顺序。如果出于某种原因，你坚持使用动态库而不是静态库，那么可以使用另一个标志——看看你是否能找到它是什么。人们有时更喜欢库的静态版本，因为使用动态库有一点点性能开销。

[①] 请注意，fork()是一个系统调用，而不仅仅是一个库函数。 但是，C 库为所有系统调用提供了 C 包装函数，每个系统调用函数都会陷入操作系统。

　　最后要注意：如果你希望编译器在不同于常用位置的路径中搜索头文件，或者希望它与你指定的库链接，可以使用编译器标志-I /foo/bar，来查找目录/foo/ bar 中的头文件，使用-L /foo/bar 标志来查找/foo/bar 目录中的库。以这种方式指定的一个常用目录是 "."（称为"点"），它是 UNIX 中当前目录的简写。

　　请注意，-I 标志应该针对编译，而-L 标志针对链接。

E.5　分别编译

　　一旦程序开始变得足够大，你可能希望将其拆分为单独的文件，分别编译每个文件，然后将它们链接在一起。例如，假设你有两个文件，hw.c 和 helper.c，希望单独编译它们，然后将它们链接在一起。

```
# we are using -Wall for warnings, -O for optimization
prompt> gcc -Wall -O -c hw.c
prompt> gcc -Wall -O -c helper.c
prompt> gcc -o hw hw.o helper.o -lm
```

　　-c 标志告诉编译器只是生成一个目标文件——在本例中是名为 hw.o 和 helper.o 的文件。这些文件不是可执行文件，而只是每个源文件中代码的机器代码表示。要将目标文件组合成可执行文件，必须将它们 "链接" 在一起。这是通过第三行 gcc -o hw hw.o helper.o）完成的。在这种情况下，gcc 看到指定的输入文件不是源文件（.c），而是目标文件（.o），因此直接跳到最后一步，调用链接编辑器 ld 将它们链接到一起，得到单个可执行文件。由于它的功能，这行通常被称为 "链接行"，并且可以指定特定的链接命令，例如-lm。类似地，仅在编译阶段需要的标志，诸如-Wall 和-O，就不需要包含在链接行上，只是包含在编译行上。

　　当然，你可以在一行中为 gcc 指定所有 C 源文件（gcc -Wall -O -o hw hw.c helper.c），但这需要系统重新编译每个源代码文件，这个过程可能很耗时。通过单独编译每个源文件，你只需重新编译编辑修改过的文件，从而节省时间，提高工作效率。这个过程最好由另一个程序 make 来管理，我们接下来介绍它。

E.6　Makefile 文件

　　程序 make 让你自动化大部分构建过程，因此对于任何认真的程序（和程序员）来说，都是一个至关重要的工具。来看一个简单的例子，它保存在名为 Makefile 的文件。

　　要构建程序，只需输入：

```
prompt> make
```

　　这会（默认）查找 Makefile 或 makefile，将其作为输入（你可以用标志指定不同的 makefile，阅读手册页，找出是哪个标志）。gmake 是 make 的 gnu 版本，比传统的 make 功能更多，所以我们将在下面的部分中重点介绍它（尽管我们互换使用这两个词）。这些讨论大多数都基于 gmake 的 info 页面，要了解如何查找这些页面，请参阅 "E.8 文档" 部分。另外请注意：在 Linux 系统上，gmake 和 make 是一样的。

```
hw: hw.o helper.o
    gcc -o hw hw.o helper.o -lm


hw.o: hw.c
    gcc -O -Wall -c hw.c


helper.o: helper.c
    gcc -O -Wall -c helper.c


clean:
    rm -f hw.o helper.o hw
```

Makefile 基于规则，这些规则决定需要发生的事情。规则的一般形式是：

```
target: prerequisite1 prerequisite2 ...
    command1
    command2
    ...
```

target（目标）通常是程序生成的文件的名称。目标的例子是可执行文件或目标文件。目标也可以是要执行的操作的名称，例如在我们的示例中为"clean"。

prerequisite（先决条件）是用于生成目标的输入文件。目标通常依赖于几个文件。例如，要构建可执行文件 hw，需要首先构建两个目标文件：hw.o 和 helper.o。

最后，command（命令）是一个执行的动作。一条规则可能有多个命令，每个命令都在自己的行上。重要提示：必须在每个命令行的开头放一个制表符！如果你只放空格，make 会打印出一些含糊的错误信息并退出。

通常，命令在具有先决条件的规则中，如果任何先决条件发生更改，就要重新创建目标文件。但是，为目标指定命令的规则不需要先决条件。例如，包含 delete 命令、与目标"clean"相关的规则中，没有先决条件。

回到我们的例子，在执行 make 时，大致工作如下：首先，看到目标 hw，并且意识到要构建它，它必须具备两个先决条件，hw.o 和 helper.o。因此，hw 依赖于这两个目标文件。然后，Make 将检查每个目标。在检查 hw.o 时，看到它取决于 hw.c。这是关键：如果 hw.c 最近被修改，但 hw.o 没有被创建，make 会知道 hw.o 已经过时，应该重新生成。在这种情况下，会执行命令行 gcc -O -Wall -c hw.c，生成 hw.o。因此，如果你正在编译大型程序，make 会知道哪些目标文件需要根据其依赖项重新生成，并且只会执行必要的工作来重新创建可执行文件。另外请注意，如果 hw.o 根本不存在，也会被创建。

继续，基于上面定义的相同标准，helper.o 也会重新生成或创建。当两个目标文件都已创建时，make 现在可以执行命令来创建最终的可执行文件，然后返回并执行以下操作：gcc -o hw hw.o helper.o -lm。

到目前为止，我们一直没提 makefile 中的 clean 目标。

要使用它，必须明确提出要求，键入以下代码：

```
prompt> make clean
```

这会在命令行上执行该命令。因为 clean 目标没有先决条件，所以输入 make clean 将导致命令被执行。在这种情况下，clean 目标用于删除目标文件和可执行文件，如果你希望从头开始重建整个程序，就非常方便。

现在你可能会想，"好吧，这似乎没问题，但这些 makefile 确实很麻烦！"你说得对——如果它们总是这样写的话。幸运的是，有很多快捷方式，让使用更容易。例如，这个 makefile 具有相同的功能，但用起来更好：

```
# specify all source files here
SRCS = hw.c helper.c
# specify target here (name of executable)
TARG = hw
# specify compiler, compile flags, and needed libs
CC = gcc
OPTS = -Wall -O
LIBS = -lm

# this translates .c files in src list to .o's
OBJS = $(SRCS:.c=.o)

# all is not really needed, but is used to generate the target
all: $(TARG)

# this generates the target executable
$(TARG): $(OBJS)
    $(CC) -o $(TARG) $(OBJS) $(LIBS)

# this is a generic rule for .o files
%.o: %.c
    $(CC) $(OPTS) -c $< -o $@

# and finally, a clean line
clean:
    rm -f $(OBJS) $(TARG)
```

虽然我们不会详细介绍 make 语法，但如你所见，这个 makefile 可以让生活更轻松一些。例如，它允许你轻松地将新的源文件添加到构建中，只需将它们加入 makefile 顶部的 SRCS 变量即可。你还可以通过更改 TARG 行轻松更改可执行文件的名称，并且可以轻松修改指定编译器，标志和库。

关于 make 的最后一句话：找出目标的先决条件并非总是很容易，特别是在大型复杂程序中。毫不奇怪，有另一种工具可以帮助解决这个问题，称为 makedepend。自己阅读它，看看是否可以将它合并到一个 makefile 中。

E.7 调试

最后，在创建了良好的构建环境和正确编译的程序之后，你可能会发现程序有问题。

解决问题的一种方法是认真思考——这种方法有时会成功，但往往不会。问题是缺乏信息。你只是不知道程序中到底发生了什么，因此无法弄清楚为什么它没有按预期运行。幸运的是，有某种帮助工具：**gdb**，GNU 调试器。

将以下错误代码保存在 buggy.c 文件中，然后编译成可执行文件。

```
#include <stdio.h>

struct Data {
    int x;
};

int
main(int argc, char *argv[])
{
    struct Data *p = NULL;
    printf("%d\n", p->x);
}
```

在这个例子中，主程序在变量 p 为 NULL 时引用它，这将导致分段错误。当然，这个问题应该很容易通过检查来解决，但在更复杂的程序中，找到这样的问题并非总是那么容易。

要为调试会话做好准备，请重新编译程序，并确保将-g 标志加入每个编译行。这让可执行文件包含额外的调试信息，这些信息在调试会话期间非常有用。另外，不要打开优化（-O）。尽管这可能也行，但在调试过程中也可能导致困扰。

使用-g 重新编译后，你就可以使用调试器了。在命令提示符处启动 **gdb**，如下所示：

```
prompt> gdb buggy
```

这让你进入与调试器的交互式会话。请注意，你还可以使用调试器来检查在错误运行期间生成的"核心"文件，或者连上已在运行的程序。阅读文档以了解更多相关信息。

进入调试器后，你可能会看到以下内容：

```
prompt> gdb buggy
GNU gdb ...
Copyright 2008 Free Software Foundation, Inc.
(gdb)
```

你可能想要做的第一件事就是继续运行程序。这只需在 **gdb** 命令提示符下输入 **run**。在这个例子中，你可能会看到：

```
(gdb) run
Starting program: buggy

Program received signal SIGSEGV, Segmentation fault.
0x8048433 in main (argc=1, argv=0xbffff844) at buggy.cc:19
19          printf("%d\n", p->x);
```

从示例中可以看出，在这种情况下，**gdb** 会立即指出问题发生的位置。在我们尝试引用 p 的行中产生了"分段错误"。这就意味着我们访问了一些我们不应该访问的内存。这时，精明的程序员可以检查代码，然后说"啊哈！肯定是 p 没有指向任何有效的地址，因此不应该引用！"，然后继续修复该问题。

但是，如果你不知道发生了什么，可能想要检查一些变量。gdb 允许你在调试会话期间以交互方式执行此操作。

```
(gdb) print p
1 = (Data *) 0x0
```

通过使用 print 原语，我们可以检查 p，并看到它是指向 Data 类型结构的指针，并且它当前设置为 NULL（即零，即十六进制零，此处显示为"0x0"）。

最后，你还可以在程序中设置断点，让调试器在某个函数中停止程序。执行此操作后，单步执行（一次一行），看看发生了什么，这通常很有用。

```
(gdb) break main
Breakpoint 1 at 0x8048426: file buggy.cc, line 17.
(gdb) run
Starting program: /homes/hacker/buggy

Breakpoint 1, main (argc=1, argv=0xbffff844) at buggy.cc:17
17              struct Data *p = NULL;
(gdb) next
19              printf("%d\n", p->x);
(gdb)

Program received signal SIGSEGV, Segmentation fault.
0x8048433 in main (argc=1, argv=0xbffff844) at buggy.cc:19
19              printf("%d\n", p->x);
```

在上面的例子中，在 main() 函数中设置了断点。因此，当我们运行程序时，调试器几乎立即停止在 main 执行。在示例中的该点处，发出"next"命令，它将执行下一行源代码级指令。"next"和"step"都是继续执行程序的有用方法——在文档中阅读，以获取更多详细信息[1]。

这里的讨论真的对 gdb 不公平，它是丰富而灵活的调试工具，有许多功能，而不只是这里有限篇幅中描述的功能。在闲暇之余阅读更多相关信息，你将成为一名专家。

E.8　文档

要了解有关所有这些事情的更多信息，你必须做两件事：第一是使用这些工具；第二是自己阅读更多相关信息。了解更多关于 gcc、gmake 和 gdb 的一种方法是阅读它们的手册页。在命令提示符下输入 man gcc、man gmake 或 man gdb。你还可以使用 man -k 在手册页中搜索关键字，但这并非总如人意。谷歌搜索可能是更好的方法。

关于手册页有一个棘手的事情：如果有多个名为×××的东西，输入 man ×××可能

---

[1] 特别是，你可以在使用 gdb 进行调试时使用交互式的"help"命令。

不会得到你想要的东西。例如，如果你正在寻找 kill()系统调用手册页，如果只是在提示符下键入 man kill，会得到错误的手册页，因为有一个名为 kill 的命令行程序。手册页分为几个部分（section），默认情况下，man 将返回找到的最低层部分的手册页，在本例中为第 1 部分。请注意，你可以通过查看页面的顶部来确定你看到的手册页：如果看到 kill（2），就知道你在第 2 节的正确手册页中，这里放的是系统调用。有关手册页的每个不同部分中存储的内容，请键入 man man 以了解更多信息。另外请注意，man -a kill 可用于遍历名为"kill"的所有手册页。

手册页对于查找许多内容非常有用。特别是，你经常需要查找要传递给库调用的参数，或者需要包含哪些头文件才能使用库调用。所有这些都在手册页中提供。例如，如果查找 open()系统调用，你会看到：

```
SYNOPSIS
    #include <sys/types.h>
    #include <sys/stat.h>
    #include <fcntl.h>


    int open(const char *path, int oflag, /* mode_t mode */...);
```

这告诉你包含头文件 sys/types.h、sys/stat.h 和 fcntl.h，以便使用 open 调用。它还告诉你要传递给 open 的参数，即名为 path 的字符串和整数标志 oflag，以及指定文件模式的可选参数。如果你需要链接某个库以使用该调用，这里也会告诉你。

需要一些努力才能有效使用手册页。它们通常分为许多标准部分。主体将描述如何传递不同的参数，以使函数具有不同的行为。

一个特别有用的部分是手册页的 RETURN VALUES 部分，它告诉你成功或失败时函数将返回什么。再次引用 open()的手册页：

```
RETURN VALUES
    Upon successful completion, the open() function opens the
    file and return a non-negative integer representing the
    lowest numbered unused file descriptor. Otherwise, -1 is
    returned, errno is set to indicate the error, and no files
    are created or modified.
```

因此，通过检查 open 的返回值，你可以看到是否成功打开。如果没有，open（以及许多标准库函数）会将一个名为 errno 的全局变量设置为一个值，来告诉你错误。有关更多详细信息，请参见手册页的 ERRORS 部分。

你可能还想做一件事，即查找未在手册页本身中指定的结构的定义。例如，gettimeofday()的手册页有以下概要：

```
SYNOPSIS
    #include <sys/time.h>
    int gettimeofday(struct timeval *restrict tp,
                     void *restrict tzp);
```

在这个页面中，你可以看到时间被放入 timeval 类型的结构中，但是手册页可能不会告诉你这个结构有哪些字段！（在这个例子中，它包含在内，但你可能并非总是如此幸运）因此，你可能不得不寻找它。所有包含文件都位于/usr/include 目录下，因此你可以用 grep 这样的工具来查找它。例如，你可以键入：

```
prompt> grep 'struct timeval' /usr/include/sys/*.h
```

这让你在/usr/include/sys 中以.h 结尾的所有文件中查找该结构的定义。遗憾的是，这可能不一定有效，因为包含文件可能包括在别处的其他文件。

更好的方法是使用你可以使用的工具，即编译器。编写一个包含头文件 time.h 的程序，假设名为 main.c。然后，使用编译器调用预处理器，而不是编译它。预处理器处理文件中的所有指令，例如#define 指令和#include 指令。为此，请键入 gcc -E main.c。结果是一个 C 文件，其中包含所有需要的结构和原型，包括 timeval 结构的定义。

可能还有找到这些东西的更好方法：google。你应该总是 google 那些你不了解的东西——只要通过查找就可以学到很多东西，这令人惊奇！

info 页面

info 页面在寻找文档方面也非常有用，它为许多 GNU 工具提供了更详细的文档。你可以通过运行 info 程序或通过 emacs（黑客的首选编辑器）执行 Meta-x info 来访问 info 页面。像 gcc 这样的程序有数百个标志，其中一些标志非常有用。gmake 还有许多功能可以改善你的构建环境。最后，gdb 是一个非常复杂的调试器。阅读 man 和 info 页面，尝试以前没有尝试过的功能，成为编程工具的强大用户。

E.9 推荐阅读

除了 man 和 info 页面之外，还有许多有用的书籍。请注意，许多此类信息可在线免费获取，然而，有时书本形式的东西似乎更容易学习。另外，总是在 O'Reilly 书籍中寻找你感兴趣的主题，它们几乎总是高品质的。

Brian Kernighan 和 Dennis Ritchie 编写的《The C Programming Language》，是最权威的 C 语言图书。

Andrew Oram 和 Steve Talbott 编写的《Managing Projects with make》。关于 make 的价格公道的小书。

Richard M. Stallman 和 Roland H. Pesch 编写的《Debugging with GDB: The GNU Source-Level Debugger》。关于使用 GDB 的一本小书。

W. Richard Stevens 和 Steve Rago 编写的《Advanced Programming in the UNIX Environment》。Stevens 写了一些优秀的图书，这是 UNIX 黑客必读的书。他还有一套关于 TCP/IP 和套接字编程的好书。

Peter Van der Linden 编写的《Expert C Programming》。上面关于编译器等的许多有用提示，都直接来自这里。读这本书！ 虽然有点过时，但这本书很精彩，令人大开眼界。

附录 F　实验室：系统项目

本章介绍了系统项目的一些想法。我们通常在为期 15 周的学期中完成 6～7 项目，这意味着每两周左右一个项目。前几个通常由学生独立完成，后几个通常是两人小组。

每个学期，项目都遵循同样的大纲。然而，我们会改变细节，让它保持有趣，这让跨学期的代码"共享"更有难度（并非任何人都会这样做！）。我们还使用 Moss 工具来检查这种"共享"。

至于评分，我们尝试了许多不同的方法，每种方法都有自己的优点和缺点。演示很有趣但很耗时。自动化测试脚本耗时较少，但需要非常谨慎，才能让它们仔细测试有趣的角落情况。查看本书的配套网页，了解有关这些项目的更多详情。如果你想要自动化测试脚本，我们很乐意分享。

F.1　介绍项目

第一个项目是系统编程的介绍。典型的作业是编写 sort 实用程序的一些变体，加上不同的约束。例如，排序文本数据，排序二进制数据和其他类似项目都是有意义的。要完成项目，必须熟悉一些系统调用（及其返回错误代码），使用一些简单的数据结构，没有太多其他内容。

F.2　UNIX Shell

在这个项目中，学生构建了 UNIX shell 的变体。学生将学习进程管理，以及管道和重定向等神秘事物的实际工作方式。变体包括不寻常的功能，例如一个重定向符号，它通过 gzip 压缩输出。另一种变体是批处理模式，它允许用户批量处理一些请求，然后执行它们，可能使用不同的调度规则。

F.3　内存分配库

该项目通过构建一个替代的内存分配库（类似 malloc()和 free()，但具有不同的名称），来探索如何管理一块内存。该项目教会学生如何使用 mmap()获取一大块匿名内存，然后仔细使用指针，以构建一个简单（或可能较复杂）的空闲列表来管理空间。变体包括：最优/最差匹配、伙伴算法和各种其他分配器。

F.4 并发简介

该项目引入了 POSIX 线程的并发编程。构建一些简单的线程安全库：列表、哈希表和一些更复杂的数据结构，是向现实代码添加锁的好练习。测量粗粒度与细粒度锁方案的性能。变体就是关注不同的（也许更复杂的）数据结构。

F.5 并发 Web 服务器

该项目探索在实际应用中使用并发性。学生使用一个简单的 Web 服务器（或构建一个），并向其添加一个线程池，以便同时处理请求。线程池应该是固定大小的，并使用生产者/消费者有界缓冲区，将请求从主线程传递到固定的工作线程池。了解如何使用线程、锁和条件变量来构建真实服务器。变体包括线程的调度策略。

F.6 文件系统检查器

该项目探讨了磁盘上的数据结构及其一致性。学生构建一个简单的文件系统检查器。debugfs 工具可以在 Linux 上用于制作真正的文件系统映像，检查它们，确保一切都正常。为了增加难度，还要修复发现的所有问题。变体关注不同类型的问题：指针、链接计数、间接块的使用等。

F.7 文件系统碎片整理程序

该项目探讨了磁盘上的数据结构及其性能影响。该项目应该为学生提供一些特定的文件系统映像，它有已知的碎片问题。然后，学生应该检查该映像，并寻找未按顺序排列的文件。写出一个"消除碎片"的新映像来修复这个问题，可能要报告一些统计信息。

F.8 并发文件服务器

该项目结合了并发和文件系统，甚至还有一些网络和分布式系统。学生构建一个简单的并发文件服务器。该协议应该看起来像 NFS，包括查找、读取、写入和状态信息。将文件存储在单个磁盘映像（设计为一个文件）中。变体是多种多样的，包括不同建议的磁盘格式和网络协议。

附录 G 实验室：xv6 项目

本章介绍了与 xv6 内核相关的项目的一些想法。该内核可从麻省理工学院获得，玩起来很有趣。完成这些项目还可以使课堂上的内容与项目更直接相关。这些项目（可能除了前面两个）通常是结对完成的，这让盯着内核代码的艰巨任务变得更加容易。

G.1 简介项目

简介项目为 xv6 添加一个简单的系统调用。可能存在许多不同的任务，包括用一个系统调用来计算已发生的系统调用次数（每次系统调用计数一次），或其他信息收集的调用。学生将学习如何实际进行系统调用。

G.2 进程和调度

学生构建比默认的轮询更复杂的调度程序。可能存在许多不同的策略，包括彩票调度程序或多级反馈队列。学生将学习调度程序的实际工作方式，以及上下文切换的方式。一个附加的小任务还要求学生弄清楚，如何在退出时让进程返回正确的错误代码，并能够通过 wait()系统调用访问该错误代码。

G.3 虚拟内存简介

基本思想是添加一个新的系统调用，给定一个虚拟地址，返回已翻译的物理地址（或报告该地址无效）。这让学生可以看到虚拟内存系统如何设置页表而无需做太多艰苦的工作。另一个可能的项目是探索如何改动 xv6，让空指针引用会产生错误。

G.4 写时复制映射

该项目为 xv6 增加轻量级 fork()的能力，名为 vfork()。这个新调用不是简单地复制映射，而是将写时复制映射设置为共享面。在引用这样的页面时，内核必须相应地创建真实副本并更新页表。

G.5 内存映射

另一个虚拟内存项目是添加某种形式的内存映射文件。可能最简单的方法，是从可执行文件中惰性加载代码页。更全面的方法，是构建 mmap() 系统调用和所有必要的基础结构，以便在页故障时从磁盘换入页面。

G.6 内核线程

该项目探讨如何为 xv6 添加内核线程。clone() 系统调用的操作与 fork 类似，但使用相同的地址空间。学生必须弄清楚如何实现这样的调用，以及如何创建真正的内核线程。学生还应该在其上构建一个小的线程库，提供简单的锁。

G.7 高级内核线程

学生在其内核线程之上构建一个完整的线程库，添加不同类型的锁（自旋锁，在处理器不可用时休眠的锁）以及条件变量。还要添加必需的内核支持。

G.8 基于范围的文件系统

第一个文件系统项目为基本文件系统添加了一些简单的功能。对于 EXTENT 类型的文件，学生将 inode 更改为存储范围（即指针—长度对）而不仅仅是指针。作为文件系统的相对简单的介绍。

G.9 快速文件系统

学生将基本的 xv6 文件系统转换为 Berkeley 快速文件系统（FFS）。学生构建一个新的mkfs 工具，引入块组和新的块分配策略，并构建大文件异常。在更深层次上理解文件系统工作原理的基础知识。

G.10 日志文件系统

学生为 xv6 添加了一个基本的日志层。对于每次写入文件，日志 FS 会批量处理所有脏块，并在磁盘日志中，为待写入的更新添加一条记录，然后再修改原来位置的块。通过引入崩溃点并展示文件系统始终恢复到一致状态，学生证明其系统的正确性。

G.11 文件系统检查器

学生为 xv6 文件系统构建一个简单的文件系统检查程序。学生将了解文件系统的一致性，以及如何检查文件系统。